L'HOMME AU RISQUE DE L'INFINI

DE DIVERSIS ARTIBUS

COLLECTION DE TRAVAUX
DE L'ACADÉMIE INTERNATIONALE
D'HISTOIRE DES SCIENCES

COLLECTION OF STUDIES
FROM THE INTERNATIONAL ACADEMY
OF THE HISTORY OF SCIENCE

DIRECTION
EDITORS

EMMANUEL
POULLE (†)

ROBERT
HALLEUX

TOME 93 (N.S. 56)

BREPOLS

L'homme au risque de l'infini

Mélanges d'histoire et de philosophie des sciences
offerts à Michel Blay

édités par

Michela MALPANGOTTO
Vincent JULLIEN
Efthymios NICOLAÏDIS

BREPOLS

COMITE SLUSE

Publié avec le soutien de la Région Wallonne.

D/2013/0095/240

ISBN 978-2-503-55142-5

Printed on acid-free paper

Remerciements

Au nom des auteurs de ces mélanges et des amis de Michel Blay, nous tenons à exprimer toute notre gratitude

au Professeur Robert Halleux, Secrétaire perpétuel de l'Académie Internationale d'Histoire des Sciences, qui a accepté de publier le recueil dans la collection *De Diversis Artibus* et en a réalisé une minutieuse préparation éditoriale ;

à Monsieur Thierry Mozdziej, Directeur de l'infographie, qui a effectué la composition typographique avec élégance et rigueur ;

à Monsieur Christophe Lebbe et à Brepols International Publishers pour leur efficacité exemplaire ;

à toute l'équipe du Centre d'Histoire des Sciences et des Techniques de l'Université de Liège ;

aux grandes Institutions qui ont bien voulu aider la publication par un généreux soutien financier :

– l'Académie Internationale d'Histoire des Sciences.

– le Service Public de Wallonie.

– le Comité d'Histoire du CNRS.

– le Système de Référence Temps-Espace (UMR 8630 CNRS/Observatoire de Paris/Université Pierre et Marie Curie) (SYRTE).

– le Centre d'Archives de Philosophie, d'Histoire et d'Édition des Sciences (UMS CAPHES CNRS/ENS).

– l'Université de Liège.

Michel Blay, un parcours

On reconnaît à Michel Blay plusieurs études devenues classiques sur la science et la philosophie des XVIIᵉ et XVIIIᵉ siècles. Il explique comment il en est arrivé à consacrer sa carrière à ces questions de la façon suivante : « ayant d'abord étudié la physique, je me suis demandé comment il se faisait que la physique mathématique corresponde si adéquatement aux phénomènes de la nature. Mon point de départ concerne donc les conditions de possibilité de la mathématisation de la physique »[1].

La rencontre avec Maurice Clavelin en 1974 a été décisive, « cette rencontre, en m'orientant vers la philosophie, a cristallisé mon désir de réfléchir sur les sciences ». C'est sous la direction de ce grand spécialiste de Galilée qu'il a fait sa maîtrise, son DEA et sa thèse de troisième cycle. Il soutiendra ensuite une thèse d'État sous la direction de Jacques Merleau-Ponty.

On est redevable à Michel Blay de deux apports majeurs à une meilleure intelligence de la science classique.

Le premier s'appuie sur l'analyse de l'optique newtonienne. Au-delà des informations précises et originales sur les thèses newtoniennes, c'est surtout une certaine idée du développement de la science que révèle et défend Michel Blay. La véritable méthode newtonienne n'est pas exactement celle que le savant anglais a lui-même mise en scène, ni celle que l'historiographie a voulu retenir. Ce n'est pas l'expérience soigneusement menée qui conduit vers la théorie de la science (ici des couleurs), c'est plutôt une démarche rationnelle et largement *a priori* qui inspire les expériences convaincantes capables, en retour, de renforcer la vraisemblance de la théorie. Ce n'est pas parce qu'il avait rencontré le chemin de la lumière dans son double prisme que Newton a été convaincu de la nature hétérogène de la lumière naturelle, c'est parce qu'il concevait ainsi la lumière qu'il a pu construire cette fameuse expérience du double prisme. Dans sa première thèse[2], Michel Blay a tiré les leçons principales de ces analyses. Il se situe, à ce titre, dans la lignée d'un Alexandre Koy-

---

1. La plupart des citations contenues dans ce texte proviennent d'une discussion-interview réalisée avec Michel Blay en juin 2013, par Efthymios Nicolaïdis, Michela Malpangotto et Vincent Jullien.

2. Publiée sous le titre de *La conceptualisation newtonienne des phénomènes de la couleur*, Paris, Vrin, 1983.

ré qui défendait que « la bonne physique est *a priori* ». Michel Blay a affermi
sa thèse dans divers articles et ouvrages qui lui ont permis de préciser son attitude épistémologique – la science est *Theoria*. Ainsi note-t-il à propos de la
théorie des anneaux colorés de Newton, « L'étude newtonienne concernant les
anneaux colorés ne s'enracine pas dans une interrogation des phénomènes
bruts recueillis directement par la perception, mais se situe d'emblée dans
l'univers construit de la science »[3]. C'est pourquoi il s'étonne du rôle considérable que l'on attribue encore à la méthode inductive après tant d'études historiques qui mettent à jour le cheminement de la science : « On a cru pendant
deux siècles qu'elle constituait la méthode normale de la physique ; on crut
Newton sur parole et cette crédulité est fascinante. D'ailleurs, cette méthode
inductive continue de dominer dans l'enseignement de la physique et de la
chimie, ce qui est très regrettable et même incompréhensible puisque cette
méthode n'existe pas réellement. La physique est bien plus belle lorsqu'elle est
elle-même, c'est-à-dire création de concepts et non pas une pseudo *lecture
directe* de la nature ».

Le second apport de Michel Blay concerne ce qu'il n'a cessé de défendre
comme le véritable processus de la mathématisation de la physique à l'âge classique. L'ouvrage où cette conception voit le jour est tiré de sa thèse d'État sur
La naissance de la mécanique analytique[4]. Il a étudié avec minutie à partir de
sources peu explorées, l'œuvre du savant français Pierre Varignon. Il a montré
que ce dernier a réalisé la première introduction des algorithmes différentiels
dans la science du mouvement. C'est cette démarche qui inaugure vraiment la
mathématisation de la mécanique, désormais analytique. On peut discuter la
question de savoir si, avant cela, les travaux de Galilée, Huygens, Leibniz ou
Newton (et pourquoi pas de Descartes) n'avaient pas déjà suggéré cette mathématisation, mais l'étape importante que Michel Blay a repérée, décrite et analysée n'en reste pas moins distinguée et de la plus grande importance.

Là encore, ce travail fondateur a essaimé en une série d'articles et d'ouvrages qui ont permis à Michel Blay de tester et d'étendre son idée maîtresse. Il
a examiné comment se préparaient la géométrisation d'abord puis la mathématisation dans les *Principia* de Newton, comme avant dans les travaux de Torricelli et dans les débats plus anciens sur les indivisibles et sur le mouvement
chez Galilée, Cavalieri etc. Il précise dans son entretien, sans rien retrancher à
sa thèse : « À partir de cette étape que j'ai repérée chez Varignon, une procédure calculatoire systématique se met en place dans le champ de la physique ;
avant, il n'y en a pas. La physique désormais sera algorithmique. On quitte la
géométrie. Avec Newton, poursuit-il, tous les raisonnements reposent sur l'utilisation de la figure géométrique, à partir de Varignon, le changement est total,
la figure bientôt ne joue plus aucun rôle. Le changement de régime du raison-

---

3. *Lumières sur les couleurs*, Paris, Ellipses, 2001, p. 41.
4. Publiée sous ce titre en 1992, Paris, PUF, Bibliothèque d'Histoire des Sciences.

nement éclate à la simple lecture des manuscrits. Le XVIIe siècle pense avec la figure, le XVIIIe siècle pense sans la figure ».

Un autre thème traverse les travaux de Michel Blay, celui qu'il a nommé lui-même *Les raisons de l'infini* dans son ouvrage éponyme édité chez Gallimard en 1993 puis traduit et publié en anglais[5]. Cet intérêt se marque à nouveau dans l'ouvrage *Penser avec l'infini*[6], mais encore dans les études consacrées à l'*Analyst* de Georges Berkeley, aux premiers algorithmes leibniziens etc.

La position épistémologique de Michel Blay est fort claire. Il est réaliste, d'un réalisme qui n'a jamais pu se satisfaire du positivisme et il est internaliste parce qu'il a toujours considéré que la meilleure voie pour comprendre ce qui advenait au cours du développement des sciences était avant tout de l'ordre du travail de la raison. Il faut ajouter qu'il est historien en ce sens que les sciences – et la philosophie (ou les philosophies) qui ne manque jamais d'y être associée –, se comprennent par leur processus historique. L'œuvre de Michel Blay est clairement dans la grande tradition de l'épistémologie historique. Dans cette perspective il laisse rarement passer l'occasion de critiquer le positivisme et souligne en particulier : « Les positivistes considèrent les mathématiques comme un simple langage mais, en réalité, les mathématiques sont consubstantielles à la physique ; elles sont constitutives des concepts de la physique. Il n'y a pas de physique indépendante des mathématiques et, pour ne prendre qu' un exemple, la théorie électromagnétique de Maxwell n'est pas pensable en dehors des équations dites de Maxwell ».

Par ailleurs Michel Blay s'est consacré à la diffusion de la connaissance sous plusieurs aspects qui correspondent à divers thèmes de ses travaux de recherche. Sur ce point, son œuvre est marquée par deux ouvrages principaux, le *Dictionnaire critique de la science classique XVIe-XVIIIe siècles*, dont il est, avec Robert Halleux, l'architecte et le *Grand Dictionnaire de la philosophie* qu'il a dirigé aux Editions Larousse et CNRS éditions.

Partant de ses travaux sur la science et l'histoire des sciences, Michel Blay élabore depuis une dizaine d'années une réflexion plus proprement philosophique sur une longue période, du XVIIe au XXIe siècle, qui voit naître et se développer notre conception du monde. *L'homme sans repos, La science trahie, Les clôtures de la modernité* font lien entre une histoire de la vitesse et de la technique, l'Histoire du XXe siècle et une critique engagée de la modernité.

Enfin, la politique de la recherche a également beaucoup retenu son attention. Il faut bien le constater, il en dresse un tableau très négatif. « J'ai voulu comprendre ce qu'était aujourd'hui la politique scientifique de notre pays, telle qu'elle commande l'organisation de la science. En tant que Président du Comi-

5. University of Chicago Press, 1998.
6. Paris, Vuibert, ADAP, 2010.

té pour l'histoire du CNRS, j'ai examiné, en particulier, la politique qui fut mise en place au CNRS d'abord à la Libération par Frédéric Joliot-Curie, puis celle de son prédécesseur à la direction du CNRS Charles Jacob, sous l'occupation, à partir de 1940. Cette dernière fut autoritaire et non démocratique ; hélas, force est de constater que cette période offre une sorte de modèle à ce qui se passe aujourd'hui ; la politique est dirigiste et les décisions remontent jusqu'à Bruxelles. Chacun devient le tâcheron de programmes préétablis. C'est là le contraire d'une recherche libre et non orientée. On assiste, comme en 1940, à la suppression des instances élues et représentatives ; ces structures électives ne sont pas la panacée, mais elles évitent la nomination généralisée des *amis*. Corrélativement, une vaste idéologie se développe, celle de l'évaluation, mais qu'est-ce qu'évaluer la science ? Peut-on la mesurer ? On mesure le nombre des publications et des citations, pas le contenu scientifique. La seule bonne manière consiste à lire et discuter collégialement les publications ; aujourd'hui, on ne les lit pas, on les compte. Pour avoir un fort indice de citations, il me suffirait de publier un article avec une faute de calcul ; j'obtiendrais alors un important *impact-factor*, ce qui est absurde ; ou à m'arranger avec des amis pour que nous nous auto-citions, sans parler aussi des effets de mode ».

Michela Malpangotto
Vincent Jullien
Efthymios Nicolaïdis

Repères chronologiques

né le 13 mai 1948 à Paris

Formation

- 1981 : Docteur de 3ème cycle en histoire et philosophie des sciences – Directeur de thèse : Maurice Clavelin
- 1989 : Docteur d'État ès lettres et sciences humaines – Directeur de thèse : Jacques Merleau-Ponty

Carrière

- Septembre 1972 à juin 1983 : Enseignant de sciences physiques
- Septembre 1983 à septembre 1991 : Chargé de recherche au CNRS
- Depuis octobre 1991 : Directeur de recherche au CNRS
- Depuis octobre 2009 : Directeur de recherche au CNRS (classe exceptionnelle)
- Laboratoire : UMR SYRTE (Systèmes de référence temps/espace), Observatoire de Paris

Responsabilités

- Depuis 1985 : Rédacteur en chef de la *Revue d'Histoire des Sciences*
- 1997-1998 : Directeur scientifique adjoint du Département des Sciences de l'Homme et de la Société du CNRS
- 1999-2001 : Directeur adjoint chargé de la Recherche – ENS Lettres et Sciences Humaines
- 2001-2009 : Directeur de l'UMS CAPHES, CNRS/École Normale Supérieure
- 2004-2008 : Président de la section 35 du Comité National
- Depuis 1989 : Directeur (avec Hourya Sinaceur) de la collection *Mathesis* chez Vrin

• Depuis 1997 : Co-directeur du Centre International de Synthèse
• Depuis 1999 : Membre de l'Académie Internationale d'Histoire des Sciences
  (et membre du Bureau de l'Académie depuis 2008)
• Depuis 2004 : Membre de l'*European Academy of Science*
• Depuis mars 2010 : Président du Comité pour l'Histoire du CNRS

--==oOo==--

BIBLIOGRAPHIE

I – Livres

1. *La conceptualisation newtonienne des phénomènes de la couleur,* avec une Préface de Maurice Clavelin (Paris, Vrin, 1983).
2. *L'analyste* de George Berkeley, traduction et notes, dans le volume II des *Œuvres de Berkeley* (Paris, PUF, 1987).
3. *L'Optique de Newton dans la traduction de J.P. Marat, suivi de « Études sur l'Optique newtonienne »* par Michel Blay, avec une Préface de Françoise Balibar (Paris, Christian Bourgois, 1989).
4. *La naissance de la mécanique analytique,* avec une Préface de Jacques Merleau-Ponty (Paris, PUF, 1992).
5. *Christiaan Huygens, Traité de la lumière (Leyde, 1690),* réédition avec une introduction (Paris, Dunod, 1992).
6. *Les raisons de l'infini. Du monde clos à l'univers mathématique* (Paris, Gallimard-Essais, 1993).
7. *Les 'Principia' de Newton* (Paris, PUF, collection « Philosophies », 1995).
8. *Les figures de l'arc-en-ciel* (Paris, Carré, 1995, rééd. Belin 2005).
9. *Fontenelle. Eléments de la géométrie de l'infini* (Paris, 1727), réédition avec une introduction, en collaboration avec Alain Niderst (Paris, Klincksieck, 1995).
10. *Reasoning with the Infinite : from the closed World to the Mathematical Universe* (Chicago University Press, 1998 et 1999).
11. *La naissance de la science classique au XVIIe siècle* (Paris, Nathan, 1999).
12. *Lumières sur les couleurs* (Paris, Ellipses, 2001).
13. *La science du mouvement de Galilée à Lagrange* (Paris, Belin, 2002).
14. *L'homme sans repos. Du mouvement de la terre à l'esthétique métaphysique de la vitesse* (Paris, Armand Colin, 2002).
15. *La science trahie. Pour une autre politique de la recherche* (Paris, Armand Colin, 2003).
16. *Les clôtures de la modernité* (Paris, Armand Colin, 2007).
17. *La science du mouvement des eaux de Torricelli à Lagrange* (Paris, Belin, 2007).
18. *Œuvres de Descartes*, en collaboration avec Denis Kambouchner, Frédéric de Buzon et André Warusfeld, Tome III (Paris, collection Tel/Gallimard, 2009).

19. *Physique nouvelle par Monsieur Rohault disciple de Monsieur Descartes (1667),* introduction et édition en collaboration avec Sylvain Matton et Alain Niderst (Paris, Seha/Arche, 2009).
20. *Niccolò Copernico, la struttura del cosmo,* Introduzione di Michel Blay, Commento di Jean Seidengart, traduzione di Renato Giroldini (Florence, Leo S. Olschki Editore, 2009).
21. *Penser avec l'infini de Giordano Bruno aux Lumières* (Paris, Vuibert, 2010).
22. *Les demeures de l'humain. Preuves et traces méditerranéennes* (Paris, Jean Maisonneuve, 2011).
23. *Lumières sur les couleurs du monde vivant* (Paris, Villarose, 2011).
24. *Quand la recherche était une République. La recherche scientifique à la Libération* (Paris, Armand Colin, 2011).
25. *Les ordres du Chef. Culte de l'autorité et ambitions technocratiques : le CNRS sous Vichy* (Paris, Armand Colin, 2012).
26. *Dieu, la nature et l'homme. L'originalité occidentale* (Paris, Armand Colin, Collection « Le temps des idées », 2013).

II – Direction d'ouvrages

1. *Dictionnaire critique de la science classique,* en collaboration avec Robert Halleux (Paris, Aubier-Flammarion, 1998).
2. *L'Europe des sciences. Constitution d'un espace scientifique,* en collaboration avec Efthymios Nicolaïdis (Paris, Le Seuil, 2001, traduction en chinois, 2007).
3. *Grand Dictionnaire de la Philosophie* (Paris, Larousse et CNRS éditions, 2003, rééd. 2005 ; puis dans la collection *In extenso,* 2006 et 2007).
4. *La mathématique,* coordination et introduction de la version française de l'ouvrage italien *La matematica. I luoghi e i tempi,* Giulio Einaudi, 2007 ; (Paris, CNRS-édition, 2009). 4 volumes sont prévus.
5. Pierre Souffrin, *Ecrits d'histoire des sciences,* édité par Michel Blay, Francesco Furlan, Michela Malpangotto (Paris, Les Belles Lettres, collection L'Ane d'or, 2012).

III – Articles parus dans des revues

1. « Une clarification dans le domaine de l'optique physique : *bigness* et promptitude », *Revue d'Histoire des Sciences* (1980), 215-224.
2. « Un exemple d'explication mécaniste au XVIIe siècle : l'unité des théories hookiennes de la couleur », *Revue d'Histoire des Sciences* (1981), 97-121.
3. « Le rejet au XVIIe siècle de la classification traditionnelle des couleurs : les réelles et les apparentes », *XVIIe siècle* (1982), 317-330.
4. « Des travaux méconnus sur la lumière blanche à la fin du XIXe siècle : la thèse de Georges Gouy (1854-1926) », *Bulletin de l'Union des Physiciens* (1982), 381-390.

5. « Huygens et la France », *Revue d'Histoire des Sciences* (1983), 325-328.
6. « Christiaan Huygens et les phénomènes de la couleur », *Revue d'Histoire des Sciences* (1984), 127-150.
7. « Changement de repères chez Newton : le problème des deux corps dans les *Principia* », en collaboration avec Georges Barthélemy, *Archives internationales d'Histoire des Sciences* (1984), 68-98.
8. « Note sur l'essai sur les degrés de chaleur des rayons colorés de l'Abbé Rochon », *Revue d'Histoire des Sciences* (1985), 37-42.
9. « Varignon et le statut de la loi de Torricelli », *Archives internationales d'Histoire des Sciences* (1985), 330-345.
10. « Remarques sur l'influence de la pensée baconienne à la Royal Society : pratique et discours scientifique dans l'étude des phénomènes de la couleur », *Études philosophiques* (1985), 359-373.
11. « Pierre Costabel et la question des forces vives », *Revue de Synthèse* (1985), 519-523.
12. « Deux moments dans la critique du calcul infinitésimal : Michel Rolle et George Berkeley », *Revue d'Histoire des Sciences* (1986), 223-254.
13. « L'introduction du calcul différentiel en dynamique : l'exemple des forces centrales dans les Mémoires de Varignon en 1700 », *Sciences et Techniques en Perspective* (1986), 157-190.
14. « Le traitement newtonien du mouvement des projectiles dans les milieux résistants », *Revue d'Histoire des Sciences* (1987), 325-355.
15. « Varignon ou la théorie du mouvement des projectiles 'comprise en une Proposition générale' », *Annals of Science* (1988), 591-618.
16. « Léon Bloch et Hélène Metzger : la quête de la pensée newtonienne », Revue *Corpus* (1989), 67-84, réédité dans *Études sur / Studies on Hélène Metzger* (E. J. Brill, Leiden, 1990), 67-84.
17. « Du fondement du calcul différentiel au fondement de la science du mouvement dans les 'Elémens de la géométrie de l'infini' de Fontenelle », *Studia Leibnitiana*, Sonderheft 17 (1989), 99-122.
18. « Quatre Mémoires inédits de Pierre Varignon consacrés à la science du mouvement », *Archives Internationales d'Histoire des Sciences* (1989), 218-248.
19. « Les découvertes de Monsieur Marat », *Alliage* (1989), 83-89.
20. « Note sur la correspondance entre Jean I Bernoulli et Fontenelle », Revue *Corpus* (1990), 93-100.
21. « Deux exemples de l'influence de l'École galiléenne sur les premiers travaux de l'Académie Royale des Sciences », *Nuncius* (1992), 49-65.
22. « Principe de continuité et mathématisation du mouvement dans la deuxième moitié du XVIIe siècle », *Studia Leibnitiana* (1992), 191-204.
23. « La recherche en Histoire de la physique », *Science et Techniques en perspective* (1993), 66-73.
24. « Mersenne expérimentateur : les études sur le mouvement des fluides jusqu'en 1644 », *Les Études philosophiques* (1994), 69-86.
25. « Sur quelques aspects des limites du processus de la mathématisation dans l'œuvre leibnizienne », *Studia Leibnitiana*, Sonderheft 24 (1995), 31-42.

26. « Sur quelques publications récentes consacrées à l'histoire de l'optique antique et arabe », *Arabic Sciences and Philosophy* (1995), 121-136.

27. « Les couleurs du prisme ou quelques remarques et réflexions sur les expériences de Newton », *Techne. Laboratoire de recherche des musées de France* (1996), 9-16.

28. « Force, continuité et mathématisation du mouvement dans les *'Principia'* de Newton », *La lettre de la Maison française d'Oxford* (1996), 74-94.

29. « Quelques réflexions sur le nombre des couleurs et la composition du blanc aux XVIIe et XVIIIe siècles », *Histoire de l'art* (1997), 3-9.

30. « Lumières et couleurs dans le Traité de Haüy, ou la 'véritable méthode pour parvenir à l'explication' dans les sciences », *Revue d'Histoire des Sciences* (1997), 283-292.

31. « Les règles cartésiennes de la science du mouvement dans 'Le monde ou traité de la lumière' », *Revue d'Histoire des Sciences* (1998), 319-346.

32. « Mouvement, continu et composition des vitesses au XVIIe siècle », en collaboration avec Egidio Festa, *Archives Internationales d'Histoire des Sciences* (1998), 65-118.

33. « Méthodes mathématiques et calcul de l'infini au temps de Fermat », *Historia Scientiarum* (1999), 57-71.

34. « Infini, géométrie et mouvement au XVIIe siècle », *La Lettre de la Maison française d'Oxford*, n° 13 (2001), 27-37.

35. « De l'apparition subreptice des futures formules de conservation à l'occasion de l'algorithmisation de la science du mouvement au tournant des XVIIe et XVIIIe siècles » *Revue d'Histoire des Sciences* (2001), 291-301.

36. « Pour une philosophie des sciences à l'écoute de l'histoire des sciences », *Rue Descartes* (2003), 98-101.

37. « Dire l'infini de Giordano Bruno à Fontenelle » *Revue Fontenelle* (2006), 131-146.

38. « Sur quelques aspects de l'histoire de la lumière », *Revue d'Histoire des Sciences (*2007), 119-132.

39. « Concepts, faits scientifiques et théories », *Raison présente* (2007), 31-40.

40. « Infini et mouvement chez Galilée. Les risques de la rationalité », *Europe* (2007), 198-212.

41. « Comte et Duhem, ou la construction d'une optique positive », *Revue philosophique* (2007), 493-504.

42. « L'évaluation par indicateurs dans la vie scientifique : choix politiques et fin de la connaissance », *Cités*, 37 (2009), 15-25.

43. « Du monde de la vie à celui de la science au tournant des XVIe et XVIIe siècles : éléments pour une lecture humaniste », *Humanistica*, IV-1 (2009), 81-89.

44. « Quand les politiques de la science et de la recherche oublient les leçons des Lumières », *Raison Présente*, 172 (2009), 59-69.

45. « Le souci de l'infini au XVIIe siècle », *La lettre clandestine*, n° 18 (2010), 17-32.

46. « Sciences, conception de la science et politique de la science chez Fontenelle », *Revue Fontenelle*, n° 6-7 (2010), 283-294.

IV – Articles parus dans des ouvrages collectifs

1. « Le développement de la balistique et la pratique du jet des bombes en France à la mort de Colbert », *Actes du Colloque du CMR 17* (Marseille, 1985), 33-51.

2. « Mariotte et les recherches sur les forces exercées par les fluides en mouvement à l'Académie Royale des Sciences », *Actes du Colloque Mariotte* (Vrin, 1986), 91-122.

3. « Recherches sur les travaux de dioptrique et de catoptrique de Jean Picard à l'Académie Royale des Sciences », dans *Jean Picard et les débuts de l'astronomie de précision au* XVIIe siècle (Paris, Éditions du CNRS, 1987), 329-344.

4. « Sur quelques aspects du concept leibnizien de vitesse autour de 1690 », *Actes du Colloque Leibniz* (1988).

5. « Les 'Elemens de la géométrie de l'infini' de Fontenelle », *Actes du Colloque Fontenelle* (Paris, PUF, 1989), 505-520.

6. « La loi d'écoulement de Torricelli et sa réception au XVIIe siècle », dans *L'œuvre de Torricelli, Science galiléenne et nouvelle géométrie* (Nice, 1989).

7. « Genèse des couleurs et modèles mécaniques dans l'œuvre de Hobbes », dans *Thomas Hobbes. Philosophie première, théorie de la science et politique* (Paris, PUF, 1990), 153-168.

8. « Marat théoricien de l'optique et critique de Newton », dans *Scientifiques et sociétés pendant la Révolution et l'Empire* (Paris, Éditions du CTHS, 1990), 81-95.

9. « Quelques remarques sur l'histoire des principes de la mécanique à propos de l'article 'Méchanique' de l'Encyclopédie », dans *Nature et Encyclopédies* (Cahiers Diderot, 1991), 55-63.

10. « Sur quelques aspects de l'évolution du champ conceptuel de la science du mouvement dans la deuxième moitié du XVIIe siècle », *Cahiers du séminaire d'Epistémologie et d'histoire des sciences de Nice* (1992), 125-146.

11. « Du système de l'infini au statut des nombres incommensurables dans les 'Elemens de la géométrie de l'infini' de Fontenelle », dans *Le Labyrinthe du Continu* (Springer Verlag, 1992), 61-75.

12. « L'émergence d'une nouvelle science », dans *Le XVIIe siècle* (Paris, Berger Levrault, 1992), 245-253.

13. « Genèse de la théorie newtonienne des phénomènes de la couleur », dans *La couleur* (Édition Ousia, 1993), 253-273.

14. « Sur quelques enjeux des théories de la lumière et des couleurs de Jean-Paul Marat », dans *Marat homme de science* (Paris, Synthélabo, 1993), 135-150.

15. « La présence de Dieu dans les 'Questions' de l'*Optique* de Newton », dans *Le Divin, Discours Encyclopédiques* (Paradigme, 1994), 111-123.

16. « History of Science and History of Mathematization : The Example of the Science of Motion at the turn of the 17th and 18th Centuries », dans *Trends in the Historiography of Science* (Kluwer Academic Publishers, 1994), 405-420.

17. « Les 'Eléments de la géométrie de l'infini' de Fontenelle », dans *Histoire d'infini* (IREM de Brest, 1994), 301-316.

18. « Castel critique de la théorie newtonienne des couleurs », dans *Études sur le* XVIIIe *siècle. Autour du Père Castel et du clavecin oculaire* (Éditions de l'Université de Bruxelles, 1995), 43-58.

19. « Les rapports entre la science et l'État à travers quelques exemples de recherches effectuées à la fin du XVIIe siècle par les membres de l'Académie Royale des sciences », dans *L'État classique* (Paris, Vrin, 1996).

20. « La recherche (philosophique) en Histoire des sciences », dans *La recherche philosophique en France* (Paris, 1996), 79-87.

21. « Isaac Newton », dans *Les mathématiciens* (Paris, Belin, 1996), 40-49.

22. « Henri Berr et l'histoire des sciences », dans *Henri Berr (1863-1954) et la culture du* XXe *siècle* (Paris, Albin Michel, 1997), 121-137.

23. « La construction de l'algorithme de la cinématique au XVIIe siècle », dans *La vitesse* (Paris, Centre National de Documentation pédagogique, 1997), 33-38.

24. « Le *De Corpore* de Hobbes ou 'le poids de l'air' éliminé », dans *Die Schwere der Luft in der Diskussion des 17. Jahrhunderts* (Wiesbaden, Harrassowitz, 1997), 73-87.

25. « La théorie de la lumière et des couleurs dans l'œuvre et la vie de Newton », dans *Le Siècle de la Lumière 1600-1715* (Fontenay-St Cloud, ENS Éditions, 1997), 123-146.

26. « Luz e cores : o arco-iris cartesiano », dans *Descartes 400 anos. Um Legado Científico e Filosófico* (Rio de Janeiro, Relume Dumará, 1998).

27. « Géométrisation et mathématisation au XVIIe siècle : l'inspiration rationaliste », dans *Science, philosophie et histoire des sciences en Europe* (Luxembourg, European Communities, 1998), 56-59.

28. « Deux aspects de la critique de la loi galiléenne de chute des graves à l'Académie Royale des Sciences de Paris », dans *Géométrie, atomisme et vide dans l'école de Galilée* (Nuncius/ENS Fontenay St Cloud, 1999), 167-183.

29. « Les infinis de Fontenelle », dans *L'infini entre science et religion au* XVIIe *siècle* (Paris, Vrin, 1999).

30. « Force, Continuity, and the Mathematization of Motion at the End of the Seventeenth Century », dans *Isaac Newton Natural Philosophy*, édité par Jed Z. Buchwald et I. Bernard Cohen, The MIT Press (2000), 225-248.

31. « La méthode inductive : analyse critique des recommandations de 1904 (autour de la conférence de Lucien Poincaré) », dans *Physique et « Humanité scientifique ». Autour de la réforme de l'enseignement de 1902*, édité par Nicole Hulin, Presse du Septentrion (2000), 157-165.

32. « Instantanéité et continuité dans la genèse comtienne de la science du mouvement (Remarques sur les leçons XV et XVII du cours de philosophie positive », dans *Auguste Comte et le positivisme, deux siècles après*, Académie tunisienne Beit Al-Hikma-Carthage (2000), 27-41.

33. « George Berkeley : Immatérialisme et philosophie des sciences », dans *Cahiers d'Histoire de la philosophie*, Centre Gaston Bachelard, Université de Bourgogne (2000), 65-93.

34. « Infini, géométrie et mouvement au XVIIe siècle », dans Hommage à Jacques Merleau-Ponty, *Epistémologiques* (2000), 163-175.

35. « Infinito y movimiento en Galileo. Demostraciones y criticas », dans *Galileo y la gestación de la ciencia moderna*, Fundación Canaria Orotava de historia de la Siencia (2001), 279-293.

36. « Calcul infinitésimal et conceptualisation du mouvement », dans *L'Elémentaire et le complexe* (Paris, EDP sciences, 2001), 7-34.

37. « L'organisation déductive de la science du mouvement. Descartes-Galilée-Huygens », dans *Largo campo di filosofare* (Fundación Canaria Orotava de Historia de la Ciencia, 2001), 325-336.

38. « L'histoire des sciences dans le Programme du CNRS 'Archive de la Création' », dans *Archives of Contemporary Science*, édité par R.W. Home, P. Harper, O. Welfelé (Liège, DHS, 2001), 7-13.

39. « Fontenelle, les infinis du monde et des mathématiques », dans *Immaginazione e conoscenza nel settecento italiano e francese*, a cura di Sabine Verhulst (Milan, Franco Angeli, 2002), 79-95.

40. « La science classique 'revisitée' », dans *History of Modern Physics*, édité par Helge Kragh, Geert Vanpaenel, Pierre Marage (Turnhout, Brepols, 2002).

41. « Les raisons de l'infini ou la science classique 'revisitée' », dans *L'infini dans les sciences, l'art et la philosophie* (Paris, L'Harmattan, 2003).

42. « Mathematization of the Science of Motion at the turn of the Seventeenth and Eightteenth Centuries : Pierre Varignon », dans *The Reception of the Galilean Science of Motion in Seventeenth-Century Europe* édité par Carla Rita Palmerino et J.M.M.H. Thijssen, Kluwer Academic Publishers (2004), 243-259.

43. « La construction d'une organisation déductive : la science du mouvement au XVIIe siècle », dans *L'écriture du texte scientifique au Moyen-âge*, édité par Claude Thomasset (Paris, PUPS, 2006), 247-264.

44. « Le travail des comparaisons dans la théorie cartésienne de l'arc-en-ciel », dans *Comparatismi e filosofia*, édité par Maria Donzelli (Naples, Liguori Editore, 2006), 129-149.

45. « Infinito e matematizzazione del moto nel Seicento », dans *La matematica (I). I Luoghi e i tempi*, édité par Claudio Bartocci e Piergiorgio Odifreddi (Turin, Giulio Einaudi, 2007), 363-385.

46. « Mouvement, vitesse et couleur au commencement du XXe siècle », dans *La couleur des peintres*, édité par Michel Blay et Michel Menu (Paris, Techne, 2008), 48-56.

47. « Newton : constitution et limites des théories corpusculaires de la lumière », dans Kosmos und Zahl (Stuttgart, Franz Steiner Verlag, 2008), 301-308.

48. « Sciences théoriques et conditions politiques », dans *La vie politique de la science*, sous la direction de Daniel Dufourt et Jacques Michel (Lyon, L'interdisciplinaire, 2008), 73-81.

49. « Sciences et exigence de la raison : Fontenelle et l'avènement des Lumières », dans *Hommage à Fontenelle* (Paris, Eurédit, 2009), 129-158.

50. « Pierre Varignon (1654-1722) », dans *The Dictionary of Seventeenth-Century French Philosophers* (Londres et New-York, Thoemmes Continuum, 2008), 1244-1247.

51. « L'idée de science selon Gaston Milhaud », dans *Science, histoire et Philosophie selon Gaston Milhaud*, sous la direction d'Anastasios Brenner et d'Annie Petit (Paris, Vuibert, 2009), 9-18.

52. « L'histoire des phénomènes de la couleur entre lumière et pigments »,
Oriens-Occidens, 7 (2009) 227-238.

53. « Lumière et couleur de Descartes à Newton », dans *Lumière et vision dans
les sciences et les arts de l'Antiquité au XVIIe siècle* (Paris, Droz, 2010).

54. « Salmon entre humanisme et modernité dans le recueil L'Age de l'Humanité », dans *André Salmon poète de l'art vivant* (Toulon, Université du Sud Toulon Var, 2010), 39-51.

55. « Peut-on comprendre la science sans l'histoire ? », dans *Méthode et Histoire*, Publication de la SFHST (2010), 152-162.

56. « Notes fugitives concernant quelques téméraires des années 1600 », dans
La vertu de prudence entre Moyen-âge et âge classique (Paris, Classiques
Garnier, 2012), 355-368.

57. « The analytical construction of a positive science in Auguste Comte », dans
Studies on Auguste Comte (Chicago, Chicago University Press, 2013 à paraître).

V – Articles et ouvrages de diffusion et de vulgarisation

1. « Vaucanson : les automates et la naissance de la technique moderne », *La Recherche* (1983).

2. « Leonhard Euler : un sommet de la pensée scientifique au XVIIe siècle », *La
Recherche* (1983).

3. « Un militant de la science expérimentale : Edme Mariotte », *La Recherche*
(1984).

4. « Newton », « Boyle », « Huygens », « Priestley », *Dictionnaire des Philosophes* (Paris, PUF, 1984).

5. « L'arc-en-ciel de Aristote à Newton : la genèse d'une théorie mathématique », *Revue du Palais de la Découverte* (1985), 62-78.

6. « Il y a trois siècles, un certain Newton... », *Sciences et Avenir* (1986), 86-91.

7. « Aspects de la physique contemporaine », en collaboration avec Catherine
Chevalley, *Encyclopédie Philosophique Universelle*, I (Paris, PUF, 1989).

8. « L'expérience cruciale », « La théorie physique », « La théorie physique au
sens de Pierre Duhem », *Encyclopédie Philosophique Universelle*, II (Paris,
PUF, 1990).

9. « Bradley », « Emile Rideau », « Jacques Picard », « Boscovic », « René
Dugas », « Abel Rey », « Henri Le Chatelier », *Encyclopédie Philosophique
Universelle*, III (Paris, PUF, 1991).

10. « Sur l'histoire des théories physiques de la lumière et des couleurs depuis le
XVIIe siècle », *Interfaces* (1991), 5-15.

11. « Histoire de la mécanique » et « Histoire des théories de la lumière », *Philosophes et philosophies* (Nathan, 1992).

12. « L'Europe scientifique. Questions d'origines, Questions de lieux », *Alliage*
(1993), 24-28.

13. « Correspondances européennes », *Alliage* (1993), 29-34.

14. *Le grand livre de l'Alchimie, de l'infini et de l'anamorphose*, en collaboration avec Françoise Thyrion et Michel Valmer (Z' Éditions, 1994).

15. « L'infini dans le mouvement », *Science et Avenir* (Hors-série, 1996), 80-85.

16. « Un monde construit par les mathématiques », *Les Cahiers de Science et Vie* (1997), 78-80.

17. « Balistique », *Dictionnaire européen des Lumières* (Paris, PUF, 1997).

18. *Chronologie d'Histoire des Sciences*, en collaboration avec Pierre Laszlo (Paris, Larousse, 1997).

19. « Descartes. Une science déductive du monde », *Science et Avenir* (Hors-série, 2001) 61.

20. « La naissance de la science classique au XVIIe siècle », *Axiales* (2001), 7-18.

21. « La lumière », *Conférences de l'Université de tous les savoirs, vol. 4, Qu'est-ce que l'Univers ?* (Éditions Odile Jacob, 2001), 603-620.

22. « La science du mouvement au XVIIe siècle », *Pour la science* (2000). Traduit en italien dans *Le Scienze* (juillet 2001).

23. « La science classique en chantier », *Sciences Humaines* (2000). Numéro coordonné sous la responsabilité de Michel Blay et intitulé « Histoire et philosophie des sciences ».

24. « La science du mouvement au XVIIe siècle », *Pour la science* (2000), 58-63.

25. « La lumière selon Newton », *Les Cahiers de Science et Vie* (2001), 4-12.

26. « Dans le tourbillon des couleurs », *Les Cahiers de Science et Vie* (2001), 53-56.

27. « Sur quelques aspects de l'image de la science de Aristote à nos jours », *Université d'été de la Culture Scientifique Technique et Industrielle* (CSTI de Drome, 2001), 13-24.

28. « La déréalisation du monde », *Sciences et Avenir Hors série* (2002), 40-45.

29. « La pesanteur des corps de Descartes à Newton », *Dossier 'Pour la Science'* (2003), 12-17.

30. « La science telle qu'elle s'est faite », *Sciences et Avenir Hors série* (2003), 49.

31. « Les raisons d'un paradoxe », *Sciences et Avenir Hors série* (2003), 83.

32. « Le Dieu de Newton », *Sciences et Avenir Hors série* (2004), 32-36.

33. « L'idole des savants », *Sciences et Avenir Hors série* (2004), 81.

34. « Un regrettable oxymore », *Sciences et Avenir Hors série* (2004), 81.

35. « La science au temps des trois Mousquetaires », *Pour la science* (2005).

36. « Lumière et couleurs newtoniennes », dans *La lumière au siècle des Lumières et aujourd'hui,* sous la direction de Jean-Pierre Changeux (Paris, Odile Jacob, 2005).

37. « Origine et dépassement de la science classique. Aspects historiques et philosophiques de l'approche kojévienne » (Paris, Éditions de la BNF-en ligne, 2005).

38. « L'histoire des phénomènes de la couleur entre lumière et pigments », dans *Couleur et temps. La couleur en conservation et restauration*, 12e journées d'étude de la SDIIC (2006).

39. « De la véritable méthode pour parvenir à l'explication dans les sciences », dans *l'École de l'an III* (Éditions rue d'Ulm, 2006), 27-32.

40. « Brève note sur le théâtre de science », dans *Incognita* (novembre 2007), 22-23.

41. « Le vase tournant de Newton », *Sciences et Avenir Hors série* (2008), 42-46.
42. « La vérité pour horizon », TDC, octobre 2008, 6-13.
43. « Newton : le fait général de la multiplicité des lumières homogènes », *les Cahiers Rationalistes* (2009), 15-23.

I. LA SCIENCE CLASSIQUE

GLI INDISTRUTTIBILI PARADOSSI DI ZENONE

Giorgio Israel

Rileggendo Koyré

L'approccio puramente filologico ai paradossi di Zenone è sterile, non solo perché essi ci sono stati trasmessi in modo indiretto, ma perché esprimono un problema filosofico-matematico che si ripresenta continuamente e che, pur assumendo forme diverse nei diversi contesti storici, ha una consistenza indistruttibile. Ha quindi ragione Koyré a dire che « la discussione degli argomenti – o piuttosto dei paradossi – di Zenone, come quella di tutti i veri problemi filosofici, non sarà mai chiusa »[1]. Di fatto, i paradossi di Zenone hanno toccato un punto nevralgico della rappresentazione scientifico-matematica della realtà. Nel 1922, Koyré scrisse una nota di « osservazioni » sui paradossi di Zenone – che ripropose senza modifiche nel 1961 – manifestamente influenzata dal dibattito contemporaneo sull'infinito matematico e sulla teoria degli insiemi di Cantor. In questa nota egli contestava la visione riduttiva dei paradossi di Zenone come confutazione di stile parmenideo della possibilità del movimento ; e osservava che il problema sollevato da Zenone « non è caratteristico soltanto del moto : riguarda il tempo, lo spazio e il moto, nella sola misura in cui vi sono implicate le nozioni di infinito e di continuità »[2]. Ed è per questo motivo che egli contestava le confutazioni concentrate sul solo tema del moto, come quelle di Georges Noël[3], Henri Bergson[4] e François Evellin[5].

1. A. Koyré, « Remarques sur les paradoxes de Zénon », in A. Koyré, *Études d'histoire de la pensée philosophique*, Paris, A. Colin, 1961 : 9-35 ; nouv. éd. Paris, Gallimard, 1971 (trad. fr. di « Bemerkungen zu den Zenonischen Paradoxen », in *Jahrbuch für Philosophie und phänomenologische Forschung*, V : 603-628).

2. *Ivi*, pp. 9-10.

3. G. Noël, « Le mouvement et les arguments de Zénon d'Élée », in *Revue de Métaphysique et de Morale*, 1 (2), 1893 : 107-125.

4. H. Bergson, *L'Évolution créatrice*, Paris, Presses Universitaires de France, 1907 ; réimpression, Paris, Quadrige 2006.

5. F. Evellin, « Le mouvement et les partisans des indivisibles », in *Revue de Métaphysique et de Morale*, 1 (4), 1893 : 383-395.

Florian Cajori ha notato che, verso la fine dell'Ottocento, vi fu un'esplosione di pubblicazioni sul tema dei paradossi di Zenone, in particolare in Francia[6]. Questo non è strano per la ragione dianzi accennata : è questo il periodo in cui si sviluppa la tematica della teoria degli insiemi e riemerge con forza il tema dell'infinito attuale. Le teorie cantoriane suscitano dure opposizioni ma trovano anche ardenti sostenitori, come Pavel Florenskij, secondo cui soltanto l'infinito attuale è il « vero » infinito, e persino l'idea di infinito potenziale non può darsi se non nel contesto dell'infinito attuale[7]. Per la prima volta l'ostracismo nei confronti dell'infinito attuale decretato da Aristotele e confermato da Galileo e Descartes è messo in discussione. Tuttavia, il concetto di infinito attuale solleva non poche difficoltà e così i paradossi di Zenone tornano alla ribalta con diverse motivazioni. Da un lato, c'è chi tende a sottolineare la loro persistente validità ; dall'altro chi tenta ancora una volta di confutarli[8].

Koyré sottolinea l'inanità dei tentativi di confutare definitivamente i paradossi di Zenone e il fatto che essi non investono solo il problema del movimento quanto, più in generale, le concezioni dell'infinito e del continuo. Tuttavia, l'approccio da lui seguito conduce a oscurare proprio la ragione più profonda dell'impossibilità di confutare i paradossi di Zenone. Difatti, egli sostiene che « i quattro argomenti, senza perdere nulla del loro valore, sono suscettibili di una duplice interpretazione, secondoché ci si collochi sul terreno delle ipotesi finitiste o infinitiste »[9]. Questa doppia interpretazione si basa sull'identificazione degli istanti temporali e delle posizioni spaziali con i « punti geometrici » : ma i paradossi di Zenone mettono in luce proprio la problematicità di questa identificazione. Essi mirano a dimostrare che il continuo geometrico dell'intuizione elementare è un indivisibile che non si presta a una trattazione quantitativa. La dimostrazione si sviluppa mostrando che la descrizione geometrico-quantitativa del moto conduce ad aporie insuperabili. Ma il senso dei paradossi è più profondo e generale – su questo Koyré ha ragione – perché investe la concezione del continuo e il rapporto tra geometria e aritmetica.

---

6. F. Cajori, « History of Zeno's Arguments on Motion : Phases in the Development of the Theory of Limits », in *The American Mathematical Monthly*, 22 (8), 1915 : 253-258. Cfr. anche V. Brochard 1983, « Les prétendus sophismes de Zénon d'Élée », in *Revue de Métaphysique et de Morale*, 1 (3) : 209-215.

7. P. A. Florenskij, « O simvolach beskonecnosti (Ocerk idej G. Kantora) », *Novyi Put'*, 9, 1904 : 172-235 (trad. it. « I simboli dell'infinito (Saggio sulle idee di G. Cantor », in P. A. Florenskij, *Il simbolo e la forma*, Torino, Bollati Boringhieri, 2007 : 25-80). Cfr. G. Israel 2010, « Florenskij, l'infinito, la teologia », in *Matematica e cultura 2010* (a cura di M. Emmer), Milano, Springer Verlag Italia : 55-66.

8. La posizione di Bergson è a parte, in quanto è dettata dalla sua agenda filosofica volta ad affermare una visione del tempo e del movimento come entità irriducibili a rappresentazioni quantitative e « cinematografiche ».

9. A. Koyré, « Remarques sur les paradoxes de Zénon », cit. : 12.

Le implicazioni dei paradossi

Sebbene i paradossi di Zenone siano ben noti li ricorderemo rapidamente per rendere chiaro il nostro discorso.

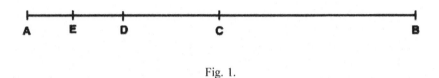

Fig. 1.

Il paradosso della dicotomia considera un segmento *AB* (Fig. 1) e un mobile che lo percorre da *A* verso *B*. Per giungere in *B*, il mobile deve transitare per il punto di mezzo *C* del segmento. Ma prima di arrivare in C transiterà per il punto di mezzo *D* del segmento *AC* ; analogamente, prima di arrivare in *D* transiterà per il punto di mezzo *E* del segmento *AD* ; e così via. Se ammettiamo che il segmento sia infinitamente divisibile, il procedimento non avrà fine. Quindi, il mobile, per arrivare in *B*, dovrà percorrere un'infinità di intervalli finiti. Ne deriva un assurdo, sia dal punto di vista spaziale che temporale. Difatti, se l'intervallo è somma di infiniti intervalli finiti è infinito, ed è impossibile percorrere un intervallo di spazio infinito in un tempo finito. Se invece ammettiamo che *AB* sia finito, dobbiamo confrontarci col fatto che, per percorrere ognuno dei sottointervalli occorrerà un tempo finito e, siccome tali intervalli sono in numero infinito, per percorrere una distanza finita occorrerà un tempo infinito.

Il bersaglio del paradosso è evidente : si contesta la possibilità di dividere all'infinito un *intervallo continuo* (spaziale o temporale.) Zenone confuta sia la possibilità del moto che la divisibilità all'infinito del continuo.

Le cose non vanno meglio se abbandoniamo la divisibilità all'infinito, e concepiamo il segmento come un aggregato (continuo) di punti indivisibili, dotati di spessore, e quindi ben diversi dai punti privi di dimensioni del caso precedente. È questa la concezione pitagorica del punto, visto come un atomo costitutivo di ogni cosa, come l'*unità concepita nello spazio*. Nella visione pitagorica, le figure geometriche sono aggregati di punti.

Per confutare il punto di vista pitagorico Zenone ricorre al paradosso della freccia. Se lanciamo una freccia da *A* verso *B* (Fig. 1), il movimento non è continuo ma è una successione di piccolissimi salti da un punto a quello successivo : è un movimento di tipo « cinematografico ». Quando la freccia raggiunge un punto essa occupa una posizione definita e in quell'istante è in quiete in essa. Pertanto, in realtà, non si muove, perché in ogni punto del segmento ha velocità nulla.

Questo paradosso confuta sia la possibilità del moto che la concezione di un intervallo come aggregato di atomi indivisibili. Pertanto, per Zenone, un intervallo spaziale o temporale può essere concepito soltanto globalmente, con un atto sintetico del pensiero, non può essere diviso all'infinito né visto come un aggregato di atomi.

Gli altri due paradossi sono solo un modo diverso di giungere alla stessa conclusione.

Analogo al paradosso della dicotomia è il celebre paradosso di Achille e la tartaruga. Achille per raggiungere la tartaruga fa un balzo verso la posizione da essa occupata. Nell'intervallo di tempo necessario al balzo la tartaruga ha mosso un passo. Achille deve quindi compiere un altro balzo per raggiungerla, sia pure più piccolo perché la tartaruga è più lenta, supponiamo che sia la metà. Nel frattempo la tartaruga è avanzata di un quarto del passo precedente. Achille compie un altro balzo, e così via. Gli intervalli sono sempre più piccoli, ma mai nulli, per cui Achille non raggiungerà mai la tartaruga.

Il paradosso dello stadio è parente del paradosso della freccia. Esso mostra come non solo lo spazio ma anche il tempo non possa essere concepito come aggregato di intervalli temporali indivisibili, « intervalli minimi di tempo ». Siano A_1, A_2, A_3, A_4 quattro gladiatori immobili (Fig. 2) ; B_1, B_2, B_3, B_4 quattro gladiatori che si muovono verso destra in modo che ogni B raggiunga il corrispondente A nel tempo minimo ; C_1, C_2, C_3, C_4 quattro gladiatori che si muovono verso sinistra in modo che ogni C raggiunga il corrispondente A nel tempo minimo.

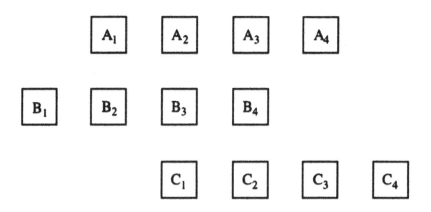

Fig. 2.

Se le posizioni occupate all'inizio sono quelle della Fig. 2, dopo l'intervallo minimo di tempo le nuove posizioni saranno quelle della Fig. 3 :

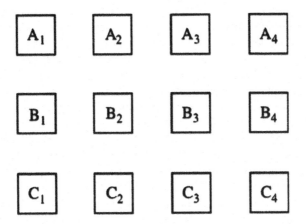

Fig. 3.

C_1 avrà superato due gladiatori della fila B, nell'intervallo di tempo minimo. Pertanto, esiste un intervallo di tempo ancor più piccolo, quello necessario a C_1 per superare un solo B, che è la metà di quello minimo, il che è assurdo.

Paul Tannery sintetizza efficacemente la situazione in questi termini : « Se riassumiamo gli argomenti di Zenone, si vede che si riducono a stabilire per assurdo : che un corpo non è una somma di punti ; che il tempo non è una somma d'istanti ; che il moto non è una somma di semplici passaggi da un punto all'altro »[10]. E inoltre : « Qual era il punto debole individuato da Zenone nelle dottrine pitagoriche del suo tempo ? [...] La chiave è data da una celebre definizione del punto matematico, ancora classica ai tempi di Aristotele [...]. Per i pitagorici il punto è l'unità considerata nello spazio. Segue immediatamente da questa definizione che il corpo geometrico è una pluralità, somma di punti, come il numero è una pluralità, somma di unità. Ora, una siffatta proposizione è assolutamente falsa : un corpo, una superficie o una linea non sono affatto una somma, una totalità di punti giustapposti ; il punto, matematicamente parlando, non è affatto un'unità, è uno zero puro, un nulla di quantità »[11].

Koyré ha tentato di mostrare che i quattro paradossi possono essere pensati sotto entrambi i punti di vista : quello della divisibilità all'infinito e quello indivisibilista, che egli chiama « infinitista » e « finitista » : a nostro avviso impropriamente, perché non è detto che il numero di componenti indivisibili del segmento sia finito. Al contrario, in tutta la tradizione successiva (si pensi

10. P. Tannery, *Pour l'histoire de la science hellène*, Paris, F. Alcan, 1887 : 258.
11. *Ivi* : 250.

a Bonaventura Cavalieri) linee, superficie e solidi saranno visti come aggregati *infiniti* di indivisibili[12]. Le due coppie di paradossi (dicotomia e paradosso di Achille da un lato, paradossi della freccia e dello stadio dall'altro) mirano a distruggere *due modi opposti di asserire la stessa cosa*, e cioè che *il continuo è un aggregato di punti. Quel che oppone i due modi è la concezione di punto* : da un lato, un ente privo di dimensione, un « nulla », una mera posizione ; dall'altro, un'unità atomica elementare e indivisibile, dotata di spessore, le cui dimensioni sono le minime possibili. La concezione dello spazio e del tempo come aggregati di punti privi di dimensione, non è meno insostenibile di quella atomistica : essa implica che un segmento è nullo, in quanto somma di infiniti zeri. Il difetto del ragionamento di Koyré sta nel concepire le posizioni spaziali e gli istanti temporali come « punti geometrici », mentre è proprio qui la difficoltà sollevata dai paradossi di Zenone : che cos'è un « punto » ? Entrambe le concezioni di « punto » conducono a difficoltà insormontabili, a meno che esso non venga pensato come un ente puramente geometrico, frutto di un'astrazione dal mondo sensibile ma ormai da esso separato. I paradossi di Zenone trasmettono il messaggio che la pretesa di trattare quantitativamente (matematicamente) l'infinito spaziale e temporale porta a contraddizioni insolubili. L'infinito va visto come un'unità indivisibile. Il continuo non può essere suddiviso : esso va colto nella sua integrità con un solo atto dell'intuizione. La via d'uscita sta nell'abbandonare la pretesa di fare del numero l'essenza del mondo. È evidente che i paradossi di Zenone – anche se nella loro formulazione originaria non potevano esplicitare il problema nei termini in cui lo si è visto in seguito – centrano la difficoltà del rapporto tra matematica e realtà, tra numero da un lato, spazio e tempo dall'altro. Difatti, anche se di numeri non si parla, sono in gioco le *quantità*, e quindi i numeri : la metà di un segmento, la metà della sua metà e così via ; gli intervalli sempre dimezzati dei salti di Achille, l'intervallo di tempo minimo.

Da un lato la scoperta dell'incommensurabilità da parte dei pitagorici, dall'altro i paradossi di Zenone e, più in generale, l'esigenza del rigore filosofico, indussero i Greci a trattare con estrema prudenza l'infinito, a tenerlo a distanza. Questa prudenza si tradusse nel primato dell'approccio geometrico « sintetico », che accantonava il concetto di numero riassorbendolo nel concetto di « grandezza » geometrica. I Greci subordinarono l'aritmetica alla geometria e ciò ebbe conseguenze enormi sullo sviluppo del pensiero matematico. Fu soprattutto Eudosso a orientare la matematica greca in tale direzione introducendo il concetto di *grandezza* e una teoria generale delle proporzioni tra

---

12. D'altra parte, se si vuole considerare un paradosso come quello della freccia da punto di vista « infinitista » (nel linguaggio di Koyré) è indispensabile pensare il segmento come unione di infiniti indivisibili. Come ha messo in luce Galileo [Galilei 1638, *Discorsi e dimostrazioni matematiche attorno a due nuove scienze*, in *Opere*, Milano, Rizzoli, 1938, vol. II, pp. 116-118], aggiungere un numero finito di indivisibili l'uno all'altro non produce una quantità divisibile, altrimenti anche gli indivisibili sarebbero divisibili. Per produrre una grandezza divisibile sono necessari infiniti indivisibili.

grandezze in cui non intervenivano elementi quantitativi. Gli *Elementi* di Euclide risentirono in modo decisivo di tale orientamento. La scelta fu di abbandonare l'idea pitagorica di punto come indivisibile, e di guardarsi dalla concezione degli enti geometrici come aggregati di punti. Il punto è « ciò che non ha parti », ma la linea non è un insieme di punti, bensì è « lunghezza senza larghezza ». Gli « estremi di una linea sono punti ». Si parla di « punti su una retta », ma non di punti come elementi costitutivi di una retta. Va tuttavia sottolineato con forza che la geometria greca, sebbene presentata in modo assiomatico, conserva uno stretto legame con l'intuizione : gli assiomi non sono asserti formali come nelle versioni moderne.

Il divorzio tra aritmetica e geometria, e la rinuncia a sviluppare la prima, ha condotto a rinunciare alla misura quantitativa e a sviluppare la matematica come strumento per la descrizione della realtà. La matematica moderna ha invece sfidato l'infinito e si è posta l'obiettivo di ricomporre il rapporto tra il mondo dei numeri e il mondo delle figure spaziali, e di aritmetizzare sia lo spazio che il tempo[13]. Lo ha fatto con la geometria analitica e il calcolo infinitesimale. Ma la cesura tra aritmetica e geometria è stata ricomposta ? Certamente sì sul piano pratico, pragmatico ; definitivamente no, sul piano concettuale. Sotto quest'ultimo profilo avevano visto bene i Greci.

Numeri e geometria

Sono passati secoli prima che qualcuno osasse fare quel che i Greci avevano interdetto : identificare i punti di una retta con dei numeri. Dopo aver assimilato un punto *I* all'unità 1, intesa come la distanza da un altro punto *O* fissato una volta per tutte e pensato come corrispondente del numero 0, gli altri numeri interi si disponevano in modo naturale a destra e a sinistra di *O*, a intervalli uguali alla distanza unitaria tra *O* e *I*. Poi venne naturale inserire le frazioni entro questi intervalli. È come se, nella Fig. 1, identificato *A* con il numero 0 e *B* con il numero 1, identificassimo *C* con 1/2, *D* con 1/4, *E* con 1/8, e così via. Poi si scoprì che le frazioni (i numeri razionali) sono tantissime, sono un'infinità densa, a differenza degli interi : tra due numeri razionali è sempre possibile inserirne infiniti altri. Dal punto di vista geometrico, è come se tra due punti qualsiasi ne esistessero infiniti altri. Ma già i Pitagorici sapevano dell'esistenza di altri numeri non rappresentabili in forma frazionaria, quelli che oggi chiamiamo gli « irrazionali ». Questi numeri presentano un fenomeno quasi scandaloso : tra due numeri razionali non soltanto vi sono infiniti altri razionali, ma anche infiniti irrazionali che brulicano e invadono ogni spazio.

Poiché non esistono altri tipi di numeri, è spontaneo concludere che l'insieme dei numeri razionali e irrazionali – i numeri « reali » – sono il « con-

13. T. Lévy, « L'idea di infinito : osservazioni storiche e filosofiche », in *Matematica e Cultura 2007* (a cura di Michele Emmer), Milano, Springer Verlag Italia, 2007 : 9-16.

tinuo » e invadono completamente la retta : il continuo geometrico ha trovato
una rappresentazione nel continuo aritmetico. Ma questa rappresentazione,
sebbene intuitivamente evidente, non è suscettibile di dimostrazione. È impossibile dimostrare che esiste una corrispondenza biunivoca tra l'insieme dei
numeri reali (la « retta reale ») e la retta geometrica, per il semplice motivo che
mentre gli elementi del primo sono ben definiti – mediante costruzioni come
quelle di Cantor o di Dedekind – gli elementi della seconda sono inafferrabili.
Lo abbiamo visto : la definizione di punto geometrico è sfuggente e considerare la retta come un insieme di punti geometrici è avventato. A ben vedere, la
rappresentazione geometrica dei numeri reali con i punti di una retta consiste
nel sostituire alla retta geometrica un modello isomorfo (aritmeticamente e
ordinatamente) ai numeri reali. Per cui, in fin dei conti, la retta geometrica è
scomparsa, sostituita con modelli che sono nient'altro che l'insieme dei numeri
reali, cui si è data una veste di tipo geometrico in via del tutto formale. Di
fatto, tutte le costruzioni della cosiddetta « retta reale » non sono altro che
costruzioni astratte i cui assiomi, a differenza di quelli di Euclide, sono privi
di qualsiasi contenuto concreto.

D'altra parte l'identificazione dei numeri reali con la retta geometrica è
intuitivamente efficace, « funziona », è pragmaticamente valida. Ma questo
non significa che, dal punto vista concettuale, il continuo geometrico e il continuo numerico siano la stessa cosa : una dimostrazione del genere è impossibile. Pertanto, anche che le varie confutazioni dei paradossi di Zenone condotte
con ragionamenti analitici hanno scarso significato. Per esempio, la traduzione
analitica dei paradossi della dicotomia e di Achille e la tartaruga è che gli
intervalli da percorrere sono $1/2$, $(1/2)^2$, $(1/2)^3$, ecc., e quindi che lo spazio
totale percorso è dato dalla somma infinita $(1/2) + (1/2)^2 + (1/2)^3 + \ldots$ L'analisi
matematica dimostra che questa somma è 1 e non infinita come si direbbe sulle
orme di Zenone. Tuttavia, una simile confutazione presuppone l'identificazione della retta geometrica con la retta reale la quale è indimostrabile. Inoltre,
la cesura tra mondo sensibile e matematica è evidente : la matematica può ben
dirci (ricorrendo all'infinito potenziale) che la somma della serie anzidetta è 1,
ma non può contestare l'evidenza, e cioè che Achille costretto a compiere infiniti passi per quanto piccoli (muovendosi nella cornice dell'infinito attuale) è
condannato per l'eternità a non raggiungere la tartaruga.

La storia del concetto di « punto geometrico », e di « punto materiale »,
mostra le difficoltà derivanti dall'uso di nozioni tanto efficaci quanto sfug-
genti. Tali sono state queste difficoltà che v'è chi ha tentato di espellere dalla
meccanica il concetto di punto materiale[14]. Emblematico è anche il percorso
di Ludwig Boltzmann, che ha oscillato tra un approccio matematico-deduttivo

14. G. A. Maggi, *Principii della teoria matematica del movimento dei corpi. Corso di Mecca-*
nica razionale, Milano, 1896, U. Hoepli. Cfr. anche T. Körner, « Der Begriff des materiellen Punk-
tes in der Mechanik des achtzehnten Jahrhunderts », in *Bibliotheca Mathematica*, (3), 5, 1904 : 15-
62 ; G. Israel, « Lo strano concetto di punto materiale », in *Matematica e Cultura 2007* (a cura di
Michele Emmer), Milano, Springer Verlag Italia, 2007 : 17-27.

alla meccanica in cui il concetto di punto materiale era centrale[15] e un approccio fisico-induttivo in cui questo ruolo era marginale[16] ; per ammettere che « la vecchia antinomia kantiana, l'opposizione tra divisibilità all'infinito della materia e la sua costituzione atomica tiene ancora la scienza in affanno » ; e per concludere nel pragmatismo : « Noi vedremo in ciascuno di questi punti di vista una costruzione dello spirito e ci chiederemo soltanto quale di queste costruzioni può essere seguita più chiaramente e facilmente e può riprodurre i fenomeni con un massimo di esattezza e un minimo di ambiguità »[17].

Galileo e Descartes hanno negato alla scienza, e alla matematica in particolare, la possibilità di dominare l'infinito, e in questo hanno avuto ragione. Ma la matematica, e la scienza attraverso di essa, ha vinto la sfida pragmatica di riuscire a manipolarlo[18].

15. L. Boltzmann, *Vorlesungen über die Prinzipien der Mechanik*, Leipzig, Barth, 1897-1904.

16. L. Boltzmann, *Über die Grundprinzipien und Grundgleichungen der Mechanik*, Clark University, 1899.

17. L. Boltzmann 1897, « Nochmals über die Atomistik », in *Populäre Schriften*, Leipzig, Barth, 1905 : 329.

18. Cfr. G. Israel 2011, *La natura degli oggetti matematici alla luce del pensiero di Husserl*, Genova-Milano, Marietti ; G. Israel, A. Millán Gasca 2012, *Pensare in matematica*, Bologna, Zanichelli.

Six inconvénients découlant de la règle du mouvement de Thomas Bradwardine

dans un texte anonyme du XIVe siècle

Sabine Rommevaux[1]

En 1328, Thomas Bradwardine compose son *Tractatus de proportionibus* dans lequel il énonce la fameuse règle du mouvement qui permet de comparer les rapidités des mouvements selon les rapports des puissances des mobiles aux résistances des moteurs[2]. Cette règle est immédiatement adoptée par les maîtres d'Oxford puis par la plupart des maîtres des universités européennes[3]. Se conformant au style des exposés de philosophie naturelle de son époque influencé par les disputes universitaires, Bradwardine fait suivre l'énoncé de la règle d'objections que l'on pourrait faire à l'encontre de la position qu'il soutient. Il énonce en particulier trois « inconvénients »[4] : si l'on compare deux mouvements produits par l'action de deux moteurs sur deux mobiles, les rapidités de ces mouvements peuvent être inégales alors que le rapport de la puissance du moteur à la résistance du mobile est le même dans les deux cas ; d'un rapport de la puissance à la résistance plus petit peut découler une rapidité égale ; d'un rapport de la puissance à la résistance plus petit peut découler une

1. J'ai rédigé cette étude à l'occasion d'un séjour à All Souls College (Oxford), en tant que chercheur invité, entre janvier et juin 2012. Je remercie les membres du College qui m'ont offert des conditions exceptionnelles de travail durant ces six mois.

2. Reprenant le vocabulaire aristotélicien, Bradwardine parle de « moteur » c'est-à-dire de ce qui meut, et de « mobile » c'est-à-dire de ce qui est mû. La puissance du moteur est sa capacité d'agir ; la résistance du mobile ou sa puissance résistive est sa capacité à s'opposer à l'action du moteur.

3. Voir Marshall Clagett, *The Science of Mechanics in the Middle Ages*, Madison, The Wisconsin University Press, 1959. Voir aussi, Thomas Bradwardine, *Traité sur les rapports entre les mouvements*, suivi de Nicole Oresme, *Sur les rapports de rapports*, introduction, traduction et commentaires de Sabine Rommevaux, Paris, Les Belles Lettres, 2010, « Introduction », p. LXII-LXVI.

4. Voir H. Lamar Crosby, *Thomas Bradwardine. His Tractatus de Proportionibus. Its Significance for the Development of Mathematical Physics*, Madison, University of Wisconsin Press, 1955, p. 116 et Thomas Bradwardine, *Traité sur les rapports entre les mouvements...*, trad. S. Rommevaux, p. 52-59.

rapidité plus grande. Afin d'illustrer chacun de ces inconvénients, Bradwardine considère la chute de deux morceaux de terre pure de quantités différentes dans des milieux de densités différentes. La réponse qu'il apporte à ces objections lui permet de préciser les types de résistances qui entrent en jeu dans l'application de la règle du mouvement[5].

Le terme « inconvénient » se retrouve dans le titre d'un traité anonyme, le *De sex inconvenientibus*, rédigé entre le début des années 1330 et le début des années 1340[6], sans doute par un membre d'un collège d'Oxford, peut-être par un étudiant de William Heytesbury[7]. Le sujet de ce traité est le mouvement, considéré selon les quatre espèces décrites par Aristote : la génération ou la corruption, l'altération, l'augmentation ou la diminution, le déplacement. Pour chacun de ces types de mouvement, l'auteur pose la question de la détermination de la rapidité ; il reprend alors et discute les thèses des maîtres d'Oxford. Il examine par ailleurs différents problèmes en lien avec ces types de mouvement, comme le mouvement des astres, la génération des couleurs, le magnétisme[8], la diffusion de la lumière ou la question de la réaction[9]. L'énoncé de toute opinion est immédiatement suivie de l'examen de six « inconvénients » qui pourraient l'invalider, d'où le titre du traité.

Nous allons examiner ici une de ces questions dans laquelle l'auteur reprend et discute la règle du mouvement de Thomas Bradwardine.

Pour notre étude nous utiliserons le texte du *De sex inconvenientibus* qui se trouve dans le manuscrit de Paris, BNF, lat. 6559, daté du XIVe siècle (noté dorénavant **P**). Ce manuscrit offre un texte de bonne qualité, mais nous le corrigerons en quelques endroits grâce aux autres manuscrits recensés de ce texte, datés du XVe siècle : Venise, Biblioteca Marciana, lat. MS VIII. 19 ; Paris, BNF, lat. 6527 ; Oxford, Bodleian Library, Canon Misc. 177. Nous utiliserons très peu l'édition publiée à Venise en 1505, qui présente un texte souvent fautif[10].

---

5. Thomas Bradwardine, *Traité sur les rapports entre les mouvements...*, trad. S. Rommevaux, « Introduction », p. XLII-XLIII.

6. L'auteur cite le *Tractatus de proportionibus* de Bradwardine (voir plus bas) et le traité *De sex inconvenientibus* est cité par John Dumbleton, dans sa *Summa de logicis et naturalibus,* composée avant 1349 (Voir Marshall Clagett, *Nicole Oresme and the Medieval Geometry of Qualities and Motions : a treatise on the uniformity and difformity of intensities known as* Tractatus de configurationibus qualitatum et motuum, Madison, WI, University of Wisconsin Press, 1968, p. 619, n. 29 ; je remercie Jean Celeyrette qui m'a donné cette information).

7. Voir Anneliese Maier, *Studien zur Naturphilosophie der Spätscholastik, Band I : Die Vorlaüfer Galileis im 14. Jahrhundert.*, Roma, Edizioni di Storia e Letteratura, 1949, p. 96, n. 30.

8. Voir à ce sujet Sabine Rommevaux, « Un auteur anonyme du XIVe siècle, à Oxford, lecteur de Pierre de Maricourt », à paraître dans la *Revue d'histoire des sciences.*

9. Voir à ce sujet Stefano Caroti, « Da Walter Burley al *Tractatus de sex inconvenientibus*. La tradizione inglese della discussione medievale *De reactione* », dans *Medioevo, Rivista di storia della filosofia medievale* XXI (1995), p. 257-374.

10. Nous préparons actuellement une édition critique de l'ensemble du *De sex inconvenientibus*, mais pour cet article, le texte proposé par le manuscrit **P** est suffisant.

Détermination de la rapidité d'un mouvement local dans le traité anonyme *De sex inconvenientibus*

La quatrième question principale du traité *De sex inconvenientibus* est consacrée au mouvement local, c'est-à-dire au déplacement ou changement de lieu : « Est-ce que dans le mouvement local une certaine rapidité doit être observée ? »[11]. L'auteur commence par répondre négativement à la question posée en disant que si on peut attribuer une rapidité au mouvement local, cette rapidité peut s'exprimer à l'aide de la puissance du moteur et de la résistance du mobile de trois manières :

> « Et on répond d'abord que non car dans ce cas il s'ensuit qu'une telle rapidité
> découlerait de l'excès des puissances motrices sur les puissances résistantes,
> comme le pose une première position, ou du rapport des excès des puissances
> motrices sur les puissances résistantes, comme le pose une deuxième position,
> ou du rapport entre les rapports des puissances motrices aux puissances résis-
> tantes, comme le pose une troisième position. Les deux premières positions ont
> été invalidées, grâce à la démonstration, par plusieurs personnes, en particulier
> par deux personnes fameuses, le maître Thomas Bradwardine, dans son traité
> *De proportionibus*, et le maître Adam Pipewell, qui démontrent cela avec sub-
> tilité. Et on ne doit pas poser la troisième, car à partir d'elle s'ensuivent plu-
> sieurs inconvénients »[12].

À Thomas Bradwardine et à Adam Pipewell[13] sont attribuées les réfutations des deux premières opinions[14]. La troisième règle, qui stipule que la rapidité (en fait il faut comprendre le rapport entre les rapidités de deux mouvements) proviendrait du rapport entre les rapports des puissances aux résistances, n'est pas attribuée explicitement à Thomas Bradwardine. Il faut d'ailleurs remarquer que l'auteur du *De sex inconvenientibus* ne reprend pas mot pour mot la for-

---

11. ms. **P**, f° 28rb : « Utrum in motu locali sit certa servanda velocitas ».

12. ms. **P**, f° 28 rb-va : « Et arguo primo quod non quia ex isto tunc sequeretur quod talis velocitas attenderetur penes excessum potentiarum moventium ad potentias resistentes, sicut ponit una
positio, aut penes proportionem excessuum potentiarum moventium ad potentias resistentes, sicut
ponit secunda positio, aut penes proportionem proportionum potentiarum moventium ad potentias
resistentes, sicut ponit tertia positio. Prime due positiones demonstrative a pluribus improbantur,
precise a duobus famosis, a magistro Thoma de Bradwardyn in tractatu suo de proportionibus et a
magistro Adam Pippewelle qui subtiliter hoc demonstrant. Nec tertia est ponenda, quoniam ex ista
sequuntur plurima inconvenientia ».

13. Adam Pipewell (orthographié « pippewelle » dans le manuscrit de **P**, « paperavelic » dans
le manuscrit d'Oxford, « palpelvelic », dans le second manuscrit de Paris et dans l'édition de
Venise, et « pyppewelle » dans le manuscrit de Venise) pourrait être Adam Pipewell qui fut Fellow
à Merton College en 1326. Cf. G. C. Brodrick, *Memorials of Merton College*, Oxford, Historical
Society at the Clarendon Press, 1885.

14. L'auteur ne retient ici que deux des quatre opinions réfutées par Thomas Bradwardine dans
le deuxième chapitre de son *Tractatus de proportionibus* (voir Thomas Bradwardine, *Traité sur les
rapports entre les mouvements...*, trad. S. Rommevaux, p. 25 et sqq).

mulation de Bradwardine[15]. En effet, ce dernier énonce la règle du mouvement
de la manière suivante, sans faire intervenir explicitement le rapport entre les
rapports des puissances aux résistances :

> « Le rapport entre les rapidités dans les mouvements suit du rapport des puis-
> sances motrices aux puissances résistives, et inversement. Ou, en d'autres ter-
> mes, le sens restant le même : les rapports des puissances motrices aux
> puissances résistives et les rapidités dans les mouvements sont proportionnels
> dans le même ordre, et de même inversement. Et on doit comprendre ici qu'il
> s'agit d'une proportionnalité géométrique »[16].

Quoiqu'il en soit, c'est bien une variante de la règle du mouvement de Thomas Bradwardine qui est énoncée dans le *De sex inconvenientibus* comme troisième opinion, et l'auteur va détailler trois séries de six cas qui semblent
l'invalider. À la fin de la question, il revient sur ces cas et répond aux arguments proposés, en donnant sa propre opinion[17].

Mouvement et résistance

Pour le premier inconvénient l'auteur se place dans un cas général et théorique de mouvement local :

> « Premièrement : un mobile *a* intensifierait son mouvement dans le temps[18],
> seulement en raison du rapport de la puissance active à sa résistance[19] ; cepen-
> dant, durant tout ce temps, on a un rapport d'égalité entre la puissance motrice
> de *a* et sa résistance »[20].

---

15. Voir Jean Celeyrette, « Bradwardine's Rule : A Mathematical Law ? », dans Walter Roy
Laird & Sophie Roux (eds), *Mechanics and Natural Philosophy before the Scientific Revolution*,
Dordrecht, Springer, 2008, p. 51-66, en particulier p. 58.

16. « Proportio velocitatum in motibus sequitur proportionem potentiarum moventium ad
potentias resistivas, et etiam e contrario. Vel sic sub aliis verbis, eadem sententia remanente : pro-
portiones potentiarum moventium ad potentias resistivas, et velocitates in motibus, eodem ordine
proportionales existunt, et similiter e contrario. Et hoc de geometrica proportionalitate intelligas »
(texte latin dans H. Lamar Crosby, *Thomas Bradwardine. His Tractatus de Proportionibus.* ...,
p. 112 ; traduction française dans Thomas Bradwardine, *Traité sur les rapports entre les mouvements...*, trad. S. Rommevaux, p. 48-49).

17. On retrouve cette formulation, plus tard, à Paris, dans le traité *De proportionibus proportionum* de Nicole Oresme et dans le *Tractatus proportionum* d'Albert de Saxe (voir Nicole
Oresme, *Sur les rapports de rapports*, trad. S. Rommevaux, p. 149 ; H. L. L. Busard, *Der Tractatus proportionum von Albert von Sachsen*, Österreichiche Akademie der Wissenschaften, Mathe-
matisch-Naturwissenschaftliche Klasse Denkschriften, 116, Band. 2 Abhandlung, Wien, In
Kommission bei Springer-Verlag, 1971, p. 63.)

18. C'est-à-dire que la rapidité augmenterait.

19. C'est-à-dire que l'intensification du mouvement n'est causée que par l'augmentation de ce
rapport.

20. ms. **P**, f° 30va-vb : « Primo quod *a* mobile continue intenderet motum suum per tempus et
solum a proportione potentie motive *a* ad suam resistentiam, et tamen per totum idem tempus inter
potentiam motivam *a* et eius resistentiam est proportio equalitatis ».

L'auteur n'illustre pas le cas sur un exemple. Il se contente de supposer qu'il est possible d'avoir un mobile dont la rapidité augmente du fait de l'accroissement de la puissance motrice, mais dont le rapport entre puissance et résistance reste égal, du fait de l'accroissement conjoint de la résistance[21]. Ceci semble contredire la règle du mouvement considérée ici, puisque des rapports égaux devraient produire des rapidités égales. Dans la réponse que l'auteur propose à cet argument[22], il précise que si l'on est dans ce cas, il faut comprendre que la résistance dont il est question ici est la résistance extrinsèque, c'est-à-dire causée par le milieu ou par tout élément autre que le mobile et le moteur. Il ne dit rien de plus mais on pourrait par exemple supposer que le mouvement a lieu dans un milieu de plus en plus dense. Et l'auteur ajoute que ce n'est pas ce rapport entre puissance et résistance extrinsèque qui doit être considéré ici, mais bien plutôt le rapport entre la puissance motrice et la résistance intrinsèque, c'est-à-dire la résistance induite par le mobile lui-même, rapport qui augmente parce que la puissance augmente et que la résistance intrinsèque reste la même. L'auteur conclut finalement que la rapidité proviendrait alors du « rapport entre la puissance acquise à l'instant suivant à la puissance acquise à l'instant précédent ».

Dans le deuxième inconvénient, l'auteur considère le cas imaginaire de la chute d'un corps lourd jusqu'au centre de la terre :

> « Deuxièmement : aucun corps lourd dans le monde ne peut intensifier son mouvement jusqu'à la fin du mouvement et cela alors que le corps lourd est mû naturellement vers son lieu naturel. Ou bien, s'il intensifie son mouvement, il sera mû à partir d'un rapport plus petit plus rapidement qu'à partir d'un rapport plus grand, et il intensifie son mouvement continûment alors que le rapport de la puissance motrice à la puissance résistante est diminué continûment »[23].

---

21. ms. **P**, f° 30vb : « Ad probationem primi inconvenientis supponitur casus iste quod *a* sit una potentia motiva et *b* sua potentia resistiva, inter que sit proportio equalitatis. Deinde augmentetur potentia *a* et sicut crescit potentia, ita crescat eius resistentia proportionaliter, ut inter illam et eius resistentiam continue sit proportio equalitatis et sequitur conclusio. Nam potentia *a* continue intendetur per tempus cum per aliquod tempus erit eius potentia continue maior quam est in precedenti instanti, quia crescit continue per casum. Tunc arguo sic : *a* velocitabit motum suum per tempus et solum a proportione potentie motive ad suam resistentiam iuxta positionem, sed inter illa est proportio equalitatis, igitur etc. ».

22. ms. **P**, f° 41ra-rb : « [...] licet *a* ad *b* que est resistentia extrinseca partialis sit proportio equalitatis, non tamen inter *a* et potentiam suam resistivam aliam a *b*, que forte erit sua resistentia intrinseca, est proportio equalitatis sed proportio maioris inequalitatis, unde *a* non intendetur a proportione *a* ad *b* sed a proportione potentie acquisite in posteriori instanti ad potentiam habitam in priori instanti, que est proportio intrinseca inequalitatis maioris ».

23. ms. **P**, f° 30vb : « Secundo quod nullum grave mundi potest intendere motum suum versus finem motus, et hoc ubi grave movetur versus locum suum naturalem naturaliter, vel si intendat motum suum velocius movebitur a proportione minori quam a proportione maiori et continue intendit motum suum ubi continue minoratur proportio [proportione **P**] potentie motive ad potentiam resistentem ».

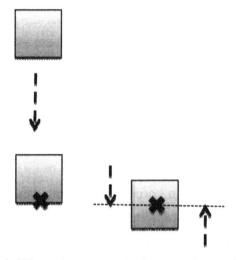

Selon Aristote, lorsqu'un corps lourd rejoint son lieu naturel, son mouvement s'accélère[24]. Mais l'auteur va examiner un cas dans lequel, à la fin du mouvement, le rapport entre la puissance motrice et la puissance résistive diminue de sorte que, si l'on applique la règle du mouvement, la rapidité diminue. Il considère un corps lourd simple posé dans un milieu uniforme entourant le centre du monde ; il suppose que le temps du mouvement est c et qu'à la fin de la première moitié de c la limite inférieure du corps atteint le centre du monde, puis que dans la seconde moitié du temps, le corps dépasse le centre du monde jusqu'à ce que son centre coïncide avec celui-ci[25].

L'auteur montre alors que dans cette seconde phase du mouvement, la rapidité diminue car le rapport de la puissance à la résistance diminue[26] : la résistance extrinsèque, due au milieu ambiant, reste la même, mais la résistance intrinsèque augmente et la puissance motrice diminue jusqu'à devenir égales. En effet, la résistance intrinsèque est due aux parties du corps qui se trouvent sous le centre et qui résistent au mouvement vers le bas, car tout corps lourd tend à rejoindre son lieu naturel, qui est le centre du monde ; or ces parties augmentent durant la seconde partie du mouvement. La puissance motrice est quant à elle due aux parties du corps qui se trouvent au dessus du centre et qui

---

24. *Traité du ciel*, I. 8, 277a. L'auteur revient sur la question de l'accélération du mouvement dans la chute d'un corps lourd, dans l'article qui suit la question sur la rapidité du mouvement local. Cet article a pour titre : « Utrum velocatio motus gravis sit ab aliqua causa certa » (ms. **P**, f° 31vb) (voir Pierre Duhem, *Le système du monde. Histoire des doctrines cosmologiques de Platon à Copernic*, 10 tomes, Paris, Hermann, 1913-1959, tome VIII : *La physique parisienne du XIVe siècle (suite)*, 1958, p. 316-318.) Duhem pensait que le *De sex inconvenientibus* avait été écrit après Oresme (*Le système du monde…*, tome VII : *La physique parisienne du XIVe siècle (suite)*, 1958, p. 645). Il s'étonne donc que l'auteur anonyme ne fasse pas état de la théorie de l'*impetus*.

25. ms. **P**, f° 30vb : « Ad probationem secundi inconvenientis arguitur sic : quia si aliquod grave mundi existens extra locum suum naturalem possit intendere motum suum versus finem motus, sit illud *a* et sit *a* grave simplex extra locum suum naturalem, et sit medium circa centrum mundi, quod est eius locus naturalis, uniformis resistentie per totum, quod sit *b*. Et ponatur *a* in *b* ita quod *a* secundum se et secundum quamlibet sui partem sit supra *b*. Et sit *c* certum tempus quo sic movebitur et ita quod in prima medietate contingat centrum mundi et in secunda moveatur ulterius quousque medium eius sit medium mundi, ita quod in fine temporis primo sit medium eius medium mundi ».

26. ms. **P**, f° 30vb-31ra : « Tunc *a* grave non intendit motum suum versus finem, quod arguo sic : *a* per totam secundam medietatem *c* temporis movebitur cum maiori resistentia et maiori resistentia, igitur per totum etc. minorabitur continue proportio potentie motive *a* ad suam resistentiam ».

tendent à aller vers le centre de la terre ; ces parties diminuent[27]. On a donc la conclusion : soit la rapidité du mobile diminue dans la seconde moitié du temps, du fait que le rapport de la puissance à la résistance diminue, mais alors ceci contredit Aristote ; soit on admet que la rapidité continue à croître durant cette seconde moitié du temps, mais alors cette croissance de la rapidité serait observée alors même que le rapport de la puissance à la résistance diminue, ce qui contredit la règle du mouvement.

Lorsqu'il répond à cet argument, l'auteur admet que le corps ralentit son mouvement avant d'atteindre son lieu naturel[28]. Il en déduit que la même chose est vraie si l'on suppose que l'on a du vide autour du centre :

> « De là on a que, du vide étant imaginé autour du centre du monde et un corps lourd simple étant posé en lui de sorte que plus de la moitié de ce corps soit d'un côté du centre et moins de la moitié de ce même corps simple soit posé de l'autre côté du centre, ce corps lourd simple serait mû successivement dans ce vide, jusqu'à ce que son centre soit au centre du monde »[29].

Ainsi, pour l'auteur du *De sex inconvenientibus*, la chute d'un corps lourd simple dans le vide est possible dans ce cas de figure et ne s'effectue pas à une rapidité infinie ; la résistance interne, due au désir des parties du corps lourd qui se trouvent au delà de leur lieu naturel de rejoindre le centre du monde, induit une rapidité finie[30].

---

27. ms. **P**, f° 31ra : « [...] *a* intendit motum suum continue ubi continue minoratur proportio potentie active [*om.* **P**] ad potentiam resistivam, et sic sequitur conclusio. Et antecedens patet quoniam post medium instans *a* secundum sui medietatem inferiorem descendet sub centro mundi quousque medietas inferior sit totaliter sub centro, et medietas superior supra centrum, et centrum eius sit [*om.* **P**] centrum mundi. Sed continue usque centrum eius sit centrum mundi crescet resistentia ex parte partium ultra centrum quousque sua resistentia sit equalis potentie motive, et centrum eius cum centro mundi, igitur etc. ».

28. ms. **P**, f° 41rb : « Ad secundum dico concedendo quod nullum grave mundi mixtum vel simplex motum ad locum suum naturalem et tandem ibi locatum potest continue intendere motum suum [*om.* **P**] usque in finem motus exclusive [...] ».

29. ms. **P**, f° 41ra : « Et inde est quod ymaginato vacuo circa centrum mundi et posito in isto corpore gravi simplici, ita quod ex una parte centri esset plus quam medietas istius corporis et ex alia parte centri minor quam medietas eiusdem corporis simplicis, illud grave simplex moveretur successive in isto vacuo, quousque centrum illius esset cum centro mundi ».

30. Je n'ai pas trouvé d'argument semblable dans des traités antérieurs au *De sex inconvenientibus* (mais ma recherche est sans doute lacunaire). Toutefois, Roger Bacon, dans son commentaire au livre IV de la *Physique*, lorsqu'il se demande si le mouvement d'un corps lourd vers le bas est naturel ou violent, précise qu'un tel mouvement est soit *quoad totum*, soit *quoad partes*. Il explique alors que le mouvement des parties se fait selon leur distance au centre : « [...] partes gravis non inclinant se directe ad centrum, imo declinant propter equidistantiam partium gravis in ipso gravi [...] » (Roger Bacon, *Quaestiones supra libros octo Physicorum Aristotelis*, IV, éd. par Ferdinand M. Delorme et Robert Steele, in *Opera hactenus inedita*, vol. XIII, Oxford, Clarendon Press, 1935 p. 397). A. Maier remarque que Bacon n'utilise pas cet argument sur les parties du corps lourd pour la question du mouvement dans le vide (A. Maier, *An der Grenze von Scholastik und Naturwissenschaft*, Roma, Edizioni di Storia e Letteratura, 1952, p. 236, n. 23, cité par S. Kirschner, « Nicole Oresme on the Void in His Commentary on Aristotle's *Physics* », dans Joël Biard & Sabine Rommevaux (eds), *La nature et le vide dans la physique médiévale. Études dédiées à Edward Grant*, Turnhout, Brepols, 2012, p. 247-268 ; voir p. 259, n. 5). Par contre, on retrouve des arguments semblables à celui du *De sex inconvenientibus*, plus tard, chez Nicole Oresme (Kirschner, art. cité, p. 259 et 262) et chez Blaise de Parme (Sabine Rommevaux, « Le vide *secundum naturam* dans les *Questions sur la Physique* de Blaise de Parme », dans Joël Biard & Sabine Rommevaux (eds), *La nature et le vide dans la physique médiévale...*, p. 293-316 ; voir p. 311).

Cas de puissances ou résistances extrêmes

Avec le troisième inconvénient on quitte le mouvement local, qui pourtant est le sujet de la question, pour s'intéresser au mouvement d'altération :

> « Troisièmement : a a agi dans b infiniment et cependant après cela c agit dans b plus rapidement que a n'a agi dans b »[31].

Il est supposé qu'une chaleur a, uniforme, dont le degré de chaleur n'est pas maximal, agit sur b, de sorte qu'à la fin du processus d'assimilation b sera d'une chaleur égale à a ; puis une chaleur uniforme maximale c est approchée de b. Il est supposé par ailleurs que c agit dans b selon un rapport plus grand que a n'a agi dans b[32], de sorte que c agit plus rapidement dans b que a n'a agi dans b à l'instant où a a été totalement assimilée par b et où c est approchée de b[33]. La rapidité de l'action de c dans b continue ensuite de croître. Mais on montre que l'action de a dans b se fait de plus en plus rapidement, jusqu'à aboutir à une rapidité infinie, de sorte que l'action de c dans b se ferait à une rapidité plus grande qu'une rapidité infinie[34]. En effet, l'action de a dans b se produit selon les parties proportionnelles de b : d'abord a agit dans la moitié de b, puis dans la moitié de la seconde moitié de b, puis dans la moitié de ce qui reste, et ainsi de suite, de sorte que la résistance de b diminue à mesure que les parties à chauffer diminue, et cela jusqu'à ce que la résistance soit nulle. Ainsi la rapidité croît à l'infinie.

31. ms. **P**, f° 30va : « Tertio quod in infinitum egit a in b et tamen post hoc agit c in b velocius quam a egit in b ».

32. ms. **P**, f° 31ra : « Ad probationem tertii supponitur casus iste, quod a sit unum calidum uniforme remissum quod assimilavit sibi b, deductis quibuscumque iuvamentis et impedimentis extrinsecis, et quod a egit continue secundum ultimum sui, et quod c sit unum calidum in summo approximatum ad b quod continue agit in b secundum ultimum sui, quousque b fuerit assimilatum ipsi c et quod c se habeat in maiori proportione ad b quamtum ad assimilandum sibi b quam unquam habuit a ad b. ».

33. ms. **P**, f° 31ra : « [...] c continue velocius et velocius agit in b quam a egit in b, quod arguo sic : a maiori et maiori proportione c agit in b continue post hoc instans quam a egit in b ut ponit casus. Et velocitas motus sequitur proportionem iuxta positionem iam dictam, igitur c continue velocius et velocius aget in b quam a egit in b. ».

34. ms. **P**, f° 31ra-rb : « Et tamen quod in infinitum velociter a egit in b arguitur sic : aliquando maxima resistentia a fuit aliqualiter magna et aliquando in duplo minor, in triplo minor, et sic in infinitum et etiam ipsamet sua potentia non debilitata continue egit secundum ultimum sui igitur in infinitum velociter a egit in b. Consequentia patet et minor ponenda est in casu et maior probatur sic, quia a per partem ante partem assimilavit sibi b igitur sequitur quod prius assimilavit sibi medietatem propinquiorem istius b quam medietatem remotiorem istius b et eodem modo assimilavit sibi prius primam partem proportionalem quam secundam et secundam quam tertiam, et sic deinceps. Et cum medietas propinquior fuerit assimilata ipsi a tunc solum resistebat sibi medietas assimilanda, et cum secunda pars proportionalis istius b [a **P**] fuerit assimilata ipsi a tunc solum resistebat ipsi a totum sequens illam partem proportionalem et sic deinceps. Et per consequens sequitur quod aliquando resistebat sibi alia pars et alia in duplo minor, et alia in triplo minor, et sic in infinitum. Et si sic igitur infinite pervitata fuit una resistentia, et per consequens in infinitum velociter egit a in b, quod fuit probandum ».

Dans sa réponse, l'auteur rejette le raisonnement qui conduit à conclure que *a* agit dans *b* à une rapidité infinie, car on pourrait en conclure de même pour n'importe quelle chaleur[35]. En effet, admettre le raisonnement reviendrait à admettre que toute chaleur agirait de la même manière sur n'importe quel patient, quelle que soit sa résistance, puisque avec une rapidité infinie dans tous les cas.

Le quatrième inconvénient concerne lui aussi un mouvement d'altération :

> « Quatrièmement : *a* commence à agir dans *b* avec une rapidité infinie, et *a* agit dans *b* continûment, de plus en plus rapidement, et plus rapidement qu'il a commencé à agir dans *b* »[36].

On suppose cette fois qu'une chaleur uniforme maximale *a* est approchée de l'extrémité la plus chaude d'une chaleur uniformément difforme *b*, c'est-à-dire que dans *b* la chaleur varie uniformément entre ses deux extrémités. On suppose par ailleurs que l'extrémité de *b* approchée par *a* est au plus haut degré de chaleur exclusivement. On suppose enfin que *a* agit dans *b* continûment avec un rapport de plus en plus grand, de sorte que, si l'on applique la règle du mouvement, la rapidité de l'action de *a* dans *b* augmente[37]. Mais on montre par ailleurs que l'action de *a* dans *b* commence avec une rapidité infinie[38] ; en effet, la résistance à l'action de la chaleur *a* dépend du degré de froideur dans *b*, mais plus on s'approche de l'extrémité la plus intense, plus la froideur diminue, jusqu'à disparaître. Ainsi, à l'extrémité, la résistance étant nulle, la rapidité est infinie.

Dans sa réponse, l'auteur nie que la résistance à l'extrémité puisse ainsi être déterminée à partir de la diminution de la froideur lorsqu'on s'en approche[39].

---

35. ms. **P**, f° 41rb : « [...] per idem argumentum sequitur quod quodlibet calidum in summo approximatum ceteris paribus cuicumque passo frigido uniformiter difformi [difformis **P**] secundum extremum sui intensius in quod deberet agere successive assimilando sibi passum sive illud passum esset maioris resistentie sive minoris semper equaliter ageret, quia infinite in utrumcumque, ut patet ».

36. ms. **P**, f° 30vb : « Quarto quod in infinitum velociter *a* incipit agere in *b* et continue *a* aget in *b* velocius et velocius quam ipsum incipit agere in *b* [in b *om.* **P**] ».

37. ms. **P**, f° 31rb : « Ad probationem quarti supponitur casus iste : quod *b* sit unum calidum uniformiter difforme terminatum in extremo intensiori ad gradum summum exclusive et quod *a* sit unum calidum in summo approximatum ad extremum intensius *b* et quod *a* se habeat in magna proportione ad agendum in *b* et quod aget continue in *b* a proportione maiori et maiori. Tunc sequitur quod *a* continue velocius et velocius aget in *b*, cum continue ipsum aget in *b* a proportione maiori et maiori [et maiori *om.* **P**] et velocitas motus sequitur proportionem iuxta positionem ».

38. ms. **P**, f° 31rb : « Et tamen in infinitum velociter *a* incipit agere in *b* quod arguo sic : quoniam *b* secundum extremum sui intensius secundum nullum gradum resistentie resistit ipsi *a*, quod ad idem extremum terminatur alia frigitas aliqualiter resistens et alia in duplo minus resistens, et alia in triplo minus resistens, et sic in infinitum et cum ibi nulla sit resistentia nisi frigiditas, igitur secundum nullum gradum resistentie *b* secundum extremum sui intensius resistit ».

39. ms. **P**, f° 41rb-va : « Contra : 'ad idem extremum terminatur alia frigiditas aliqualiter resistens et alia in duplo minus resistens et alia in triplo minus resistens, et sic in infinitum et cum ibi nulla sit resistentia nisi frigiditas, igitur *b* secundum nullum gradum resistentie secundum extremum sui intensius resistit ipsi *a*', nego consequentiam. Non enim sequitur, ut patet, *b* per suum extremum intensius non per ita remissum gradum frigiditatis in isto extremo resistit ipsi *a* quoniam per minorem in duplo, in triplo et sic in infinitum resistit ipsi *a* igitur *b* secundum nullum gradum etc. resistit ipsi a et sic patet quod prior consequentia est neganda ».

Mouvement total-Instants du mouvement

Les cinquième et sixième inconvénients mettent en scène des dispositifs lumineux[40]. On suppose qu'on a deux sources de lumière e et f initialement égales, mais telles qu'au cours du processus f reste inchangée alors que e augmente en taille, sa luminosité restant inchangée. On dispose devant chacune d'elles, à distances égales, des corps opaques égaux, respectivement c et d, qui produisent ainsi deux cônes d'ombre. Et on suppose que ces deux corps sont détériorés continûment, de manière égale, jusqu'à être totalement détruits, de sorte que les cônes d'ombre qu'ils produisent diminuent continûment jusqu'à disparaître. Enfin, à l'extrémité des cônes d'ombre, on place deux mobiles a et b de sorte qu'ils se meuvent continûment en suivant la diminution des cônes d'ombre.

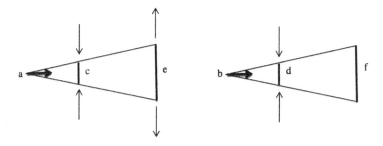

On a alors le cinquième inconvénient :

> « Cinquièmement : a et b sont deux points qui seront mus continûment durant un certain temps par un mouvement rectiligne et sur des espaces au repos ; a se mouvra continûment plus rapidement que b et cependant il ne traversera pas plus d'espace dans le même temps »[41].

Les deux mobiles a et b atteignent leurs buts au même moment, car les corps opaques c et d sont détruits en même temps[42]. Les deux mobiles a et b

---

40. ms. **P**, f° 31va : « Ad probationem quinti supponitur quod e f sint duo corpora luminosa [...] equalia intensive et extensive, et c d sint duo obstacula equalia, et equaliter distet c ab e sicut d ad f ita quod c d causent umbras equales et corrumpantur c d obstacula continue equaliter usque illa fuerint totaliter corrupta. Sed pono quod quamdiu aliquid utriusque manebit, quod idem aliquid causet umbram tamen continue minoretur et minoretur, usque ad non gradum quantitatis. Tamen illud suppono quod e luminosum continue maioretur nulla remissione facta in e nec intensione, nec alia transmutatione facta in f luminoso. Et ponatur a *in cono umbre c et b in cono umbre d et continue moveatur a* [** *repet.* **P**] mensurando conum c ita quod a semper tangat conum illum c [*om.* **P**] et b semper tangat conum illum [*om.* **P**] d. ».

41. ms. **P**, f° 30vb : « Quinto quod a b sunt duo puncta que continue per certum tempus movebuntur motu recto et super spatia quiescentia, et a continue movebitur velocius b et tamen non plus pertransiet in equali tempore ».

42. ms. **P**, f° 31va : « Et sequitur conclusio quod a et b sunt duo mobilia equaliter distantia a terminis suis fixis, ut sequitur ex casu, et eque cito devenient ad terminos suos fixos. Nam tam cito erunt a b mobilia ad terminos suos quam cito erunt c d umbre corrupte et non prius aliquod istorum quam alterum. Sed c d umbre erunt simul et eque primo corrupte. Igitur a b mobilia simul erunt ad terminos suos ita quod neutrum citius [in *add.* **P**] altero ».

parcourent la même distance, mais a va plus vite que b[43]. En effet, le mouvement de a suit le mouvement du cône d'ombre causé par c, mais puisqu'on a supposé que le corps lumineux e augmente en taille, le cône d'ombre de c diminuera plus rapidement que celui de d. Il est ici supposé implicitement que la rapidité dépend du rapport entre la taille de e et la taille du corps opaque c, or la taille de e augmente pendant que la taille de c diminue du fait de sa destruction ; par ailleurs, à destruction égale, puisque la taille de f n'augmente pas, le rapport de f à d sera plus petit que celui de e à c.

Du même dispositif découle le sixième inconvénient :

> « Sixièmement : a et b sont deux mobiles également distants de leurs termes fixes, qui atteindront aussi vite leur termes fixes par un mouvement rectiligne vers ces termes ; et durant tout le temps, a se mouvra plus rapidement que b et cependant, durant le même temps, b ne sera jamais mû plus lentement que a »[44].

On considère ce qui se passe en un instant du mouvement situé entre le début et la fin. Puisque a est plus rapide que b, a aura parcouru à cet instant une plus grande distance que b. Donc il reste à b une plus grande distance à parcourir pour atteindre son but. Mais comme a et b atteignent leur but en même temps, il faut donc que la rapidité de b soit plus grande que celle de a. Et on a cela pour chaque instant du temps. On en conclut que c'est vrai durant tout le temps du mouvement[45].

43. ms. **P**, f° 31va : « Et a per totum tempus movebitur velocius b, nam a continue movebitur ita velociter sicut conus umbre c et b ita velociter sicut conus umbre d, sed conus umbre c continue movebitur velocius cono umbre d igitur etc. Antecedens arguitur : quia si e luminosum non maioretur, aliis ceteris paribus, tunc eque velociter moverentur illi duo coni cum umbris, tunc precise eque velociter corrumperentur versus illa obstacula. Sed iam conus umbre c velocius movebitur quam tunc moveretur, cum umbra c, propter maiorationem e, velocius continue corrumperetur, quam corrumperetur, si non foret huius maioratio ».

44. ms. **P**, f° 30vb : « Sexto quod a et b sunt duo mobilia equaliter distantia a terminis suis fixis et eque cito devenient ad terminos suos fixos per motum rectum ad illos terminos, et a per totum tempus movebitur velocius b et tamen b per idem tempus nec unquam movetur tardius a ».

45. ms. **P**, f° 31vb : « a per totum tempus a primo instanti movetur velocius b et utrumque movetur [movebitur **P**] motu recto versus suum terminum [*om*. **P**], et in principio distabant ab illis terminis equaliter. Igitur a per totum tempus minus distabit a termino suo quam b a termino suo. Signo tamen aliquod instans intrinsecum istius temporis, quod sit c, in quo inequaliter distant a terminis suis, et arguo sic : a et b iam inequaliter distant a terminis suis et b plus distat a termino suo quam a et eque cito deveniet b [*om*. **P**] motu recto ad terminum suum, sicut a ad terminum suum, igitur b per totum tempus ab hoc instanti usque in finem motus movebitur velocius a. Consequentia ista patet, nam b in equali tempore pertransiet maius spacium lineale, igitur velocius movebitur. Ex quo arguo ultra sic : iam a et b inequaliter distant a terminis suis, b plus quam a et utrumque movetur motu recto versus terminum suum, et eque cito precise devenient ad terminos suos, igitur b movetur vel movebitur velocius a. Tunc ista consequentia est bona et formalis et in quolibet instanti a primo instanti erit antecedens verum, igitur in quolibet instanti a primo instanti erit consequens verum. Et ultra : igitur per totum tempus quo sic movebuntur a et b, erit hoc verum quod b movetur et movebitur velocius a, ex quo sequitur ultra quod b per idem tempus non movetur nec movebitur tardius a, ex quo sequitur conclusio, cuius oppositum sequitur directe ex conclusione proxima sicut patet ».

L'auteur répond à ces deux arguments en niant que le mouvement de *a*, ou celui du cône *c*, soit plus rapide du fait de l'augmentation de la taille de *e*[46], car, si l'on reprend le raisonnement du sixième inconvénient, dans le premier instant du temps, la rapidité de *a* est plus grande que celle de *b*, mais dans tous les laps de temps suivants, qui ne débutent pas au premier instant, c'est la rapidité de *b* qui est plus grande. Toutefois, si l'on considère tout le temps, entre le premier et le dernier instant, *a* et *b* ont la même rapidité (ils arrivent au même moment aux termes de leurs parcours).

L'auteur s'interroge alors sur la validité de l'implication : « Durant tout le temps *a* et *b* sont mus inégalement, alors dans tout le temps ils sont mus inégalement »[47]. L'exemple montre que c'est faux, car durant tout le temps, c'est-à-dire selon chaque partie du temps les rapidités sont inégales, mais si l'on considère l'ensemble du temps du mouvement, les rapidités sont égales. L'auteur l'explique, en discutant l'interprétation que l'on doit donner des expressions *per tempus* et *in tempore* (que l'on peut traduire par « durant le temps » et « dans le temps ») qui interviennent dans le raisonnement :

> « Il est clair que 'temps' à l'accusatif [dans 'durant le temps' ou *per tempus*] est pris de manière syncatégorématique et divisée et donne à entendre que selon n'importe quelle partie du temps *a* et *b* se meuvent inégalement, et cela est vrai. À l'ablatif [dans 'dans le temps' ou *in tempore*], il est pris de manière catégorématique et collective, et donne à entendre que dans le temps résultant de toutes les parties du temps ils se meuvent inégalement, et cela est faux »[48].

L'auteur reprend ici la distinction entre sens composé et sens divisé, qui est discutée par Aristote et longuement exposée par William Heytesbury (que l'auteur du *De sex inconvenientibus* cite par ailleurs[49]) dans son traité *De sensu composito et diviso*[50].

---

46. ms. **P**, f° 41va : « Et cum arguitur quod sic 'nam umbra *c* propter maiorationem *e* continue velocius corrumpetur', immo aliquando velocius et aliquando tardius et non continue velocius nec aliud sequitur vel probatur in isto casu. Unde in isto casu *a* incipit moveri velocius *b* in primo instanti et tamen post hoc primum instans, in omni tempore non terminato ad primum instans, *b* movetur velocius *a*, ut demonstrative probat sextum argumentum. In toto tamen tempore terminato ad primum instans et ultimum moventur equaliter *a* et *b*, per totum tamen tempus moventur inequaliter ».

47. ms. **P**, f° 41va : « Nec sequitur '*a* et *b* per totum tempus moventur inequaliter', igitur in toto tempore moventur inequaliter ».

48. ms. **P**, f° 41va : « Patet : ly totum in accusativo casu stat sincategorice et divise, et dat intelligere quod per quamlibet partem temporis moventur *a* et *b* inequaliter et hoc est verum. In ablativo casu stat categorice et collective et dat intelligere quod in tempore resultante simul ex omnibus partibus temporis moventur inequaliter, et hoc est falsum [...] ».

49. Voir par exemple ms. **P**, f° 22va-vb.

50. Voir l'article « William Heytesbury » de John Longeway dans la Stanford Encyclopedia of Philosophy (http://plato.stanford.edu/search/searcher.py?query=heytesbury).

Conclusion

Les cas imaginaires décrits par l'auteur du *De sex inconvenientibus* afin de remettre en cause la règle du mouvement de Thomas Bradwardine ne sont pas que des exercices de style. Comme toujours dans les textes de philosophie naturelle de cette époque ils servent à préciser les notions qui entrent en jeu dans la théorie et le mode d'application de la règle. Ainsi, le premier inconvénient, très général, permet à l'auteur de faire la distinction entre résistance intrinsèque et résistance extrinsèque et de montrer que la résistance intrinsèque peut être cause du mouvement. Le deuxième inconvénient illustre ce propos dans le cas particulier de la chute d'un corps lourd vers le centre de la terre ; on voit comment la résistance intrinsèque varie dans la seconde partie du mouvement en ayant pour conséquence de modifier la rapidité. Cet exemple montre aussi comment la prise en compte de la résistance intrinsèque résout la question de la possibilité du mouvement d'un corps simple dans le vide, dans un cas particulier. Les troisième et quatrième inconvénients mettent en jeu des processus où la puissance est maximale, lorsque la chaleur est maximale, ou la résistance est minimale, lorsque la froideur est nulle. Dans ces cas extrêmes, comme dans le cas du vide où la résistance extrinsèque est nulle, toute la difficulté est de déterminer la rapidité, ce qu'illustrent ces deux inconvénients. Les cinquième et sixième inconvénients posent la question de la validité de cette inférence : « si une propriété est vraie en chaque instant du temps, la même propriété est vraie dans le temps considéré dans sa totalité ».

Toutes ces questions sont fondamentales pour la détermination de la rapidité.

RÉÉVALUER L'HUMANISME MATHÉMATIQUE

Michela Malpangotto

Remarques préliminaires

En 1973 Paul Lawrence Rose concluait son ample recension des textes mathématiques présents dans les bibliothèques humanistes en remarquant que les humanistes « eurent le mérite, au XVe siècle, de réunir en Italie un corpus presque complet des textes mathématiques grecs ». C'est ce corpus qui devait, selon Rose, fructifier au XVIe siècle dans la renaissance de ces disciplines, laquelle aurait été « sérieusement empêchée sans ce travail préliminaire ». Rose soulignait « le fort intérêt mathématique » de ces savants qui « ne se bornèrent pas à rassembler des manuscrits mathématiques, mais promurent activement la traduction et une nouvelle lecture des mathématiques grecques, faisant ainsi des bibliothèques humanistes les centres culturels de la première renaissance des mathématiques »[1].

Ce savoir mathématique humaniste, sa formation dans la lecture des textes anciens constituent un continent encore largement inexploré. C'est pourtant là que se sont formées plusieurs conditions déterminantes pour la naissance de la science classique, là que s'est opéré, pour l'Occident latin, le « grand sursaut » dont parlent les historiens de la Renaissance, et qui aura causé l'éloignement définitif de la science moderne vis-à-vis de son propre passé[2]. C'est sur ce savoir, ses motifs et ses causes, que je réfléchis depuis plusieurs années avec Michel Blay dans le cadre du projet « Qu'appelle-t-on les débuts de la science classique ? »

Dans le domaine de l'histoire des sciences, plusieurs études d'ensemble permettent d'une part de reconstituer toute l'époque allant de l'Antiquité à la fin

---

1. Paul Lawrence Rose, « Humanist Culture and Renaissance Mathematics : The Italian Library of the *Quattrocento* », dans *Studies in the Renaissance*, XX (1973), pp. 104-105. Cf. également P. L. Rose, *The Italian Renaissance of Mathematics*, Genève, Droz, 1975.

2. Eugenio Garin, *Il ritorno dei filosofi antichi*, Napoli, Bibliopolis, 1994, p. 13 distingue *il grande soprassalto che fu l'umanesimo rinascimentale* des « sursauts » dont parle M.-D. Chenu, *Introduction à l'étude de Saint Thomas d'Aquin*, Paris-Montréal, Vrin, 1950, p. 95.

du Moyen-Âge, et d'autre part de fournir une vision globale de la période qui
suit la publication du *De revolutionibus orbium coelestium*. Pour le sujet qui
nous intéresse en revanche, la période qui précède la contribution de Copernic
reste encore dans l'ombre et cela probablement en raison de sa nature même.
Aucun auteur retentissant ne se distingue, aucun ouvrage produit ne semble
suffisamment original ou innovant pour attirer l'attention des chercheurs. Cette
période forme plutôt le substrat de réflexions et d'un progressif changement
général de mentalité qui, bien qu'il ne produise pas d'œuvres originales dans
l'immédiat, crée à mon avis les conditions à partir desquelles s'effectueront les
percées réellement révolutionnaires. Si un tel changement de mentalité ou,
pour reprendre une expression célèbre d'Alexandre Koyré, une si « profonde
transformation spirituelle qui a bouleversé non seulement le contenu, mais les
cadres mêmes de notre pensée »[3] a pu s'accomplir, c'est parce qu'au long des
XVe et XVIe siècles, on est passé d'une *forma mentis* liée aux schèmes qui
avaient dominé le Moyen-Âge, à une conception radicalement nouvelle dans
laquelle les multiples ferments novateurs apportés par l'humanisme se sont
assemblés en une synthèse cohérente. Dans cette transformation même, la
recherche récente s'accorde à reconnaître le rôle déterminant joué par ce qu'il
est d'usage d'appeler l'humanisme mathématique.

Dans son acception commune, la notion d'humanisme mathématique tient
essentiellement dans la description de deux facteurs :

– la redécouverte, l'édition et la traduction des œuvres mathématiques classiques et l'étude de leur contenu ;

– la diffusion de ces ouvrages, rendue possible par l'invention de l'imprimerie.

Cette description me semble profondément réductrice dès lors qu'on entend
faire ressortir le lien entre l'humanisme mathématique et le « grand sursaut »
dont parlait Garin : la disproportion entre les causes supposées et le résultat
atteint – schématiquement : la naissance de la science classique – est trop
grande pour qu'on puisse accorder à la caractérisation ordinaire de l'humanisme mathématique un pouvoir explicatif suffisant.

De l'enchaînement entre humanisme mathématique et science nouvelle, on
porte habituellement comme preuves l'influence de l'*Almageste* sur le système
héliocentrique de Copernic ou celle de l'œuvre d'Archimède sur les recherches
de Tartaglia, de Benedetti ou de Galilée, et l'on reconnaît que si Kepler n'avait
pas disposé des *Coniques* d'Apollonius, il ne lui aurait pas été possible de formuler ses lois. Il est pourtant aisé d'observer que depuis le XIIe siècle tous ces
auteurs anciens, et bien d'autres encore, étaient déjà largement accessibles
dans l'Occident latin et que malgré cela, leur lecture n'a provoqué aucune

---

3. Alexandre Koyré, *Études d'histoire de la pensée scientifique*, Paris, Gallimard, 1985, p. 13
[1ère édition 1966].

révolution. Le lien n'est donc ni si immédiat ni si linéaire : ces textes et cette mathématique, seuls, ne suffisent pas à déterminer de manière simple et naturelle le changement. D'autres facteurs sont en jeu, bien plus de questions sont impliquées : la période qu'on est en train d'examiner est bien plus complexe.

Il me semble donc nécessaire de redéfinir et de revoir les termes du problème, de façon à replacer l'humanisme mathématique dans sa juste perspective historique et de chercher à mieux définir son contenu, à la fois en lui-même et par rapport aux œuvres anciennes redécouvertes par les humanistes.

Dans ce qui suit, on présentera l'humanisme dans quelques-uns de ses traits essentiels et l'on montrera que le véritable obstacle au développement des sciences n'a pas été, comme certains l'ont prétendu, l'humanisme, mais plutôt le système culturel médiéval dont la destruction sera opérée précisément par l'humanisme mathématique. Il sera cependant nécessaire de dépasser la caractérisation qui lui est d'habitude associée pour rendre à ce mouvement toute l'ampleur de son contenu. On pourra ainsi reconnaître la portée effectivement novatrice de l'humanisme mathématique et retrouver en celui-ci les instruments par lesquels il a été possible de démolir la structure qui dominait la culture médiévale, avec sa façon propre de faire science. Ainsi, les nouveaux apports qui dérivent des réflexions humanistes, en se fusionnant avec les réflexions qui étaient indéniablement présentes dans le système traditionnel – et qui seulement maintenant peuvent se dérouler de manière libre – pourront se combiner en allant créer les conditions pour la naissance de la science classique.

L'humanisme

La vision que j'ai acquise au cours de ces années me convainc que les réflexions scientifiques qui animent les XVᵉ et XVIᵉ siècles ne peuvent pas être considérées sans être mises en rapport avec le mouvement plus vaste qu'est l'humanisme. Cela signifierait en effet les soustraire à leur contexte historique et les priver de leurs racines, mais cela voudrait surtout dire que l'on ne comprend pas que l'un des résultats les plus importants de l'humanisme est précisément la condition essentielle qui déclenchera le changement opéré au cours de ces deux siècles. La prise en considération de ce contexte et de ses racines impose de remonter au milieu du XIVᵉ siècle et au climat nouveau qui trouve sa première expression, d'emblée cohérente, dans l'œuvre de Pétrarque.

« Pétrarque, dit Eugenio Garin, sut se faire l'interprète incomparable des exigences profondes d'une époque, en traduisant des inquiétudes, des impatiences, des révoltes en termes culturels précis. De tout un savoir et de son organisation il a défini les limites et les clôtures, en renvoyant aux Anciens, maîtres éternels vers lesquels il convenait de revenir pour prendre un nouvel élan. Sa mise en question de certaines tendances fondamentales de la recherche scolastique, telle qu'elle se définit dans une œuvre comme le *De sui ipsius et multorum ignorantia*, est d'une efficacité sans égale et réussit à toucher aux racines mêmes des problèmes de toute l'encyclopédie du savoir »[4]. Dans « ce nouvel écrit polémique en effet, Pétrarque condamne l'encyclopédisme des *scholae*, fait de notions incertaines, incohérentes, jamais vérifiées et souvent démenties par l'expérience la plus simple et commune, et animé d'une vaine curiosité qui confond la science avec une simple accumulation de notions »[5]. Il condamne en outre la « vision 'monarchique' de la culture » répandue à son époque, qui refuse la multiplicité des points de vue et des doctrines : « Aristote était très grand – reconnaît Pétrarque – mais il n'était lui aussi qu'un homme ; non pas le seul chercheur du vrai, mais conditionné par le temps et l'espace : *scio maximum, sed [...] hominem*. Et surtout il ne fut pas seul, non plus que son œuvre. [...] En même temps, Pétrarque élabore un programme philosophique précis, reposant sur certains principes destinés à devenir les pierres de touche de la recherche à venir : 1. les doctrines philosophiques ont toujours été plurielles ; toutes représentent des visions différentes, mais toujours partielles de la vérité, *luce non altera, sed aliter illustrante* ; 2. il s'ensuit la nécessité d'une nouvelle 'bibliothèque', de nouveaux livres, d'un nouvel accès aux sources grecques, avec des traductions nouvelles non seulement de sources nouvelles, mais également de certaines déjà connues [...] »[6].

Cette prise de conscience de la situation présente va se trouver toujours plus partagée. Pour la première fois depuis des siècles, toute l'organisation du savoir qui s'était imposée au cours des siècles est l'objet d'un réexamen. Elle est remise en cause et soumise à une réflexion critique interne selon des méthodes toujours plus raffinées, jusqu'à arriver de manière naturelle à révéler toute sa stérilité. Émerge ainsi la conscience que sont désormais épuisées toutes les potentialités d'un système culturel devenu désormais incapable de fournir des réponses adéquates aux nouvelles questions que l'on se pose de manière de plus en plus claire. Il s'ensuit le besoin d'un changement radical, d'un virage décisif vers la recherche de valeurs et d'objectifs nouveaux à poursuivre. Dans cette recherche, on ne se projette pas vers le futur mais on se tourne vers le passé, vers tout ce que les cultures anciennes ont produit. Mais sur ce point, il est à mon avis nécessaire de renverser le rapport pour considérer que ce ne sont pas les découvertes des textes de l'ancienne culture et leur relecture qui déterminent le changement et l'affirmation d'un climat nouveau. Ce sont plutôt les exigences issues d'une situation de crise qui conduisent à s'adresser aux Anciens. La chose se produit en même temps qu'émerge une

---

4. Eugenio Garin, *Il ritorno dei filosofi antichi*, Napoli, Bibliopolis, 1994, pp. 22-23.

5. Cesare Vasoli, « La tradizione scolastica e le novità filosofiche umanistiche del tardo Trecento e del Quattrocento », dans Cesare Vasoli (éd), *Le filosofie del Rinascimento*, Milano, Mondadori, 2002, p. 124.

6. Eugenio Garin, *Il ritorno dei filosofi antichi*, Napoli, Bibliopolis, 1994, pp. 26-27.

conscience historique : « une conscience qui interdit aux humanistes toute confusion entre monde présent et monde passé ; une conscience qui leur fait chercher le monde passé, non pas pour le reproduire passivement dans une situation entièrement différente, mais pour en tirer l'esquisse de solutions nouvelles et plus conformes aux problèmes actuels »[7].

Stimulés par ces exigences, les humanistes cherchent les textes restés cachés dans les bibliothèques monastiques, ou provenant de Byzance ou encore de l'Italie du Sud. Ils accomplissent un travail philologique laborieux visant à rendre ces textes à leur forme d'origine. Ils les traduisent pour que leur contenu intègre, mieux encore, devienne la source à laquelle se référer pour marquer le commencement d'une culture nouvelle dans l'Occident latin[8]. « Il s'agit d'un monde et d'un temps, d'un univers : l'antiquité *toute entière*, non seulement grecque et romaine, mais égyptienne et chaldéenne, hébraïque et persane. Il s'agit de se réapproprier dans une dimension du temps – l'antiquité – l'humanité toute entière à l'œuvre : poésie et théologie, science et philosophie, et aussi la grande prose d'histoire et le droit, les monuments architectoniques et les machines, les statues et les peintures, les techniques et les mœurs, jusqu'aux objets domestiques – les coupes et les joyaux. Ce ne sont pas seulement Platon ou Epicure ou Plotin ou Hermès qui reviennent ; *tous* reviennent, ou du moins sont rappelés [...] »[9].

Ce qu'il est cependant nécessaire de remarquer, c'est non seulement la quantité exceptionnelle des textes qui sont redécouverts, mais surtout « le mode d'approche et le genre d'intérêt auquel ils répondent »[10]. En effet, quand on considère la redécouverte humaniste du passé, « on est face non pas à une masse chaotique et indifférenciée d'œuvres entassées sans critère, mais plutôt à un dialogue bien articulé [...] À des questions nouvelles on cherche des réponses nouvelles, que l'on demande, paradoxalement, au passé précisément car le sens du présent et du futur est en train de changer et avec lui la façon de se rapporter au passé et de considérer l'histoire. Des exigences nouvelles suscitent des échos inattendus dans les textes qui existaient, mais qui étaient restés muets et retrouvent maintenant leur voix décisive [...] »[11].

7. Ludovico Geymonat, *Storia del pensiero filosofico e scientifico*, vol. II, Garzanti, 1970, p. 20.

8. Pour un aperçu touchant la question de la réappropriation du savoir mathématique, voir Michela Malpangotto, « Vienne, Rome, Nuremberg : Regiomontanus et l'humanisme », dans Michel Blay, Vincent Jullien, Efthymios Nicolaïdis (éds), *Europe et sciences modernes, histoire d'un engendrement mutuel – Europe and Modern Sciences, the History of a Mutual Engenderment*, Bern, Berlin, Bruxelles, Frankfurt am Main, New York, Oxford, Wien, Peter Lang, pp. 105-132.

9. Eugenio Garin, *Il ritorno dei filosofi antichi*, Napoli, Bibliopolis, 1994, p. 12.

10. Eugenio Garin, *Il ritorno dei filosofi antichi*, Napoli, Bibliopolis, 1994, p. 14.

11. Eugenio Garin, *Il ritorno dei filosofi antichi*, Napoli, Bibliopolis, 1994, pp. 13-14.

Dans la multiplicité des points de vue – toujours partiels, toujours limités et par conséquent toujours à intégrer –, auxquels donnent voix les nouvelles philosophies maintenant redécouvertes, on trouve la force pour légitimer une analyse critique de la situation présente. Un sens critique surgit et c'est la prise de conscience d'une crise touchant tout un système qui s'affirme. Dans cette exigence d'un changement, qui est ressentie de manière toujours plus consciente et urgente, résident la portée vraie et la force innovatrice de l'humanisme. Sur ce fondement commun, et avec cette prise de conscience de la situation du présent va commencer une période de transformations radicales qui impliquera tous les centres d'intérêt de l'homme, au point de les transformer de fond en comble dans les premières décennies du XVIe siècle.

L'humanisme et les sciences

Pour une partie de la tradition de l'histoire des sciences, l'humanisme a fait fonction d'obstacle à la naissance de la science classique. L'argument de ces auteurs est que si l'humanisme n'avait pas existé, la philosophie naturelle aurait poursuivi une évolution qui, par un développement linéaire, aurait d'elle-même produit la science nouvelle. L'humanisme apparaît alors comme le phénomène culturel qui aurait détourné les savants du XVe siècle des questions scientifiques auxquelles ils s'intéressaient, en en empêchant, ou du moins en en ralentissant, l'évolution.

Représentatif de ce point de vue, John Randall Jr affirme que « pour la philosophie naturelle, l'humanisme a été une catastrophe presque complète. Si l'humanisme n'avait pas concentré les énergies des meilleurs esprits sur la sagesse pour l'essentiel non scientifique des Romains, les intérêts vigoureux que la fin du Moyen-Âge a montrés pour la science auraient pu produire un Galilée bien avant le XVIIe siècle »[12]. Des jugements de ce genre ne tiennent

12. John Herman Randall Jr, *The Making of Modern Mind*, Boston, Houghton Mifflin Company, 1940, p. 212 ; traduction française tirée de Michel-Pierre Lerner, « L'humanisme a-t-il sécrété des difficultés au développement de la science au XVIe siècle ? Le cas de l'astronomie », dans *Revue de Synthèse*, 1979, 93-94, pp. 48-71.Cf. également Luca Bianchi, « Le scienze nel Quattrocento. La continuità della scienza scolastica, gli apporti della filologia, i nuovi ideali di sapere », dans Cesare Vasoli (éd.), *Le filosofie del Rinascimento*, Milano, Mondadori, 2002, p. 93 : *Ciò rimanda alla questione controversa del ruolo giocato in ambito scientifico dalla 'rinascita' umanistica. Storici come Duhem, Sarton, Randall e Thorndike hanno visto nel Rinascimento un fenomeno esclusivamente letterario, artistico e filosofico, che anzi, con il prevalere di una cultura orientata in senso umanistico, amante del bello stile e spesso fin troppo sensibile alle suggestioni del mito, della magia, dell'esoterismo, avrebbe segnato una battuta d'arresto o addirittura un arretramento rispetto ai grandi progressi registrati nel tardo Medioevo. Negli ultimi trent'anni la tesi che 'per la filosofia naturale l'umanesimo fu una catastrofe quasi completa' (secondo la lapidaria formula di Randall) è stata falsificata dai lavori di Boas, Garin, Lerner, Schmitt, Vasoli e tanti altri. Eppure molti ancora stentano a cogliere in tutta la sua ricchezza il contributo alla conoscenza della natura recato dagli uomini del XV secolo.*

pas compte du contexte effectif dans lequel ces « énergies » étaient en train d'opérer.

Quand l'action de ce présumé facteur d'obstacle que fut l'humanisme commence, la structure du savoir de tradition aristotélico-scolastique est dominante. Elle maintient inchangée l'appréciation générale envers Aristote dont Averroès, parmi d'autres, s'était déjà fait le porte-parole. Dans son commentaire au traité *De l'âme*, celui-ci exprime « l'éloge le plus haut rendu par un grand philosophe à un autre grand philosophe » en affirmant qu'Aristote « est une règle et un modèle que la nature a conçu pour montrer quelle est la perfection extrême de l'homme [...] La doctrine d'Aristote est la vérité suprême car son esprit fut l'expression la plus élevée de l'esprit humain. C'est pourquoi, avec raison, on a dit qu'il a été créé et offert à nous par la divine providence pour que nous puissions connaître tout ce qui peut être connu. Loué soit Dieu qui conféra à cet homme une perfection apte à le distinguer de tous les autres hommes, et qui lui fit approcher le plus haut degré de dignité possible pour le genre humain »[13]. De la même manière, Dante parlait au nom de beaucoup quand il définissait Aristote le *maesto di color che sanno*[14] et Thomas d'Aquin le considérait comme celui qui avait atteint le plus haut niveau accessible à la pensée humaine sans l'aide de la foi chrétienne.

Aristote a fourni les hypothèses, les principes démontrés et les principes évidents en soi, sur lesquels il a fondé la structure et déterminé le fonctionnement de son univers. Il a en outre imposé un fort sens de l'ordre, de la cohérence et de la cohésion entre toutes les parties dont se compose le monde réel : du royaume muable du devenir de l'expérience terrestre jusqu'à la perfection des sphères célestes. Les commentateurs et les interprètes médiévaux ont élargi les domaines d'application de l'aristotélisme, jusqu'à en faire la doctrine qui « en principe expliquait tout »[15] : les causes premières de la nature, le changement et le mouvement en général, les mouvements des corps célestes, les mouvements et les transformations des éléments, la génération et la corruption, les phénomènes qui ont lieu dans la région supérieure de l'atmosphère, jusqu'à l'étude des animaux et des plantes. Ainsi, des disciplines comme la mécanique, l'astronomie, la géographie, la médecine avec l'anatomie et la physiologie, la zoologie, la botanique et la minéralogie, tout comme l'astrologie, l'alchimie et la magie furent cultivées ensemble, comme autant d'expressions particulières de cet unique objet qu'est la nature. De cette manière, ces disciplines se retrouvent fermement enchaînées les unes aux autres, parties intégrantes d'une vision unitaire de l'univers défini au travers d'une solide charpente cosmologique et

---

13. David Knowles, *The Evolution of Mediaeval Thought*, Baltimore, Helicon Press, 1962, p. 200.

14. Dante, *Divina commedia, Inferno*, IV, 131.

15. Charles C. Gillispie, *The Edge of Objectivity. An Essay in the History of Scientific Ideas*, Princeton, University Press, 1969, p. 11.

métaphysique. Cette charpente s'est révélée capable d'une résistance à toute épreuve, sa cohérence rendant inconcevable toute théorie particulière non conforme au système philosophique de référence.

L'apport des discussions hautement techniques des penseurs médiévaux sur des aspects particuliers de telle ou telle discipline spécifique ne fait pas de doute. Celles-ci ont contribué à approfondir, éclairer et affiner des questions individuelles, sans dépasser les bornes du système général aristotélicien, sans volonté affirmée de changement. Oresme, « esprit remarquablement libre, plus dégagé qu'aucun autre de la lettre aristotélicienne »[16], offre en ce sens un témoignage significatif. « Discutant le problème du mouvement diurne de la Terre, il aperçoit nettement le principe de la relativité du mouvement et l'impossibilité, si l'on s'en tient aux seules apparences, de conclure en faveur d'un mouvement du Ciel ou d'un mouvement de la Terre. [...] Cependant, à peine a-t-il soulevé le problème et envisagé ainsi la première modification vraiment significative de l'image cosmologique traditionnelle, qu'il termine son analyse de façon abrupte en déclarant n'avoir parlé du sujet que par 'esbatement' »[17].

Pour le philosophe parisien, la charpente cosmologique et métaphysique de tradition aristotélico-scolastique demeure incontestable dans ses prémisses fondamentales. Précisément au nom de ces prémisses, il refuse la mobilité de la Terre, bien qu'il ait prouvé qu'elle soit plausible sur la base de l'expérience sensible.

Tels sont, au moins en partie, les « intérêts vigoureux que la fin du Moyen Âge a montrés pour la science », ces intérêts qui, pour Randall, furent entravés dans leur développement par l'humanisme, au point d'empêcher la venue d'un Galilée avant le XVIIe siècle. À mon avis pourtant, la stagnation qui a affecté les sciences vers la fin du Moyen-Âge ne vient pas du fait que l'humanisme a détourné les penseurs des thématiques qui étaient au centre de leurs intérêts ; elle dérive plutôt du fait que ces penseurs restèrent toujours dans le cadre du système général aristotélico-scolastique qui, constamment accepté dans ses prémisses fondamentales, les aura empêchés d'atteindre des résultats véritablement novateurs.

Pour rendre possible la naissance de la nouvelle science, il aura donc fallu la destruction radicale de la vision unitaire de l'univers qui avait dominé pendant des siècles. Le refus total et définitif de cette structure générale du savoir ne sera effectif que lorsqu'on aura trouvé un autre « système », mathématique celui-là, complètement autonome par rapport au précédent, et sur lequel la philosophie naturelle pourra s'appuyer.

---

16. Maurice Clavelin, *La philosophie naturelle de Galilée*, Paris, Albin Michel, 1996, p. 122.

17. Maurice Clavelin, *La philosophie naturelle de Galilée*, Paris, Albin Michel, 1996, pp. 124-125.

Réévaluer l'humanisme mathématique

Le passage du système aristotélico-scolastique au « système » mathématique a été possible grâce à l'humanisme mathématique. Toutefois, limiter l'apport des réflexions humanistes à la seule redécouverte des contenus techniques des mathématiques classiques me semble profondément réducteur. Ce faisant en effet, on ne saisit qu'une seule composante à l'intérieur d'une conception des mathématiques qui était en voie de révéler de manière absolument nouvelle les potentialités de cette discipline, à la fois en elle-même, comme instrument de la connaissance du vrai, et pour son application à l'étude de la nature.

En mathématiques, où les résultats atteints dans le passé ne perdent jamais leur validité, la réappropriation humaniste de l'héritage ancien ne pouvait que représenter un ajout positif aux connaissances opératives des scientifiques de l'époque. Il n'est pas nécessaire de s'arrêter ici sur l'intensité avec laquelle les mathématiciens humanistes ont lu, traduit et commenté les trésors du passé. Le travail accompli par Regiomontanus, Giorgio Valla, Federico Commandino, Francesco Maurolico et Christophe Clavius – entre autres – est déjà bien connu ; l'importance et la portée de cette « renaissance » sont désormais largement soulignées par les historiens des sciences[18]. Ce qu'il importe de signaler est plutôt la nature et la variété des textes que les humanistes ont redécouverts. Cela vaut non seulement des contributions d'Euclide, de Ptolémée, d'Archimède, d'Apollonius, de Théodose, de Diophante lues dans leurs versions d'origine avec leurs résultats purement techniques, mais aussi des pages qui ont transmis les réflexions que, sur les œuvres de ces mêmes auteurs (mais également d'Aristote et de Platon), les philosophes et les mathématiciens grecs avaient mûries au cours des Ve et VIe siècles de notre ère. À cette époque en effet, la culture byzantine avait été animée par l'activité de penseurs qui avaient porté leur intérêt sur les contributions rédigées plusieurs siècles auparavant et les avaient enrichies de considérations originales d'ordre aussi bien philosophique que méthodologique. *Collections mathématiques* de Pappus, *Hypotyposes* de Proclus, commentaires du même au premier livre des *Éléments* d'Euclide, commentaire d'Eutocius aux *Coniques* d'Apollonius et aux œuvres d'Archimède, commentaire de Théon d'Alexandrie à l'*Almageste*, *Expositio* des mathématiques utiles pour comprendre Platon par Théon de Smyrne : le

---

18. Outre les contributions de Paul Lawrence Rose déjà mentionnées, voir Carlo Maccagni, « Filologia e storiografia della scienza : il ricupero delle fonti scientifiche classiche all'origine della scienza moderna », dans *Atti del convegno sui problemi metodologici di storia della scienza*, Firenze, Barbèra editore, 1967, pp. 96 ; Pier Daniele Napolitani, « Federico Commandino e l'Umanesimo matematico » ainsi que Enrico Gamba, « Guidobaldo dal Monte matematico e fisico », dans *Scienziati e tecnologi marchigiani nel tempo. Convegno storico-scientifico*, Quaderni del Consiglio regionale delle Marche, (V / 30), 2001, pp. 37-58 et pp. 91-108. Voir également Enrico Gamba et Vico Montebelli, *Le scienze a Urbino nel tardo Rinascimento*, Urbino, ed. Quattroventi, 1988.

matériel sur lequel les humanistes ont travaillé est particulièrement riche et fécond. Il ouvre sur un véritable univers culturel qui, comme on vient de le voir, offre des résultats positifs, mais (1) devient à son tour l'objet de critiques, comme c'est le cas en l'astronomie et (2) fait aussi ressortir des questions qui débouchent sur une confiance tout à fait nouvelle dans les mathématiques.

(1) Le réexamen critique des mathématiques anciennes : le cas de l'astronomie

C'est par l'astronomie qu'a été déclenché le processus du renouvellement. Ce qui s'est produit pour cette discipline est paradoxal. Depuis toujours elle avait été considérée comme la science par excellence, en vertu précisément de l'union entre la perfection de son objet d'étude, à savoir la partie de l'univers où tout est parfait et immuable, et la rigueur de la méthode mathématique par laquelle ce même objet est étudié. Malgré ceci, ces connaissances jugées indubitables ont été mises en question et il a fallu détruire cette science par excellence en cherchant en elle-même à la fois les instruments pour vérifier la vérité de ses connaissances et les raisons pour sa démolition.

La vision du ciel dominante au XVe siècle dérive principalement de la fusion de deux théories anciennes – aristotélicienne et ptoléméenne –, selon une tradition qui assigne à chaque planète une sphère totale, respectant l'homocentricité voulue par Aristote, et un certain nombre d'orbes partiels conçus pour y loger les systèmes ptoléméens et permettant de sauver les apparences des mouvements des corps célestes[19]. Le réexamen critique développé à cette époque par les humanistes s'est également étendu à l'astronomie. Mais dans ce domaine ce travail a pris un caractère particulier dû à la spécificité de la matière concernée.

La vérification humaniste, qui dans d'autres champs de la culture ne pouvait prendre qu'une forme spéculative[20], s'accomplit en astronomie à travers l'inspection pratique et la confrontation directe avec la réalité. Les données tirées des observations fournissent des paramètres objectifs qui rendent évident de manière non équivoque le manque de correspondance entre les phénomènes et les prévisions tirées des tables et de leurs modèles sous-jacents. Ainsi, au XVe

---

19. Voir Edward Grant, « Eccentrics and Epicycles in Medieval Cosmology », dans Edward Grant, John E. Murdoch (eds), *Mathematics and its applications to science and natural philosophy in the Middle Ages*, Cambridge, Cambridge University Press, 1987 ; Michel Lerner, *Le monde des sphères*, Paris, Les Belles Lettres, Collection l'Âne d'or, 2008. Pour une description détaillé de cette conception, voir Michela Malpangotto, « L'univers auquel s'est confronté Copernic : la sphère de Mercure dans les *Theoricae novae planetarum* de Georg Peurbach », dans *Historia Mathematica*, 40(3), 2013, pp. 1-47.

20. Cf. Edward Grant, *Le origini medievali della scienza moderna*, Torino, Einaudi, 2001, p. 250 : *Nella filosofia naturale aristotelica la maggior parte delle opinioni e delle interpretazioni erano essenzialmente irrefutabili e ciò dava loro un'aria di indistruttibilità. Come filosofia naturale nella quale la matematica, l'esperimento e la previsione svolgevano un ruolo insignificante per la scoperta della struttura e delle operazioni della natura, nessun controargomento o prova poteva facilmente scalfirla e tantomeno demolirla.*

siècle, il devient manifeste que la vision dominante du ciel n'est plus adéquate pour expliquer la réalité. Elle n'offre plus de réponses satisfaisantes aux nouvelles exigences qui prétendent en premier lieu établir l'image vraie du monde.

Face à cette prise de conscience de l'insuffisance des connaissances astronomiques de leur temps, les astronomes humanistes ne se sont pas projetés vers le futur ; ils se sont tournés vers le passé, vers la culture de leurs prédécesseurs. Ils ont ressenti le besoin de revenir aux théories et aux opinions de l'Antiquité pour les faire revivre dans leur formulation d'origine, c'est-à-dire épurée des modifications ou des interprétations qu'elles avaient subies au cours des siècles. Sont également revalorisées des théories qui, autrefois refusées, se révèlent maintenant singulièrement fécondes. Les systèmes de sphères homocentriques d'Eudoxe et Callippe sont reformulés dans les *Homocentrica* de Girolamo Fracastoro ou dans le *De motibus corporum caelestium iuxta principia peripatetica sine excentricis et epicyclis* de Giovanni Battista Amico. Les systèmes de Ptolémée sont réactualisés dans les *Theoricae novae planetarum* de Georg Peurbach ou l'*Epytoma Almagesti* de Peurbach et Regiomontanus ; ils sont soumis à l'analyse raffinée qu'Albert de Brudzewo élabore dans ses cours à l'université de Cracovie[21]. Le débat s'enflamme sur les hypothèses aptes, de manière la plus réaliste et concrète, à fonder une structure de l'univers capable d'en refléter l'essence vraie. Dans les principaux centres culturels de l'époque, Padoue, Bologne, Paris, Coimbra, Wittenberg, Nuremberg, Bâle, les différents courants de pensée trouvent leurs expressions les plus significatives[22]. Les divers systèmes du monde, conçus dans des siècles lointains, sont revisités avec l'exigence de répondre aux questions de l'astronomie du temps, plus nombreuses et complexes que les questions en vue desquelles ces systèmes avaient été conçus.

---

21. Les ouvrages de Girolamo Fracastoro et Giovanni Battista Amico furent imprimé à Venise respectivement en 1538 et 1536. Les *Theoricae novae planetarum* de Peurbach furent imprimées par Regiomontanus à Nuremberg en 1472 environ et l'*Epytoma Almagesti* parut postume à Venise en 1496. Le *Commentariolum super Theoricas novas planetarum Georgii Purbachii* d'Albert de Brudzewo fut publié à Milan en 1494.

L'édition critique des *Theoricae novae planetarum* de Peurbach paraîtra dans Michela Malpangotto, *Les* Theoricae novae planetarum *de Georg Peurbach : édition critique, traduction française et commentaire*, Paris, Les Belles Lettres, Collection Sciences et Savoirs ; voir également Michela Malpangotto, « Les premiers manuscrits des *Theoricae novae planetarum* de Georg Peurbach : présentation, description, évolution d'un ouvrage », dans *Revue d'Histoire des Sciences*, 65(2), 2012, pp. 339-380. L'édition critique du *Commentariolum* d'Albert de Brudzewo se trouve dans *Albertus de Brudzewo super Theoricas novas planetarum edidit Ludovicus Antonius Birkenmajer*, Cracoviae, Typis et sumptibus Universitatis Jagellonicae, 1900 ; voir également Michela Malpangotto, « La critique de l'univers de Peurbach développée par Albert de Brudzewo a-t-elle influencé Copernic ? Un nouveau regard sur les réflexions astronomiques au XVe siècle », dans *Almagest*, 4 (1), 2013, pp. 4-61.

22. Cf. Pierre Duhem, *Sauver les apparences*, Vrin, 2003 [1ère édition 1908] et Peter Barker, « The Reality of Peurbach's Orbs. Cosmological Continuity in Fifteenth and Sixteenth Century Astronomy », dans Patrick J. Boner (ed), *Change and Continuity in Early Modern Cosmology*, Dordrecht-Heidelberg-London-New York, Springer, pp. 7-32.

Dans son ensemble, ce réexamen converge vers une conscience plus aigüe de l'infécondité et des faiblesses des deux systèmes, aussi bien celui de la philosophie naturelle d'Aristote que celui de l'astronomie de Ptolémée. Ceux-ci se révèlent inadéquats à la fois pour rendre compte des phénomènes et pour représenter cette réalité dans un discours respectueux des principes propres de la nature céleste. Le savoir initialement si convoité est en train de décevoir les attentes.

Dans cette insatisfaction générale qui affecte la science des astres s'élève également la voix de Copernic. La succession des réflexions qui l'ont mené vers l'élaboration de l'héliocentrisme est rendue par lui-même dans sa dédicace au pape qui ouvre le *De revolutionibus orbium coelestium* : constat que les astronomes ne s'accordent pas sur la manière de déterminer les mouvements des sphères du monde ; découverte chez les auteurs du passé de la possibilité d'envisager une Terre en mouvement ; et surtout liberté de suivre les traces des Anciens et de proposer le cas échéant une solution alternative[23].

Ainsi, dans un contexte culturel où l'autorité collective d'Aristote, de Ptolémée et de la Bible garantissait encore l'acceptation unanime de la croyance que la Terre demeurait immobile au centre du monde, Copernic s'arroge la liberté « d'oser imaginer – contrairement à l'opinion reçue des mathématiciens et presqu'à l'encontre du bon sens – un certain mouvement de la Terre »[24]. L'astronome de Frauenburg tire la légitimité de son univers du fait que celui-ci incarne, du moins dans ses intentions, l'essence de la nature céleste : il déclare avoir trouvé « un système plus rationnel de cercles d'où toute irrégularité apparente découlerait, tandis que tous seraient mus uniformément autour de leurs centres, comme l'exige le principe du mouvement parfait »[25].

Le respect d'un principe préexistant à Aristote et Ptolémée devient la légitimation d'un acte révolutionnaire. L'astronomie, expression la plus élevée des disciplines mathématiques, accomplit une action décisive de rupture avec la tradition.

Après ce premier geste copernicien qui bouleverse la vision de l'univers, la révolution en marche va au-delà du domaine astronomique. En se détruisant elle-même, la science des astres emporte toutes les autres disciplines car la destruction de la vision traditionnelle de l'univers déclenche une chaîne de révolutions parallèles impliquant tous les domaines qui s'étaient définis et organisés dans le cadre du système aristotélico-scolastique. À partir de l'astro-

---

23. Copernic, « Dédicace au pape Paul III », dans *Nicolas Copernic, Des Révolutions des orbes célestes, Traduction, introduction et notes par Alexandre Koyré*, Paris, Diderot, 1998, pp. 35-38 [1ère édition 1970].

24. Copernic, « Dédicace au pape Paul III », dans *Nicolas Copernic, Des Révolutions des orbes célestes, Traduction, introduction et notes par Alexandre Koyré*, Paris, Diderot, 1998, p. 35.

25. Copernic, *De hypothesibus motuum caelestium a se constitutis commentariolus*, trad. française dans Hugonnard-Roche, H., Rosen, E., Verdet, J.-P. (éds), *Introduction à l'astronomie de Copernic*, Paris, Blanchard, 1975, p. 72.

nomie, un processus de changement constructif prend son essor, dont naîtra la science nouvelle.

(2) Une confiance nouvelle dans les mathématiques

Le processus déclenché par l'astronomie trouvera son moment culminant avec les lois de Kepler, la contribution de Galilée et la méthode expérimentale, selon une évolution qui implique toute la façon de penser de l'homme, sa vision et son interprétation de la nature, le rapport entre pensée et connaissance de l'univers. Cela comporte une manière différente de considérer la vérité et la recherche humaine du vrai. Dans la définition progressive de ces résultats, les mathématiques constituent un facteur déterminant.

Il ne suffit toutefois pas d'invoquer, comme le fait Regiomontanus au milieu du XVe siècle, le retour des mathématiques en tant que porteuses de vérités éternelles et immuables que « ni les changements des mœurs ni le temps qui passe ne peuvent altérer. Les théorèmes d'Euclide ont aujourd'hui la même validité qu'ils avaient il y a mille ans. Les résultats d'Archimède susciteront dans mille siècles la même admiration qu'ils produisent chez le lecteur de nos jours »[26]. En vérité, le passage du rôle que ces disciplines avaient dans le système aristotélico-scolastique au rôle qu'elles vont acquérir dans la science nouvelle en tant qu'instrument de connaissance du vrai et de la nature n'est pas si immédiat : entre les deux, tout un parcours reste à accomplir pour prouver la validité du raisonnement mathématique et affirmer la confiance en celui-ci. Le processus aura pris en tout deux siècles.

Le préalable est de se libérer de la façon de raisonner enseignée par Aristote, qui désormais apparaît pourvoyeuse non plus de vérités mais de simples opinions, jusque dans les sciences. On remplace ensuite le syllogisme par le raisonnement mathématique et ses démonstrations. Ici encore une fois, la contribution des humanistes est déterminante. La découverte de Diophante, celle des *Collections* de Pappus et celle du commentaire de Proclus à Euclide ont développé dans le milieu mathématique une sensibilité méthodologique restée latente jusque-là. Cette sensibilité oblige à une confrontation critique avec la pensée d'Aristote.

S'ouvre alors une série entière de problématiques visant à examiner les fondements du savoir mathématique, la nature de ses connaissances, le statut de ces disciplines, le rôle qu'elles doivent assumer dans l'édifice du savoir.

---

26. « Regiomontanus, Oratio in praelectione Alfragani », dans Michela Malpangotto, *Regiomontano e il rinnovamento del sapere matematico e astronomico nel Quattrocento*, Bari, Cacucci, 2008, pp. 129-146, lignes 383-387 : *[...] neque aetas neque hominum mores sibi quicquam detrahere possunt. Theoremata Euclidis eandem hodie quam ante mille annos habent certitudinem. Inventa Archimedis post mille secula venturis hominibus non minorem inducent admirationem quam legentibus nobis iucunditatem.*

C'est ainsi que par l'étude de la nature des procédures mathématiques, la spécificité des relations nécessaires entre cause et effet propres des démonstrations *more geometrarum* est réévaluée et qu'est présentée la façon dont de telles relations peuvent découler des conclusions ayant le plus haut degré de certitude. Au nom de cette rigueur on met en question les fondements mêmes de la logique aristotélicienne et la validité intrinsèque des procédés syllogistiques codifiés par une longue tradition. On s'interroge sur le rapport entre la certitude de la raison discursive et l'incertitude des sens, entre les vérités tirées des mathématiques et l'inexactitude du monde corporel, royaume du muable et des seules qualités sensibles, comme le blanc, le chaud ou le souple, c'est-à-dire le monde de la corruptibilité duquel, précisément en raison du devenir continuel et du changement incertain de sa matière, il est impossible d'établir une connaissance objective[27]. Pour redéfinir cette relation doit émerger une vision de la réalité capable d'aller « au-delà de l'admirable mais exténuante *varietas* de la nature »[28].

Il est nécessaire de dépasser un système dans lequel la philosophie naturelle voit le monde en termes qualitatifs et qui a pour objet des cas purement imaginaires, pour arriver à construire une nouvelle manière de faire science dans laquelle le monde est vu en termes quantitatifs et où l'on considère les phénomènes naturels concrets. Dans ce passage délicat, l'œuvre d'Archimède acquiert une importance capitale. Déjà accessible dans la traduction que Guillaume de Moerbeke en fit en 1269, elle n'eut presque aucune influence au Moyen Âge. Ce sont les humanistes qui, dans leur étude de la nature, lui confèrent une actualité : « en réalité, la même version médiévale de Guillaume de Moerbeke ne devient opérante qu'*après* la relance du XVe siècle, *après* la circulation renouvelée du texte grec. Ce même Archimède complet qui était accessible, mais pas recherché, est 'redécouvert' *après* que des raisons d'ordre différent, internes au déroulement de la pensée scientifique, en ont fait sentir le besoin »[29].

L'intérêt de Tartaglia, de Benedetti et de Galilée pour le « divin » Archimède est trop connu pour qu'il soit nécessaire de le rappeler ici. Avec la relecture de ses ouvrages, les mathématiques commencent à être vues comme un instrument avec lequel décrire des faits concrets de la nature. Dans les écrits du

---

27. Cf. Regiomontanus, *Epytoma Almagesti*, manuscrit de la Biblioteca Nazionale Marciana à Venise, Lat.f.a. 328, f. 2v. Il reprend le même passage de Ptolémée, voir *Composition mathématique de Claude Ptolémée, traduite pour la première fois du grec en français ... par M. Halma et suivie des notes de M. Delambre*, Paris, Henri Grand, 1813, pp. 2-3.

28. Guido Canziani, « Filosofia della natura, tecnologia e matematica nell'opera di Cardano », dans Cesare Vasoli (éd), *Le filosofie del Rinascimento*, Milano, Mondadori, 2002, p. 479.

29. Eugenio Garin, *Il ritorno dei filosofi antichi*, Napoli, Bibliopolis, 1994, p. 18. Voir à ce sujet Paolo d'Alessandro et Pier Daniele Napolitani, *Archimede latino*, Paris, Les Belles Lettres, Collection *Sciences et Savoirs*, 2012. Voir aussi la Section Ire : *Autour d'Archimède* dans Michel Blay, Francesco Furlan et Michela Malpangotto (éds), *Pierre Souffrin, Écrits choisis d'histoire des sciences*, Paris, Les Belles Lettres, Collection L'Âne d'or, 2012.

Syracusain, les humanistes retrouvent la possibilité d'appliquer les procédures géométriques à l'étude de faits naturels pour lesquels il est possible de passer de considérations d'ordre empirique à des résultats ayant une validité générale.

L'orientation archimédienne va s'imposer de manière définitive au XVIᵉ siècle ; elle « sera dépassée seulement quand, avec les œuvres de la maturité de Galilée, l'expérience sensible du monde matériel ne donnera pas seulement l'inspiration à un procédé scientifique comportant un développement mathématique, mais quand, dans l'expérience, la connaissance empirique et la déduction mathématique auront indissociablement fusionné »[30].

Les mathématiques s'acheminent ainsi sur une voie qui leur permettra de devenir le véritable *organe* des sciences.

Conclusion

Dans la période qui précède l'édition du *De revolutionibus orbium coelestium*, aucun auteur retentissant ne semble se distinguer, et aucun ouvrage produit ne paraît suffisamment original ou innovant pour attirer l'attention des chercheurs. Cependant, à mon avis, cette période requiert une attention particulière en raison de la richesse des contenus qu'elle renferme et pour les ferments culturels qui la caractérisent. Dans le domaine scientifique, le changement opéré par les humanistes aux XVᵉ et XVIᵉ siècles est déclenché par la relecture des textes du passé. Ainsi, fondé sur la science ancienne, l'humanisme mathématique a fait revivre les mathématiques grecques et a développé autour d'elles des réflexions et un réexamen critique sans précédent qui a permis de dépasser les résultats atteints jusque-là et de provoquer le « grand sursaut » à l'origine d'un changement décisif d'orientation dans l'histoire de la pensée scientifique.

Dans les pages qui précèdent, j'ai cherché à illustrer les raisons qui me convainquent de la nécessité de réévaluer ce mouvement de pensée en lui rendant sa portée véritable. Il n'est pas seulement question de formes ou de contenus. Il ne s'agit pas davantage d'opérer un choix arbitraire entre disciplines. L'objectif de la recherche sur l'humanisme mathématique est bien plutôt d'y inclure tous les aspects et domaines d'intérêt – philosophique, méthodologique, technique – qui se sont combinés et qui, pris ensemble, ont contribué à faire des mathématiques le véritable *organe* des sciences.

---

30. Carlo Maccagni, « La scienza nel Medioevo e nel Rinascimento », dans E. Agazzi (éd), *Storia delle Scienze*, Roma, Città Nuova, 1984, p. 198.

Du cosmos aux marées.
La justification de l'héliocentrisme chez Copernic et Galilée

Maurice Clavelin

Quatre-vingt neuf années séparent la publication du *De revolutionibus orbium caelestium* de Copernic et celle du *Dialogue sur les deux plus grands systèmes du monde* de Galilée. Présentée par Copernic en 1543 comme la « certior ratio », la nouvelle astronomie, pourtant tout auréolée des grandes découvertes de Kepler et de Galilée, est toujours en quête en 1632 d'une preuve décisive de sa vérité physique. De telles preuves, nous le savons, ne viendront que bien plus tard. Doit-on alors en conclure que les tentatives de Copernic et de Galilée pour imposer la vérité de l'héliocentrisme, aussi ambitieuses que vouées à l'échec, sont aujourd'hui dans leurs œuvres parties mortes, et donc négligeables ? Je voudrais montrer non seulement qu'il n'en est rien, mais que ces justifications, tout en révélant la distance qui sépare déjà Copernic et Galilée, constituent aussi un moyen inégalé pour saisir chacun dans son contexte propre et par là même éviter les erreurs rétrospectives. Accessoirement, leur analyse pourrait contribuer à éclairer la délicate question des liens entre la philosophie et la science moderne à ses débuts.

*

1. Qui veut comprendre comment s'engage chez Copernic la justification de l'héliocentrisme doit d'abord percevoir comment le problème se présentait à lui. Trois faits principaux s'imposent ici. Le premier est que l'observation, si elle ne lui crée pas de difficultés, ne lui apporte non plus aucun argument majeur. Incontestablement, la nouvelle doctrine explique plus simplement les mouvements apparents du ciel ; il n'est néanmoins aucun fait dont le géocentrisme ne puisse également rendre compte, et pour longtemps encore. Ce n'est donc pas sur ce terrain que la justification avait chance d'aboutir.

Le deuxième fait est de nature toute différente. Depuis l'Antiquité le rôle de la cosmologie était de poser et de garantir au seuil de la recherche physique les principes et les thèses les plus générales à partir desquels construire une interprétation des phénomènes naturels. Or la cosmologie héritée d'Aristote, et jamais sérieusement contestée, impliquait nécessairement le géocentrisme et le géostatisme[1]. Nulle aide ne pouvait donc en être attendue.

D'où le troisième fait. Ne pouvant ni imposer l'héliocentrisme sur le terrain de l'observation ni davantage se passer d'une cosmologie entendue comme le premier moment de toute spéculation sur la nature, une seule voie restait ouverte pour Copernic : adapter la cosmologie de telle façon que, sans perdre ni son rôle ni sa cohérence, elle ne préjuge plus de l'emplacement de la Terre dans le monde, puis sur les bases ainsi définies établir la supériorité de la théorie héliocentrique.

2. Soit donc pour commencer la rénovation de la cosmologie. Signe évident de sa nécessité, Copernic la mène à bien dès le premier livre du *De revolutionibus*. Certes, il ne bouleverse pas tout. Le monde, déclare-t-il d'entrée, est un corps sphérique fini, c'est-à-dire clos, et à ce titre pourvu d'un centre et d'une périphérie. Entre ses parties règne un ordre stable. De leur côté les orbes célestes, ces étranges objets chargés d'assurer le mouvement des astres, sont toujours là, en sorte que le monde, dans sa globalité, apparaît comme un ensemble d'orbes enchâssés les uns dans les autres, et tournant autour d'un centre. Le principe de Platon est lui aussi intégralement conservé : les mouvements des corps célestes ne peuvent être que des mouvements circulaires uniformes[2]. Pourtant, malgré ces éléments de continuité, les transformations sont bien là. Elles portent sur deux points essentiels. Le premier concerne le concept de mouvement naturel ; Copernic ne l'abandonne pas, mais il restreint son extension en ne reconnaissant comme 'naturels' que les mouvements circulaires de corps sphériques autour d'un centre – qu'il s'agisse de mouvements de rotation ou de révolution[3] – les mouvements rectilignes étant totalement exclus. De quoi il donne deux raisons principales. L'une est liée à l'ordre du monde. Dans un monde ordonné un mouvement ne saurait en effet être dit naturel que s'il est en parfait accord avec l'ordre des choses : en d'autres termes si le fait de s'en mouvoir n'altère en rien cet ordre et en perpétue la conservation. Or le mouvement rectiligne est toujours le mouvement de corps en dehors de leur lieu et « rien ne répugne autant à l'ordre et à la forme de l'univers entier que le fait que quelque chose soit en dehors de son lieu »[4]. L'autre raison, dont on comprendra plus loin la portée, repose sur l'idée que la sphéricité appelle intrinsèquement chez les corps qui la possèdent le mouvement circulaire ; se

---

1. Voir sur ce point mon *Galilée copernicien* (dorénavant GC), Paris, Albin Michel, 2004, pp. 530-532.

2. Copernic, *Des révolutions des orbes célestes*, livre I, introduction, traduction et notes de A. Koyré, Paris, Alcan, 1934, pp. 96-97. Ici et plus loin, il m'arrive de modifier la traduction de Koyré.

3. *Ibid.*, chap. IV.

4. *Ibid.*, chap. VIII, pp. 96-97.

mouvoir de mouvement circulaire, écrit Copernic, est la façon qu'ont ces corps « d'exprimer par cet acte leur forme »[5], en sorte que pour eux nécessairement le mouvement circulaire sera un mouvement naturel.

À cette nette rupture avec la cosmologie traditionnelle s'en ajoute une autre concernant la gravité que Copernic relativise à chaque grand corps du monde. De propriété absolue caractéristique de certains corps du monde sublunaire (ceux en qui prédomine l'élément terre), et *définie par rapport au centre du monde*, elle devient simple « appétence naturelle » par laquelle, sur chaque grand corps du monde, par exemple la Terre (mais plus uniquement elle), des parties séparées de leur tout tendent à « se retrouver dans leur unité et intégrité » en se réunissant « sous la forme d'un globe »[6]. Et cette deuxième rupture est au moins aussi importante que la première dans la mesure où reprise par Galilée elle contribuera directement à frayer la voie au principe de conservation du mouvement acquis[7]. Il est inutile d'entrer plus avant dans les détails ; l'essentiel est que grâce aux modifications qui viennent d'être résumées, Copernic estime disposer des prémisses cosmologiques claires et certaines dont a besoin toute étude des phénomènes naturels, et notamment la science astronomique. Les bases étant posées, la justification proprement dite de l'héliocentrisme pouvait s'engager ; elle va comprendre à son tour plusieurs étapes bien distinctes.

3. Le fil conducteur de la première tient en quelques mots : montrer dans le cadre mis en place que la théorie héliocentrique, sans être d'ores et déjà justifiée, bénéficie bien d'une totale plausibilité a priori.

Toute théorie physique ayant son assise dans des principes, ce sont eux qu'il convient d'examiner en premier lieu. Or que nous disent les principes de la nouvelle astronomie ? D'abord, bien sûr, que la Terre n'est plus au centre du monde, mais le Soleil ; la redéfinition de la gravité lève ici toutes les difficultés : sous son action les parties de la Terre tendent non à rejoindre le centre du monde mais seulement celui de leur tout, et ce seul fait coupe à la racine l'un des arguments traditionnellement les plus forts du géocentrisme. À quoi l'héliocentrisme ajoute que la Terre se meut d'un double mouvement circulaire ; or ce mouvement, d'après la nouvelle cosmologie, apparaît avant tout comme la façon qu'ont les corps sphériques d'exprimer spontanément leur forme, et la Terre est un tel corps, comme il est bien précisé dès le chapitre 2. Nulle incompatibilité donc entre les principes de l'héliocentrisme – même s'ils n'en sont pas directement déduits[8] – et les prémisses de la cosmologie (rénovée).

5. *Ibid.*, pp. 67-68.
6. *Ibid.*, p. 101.
7. Sur ce point voir par exemple GC, *op. cit.*, pp. 555sq.
8. Comme l'étaient ceux du géocentrisme dans la cosmologie ancienne.

À cette première justification s'en ajoute aussitôt une autre. Soucieuse de confirmer le géostatisme impliqué par ses propres prémisses, la philosophie traditionnelle avait développé toute une batterie d'arguments visant à montrer que seule l'immobilité de la Terre était en accord avec notre expérience : impossibilité pour les corps graves, en cas de mouvement diurne, de tomber à la verticale comme nous les voyons tomber, impossibilité pour les oiseaux de se déplacer librement dans l'air comme ils le font constamment, effets destructeurs que ne manquerait pas de provoquer la force centrifuge produite par ce mouvement[9]. Autant d'objections, fidèlement transmises de génération en génération, et que Copernic estime encore pouvoir écarter aisément grâce aux prémisses de sa cosmologie. Étant une manifestation directe de sa forme, le mouvement circulaire d'un corps sphérique est en effet pour ce corps un mouvement naturel ; étant un mouvement naturel, il est donc du même coup impossible qu'il engendre par son action le moindre effet destructeur. Les bouleversements que, selon les géocentristes, entraînerait inévitablement le mouvement diurne ne sont qu'illusions issues de prémisses erronées ; il suffit de les corriger, et les arguments s'effondrent d'eux-mêmes. Ouvrons ainsi le chapitre 8 :

> « Si quelqu'un pense que la Terre tourne, écrit Copernic, il dira certainement que ce mouvement est naturel, et non violent. Or, ce qui se fait conformément à la nature produit des effets contraires à ce qui se fait par violence. Car les choses auxquelles est appliquée la force ou la violence doivent nécessairement être détruites, et ne peuvent subsister longtemps ; à l'inverse, pour les choses qui sont faites par la nature, tout se passe bien et elles demeurent dans leur meilleure disposition. Vaine est donc la crainte de Ptolémée que la Terre et toutes les choses terrestres soient détruites par une rotation issue de l'action de la nature, laquelle est très différente de celle de l'art ou de celle qui peut être obtenue par l'industrie humaine »[10].

S'agit-il plus précisément du vol des oiseaux ou de la chute naturelle des graves ?

> « Mais que dirons-nous donc sur les nuages et les autres choses qui de quelque manière sont suspendues dans l'air ou qui tombent, et inversement sur celles qui tendent vers le haut ? Sinon que non seulement la Terre, avec l'élément aqueux qui lui est joint, se meut ainsi[11], mais encore une partie non négligeable de l'air, et toutes ces choses qui, de la même façon, ont un rapport avec la Terre ? Soit que l'air proche de la Terre, mélangé de matière terrestre et aqueuse, se trouve avoir la même nature que la Terre, soit que son mouvement soit un mouvement

---

9. *Ibid.*, 1, 7, pp. 87-88. Pour une analyse détaillée, je renvoie à ma *Philosophie naturelle de Galilée* (PNG), Paris, Albin Michel, 1996 (2ème édition), chap. V.

10. *Ibid.*, pp. 89-90.

11. Entendons : circulairement.

acquis de la Terre toute proche en rotation perpétuelle, et auquel il participe sans résistance… C'est pourquoi l'air le plus proche de la Terre apparaîtra en repos, et de même les choses suspendues en l'air, à moins que par le vent, ou par quelque autre force, ils ne soient, comme cela arrive, poussés çà et là. Le vent dans l'air est-il en effet différent d'un courant dans la mer ? Quant aux choses qui tombent et qui s'élèvent il convient de reconnaître que leur mouvement est double par rapport au monde, composé d'un [mouvement] rectiligne et d'un [mouvement] circulaire. Et quant aux choses qui sont entraînées vers le bas par leur poids, étant constituées principalement de [l'élément] terre, il n'y a aucun doute que les parties conservent la même nature que leur tout »[12].

Ainsi suffit-il, une fois les prémisses de la cosmologie révisées, de développer les implications de la notion de mouvement naturel pour être en mesure d'éliminer a priori toute incompatibilité entre le mouvement diurne et le cours normal des choses à la surface de la Terre. Loin d'être une simple rhétorique, l'argumentation achève d'établir la plausibilité de l'héliocentrisme.

4. La dernière et décisive étape peut alors être abordée. Quelle que soit la pertinence des arguments précédents, la voie n'est pas encore fermée pour le géocentrisme. Pour le comprendre, il suffit de rappeler le lien établi par Copernic entre la sphéricité et le mouvement circulaire, par lequel est bel et bien maintenue la possibilité d'un mouvement diurne du Soleil et de l'orbe portant les étoiles. Pour justifier complètement l'option héliocentriste, un argument spécifique particulièrement fort, et qu'on ne saurait faire valoir pour le géocentrisme, reste indispensable. Comment Copernic le conçoit-il ?

Revenons au cosmos copernicien sous sa forme la plus générale. D'une part, et par la définition même du cosmos, le monde est un corps foncièrement ordonné ; d'autre part, en tant que corps créé, il est aussi l'œuvre du « meilleur et du plus parfait des artistes », et à ce titre il se doit de refléter dans son organisation cette perfection. Or, s'il est évidemment impossible d'énumérer tous les signes pouvant témoigner de cette perfection, du moins peut-on, sans risque de se tromper, en discerner quelques-uns : la simplicité et l'économie des moyens, l'harmonie c'est-à-dire le rapport équilibré entre les parties, la localisation au centre (et non dans un emplacement quelconque) du corps dispensateur de lumière et de vie. Il est alors aisé de constater combien cette simplicité, cette harmonie, et bien sûr ce statut normalement privilégié du corps le plus lumineux sont mieux restitués par l'héliocentrisme que par le géocentrisme qui, à vrai dire, ne les restitue d'aucune façon. Plusieurs pages du chapitre X du livre I développent longuement cet argument.

---

12. *Ibid.*, pp. 94-95. Par l'expression « de même nature que leur tout », Copernic entend seulement dire que chaque partie de la Terre, en cas de mouvement diurne, possède à titre naturel la même tendance à se mouvoir circulairement que la Terre entière. Il ne s'agit donc nullement d'une anticipation du principe de conservation du mouvement acquis.

« La première et la plus haute de toutes les sphères, lisons-nous par exemple, est celle des étoiles fixes qui contient tout et se contient elle-même, et qui, pour cette raison, est immobile. C'est assurément le lieu de l'univers auquel se rapportent le mouvement et la position de tous les autres astres. Car, si certains pensent qu'elle aussi se meut de quelque façon, nous déterminons quant à nous la cause de cette apparence en la déduisant du mouvement terrestre. Suit la première des planètes, Saturne, qui accomplit son circuit en 30 ans. Après lui Jupiter, qui accomplit sa révolution en 12 ans. Puis Mars qui la fait en 2 ans. La quatrième place dans la série est occupée par la révolution annuelle de l'orbe dans lequel est contenue la Terre, avec l'orbe de la Lune. En cinquième lieu Vénus, qui revient en 9 mois. Enfin le sixième lieu est occupé par l'orbe de Mercure qui tourne dans un espace de 80 jours. Et au milieu de tous repose le Soleil. En effet qui donc, dans ce temple splendide, poserait ce luminaire en un lieu autre, ou meilleur, que celui d'où il peut éclairer tout à la fois ? Ce n'est donc pas improprement que certains l'ont appelé la lumière du monde, d'autres son esprit, d'autres enfin son recteur. Trismégiste l'appelle Dieu visible, l'Electre de Sophocle l'omnivoyant. C'est ainsi en vérité que le Soleil, comme reposant sur le trône royal, gouverne la famille des astres qui l'entourent… Nous reconnaissons donc dans cet ordre l'admirable symétrie du monde, et aussi une liaison harmonique entre les mouvements et la grandeur des orbes qu'on ne peut retrouver d'aucune autre façon. Car ici l'observateur attentif peut voir pourquoi le progrès et la régression apparaissent pour Jupiter plus grands que pour Saturne et plus petits que pour Mars. Et d'autre part, plus grands pour Vénus que pour Mercure ; et pourquoi un tel mouvement alternatif apparaît plus souvent avec Saturne qu'avec Jupiter, et plus rarement avec Mars et Vénus qu'avec Mercure ; en outre, pourquoi Saturne, Jupiter et Mars sont plus proches de la Terre lorsqu'ils se lèvent le soir que lors de leur occultation et réapparition. Et surtout pourquoi Mars, lorsqu'il devient pernocturne, semble égaler Jupiter par sa grandeur, ne s'en distinguant que par sa couleur rougeâtre… Tout cela provient d'une même cause, qui se situe dans le mouvement de la terre. Qu'en revanche rien de tel n'apparaisse chez les fixes, prouve leur hauteur immense, qui rend l'orbe du mouvement annuel ou son image imperceptible aux yeux : pour tout objet visible, en effet, il y a une certaine distance au-delà de laquelle on ne le voit plus varier en grandeur, comme on le démontre en optique. Qu'il y ait entre Saturne, le plus haut des astres errants, et la sphère des fixes un très grand espace, la lumière scintillante des étoiles le démontre encore. Par cet indice elles se distinguent au plus haut point des planètes, puisqu'il convenait qu'entre les corps mus et les corps non mus maximale soit la différence. Tellement divine, en vérité, est cette œuvre du meilleur et suprême architecte »[13].

13. *Ibid.*, pp. 113-118 passim.

Tel est l'argument – ou plutôt le bouquet d'arguments – qui par-delà les considérations plus ou moins techniques[14] permet finalement de transformer la plausibilité physique de l'héliocentrisme en vérité, faisant alors de lui cette « certior ratio » cherchée en vain par les philosophes.

5. Prenons à présent quelque recul, et considérons cette argumentation dans son ensemble. Plusieurs choses frappent immédiatement. D'abord le caractère ordonné et progressif de la justification proposée ; Copernic la bâtit minutieusement au fil des chapitres : d'abord en posant ses bases (les prémisses d'une cosmologie rénovée), en faisant ressortir ensuite à partir de ces prémisses la pleine plausibilité de l'héliocentrisme, en déterminant enfin, par un retour sur l'idée maîtresse de la cosmologie, une preuve de vérité à laquelle seul l'héliocentrisme peut satisfaire. Une telle démarche doit bien être appréhendée globalement, dans son *crescendo* propre. Un autre aspect remarquable est naturellement le rôle joué par la cosmologie comprise dans sa *fonction* traditionnelle, c'est-à-dire comme théorie a priori du monde, lui-même considéré à la fois comme le premier des corps et la totalité des corps existants. D'elle dépend, via la notion de mouvement naturel, la réfutation des objections contre le mouvement diurne, d'elle encore provient directement la preuve majeure introduite finalement par Copernic. Et ici il convient d'être particulièrement attentif. Que la cosmologie garde son rôle traditionnel de fondement – et donc d'ultime référence – pour la spéculation naturelle est un fait, indéniable. Une rupture de grande importance n'en a pas moins eu lieu. Cette cosmologie, au rôle de premier plan, n'est en effet plus reçue de l'extérieur, c'est-à-dire de la philosophie ; elle a été définie directement, librement, par l'astronome lui-même. À travers elle c'est bien un personnage nouveau qui fait son apparition, et promis à un destin éclatant : celui de l'astronome-philosophe.

*

6. Astronome-philosophe (on lui doit d'ailleurs l'expression), Galilée le sera dans la pleine acception du terme. Convaincu très tôt de la vérité de l'héliocentrisme (dès 1597 au moins, année d'une célèbre lettre à Kepler[15]), il ne cessera de rechercher les meilleurs arguments, d'abord de façon ouverte jusqu'en 1616, puis de façon voilée sous le couvert d'une rhétorique de circonstance qui ne trompa personne. Avant d'examiner l'argumentation développée en 1632 dans le *Dialogue sur les deux plus grands systèmes du monde*, une brève réflexion sur la distance qui le sépare déjà de Copernic est indispensable. Faute de ce préalable, grand est le risque de ne pas percevoir ce qui, en dépit d'évi-

---

14. Examinées auparavant par Copernic dans le même chapitre X.
15. Opere di Galileo Galilei (OG), edizione nazionale, a cura di A. Favaro, Firenze, Barberà, 1890-1909, T.X, p. 67.

dentes similitudes dans le progrès même de l'argumentation, a radicalement changé. Car quelque chose a radicalement changé, et ce changement a une cause bien précise : les grandes découvertes de 1609-1612[16], dont suivaient (ainsi les comprit Galilée) deux conséquences majeures : d'une part la réfutation par les faits de la cosmologie philosophique aristotélico-scolastique, d'autre part la fin de la cosmologie au sens traditionnel.

Prenons d'abord le premier point. Alors que Copernic, tout en modifiant la cosmologie philosophique sur plusieurs points, n'en gardait pas moins son idée séminale (l'idée d'un monde organisé selon l'ordre le plus parfait), Galilée, après ses découvertes, est en mesure de la rejeter, et pour des raisons proprement physiques. Cette cosmologie impliquait en effet, par ses prémisses, l'hétérogénéité de la Terre et des corps célestes ; or les observations apportées par la lunette astronomique imposent, sans le moindre doute, leur homogénéité physique[17] ; la fausseté du système s'ensuivait en quelque sorte par simple *modus tollens*.

Le deuxième point – la fin de la cosmologie au sens traditionnel – est encore plus décisif. La donnée essentielle ici est probablement la découverte de la vraie nature de la Voie Lactée dont Galilée voit de ses yeux, pour la première fois, qu'elle est non une traînée lumineuse, mais un amas d'étoiles innombrables, et de plus nullement réparties également sur toute la surface visible du ciel. Du coup, c'est l'idée du monde comme un corps fini, équilibré et bien délimité – délimité précisément par les étoiles fixes situées à égale distance du centre – qui était frappée de plein fouet. Or cette idée est le vrai fondement de la cosmologie philosophique ; en suggérant à l'inverse la représentation d'un monde, sinon infini (ce qui excèderait les capacités de l'observation), du moins *indéfini*, et donc inassimilable comme tel à un corps doué de propriétés bien distinctes, les grandes découvertes marquaient bel et bien la fin de la cosmologie telle qu'on l'entendait depuis toujours[18]. Un immense chapitre de la spéculation sur la nature prenait ainsi fin.

Les conséquences étaient à la mesure de ce bouleversement. Par la réfutation de la cosmologie aristotélico-scolastique, le géocentrisme, comme l'héliocentrisme naguère, se retrouvait sans support cosmologique : les deux théories étaient désormais, sur ce point capital, placées à égalité. Mais en même temps, la fin de la cosmologie au sens traditionnel (par dissolution de son objet, si l'on veut) privait de sens la démarche que Copernic trouvait encore tout naturel de suivre : faire jouer au profit de l'héliocentrisme la garantie suprême de la cosmologie, et cela en montrant que seul l'héliocentrisme est vraiment accordé à

---

16. Sur ces découvertes, *La philosophie naturelle de Galilée*, (PNG), Paris, Albin Michel, 1996 (2ᵉᵐᵉ ed.), pp. 195sq.

17. Sur ce point GC, *op. cit.*, pp. 534sq. Ce qui ne veut naturellement pas dire une totale similitude.

18. Et telle que l'entendait encore Kepler.

l'idée que le monde est un tout ordonné et harmonieux. Une reprise sur des bases rénovées de l'argumentation présentée par Copernic devenait indispensable.

Celle que Galilée va échafauder, et qui forme la trame du *Dialogue* de 1632, illustre bien, au-delà de certains éléments de continuité, cette recherche d'une stratégie adaptée au nouvel état des connaissances. Elle se déploie autour de trois idées maîtresses, marquant chacune une étape bien déterminée : établir la parfaite possibilité théorique de l'héliocentrisme, faire ressortir la puissance de son pouvoir explicatif, enfin produire un argument *physique* capable de prouver la vérité des principes de l'héliocentrisme.

7. La première étape – établir la parfaite possibilité théorique de l'héliocentrisme – regroupe les deux premières Journées du *Dialogue*. Leurs rôles, tout en étant complémentaires, sont néanmoins bien distincts.

Quoique la cosmologie ait perdu sa fonction traditionnelle de socle pour la philosophie naturelle, la première Journée en assume à sa façon, et dans le contexte nouveau, la tâche. S'en étonner serait tout simplement oublier que Galilée n'est pas Newton et que faute d'une théorie mécanique pour le guider, seule une réflexion de type philosophique peut lui permettre, au seuil de son entreprise, d'en fixer les principes les plus généraux ; en d'autres termes, ceux que la raison, lucidement interrogée, nous présente comme les mieux adaptés pour entreprendre la construction d'une théorie physiquement significative – et potentiellement véridique – des mouvements des grands corps du monde. Trois principes, estime alors Galilée, devraient suffire. Tout d'abord, et faute de quoi son étude serait évidemment impossible, nous devons postuler l'ordre et la permanence du système solaire, le confirmant du même coup comme objet de recherche sui generis, et surtout autonome. Est nécessaire ensuite un principe fixant les mouvements qui conviennent à un tel système ; pour Galilée, comme pour Copernic naguère, ces mouvements ne peuvent être que des mouvements circulaires ou rotatoires, et de plus uniformes – le mouvement rectiligne étant jugé, pour sa part, incompatible avec la conservation de l'ordre. La gravité, enfin, est ramenée au rang de simple tendance poussant les parties d'un tout à rejoindre ce tout quand elles en ont été séparées[19]. Si coperniciens soient-ils dans la lettre, ces derniers principes ne sont en rien simple écho du *De revolutionibus* : cessant d'être définis par rapport à un cosmos coordonnant tous les objets du monde, leur statut n'est plus que celui de guides pour une recherche dont l'issue n'est d'aucune façon prédéterminée.

Quoiqu'il en soit, leur adoption ne peut que renforcer ce que laissait pressentir l'abolition de la cosmologie au sens traditionnel : que d'un point de vue purement rationnel (ou a priori) héliocentrisme et géocentrisme sont sur un strict pied d'égalité. « À présent, écrit Galilée, considérons le globe terrestre

---

19. Pour une analyse détaillée, cf PNG, *op. cit.*, pp. 241sq.

dans sa totalité, et voyons ce que peut bien être sa situation dès le moment où lui et les autres corps du monde doivent persister dans une disposition naturelle parfaite. Il est en fait nécessaire de poser ou qu'il demeure perpétuellement immobile en son emplacement, ou que, tout en demeurant dans le même emplacement, il tourne sur lui-même, ou encore qu'il tourne autour d'un centre, se mouvant sur la circonférence d'un cercle »[20]. Rien à ce stade préalable ne saurait faire pencher en faveur du géocentrisme ou de l'héliocentrisme.

8. Sur la deuxième Journée du *Dialogue*, second volet de cette première étape, je serai plus bref, car elle inclut certaines des analyses les plus célèbres et donc les plus connues de Galilée. Il s'agit de la réfutation – et pour la première fois en termes mécaniques – des objections physiques traditionnellement dressées contre la possibilité du mouvement diurne, c'est-à-dire très exactement la démonstration que sur une Terre tournant sur elle-même en vingt-quatre heures, les choses ne peuvent que se passer comme nous les voyons se passer. L'observation naturelle paraît à première vue incompatible avec l'héliocentrisme et peser de tout son poids en faveur du géocentrisme ; une analyse plus poussée du mouvement, et notamment de sa capacité à se conserver indéfiniment dans certaines conditions – qui se trouvent coïncider avec celles qu'instaure de fait le mouvement diurne – établit l'inanité de cette conviction. Il est vrai que sur une Terre immobile les choses se passeraient bien comme elles se passent effectivement ; il est non moins vrai qu'elles ne se passeraient pas autrement sur une Terre en mouvement[21].

Même si la réalité est un peu différente[22], ces analyses sont à juste raison célèbres, et il n'est pas douteux qu'avec ce deuxième moment de la première étape nous pénétrons déjà dans la science moderne : tant par la nouveauté des concepts mis en œuvre – principes de conservation du mouvement acquis et de composition des mouvements – que par la façon dont le raisonnement physique est aligné sur le raisonnement mathématique[23]. La démonstration est magistrale, n'échouant vraiment qu'à propos des effets centrifuges inévitablement associés à une rotation de la Terre[24] ; elle exigeait aussi, pour être comprise, un préalable d'une telle ampleur – avoir rompu avec l'idée traditionnelle de la théorie physique – qu'elle avait bien peu de chance de convaincre ceux à qui elle s'adressait, les théologiens et les philosophes.

9. Au terme de cette première étape, l'héliocentrisme apparaît donc comme non moins plausible théoriquement que le géocentrisme. Il est toutefois clair

---

20. OG, T.VII, p. 70.

21. OG, T. VII, pp. 151sq. Cf aussi PNG, pp. 233sq.

22. Le mouvement diurne entraîne bel et bien des effets qui n'apparaîtraient pas sur une Terre immobile. Eût-il pu les déceler que Galilée avait avec eux, dès cette première étape, un argument *physique* pour l'héliocentrisme.

23. Sur ce point tout à fait essentiel, je renvoie à PNG, pp. 416-418.

24. PNG, pp. 244sq.

que pour aller plus loin et arracher la décision en sa faveur, de nouveaux arguments établissant méthodiquement sa suprématie, tant d'un point de vue rationnel que d'un point de vue physique, sont nécessaires. À quoi vont pourvoir les troisième et quatrième Journées.

À la troisième Journée est assignée une tâche bien précise : faire éclater, à travers une série d'exemples particulièrement frappants, l'évidente supériorité explicative de l'héliocentrisme. Certains de ces exemples étaient déjà invoqués par Copernic : les rétrogradations des planètes supérieures, les oscillations de Mercure et de Vénus autour du Soleil. Les plus remarquables sont ceux que Galilée tire de ses découvertes : les phases de Vénus, ou encore les mouvements apparents des taches solaires qu'il sait expliquer en se bornant à ajouter aux principes de base de l'héliocentrisme la seule supposition d'une rotation du Soleil autour de son axe lui-même incliné de 7 degrés environ sur le plan de l'écliptique[25]. Dans tous les cas le contraste entre l'explication géocentriste et l'explication héliocentriste est mis en lumière, faisant ressortir la complexité et le caractère *ad hoc* des explications dans le cadre du géocentrisme. À vrai dire, les géocentristes n'expliquent pas : déconcertés par les nouvelles observations, ils doivent à chaque fois faire appel à de nouveaux artifices, accroître sans cesse la complexité de leurs « montages »[26] ; tandis que l'héliocentrisme, à l'inverse, intègre avec une grande facilité tous les faits, anciens et nouveaux : il lui suffit, partant de ses principes, simplement complétés par une supposition en parfait accord avec eux, de faire se mouvoir en conséquence les corps célestes pour montrer que les apparences observées doivent être exactement ce qu'elles sont. L'alignement de l'intelligibilité physique sur l'intelligibilité mathématique, déjà évoquée à propos de la deuxième Journée, est chose acquise.

10. Reste la troisième et dernière étape, la plus difficile : apporter une preuve physique positive en faveur de l'héliocentrisme. Celle que va présenter Galilée a été suffisamment critiquée pour que l'on en fasse d'abord ressortir la logique profonde. La découverte de la vraie nature de la Voie lactée, on l'a vu, avait ruiné la notion traditionnelle de cosmos, et par là même rendu caduque toute justification de l'héliocentrisme fondée sur l'idée d'un monde parfaitement ordonné. Cette voie étant close, c'est en se plaçant dans la perspective même de la Terre en mouvement qu'une preuve positive devait désormais être recherchée. La deuxième Journée avait certes montré que nombre de faits semblant impliquer une Terre immobile ne se dérouleraient pas différemment sur

---

25. PNG, pp. 409sq.

26. OG, T. VII, pp. 386-388. « Si bien, finalement, que pour maintenir la Terre immobile au centre, il sera nécessaire d'attribuer au Soleil deux mouvements autour de son propre centre, sur deux axes différents, dont l'un achève sa conversion en un an, et l'autre la sienne en moins d'un mois », lesquels s'ajoutent bien sûr aux « deux autres mouvements du même corps solaire autour de la Terre sur des axes différents », qui lui permettent l'un de parcourir en une année l'écliptique, et l'autre de parcourir chaque jour un cercle parallèle à l'équateur, *ibid.*, p. 387.

une Terre en mouvement. La question, en quelque sorte complémentaire, n'en venait pas moins naturellement à l'esprit : parmi les faits d'expérience que nous observons normalement et régulièrement n'en est-il pas qui, sans explication plausible dans le cadre du géocentrisme, deviennent au contraire intelligibles dès que l'on prête à la Terre un double mouvement ? Etablir une telle connexion n'aurait pas seulement pour effet de confirmer définitivement l'héliocentrisme dans son statut de théorie physiquement significative : elle lui apporterait aussi la plus forte présomption possible de vérité, pour ne pas dire une preuve de vérité tout court. À cette tâche sera consacrée la quatrième Journée, et les marées sont ce fait naturel, normal et régulier, sur lequel va s'appuyer Galilée pour arracher définitivement la décision en faveur du copernicianisme. Le projet étant défini, comment le mener à bien ?

D'abord en posant clairement le problème, ce qui signifie commencer par la description des effets dont on se propose de rendre compte[27]. Cette description acquise, on constatera sans difficulté que toutes les tentatives d'explication conçues dans le cadre du géocentrisme ou ont échoué ou sont indignes d'une philosophie naturelle soucieuse de s'appuyer sur des principes clairs et se prêtant à des raisonnements rigoureux : soit que l'on fasse appel aux différences de profondeur des mers[28], soit que l'on invoque « une domination particulière de la Lune sur l'eau »[29], soit encore que l'on situe la cause des marées, toujours sous l'influence de la Lune, dans un échauffement des eaux marines provoquant en elles une « raréfaction » suivie d'une tendance à se soulever[30]. Toutes ces « futilités » sont aisément mises en contradiction avec les données de l'observation[31]. Il reste donc, devant l'échec de ces tentatives fondées sur l'immobilité du « contenant », à examiner si à l'inverse « la mobilité du contenant peut, elle, produire les effets tels qu'on les observe »[32].

Suivons pas à pas le raisonnement de Galilée :

> « Deux types de mouvements, résume-t-il, peuvent être appliqués à un contenant, sous l'effet desquels l'eau qu'il contient sera en mesure de s'écouler tantôt vers l'une tantôt vers l'autre extrémité, et là de s'élever ou de s'abaisser. Le premier serait que s'abaisse tantôt l'une et tantôt l'autre des extrémités, puisqu'alors l'eau, s'écoulant vers la partie inclinée, s'élèverait et s'abaisserait tour à tour vers l'une ou l'autre de ces extrémités. Mais ces élévations et abaissements reviendraient à s'éloigner et à se rapprocher du centre de la Terre : on

---

27. *Ibid.*, pp. 444-445 ; je passe sur cette description.

28. *Ibid.*

29. *Ibid.* Galilée reviendra plus loin sur cette explication des marées par une action de la Lune en déplorant qu'un « esprit aussi libre et pénétrant » que Kepler ait pu prêter l'oreille à « semblables enfantillages », *ibid.*, p. 486.

30. *Ibid.*, p. 446.

31. *Ibid.*, pp. 446-447.

32. *Ibid.*, p. 450.

ne peut donc attribuer un tel type de mouvement à ces concavités de la Terre que sont les bassins contenant les eaux, étant clair que leurs parties, quel que soit le mouvement que l'on prête au globe terrestre, ne peuvent ni s'approcher ni s'éloigner du centre de celui-ci. L'autre type de mouvement est que le contenant se meuve (sans jamais s'incliner) d'un mouvement progressif, non uniforme mais difforme, dont la vitesse change soit en accélérant soit en ralentissant ; l'eau qu'il contient n'étant pas solidement fixée comme ses autres parties, et même, en raison de sa fluidité, comme séparée, libre et non obligée d'accompagner les variations de son contenant, il s'ensuivrait que lorsque celui-ci ralentit, l'eau, conservant en partie l'*impeto* acquis, affluerait vers l'avant où elle s'élèverait nécessairement ; et à l'inverse, quand augmenterait la vitesse du contenant, la même eau, conservant une partie de sa vitesse plus lente et restant quelque peu en arrière avant de s'habituer au nouvel *impeto*, demeurerait vers cette partie où elle s'élèverait quelque peu »[33].

Or l'expérience confirme en tous points cette description. Il suffit d'observer l'une de ces barques qui sillonnent continuellement la Lagune pour apporter l'eau douce à Venise et qui, pour une raison ou pour une autre, subit un brusque ralentissement.

« L'eau qu'elle contient, à la différence de la barque, ne perdra pas l'*impeto* acquis, mais en le conservant affluera en avant vers la proue où elle s'élèvera de façon notable, tout en s'abaissant vers la poupe ; si, au contraire, cette même barque, dans le cours de son mouvement régulier, voit sa vitesse augmenter de façon importante, l'eau, avant de s'y habituer, conservera sa lenteur et demeurera en arrière, c'est-à-dire vers la poupe, où en conséquence elle s'élèvera tout en s'abaissant vers la proue »[34].

Des modifications dans la vitesse d'un contenant, telle est finalement *la seule cause possible* des flux et des reflux qui viendraient à se produire dans l'eau qu'il contient. Or les bassins des océans et les eaux qu'ils contiennent sont d'exactes répliques du contenant rempli d'eau sur lequel nous avons raisonné. Un mouvement « difforme » de ces bassins, tantôt accéléré et tantôt ralenti, est donc là aussi la seule cause possible des flux et des reflux, c'est-à-dire des marées, qu'on y observe. D'où suit logiquement que si l'héliocentrisme permettait de montrer qu'il en va bien ainsi, grande serait la présomption de sa vérité.

11. Plaçons-nous alors dans le cadre de la doctrine, et pour bien percevoir ce qui en résulte aidons-nous du schéma suivant :

33. *Ibid.*, pp. 450-451.
34. *Ibid.*, p. 451.

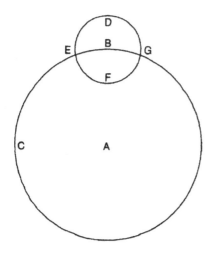

Décrivons autour d'un point A un cercle BCE figurant l'orbite du mouvement annuel de la Terre, et autour du point B traçons le cercle plus petit DEFG qui, lui, représente le globe terrestre. Supposons que le centre B de la Terre se déplace sur son orbite d'Ouest en Est, soit de B vers C, et supposons aussi que le globe terrestre tourne autour de son propre centre B d'Ouest en Est, soit de D vers E, etc, en 24 heures. « De la composition de ces deux mouvements, dont chacun est en lui-même uniforme, je dis que résulte dans les différentes parties de la Terre un mouvement difforme »[35]. Pour le comprendre, continue Galilée, il est seulement besoin de noter que quand un cercle tourne autour de son centre, ses parties opposées se meuvent de mouvements contraires au même moment. Ainsi, dans le cercle DEF, quand les parties autour de D se meuvent vers la gauche, c'est-à-dire vers E, les parties autour de F se meuvent vers la droite, c'est-à-dire vers G ; corrélativement, quand les parties autour de D atteignent le voisinage de F, leur mouvement change de sens et s'oriente vers la droite. Il suffit alors de combiner « cette contrariété dans le mouvement des parties de la surface terrestre » avec le mouvement annuel de la Terre pour obtenir « un mouvement absolu des parties de cette surface tantôt grandement accéléré et tantôt retardé d'une même quantité »[36]. Prenons d'abord les parties autour de D : leur mouvement absolu est très rapide, résultant de l'addition du mouvement diurne et du mouvement annuel qui les emportent dans la même direction, c'est-à-dire vers la gauche ; pour ces parties le mouvement diurne accélère le mouvement annuel. Considérons ensuite les parties autour de F : alors que le mouvement annuel les emporte toujours vers la gauche, le mouvement diurne cette fois les emporte vers la droite, si bien que pour obtenir « leur mouvement absolu » nous devons retrancher le mouvement diurne du mouvement annuel. Finalement, en E et en G le « mouvement absolu » des parties de la surface est égal au seul mouvement annuel.

Le bilan est clair : en examinant le comportement de la Terre conformément aux principes du copernicianisme, nous avons vu en résulter une situation rigoureusement comparable – une succession de ralentissements et d'accéléra-

35. *Ibid.*, p. 452.
36. *Ibid.*, p. 452.

tions – à celle qui, dans le cas d'un contenant rempli d'eau, provoque le flux et le reflux du liquide dont il est rempli. Dès lors, comment ne pas conclure que ces accélérations et ces ralentissements successifs sont bien la cause directe des marées, c'est-à-dire des flux et des reflux que l'on peut observer chaque jour dans les eaux marines ? Et donc que ceux-ci nous apportent la plus forte présomption possible de vérité en faveur de l'héliocentrisme ? Avec les marées, c'est bien le double mouvement de la Terre qui est mis en quelque sorte directement sous nos yeux. La « démonstration » ne permet certes d'annoncer que deux marées par jour (une marée montante et une marée descendante) alors qu'il y en a quatre (deux marées montantes et deux marées descendantes) ; le mouvement pendulaire que ne peuvent manquer d'avoir, sous l'influence de la gravité, les masses d'eau océaniques ébranlées par les variations de vitesse de leurs contenants, résout toutefois aussitôt la difficulté[37]. Tel est dans ses grandes lignes, et ses phases successives, l'argument le plus développé de Galilée en faveur du mouvement de la Terre.

12. Il est facile, plus de deux siècles après Huygens et Newton, de s'étonner du crédit que lui accordait Galilée. Je me bornerai donc à remarquer que, replacé en son temps, l'argument est d'abord un bon témoin des erreurs (ou des illusions) auxquelles pouvait conduire l'absence d'une théorie adéquate du mouvement circulaire. En prêtant aux bassins des mers et des océans (et notamment à ceux qui s'étendent d'est en ouest) des accélérations et des ralentissements successifs, Galilée ne voit pas que cela revient en réalité à postuler autant de variations dans la vitesse angulaire de la rotation terrestre : lesquelles variations devraient *eo ipso* entraîner des effets allant bien au-delà des flux et reflux des eaux marines. Dénoncer comme une erreur (évitable) l'argument, équivaut tout simplement à reprocher à Galilée de n'être pas Huygens.

Le reproche est d'autant plus immérité que l'argument par d'autres cotés est tout à fait en accord avec le nouveau cours que Galilée entendait donner à la philosophie naturelle. On a déjà noté qu'en recherchant une confirmation du copernicianisme au niveau de l'expérience terrestre, Galilée tirait logiquement la conséquence de la dislocation, sous l'effet de ses propres découvertes, du cosmos traditionnel. Il n'est pas moins équitable de noter qu'en faisant appel uniquement à des concepts mécaniques, l'argument se situe bien dans le droit fil de la condamnation, exprimée dès 1612[38], de tout recours aux essences (ou vertus occultes) dans la philosophie naturelle ; il est donc clairement en rupture

---

37. Galilée s'applique aussi à montrer comment les variations que l'on peut observer dans le régime des marées, loin de mettre en échec sa théorie, s'expliquent sans peine par des facteurs locaux (orientation nord-sud et non est-ouest des bassins maritimes, profondeurs variables de ces bassins, etc). La seule vraie difficulté vient des variations d'intensité mensuelles et annuelles des marées dans les mêmes lieux.

38. *Troisième lettre sur les taches solaires*, OG, T.V, pp. 187-188 (GC, pp. 275-277). C'est bien cette fidélité qui est à l'origine de l'assimilation des océans à des barques remplies d'eau, véritable pivot de l'argument.

avec toutes les explications précédemment proposées. Et il ne faut pas davantage oublier qu'outre les marées Galilée évoque dans le *Dialogue* deux autres
preuves physiques possibles du mouvement de la Terre : l'existence des vents
alizés que tout porte à mettre au compte du mouvement diurne d'une part[39], la
mise en évidence de parallaxes dans l'observation des étoiles, d'autre part, qui
confirmerait directement le mouvement annuel[40]. Ni l'une ni l'autre de ces
deux preuves ne pouvaient certes être déjà produites rigoureusement : elles
n'en sont pas moins, à la différence des marées, d'authentiques preuves. Ici,
comme en d'autres occasions, le génie de Galilée devançait les ressources
théoriques et techniques dont il disposait.

*

Faire l'histoire de la justification du copernicianisme chez Copernic puis
chez Galilée, c'est d'abord, on l'aura compris, mettre en évidence deux déplacements.

Le premier concerne la justification elle-même, et plus spécialement ce que
l'un et l'autre considéraient comme son point fort. C'est dans la composante
héliocentrique de la doctrine – le Soleil centre du monde – que Copernic
croyait trouver l'argument suprême qui emporterait l'adhésion ; avec Galilée
pour qui la notion d'un centre du monde a perdu son sens, c'est à l'inverse
dans la composante *géocinétique* de la nouvelle astronomie qu'un argument
suprême, après réfutation des objections traditionnelles, avait chance d'être
trouvé. Les marées étaient censées fournir cet argument, et d'une façon particulièrement privilégiée. À la différence des vents alizés et des parallaxes que
l'observation, pensait-il, ne manquerait pas d'établir un jour[41], ce sont en effet
les deux mouvements de la Terre – diurne et annuel – que les marées sem-
blaient être en mesure de prouver d'ores et déjà. Dans cette double portée réside à la fois l'importance que Galilée attribuait à son argument et le rôle
essentiel qu'il lui fit jouer en le présentant comme l'aboutissement, ou le couronnement, du *Dialogue* tout entier.

Le deuxième déplacement est d'une ampleur encore plus considérable. Ce
que cherchent à établir Copernic et Galilée, ce n'est pas seulement la supériorité formelle de l'héliocentrisme ou sa pleine plausibilité : ils veulent faire de
lui une théorie véridique, la seule théorie astronomique véridique. Or, en tant
que « science mixte », l'astronomie ne pouvait traditionnellement avoir d'autre

---

39. OG, T.VII, pp. 477-480.

40. *Ibid.*, pp. 409-412.

41. Galilée tente bien d'expliquer les vents alizés dans la perspective du mouvement diurne,
mais il doit pour cela invoquer un comportement différent de l'air au-dessus des continents et des
étendues marines ; quant aux parallaxes, il faudra attendre deux siècles pour les mettre en évidence
(Bessel, 1838, pour l'étoile 61 du Cygne).

but que de « sauver les phénomènes », et à partir de principes généraux fournis par la philosophie. En refusant cette inféodation, et en réclamant le droit de choisir librement leurs principes, Copernic et Galilée conféraient à leur astronomie, et à la philosophie naturelle qu'elle appelait inévitablement, un statut identique à celui de la physique philosophique : ainsi placées sur le même pied que celle-ci, leur doctrine s'affirmait non seulement comme une concurrente directe, mais comme un successeur légitime. Avec Copernic et Galilée, ce sont bien les sciences mixtes qui prennent progressivement le pouvoir : d'abord dans le ciel avec l'héliocentrisme, puis sur terre avec la théorie mathématisée du mouvement. Frappée successivement à la tête et en son cœur, la physique philosophique cédait la place à ces sciences subalternes qu'elle avait si longtemps prétendu régenter.

Mathématiques et Métaphysique
dans les recherches astronomiques de Kepler

Jean Seidengart

L'une des difficultés majeures que présente l'œuvre scientifique de Kepler c'est la liaison forte qui unit en elle étroitement les raisons qu'il appelle *métaphysiques* (c'est-à-dire néopythagoriciennes, néoplatoniciennes, mystiques et théologiques) et les démarches proprement *opératoires* de ses travaux astronomiques. Or, Henri Poincaré avait écrit à propos de Kepler :

> « Comment l'ordre de l'Univers était-il compris par les Anciens ; par exemple par Pythagore, Platon ou Aristote ? C'était ou un type immuable fixé une fois pour toutes, ou un idéal dont le monde cherchait à se rapprocher. C'est encore ainsi que pensait Kepler lui-même quand, par exemple, il cherchait si les distances des planètes au Soleil n'avaient pas quelque rapport avec les cinq polyèdres réguliers. Cette idée n'avait rien d'absurde, mais elle eût été stérile, puisque ce n'est pas ainsi que la Nature est faite. C'est Newton qui nous a montré qu'une loi n'est qu'une relation nécessaire entre l'état présent du monde et son état immédiatement postérieur »[1].

Certes, cette formule n'est pas fausse, mais historiquement les choses ne se passèrent pas d'une manière aussi soudaine que Poincaré le laisse entendre, c'est-à-dire par un saut brusque, mais en suivant un cheminement historique où la métaphysique et la théologie ont joué une part très importante. En outre, Newton n'aurait pu découvrir sa loi de la gravitation universelle sans s'appuyer sur les trois lois justement célèbres de Kepler.

Nous voudrions montrer ici que les travaux de Kepler n'auraient pu aboutir à leurs célèbres résultats scientifiques s'ils n'étaient pas partis d'une métaphysique revendiquée comme telle par l'astronome allemand et reprise expressément, au moins pour une bonne part, à Platon, Proclus, Nicolas de Cues et Copernic. On pourra ainsi mesurer l'importance que prit la métaphysique dans l'esprit de ce grand astronome en lui procurant des éléments intellectuels indis-

---

1. H. Poincaré, *La valeur de la Science*, Paris, 1905, rééd. Flammarion, 1970, p. 118.

pensables à ses propres découvertes, mais aussi en le confortant dans ses impasses.

Après avoir élucidé les raisons de l'engagement copernicien de Kepler, nous nous pencherons essentiellement sur le premier livre important de Kepler, le *Mysterium cosmographicum* de 1596 (qu'il réédita en 1621) et dans lequel ses recherches mathématiques, astronomiques, métaphysiques et théologiques entraient en résonnance. Alors, nous tenterons de déterminer ce que la métaphysique de l'harmonie a pu apporter à l'un des plus grands fondateurs de la science classique dans son effort pour déchiffrer le système du monde, sachant que l'harmonie propre aux idéalités mathématiques constitutives du monde est aussi constitutive de notre âme et réalise ainsi la médiation entre l'homme et Dieu.

*

Comment Kepler devint copernicien à la suite de Mästlin

Commençons tout d'abord par analyser les raisons qui conduisirent Kepler à embrasser le système du monde copernicien. Fort heureusement, Kepler nous a laissé à ce sujet de précieuses indications, notamment, dans son *Mysterium cosmographicum* de 1596 :

> « Déjà du temps où, à Tübingen, il y a six ans, je travaillais sous la direction du très célèbre Maître Michael Mästlin, j'étais remué par les multiples incommodités de l'opinion usuelle sur le monde ; aussi je me délectais de Copernic, dont mon maître faisait souvent mention dans ses cours, au point que non seulement je défendais souvent ses opinions dans les discussions publiques de physique avec les candidats [...]. J'en étais même venu à assigner aussi à la Terre le mouvement du Soleil, mais alors que Copernic le fait à partir de raisons mathématiques, je le faisais à partir de raisons physiques ou, mieux encore, métaphysiques. Et dans ce but, je me mis à rassembler peu à peu, soit à partir de l'enseignement de Mästlin, soit à partir de mes propres forces, les avantages que Copernic présente, du point de vue mathématique, par rapport à Ptolémée »[2].

Autrement dit, la première impulsion copernicienne vint de l'enseignement de son maître Michael Mästlin dont il suivit l'enseignement à Tübingen de 1589 à 1594, mais dont il resta le disciple et l'ami fidèle durant toute sa vie.

---

2. Kepler, Ancienne préface au Lecteur, *Mysterium Cosmographicum*, Tübingen, 1596 ; tr. fr. Segonds, Paris, Les Belles Lettres, 1984, p. 21. Ce passage célèbre est également cité dans l'excellente biographie de Kepler composée par Max Caspar, *Kepler 1571-1630*, Stuttgart, Kohlammer, 1948, tr. ang. Hellman, New York, Collier Books, 1959, p. 49.

Dès lors, la question rejaillit à son tour sur Michael Mästlin : quelles furent les raisons qui poussèrent le maître de Kepler à adopter le système de Copernic ?

Contrairement à son génial étudiant, Mästlin n'avait pas été attiré par Copernic pour des raisons d'ordre métaphysique, mais plutôt par la nécessité de résoudre des problèmes techniques d'astronomie. Tout d'abord, Mästlin avait fait réimprimer les *Tables Pruténiques* du copernicien protestant Erasmus Reinhold en 1571. Un an plus tôt, Mästlin avait d'ailleurs fait l'acquisition du *De Revolutionibus* de Copernic qu'il annota copieusement, comme en témoigne son exemplaire qui fut fort heureusement conservé. Cependant, il y a une grande différence entre s'informer d'une doctrine et la faire sienne. Ce qui décida Mästlin à adopter le système copernicien, ce fut l'étude de la grande comète de 1577. Les observations de la comète faites par Mästlin ne décelèrent aucune parallaxe, d'où il conclut qu'elle devait donc se trouver dans le monde supralunaire pourtant réputé éternellement immuable et incorruptible selon le dogme aristotélicien. Il est vrai que la cosmologie d'Aristote, qui affirmait l'incorruptibilité des cieux, avait été déjà sérieusement ébranlée lors de l'apparition, puis de la disparition, de la célèbre *nova* de 1572 ! En outre, l'absence de parallaxe pour la grande comète qui apparut en novembre 1577, a pu mieux disposer les astronomes à l'égard du système de Copernic qui avait considérablement agrandi les dimensions de l'univers, puisqu'il enseignait l'incommensurabilité de la sphère des fixes par rapport au diamètre de l'*Orbis magnus* et non pas par rapport au seul diamètre de la Terre comme le pensait Archimède. Mästlin découvrit aussi que la vitesse angulaire de cette grande comète avait considérablement *varié* et diminué puisqu'elle passa de 4° par jour à 20' d'arc pour la même durée ! Cette *inégalité* du mouvement venait violer à présent le dogme platonicien du mouvement circulaire uniforme censé caractériser tous les corps célestes[3]. Or, c'est pour réduire cette apparente inégalité que Mästlin dut recourir au système de Copernic comme il l'explique clairement dans son étude de 1578 consacrée à la comète :

« Bien que j'aie réfléchi sans relâche et combiné inlassablement les sphères en suivant les hypothèses habituelles, je ne parvins pas à découvrir quoi que ce soit qui puisse sauver le mouvement de la comète. Pourtant, je ne pouvais en rester là : après avoir écarté ces anciennes hypothèses, je fis appel à l'harmonie du monde de Copernic < *mundi symmetriam* >, le véritable prince des astronomes après Ptolémée. [...] A vrai dire, les hypothèses habituelles rejettent totalement l'anomalie de cette comète ; en revanche, ce n'est pas le cas pour cette autre hypothèse. Bien au contraire, elle réconcilie de la façon la plus remarquable la plus grande égalité avec son inégalité apparente »[4].

---

3. Cf. Platon, *Timée*, 33b-34a.

4. Mästlin, *Observatio et Demonstratio cometae aetherae qui anno 1577 et 1578 constitutus in sphaera Veneris apparuit* etc., Tübingen, 1578, chap. VII, p. 37-38.

Malgré les propos élogieux de Mästlin à l'égard de Copernic, nous apprenons que ce n'est pas vraiment de son plein gré qu'il adopta le système de Copernic. Est-ce là une authentique confidence ou bien une prudente clause de style destinée à ménager les bons offices du groupe protestant de Wittenberg ? Nul ne saurait lever cette équivoque à partir de la déclaration suivante :

> « Je n'ai pas voulu approuver l'hypothèse de Copernic sous le simple prétexte que j'ai été séduit et abusé par l'amour de la nouveauté, mais c'est à contrecœur < *non eam approbare velim* > que j'en suis venu à cette hypothèse, contraint d'agir ainsi par la plus grande nécessité < *extrema necessitate compulsus* > »[5].

En fait, Mästlin reconstruisit la trajectoire de la comète à partir d'une trop petite quantité de positions observées sur un arc de cercle d'environ 90°, si bien qu'il put en conclure, à tort évidemment, que cet astre errant décrivait un cercle situé aux environs de la sphère de Vénus. Pensant avoir résolu ce problème tout nouveau grâce au système de Copernic, il en conclut qu'il devrait pouvoir résoudre *tous* les autres problèmes à venir. Certes, il est vrai que Tycho Brahe pouvait, aussi bien que lui, rendre compte des mouvements de la comète. Mästlin le savait parfaitement, mais il reprochait au système tychonien de rompre l'harmonie des sphères concentriques emboîtées ainsi que la symétrie de l'ensemble, comme il le rappellera dans son édition de la *Narratio prima* de Rheticus en 1596.

Kepler adopta donc la position de son maître, d'une part, en raison de son autorité scientifique, et d'autre part, en vertu du fait que le système copernicien est le seul qui permette de rendre compte de façon satisfaisante des déplacements de la comète de 1577 :

> « Ce n'est cependant pas par hasard ni sans la très considérable autorité de mon maître, le très célèbre astronome Mästlin, que j'ai embrassé cette École [le parti de Copernic]. C'est lui, en effet, qui fut mon premier guide et mon initiateur, entre autres choses, à cette manière de philosopher, aussi aurais-je dû le nommer en premier lieu ; néanmoins, il m'a, par une raison tout à fait particulière, donné une autre raison d'embrasser cette opinion, en observant que la comète de l'année 1577 se mouvait constamment d'après le mouvement assigné par Copernic à Vénus et que, puisqu'elle était située au-dessus de la Lune, elle accomplissait sa course dans l'orbe même assigné à Vénus par Copernic »[6].

Aux yeux de Kepler, l'adoption du système copernicien représente donc un progrès incontestable sur l'astronomie de Ptolémée et des autres astronomes de son temps, puisqu'il permet de rendre compte de phénomènes inexpliqués jusqu'alors, sans les nier ni les réduire à des illusions de quelque ordre que ce

---

5. Mästlin, *op. cit.*, chap. IX, p. 54.
6. Kepler, *Mysterium Cosmographicum*, Tübingen, 1596 ; tr. fr. Segonds, Paris, Les Belles Lettres, 1984, chap. I, p. 34.

soit[7]. Ce qui revient à dire que le système de Copernic représente ce que l'on a fait de mieux sur le plan de l'astronomie de son temps, n'en déplaise à Tycho Brahe[8]. Enfin, Kepler avance un dernier argument, d'ordre épistémologique et ontologique à la fois, en faveur de la supériorité du copernicianisme : c'est sa *simplicité*, c'est-à-dire qu'il n'a recours qu'à fort peu d'artefacts géométriques pour maîtriser mathématiquement le plus grand nombre de phénomènes célestes :

> « Non seulement les hypothèses de Copernic ne pèchent pas contre la nature des choses, mais bien plutôt la confortent. La nature aime la simplicité, elle aime l'unité. En elle, il n'y a jamais rien d'inutile ou de superflu ; au contraire, souvent elle destine une chose unique à produire plusieurs effets. Or, dans les hypothèses usuelles, il n'y a aucune limite à l'invention d'orbes nouveaux : au contraire, chez Copernic, un grand nombre de mouvements découlent d'un tout petit nombre d'orbes »[9].

C'est donc en copernicien militant que Kepler avait envoyé son *Mysterium cosmographicum* à Galilée en 1597. La réponse que Galilée lui envoya le 4 août de la même année, pour le remercier de son livre, montrait manifestement que le savant pisan avait lui aussi adopté le système de Copernic. Kepler exultait de joie et crut qu'une profonde complicité copernicienne allait désormais les lier intimement pour la suite de leurs travaux respectifs. C'est ce qu'il lui signifie dans sa lettre-réponse du 13 octobre 1597 :

> « Ta lettre, très Excellent humaniste, écrite le 4 août, et qui m'est parvenue le 1er septembre, m'a réjoui pour deux raisons : d'abord parce qu'elle est le début d'une amitié avec un Italien, ensuite en raison de notre profond accord à propos de la cosmographie copernicienne < *propter consensus nostrum in Cosmographia Copernicana* > »[10].

Malheureusement, comme on le sait, Kepler ne reçut plus aucune lettre de Galilée pendant douze ans, mais il ne lui en tint nullement rigueur, semble-t-il.

---

7. Kepler, *op. cit.*, chap. I, p. 31 : « Ce qui me donna pour commencer confiance en lui ce fut le très bel accord qui existe entre tous les phénomènes célestes et les opinions de Copernic : en effet, Copernic non seulement démontrait les mouvements passés et rapportés depuis la plus haute antiquité, mais encore annonçait les mouvements à venir non pas avec une certitude absolue, bien entendu, mais en tout cas avec bien plus de certitude que Ptolémée, Alphonse et tous les autres astronomes ». Cf. également, *op. cit.*, chap. I, p. 33.

8. Kepler, *op. cit.*, chap. I, p. 33 : « C'est ce qu'a vu le très heureux Tycho Brahe, astronome au-dessus de tout éloge, qui, bien qu'il soit en complet désaccord avec Copernic au sujet du lieu de la Terre, a cependant retenu de Copernic ce qui nous permet d'expliquer des choses jusqu'alors inconnues, à savoir que le Soleil est le centre des cinq planètes ».

9. Kepler, *op. cit.*, chap. I, p. 33.

10. Kepler, « Lettre du 13 octobre 1597 à Galilée », dans *Opera Omnia*, édition Frisch, Frankfurt und Erlangen, 1858-1971, tome I, p. 41.

Ce silence de Galilée ne diminua pas l'ardeur copernicienne de Kepler qui entra pourtant au service de Tycho Brahe à Prague dès le début de l'année 1600.

*

« L'harmonie des choses immuables »

N'oublions pas que Kepler s'était engagé à 18 ans, dès septembre 1589, dans un cursus d'études « supérieures » au *Stift* protestant de Tübingen, car il se destinait tout particulièrement à la théologie pour devenir pasteur. Or, avant d'entrer au séminaire de théologie en 1591, il lui fallait suivre durant deux années un *cursus* à la faculté des Arts pour devenir Maître ès Arts. C'est donc là qu'il acquit ses compétences en mathématiques, en astronomie et en physique. Durant ce même séjour en Souabe il apprit le grec, l'hébreu et la dialectique tout en s'initiant à la philosophie de Nicolas de Cues ainsi qu'à la pensée de Paracelse. On sait qu'il eut comme professeur de philosophie un certain Vitus Müller, mais Kepler ne fait aucune confidence à son sujet[11]. Tout porte à croire que c'est plutôt son maître préféré, le copernicien Michael Mästlin[12] qui a dû lui parler du Cusain, mais cette question reste largement ouverte. Toujours est-il que Kepler fut embauché comme *mathematicus* avant même d'avoir achevé ses études de théologie, sur un double poste de *professeur de mathématiques* : d'une part à l'École protestante de Graz (dans la province de Styrie, alors gouvernée par un Habsbourg catholique, mais dont la population était en majorité protestante) et d'autre part sur le poste de mathématiques des États de Styrie qui était vacant depuis 1594.

Kepler était fermement attaché au système du monde *copernicien*, tout comme son maître Michael Mästlin. À ses yeux, il était hors de doute que cet ordonnancement du système du monde était conforme à la réalité, tant pour les raisons *épistémologiques* de simplicité que nous avons vues précédemment, que pour des raisons d'ordre *métaphysique*.

Ces *raisons métaphysiques* relevaient toutes d'une exigence *a priori* d'*harmonie* qu'il s'agissait de découvrir au sein de l'univers, à l'aide de la géométrie, de la musique et de la théologie. Or, c'est la langue mathématique qui devait lui permettre de déchiffrer ladite harmonie et de déceler l'*image de Dieu* dans sa Création. Kepler s'adonnait depuis quelques années à des spéculations cosmologiques, mais à partir de 1595 il adopta une idée qui orienta toute sa carrière future de chercheur, comme il l'avoue expressément dans l'ancienne *Préface* de son *Mysterium cosmographicum* datant de la même année :

---

11. Cf. Max Caspar, *Kepler*, 1948 ; tr. angl. Hellman, 1959, 1962², Collier Books, USA, p. 47.

12. Cf. Kepler, *Mysterium Cosmographicum*, Tübingen, 1596 ; tr. fr. Segonds, Paris, Les Belles Lettres, 1984, chap. 1, p. 34. Texte cité plus haut à la note 6.

« Il y avait trois choses particulièrement dont je cherchais avec obstination pourquoi elles étaient ainsi et non pas autrement, à savoir : le nombre, la grandeur et le mouvement des orbes. Ce qui me poussait à m'attaquer à ce problème, c'est la 'belle harmonie des choses immuables', Soleil, étoiles fixes et espace intermédiaire, avec Dieu le Père, le Fils et le Saint Esprit, similitude que je poursuivais à fond dans ma *Cosmographie*. Je ne doutais pas que, puisque les choses immuables présentaient cette 'harmonie', les 'choses mobiles' ne dussent aussi en présenter une »[13].

Certes, c'était une idée assez courante à l'époque que de considérer que l'univers créé par un Dieu infini, parfait, omniscient, omnipuissant, et souverainement bon, doit nécessairement posséder une architecture harmonieuse dont il convient de relever les proportions. C'est d'ailleurs ce qu'avait déclaré Tycho Brahe dans une lettre du 21 avril 1598 adressée à Mästlin au sujet du livre de Kepler[14]. Ce qui est tout à fait particulier chez Kepler, c'est qu'il pense que cette harmonie cosmique ne peut être correctement exprimée que dans le cadre de l'héliocentrisme copernicien. C'est donc aussi la métaphysique de Kepler qui se porte garante du système du monde copernicien. De quelle sorte est donc cette métaphysique ?

Dès sa jeunesse, Kepler possédait un véritable tempérament de métaphysicien. Aussi, considérait-il le *Timée* de Platon comme un véritable commentaire philosophique de la *Genèse*, comme il l'écrivit plus tard dans ses *Harmonices Mundi*[15]. C'est d'ailleurs dans le *Timée* qu'il trouva exprimée l'idée que le monde est l'*image* de Dieu[16]. Mais c'est surtout en lisant des écrits de Nicolas de Cues que Kepler découvrit les éléments d'une symbolique mathématique qui lui permettait d'approfondir plus précisément sa conception de l'harmonie cosmique. D'ailleurs, Kepler rend hommage au Cusain qu'il appelle « divin » :

« Si Dieu a voulu que la quantité existât avant toutes choses, c'est pour qu'il y eût une comparaison entre le Courbe et le Droit. En effet, le Cusain et d'autres philosophes me semblent tout simplement divins pour la grande raison qu'ils ont fait très grand cas de la relation droit-courbe et qu'ils ont osé comparer le Courbe à Dieu et le Droit aux créatures »[17].

---

13. Kepler, *op. cit.*, *Ancienne préface*, p. 22. C'est nous qui soulignons.

14. Lettre citée in G. Simon, *Kepler astronome astrologue*, Paris, Gallimard, 1979, p. 237 ; cf. KGW, t. XIII, p. 204 : « Il n'y a pas de doute que dans l'Univers tout est divinement agencé et ordonné selon une harmonie et une proportion déterminées, et peut donc être valablement compris tant par des nombres que par des figures, comme l'ont autrefois pressenti les pythagoriciens et les platoniciens. Continue donc à t'y appliquer de toutes tes forces ; et si tu parviens à tout faire concorder, sans que rien ne cloche et sans rien omettre, tu seras pour moi un grand Apollon ».

15. Kepler, *Gesammelte Werke*, VI, p. 221.

16. Platon, *Timée*, 92c, tr. fr. Rivaud, Paris, Belles Lettres, 1925, 1963², p. 228 : « Vivant visible qui enveloppe tous les vivants visibles, Dieu sensible formé à la ressemblance du Dieu intelligible, très grand, très bon, très beau et très parfait, le Monde est né ».

17. Kepler, *Mysterium Cosmographicum*, Tübingen, 1596 ; tr. fr. Segonds, Paris, Les Belles Lettres, 1984, Chap. II, p. 48.

Pourquoi Kepler retient-il ici ces deux propriétés géométriques que sont le *courbe* et le *droit* ? En fait, il s'agit d'une distinction traditionnelle dans la philosophie grecque, car elle tendait à montrer que le cercle est la première des figures planes, de même que la sphère est le premier des solides, ce qui permettait de rendre compte de la sphéricité de l'Univers ainsi que de sa perfection. En effet, Aristote avait montré dans son *De coelo* la prééminence du courbe sur le droit et Kepler, qui connaissait bien ce texte l'avait totalement approuvé en lui rendant hommage allusivement dans son *Mysterium cosmographicum*[18]. Voyons l'argumentation d'Aristote :

> « Toute figure plane est rectiligne ou curviligne ; la rectiligne est délimitée par plusieurs lignes, et la curviligne par une seule. Puisque, dans chaque genre, l'un est [par nature] antérieur au multiple, et le simple antérieur au composé, le cercle se trouve être la première des figures planes. En outre, est parfaite [...] la chose hors de laquelle on ne peut rien trouver qui lui appartienne en propre. Or, on peut toujours ajouter à la droite, tandis qu'on ne peut jamais ajouter à la circonférence. Il est donc évident que la circonférence est parfaite. Dès lors, si le parfait est antérieur à l'imparfait, le cercle est, pour cette raison également, la première des figures. [...] Ce qu'est le cercle parmi les surfaces, la sphère l'est parmi les solides »[19].

Cette thématique était bien connue des Écoles médiévales, mais Nicolas de Cues lui fit prendre une toute autre tournure en lui conférant une valeur *symbolique* de portée théologique très importante qui ne pouvait pas laisser Kepler indifférent. D'ailleurs, Dietrich Mahnke a relevé certains passages de Kepler qui reprennent *verbatim* quelques propos du Cusain[20] ; toutefois, il précise que Kepler n'a sûrement pas lu la *Docte ignorance*, mais plutôt le *Complementum theologicum* (1453) et le *De mathematica perfectione* (1458). Parmi ses spéculations mathématico-théologiques sur la quadrature du cercle et sur la coïncidence des opposés, Nicolas de Cues a donné une conception génétique ou opératoire du cercle, qu'il rapprochait de l'acte divin de création. On lit en effet dans ses *Compléments théologiques* de 1453 :

> « Et c'est à la fois du centre et de la ligne que procède la circonférence, c'est-à-dire l'opération. Mais on remarquera que le centre est comparable à un principe paternel que par rapport aux créatures on peut dénommer Être et que la ligne est comparable à un principe procédant d'un principe, et dénote donc l'Égalité. Car un principe procédant d'un principe conserve une égalité absolue

---

18. Kepler, *op. cit.*, chap. II, p. 50 : « Que le monde entier, donc, soit enfermé par une figure sphérique, c'est ce dont Aristote a assez longuement disputé, tirant ses arguments, entre autres choses, de la noblesse de la surface de la sphère ».

19. Aristote, *Traité du ciel*, II, 4, 286b 13-26 ; tr. fr. P. Moraux, Paris, Belles Lettres, 1965, p. 63-64.

20. Cf. Dietrich Mahnke, *Unendliche Sphäre und Allmittelpunkt*, Halle, Niemeyer, 1937, p. 129-144, sp. 141.

avec le principe dont il procède. Et la circonférence est comparable à une Union ou une Synthèse »[21].

Chez Kepler, comme on sait, la sphère est l'image de la sainte Trinité, en ce sens que le monde est l'image de Dieu < *imago Dei* >. Dès lors, plus rien ne relève du hasard, ni de l'insignifiance, puisque Dieu nous fait signe à travers le tout de sa Création. Précisément, la distinction du courbe et du droit n'a pas qu'un sens ontologique, comme chez Aristote, mais théologique et téléologique :

> « Mais pourquoi, enfin, Dieu s'est-il donné comme but, dans la création du monde, de distinguer le Courbe et le Droit, et d'établir la noblesse du Courbe ? Oui, pourquoi ? sinon parce qu'il était absolument nécessaire que le Créateur souverainement parfait réalisât l'œuvre la plus belle. 'En effet, il n'est pas permis, et il ne l'a jamais été' (comme le dit Cicéron, d'après le *Timée* de Platon, dans son livre *De l'Univers*), 'que le meilleur des êtres ne produise pas la plus belle des œuvres' »[22].

Comme on peut le constater, Kepler se réfère à Platon, mais dans une perspective christianisée et créationniste, tout à fait courante chez les Pères de l'Église. Toutefois, c'est une chose d'affirmer globalement que le monde est « l'image de Dieu », c'en est une autre de donner une interprétation détaillée de la structure de l'univers. C'est là que Kepler, tout en s'appuyant sur Nicolas de Cues, va au-delà de sa pensée :

> « À soi seul aurait suffi à établir que l'attribution des grandeurs est au pouvoir de Dieu et que le Courbe est noble ; il s'ajoute, néanmoins, une autre raison, encore plus importante : c'est que l'on trouve l'image du Dieu Un-trine dans la surface sphérique, à savoir l'image du Père dans le centre, celle du Fils dans la surface et celle de l'Esprit dans l'uniformité 'de relation' entre le point [central] et la circonférence. Car les propriétés que le Cusain attribue au cercle, et que d'autres pourraient attribuer au globe, je les attribue, quant à moi, à la seule surface sphérique »[23].

On peut remarquer au passage une importante divergence de la part de Kepler à l'égard du rôle que joue chez le Cusain l'opposition du droit et du courbe. Tandis que Nicolas de Cues rapprochait le *droit* du Créateur divin et le *courbe* de la créature, Kepler compare au contraire le divin au *courbe* et les créatures au *droit*. À cet égard, Kepler est plus proche d'Aristote qui accordait une prévalence du courbe sur le droit, bien que chez le Stagirite rien ne soit

21. « Nicolas de Cues, Compléments théologiques », 1453, trad. F. Bertin, dans *Trois traités sur la docte ignorance et la coïncidence des opposés*, Paris, Cerf, 1991, Chap. VI, p. 106.

22. Kepler, *Mysterium Cosmographicum*, Tübingen, 1596 ; tr. fr. Segonds, Paris, Les Belles Lettres, 1984, chap. II, p. 49.

23. Kepler, *op. cit.*, chap. II, p. 48.

plus étranger à sa pensée que l'idée biblique et judéo-chrétienne de création. En outre, Kepler ne suit pas les investigations du Cusain qui s'appuyait sur le principe de la « coïncidence des opposés » pour parvenir à égaliser le courbe et le droit au niveau de l'infini, comme on pouvait le voir, par exemple, dans le *De mathematica perfectione* :

> « Mon but est d'arriver à la perfection mathématique par la coïncidence des opposés. Et parce que cette perfection consiste pour tout dans l'adéquation de la droite et de la courbe, je propose de chercher le rapport de deux lignes droites se tenant dans le rapport de la corde à son arc : connaissant ces rapports, j'obtiens un moyen d'égaliser la quantité courbe avec la droite »[24].

Dans une incise un peu allusive, Kepler n'hésite pas à critiquer sur ce point le Cusain qu'il avait pourtant qualifié de divin, car si la distinction entre le courbe et le droit demeure fondamentale, alors il est vain de chercher un moyen de les égaliser :

> « Si bien que ceux qui tenteraient de mettre sur le même plan le Créateur et les créatures, Dieu et l'homme, les jugements divins et les jugements humains, ne feraient pas un travail beaucoup plus utile que ceux qui ont tenté d'assimiler le droit au courbe, et le cercle au carré »[25].

Comme on vient de le voir, Kepler affirme pour sa part, qu'il a retrouvé l'expression de la sainte Trinité à travers les trois lieux géométriques *immobiles* du système du monde héliocentrique que sont : 1°) le *centre* (siège du Soleil immobile qui symbolise le Père) ; 2°) la *surface concave* de la sphère des fixes (qui ne tourne plus depuis que Copernic l'a immobilisée) qui procède elle-même de l'expansion du centre et qui symbolise le Fils procédant du Père) ; 3°) l'*espace intermédiaire*, constitué par l'infinité des rayons équidistants entre le Père et le Fils, qui symbolise le Saint-Esprit. Les trois personnes de la sainte Trinité sont aussi inséparables l'une de l'autre que les trois éléments de la sphère[26]. En outre, c'est à partir de cette triade *immobile* que Kepler s'applique à l'étude des proportions qui lient les corps mobiles de l'univers, car il distingue comme nous l'avons vu (à propos des raisons métaphysiques) l'harmonie des « choses immuables » et l'harmonie des « choses mobiles ».

*

---

24. Nicolas de Cues, *De mathematica perfectione*, 1458, tr. fr. J.-M. Nicolle, Paris, Champion, 2007, p. 432-433.

25. Kepler, *Mysterium Cosmographicum*, Tübingen, 1596 ; tr. fr. Segonds, Paris, Les Belles Lettres, 1984, chap. II, p. 48.

26. Kepler écrit dans ses *Paralipomènes à Vitellion*, chap. 1, *Gesammelte Werke*, II, p. 19 : « Bien que le centre, la surface et l'intervalle soient manifestement trois, pourtant ils ne font qu'un, au point qu'on ne peut même pas concevoir qu'il en manque un sans que le tout soit détruit ».

L'harmonie des « choses mobiles »

Kepler lui-même nous apprend que c'est le 9 juillet 1595 (donc un an après son arrivée à Graz) qu'il découvrit un élément important de la solution de son problème. C'est alors qu'il eut une sorte d'illumination, de flash intellectuel, à propos de la question qui le tourmentait depuis longtemps et qui ne le quittera jamais : la question de l'*harmonie* du monde :

> « J'inscrivis dans un même cercle une multitude de triangles, ou plutôt de quasi-triangles, de telle façon que la fin de l'un formait le commencement du suivant. [...] Et si pensais-je en accord avec la quantité et la proportion des six orbes que Copernic a posés, on pouvait, parmi l'infinité des figures, en trouver cinq seulement qui eussent, à la différence de toutes les autres, des propriétés particulières, alors mon désir serait exaucé. [...] Pourquoi mettre des figures planes entre des orbes solides ? Faisons plutôt intervenir des corps solides. [...] ces quelques mots font venir immédiatement à l'esprit les cinq corps réguliers, avec les rapports de leurs sphères inscrites et circonscrites, et pour que l'on ait devant les yeux le scholie de la proposition 18 du Livre XIII des *Eléments* d'Euclide, où il est démontré qu'il ne peut exister, ou qu'on ne peut concevoir, plus de cinq solides réguliers »[27].

Ces cinq polyèdres réguliers, qui ont donc toutes leurs faces identiques, sont appelés par la tradition solides pythagoriciens ou platoniciens. En effet, la construction des cinq polyèdres réguliers remonte aux Pythagoriciens et à l'entourage immédiat de Socrate et de Platon. D'après un scholie des *Éléments* d'Euclide, on lit en effet :

> « Dans ce XIIIe livre, sont construits ce qu'on appelle les cinq corps platoniciens, qui ne sont pas de Platon lui-même. Trois des cinq corps que nous venons de nommer sont de Pythagore : le cube, la pyramide et le dodécaèdre. Mais l'octaèdre et l'icosaèdre sont de Théétète. Et ils ont reçu le nom de corps platoniciens, parce que Platon les cite dans le *Timée* [cf. 53c-56c]. Ce XIIIe livre porte aussi le nom d'Euclide parce qu'Euclide lui a fait une place dans ses *Éléments* ».

Les Anciens savaient depuis longtemps qu'il existe un nombre illimité de polygones réguliers, mais c'est du temps de Platon que l'on comprit qu'il n'existe que 5 polyèdres réguliers : le tétraèdre, le cube, l'octaèdre, le dodécaèdre et l'icosaèdre. Tout polyèdre est une surface fermée constituée de *faces* planes, limitées par des polygones. Deux faces adjacentes ont en commun une

---

27. Kepler, *Mysterium Cosmographicum*, Tübingen, 1596 ; tr. fr. Segonds, Paris, Les Belles Lettres, 1984, *Ancienne préface*, p. 24-26. Ce scholie de la proposition 18 du Livre XIII des *Eléments* d'Euclide, où il est démontré disait, dans Mugler, *Euclide*, Paris, 1967, p. 86 : « Je dis maintenant que, à part les cinq figures dont nous venons de parler, on ne peut construire aucune autre figure limitée par des figures équilatérales et équiangles ».

arête. Deux arêtes (ou plus), trois faces (ou plus) peuvent avoir un point commun : le *sommet*. Dans un polyèdre régulier, toutes les *faces* sont égales les unes aux autres, ainsi que les *arêtes* et sont superposables[28]. Platon voulait montrer dans sa « chimie » du *Timée*, que quatre des polyèdres réguliers constituent les quatre éléments (Feu=tétraèdre le plus coupant et le plus subtil ; l'Air=octaèdre, intermédiaire entre le feu et l'eau ; l'Eau=l'icosaèdre ; la Terre=le cube), tandis que le cinquième polyèdre régulier constitue le Tout. Cette théorie platonicienne se voulait opératoire parce qu'elle donnait la clef de la transmutation des éléments.

Pour Kepler, ce ne pouvait être un hasard qu'il existe uniquement 5 polyèdres réguliers et cinq intervalles entre les six planètes considérées comme telles par Copernic :

> « Jamais je ne pourrais exprimer par des mots quelle joie m'a donnée cette découverte. [...] Je consumais jours et nuits à faire des calculs jusqu'à ce que je puisse voir si mon opinion [...] s'accordait avec les orbes de Copernic ou si le vent emportait ma joie »[29].

Un certain néo-pythagorisme se dégage incontestablement de ces pages du *Mysterium cosmographicum*, mais il est tout à fait remarquable de signaler que Kepler s'y tiendra toute sa vie, puisqu'il le fit rééditer à Francfort 25 ans plus tard (avec des compléments) en 1621 en ajoutant une nouvelle *Préface* où il se dit avec fierté toujours aussi attaché au modèle des polyèdres emboîtés :

> « Au cours de ces vingt-cinq dernières années, alors que j'étais occupé à tisser la toile de la restauration de l'Astronomie, (tâche déjà commencée par le très célèbre astronome, issu de la noblesse danoise, Tycho Brahe), ces chapitres m'ont plus d'une fois éclairé le chemin. Enfin, presque tous les livres d'astronomie que j'ai publiés depuis ce temps pourraient être rapportés à l'un ou à l'autre des principaux chapitres du présent ouvrage, parce qu'ils en contiennent soit l'explication, soit l'accomplissement »[30].

Cette nouvelle dédicace met en relief, non seulement, la cohérence de toute l'entreprise képlérienne, mais elle indique également son souci de confronter aux données observationnelles le modèle géométrique qu'il assigne à la structure de l'univers. C'est ainsi qu'il fut amené à découvrir par la suite les trois lois qui portent son nom, au cours de cette incessante confrontation entre ses principes métaphysiques et les très précieuses données observationnelles accu-

---

28. Il fallut attendre Euler pour formuler le théorème général concernant tous les polyèdres (réguliers ou irréguliers) selon lequel $S + F - A = 2$: autrement dit le nombre de Sommets + le nombre de Faces - le nombre d'Arêtes $= 2$.

29. Kepler, *Mysterium Cosmographicum*, Tübingen, 1596 ; tr. fr. Segonds, Paris, Les Belles Lettres, 1984, *Ancienne préface*, p. 26.

30. Kepler, *op. cit.*, *Nouvelle Dédicace* à la 2e éd. (1621), p. 5.

mulées par Tycho Brahe. Kepler est à la fois un mystique qui s'adonne aux spéculations les plus libres et un astronome soucieux d'accorder ses spéculations aux observations à l'aide de ses démarches calculatoires. Pas plus que la mystique de Kepler n'explique son astronomie, on ne saurait dire que sa pensée scientifique cherche un *alibi* dans ses spéculations métaphysiques. Kepler est à la fois un mystique *et* un scientifique. Son œuvre est *une*, et ce n'est que *rétrospectivement* que l'on pourrait être tenté de séparer ces deux aspects de son œuvre.

Bien sûr, la théorie képlérienne des 5 polyèdres réguliers est fausse, même si elle était censée lui permettre d'ordonner les distances des 6 planètes au Soleil : elle n'aboutit qu'à une approximation plutôt vague de celles-ci. Du reste, Kepler devait assigner une certaine *épaisseur* à chacune des sphères circonscrites aux polyèdres, afin de rendre compte de l'écart entre l'aphélie et le périhélie propre à chaque planète. Toutefois, Kepler est resté convaincu, toute sa vie durant, de la justesse des fondements scientifiques et métaphysiques de son astronomie qui figurent dans son *Mysterium cosmographicum* et c'est la raison pour laquelle il décida de le faire rééditer en 1621 en déclarant :

> « J'ai appris par les choses elles-mêmes et par les observations absolument dignes de foi de Tycho Brahe que l'on ne peut trouver aucune autre voie pour parvenir à la perfection de l'astronomie et à la certitude du calcul, aucune autre voie pour fonder la science soit de la partie de la métaphysique relative au ciel soit de la physique céleste, aucune autre voie, dis-je, que celle que j'ai, dans ce petit ouvrage, soit expressément indiquée soit esquissée au moyen d'opinions encore timides et à titre d'ébauche »[31].

Depuis la publication du *De revolutionibus* de Copernic, il était certain qu'il devait exister une relation de proportionnalité entre les temps de révolution de chaque planète et leur propre distance au Soleil, mais la détermination de cette proportion restait encore à découvrir. Copernic ne cachait pas sa fierté ni sa certitude d'avoir découvert le véritable système du monde, dont l'excellence permet enfin de comprendre qu'il existe un principe de proportionnalité entre la grandeur des orbes et les temps de révolution des planètes. Il déclarait ainsi :

> « Nous trouvons donc dans cet ordre admirable une harmonie du monde < *mundi symmetriam* >, ainsi qu'un rapport certain entre le mouvement et la grandeur des orbes, tel qu'on ne le peut pas retrouver d'une autre manière »[32].

De ce point de vue, Copernic pensait avoir surmonté la crise qui opposait l'astronomie ptoléméenne (purement opératoire et calculatoire) et les exigen-

---

31. Kepler, *Mysterium Cosmographicum*, éd. Segonds, Paris, Belles-Lettres, 1984, *Nouvelle Dédicace* à la 2e éd. (1621), p. 5-6.

32. Copernic, *De Revolutionibus orbium coelestium*, Nürenberg, 1543, tr. fr. partielle Koyré, Paris, Alcan, 1934 ; réédit. Blanchard, 1970, Livre I, ch. X, p. 116.

ces cosmologiques d'unité, de simplicité et d'harmonie indispensables pour saisir la diversité du sensible (*diversum*) comme une uni-totalité ordonnée (*universum*).

Kepler de son côté, malgré quelques tentatives infructueuses (d'abord purement numériques), avait toujours admis, lui aussi, comme Copernic, qu'il doit assurément exister une relation entre le mouvement propre des planètes et leur distance au Soleil :

> « Ce qui cependant me consolait et me rendait l'espoir, c'était [...] le fait que le mouvement semblait toujours dépendre de la distance et que, là où il y avait un large intervalle entre les orbes, il y avait aussi une grande différence entre les mouvements. Que si Dieu (pensais-je) a donné aux orbes un mouvement en fonction des distances, assurément il a aussi ordonné les distances à autre chose »[33].

La postérité a surtout retenu de l'œuvre scientifique de Kepler sa découverte des trois lois qui régissent les mouvements orbitaux des planètes. Pourtant, cette découverte n'aurait jamais pu avoir lieu indépendamment des options métaphysiques et théologiques qui ont orienté l'ensemble de ses travaux scientifiques. Les deux premières lois furent découvertes en un laps de temps de cinq années environ, entre 1600 et 1605, date de la rédaction de l'*Astronomia nova*, tandis que la troisième loi ne fut pas formulée avant mai 1618. Plus précisément, c'est vers 1602 que Kepler formula la loi des aires et qu'il opéra un passage du cercle à l'ellipse. Contrairement à Copernic, Kepler était convaincu que le Soleil n'était pas seulement source de lumière, mais la *cause* des *mouvements*, comme il l'a déclaré dès son *Mysterium cosmographicum*, et c'est pour cette raison qu'il pensait que toutes les orbites planétaires se rapportent au centre du Soleil. Pour formuler ses deux premières lois (et surtout la seconde), Kepler a dû recourir à une pratique mathématique fortement inspirée des recherches du Cusain qu'il ne cite pas à ce propos. En effet, il n'hésitait pas à substituer une aire, c'est-à-dire une surface, à une somme de longueurs (rayons-vecteurs). Il violait en quelque sorte l'axiome d'homogénéité. En bon mathématicien, il savait que cette démarche était illégitime, mais en tant qu'astronome cela ne le gênait pas en raison de l'accord profond de cette démarche avec les observations. Après la découverte de ses deux premières lois, Kepler découvrit, le 15 mai 1618, tout simplement qu'il existe une égalité de rapport entre les carrés des temps de révolutions de deux planètes et le cube de leur distance au Soleil. Cette troisième loi, qu'il a trouvée par le calcul en s'appuyant sur une quantité considérable de données observationnelles, mettait enfin en évidence l'*harmonie* des « éléments mobiles » du monde qu'il avait

---

33. Kepler, *Mysterium Cosmographicum*, Tübingen, 1596 ; tr. fr. Segonds, Paris, Les Belles Lettres, 1984, *Ancienne préface*, p. 22.

tellement recherchée[34]. Précisons cependant, que la simplicité archétypale qui caractérise la troisième loi de Kepler ne réside plus dans la régularité d'une forme géométrique, mais dans la *constance d'un rapport* qui génère la forme des orbites planétaires. On touche bien là au concept classique de *loi naturelle* qui prit ultérieurement la forme d'équation fonctionnelle, comme l'avait rappelé Poincaré dans le texte cité au tout début de la présente recherche.

Toutefois, étant donné que ces trois lois ne concernaient exclusivement que les mouvements planétaires, c'est-à-dire les « éléments mobiles » du monde, il n'est pas surprenant que ce dont Kepler était le plus fier, c'est qu'il pensait avoir découvert pour toujours la structure globale de l'univers, qu'il appelle son « archétype »[35], depuis la publication de son *Mysterium cosmographicum*, et que venait encore confirmer sa tardive réédition.

Ce système du monde est bien sûr attaché à l'héliocentrisme copernicien, mais il repose également sur une harmonie géométrique et, surtout, il est construit « à l'image de Dieu », comme il le précise dans une lettre à son maître Michael Mästlin :

> « Le monde est double : mobile et immobile < *mobilis et quiescens* >. Ce dernier est à l'image de l'essence divine considérée en soi, tandis que le premier est à l'image de Dieu < *ad imaginem essentiae Divinae* > en tant qu'il crée et, à cause de cela, il est d'autant plus petit. Ce qui est courbe est très directement comparable à Dieu, tandis que ce qui est rectiligne correspond à la créature. Ainsi donc, il y a une triplicité dans le globe : la sphéricité, le centre et le volume. De même, dans le monde immobile : les [étoiles] fixes, le Soleil, l'espace < *aura* > ou la région intermédiaire éthérée < *sive aethera intermedia* > ; et dans la Trinité : le Fils, le Père, l'Esprit [saint]. [...] Or donc, le Soleil, qui se tient au milieu des planètes, immobile lui-même, et qui est néanmoins source du mouvement < *et tamen fons motus* >, offre l'image de Dieu le Père < *gerit imaginem Dei patris* >, le Créateur, car ce que la création est pour Dieu, le mouvement l'est pour le Soleil. Et comme le Père crée dans le Fils, de même le Soleil meut au milieu des [étoiles] fixes < *movet autem in fixis, ut pater in filio creat* > »[36].

Comme on peut le constater ici, Kepler a réussi à montrer une *congruence* remarquable entre la théologie, la géométrie et la cosmologie : la géométrie

---

34. Kepler, *Harmonices Mundi*, Linz, 1619, livre V, ch. 3, *Gesammelte Werke*, VI : « Après avoir trouvé les dimensions véritables des orbites, grâce aux observations de Brahe et à l'effort continu d'un long travail, enfin j'ai découvert la proportion des temps périodiques à l'étendue de ces orbites ».

35. Kepler, Kepler, *Mysterium Cosmographicum*, Tübingen, 1596 ; tr. fr. Segonds, Paris, Les Belles Lettres, 1984, note 4 de la seconde édition et l'*Ancienne préface*, p. 28 : « il faut ranger cette comparaison parmi les causes, comme Forme et Archétype du monde » ; cf. aussi, par exemple, *Harmonices Mundi*, KGW, VI, p. 225 : « Pour l'harmonie archétypale, il n'est besoin de rien, puisque les termes en sont présents dans l'âme ».

36. « Lettre de Kepler à Michael Mästlin du 3 octobre 1595 », dans *Opera Omnia*, édition Frisch, Frankfurt und Erlangen, 1858-1871, tome I, p. 11.

permet de « déchiffrer » la structure triadique de l'univers et de comprendre que, comme chez Platon, Dieu mire sa gloire dans le monde. À cette différence près (mais qui est considérable), à savoir que le Dieu créateur de Kepler n'est pas celui de Platon qui se limitait simplement à la mise en forme < *diakosmè-sis* > de la matière chaotique.

Kepler avait affirmé dès sa jeunesse et l'a réaffirmé tout au long de sa vie : *Mundus est imago Dei corporea.* [...] *Animus est imago Dei incorporea*[37]. Nous venons de voir comment Kepler avait conçu la première formule dans ses travaux astronomiques, il nous reste à comprendre en quel sens l'âme peut être dite une « image incorporelle de Dieu ».

*

L'âme « image de Dieu » et ses harmonies mathématiques innées

La métaphore de l'âme-miroir, encore assez courante à la Renaissance[38], remonte à l'Antiquité. En effet, on la trouve fréquemment chez saint Augustin qui attribue une importance capitale au thème de l'*imago-similitudo* figurant dans la *Genèse* ; d'ailleurs, il développe le thème de l'âme-image de Dieu dans son *De Trinitate*[39]. Kepler a pu aussi puiser ce thème du miroir dans l'assertion faite par saint Paul à propos de notre connaissance indirecte de Dieu : « car nous voyons à présent à l'aide d'un miroir < *per speculum* >, en énigme < *in aenigmate* > »[40]. Or, contrairement à saint Augustin, Kepler ne découvre pas au plus profond de notre lumière intérieure une trace de la trinité à travers notre mémoire, notre connaissance et notre volonté : il découvre dans l'intério-rité de l'âme humaine la *quantité* et les *harmonies mathématiques*. Celles-ci

---

37. Cité par Max Caspar, *Kepler 1571-1630*, Stuttgart, Kohlammer, 1948, tr. ang. Hellman, New York, Collier Books, 1959, p. 390. Kepler cite souvent cette formule, cf. par exemple, « Paralipomena ad Vitellionem », dans *Opera Omnia*, édition Frisch, Frankfurt und Erlangen, 1858-1871, tome II, chap. I, p. 131 : « Haec [s.e. la sphère] aptissima corporei mundi est imago ». Cette formule figurait déjà, mais pour de toutes autres raisons, chez Plotin, *Ennéades*, VI, 4, 2 ; tr. fr. Bréhier, Paris, Belles Lettres, 1936, rééd. 1992, t. VI, 1ʳᵉ partie, p. 178, chez Augustin, dans le *Corpus hermeticum*, chez Nicolas de Cues, *Docte ignorance*, 1440 ; tr. fr. Hervé Pasqua, Paris, Payot & Rivages, 2008, II, chap. III, § 111, p. 127 : « Dieu [...] est dans toutes les choses ce qu'elles sont, comme la vérité est dans l'image ».

38. Cf. Charles de Bovelles dans son *Livre du Sage*, chap. XXVI, appelle l'homme « le miroir de l'univers ». Cette métaphore se trouve aussi chez Ficin in *Commentaire du Timée*, I, chap. 12 ; elle figure de même chez Pico della Mirandola, *Heptaplus*, Expos. V, chap. 6, trad. Boulnois, Paris, PUF, 1993, p. 212-214. C'est surtout chez Nicolas de Cues que figure expressément la métaphore du miroir où la pensée est considérée comme « une sorte de miroir vivant », cf. *De idiota*, IIIᵉ Dialogue *De mente*, chap. V, dans éd. Gandillac, Paris, Aubier, 1942, p. 273 ou dans Cassirer, *Individu et cosmos*, 1927, tr. fr. Quillet, Paris, Minuit, 1983, p. 262.

39. Cf. Augustin, *De Trinitate*, XII, 11, 16 ; XIV, 15, 20 sq. Ainsi, lit-on aussi in *De Trinitate*, XIV, 8, 11 : « L'âme, image de Dieu [...] ce n'est pas encore Dieu, c'est son image ». Le texte biblique de référence est *Genèse*, I, 26, 27.

40. Saint Paul, *Première Épître aux Corinthiens*, XIII, 12.

n'ont rien de sensible et c'est en ce sens qu'elles sont incorporelles, bien qu'on puisse les appliquer aux corps. En mentionnant expressément Proclus, Kepler insiste sur la nature incorporelle des idéalités mathématiques :

> « On peut se demander sans doute comment il peut exister une science d'une chose que l'esprit n'a jamais apprise. [...] C'est ce à quoi répond Proclus [...]. Quant à nous aujourd'hui nous emploierions si je ne m'abuse, à bon droit, le vocable d'instinct. Car l'esprit humain, comme toutes les autres âmes, connaît par instinct la quantité, même s'il est privé de toute sensibilité à cette fin : car par lui-même il conçoit la ligne droite, ainsi qu'un intervalle constant à partir d'un point, et donc par lui-même il imagine le cercle »[41].

Comme la connaissance mathématique n'a pu venir de la perception sensible, c'est qu'elle est innée dans notre âme et ne se révèle à nous que par la réflexion. L'harmonie mathématique repose sur les idéalités mathématiques qui sont constitutives de notre âme. Or, le *Mysterium cosmographicum* nous rappelle que la *Quantité* elle-même a été créée par Dieu avant le ciel[42] et que c'est Lui qui a implanté en nos âmes les idéalités mathématiques. Autrement dit, les idéalités mathématiques représentent en nous le langage que Dieu nous a insufflé en nos âmes respectives. Kepler ne fera que préciser cette idée dans son *Harmonices mundi* :

> « Pour l'harmonie archétypale, il n'est besoin de rien, puisque les termes en sont présents dans l'âme, qu'elle lui est congénitale, à tel point qu'elle est elle-même l'Âme ; et que ces termes ne sont pas l'image de son véritable paradigme, mais pour ainsi dire son Paradigme même »[43].

En ce sens, Gérard Simon a parfaitement raison de dire que « la mathématique est donc bien le médiateur entre l'homme et Dieu »[44]. De plus, les idéalités mathématiques ont toujours affaire avec la pensée, qu'elle soit divine ou humaine, mais c'est de façon seconde que les mathématiques ordonnent le monde sensible. Du reste, c'est parce que cette harmonie mathématique est constitutive de notre âme qu'il lui est possible de la retrouver en comparant ses perceptions sensibles avec les « archétypes » qu'elle porte en elle. Fortement

---

41. Kepler, *Harmonices Mundi*, Linz, 1619, livre IV, ch. 1, *Gesammelte Werke*, VI, p. 223.

42. Kepler, *Mysterium Cosmographicum*, Tübingen, 1596 ; tr. fr. Segonds, Paris, Les Belles Lettres, 1984, *Ancienne préface*, p. 26 : « La quantité, en effet, a été créée à l'origine en même temps que le corps, mais les cieux le deuxième jour ». Cf. *op. cit.*, chap. II, p. 48 : « Je dis que c'est la quantité que Dieu s'est proposée, et pour l'obtenir, il lui fallait tout ce qui appartient à l'essence du corps, de telle sorte que la quantité fût une certaine forme du corps en tant que corps, en même temps que le principe de sa définition. [...] Dieu a voulu que la quantité existât avant toutes choses ».

43. Kepler, *Harmonices Mundi*, Linz, 1619, livre IV, ch. 1, *Gesammelte Werke*, VI, p. 225.

44. G. Simon, *Kepler astronome astrologue*, Paris, Gallimard, 1979, p. 142.

inspiré de la philosophie proclusienne des mathématiques, l'idéalisme de Kepler ressort clairement dans la remarque suivante des *Harmonices mundi* :

« La connaissance des quantités, qui est innée en l'âme, détermine ce que doit être l'œil qui se règle sur la nature de l'esprit et non l'inverse »[45].

Corrélativement, ce n'est pas l'œil qui peut nous apprendre ce qu'est la géométrie, alors que la géométrie nous permet de comprendre ce qu'est l'œil. Ainsi, connaître la nature, c'est comprendre comment Dieu pense et participer à la pensée divine. D'ailleurs la tradition grecque nous rapporte que, d'après Platon : « Dieu fait sans cesse de la géométrie »[46]. Or, c'est seulement en ce sens là que Kepler entend la portée de la formule biblique selon laquelle « Dieu fit l'homme à son image et ressemblance »[47]. Ainsi, comprend-on que chez Kepler si le monde et l'âme sont considérés comme images de Dieu, c'est qu'il règne entre ces deux entités un ordre commun qui est celui des mathématiques :

« La géométrie avant la naissance des choses étant coéternelle à l'esprit divin, c'est Dieu lui-même qui servit de modèle à Dieu pour créer le monde (car qu'y a-t-il en Dieu qui ne soit pas Dieu ?) et qui avec sa propre image parvint jusqu'à l'homme »[48].

Dans le même sens, Kepler dit aussi que « Dieu est lui-même l'archétype du monde »[49]. Donc, déchiffrer mathématiquement l'ordre du monde, c'est retrouver Dieu dans sa création. De ce point de vue, Kepler ne s'est pas écarté autant qu'on aurait pu le croire de sa vocation de théologien, puisqu'il considère que sa mathématique est digne des plaisirs des chrétiens, qu'elle est apte à soulager leurs misères « à partir de la contemplation des ouvrages divins et de l'harmonie du monde »[50].

Toutefois, on ne saurait dire que la métaphysique képlérienne de l'harmonie s'inscrit dans le prolongement de celle du « divin » Nicolas de Cues, en dépit de certaines ressemblances entre certaines de leurs images et spéculations géométriques respectives. En premier lieu, Kepler refuse expressément la doctrine de la coïncidence des opposés. En outre, il faut remarquer que les idéalités

---

45. Kepler, *Harmonices Mundi*, Linz, 1619, livre IV, ch. 1, G. W., t. VI, p.

46. Kepler, *Mysterium Cosmographicum*, Tübingen, 1596 ; tr. fr. Segonds, Paris, Les Belles Lettres, 1984, Chap. II, p. 52. Comme on sait, cette formule ne se trouve pas chez Platon, mais chez Plutarque.

47. *Genèse*, I, 1, 27.

48. Kepler, *Harmonices Mundi*, Linz, 1619, livre IV, ch. 1, G. W., t. VI, p. 223.

49. Kepler, « Épitomé de l'astronomie copernicienne », 1618, dans *Opera Omnia*, édition Frisch, Frankfurt und Erlangen, 1858-1871, tome VI, livre I, IIe partie, p. 140 : *Mundi archetypus Deus ipse est, cujus nulla figura similior est (si qua similitudo locum habet) quam sphaerica superficies.*

50. Kepler, *Mysterium Cosmographicum*, Tübingen, 1621[2] ; tr. fr. Segonds, Paris, Les Belles Lettres, 1984, Nouvelle dédicace, p. 8-9.

mathématiques n'ont pas du tout chez le Cusain le statut qu'elles ont aux yeux de Kepler, ce qui constitue une divergence très importante. En effet, pour l'astronome allemand, cette harmonie (qu'il appelle archétypale) a été implantée en notre âme par Dieu, tandis que les idéalités mathématiques, pour Nicolas de Cues, sont construites par l'esprit humain. Du coup, la connaissance humaine est seulement conjecturale pour le Cusain et elle ne peut qu'approximer la réalité des choses sans jamais pouvoir l'atteindre vraiment. C'est ce que le Cusain commence par affirmer dans son livre sur les *Conjectures* :

> « Il faut que les conjectures sortent de notre pensée, comme le monde réel de la raison divine infinie. Tandis qu'en effet la pensée humaine, similitude la plus haute de Dieu, participe comme elle peut à la fécondité de la nature créatrice, elle produit d'elle-même, en tant qu'image de la forme toute puissante, les êtres rationnels, en similitude des êtres réels. C'est pourquoi la pensée humaine est la forme d'un monde conjectural, comme la [pensée] divine celle du [monde] réel »[51].

Kepler, au contraire, dont l'œuvre est apparue plus d'un siècle et demi après celle du Cusain, développe une toute autre conception des idéalités mathématiques : car il est innéiste et affirme qu'elles ont été créées par Dieu :

> « C'est cette image, cette Idée, qu'Il a voulu imprimer dans le monde, afin qu'il fût créé le meilleur et le plus beau ; et pour que le monde pût recevoir cette image, le Très Sage Créateur créa le *quantum* et conçut les quantités, dont l'essence tout entière [...] est enfermée par cette distinction entre le droit et le courbe »[52].

Toutefois, parmi ces idéalités mathématiques, il en est une, on l'aura bien compris, qui possède un privilège à la fois ontologique, épistémologique et symbolique ou théologique sur toutes les autres : c'est la Sphère.

---

51. Nicolas de Cues, *De conjecturis*, 1441-1443 ; tr. fr. Jocelyne Sfez, Paris, Beauchesne, 2011, I, chap. I, § 5, p. 9.

52. Kepler, *Mysterium Cosmographicum*, Tübingen, 1596 ; tr. fr. Segonds, Paris, Les Belles Lettres, 1984, chap. II, p. 49.

THOMAS HARRIOT'S OXFORD

Robert Fox

Thomas Harriot inhabited many worlds. He was a versatile mathematician of international standing, an astronomer and natural philosopher who used a telescope to observe the heavens some weeks before Galileo, the author of the first detailed account of America in English, following his voyage to Virginia in 1585-86, and a man who moved in circles close (sometimes dangerously close) to the English court.[1] The paths he followed through these worlds were winding and complex. As we reconstruct them today, they reveal a man of conspicuous entrepreneurial as well as intellectual ability, a scholar and adventurer ready to exploit opportunities as they presented themselves. The opportunities that I explore in this essay are those available to him in Oxford, where he was a student in the late 1570s. The university of Harriot's undergraduate days was an expanding place, in flux under demographic pressures as well as the influences of the later phases of Renaissance humanism.[2] What he learned and the contacts he made there were such as could not fail to touch a young man of his sensibility, and their effect was apparent as key elements in his later career.

---

1. The standard biography of Harriot remains John W. Shirley, *Thomas Harriot. A biography* (Oxford 1983), in which chapter 2 ("Harriot at Oxford, 1560-1580", 38-69) is particularly relevant to this essay. There is also much biographical information in the two volumes of essays based on the Thomas Harriot Lectures that have been delivered annually in Oriel College, Oxford since 1990: Robert Fox, ed., *Thomas Harriot. An Elizabethan man of science* (Aldershot: Ashgate, 2000) and *Thomas Harriot and his world. Mathematics, exploration, and natural philosophy in early modern England* (Farnham: Ashgate, 2012). I have drawn freely on the notices about Harriot and his contemporaries in the *Oxford dictionary of national biography*.

2. For a comprehensive account of the university in Harriot's time, see James McConica (ed.), *The history of the University of Oxford. Volume III. The collegiate university* (Oxford: Clarendon Press, 1986). Especially relevant for my purpose are McConica, "The rise of the undergraduate college", "Studies and faculties: introduction", and "Elizabethan Oxford: the collegiate society", 1-68, 151-56, and 645-732, and J. M. Fletcher, "The faculty of arts", 157-99. Inevitably dated but still a valuable resource is Charles Edward Mallet, *A history of the University of Oxford. Volume II. The sixteenth and seventeenth centuries* (London: Methuen, 1924). See also the important essay by Lawrence Stone, cited below (note 6).

Harriot went through the formal procedures of matriculation for admission to St Mary Hall in December 1577, although (as David Quinn has argued[3]) he may well have gone into residence in 1576. St Mary Hall was one of a number of Oxford halls, institutions of mainly medieval origin that fulfilled the teaching and residential functions of colleges, often for poorer students who had no claim to the status of a "gentleman". Entering as a "plebeian" student, Harriot seems to have been typical of the Hall's undergraduate community of between thirty and forty, probably comparable in size with that of the adjacent and always closely associated Oriel College.[4] He is recorded as having been born in Oxfordshire, almost certainly in 1560 and quite probably in Oxford itself. The fact that he went on to graduate BA (the lower, bachelor's degree of the faculty of arts) indicates that he was a serious student who fulfilled the exercises and other curricular requirements that earned him (in Oxford parlance) leave to supplicate for the degree in 1580.

The statutory curriculum of Harriot's day was seldom rigorously followed; James McConica has properly referred to it as "a very hypothetical concept".[5] But it still provided the general framework for undergraduate studies. It was founded on the *trivium*, the three disciplines of rhetoric, classical grammar, and logic, though with modifications introduced piecemeal over the years, not least in new statutes dating from 1564-65. While the changes of emphasis were not invariably progressive, new currents in the late flowering of humanism, most of them of continental origin, had left their somewhat haphazard mark, sufficient to provoke stubborn conservative resistance in certain quarters of the university. Despite the opposition, their impact was sufficient to ensure that Harriot's experience was significantly different from that of an Oxford student in the earlier years of the century.

Among the most striking intellectual changes during the sixteenth century were a steady growth in the teaching of Greek and a greater emphasis on humane and classical studies generally, allied to a more disciplined approach to attendance at lectures and participation in the still important medieval practice of disputation. But even more influential in changing the face of the university was the increase in the number of undergraduates, especially of those with "plebeian" status, who by the late 1570s constituted just over half of the

---

3. David B. Quinn, "Thomas Harriot and the problem of America", in Fox, *Thomas Harriot. An Elizabethan man of science*, 9-27 (10).

4. John Roche points to an undergraduate population of 34 at St Mary Hall in 1572, in addition to two members of the Hall with the degree of Master of Arts and ten with that of Bachelor of Arts. See Roche, "Harriot, Oxford, and twentieth-century historiography", in Fox, *Thomas Harriot. An Elizabethan man of science*, 229-45 (229). Although the number of halls declined during the sixteenth century, the size of the eight that remained in Harriot's time increased, in response to the demographic pressures analysed by Lawrence Stone (see note 6, below). Despite its close links with Oriel College, St Mary Hall remained independent until 1902, when it was assimilated as part of Oriel.

5. McConica, "Studies and faculties", 152. For a similar observation, see also Fletcher, "Faculty of arts", 179-81.

entering student population.[6] With this expansion went a move to closer con-
trol of the students' instruction (now exercised by an increasingly efficient
body of tutors) and behaviour (for which tutors and the colleges and halls in
which an ever larger proportion of students lived were also responsible).[7] Harriot's time at Oxford fell within the most rapid phase of these various changes,
between the 1550s and 1580s.

Even though specific evidence about Harriot's individual experience as an
undergraduate is scanty, what we know about the general tone of the university
allows us to reconstruct with reasonable certainty the general pattern of his life
there.[8] We may suppose that his studies were coloured in some measure
(depending on the modernity of the tuition he actually received) by the humanistic turn of the sixteenth-century university and that his passage through the
successive stages leading to a degree was supervised with care. For further
insight, however, we have to rely on inferences drawn from the work he did
after leaving Oxford.

One secure inference of this kind is that Harriot was well schooled in Latin
(as he also was in Greek, a skill that earned him the thanks of George Chapman for the contribution he appears to have made to Chapman's translations of
Homer).[9] Leaving aside his posthumous work on the theory of equations,
Artis analyticae praxis, in which the language may well have been modified
by his friend Walter Warner or some other editorial hand,[10] the surest evidence
for this is the additional material that Harriot wrote for the 1590 Latin edition
of his account of America, *A briefe and true report of the new found land of
Virginia,* published by the Flemish-born engraver Theodor de Bry in Frankfurt-
am-Main.[11] The material consisted of captions for the book's engravings from

6. Lawrence Stone, "The size and composition of the Oxford student body 1580-1910", in
Stone (ed.), *The university in society. Volume I. Oxford and Cambridge from the 14th to the early
19th century* (Princeton, NJ: Princeton University Press, 1974), 3-110 (37).

7. On these demographic changes, see *ibid.,* 3-37.

8. Among the rare traces of Harriot as an undergraduate are two "Supplicationes" to the university authorities, both in Latin and in his hand, requesting exemption from certain formal requirements that he was expected to fulfil on the way to his degree. See Shirley, *Thomas Harriot,* 54.

9. On Chapman's eloquent acknowledgements to Harriot (as also to Robert Hues), see Robert
Fox, "The many worlds of Thomas Harriot", in Fox, *Thomas Harriot and his world,* 1-10 (9-10).

10. The editing of the *Artis analyticae praxis* (London, 1631) was chiefly the work of Warner,
possibly assisted by Thomas Aylesbury, a younger Oxford graduate (of Christ Church) and an exe-
cutor of Harriot's will who was to be a prominent royalist during the English Civil War. A modern
annotated translation is now available as *Thomas Harriot's Artis analyticae praxis. An English
translation with commentary,* ed. and trans. Muriel Seltman and Robert Goulding (New York:
Springer, 2007).

11. *Admiranda narratio, fida tamen, de commodis et incolarvm ritibvs Virginiae ... Anglico
scripta sermone à Thoma Harriot ... in eam coloniam misso ut regionis situm diligenter observaret*
(Frankfurt-am-Main, 1590). On this and other de Bry editions of the *Briefe and true report,* see
Larry E. Tise, "The 'perfect' Harriot/de Bry: cautionary notes on identifying an authentic copy of
the de Bry edition of Thomas Harriot's *A briefe and true report* (1590)", in Fox, *Thomas Harriot
and his World,* 201-29, where the title-page of the Latin edition is reproduced as a frontispiece.
The original edition of *A briefe and true report* had been published in London in 1588. The text
was reprinted in the following year in Richard Hakluyt's compilation of accounts of exploration
by English travellers, *The principal navigations, voiages, traffics and discoveries of the English
nation,* 3 vols (London, 1589), 748-64. But neither this nor the 1588 edition was illustrated.

the drawings of the indigenous peoples of Virginia and their villages by John White, who had been with Harriot on the voyage of 1585-86. In addition to appearing in the Latin edition, the captions were translated into English, French, and German for the editions that appeared in the same year in those languages. Charles Fantazzi's judgement is that the captions show Harriot to have been the master of "a fluent, elegant humanistic Latin", with a vocabulary informed by a wide range of both classical and late (including medieval) sources.[12] As Fantazzi observes, Harriot drew confidently on technical texts by classical authors such as Cato, Varro, and Pliny, as well as Virgil's Georgics, and where a suitable word did not exist, he showed disciplined scholarly inventiveness, exemplified in the use of *punctiunculis* (literally "little prickings") to describe the tattoos of the native men and women and *mayzi grana* for Indian corn, based on the native word *mahiz*.

We are on less sure ground in the inferences we can draw about Harriot's exposure, as an undergraduate, to science and mathematics. These subjects were largely reserved for the minority of students who had already passed the hurdle of the Bachelor of Arts degree and gone on to a curriculum broadly modelled on the medieval *quadrivium*, the four disciplines of arithmetic, geometry, astronomy, and music that were prescribed for Bachelors wishing to proceed to the degree of Master of Arts. Yet mathematical and astronomical texts could and did find their way into undergraduate studies, usually under the broad umbrella of "logic". And the possibilities of more advanced, extra-curricular work in mathematics and related areas of astronomy and optics were always to hand. Resourceful students could attend appropriate lectures, and the most enterprising of them might secure an entrée to one of the coteries of senior members of the university and privileged undergraduates with scientific or mathematical interests.

The existence of such coteries reinforces the now convincing evidence of Oxford's openness to new departures in science from the mid-sixteenth century and its continuation on into the later seventeenth century.[13] And Harriot seems to have taken full advantage of the opportunities they provided for going beyond the required syllabus. For this broadening, a crucial personal contact was almost certainly with the writer, clergyman, and promoter of the settlement of North America, Richard Hakluyt. By the time Harriot arrived at the university, Hakluyt was already a prominent figure. Some eight years older

12. Charles Fantazzi, 'Harriot's Latin', in Fox, *Thomas Harriot and his world*, 231-36.

13. The evidence is tentatively explored in Mark H. Curtis's pioneering work *Oxford and Cambridge in transition 1558-1642. An essay on changing relations between English universities and English society* (Oxford: Clarendon Press, 1959), 227-60 and more forcefully in Mordechai Feingold, *The mathematicians' apprenticeship. Science, universities and society in England, 1560-1640* (Cambridge: Cambridge University Press, 1984), in which the "Introduction" (1-22) summarizes the author's revisionist interpretation. The position of Curtis and Feingold, which I share, differs from Shirley's more critical view of the state of scientific and mathematical studies in sixteenth-century Oxford; see Shirley, *Thomas Harriot*, 42-44.

than Harriot, he had taken his BA at Christ Church in 1574. He then stayed on in Oxford and between 1577, when he took his MA, and 1579 he lectured as a regent-master, a Master of Arts exercising his right to teach. His lectures were almost certainly on geography and exploration, subjects that had already fascinated him as a student and were to become his main interest for the rest of his life. The lectures were public, and Harriot may well have attended them and established a friendship that would have eased entry to Hakluyt's world within and beyond Oxford.

Either through Hakluyt or independently, Harriot had access to an even more senior Oxford figure, Thomas Allen. Almost twenty years older than Harriot and probably a Catholic recusant, Allen lived a retired but intense intellectual life in the relative seclusion of Gloucester Hall, a recently created hall of the university in which the post-Reformation requirement of protestant conformity was not strictly enforced.[14] There Allen's fine library and instruments made him a magnet for aspiring mathematicians and astronomers. Harriot would certainly have known of him, and it is almost inconceivable that he did not know him personally while in Oxford; indeed, it may well be that he was at one time Allen's pupil.

Another important friendship that probably had its roots in Oxford was that between Harriot and Robert Hues, seven years older than Harriot but still an undergraduate at St Mary Hall during Harriot's first year there. Hues's interests had much in common with Harriot's, as also with Hakluyt's, and it seems likely that he and Harriot maintained contact long after leaving Oxford. There is evidence of this in Hues's widely reprinted work on terrestrial and celestial globes, *Tractatus de globis et eorum usu* (1594), a practical treatise (despite its being published in Latin) intended for the use of navigators and map-makers.[15] In the first and some later editions of the *Tractatus* Hues mentions a forthcoming work by Harriot on navigation.[16] The work in question was very probably the "Arcticon", a text, now lost (apart from a few surviving notes) and almost certainly never published, that Harriot seems to have written in the early 1580s for the instruction of mariners embarking on the exploration of America under the patronage of Walter Ralegh.[17]

14. Michael Foster, "Thomas Allen (1540-1632), Gloucester Hall, and the survival of Catholicism in post-Reformation Oxford", *Oxoniensia*, 48 (1981), 99-128. Gloucester Hall was descended from Gloucester College, a monastic foundation suppressed at the dissolution of the monasteries.

15. The treatise first appeared as Robert Hues, *Tractatus de globis et eorum usu, accommodatus iis qui Londini editi sunt Anno 1593, sumptibus Gulielmi Sandersoni cuius Londinensis, conscriptus a Roberto Hues* (London 1594). The work was translated into English, Dutch, and French and frequently reissued until the mid-seventeenth century.

16. *Ibid.*, 111. The same mention of Harriot's forthcoming book, always printed at the end of the main text, is to be found on p. 254 of both the London edition of 1611 and the identical Frankfurt-am-Main edition of 1627.

17. On the "Arcticon" and the circumstances of its composition and Harriot's failure to publish it, see Stephen Pumfrey, "Patronizing, publishing and perishing: Harriot's lost opportunities and his lost work 'Arcticon'", in Fox, *Thomas Harriot and his world*, 139-63.

Even in the unlikely event that Harriot and Hues did not know each other as undergraduates, their shared interest in practical mathematics and astronomy would surely have brought them together in London at about the time when Harriot was writing the "Arcticon". Like Harriot, Hues knew Ralegh, who had briefly attended Oriel College as a gentleman commoner in the early 1570s. And the two men would have been naturally drawn to the variegated London community of explorers, navigators, and entrepreneurs in which Ralegh laid his plans for the voyage of 1585-86 to Virginia. Hues's subsequent life mirrored Harriot's in many ways. Among his several major voyages was a circumnavigation of the world with an expedition mounted by the privateer and explorer Thomas Cavendish between 1586 and 1588 and one in which he made observations of the Southern Cross and other stars of the southern hemisphere. He also frequented the circle of Henry Percy, ninth Earl of Northumberland, the "wizard earl" who became Harriot's patron after Ralegh lost favour and influence at court in the 1590s. By the time Harriot died in 1621, he and Hues were sufficiently intimate for him to name Hues as someone who might be consulted if his long-standing friend and another Oxford graduate (and fellow-beneficiary of the patronage of the Earl of Northumberland), Nathaniel Torporley, had difficulty in understanding the mathematical manuscripts that he bequeathed to Torporley's care in his will.[18] In fact, Harriot had no reason to doubt Torporley's competence or dedication. In Jacqueline Stedall's judgement, Torporley was the most mathematically able of Harriot's friends and, as a former secretary or amanuensis of François Viète, the crucial figure in directing Harriot's attention to Viète's work soon after 1600.[19] Torporley took his responsibilities with regard to Harriot's papers seriously. In the year after Harriot's death, he resigned his living as vicar of Salwarpe in Worcestershire, probably to work on the manuscripts, and he continued to work on them until his own death in 1632, assembling the disparate elements of a treatise on equations that Stedall has now put in order and edited.[20]

These contacts do not exhaust the opportunities that Oxford offered to a man of Harriot's ambition and scientific inclinations. Walter Warner was another mathematical contemporary whom Harriot could easily have met as an undergraduate, quite possibly through Hakluyt. Though slightly the younger man, Warner took his BA before Harriot, in 1578 at Merton College, eventually finding his way into the world of practical mathematics and alchemy, on

---

18. Harriot and Torporley are unlikely to have met at Oxford, since Torporley entered his college, Christ Church, in 1581, a year after Harriot had taken his BA. On the destination of the books, manuscripts, and instruments mentioned in Harriot's will, see Gordon R. Batho, "Thomas Harriot's manuscripts", in Fox, *Thomas Harriot. An Elizabethan man of science*, 286-97 (287-89).

19. Jacqueline Stedall, "Reconstructing Thomas Harriot's treatise on equations", in Fox, *Thomas Harriot and his world*, 53-64 (53-57).

20. Jacqueline Stedall, *The greate invention of algebra. Thomas Harriot's treatise on equations* (Oxford: Oxford University Press, 2003).

which he advised Northumberland. Like Hues, he was named in Harriot's will as someone who might be consulted about the contents of any of the bequeathed mathematical papers with which Torporley might need help, and he was a natural choice to take the lead in preparing the *Artis analyticae praxis* for publication, though sadly with a skill that did less than justice to Harriot's admittedly disorderly manuscript. Warner's association with Harriot and Hues was sufficiently close for the three men to gain a reputation as the "three magi" who provided an intellectual cutting edge of the Northumberland circle.[21]

In making this case for the importance of Oxford in promoting and even fashioning the vocations of Harriot and the contemporaries of his that I have mentioned, I am conscious of the circumstantial nature of much of the evidence. What cannot be doubted, however, is that Harriot went through Oxford in a particularly exhilarating period of the university's history, following the relative somnolence that had descended since the later middle ages. Of course, not all undergraduates benefited as he did from the men of scientific and mathematical ability whose interests then and in later life so closely matched his. Only a small minority, in fact, would have aspired to do so. The aim of a typical "plebeian" student of the 1570s would have been a career as a priest in the Anglican Church or as a teacher in the growing number of English grammar schools, both professions that offered unprecedented openings for educated young men in post-Reformation England who lacked privilege and wealth. Indeed, Harriot may well have entered Oxford expecting to pursue just such a career. But, for the ablest students, especially those willing to move on from the university to the more boisterous world of the capital, the intellectual training and personal contacts of Oxford opened doors to exciting alternatives. Armed with a good humanist education, the foundations of a network of like-minded graduates bound by their experience of Oxford, and ambitions attuned to the value of science and mathematics for a seafaring nation entering a golden age of discovery and exploration, Harriot duly took the road to London and went on to exploit to the full the opportunities he encountered there, just as he had already done at the university.

21. Shirley, *Thomas Harriot*, 65.

LA CHRONOLOGIE DES OUVRAGES
DE JEAN-BAPTISTE VAN HELMONT

Robert Halleux

Considéré, à tort ou à raison, comme un des fondateurs de la chimie expérimentale, Jean-Baptiste Van Helmont (1578/9-1644) a néanmoins parcouru un itinéraire intellectuel sinueux qui l'a mené du paracelsisme à la Nouvelle Science, du stoïcisme chrétien au tribunal de l'Inquisition. Si les études, de plus en plus nombreuses, qui lui sont consacrées, traitent sa pensée comme un tout et font généralement l'économie d'une analyse diachronique, c'est principalement pour des raisons documentaires. Van Helmont a peu publié de son vivant, et on en est réduit à dépecer des recueils posthumes, amalgamant des écrits de dates diverses, comme l'*Ortus Medicinae* de 1648[1], les *Opera omnia* de 1651[2] et de 1682[3] ou encore les traductions anglaise de John Chandler[4],

---

1. Jean-Baptiste Van Helmont, *Ortus Medicinae. Id, est, initia physicae inaudita. Progressus medicinae novus, in morborum ultionem ad vitam longam* (...) *Edente Authoris Filio, Francisco Mercurio Van Helmont. Cum ejus Praefatione ex Belgico translata*, Amsterdam, Louis Elzevir, 1648, réimpr. anast. Bruxelles, Culture et Civilisation, 1966.

2. Jean-Baptiste Van Helmont, *Ortus Medicinae. Id, est, initia physicae inaudita... Nostra autem haec editio, emendatius multo ; & auctius cum indice... Ad clarissimum, & excellentissimum virum Antonium Serrati... Venetum.* Venise, apud Juntas & Joannem Jacobum Hertz, 1651. F°. Suivi par *Doctrina inaudita, de causis, modo fiendi, contentis, radice et resolutione lithiasis itemque De sensu, sensatione, dolore, insensibilitate, stupore, motu, immobilitate, prout de morbis huius classis, lepra, caduco, apoplexia, paralysi, spasmo, comate, etc. Nova et paradoxa hactenus omnia. Tractatus tam physico, et medico, quam spagyro utilis : miseris autem utilissimus*, Venise, 1651. Cette édition possède un index très complet réalisé par le chimiste Otto Tachenius. Nouvelle édition complétée et corrigée, Amsterdam, Elzevir, 1652. Suivent deux éditions de Lyon, Jean-Baptiste Devenet, 1655 et 1667, de contenu identique à la précédente.

3. Jean-Baptiste Van Helmont, *Opera omnia. Additis his de novo tractatibus aliquot posthumis... antehac non in lucem editis ; una cum indicibus.* Frankfurt, sumptibus Johannis Justi Erythropili, typis Johannis Philippi Andreae, 1682. 4°. Contient des textes absents des éditions précédentes.

4. Jean-Baptiste Van Helmont, *Oriatrike, Or, Physick Refined. The Common Errors therein Refuted, And the Whole Art Reformed & Rectified : Being a New Rise and Progress of Philosophy and Medicine, for the Destruction of Diseases and Prolongation of Life... now faithfully rendred into English, in tendency to a common good, and the increase of true Science ; by J.C. Sometime of M.H. Oxon* [John Chandler of Magdalen Hall, Oxford]. London, Printed for Lodowick Loyd, 1662.

allemande de Knorr von Rosenroth[5] ou française de Jean Leconte[6]. C'est à la
critique philologique, interne et externe, du corpus helmontien qu'il appartient
d'établir une chronologie des textes et d'asseoir ainsi sur une base ferme une
biographie intellectuelle.

1. De 1621 à 1634

Le premier ouvrage publié du chimiste brabançon fut celui qui lui attira son
procès d'Inquisition[7], le *De magnetica vulnerum curatione* édité à Paris en
1621[8]. L'ouvrage prend parti dans la polémique entre Rodolphe Goclenius,
professeur à Marbourg, et le Jésuite Jean Roberti sur la guérison des blessures
à distance par l'onguent des armes de Paracelse[9]. Van Helmont mit ses idées
par écrit en 1617. Il n'obtint pas l'autorisation de publier son texte et le retira.
Le livre fut publié à son insu par l'entremise de l'ingénieur Jean Gallé, un proche de Mersenne[10]. Un tout petit nombre d'exemplaires fut distribué à des personnes sûres[11].

La seconde publication est le *Supplementum de spadanis fontibus* publié à
Liège en 1624[12]. Il s'inscrit dans les recherches menées depuis le milieu du
XVIe siècle à Liège sur la composition des eaux minérales de Spa et leurs ver-
tus curatives[13]. Il fait écho à la familiarité, déjà ancienne, de Van Helmont

---

5. *Aufgang der Artzney-Kunst, das ist : Noch nie erhörte Grund-Lehren von der Natur, zu einer
neuen Beförderung der Artzney-Sachen, sowol die Kranckheiten zu Vertreiben als ein langes Leben
zu erlangen. Geschrieben von Johann Baptista von Helmont, auf Merode, Royenborch, Oorschot,
Pellines etc. Erbherrn. Anitzo auf Beyrahten dessen Herrn Sohnes, Herrn H. Francisci Mercurii
Freyherrn von Helmont, In die Hochteutsche Sprache übersetzet, in seine rechte Ordnung
gebracht, mit Beyfügung dessen, was in der Ersten auf Niederlændisch gedruckten Edition,
genannt Die Morgen Röhte... auch einem vollständigen Register.* Sulzbach, Johann Andreae End-
ters Sel. Söhne, 1683. Réédité par W. Pagel et F. Kemp, 2 vols, Munich, Kösel, 1971.

6. *Les œuvres de Jean-Baptiste Van Helmont traittant des principes de médecine et physique
pour la guérison assurée des Maladies ; de la traduction de M. Iean Le Conte Docteur médecin.*
Lyon. Iean Antoine Huguetan et Guillaume Barbier 1671. La traduction de Le Conte est un recueil
d'extraits habilement choisis qui passent sur l'hermétisme et le mysticisme de Van Helmont pour
en faire un fondateur de la médecine expérimentale. Nous lui consacrerons une prochaine étude.

7. Sur le procès d'Inquisition et son contexte, voir R. Halleux, « Helmontiana », dans *Academiae Analecta*, 45, 1983, n°3, p. 35-63 ; « Le procès d'Inquisition du chimiste Van Helmont. Les
enjeux et les arguments », *Comptes Rendus de l'Académie des Inscriptions et Belles-Lettres*, 2004,
p. 1060-1086. Les interrogatoires sont publiés par C. Broeckx, « Interrogatoires du docteur J.B.
Van Helmont sur le magnétisme animal, publiés pour la première fois », dans *Annales de l'Académie d'Archéologie de Belgique*, 13 (1856), p. 306-350 (ci-après cité Broeckx, « Interrogatoires »).

8. J.-B. Van Helmont, *De magnetica vulnerum curatione disputatio contra opinionem D. Joan.
Roberti in brevi sua anatome sub censurae specie exarata*, Paris, Le Roy, 1621.

9. Comme le titre l'indique, il réagit à l'ouvrage de Jean Roberti, *Magici libelli de magnetica
vulnerum curatione authore D. Rod. Goclenio brevis anatome*, Trèves, 1615, réimpr. Louvain,
1616.

10. Sur Gallé, voir Anne-Catherine Otte-Bernès, article « Gallé », dans *Nouvelle Biographie
Nationale*, 2, Bruxelles, 1990, p. 180-183.

11. Réponse de Van Helmont au procureur dans Broeckx, « Interrogatoires », p. 12-13.

12. J.-B. Van Helmont, *Supplementum de Spadanis fontibus*, Liège, Streel, 1624.

13. G. Xhayet, « Les traités liégeois des eaux de Spa à la Renaissance : objets patrimoniaux et
vecteurs du patrimoine culturel », *Les cahiers nouveaux*, 86 (septembre 2013), p. 48-52.

avec les cercles paracelsiens liégeois réunis autour du prince-évêque Ernest de Bavière (1581-1612), qui survivent sous le règne de son neveu Ferdinand[14]. Mais très explicitement il polémique avec la *Spadacrene*[15] de Henry de Heer, médecin du prince, qui répliqua par un *Deplementum supplementi de spadanis fontibus*[16] et fut témoin à charge au procès.

Le 4 mars 1634, dans le cadre du procès d'Inquisition, le procureur de l'Officialité de Malines perquisitionna au domicile de Van Helmont et saisit ses papiers personnels. Malgré les réclamations du savant, ces papiers ne lui furent jamais rendus. Ils se trouvent toujours à Malines où ils ont été examinés dans les années 1840-1850 par le docteur Broeckx[17], en 1935 par Paul Nève de Mévergnies[18], puis retrouvés par nous en 1978. Les archives intitulées *Causa J.B. Helmontii medici 1634* remplissent deux volumes in-folio d'environ 260 ff. et un cahier in-quarto de 158 pages. Elles contiennent trois types de documents.

a. Les pièces du procès : interrogatoires, témoignages, suppliques, ordonnances. Elles constituent le volume I.

b. Des documents saisis qui ne sont pas de Van Helmont mais se trouvaient dans sa bibliothèque : certains manuscrits de Cornelius Agrippa, un manuscrit d'horoscopes en anglais, des horoscopes, notamment celui du cardinal de Richelieu, une consultation médicale sur la stérilité d'Anne d'Autriche[19] envoyée par Mersenne, un manuscrit théologique *het begriip der dietsche theologie*, une copie du *De radiis* du savant arabe al-Kindi, inconnue de son éditeur Marie-Thérèse d'Alverny[20].

---

14. Voir R. Halleux, G. Xhayet, *Ernest de Bavière (1554-1612) et son temps*, Turnhout, Brepols, 2011, p. 69-93.

15. H. De Heer, *Spadacrene, hoc est fons Spadanus eius singularia, bibendi modus, medicamina bibentibus necessaria*, Liège, Arnold de Corswarem, 1614. Traduction française en 1616. Deuxième édition augmentée en 1622 : *Spadacrene, secundis curis auctior, hoc est fons Spadanus accuratius, cum bibendi modus, medicamina bibentibus necessaria*, Liège, Arnold de Corswarem, 1622, in-8°, 66f.

16. H. de Heer, *Deplementum supplementi de Spadanis fontibus adversus Joannem Bapt. Helmontium chymicum quem os inferni interpretatur*, Liège, Arnold de Corswarem, 1624. Deuxième édition : Henrici ab Heer, *Deplementum supplementi de Spadanis fontibus sive vindiciae pro sua Spadacrene, in quibus etiam Aroph, Certissimum Paracelsi ad calculos remedium sincere explicatur*, Liège, Arnold de Corswarem, 1626, in-12° (dern. Sign. : E4).

17. C. Broeckx, « Notice sur le manuscrit Causa J.B. Helmontii déposé aux Archives Episcopales de Malines », dans *Annales de l'Académie d'Archéologie de Belgique*, 9 (1852), p. 277-327 ; 341-367.

18. P. Nève de Mévergnies, *Jean-Baptiste Van Helmont, philosophe par le feu*, Liège, Paris, 1935.

19. Voir R. Halleux, *Le procès*, p. 1078. Sur la question, voir Chantal Grell, *Anne d'Autriche. Infante d'Espagne et reine de France*, Paris, 2009, p. 349-389.

20. M.-T. d'Alverny, F. Hudry, « Al-Kindi de Radiis », dans *Archives d'Histoire doctrinale et littéraire du Moyen Âge*, 41 (1974), p. 139-260, avec les additions de M.-T. D'Alverny, « Kindiana », *Ibid.*, 47 (1980), p. 277-287.

c. Les manuscrits de cinq œuvres au moins :

1. [pièce 43] *Ad judicem neutrum causam appellat suam et suorum phila-delphus* « Quelqu'un qui aime ses frères en appelle à un juge indépendant pour sa cause et celle des siens » [24 pages][21].
2. [pièce XLIV] *Commentarius in librum divini hippocratis de nutricatu diaetave*. Commentaire au traité hippocratique de l'*aliment*[22].
3. [pièce XLVIII] *In primum De diaeta divi Hippocratis*. Commentaire au livre I du *Régime*[23].
4. [pièce L] *Speculum philosophicoiatricum* « Miroir de la médecine philosophique » [176 pages].
5. [cahier in 4°] *Eisagoge im artem medicam a Paracelso restitutam* « Introduction à l'art médical rétabli par Paracelse ». Manuscrit prêt pour l'impression de 158 pages[24].

La chronologie de rédaction de ces ouvrages fait difficulté : le terminus *ante quem* est la date de la confiscation, le terminus *post quem* la fin de ses études à l'Université de Louvain en 1599. On peut les répartir en deux catégories, les ouvrages paracelsiens et les commentaires hippocratiques.

Trois écrits témoignent nettement de l'influence de Paracelse, à savoir l'*Eisagoge*, le *Philadelphus* et le *Speculum*.

L'Eisagoge

L'*Eisagoge in artem medicam a Paracelso restitutam* « L'introduction à l'art médical rétabli par Paracelse » est un manuscrit calligraphié prêt pour l'impression. Il contient une dédicace « à Dieu très bon très grand », un psaume dédicatoire, un portrait de Paracelse avec son épitaphe de Salzbourg, *alterius non sit qui suus esse potest*. Le psaume dédicatoire est daté des kalendes d'août 1607 (1er août 1607). Comme je l'ai analysé ailleurs[25], l'ouvrage rapporte des songes ou des visions où le spectre d'un ermite, Paracelse, initie Jean-Baptiste à la « philosophie par le feu ». Ces visions sont datées très précisément dans la préface : « Le grand jour du 24 septembre 1599, au crépuscu-

---

21. Edité par C. Broeckx, « J.B. Van Helmont ad Judicem neutrum causam appellat suam et suorum philadelphus », dans *Annales de l'Académie d'Archéologie de Belgique*, 25 (1869), p. 65-138.

22. Edité par C. Broeckx, « Commentaires de J.B. Van Helmont sur un livre d'Hippocrate intitulé *peri trophês* », dans *Annales de l'Académie d'Archéologie de Belgique*, 8 (1851), p. 399-433.

23. Edité par C. Broeckx, « Commentaires de J.B. Van Helmont sur le premier livre du Régime d'Hippocrate *peri diaitês* », dans *Annales de la Société de Médecine d'Anvers* (1849), p.1-38.

24. Edité par C. Broeckx, « Le premier ouvrage de Jean-Baptiste Van Helmont », dans *Annales de l'Académie d'Archéologie de Belgique*, 10 (1853), p. 327-392 ; 11 (1854), p. 119-191.

25. R. Halleux, « Helmontiana II. Le prologue de l'*Eisagoge*, la conversion de Van Helmont au paracelsisme et les songes de Descartes », dans *Academiae Analecta*, 49, 2 (1987), p. 19-36.

le, je m'assis au bord de l'Escaut, près des ruines du village de Calloo. Là, me surgit à l'esprit la ville vidée de ses habitants, les champs fertiles abandonnés par les agriculteurs, et comme un squelette de briques, recouvert de triste mousse et de lichen, dominé par le bruit des eaux tempétueuses, car en cet endroit la guerre civile avait recouvert d'eau salée les campagnes mêmes de la patrie. Ensuite je vis le lieu où ce fameux Alexandre Farnèse construisit naguère un pont flottant ». Broeckx appelle l'*Eisagoge* « le premier ouvrage de Van Helmont ». En fait, la composition s'est échelonnée de 1599 à 1607 et diverses ratures et additions montrent que l'auteur n'a jamais cessé de le retoucher. Le contenu est un bon résumé vulgarisant de la doctrine de Paracelse. Il s'y montre largement tributaire de l'*Idea Medicinae philosophicae* du paracelsien danois Petrus Severinus (Peder Sörensen), un des plus brillants épigones du maître.

Le Philadelphus

Le *Philadelphus* traite du magnétisme animal et forme diptyque avec le *De magnetica vulnerum curatione* de 1621 dont il amplifie les aspects naturalistes. Il est certainement antérieur aux interrogatoires du 3 septembre 1627. De l'aveu de l'auteur, il daterait de 1618, avec des remaniements en 1621, et une note manuscrite mentionne la condamnation du Père Garasse par la Sorbonne en 1626[26].

Le Speculum philosophico-iatricum

Le *Speculum philosophico-iatricum* va du f. 177 v au f. 240 v du vol. II. Il n'a pas été publié par Broeckx. Il consiste en morceaux divers, d'écritures différentes, agrafés ou collés. Les textes sont raturés, d'autres biffés et recopiés au propre. On y trouve les éléments suivants : la question des éléments, spécialement de l'eau, base de sa théorie de la matière, avec l'origine de l'eau et des fontaines ; une critique acerbe du galénisme avec sa théorie des formes, des tempéraments, des qualités primaires et secondaires ; une critique de la notion aristotélicienne de l'âme des plantes ; des questions physiologiques sur les causes du spasme ; une thérapeutique, avec l'embryon d'un traité de matière médicale, largement inspiré de Mattioli, et une critique de la saignée. L'ouvrage est paracelsien, mais très influencé par Fernel. D'après une confidence de l'auteur, on connaît l'influence que Fernel exerça sur lui à la fin de ses études universitaires, vers 1599[27]. Quoi qu'il en soit, beaucoup de matériaux se retrouvent dans les ouvrages de la maturité, le *Dageraed* et l'*Ortus*, en sorte que le *speculum* peut être considéré comme leur noyau primitif.

26. C. Broeckx, « Interrogatoires », p. 36 ; « Philadelphus », p. 131.

27. J.-B. Van Helmont, « Studia authoris », dans *Ortus*, p. 18. *Legi itaque Institutiones Fuchsii et Fernelii, quibus totam medendi scientiam, velut per epitomen, me inspexisse cognovi, et subrisi mecum.*

Les commentaires hippocratiques reflètent une volonté d'unification entre l'Hippocrate redécouvert et la révolution paracelsienne.

Les papiers saisis contenaient des commentaires à trois écrits d'Hippocrate, de l'aliment (*de alimento*) du régime (*de victu*) et des vents. Le commentaire aux *Vents* ne compte guère qu'une page, relative à l'authenticité de l'œuvre. Jean-Baptiste semble y polémiquer contre le médecin louvaniste Jean Fienus. Le commentaire au *De alimento* est complet en douze pages in folio. Jean-Baptiste y commente un texte latin, mais ne semble pas connaître les commentaires de Cardan et de Cornarius (1574, réimprimé en 1582). Le commentaire au *Régime* compte 10 pages et demie in folio. Il commente une version latine du traité jusqu'au chapitre 5 du livre I, puis s'interrompt (il reste des feuillets blancs). Nous n'avons pu identifier la version suivie, peut-être une traduction réalisée par Jean-Baptiste lui-même.

Dans l'*Ortus*, Van Helmont affirme avoir lu tout Hippocrate et appris les *Aphorismes* par cœur[28]. En cela, rien de surprenant : les *Aphorismes* sont, depuis le Moyen Age, un des textes de base de l'enseignement médical. C'est, de loin, le texte le plus souvent imprimé et commenté au XVIe siècle. D'autre part, la fin du XVIe siècle avait vu un considérable labeur d'édition : *Opera omnia* par Janus Cornarius en 1564 ; par Girolamo Mercuriale et Michele Colombo en 1588 ; par Anuce Foës, Jacobus Santallinus, Emilius Portus en 1595, réimprimé en 1621.

Le recours au maître de Cos n'est pas indifférent. Dans les *Promissa authoris*, notre héros écrit[29] : « Le premier, Hippocrate, pourvu de dons exceptionnels, et participant des adeptes, donna sans les dissimuler les résultats péniblement acquis de son expérience. Comme il existe de lui très peu d'écrits authentiques, et qu'ils ont été dans la suite asservis aux opinions et aux commentaires d'autrui, la plupart de ses œuvres sont de stupides apocryphes. Car les autres ne supportent pas son intelligence. La pourriture des jours est telle que la vertu et la vérité, dès leurs origines, ont vite des compagnons jaloux et tout ce qui est humain est sujet à la ruine ». Dans le *Tumulus pestis*, il tient Hippocrate pour divin[30]. Dans l'*Eisagoge*[31], il affirme que les médecins universitaires ont annexé Hippocrate malgré lui « témoin futur de leur iniquité et un jour, si le destin le veut, vengeur ». Médecin divin, Hippocrate a sa place dans la chaîne des adeptes, entre Hermès et Paracelse. Il devient ainsi l'anti-Galien[32].

---

28. J.-B. Van Helmont, « Studia authoris », dans *Ortus*, p. 18. *Itaque legi opera Galeni bis, semel Hippocratem (cujus Aphorismos paene memoriter didici).*

29. « Promissa authoris », dans *Ortus*, p. 7. *Primus Hippocrates rarissimi doni vir, et adeptorum particeps, sua experientiae taedia sine fuco edidit. Quoniam ejus paucissima extant genuina, eaque alienis deinceps placitis et commentariis servire coacta ; quamvis pleraque ejus opera sint quisquiliae adulterae.*

30. *Tumulus pestis*, Amsterdam, 1648, p. 13. Voir *infra* n. 64.

31. *Eisagoge*, p. 348.

32. Voir Marie-Laure Monfort, *Janus Cornarius et la redécouverte d'Hippocrate à la Renaissance*, Turnhout, Brepols, à paraître en 2014.

La chronologie ici encore n'est pas claire. Les commentaires doivent être proches les uns des autres dans le temps, ils sont des fragments d'une œuvre conçue comme plus vaste dont l'élaboration semble avoir amené des retours en arrière. Dans l'*Eisagoge*, il renvoie au *De dieta* comme à une œuvre postérieure[33]. Dans le *de alimento*, il annonce un *de diaeta*[34] mais renvoie à un livre déjà rédigé sur les causes et les différences des maladies selon l'esprit d'Hippocrate[35], où il était peut-être question des pustules[36] ; à un traité sur les causes du spasme[37] conservé dans le *Speculum* (213 r.-216 r.) ; à un traité de diététique sur la viande de porc[38] ; à une anatomie[39] ; à un ouvrage antérieur de cosmologie sur les éléments dans le ciel, qui est peut être l'*Eisagoge*[40]. Il y a dans le *De alimento*[41] une allusion à une théorie embryologique qui pourrait être de Thomas Fienus (le *de vi formatrice foetus* est de 1620[42]) tandis que l'ouvrage diététique sur la viande pourrait faire allusion à ses discussions avec Gassendi en 1630[43].

Significatif est le choix de deux traités diététiques. Selon les Anciens, dont Celse est le meilleur interprète, la diététique est la partie la plus philosophique de la médecine, puisqu'elle enseigne le rapport des aliments et des exercices avec la santé, c'est elle qui nécessite de connaître le plus la nature des choses. « La branche médicale dont l'objet est de guérir par le régime compte les plus grands écrivains qui, s'efforçant d'approfondir la science, cherchèrent à prononcer la nature même des choses, persuadés que sans cela la médecine serait toujours impuissante et mutilée »[44]. Le *De alimento* est un recueil d'aphorismes obscurs à force de concision qui pourrait remonter au IIIe siècle avant J.-C.[45]. Le *Régime*, quant à lui, date des environs de 400[46]. Il comporte quatre livres, dont Van Helmont n'a commenté que l'introduction du premier. Dans

33. *Eisagoge*, p. 187 *Ad librum de diaeta Hippocratis differimus.*

34. C. Broeckx, *Commentaire... peri trophês*, p. 425 *In nostro commentario super primum de victus ratione disputabimus.*

35. C. Broeckx, *op. cit.*, p. 418 *Novum et inauditum de morborum essentia causis et differentiis tractatum exaggeravimus juxta mentem divi Hippocratis.*

36. C. Broeckx, *op. cit.*, p. 419 *Nam unde postulae in corde et toto oriantur non alias ex Hippocrate ostendimus.*

37. C. Broeckx, *op. cit.*, p. 424 *Prout a nobis de spasmo disputantibus conclusum est.*

38. C. Broeckx, *op. cit.*, p. 432 *Carnes suillas assas dabis, monente D. Hippocrate qualiter nos etiam alibi ostendimus, de suilla sermonem largius trahentes.*

39. C. Broeckx, *op. cit.*, p. 433 *Et quidem alias a nobis particularitates ac praeeminentias ossium super omnes partes corporis ostendimus.*

40. C. Broeckx, *op. cit.*, p. 429 *Nam et caelum constare elementis per circulationem fixis alias a nobis longiori paraenesi explanatum est.*

41. C. Broeckx, *op. cit.*, p. 430 *Quidam inter modernos, longe doctrina Patavinus se regulam infallibilem in motu naturae sibi inventam portat.*

42. Thomas Fienus, *De vi formatrice fœtus*, Anvers, 1620, 2e éd. 1624.

43. Gassendi, *Opera omnia*, VI, Lyon, 1658, p. 19-24.

44. Celse, *De medicina*, I, 1.

45. A cause d'une influence stoïcienne.

46. R. Joly, *Recherches sur le traité pseudo-hippocratique du Régime*, Liège, Paris, 1960.

cette introduction, l'auteur anonyme, peut-être Hippocrate lui-même, expose son attitude à l'égard de ses prédécesseurs et de sa propre découverte. Les aliments et les exercices sont deux facteurs décisifs et complémentaires. Le discernement des symptômes indiquant un prochain déséquilibre entre les aliments et les exercices permet d'éviter les maladies par la rectification du régime. Le livre I expose ainsi une anthropologie dualiste fondée sur le feu et l'eau ; dans ce cadre, diverses fonctions du corps humain sont comparées à des métiers. Le rapprochement des contenus est éclairant. Dans les deux textes, malgré leurs contradictions, le cosmos est un ensemble en constante interrelation, macrocosme, microcosme dans le *Régime*, sympathie stoïcienne dans le *De alimento*, deux notions pas très éloignées de la théorie paracelsienne des sympathies et des signatures. Le texte d'Hippocrate se trouve ainsi mis en rapport avec des textes d'inspiration hermétiste : dans le *De alimento*, Alexis de Piémont, Arnaud de Villeneuve et Quercetanus ; dans le *Régime*, Trithème, le Pseudo-Denys, Orphée, Agrippa, al-Kindi et la Picatrix.

Ainsi, à l'interface de l'hippocratisme et du paracelsisme, des concepts antiques sont récupérés et modifiés. Certains joueront un rôle clé dans l'évolution ultérieure de la pensée helmontienne : la théorie de la connaissance ; le concept de *pneuma* ; la résurgence et les enrichissements du concept de semence.

2. De 1634 à 1644

Le procès d'Inquisition se termina en 1638 par une sorte d'acquittement. Jean-Baptiste Van Helmont mourut le 30 décembre 1644. Pendant ces dix années, il entreprit de réécrire son œuvre puisque, malgré ses réclamations, le *Speculum philosophico iatricum* ne lui fut jamais restitué. La chronologie des écrits élaborés pendant cette période est, à l'évidence, de première importance pour retracer l'évolution de sa pensée, mais nous n'avons, pour l'établir, que les rares confidences de son fils semées dans les préfaces des éditions successives qu'il donna des manuscrits confiés à sa piété[47].

Dans l'édition allemande, *Aufgang der Artzneykunst*, publiée à Sulzbach en 1683, le traducteur, probablement le kabbaliste Christian Knorr von Rosenroth, ami et confident de François-Mercure signale que Van Helmont avait d'abord nourri le dessein d'écrire comme Paracelse, son œuvre entière dans sa langue maternelle, le flamand, mais qu'il avait changé d'avis et jeté les fondements d'un ouvrage plus ample[48]. En réalité, les choses sont un peu plus compliquées.

---

47. Sur François Mercure, voir Allison P. Coudert, *The Impact of the Kabbalah in the Seventeenth Century. The Life and Thought of Francis Mercury Van Helmont (1614-1698)*, Leiden, Brill, 1999.
48. Voir *supra* n. 5. *Cf.* Friedhelm Kemp, « Christian Knorr von Rosenroth. Sein Leben, seine Schriften, Briefe und Übersetzungen », dans W. Pagel, F. Kemp, *Aufgang der Artzney-Künst*, réimpr. München, 1971, p. xxi-xxxviii (réimpr. de l'éd. Sulzbach 1683).

DAGERAAD,

OFTE

NIEUWE OPKOMST

DER

GENEESKONST,

in verborgen grond-regulen der Nature,

DOOR

den Edelen, Wijd-vermaarden, en Hoog-geleerden
GENEES-HEER,

JOAN BAPTISTA van HELMONT,

Heer van Merode, Roijenburg, Oorſchot,
Pellines, &c.

*Noit in't licht geſien, en van den Autheur zelve
in't Nederduits beſchreven.*

Tot ROTTERDAM

By JOANNES NÆRANUS, Boek-verkooper op't Steiger in den
Boek-binder, Anno 1660.

Figure 1 : Page de titre du *Dageraad* (cliché CHST).

L'écrit flamand auquel Jean-Baptiste s'attela d'abord nous est conservé. François-Mercure le retrouva chez une de ses sœurs et le publia en 1659 à Amsterdam où il séjournait dans l'entourage des Stuarts exilés. Il s'agit du *Dageraed oft nieuwe opkomst der geneeskonst*, « L'aurore ou le nouveau départ de la médecine ». Le titre ajoute : jamais publié et rédigé en flamand par l'auteur lui-même[49]. Une deuxième édition parut à Rotterdam en 1660[50] (fig. 1).

Depuis A.J.J. Van der Velde, les érudits, abusés par la similitude des titres, ont vu dans cet ouvrage la première version de l'*Ortus*[51]. En réalité, la lettre dédicatoire au « Verbe de Dieu Tout-Puissant » et l'épître au lecteur « Aux praticiens de la médecine » (Aen de Oeffenaers der Geneeskonst) avoue le propos de l'auteur[52]. Il a choisi d'écrire dans sa langue maternelle pour être utile à son prochain : « J'ai écrit cela dans ma langue maternelle pour que mon prochain en général en profite ; sachant bien que la vérité n'apparaît nulle part plus nue que quand elle est dépouillée de tout ornement. D'autre part, si j'écrivais seulement pour les doctes, il est à craindre que, critiquant la lettre, ils rabaissent mon travail comme beaucoup d'autres, et que le discours de controverse détruise tout ». Au-delà du désenchantement causé par un procès où les doctes furent ses accusateurs, l'intention de Van Helmont rejoint le propos subversif de Paracelse, mais aussi peut-être l'usage de la langue vulgaire par Galilée et Descartes, cherchant dans le grand public cultivé une audience que les dépositaires traditionnels du savoir leur accordaient avec réticence.

L'objet de l'ouvrage lui-même est délibérément circonscrit[53] : « j'ai entrepris de décrire la plus indomptable des maladies, la pierre, et la reine des maladies, la peste, et chemin faisant, de donner connaissance de beaucoup d'autres maladies inouïes et de vérités cachées ». De fait, le *Dageraed* comprend deux parties qui comptent respectivement trente et dix-neuf *palen* ou « piliers ». Les vingt-cinq premiers piliers de la première partie ont un contenu encyclopédique. Les piliers 26 à 30 concernent la pierre et la deuxième partie toute entière, la peste. La date où fut écrit le *Dageraed* fait difficulté. Il fait état d'observations qui s'étalent de 1609 à 1632. Plus précises sont les références à l'épidémie de peste. Il y eut une épidémie de peste en 1625, une autre, plus violente encore en 1635 et une dernière en 1638, ce qui fournit à tout le moins un *ter-*

---

49. J.-B. Van Helmont, *Dageraed oft nieuwe opkomst der geneeskonst, in verborgen grondt-regelen der natuere (...) Nooyt in 't licht gesien en van den Autheur selve in 't Nederduyts beschreven*, Amsterdam, Jan Jacobsz-Schipper, 1659.

50. J.-B. Van Helmont, *Dageraad oft nieuwe opkomst der geneeskonst, in verborgen grondt-regelen der natuere (...) Nooyt in 't licht gesien en van den Autheur selve in 't Nederhuyts beschreven*, Rotterdam, Joannes Naeranus, 1660, réimpr. Bruxelles, Koninklijke Vlaamsche Academie, 1944 ; Amsterdam, Schors, 1978 (avec la graphie *Dageraad* au lieu de *Dageraed*).

51. A.J.J. Van de Velde, « Helmontiana », dans *Verslagen en Mededeelingen der Koninklijke Vlaamsche Academie voor Taal-en Letterkunde*, 1929, p. 453-476, 715-737, 857-879 ; 1932, p. 110-122.

52. J.-B. Van Helmont, *Dageraed*, fol. **2 et **3.

53. J.-B. Van Helmont, *Dageraed*, fol. **3.

minus post quem[54]. La rédaction du *Dageraed* s'interrompit aux alentours de 1640.

En effet, Jean-Baptiste lui-même publia en 1642 un ouvrage sur les fièvres, *Febrium doctrina inaudita*[55]. L'autorisation d'imprimer fut donnée par le père Coens, censeur des livres, le 14 décembre 1641. La controverse faisait rage sur la nature de la fièvre tierce. Un des principaux protagonistes était le Hollandais Vopiscus Fortunatus Plempius, né à Amsterdam le 23 décembre 1601 et chargé le 18 avril 1634 du cours d'institutions médicales à l'Université de Louvain[56]. Il avait été témoin à charge dans le procès d'Inquisition. L'ouvrage contient une allusion à une thèse soutenue à Louvain sous la direction de Plempius le 26 novembre 1641[57].

Dans la préface de son ouvrage, Van Helmont avoue[58] : « J'ai écrit un gros volume sur la connaissance et la guérison des maladies, immense à coup sûr et inouï depuis les commencements de la vraie philosophie. J'ai démontré par toute espèce de démonstrations la vérité de principes inaccoutumés. De cet ouvrage, j'ai détaché ce traité des fièvres, parce que je voyais de jour en jour croître les abus en matière de thérapeutique et que j'en augurais un massacre non négligeable de nos concitoyens. J'ai publié ce traité sans les doctrines connexes sur les maladies ». Il ressort de cet aveu que Van Helmont, délaissant le *Dageraed* pourtant prêt à la publication, s'était attelé au grand ouvrage latin dont il avait résolu de distraire un chapitre en raison de l'actualité du sujet.

L'ouvrage de Van Helmont ne fut pas bien accueilli. Il est vrai qu'un appendice s'intitulait *Scholarum humoristarum passiva deceptio et ignorantia*. « La tromperie et l'ignorance passive des écoles humoristes »[59]. Le dossier de Malines contient une lettre de René Moreau, professeur de médecine à Paris, du 7 mars 1642, qui appelle à une relance des poursuites[60].

Le destinataire de la lettre est inconnu. L'allusion aux médecins d'Anvers permet peut-être d'entrevoir Michel Boudewijns dont les positions conservatri-

---

54. Sur la peste d'Anvers, voir Dr van Schevensteen, *Les traités de Pestilence publiés à Anvers. Essai de bibliographie*, Anvers, De Coker, 1931.

55. J.-B. Van Helmont, *Febrium doctrina inaudita*, Anvers, Veuve Ioan Cnobbar, 1642.

56. Il n'existe pas d'étude récente sur ce médecin important qui fut un correspondant apprécié de Descartes. Voir M. Haan, « Notice sur la vie et les ouvrages de Vopiscus Fortunatus Plempius », dans *Annuaire de l'Université Catholique* (1845), p. 209-232.

57. J.-B. Van Helmont, *Febrium doctrina inaudita*, p. 20, §16 et p. 35, §2. Le cas est mentionné par Plempius, *Animadversio in veram praxim curandae tertianae propositam a doctore Petro Barba*, Louvain, 1642.

58. *Febrium doctrina inaudita*, A2. *Magnum enim volumen de morborum cognitionibus et sanationibus, ingens certe atque inauditum conscripsi, ab ipsis verae Philosophiae incunabulis, insueta nempe principia, vera demonstravi, quolibet demonstrationum genere. Ex hoc opere, laceravi hunc tractatum de febribus, cum indies viderem abusus crescere curando, atque inde non parvam mortalium cladem augurarer.*

59. *Febrium doctrina inaudita*, p. 69-115.

60. Publiée par C. Broeckx, *Notice*, p. 37-38 et P. Nève de Mévergnies, *Jean-Baptiste Van Helmont. Philosophe par le feu*, Liège-Paris, 1935, p. 141-142, n. 62.

ces sont bien connues[61]. Toujours est-il qu'il s'exécuta puisque le dossier de Malines contient un extrait de la réponse de Plemp datée du 31 mars « Toute votre lettre attaque la « Doctrine inédite des fièvres », certes à bon droit, mais ce monstre d'homme ne mérite pas le plus petit travail : c'est à mon avis une brochure à mépriser, non à réfuter. Qui, en effet, ferait des concessions à son opinion, ou plutôt à sa fatuité ? C'est un homme déconsidéré par d'autres pali-nodies, d'autres de ses ouvrages. C'est pourquoi j'estime indécent d'entrer en conflit avec un individu de ce genre »[62]. En un temps où le mécanisme carté-sien se présentait comme un adversaire bien plus redoutable, les doctrines de Van Helmont pouvaient paraître bien dépassées. Cela n'empêche pas le délateur anonyme de transmettre à l'official de Malines copie des lettres de Moreau et de Plemp. Le juge ecclésiastique entreprit de ficeler un dossier auquel il ajouta les dénonciations d'un ouvrage récent d'Eric Mohy de Liège sur la poudre de sympathie du Chevalier Digby, mais sans dépasser le stade des intentions[63].

En 1644, Jean-Baptiste, enhardi par l'impunité, publiait des *Opuscula medica inaudita* « Opuscules médicaux inouïs ». Ce recueil comprenait quatre ouvrages : le *De lithiasi*, sur la pierre au rein, daté de Bruxelles, 25 septembre 1643, amplifiait les chapitres sur la pierre du *Dageraed*. Le *De febribus* repro-duisait sans modification majeure la *Febrium doctrina inaudita* de 1642. Le troisième traité, *De humoribus*, développait la *Scholarum humoristarum pas-siva deceptio et ignorantia* publiée en 1642. Le quatrième, *De peste*, dévelop-pait en latin la deuxième partie du *Dageraed*[64].

Van Helmont n'eut pas le temps de connaître les réactions à son ouvrage. À l'automne 1644, il souffrait depuis longtemps d'une pleurésie. Le 30 décem-bre, vers midi, il revenait à pied à sa maison par un brouillard glacial. Il se mit à sa table pour écrire une lettre d'une quinzaine de lignes. Le souffle lui man-qua. Il s'efforça de se lever, de faire ouvrir la fenêtre. Il réclama les derniers sacrements, bénit son fils François-Mercure. À six heures du soir, il rendit l'esprit. Il avait écrit la veille à un ami parisien « louange et gloire éternelle à Dieu à qui il a plu de me rappeler de ce monde. À ce que je suppose, ma vie ne durera pas plus de vingt-quatre heures. Je ressens aujourd'hui par la fai-blesse de ma vie l'assaut de la fièvre. Quand elle finira, ce sera ma fin »[65].

61. R. Aernouts, C. Frison, « La vie scientifique à Anvers au XVIIIe siècle », dans *Janus*, 53 (1966), p. 30-39.

62. C. Broeckx, *Notice*, p. 39-40.

63. C. Broeckx, *Notice*, p. 41-42.

64. Jean-Baptiste Van Helmont, *Opuscula medica inaudita. I. De lithiasi. II. De febribus. III. De humoribus Galeni. IV. De peste*, Cologne, Jodocus Kalcoven, 1644.

65. François-Mercure Van Helmont, « Amico lectori », dans *Ortus medicinae*, f. ** (non paginé). *Aliquando gelida foetentique nebula ad meridiem subito pedes domum revertebatur, quod ipsi fuit in causa, ut cum epostolium quindecim circiter linearum exarare conaretur, aut longiori nimis dis-cursui, indulgeret, respiratio in tantum sibi deficeret, exsurgere cogeretur perque fenestram proxi-mam spiritum haurire quo binis diversis vicibus Pleuritis ipsi accersebatur, a qua tamen, omnino incolumem se restituebat ; Imo pridie exitus sui erectus adhuc scribebat amico cuidam Parisios inte-rea haec insequenta verba : Deo laus et gloria in sempiternum, cui placitum est hoc me mundo evocare ; ac prout conjicio non ultra viginti quatuor horarum spatium vita suppetet ; hodie siqui-dem Febris insultum sustineo prae imbecilitate vitae, ejusque defectu, quibus mihi finiendum.*

ORTVS MEDICINÆ.
ID EST,
INITIA PHYSICÆ INAVDITA.
Progreſſus medicinæ novus,

I N

MORBORUM ULTIONEM,

A D

VITAM LONGAM.

A V T H O R E

IOANNE BAPTISTA VAN HELMONT,
Toparchâ in Merode , Royenborch, Oorſchot, Pellines, &c.

Edente Aυτнοɪ**s** *Filio,*

FRANCISCO MERCVRIO VAN HELMONT,
Cum ejus Pʀæғатɪоɴɛ ex Belgico tranſlatâ.

A M S T E R O D A M I,
Apud Ludovicum Elzevirium,
cɪɔ ɪɔc xʟvɪɪɪ.

Figure 2 : Page de titre de l'*Ortus* (cliché CHST).

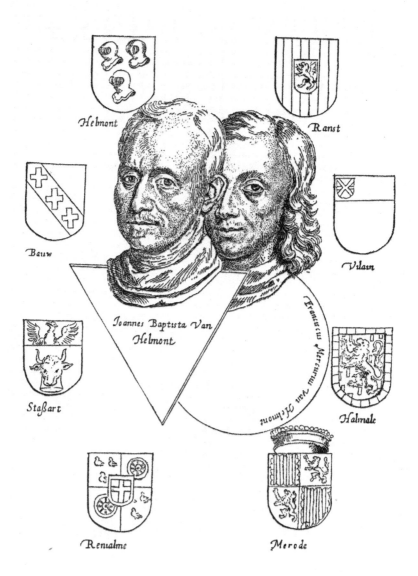

Figure 3 : Frontispice de l'*Ortus* (cliché CHST).

3. Après 1644

Paradoxalement, c'est à partir de ce moment que la pensée helmontienne acquiert sa pleine dimension grâce au labeur de François-Mercure. Quoi que l'on ait pu en dire, il n'y a aucune preuve qu'il ait altéré ou interpolé les *membra disiecta* reçus de son père. Sa vie et son œuvre sont intimement liées aux grandes étapes de son travail d'éditeur. En 1648, alors qu'il est à Amsterdam, il publie l'*Ortus medicinae id est, initia physicae inaudita, progressus medicinae novus, in morborum ultionem, ad vitam longam* ; « Aurore de la médecine, c'est-à-dire principes inouïs de la physique, progrès nouveau de la médecine pour la punition des maladies et la longue vie »[66] (fig. 2). Dans la préface, François Mercure rapporte que peu de temps avant sa mort, son père le fit venir et lui confia ses manuscrits qui se trouvaient à différents degrés d'achèvement, *tam cruda et incorrecta quam penitus expurgata*[67].

L'ordonnance du recueil, comparée aux écrits antérieurs, permet de comprendre comment François-Mercure a travaillé. On y trouve successivement :

1. Une dédicace au verbe ineffable, traduction latine par François-Mercure de la préface du *Dageraed*.
2. La gravure célèbre montrant les deux visages du père et du fils entourés de leurs huit quartiers de noblesse (fig. 3).
3. Une longue préface au lecteur où François-Mercure exprime sa pensée propre.
4. Les tables.
5. Un poème sur l'auteur par un de ses oncles.
6. Le traité latin proprement dit de Van Helmont en soixante-deux sections portant chacune un titre séparé. C'est un ouvrage complet dont l'ordonnance générale est celle du *Dageraed*, depuis la théorie de la connaissance jusqu'à la pharmacologie (pages 1 à 483). Les 25 premiers piliers (*paelen*) du *Dageraed*, devenus des *columnae* sont dans le même ordre, mais considérablement amplifiés.
7. À la page 483, un texte intitulé *prefatio* ouvre une section sur les maladies (pages 483-528), particulièrement l'hydropisie.
8. Les pages 529-573 contiennent des opuscules sur diverses maladies (*Tractatus de morbis*) ;
9. Les pages 573 à 685 sont précédées par le titre *Haec quae sequuntur, reliquit autor imperfectiora, indigestiora, et incorrectiora praecedentibus*, « Ce qui suit, l'auteur l'a laissé moins achevé, moins organisé et moins correct

---

66. *Ortus medicinae. Id est, initia physicae inaudita. Progressus medicine novus, in morborum ultionem. Ad Vitam Longam. Authore IOANNE BAPTISTA VAN HELMONT, Toparcha a Merode, Royenborch, Oorschot, Pellines, etc. Edente Authoris Filio Francisco Mercurio Van Helmont. Cum ejus praefatione ex Belgico Translata*, Amsterdam, Louis Elzevir, 1648.

67. François-Mercure Van Helmont, *Ad lectorem*, fol. ** verso. *Paucis diebus obitum ejus praecedentibus, inquiebat mihi. Cape omnia mea scripta, tam cruda et incorrecta, quam penitus expurgata, eaque conjunge ; tuae curae nunc illa committo ; omnia ad arbitrium tuum peragito.*

que ce qui précède ». Ce sont en fait des fragments sur les sujets les plus divers, thèses, préfaces, etc.

10. Les pages 685 à 704 contiennent une réimpression incomplète du traité sur les eaux de Spa publié en 1624.

11. Les pages 705 à 746, de nouveaux fragments d'un contenu théologique.

12. Les pages 746 à 780, une réimpression fidèle du traité sur la guérison magnétique des blessures publié en 1621.

13. Enfin, des pages 781 à 800, cinq courts textes d'allure mystique contenant le fameux récit de transmutation.

D'autre part, François-Mercure republiait en 1648 chez Louis Elzevir les *Opuscula* de 1644 avec trois paginations séparées, respectivement pour le traité de la pierre, le traité des fièvres avec son appendice et le traité de la peste[68] avec des améliorations de détail.

En 1651, quand il est à Venise, et en 1652, toujours chez les Elzevir, François-Mercure publiait en un seul volume l'*Ortus* et les *Opuscula* accompagnés d'un très utile index[69]. En 1659, François-Mercure retrouve comme on l'a vu le manuscrit flamand du *Dageraed* et le publie. Vers 1660, il est en Angleterre en mission diplomatique religieuse pour Christian Auguste, duc de Sulzbach[70]. François-Mercure y fait imprimer la traduction de l'*Ortus* par John Chandler, *Oriatrike or Physick Refined* (1662)[71]. De 1666 à 1683, François-Mercure est à Sulzbach. De sa collaboration avec le chancelier du prince, Christian Knorr von Rosenroth[72], orientaliste et kabbaliste, naîtra l'édition des *Opera omnia* parue à Francfort en 1682. Le contenu est celui de l'Elzevir de 1652 auquel François-Mercure a ajouté un texte jusqu'alors inédit, le *De virtute magna verborum et rerum*[73]. Enfin, la traduction allemande parue à Sulzbach en 1683, repose à la fois sur les *Opera omnia* de 1682[74] et sur le *Dageraed* dont les passages figurent en marge de la traduction du texte latin[75]. Knorr von Rosenroth excuse François Mercure du désordre de l'*Ortus* et s'en explique : les manuscrits ont été volés à la famille et rendus tardivement.

François-Mercure mourut en 1698. Les manuscrits de son père, qu'il avait soigneusement conservés, se perdirent après sa mort. On ne sait s'ils existent toujours.

68. Jean-Baptiste Van Helmont, *Opuscula medica inaudita. I. De lithiasi. II. De febribus. III. De humoribus Galeni. IV. De peste. Editio secunda multo emendatior*, Amsterdam, Louis Elzevir, 1648, réimpr. Bruxelles, Culture et Civilisation, 1966.

69. Voir *supra* n. 3.

70. A.P. Coudert, *op. cit.*, p. 37-38.

71. Voir *supra* n. 5.

72. A.P. Coudert, *op. cit.*, p. 100-136.

73. Voir *supra*, n. 4.

74. Jean-Baptiste Van Helmont, *Opera omnia*, Frankfurt, 1682, p. 753-765. *Sequitur tractatus novus posthumus, communicatus ab authoris filio, Francisco Mercurio Van Helmont ; de virtute magna verborum ac rerum*. Ce texte ne contient pas d'allusions permettant de le dater.

75. Voir *supra* n. 6.

L'HÉLIOCENTRISME RÉFUTÉ PAR L'ALCHIMIE :
PIERRE JEAN FABRE ET L'IMMOBILITÉ DE LA TERRE

Bernard Joly

À la naissance de Pierre Jean Fabre en 1588, l'Europe était secouée par les premières querelles qui accompagnèrent la diffusion des œuvres de Paracelse, plusieurs décennies après sa mort en 1541. La situation était particulièrement tendue en France où les partisans d'une nouvelle médecine, inspirée des travaux de l'alchimiste suisse, étaient vivement pris à partie par les tenants de la médecine galénique[1]. Les attaques se focalisaient tout particulièrement sur l'usage des médicaments d'origine minérale, et notamment de l'antimoine, considérés comme un poison. Mais les débats dépassaient largement le cadre médical. Les partisans de Paracelse développaient en effet une conception de l'homme et de sa place dans le monde qui semblait incompatible avec les thèses aristotéliciennes qui dominaient encore largement les enseignements universitaires, et qui, d'une manière plus générale, modelaient une conception du monde remise en question par certaines aspects essentiels des doctrines alchimiques. De ce point de vue, on pourrait considérer que le renouveau de l'alchimie provoqué par le développement des thèses paracelsiennes apporta sa contribution à la remise en cause des schémas scientifiques et philosophiques traditionnels. Loin d'apparaître comme un savoir archaïque, l'alchimie s'inscrivait dans les débats de son temps et semblait pouvoir apporter sa contribution à ce qu'il est convenu d'appeler la « révolution scientifique ». L'alchimie était en effet la « chymie » de l'époque, les deux termes étant, jusqu'à la fin du XVIIe siècle, indifféremment pris l'un pour l'autre[2]. Sans vouloir ici entrer dans

---

1. Voir Didier Kahn, *Alchimie et paracelsisme en France à la fin de la Renaissance (1567-1625)*, Genève, Droz, 2007.

2. Voir Lawrence Principe et William Newman, « Some Problems with the Historiography of Alchemy », dans William Newman and Anthony Grafton (éd.), *Secrets of Nature : Astrology and Alchemy in Early Modern Europe* (Cambridge, Madison, MIT Press, 2001), p. 385-431 ; « Alchemy vs. Chemistry, the etymological Origins of a historiographical Mistake », dans *Early Science and Medicine*, 3/1 (1998), p. 32-65 ; Bernard Joly, « A propos d'une prétendue distinction entre la chimie et l'alchimie au XVIIe siècle : questions d'histoire et de méthode », dans *Revue d'histoire des sciences*, tome 60-61 (2007), *Sciences, textes et contextes, en hommage à Gérard Simon*, p. 167-183 ; *Histoire de l'alchimie*, Paris, Vuibert, 2013.

le cœur des débats théoriques, on fera simplement remarquer que le recours au laboratoire comme lieu privilégié d'établissement de la vérité scientifique trouvait son modèle dans l'alchimie, qui était jusqu'à cette époque le seul savoir exigeant d'être éprouvé dans des expériences contrôlées. À la fin du XVIIe siècle, le *Dictionnaire* de Furetière définissait encore le laboratoire comme étant simplement « le lieu où les chimistes font leurs opérations ».

Cependant, de la même manière que les partisans des thèses scolastiques se réclamaient des illustres ancêtres qu'étaient Aristote ou Galien, les alchimistes invoquaient à leur tour des fondateurs prestigieux et parfois mythiques, auxquels ils entendaient cependant accorder une réalité historique : l'égyptien Hermès Trismégiste, l'arabe Geber, Raymond Lulle ou Arnaud de Villeneuve, apparaissaient comme les figures les plus représentatives d'un passé glorieux et dont les œuvres constituaient les références incontournables de tous les travaux alchimiques dignes de ce nom. Aussi n'est-il pas étonnant que la diffusion des œuvres de Paracelse, qui connut son apogée avec la publication de ses œuvres complètes à Bâle en 1589[3], ait été accompagnée par l'édition de nombreux recueils de textes alchimiques qui mêlaient le nouveau et l'ancien, offrant ainsi aux lecteurs passionnés d'alchimie, sous une forme pratique à consulter, l'ensemble des productions alors disponibles, qu'elles soient médiévales ou plus récentes, qui se trouvaient jusque là éparpillées sous forme de manuscrits dans diverses bibliothèques. Le *Theatrum chemicum* publié à Strasbourg à partir de 1602 par Lazare Zetzner en trois volumes, augmenté à cinq en 1622, puis à six dans l'édition de 1659, constitue sans doute le plus célèbre de ces ouvrages.

C'est, semble-t-il, au cours de ses études de médecine à Montpellier que Pierre Jean Fabre découvrit l'alchimie par la lecture de ce *Theatrum chemicum*. Enthousiasmé par la doctrine de Paracelse, il voulut défendre les nouvelles conceptions médicales dans des thèses qui furent refusées par la faculté de médecine en janvier 1614. Il dut corriger ses travaux « conformément à l'enseignement de Galien et d'Hippocrate » pour obtenir le doctorat le mois suivant[4]. On pourrait considérer que la vie et l'œuvre de Fabre furent alors consacrées à laver cet affront. En effet, de retour dans sa ville natale, Castelnaudary, il pratiqua pendant de nombreuses années une médecine d'inspiration paracelsienne, dont il présenta les succès dans un ouvrage publié à Toulouse en 1627, les *Insignes curationes variorum morborum quos medicamentis chymicis jucundissima methodo curavit P. J. Fabri* (Guérisons remarquables de diverses maladies que, par une très réjouissante méthode, guérit P.J. Fabre par des médicaments chymiques), dans lequel il décrivait le processus de cent guérisons obtenues par le moyen de médicaments à base d'antimoine. L'un de ses patients fut d'ailleurs Louis XIII qui était tombé malade à Castelnaudary en

---

3. *Bücher und Schriften*, édités à Bâle en 1589-1591 par Johannes Huser.
4. Archives de la faculté de médecine de Montpellier. S. 9 – *Liber congregationum Universitatis Monspeliensis* (1598-1624), f. 248 r°.

1622, alors qu'il revenait de Toulouse. Fabre acquit aussi la réputation d'un spécialiste de la peste, avec la publication à Toulouse en 1629 d'un *Traité de la peste selon la doctrine des médecins spagyriques* réédité à Castres en 1653.

Mais Fabre ne pouvait se contenter de ses succès médicaux. Il lui fallait surtout montrer au public la supériorité de la doctrine alchimique sur laquelle se fondaient les nouvelles pratiques médicales. Du *Palladium spagyricum* de 1624 à la *Sapientia universalis* de 1654, quatre ans avant sa mort, il publia une douzaine d'ouvrages qui connurent un certains succès puisqu'ils furent réédités à Toulouse, mais aussi reproduits dans un recueil de ses œuvres complètes publié en plusieurs volumes à Francfort en 1652 et 1656. Fabre expose dans ces ouvrages la thèse d'un *spiritus mundi*, esprit du monde qui engendre toutes choses en se répandant dans le monde et en déposant dans les profondeurs de la Terre les semences animales, végétales et métalliques, puis en se spécifiant selon les trois principes que sont le Mercure, le Soufre et le Sel[5]. De telles thèses ne sont certes pas originales dans la première moitié du XVIIe siècle, mais Fabre les développe sur un ton vindicatif destiné à confondre les « misochymistes », adversaires bornés de l'alchimie contre lesquels il convient de se protéger derrière un bouclier (*Palladium*) ou encore en dressant contre eux un rempart, comme l'indique le titre d'un ouvrage de 1645 : *Propugnaculum alchymiae adversus quosdam misochymicos*.

Cependant, les positions de Fabre ne sont pas seulement défensives. Il vient aussi au secours d'une alchimie contestée en montrant qu'elle constitue une véritable philosophie capable de rendre compte de tous les phénomènes de la nature. Aux yeux du médecin de Castelnaudary, rien n'échappe à l'explication chimique, qu'il applique d'abord à l'interprétation des mystères de la religion chrétienne dans son *Alchymista christianus* de 1632[6], puis au décryptage de la mythologie antique dans l'*Hercules pio-chymicus* de 1634[7]. Bientôt, il généralise le propos, comme il l'explique dans l'*Abrégé des secrets chymiques* publié en français à Paris en 1636. Il écrit alors :

---

5. J'ai développé les thèses de Fabre dans *La rationalité de l'alchimie au XVIIe siècle, avec le texte latin, la traduction et le commentaire du* Manuscriptum ad Fridericum *de Pierre Jean Fabre*, paris, Vrin, 1992. Le *Manuscriptum ad Fridericum* est un texte de trente-trois courts chapitres dans lequel Fabre résuma sa doctrine et qu'il envoya en 1653 à Frédéric, duc de Schleswig-Holstein. Le texte ne fut publié qu'en 1690 à Nuremberg dans les *Miscellanea* de l'Académie impériale Léopoldine des Curieux de nature ; il fut réédité à Genève en 1702 par Jean-Jacques Manget dans le premier volume de son célèbre recueil de textes *Bibliotheca chemica curiosa*.

6. *Alchymista christianus in quo Deus rerum author omnium & quam plurima fidei christianae mysteria per analogias chymicas & figuras explicantur, christianorumque orthodoxa doctrina, vita & probitas non oscitanter ex chymica arte demonstrantur* (Alchimiste chrétien où Dieu auteur de toutes choses et la plupart des mystères de la foi chrétienne sont expliqués par des analogies et des figures chimiques et où la doctrine orthodoxe des chrétiens, leur manière de vivre et leur honnêteté sont minutieusement démontrés par l'art chimique), Toulouse, 1632. Frank Greiner a publié, avec une introduction et des notes, le manuscrit d'une traduction anonyme du XVIIIe siècle : Pierre Jean Fabre, *L'alchimiste chrétien*, Paris/Milan, SEHA/Archè, 2001.

7. *Hercules pio-chymicus in quo penitissima tum morales philosophiae tum chymicae artis arcana laboribus Herculeis, apud antiquos tanquam velamine obscuro obruta deteguntur* (Hercule pio-chymique dans lequel sont dévoilés les secrets les plus profonds de la philosophie morale tout autant que de l'art chymique, recouverts chez les anciens comme d'un voile obscur par les travaux d'Hercule), Toulouse, 1634.

> « L'alchymie n'est pas tant seulement un Art ou science pour enseigner la trans-
> mutation metallique, mais une vraye et solide science qui enseigne de cognois-
> tre le centre de toutes choses, qu'en langage divin l'on appelle l'Esprit de vie,
> que Dieu infusa parmy tous les elemens pour la production des choses naturel-
> les, leur nourriture & entretien. (...) Que la science donc qui enseigne &
> demonstre cette vertu seminale, & cet esprit de vie enclos en toutes choses, qui
> remplit tout le monde, & est la seule & unique force & vertu, soit estimée la
> vraye Philosophie, & la vraye perle des sciences naturelles ; sans laquelle toutes
> celles qui se veulent parer de ce beau tiltre, sont de vraies carcasses mortes, ou
> des échos sonants, où la voix des hommes ne fait qu'esclatter & sonner tant seu-
> lement, & non pas raisonner » (p. 10 et 11).

Progressivement, Fabre s'oriente vers une véritable conception encyclopédique de l'alchimie. Ainsi dans l'*Hydrographum Spagyricum* de 1639 consacré
à l'analyse chimique des eaux thermales et à leurs vertus médicinales, il compare l'alchimie à la fontaine où viennent se désaltérer ceux qui veulent devenir
alchimiste. Il écrit :

> « La véritable Encyclopédie apparaît chez tous ceux qui ont bu cette fontaine ;
> il n'y a pas d'autres livres où travailler, il n'y a pas d'autres Universités où étu-
> dier que dans cette seule fontaine ».

Cette entreprise trouve son accomplissement avec la parution en 1646 du
Panchymici, seu, Anatomia totius Universi Opus[8], ouvrage qu'il annonçait
déjà à ses lecteurs vingt ans plus tôt dans sa *Chirurgica Spagyrica*. Ce livre
porterait en lui, disait-il en 1634 dans les dernières lignes de l'*Hercules Pio-
chymicus*, « la véritable moëlle de la nature toute entière ». L'ouvrage est divisé en cinq livres répartis sur deux tomes, le premier présentant la doctrine
alchimique telle que la concevait Fabre, tandis que les quatre autres traitent
successivement de tout ce que contient la nature dans le ciel, dans l'air, dans
l'eau et sur la terre. Rien n'échappe à l'ingéniosité chimique de l'auteur. Ainsi,
le livre trois contient une section consacrée aux oiseaux et à l'explication de la
couleur de leur plumage par la combinaison et la cuisson des trois principes
alchimiques[9]. Goethe se souviendra de ce passage dans la partie historique de
son *Traité des couleurs*, où il se réfère précisément aux analyses du *Panchymici*[10]. Ou encore, on trouve dans le livre quatre une explication du phénomène des marées, provoquées par la chaleur de l'esprit du monde qui s'est

8. *Panchymici, seu, Anatomia totius Universi Opus, in quo de omnibus quae in cœlo & sub
cœlo sunt spagyrice tractatur, et author rerum omnium Deus perquiritur, laudatur, glorificatur ac
benedictur* (Œuvre panchymique ou anatomie de tout l'univers dans laquelle il est traité spagyri-
quement de tout ce qui est dans le ciel et sous le ciel, et où Dieu auteur de toutes choses est recherché, loué, glorifié et béni), Toulouse, 1646 ; Francfort, 1651.
9. *Panchymici*, livre III, section II, chap. IV, p. 620-622.
10. P. 256-257 dans la traduction de Maurice Elie, *Matériaux pour l'histoire de la théorie des
couleurs*, Toulouse, Presses universitaires du Mirail, 2003.

concentré au centre de la Terre, d'où il se diffuse en soulevant périodiquement les eaux de la mer, avant de provoquer les vents dans le ciel[11].

Il n'est donc pas étonnant que Fabre, loin de se limiter à une explication de la très grande variété des phénomènes observés, ait voulu aussi prendre position, par les moyens de l'alchimie, sur les questions qui faisaient polémique à son époque dans le domaine de l'astronomie. Ainsi, au chapitre douze du livre second consacré au ciel, il évoque les débats habituels sur le nombre des cieux : faut-il considérer qu'il n'existe qu'un seul ciel, ou bien doit-on attribuer à chaque astre un ciel qui lui soit propre et qui corresponde à son orbite ? Face à la grande diversité des opinions philosophiques sur le sujet, l'autorité de Galilée est alors invoquée, peut-être de manière ironique, en raison des compétences qu'auraient pu lui conférer ses instruments d'observation. Fabre s'exprime en ces termes :

> « Je ne sais si maintenant Galilée, avec ses moyens d'observation, nous a découvert plusieurs cieux, depuis qu'il a trouvé de nombreux astres nouveaux et inconnus ; il faut toutefois le louer sans réserve pour avoir été l'auteur de cette admirable lunette par laquelle sont observées dans le ciel des merveilles inconnues que personne avant lui n'avait pu observer »[12].

Fabre conclut que le ciel est unique, mais qu'on peut le diviser en régions et sous-régions correspondant aux différentes planètes, que l'on peut considérer comme autant de cieux.

Plus loin, au chapitre cinq de la cinquième section du même livre, Fabre s'interroge sur la présence et l'éventuelle influence d'autres planètes dans le ciel de Jupiter. Dans la mesure où c'est du ciel que proviennent les influences qui disposent dans les mines de la Terre les diverses semences métalliques, le jeu de ces influences serait remis en cause s'il fallait admettre d'autres planètes que les sept que retient la tradition. Mais il n'en est rien, comme l'indique la fin du chapitre :

> « Nous concluons donc qu'il existe plusieurs planètes dans le ciel de Jupiter, puisqu'elles sont observées par le procédé de Galilée et qu'elles apparaissent clairement et distinctement, mais qu'elles relèvent de la même vertu et de la même propriété que Jupiter lui-même, qu'elles ne possèdent en rien des vertus distinctes et différentes de celles de Jupiter mais qu'elles influent d'une seule et même manière puisqu'elles dépendent d'une même et seule essence formelle, et

---

11. *Panchymici*, livre IV, section I, chap. 3 à 5.

12. *Panchymici*, t. I, p. 237 : *Nescio an novus jam Galileus nobis cum suis conspicillis plures adinvenerit coelos, ut et astra quamplurima nova et inaudita reperiit, laudandus tamen summoperè, cum mirandi illius specilli fuerit Author, quo miranda et inaudita conspiciuntur in coelo, quae ante ipsum, nemo conspicere potuit.*

que nous savons pas expérience qu'il n'existe pas dans le ciel de Jupiter d'autres vertus que les siennes propres »[13].

Fabre accorde donc aux nouvelles connaissances scientifiques le même traitement qu'aux récits mythiques et aux anciennes thèses philosophiques : tout est recevable et vient s'intégrer dans la vision panchymique du monde, pourvu que la doctrine n'en soit point affectée. Jupiter peut bien posséder des satellites, s'ils ne modifient pas le jeu des influences célestes qui expliquent notamment la présence dans la terre des semences métalliques venues du ciel.

Comme tous les alchimistes, Fabre est un homme de laboratoire, et il évoque souvent la peine du labeur long et répété sans lequel aucun résultat ne peut être obtenu. Il n'est donc pas étonnant qu'il soit sensible au travail expérimental de Galilée qui a scruté le ciel avec la même obstination que celle de l'alchimiste devant ses fourneaux. Sans doute, aux yeux de Fabre, Galilée a-t-il su tirer les leçons de la pratique des alchimistes, qui savent bien que la nature ne peut pas être connue dans son intimité sans le secours des appareils qui viennent s'interposer entre l'observateur et les objets de son étude : la lunette de Galilée joue ainsi le même rôle que l'alambic, lorsque ce dernier révèle par le moyen de la distillation la présence des principes chimiques qui n'apparaissent pas à l'œil nu. Mais la longue pratique du laboratoire alchimique a aussi habitué Fabre à observer les indiscernables propriétés de la matière que les diverses manipulations de l'alambic ne manifestent pas directement, mais qui sont exigées par la théorie. Comme il le dit dans le *Manuscriptum ad Fridericum*, ce serait en effet une terrible déficience pour l'alchimiste que d'avoir « le cerveau fait comme un œil » et de ne croire que ce qu'il voit. La science alchimique permet alors de percer les secrets de la nature et de tirer des observations galiléennes des conclusions que le savant italien ne connaissait pas, et qui sans doute ne l'intéressaient guère.

Ce sont ces mêmes exigences théoriques qui vont conduire Fabre à rejeter fermement l'héliocentrisme de Copernic. Il avait déjà évoqué le géocentrisme au livre second, à propos du mouvement circulaire du ciel. Il y revient plus longuement dans les premiers chapitres du livre cinq, où il présente les « arguments subtils » de Copernic en faveur du mouvement de la Terre comme des « subtilités de son esprit », arguments auxquels l'astronome polonais ne pouvait pas réellement apporter son adhésion, mais qu'il présentait plutôt comme la « pointe acérée de son esprit »[14]. En effet, l'immobilité de la terre relève aux yeux de Fabre d'une évidence telle que Copernic ne pouvait défendre son mouvement que par une sorte de provocation de son esprit aiguisé. « Car en réalité,

---

13. *Panchymici*, t. I, p. 529-530 : *Concludimus ergo in coelo Jovis plures esse planetas, cum conspiciantur artificio Galilei, et clarè appareant, et distinctè, eosque esse ejusdem virtutis et proprietatis cum ipso Jove, nec ullo pacto habere distinctas et differentes ab ipso Jove virtutes, sed unum & idem influere, cum ab una et eadem essentia formali dependeant, nec in toto Jovis coelo alias experiamur virtutes praeter ipsas suas.*

poursuit-il, la terre reste en repos comme le centre du monde, et la lie et le marc de tous les éléments, elle qui à cause de sa grossièreté n'est pas faite pour le mouvement »[15]. Fabre a ici en tête les expériences de distillation, où l'on voit que demeure, à la fin des opérations, une substance trop lourde pour pouvoir être emportée dans le mouvement ascendant des substances « spirituelles », nous dirions aujourd'hui gazeuses. Les alchimistes ont précisément l'habitude d'appeler « terre » les fèces qui restent ainsi immobiles au fond de l'alambic. On voit bien que c'est une représentation chimique des propriétés de la nature qui est ici à la base du rejet de l'héliocentrisme. Les arguments astronomiques perdent toute pertinence face aux raisons de l'alchimiste ; ils ne sont même pas évoqués. Le laboratoire de l'alchimiste est bien sûr un microcosme, dont les lois renvoient à celles du macrocosme, conformément à l'aphorisme bien connu de la célèbre *Table d'émeraude* : « ce qui est en haut est comme ce qui est en bas ». Le mouvement est donc lié à la ténuité :

> « Nous voyons en effet que les éléments ténus se meuvent, et qu'ils se meuvent d'autant plus vite qu'ils sont plus ténus, le Ciel qui est le plus ténu de tous les éléments se meut plus vite qu'eux tous, et cela à cause de la légèreté et de la raréfaction de sa matière qui contient parfaitement en elle une forme subtile, principe et cause de tout mouvement »[16].

Nous verrons bientôt en quoi consiste cette « forme subtile ». Pour le moment, Fabre poursuit sa démonstration en développant deux arguments. Le premier est fondé sur une observation familière au chimiste qui sait qu'il doit avoir la patience de laisser reposer et se putréfier la matière qu'il travaille pour que se produise enfin l'effet recherché :

> « Là où se font les mélanges ainsi que les générations et productions de toutes choses, un grand repos est nécessaire, puisque les putréfactions des choses ne peuvent se faire aisément dans un mouvement perpétuel et continuel : le mouvement, en effet, empêche la corruption d'où se font, croyons nous, la génération et la production »[17].

---

14. *Panchymici*, t. II, p. 353 : *Insignis et summus datur hujus opinionis author ac defensor, Copernicus nuncupatus, qui suis subtililibus argumentis defendit terram moveri motu circulari, circa alia elementa, quae circa terram etiam moventur. Sunt autem argumenta sua, subtilitates animi sui, nec existimo, id ipsum in corde suo verum reputasse sed proposuisse tanquam animi sui acument.* Suivant en cela la typographie de Fabre, je renonce à l'usage habituel de la majuscule pour distinguer la planète Terre de l'élément terre, puisque, comme on va le voir, notre auteur ne fait aucune différence entre les deux termes. La Terre n'est pas pour lui une planète, mais le lieu où se trouvent rassemblées les différentes parties de l'élément terre.

15. *Idem* : *In rei enim veritate terra quiescit tanquam mundi centrum, et omnium elementorum faex et amurca, quae propter crassitiam inepta est ad motum.*

16. *Idem* : *Videmus enim subtilia elementa moveri, et quo subtiliora sunt eo citius moveri Coelum elementorum omnium subtilissimum citius omnibus elementis moveri, et id propter tenuitatem et raritatem materiae suae, quae formam subtilem admodum in se coërceat motus omnis principium et causam.*

17. *Panchymici*, t. II, p. 353-354 : *Ubi fiunt mixtiones et rerum omnium productiones et generationes, quies summa necessaria est, cum rerum putrefactiones in motu perenni & perpetuo fieri commodè non possint, motus enim ipse impedit corruptionem, ex qua generationem & productionem.*

La putréfaction n'est pas une destruction puisque loin de s'opposer à la génération, elle en constitue une condition de possibilité. Toute la tradition alchimique insiste sur ce moment nécessaire et éprouvant où l'alchimiste doit attendre que, dans l'immobilité d'une matière qui semble se décomposer lentement, se façonne la substance dont il tirera la Pierre philosophale.

Le second argument requiert de la part de Fabre de plus longues explications, fondées sur une opposition entre la forme et le corps qui s'inspire sans doute davantage de considérations d'origines néo-platonicienne et hermétique sur l'âme et le corps du monde que de références à la doctrine hylémorphique de l'aristotélisme. Fabre s'exprime en ces termes :

> « Il est incompatible avec la loi naturelle que ce qui est approprié au mouvement soit en repos et que ce qui est incompatible avec le mouvement se meuve. Or la terre est incompatible avec le mouvement, puisqu'elle est comme le corps de la nature tandis que les autres éléments sont comme les formes de la nature, s'il est vrai que la forme est la partie subtile et ténue de toute la nature, alors que le corps en est la partie la plus grossière ; la forme est même, selon Nicolas Copernic lui-même, le principe du mouvement, et on ne peut jamais affirmer que la terre soit la forme de la nature, puisqu'elle ne peut avoir les conditions et les qualités de la forme »[18].

Élargissant les données tirées des expériences du laboratoire alchimique, Fabre se situe désormais sur le plan de l'organisation cosmologique d'une nature conçue sur le modèle d'un être vivant, avec un corps qui est par lui-même immobile et une forme qui lui confère le mouvement. Mais demeure cependant le modèle du fonctionnement de l'alambic, puisque c'est la seule opposition entre la grossièreté et la ténuité qui est ici invoquée pour rendre compte de l'opposition entre l'immobilité et le mouvement, selon un schéma qui pourrait sembler simpliste : c'est la lourdeur qui contraint à l'immobilité, tandis que la légèreté permet le mouvement.

Il convient donc d'avancer dans le raisonnement, en fournissant le véritable nom de cette forme qui est la cause du mouvement, révélé par la mise en œuvre des principes chimiques : la lumière. C'est ce qu'explique alors Fabre, en montrant ce qui a échappé à Copernic :

> « Quant à nous, nous avons soutenu et prouvé en de nombreuses occasions à partir des principes chymiques que le principe du mouvement est la lumière créée, qui est la véritable forme de la nature. (…) Puisque la lumière est donc

---

18. *Idem*, p. 354 : *Legi naturali repugnat ut quod motui aptum est, quiescat, et quod motu repugnat moveatur. Terra autem motui repugnat cum sit naturae voluti corpus et reliqua elementa sint veluti naturae formae, forma siquidem est subtile et tenue totius naturae, et corpus est crassior eius pars, forma vero per ipsumet Authorem Nicolaum Copernicum, est principium motus, neque terram unquam formam asserere naturae posset, cum neque conditiones et qualitates formae habere possit.*

le principe du mouvement, là où résidera la lumière, là résidera le mouvement. Et puisque les ténèbres sont le principe du repos, là où seront les ténèbres, là sera le repos. Or les ténèbres sont dans la terre, dans la terre sera dont le repos. C'est ce que montre l'expérience quotidienne : là en effet où la mort met en fuite la lumière ou la vie, là aussitôt surgissent les ténèbres et le mouvement, pour autant qu'il y en ait, se retire de la vie et de la lumière »[19].

Fabre termine son plaidoyer en renvoyant son lecteur aux passages de la Bible qui évoquent l'immobilité de la terre : *Zacharie* 12, *Psaumes* 101 et 136, *Proverbes* 4 et *Ecclésiaste* 1. Mais il faut remarquer qu'en dehors de ces références obligées, les traditionnelles objections religieuses aux thèses de Copernic ne sont guère utilisées par Fabre, qui ne tire pas argument de sa démonstration pour justifier le bien-fondé de la position de Rome. Il n'a pourtant jamais manqué l'occasion, dans ses précédents ouvrages, de proclamer sa fidélité en l'Église catholique romaine, de peur sans doute d'être assimilé aux nombreux paracelsiens qui se réclamaient de la religion réformée. L'*Alchymista christianus*, dédicacé au pape Urbain VIII, est d'ailleurs tout entier consacré à établir la parfaite conformité des thèses alchimistes avec les dogmes catholiques. Bien entendu, l'opposition entre les ténèbres et la lumière est inspirée des premières lignes de la *Genèse*, auxquelles les alchimistes ont souvent fait référence. La création de la lumière comme acte inaugural de la création du monde s'inscrit alors dans le schéma plus général de la création du ciel et de la terre : l'élément de la terre est donc bien séparé d'emblée du ciel et par conséquent de la lumière d'où vient tout le mouvement du monde. La lumière, la vie et le mouvement s'opposent donc aux ténèbres, à la mort et au repos de la même façon que la forme s'oppose au corps. Le corps de la nature qu'est la terre ne peut donc qu'être immobile, par opposition au mouvement des autres éléments. Mais ces développements, loin de s'appuyer sur des arguments d'origine biblique, prennent leur relief du fait que Fabre affirme les tirer des principes chymiques.

C'est dans les premiers chapitres du *Panchymici* que Fabre a précisé le rôle de la lumière. Ses adversaire étant les péripatéticiens, il entend montrer leurs erreurs en se réappropriant leurs termes techniques et en modifiant leur signification selon les exigences de la doctrine alchimique. Matière première, forme, entéléchie prennent alors de nouveaux sens, de sorte qu'ils puissent accueillir la théorie selon laquelle les trois principes chimiques que sont le Soufre, le Mercure et le Sel résultent de l'action sur la terre d'une substance venue du ciel que beaucoup appellent esprit du monde ou mercure, mais qu'il

---

19. *Idem : Et nos ex principiis chymicis asseruimus et probavimus multis in locis, principium motus esse lucem creatam, quae naturae vera forma est. (...) Cum ergo lux sit principium motus, in quo erit habitatio lucis, ibi et erit habitatio motus. Et cum tenebrae sint principium quietis, ubi aderant tenebrae, ibi et aderit quies. Id autem ipsum patet experimentia quotidiena, ubi enim mors lucem, seu vitam fugat, ibi statim introducuntur et tenebrae, et cessat motus, siqui sit, ex vita et luce.*

choisit de nommer entéléchie, pour marquer le fait qu'elle est à l'œuvre dans le monde, agissant comme l'esprit qui agite la matière, pour reprendre le célèbre vers de Virgile constamment cité par les alchimistes[20]. L'entéléchie est, dit Fabre, « la partie la plus ténue de tous les éléments et du ciel ou de la lumière, (…) qui se transforme en une semence du monde à partir de laquelle se produisent toutes les choses qui se font dans ce monde conformément à la nature »[21]. Mais il ajoute bientôt que cette entéléchie, semence de tous les corps lorsqu'elle agit sur la terre, n'est rien d'autre que la lumière (*lux* aussi bien que *lumen*, précise-t-il), lorsqu'on considère son action dans le ciel. La lumière, loin d'être un accident comme le prétendent les péripatéticiens, constitue l'essence véritable et formelle de l'esprit céleste. Un jeu de rapprochements successifs vient alors renforcer l'importance de cette lumière, qui est à la fois la cause du mouvement céleste et la chaleur vitale bien connue des anciens. « Cela montre clairement, affirme-t-il alors, que c'est le ciel qui se meut, et non pas l'élément de la terre, puisqu'il est clair que la lumière, principe du mouvement, provient du ciel et non pas de la terre »[22].

Mais qu'on ne s'y trompe pas : cette provenance du ciel indique le lieu d'où vient la lumière, mais non pas sa véritable cause, car, précise Fabre un peu plus loin, ce ne sont pas le ciel et les astres qui sont le principe de la lumière, mais bien la lumière qui est l'origine et la source du ciel et des astres, Dieu seul étant, par l'acte d'infinie bonté de sa création, le seul auteur véritable de la lumière et de la vie[23]. L'alchimie peut ainsi se revendiquer du « Fiat lux » par lequel commençait à la fois le livre de la *Genèse* et la création du monde, la lumière étant le plus ténu et le plus léger de tous les éléments subtils que l'alchimiste espère isoler par les distillations de l'alambic. Telle était déjà la « quintessence » de Rupescissa au XVIe siècle, substance la plus pure d'origine céleste venue se nicher au cœur de toute chose, tel sera encore le « Soufre principe » de Wilhelm Homberg dans les premières année du XVIIIe siècle, lorsque ce chimiste réputé de l'Académie royale des sciences travaillait sur la pure lumière concentrée dans le foyer d'une lentille géante dans l'espoir non avoué de transmuter les métaux[24]. La lumière est donc pour les alchimistes la

---

20. Virgile, *Enéide*, VI, 726 : *Mens agitat molem et magno se corpore miscet.*

21. *Panchymici*, t. I, p. 98 : *[Entelechia] est pars tenuissima omnium elementorum et coeli seu lucis, quae (...) mutatur in semen mundi, è quo prodeunt omnia, quae naturaliter fiunt in hoc mundo.*

22. *Idem*, p. 106 : *Hinc ergo clarum est et manifestum coelum potius moveri, quam elementum terrae, cum manifestum sit Lucem principium motus ex coelo, non ex terra oriri.*

23. *Idem*, p. 135 : *Non ergo coelum et astra principia sunt et fontes lucis, sed è contra lux est fons, et scaturigo coeli et astrorum omnium, cum verè ex luce prodierint. Si ergo lux non sit ex coelo ex origine, sed ex Deo solo, qui eam virtute sua infinita et bonitate creavit, vita omnis, quae lux est, non ex astris est, et firmamento, sed ex solo Deo, qui solus vera vita est, et totius vitae fons, et scaturigo.*

24. Voir Lawrence Principe, « Wilhelm Homberg et la chimie de la lumière », dans *Methodos*, 8, 2008, http://methodos.revues.org/1223

première de toutes les substances chimiques et la création du monde peut apparaître comme une opération chimique, par séparation de l'air et de l'eau sous
l'effet de la lumière, puis par coagulation de la terre. On comprend alors pourquoi conférer à la terre le mouvement, ce serait donc lui donner une dignité
qu'elle ne mérite pas et qui est réservée à la lumière.

GASSENDI À MARSEILLE,
QU'ALLAIT-IL FAIRE DANS CETTE GALÈRE ?

Vincent Jullien

On croit savoir qu'un certain jour de l'automne 1640, Pierre Gassendi, sans doute en compagnie de Louis-Emmanuel de Valois, comte d'Alais, gouverneur de Provence et ami du philosophe, fit manœuvrer de curieuse façon une galère de l'arsenal de Marseille, sans doute entre la sortie du vieux port et le château d'If.

Le récit source

Les présentations et commentaires de l'épisode de la galère marseillaise de Gassendi s'appuient généralement sur un texte unique. Il s'agit de la préface du *Recueil de lettres des sieurs Morin, de La Roche, De Nevre, et Gassend et suite de l'Apologie du sieur Gassend touchant la question de motu impresso a motore translato*, recueil paru à Paris en 1650[1].

Dans cette préface, on lit ceci, à propos de l'expérience consistant à jeter un corps pesant du haut du mât d'un navire :

> « M. Gassendi ayant été toujours si curieux de chercher à justifier par les expériences la vérité des spéculations que la philosophie lui propose, et se trouvant à Marseille en l'an 1641 fit voir sur une galère qui sortit exprèz en mer par l'ordre de ce prince, plus illustre par l'amour et la connaissance qu'il a des bonnes choses que par la grandeur de sa naissance, qu'une pierre laschée du plus haut du mast, tandis que la galère vogue avec toute la vitesse possible, ne tombe pas ailleurs qu'elle ne feroit si la même galère étoit arrêtée et immobile ; si bien que soit qu'elle aille ou qu'elle n'aille pas, la pierre tombe tousiours le long du mast à son pié et de mesme costé. Cette expérience foite en présence de Monseigneur le Comte d'Allais et d'un grand nombre de personnes qui y assistoient, semble tenir quelque chose du paradoxe à beaucoup qui ne l'avoient point vue ;

---

1. Recueil de lettres des sieurs Morin, de La Roche, De Nevre, et Gassend et suite de l'Apologie du sieur Gassend touchant la question *de motu impresso a motore translato*, Paris, Augustin Courbe, 1650.

ce qui fut cause que M. Gassendi composa un traité *De motu impresso a motore translato* que nous vismes de lui la mesme année en forme de lettre escrite à M. du Puy ».

Ce texte assez tardif fait suite à plusieurs autres dont il faut un peu démêler la chronologie :

– Selon le témoignage de Chapelain de décembre 1640[2], on apprend que Gassendi a écrit à François Luillier juste après l'expérience qui a vraisemblablement eu lieu en octobre 1640. La lettre semble perdue et Luillier sceptique.
– Les mois suivant, en novembre et décembre, Gassendi écrit deux longues lettres à Pierre Dupuy pour lever les doutes qui subsistent[3]. Ces deux lettres vont constituer l'essentiel du *De Motu* qui ne sera publié qu'en 1642[4]. Ce retard génèrera sans doute les erreurs de datation ; on pensera que « l'automne précédent » évoqué par Gassendi désigne l'automne 1641.
– On a encore une lettre de Gassendi à Valois (il s'agit du comte d'Alais) du 1er juin 1641 dans laquelle Gassendi indique qu'il prépare l'édition des lettres à Dupuy (pour le *de motu*) et en profite pour rappeler le rôle qu'avait joué le comte dans les expérimentations[5].

Le texte de 1650, cité en début d'article et le plus souvent mentionné, est donc assez tardif par rapport à l'événement[6].

Dans les premières pages de la première lettre du *De motu*, Gassendi mentionne des essais répétés à bord de la galère, d'abord lorsqu'elle est au repos, puis à une certaine vitesse, en faisant doubler celle-ci, en variant les hauteurs de la chute etc. Parmi d'autres de moindre importance, je signale un point curieux, à savoir la vitesse formidable attribuée à la trirème (curieux type de galère à cette époque) ; en effet elle est dite parcourir 4 milles en un quart d'heure[7], ce qui est à peu près le triple des meilleures performances attestées.

---

2. « Lettre du 7 décembre 1640, traduite et publiée par Sylvie Taussig », dans les *Lettres latines de Gassendi*, 2. vol, Brepols , 2004, n. 2153

3. Selon Joseph Clark les deux lettres à Dupuy sont de novembre et décembre 1640. Voir « Pierre Gassendi and the Physics of Galileo », dans *ISIS*, 1963, vol. 54, n° 177, p. 352-370 (p. 355). Selon Allen G. Debus la lettre n° 1 est datée du 20 novembre 1640, soit un mois après les essais. Voir Allen G. Debus, Pierre Gassendi and his « Scientific expedition » of 1640. Archives Internationales d'Histoire des Sciences, n° 62, 1963, pp. 131-142, p. 135.

4. Pierre Gassendi, *De motu impresso a motore translato epistolae duae*, Paris, Ludovico de Heuqueville, 1642.

5. Lettre latine n° 134 108b, Taussig, 2004, vol. 1, p.196-197. Elle date du 1 juin 1641.

6. Le retard de publication est du à une des épidémies de peste qui ravageaient régulièrement la Provence.

7. Cette vitesse semble peu crédible. Pour les galères modernes, « la vitesse ne peut atteindre que 4 à 5 nœuds et pendant un très court laps de temps », Jean Meyer, Préface à *Les galères au musée de la marine*, René Burlet, Presses Universitaires de Paris-Sorbonne, 2001, p.11.

Il évoque le fait qu'on lance la boule vers le haut ou vers le bas[8]. Le résultat est constant, « la boule se trouve toujours au pied du mât ».

Gassendi confirme certaines informations qu'on a déjà dans la lettre à Valois du 1 juin 1641 :

> « ...Tu connais les expériences variées que tu as réalisées en Provence à l'automne dernier, je veux parler des objets que tu as jetés ou laissé tomber, tantôt de ton carrosse, tantôt de ton cheval, tantôt de ta très rapide galère lancée entre Marseille et le château d'If. Non content que ce soit à ton instigation que la plupart des gens aient fait ces expériences tu les as en plus toi-même précédés et, de même que tu avais remarquablement perçu le phénomène, de même as-tu donné de remarquables explications au fait que tous les mouvements des objets, que nous les lancions ou que nous les laissions tomber, se font apparemment de la même façon ; peu important que le corps dont nous nous occupons soit au repos ou qu'il se déplace. Quant à moi, j'ai tout aussitôt décrit cela à nos amis dans cette ville et parce qu'il y en eut certains dont je n'ai qu'à grand peine emporté l'adhésion, je leur ai écrit une lettre plus détaillée ; et mon exposé de la question leur a arraché de l'étonnement.
>
> J'ai montré que ce qui aurait plutôt du les étonner, c'est qu'une pierre lancée vers le haut depuis un carrosse, un cheval ou un bateau en mouvement ne retombe pas dans la main même ou que, laissée tomber depuis le haut d'un mât, elle ne tombe pas au pied du mât. Je remanie donc maintenant selon leur désir les deux principales lettres de cette série et j'accepte volontiers qu'elles soient publiées... ».

Il est frappant de constater que les trois dispositifs ou activités suivants soient traités sur le même mode et considérés comme également probants : lancer un objet quelconque de son carrosse, lancer un objet de son cheval, faire l'expérience de la galère. Les deux premiers sont des faits communs, quasiment muets en tant qu'expérience scientifique alors que le troisième est l'enjeu et l'aboutissement sophistiqué d'une controverse très précise, et réclame, ne serait-ce que pour être exécuté, une préparation difficile et soigneusement élaborée.

J'ai cherché en vain davantage de descriptions, de témoignages... sur la date, les trajets, les conditions précises etc. Si bien que les textes sont, à ma connaissance, les seuls à partir desquels une vaste littérature s'est développée.

Les plus connus des commentaires sont ceux d'Alexandre Koyré qui y revient à diverses occasions en reprenant le récit de la préface et les compléments du *de motu impresso*[9].

---

8. Entre autres difficultés pour obtenir une expérience rigoureuse, ce doit être assez dur de lancer exactement vers le haut. Voir le §V de l'Elenchus du *De Motu...* On y lit notamment que *Miraculo autem potissimum fuit* (*id.* p. 3).

9. A. Koyré, *Études galiléennes*, p. 305-306 ; « Gassendi le savant », dans P. Gassendi, Centre international De Synthèse, p. 64-66 ; *Études d'Histoire de la pensée scientifique*, p. 327-329. Dans ce dernier texte, Koyré enregistre la modification de date de l'expérience et accepte qu'elle ait pu avoir lieu en 1640.

Des présentations récentes grand public ajoutent quelques jugements plus ou moins bien fondés. Sur un site pédagogique de l'université d'Aix-Marseille, on apprend que :

> « Gassendi 'sponsorisé' par le Comte d'Alais, arme une galère et réalise cette expérience dans le Vieux-Port, en 1641. Tous les observateurs, sur le quai ou sur la galère, ont pu ainsi vérifier l'exactitude de la théorie de Galilée »[10].

Yvon Georgelin et Simone Arzano, de l'Observatoire de Marseille enchérissent[11] :

> « C'est en rade de Marseille que GASSENDI effectue la première vérification expérimentale de la loi de la chute des corps prévue par GALILEE ».

C'est plutôt curieux car il ne s'agissait pas du tout de cela mais cette transposition de sujet est très fréquente[12].

> « La démonstration a un grand retentissement populaire et la vérification de ce paradoxe 'aristotélicien' attire de nombreux curieux ».

L'exposition Gassendi de la médiathèque de Digne donne une présentation équilibrée de cette expérience en reconnaissant notamment l'existence de tentatives antérieures.

On doit à Sylvie Taussig certaines des études gassendiennes récentes les plus utiles, ne serait-ce que pour la traduction et l'édition de textes. S. Taussig fait cependant deux remarques assez curieuses. Elle évoque « l'expérience du *De Motu*, telle qu'indiquée, expliquée et recommandée par Galilée »[13]. Où a-t-elle pris que Galilée a recommandé cette expérience ? Le point est d'autant plus notable qu'il alimente un aspect essentiel des discussions : la promenade marseillaise était-elle utile ou non ?

Le commentaire qui suit est étonnant ; il paraît que l'expérience aurait pour enjeu la théorie de la gravité ? Il est pourtant clair que c'est de l'inertie et non de la gravité qu'il est question. Sans doute les deux sujets sont-ils associés via la difficile question de la composition des mouvements, mais enfin, les phénomènes sont totalement distincts et la discussion galiléenne concerne l'inertie.

---

10. Site réalisé par Gérard Serra, http://www.ac-aix-marseille.fr/pedagogie/jcms/c_79218/fr/chute-des-corps.

11. Yvon Georgelin et Simone Arzano, Les astronomes érudits en Provence, Peiresc et Gassendi. Et aussi, « Peiresc et Gassendi-astronomes et érudits ». http://lesamisdepeiresc.fr/bibliotheque/conference_arzano.pdf

12. Erreur insérée par inadvertance dans le titre provisoire d'une communication que j'ai donnée lors du Colloque de la NASSCFL à Marseille en juin 2013.

13. Sylvie Taussig, *Pierre Gassendi, Introduction à la vie savante*, Brepols, 2003, p. 127.

Une expérience de pensée très ancienne

Comme on va le voir, cette promenade en mer a une très longue histoire.

Ce qui, en 1640, lui donne une actualité considérable et ce qui en est sans doute la cause proche est un long et fort important passage du *Dialogo* de Galilée[14] publié en 1633. Les interlocuteurs, Salviati, Simplicio et Sagredo débattent du mouvement des projectiles.

> Simplicio : « Il y a par ailleurs l'expérience si caractéristique de la pierre qu'on lance du haut du mât du navire : quand le navire est en repos, elle tombe au pied du mât ; quand le navire est en route, elle tombe à une distance du pied égale à celle dont le navire a avancé pendant le temps de chute de la pierre ; et cela fait un bon nombre de coudées quand la course du navire est rapide »…

> Salviati : « Très bien, avez-vous jamais fait l'expérience du navire ? »

> Simplicio : « Je ne l'ai pas faite, mais je crois que les auteurs qui la présentent en ont fait soigneusement l'observation ; de plus, on connaît si clairement la cause de la différence entre les deux cas qu'il n'y a pas lieu d'en douter ».

> Salviati : « Que les auteurs puissent la présenter sans l'avoir faite, vous en êtes vous-même un bon témoin : c'est sans l'avoir faite que vous la tenez pour certaine, vous en remettant à leur bonne foi …sans qu'on arrive jamais à trouver quelqu'un qui l'ait faite. Que n'importe qui la fasse et il trouvera en effet que l'expérience montre le contraire de ce qui est écrit : la pierre tombe au même endroit du navire, que celui-ci soit à l'arrêt ou avance à n'importe quelle vitesse… ».

> « Quant à moi, sans expérience, je suis certain que l'effet sera bien celui que je vous dis car cela doit se passer nécessairement ainsi… Je suis si bon accoucheur des cerveaux que je vous forcerai à l'avouer ».

Suivent alors des échanges au cours desquels Galilée argumente en faveur de l'inertie (fut-elle circulaire) et de la composition des mouvements, en conséquence de quoi la pierre a une trajectoire parabolique qui la mène au pied du mât.

Simplicio et Salviati mentionnent tous les deux « les auteurs » qui, selon Simplicio, « présentent soigneusement » l'expérience du navire, mais qui, selon Salviati, « ne l'ont pas faite ». J'attire l'attention sur l'accord de Simplicio et Salviati sur le point fondamental suivant : les raisons générales qui expliquent le résultat de l'expérience sont si fortes que sa réalisation n'est qu'accessoire. Il s'agit, pour l'un comme pour l'autre, d'un débat d'idées.

---

14. *Dialogo*, Ed. Naz. VII, p. 171, traduction et édition française par Fréreux, de Gandt, Seuil, 1992, p. 164-167.

Voyons pour commencer quels peuvent être « les auteurs » évoqués sans être jamais nommés.

La source essentielle serait Aristote, chez qui on trouve deux occurrences qui peuvent s'y rapporter. Dans le *De Caelo*, (II, 14, 296 a, 25) on lit que si la terre était transportée, « chacune de ses parties aurait aussi cette translation. Or, en réalité, elles sont toutes portées en ligne droite vers le centre »[15] et une colonne plus loin (II, 14, 296 b, 18) on apprend

> « Qu'ils soient aussi transportés vers le centre de la terre, un signe en est que les corps pesants transportés vers la terre ne sont pas transportés selon des trajectoires parallèles, mais en faisant des angles semblables... Il est donc manifeste que la Terre est nécessairement au centre et immobile, à la fois en raison des causes qui ont été données et parce que les projectiles pesants envoyés vers le haut en ligne droite reviennent au même point... »[16].

Il n'est pas question du navire mais l'enjeu est nettement défini, il s'agit de la mobilité de la terre.

Le navire fait son apparition chez Ptolémée, plus précisément dans *l'Almageste*, au livre IX, chapitre 9, §5 où l'auteur soutient en effet, qu'une flèche tirée verticalement d'un navire en mouvement, « ne choirait pas en la nef, mais bien loin de la nef »[17].

Averroès réactive le navire et la pierre tombant du mât.

> « Si la terre était mue, il y adviendrait ce qui advient lorsqu'on projette des pierres à partir d'un navire en mouvement ; elles tombent à l'eau en divers lieux, de telle manière qu'il est arrivé de multiples fois qu'elle tombe au-delà, ou près du navire selon sa vitesse »[18].

L'argument est aussi développé dans les traités de la sphère du monde de la Renaissance, lorsqu'il s'agit de discuter du mouvement de la terre. Pour ne donner qu'un exemple, citons Alessandro Piccolomini qui nie le mouvement de la Terre en soutenant que :

> « Si tel était le cas, aucune des choses pesantes que l'on jetterait en l'air ne pourrait retomber à l'endroit où serait resté celui qui l'aurait jetée... ainsi advient-il à celui qui navigue sur un fleuve, une chose pesante jetée directement

---

15. Aristote, *Du Ciel*, Traduction Dalimier-Pellegrin, GF Flammarion, p. 285.

16. La note 4 (p. 442) de Pellegrin indique qu'il faut ici interpréter les *angles semblables* comme la perpendiculaire au sol.

17. Cité par Duhem, *Le Système du monde*, vol. IX, chap.XIX, p. 330.

18. *si [Terra] moveretur, accideret ei hoc quod accidit proicienti lapides ex modem loco navis motae, quae cadunt in aqua in locis diversis, ita quod multotiens accidit ei ut lapis cadat super se aut prope se, cum motus navis fuerit velox. Aristotelis Omnia quae extant opera [...] cum Averrois commentariis*, Venetiis, Apud Iuntas, 1562-1574, V, c. 164r. Trad. par moi.

au dessus de sa tête, on la voit s'en aller loin derrière lui et tomber dans l'eau »[19].

À la période précédant de peu le débat du *Dialogo*, nous rencontrons Christophe Clavius qui dans les *Traités sur la sphère*, utilise aussi toujours l'assimilation de la terre en mouvement à un navire[20]. Il s'est d'ailleurs attiré les foudres spéciales de Gassendi pour avoir écrit que :

> « Par la même méthode on obtiendrait qu'une pierre ou qu'une flèche jetée vers le haut avec une grande force ne retombe pas dans le même lieu comme nous voyons que cela se passe dans un navire qui se déplace très rapidement »[21].

Tycho Brahé utilise aussi l'argument du navire en posant la question

> « Qu'en est-il de ceux qui estiment, à propos de la flèche tirée d'un navire vers le haut, que, si cela est fait dans les flancs du navire, elle tombera au même endroit, que le navire se meuve ou soit au repos ? Ils jugent inconsidérément car la chose se passe bien autrement. En effet, plus rapide est le navire, plus on constate de différence. Il en va de même pour le circuit terrestre »[22].

Il est assez piquant de trouver des lignes de Galilée allant contre sa propre position. Elles datent de la période padouane où, pour des raisons liées à l'enseignement, il exposait le système géocentrique et expliquait dans un *Trattato della sfera ovvero Cosmografia* qu'un

> « boulet tombant du haut d'un navire en mouvement, ne tomberait pas à son pied, mais vers la poupe »[23].

On accordera facilement que ce n'est pas là la véritable doctrine galiléenne.

---

19. *In tal caso non potrebbe l'uomo gittare o scagliar nell'aria alcuna cosa grave che a quel medesimo luogo dove posa colui che la gitta ritornasse a terra. Anzi, sempre toccherebbe la terra per gran pezza lontano da colui che l'avesse scagliata, come avvenir si vede a chi navigando sia portato per un fiume in una nave, il quale alcuna cosa grave gittando in alto nell'aere sopra la testa sua dirittamente, quella in lontana parte vede dietro di lui tornare a ferir l'acqua* A. Piccolomini, *Parte prima della filosofia naturale*, Venetia, Daniel Zaneti, 1576, c. 77r. Lo stesso esempio si trova anche in A. Piccolomini, *De la sfera del mondo*, Venetia, Al segno del pozzo, 1552 (terza edizione), p. 16. (Référence et information fournies par Michele Camerota).

20. In sphaeram Ioannis de Sacrobosco commentarius, Roma, 1581, p. 192, Opera omnia, t. III.

21. Cité par Gassendi dans la Lettre latine n° 134 108b traduite par S. Taussig, p. 196. La source Clavienne est : *In spaeram...*, p.106.

22. *Quod vero quidem existimant telum e navi sursum eiectum, si intra navis latera id fieret, casurum in eundem locum mota navi quam pertingeret hac quiescente ; inconsiderate haec proferunt, cum res longe aliter se habeat. Imo, quo velocior erit navis promotio, eo plus invenietur discriminis. Pariter et in circuitu Terra...* T. Brahe, Opera Omnia, edidit I. L. E. Dreyer, Hauniae, In libraria Gylbendaliana, 1919,VI, p. 220. Michele Camerota, trad. par moi.

23. G. Galilei, *Opere*, Edizione Nazionale a cura di A. Favaro, Firenze, 1890-1909 [Désormais OG], vol. II, p. 224.

Galilée pourrait en revanche appeler à la barre des auteurs antérieurs ayant utilisé l'argument dans un sens qui lui serait favorable, parmi lesquels Nicole Oresme, Giordano Bruno, Thomas Digges, Nicolas Copernic, Isaac Beeckman.

Oresme, dans son *Traité du ciel et du monde*, critique la position de Ptolémée estimant que l'argument n'est « en lui-même, pas probant »[24].

Giordano Bruno exploite longuement et pertinemment la situation navale dans le *Dîner des cendres*, publié en 1585.

> « Lorsque [le navire] descend le fleuve : si quelqu'un qui se trouve sur la rive, vient à jeter une pierre tout droit vers le navire, il manquera son but, et cela en proportion de la vitesse du navire. Mais que quelqu'un soit placé sur le mât de ce navire, et que celui-ci [vogue] aussi vite qu'on voudra, son jet ne sera pas faussé d'un point. De sorte que la pierre ou toute autre chose grave jetée du mât vers un point situé au pied du mât ou en quelqu'autre partie de la cale ou du corps du navire, y viendra en ligne droite. De même si quelqu'un qui se trouve dans le navire jette en ligne droite une pierre vers le sommet du mât, ou vers la hune, cette pierre reviendra en bas par la même ligne, de quelque manière que le navire se meuve, pourvu qu'il n'éprouve pas d'oscillations »[25].

On mentionnera encore *Thomas Digges* qui en parle dans son *Perfit Description of the celestial Orbes* (1576) en un sens favorable à la théorie galiléenne :

> *Of things ascending and descending in respect of the world, we must confess them to have a mixed motion of right & circular, albeit it seem to us right & straight, not otherwise than if in a ship under sail a man should softly let a plummet down from the top along by the mast even to the deck. This plummet, passing always by the straight mast, seemeth also to fall in a right line, but being by discourse of reason weighed, his motion is [found] mixed of right and circular*[26].

La position de J. Kepler est très spéciale ; elle est notamment exposée dans la grande lettre à Fabricius du 10 Novembre 1608[27]. Il reprendra ses arguments dans le livre 1 de son *Epitome de l'Astronomie Copernicienne* de 1618. Son concept d'inertie, s'il est explicite, est presque une négation de l'inertie telle

---

24. Voir Duhem, *op. cit.*, p. 343.

25. G. Bruno, *La cena de le cenerii, III, 5*. Opere Italiane, éd. Wagner, Lipsiae, 1830, p.169 sq. Largement utilisé et analysé par Koyré in *Études Galiléennes*, p. 170 *sq*. Cité aussi par M. Finnochiaro, « Defending Copernicus and Galileo ; critical reasoning and the ship experiment argument », dans *The Review of Metaphysics*, September 1, 2010. La traduction est celle de Koyré, *Études galiléennes*, p. 173-174.

26. T. Digges in la *Prognostication everlastinge of Right Good Effecte* suivi de *Perfit Description of Celestial Orbes*, London 1576, réed. F. Johnson et S. Larkey, « Thomas Digges, the copernician System and the Idea of the Infinity of the Universe in 1576 », dans *Huntington Library Bulletin*, 1935.

27. Kepler, *Lettre à Fabricius*, 10 nov. 1608, *Opera*, vol. III, 462. Trad in Koyré, *Etrudes Galiléennes*, p. 196-204.

que Descartes, Galilée ou Gassendi l'élaborent ; elle est une résistance au mouvement. Quoiqu'il en soit, avec une théorie de l'attraction qui lui est propre, il estime pouvoir en déduire que les objections balistiques sont invalides et que la pierre tombera au pied du mât.

Ces arguments et ces mentions antérieures et véritablement *a priori* n'ont donc pas clos la controverse au moment où Galilée argumente puissamment en faveur de l'inertie. La chute du haut du mât a, alors, le statut d'une expérience de pensée.

Avant la Galère marseillaise, l'expérience n'a-t-elle vraiment pas été réalisée ?

En cherchant bien, on a quelques surprises.

Liber Fromond (Fromondus), théologien de Louvain, défend l'immobilité de la terre dans son *Anti Aristarque* de 1631 et décrit les résultats de l'expérience qui aurait été réalisée par l'ingénieur liégeois Gallé dans la mer Adriatique, avant 1628 à bord d'une Galère vénitienne avec des effets favorables à Aristote. On aurait vu le boulet retomber en arrière[28].

Très remarquable quoique peu exploité, un passage du Journal *d'Isaac Beeckman* de juillet 1619 est particulièrement précis.

Isaac Beeckman rapporte une expérience réalisée en Hollande, au cours de laquelle un bateau est tracté du bord à l'aide de câbles. Une pierre lâchée du haut du mât tombe à son pied, que le bateau soit en mouvement ou non, que la vitesse soit simple ou double. La pierre ne perd rien de son mouvement horizontal, comme la flèche propulsée par un arc[29].

Franco Stelluti (1577-1646), de l'Académie *Dei Lincei,* apporte lui aussi un témoignage expérimental pro-galiléen qui daterait de 1624 :

---

28. Rapporté par Maurice Finocchiaro, « Defending Copernicus and Galileo : critical reasoning and the ship experiment argument », dans *The Review of Metaphysics* 1, 2010, p. 45 et par M. Camerota (com. priv.).

29. I. Beeckman, *Journal (1604-1634)*, ed. par C. de Waard, La Haye, Nijhoff, 1939, I (1604-1619), p. 331 : *Moveatur navis non vento, ne quis in vento causam quaerat eorum quae proponemus, sed equis tracta per funem, sicut in Hollandia passim fit. Si jam ex hujus navigij summo malo lapis decidat, cadet in id punctum, in quod cecidisset navi immota existente : retinet enim lapis motum quo movebatur cum adhuc summitati mali adhaereret. Si igitur navis haec in vacuo dicto modo moveretur, necessario ex alto lapis servaret motum, etiam dum caderet, quo cum navi movebatur ; moveretur igitur duplici motu : eo qui est ad perpendiculum, atque eo quo navis tota movebatur. Nunc vero cum navis in aere moveatur, movetur quidem lapis cadens motu navis, sed quia non amplius navi annectitur, ideoque is motus non renovatur dum cadit, procul dubio lapis, occurrens aeri, nonnihil perdit de motu suo horizontali, eo modo quo sagitta, ab arcu ejaculata, de motûs sui velocitate volando paulatim remittit. At lapis, de summitate mali cadens, cum cadendo tantummodo parum temporis consumit, etiam tantummodo parum de motu suo horisontali perdit, unde fit, si non exacte in punctum, perpendiculariter lapidi objectum, fere tamen et insensibili aberratione, in id cadet. Si vero intra navem lapis deorsum cadat, cadet exacte in puncto perpendiculariter lapidi opposito, quia ibi aer unâ movetur ideoque lapis horisontali suo motu aeri non occurrit.*

« Alors que je naviguais avec le Signor Galileo, à Piediluco, sur une barque de six rameurs qui avançait avec rapidité, il était assis d'un côté, moi de l'autre. Il me demanda si j'avais quelqu'objet pesant ; je lui répondis que j'avais la clé de ma chambre et je la lui confiais. Alors que la barque filait vite, il la lança si haut que je la crus perdue dans l'eau ; mais, bien que la barque ait parcouru huit ou dix brasses, la clé chut entre lui et moi, parce qu'alors qu'elle allait vers le haut, elle avait acquis l'autre mouvement, celui de la barque vers l'avant et elle l'avait suivie comme elle le fit »[30].

Stelluti avance un récit supplémentaire, d'une ahurissante précision :

« Il y a plus, Annibale Brancadoro da Fermo, capitaine d'un des navires du grand duc, m'a raconté avoir réalisé l'expérience. À savoir, alors que la galère avançait aussi rapidement que possible, il tira un petit mortier vers le haut ; la balle retomba dans le canon du mortier bien que la galère ait parcouru une grande distance entretemps »[31].

Le philosophe aristotélicien Ludovico delle Colombe fait allusion au passage de la *Cena de le ceneri* de *Giordano Bruno* dans lequel le nolain argumentait comme Galilée. Delle Colombe réplique dans un texte manuscrit, de 1611, *Contra il moto della terra* en notant que

« Cette expérience que certains disent avoir faite ne vaut rien, qui consistait à lâcher un boulet d'artillerie du haut du mât d'un navire, lequel boulet tomberait au pied du mât, même si le navire avançait »[32].

Comme le dit Galilée, quand elle est favorable, l'expérience devient une supposition.

La surprise majeure est celle-ci : la revendication de la réalisation de l'expérience vient de Galilée lui-même. Dans la très importante *Lettre à Ingoli* de 1624 (OG, 5, 545), Galilée affirme que, ni Ingoli, ni Tycho, ni aucun n'a vraiment fait l'expérience et il poursuit de la sorte :

« Je me suis montré doublement meilleur philosophe qu'eux, car ils se sont trompés en affirmant le contraire de ce qui se passe réellement, mais à cela ils ont ajouté un mensonge en disant avoir observé cet effet par l'expérience, tandis que moi, j'ai fait l'expérience et même avant cela, le simple raisonnement m'avait déjà fermement convaincu, que l'effet devait se produire comme en

---

30. F. Stelluti a ignoto, 8 gennaio 1633, cfr. L. Conti, « Francesco Stelluti, il copernicanesimo dei Lincei e la teoria galileiana delle maree », dans C. Vinti (a cura di), *Galileo e Copernico. Alle origini del pensiero scientifico moderno*, Porziuncola, Assisi 1990, pp. 141-236 : 231. Information fournie par Michele Camerotta. Traduit par moi.

31. Témoignage cité par Finocchiaro, Maurice A, « Defending Copernicus and Galileo ; critical reasoning and the ship experiment argument », dans *The Review of Metaphysics*, September 1, 2010. Trad. par moi.

32. OG, III, p. 259.

effet il se produit et il ne m'a pas été difficile de découvrir les raisons de leur erreur... ils ne se sont pas aperçus que ...quand le navire est en mouvement, la pierre ne part plus du repos puisqu'aussi bien le mât, que l'homme au sommet, ainsi que sa main et la pierre, se meuvent à la même vitesse que le vaisseau tout entier. Et il m'arrive encore d'avoir affaire à des esprits si obtus qu'on ne réussit pas à leur mettre dans la tête que, même si celui qui est sur le mât ne bouge pas le bras, la pierre ne part pas du repos... »[33].

Un autre précurseur de Gassendi est Giovanni Battista Baliani, proche de Galilée ; il aurait réalisé l'expérience et en donne un compte-rendu dans une lettre à Galilée du 16 septembre 1639.

« Je veux vous faire part d'une expérience que j'ai pu faire samedi dernier, à bord d'une galère. J'avais placé un matelot en haut du mât d'où il avait laissé tomber une balle de mousquet, à plusieurs reprises, alors que la galère était en mouvement rapide. Cette grande vitesse avait été acquise parce que l'équipage ramait au maximum de ses possibilités et qu'un vent modéré nous aidait considérablement. À chaque fois la balle chut au pied du mât, sans se porter en arrière le moindrement, ce fut à la surprise de tous les présents. Le mât faisait plus de 40 coudées (18 mètres) et la galère était grande (vaisseau amiral de notre flotte). En conséquence, la balle a dû tomber en fendant l'air durant plus de trois secondes, durant lesquelles la Galère a au moins parcouru 16 coudées (plus de 7 mètres) »[34].

Enfin, Allen G. Debus cite une lettre de Frenicle De Bessy à son ami Mersenne datée du 7 juin 1634 à Douvres, lettre dans laquelle il expose avec force détails l'expérience complète.

« Pour ce qui est de l'expérience du vaisseau... le vent s'augmentant fort, en sorte que nous ne portions que deux voiles et néanmoins le cours du vaisseau était estimé à 5 milles par heure ou environ qui font 14 pieds pour le moins en 2". Or le mât de l'endroit où on laissait choir le boulet jusque sur le tillac, avait 45 pieds que le boulet fait en 2" environ et choit au pied du mât à 2 pieds (ou 1 1/2) d'icelui, qui est la longueur qu'on l'avance vers la poupe, de sorte qu'il tombait de même que si le vaisseau n'eut pas bougé combien qu'il avance 14 pieds pendant la chute du boulet. L'expérience a été faite plusieurs fois et la balle est quelquefois chue un peu à côté selon le lieu où penchait le vaisseau mais jamais derrière plus de 1 1/2 pied ou 2 pieds qui est environ ce que le mât penche »[35].

33. Galilée, *Opere*, VI, pp. 545-46. La traduction française est celle de P. Hamou et M. Spranzi, *Galilée, écrits* coperniciens, Paris, Poche, 2004, p. 299.

34. Lettre de Baliani à Galilée, 19 août *1639, EN* XVIII, p. 88. En prenant des ordres de grandeurs réalistes, on peut tout-à-fait confirmer cette estimation. Quoique le temps de chute soit plutôt 2s. que 3 s.

35. Correspondance Mersenne, vol. IV, 1955, p. 168-170.

Tout ceci est troublant. L'expérience était « dans l'air », mais en même temps sa puissance de conviction était fragile, les descriptions de son déroulement pas toujours aussi précises.

Que penser de la Galère marseillaise ?

On ne peut juger exactement de sa valeur expérimentale car nous n'avons pas de descriptifs des protocoles, des conditions, des mesures, des interprétations des témoins. Bref, nous ne sommes pas en présence d'une expérimentation documentée. La vitesse relatée est peu crédible. Il faut en outre constater que la publication du *Dialogo* n'a pas stoppé la controverse. Pour ces raisons, l'expérience marseillaise pouvait sembler nécessaire. Elle était comme l'aboutissement d'un ensemble d'observations, tests, expériences qui la précèdent.

On aurait tort de penser qu'elle mit fin à la controverse puisqu'on trouve ici et là, après la sortie maritime de Gassendi, des récits d'expériences et des arguments contre la thèse galiléenne.

Antonio Rocco écrit, en 1633, une virulente critique du *Dialogo*, dans lequel on peut lire :

> « Je ne crois pas que la pierre tombant du haut du mât sur le navire en mouvement aille directement à son pied. Si je le constatais, je rechercherais d'autres causes que la rotation de la terre ; ce pourrait être la grande vitesse de cette pierre qui ne peut être distinctement perçue par nos sens dans une si courte distance »[36].

M. Finocchiaro mentionne encore l'expérience menée par Giovanni Coturno, professeur à l'université de Padoue, expérience qui aurait donné un résultat aristotélicien : la pierre serait tombée en arrière du mât. Scipione Chiaramonti et Giovanni Barenghi publient deux livres (en 1633, et en 1638) relatant ce résultat expérimental[37].

Presque vingt ans plus tard, Giovanni Battista Riccioli (*CJ*) publie un *Almagestum novum* où il relate des séries d'expériences soignées faites en mai 1640, août 1645, octobre 1648, janvier 1650, de la *Torre degli agneli* de Bologne où l'on montre que les poids ne tombent pas à la même vitesse et que ceux qui tardent arrivent avec un décalage vers l'arrière[38]. Riccioli mène là un combat perdu. Le monde savant est, à ce moment, très généralement acquis à la nouvelle théorie du mouvement inertiel.

---

36. Antonio Rocco, *Philosophical Exercices*, Padoue, 1633. Cité par M. Finocchiaro, *Art. cit.*
37. Finocchiaro, *ibid.*
38. Koyré, *Études d'histoire...*, p. 221-222 et 308-309.

Commentaires

Restent trois questions liées :

Gassendi défendait-il le principe d'inertie ?

L'expérience de Gassendi était-elle nécessaire, voire utile ?

Etait-elle cruciale ? Apportait-elle une preuve ?

La première peut surprendre tant il est vrai que c'est la leçon principale qu'on en retire en général.

Les travaux récents s'opposent. Pour O. Bloch, c'est le grand mérite de Gassendi d'avoir été le premier à énoncer le mouvement inertiel des corps. A. Koyré le lui accorde presque et disant qu'il a fait mieux que Galilée sur le point précis de l'énoncé du principe. Cependant, la dominante du commentaire moderne est beaucoup plus critique. Peter A. Pav a lancé l'assaut ; il insiste sur les énoncés contradictoires de Gassendi : parfois la poursuite du mouvement se fait en ligne droite, parfois horizontale[39].

Carla Rita Palmerino va dans le même sens. Elle montre que Koyré est trop généreux envers Gassendi en lui faisant crédit du principe d'inertie (avec rectilinéarité). Ensuite, elle argumente longuement pour indiquer que l'inertie Gassendienne est plutôt du genre Galiléenne, voire Copernicienne[40].

Marco Messeri[41] est très net et argumente, avec Koyré et avec Pav, contre la présence de l'énoncé inertiel chez Gassendi. La doctrine atomiste de Gassendi, avec la force interne des atomes est peu compatible avec l'inertie et l'emploi, par Gassendi, du terme *Impetus* (emploi fréquent en effet), montre que le provençal n'est pas entré dans l'esprit et la physique de l'inertie.

Ce qui me semble est ceci : Gassendi est ambigu sur l'inertie rectiligne mais il est ferme (comme Galilée) sur le principe de relativité. Or, si aujourd'hui l'équivalence des deux semble bien acquise, ce n'était pas le cas alors. Il suffit de songer aux difficultés cartésiennes concernant cette équivalence non établie[42].

À propos de la seconde question, sur l'utilité ou la nécessité de l'expérience, les opinions des philosophes et historiens des sciences sont très divergentes. Il s'agit, au fond du grand débat pour savoir si le principe d'inertie est *a priori* ou s'il est empirique.

---

39. Peter. A. Pav, « Gassendi's statement of the Principle of Inertia », dans *ISIS*, 57, n° 187, 1966, pp. 24-34. Voir notamment p. 25. Les citations données par Pav le sont d'après la traduction anglaise de Walter Charleton, Physiologia de 1654.

40. Carla Rita Palmerino « Une force invisible à l'œuvre », pp. 141-176, dans *Gassendi et la modernité*, Brepols 2008, S. Taussig (dir.), pp. 168-173.

41. Marco Messeri, *Causa e spiegazione. La fisica di Pierre Gassendi*, Franco Angeli, Milano, 1985, p.75-93.

42. Voir V. Jullien, « Relativité, *determinatio* et parallaxe dans la physique cartésienne », dans *Philosophiques*, vol. 38, n° 2, automne 2011, p. 493-523.

La position la plus tranchée est celle d'Alexandre Koyré qui y est revenu à plusieurs reprises :

La réalisation de l'expérience par Gassendi, loin d'être un élément de supériorité, est une preuve de son infériorité comme physicien, par rapport à Galilée. Celui-ci se montre grand, affirme Koyré, lorsqu'il affirme « qu'il n'a aucun besoin de faire cette expérience ».

> « Sans faire aucune mention de l'expérience, il conclut que le mouvement de la balle par rapport au navire ne change pas avec le mouvement de ce dernier... Il déclare avec fierté, 'Non et je n'ai pas besoin de la faire, et je peux affirmer sans aucune expérience qu'il en est ainsi, car il ne peut en être autrement'. La bonne physique est faite a priori. La théorie précède le fait. L'expérience est inutile parce qu'avant toute expérience nous possédons déjà la connaissance que nous cherchons »[43].

La plus longue argumentation est dans les *Études galiléennes* :

> « Le passage que nous venons de citer [contre la nécessité de l'expérience] nous paraît être d'une importance capitale : il commande à notre avis, toute l'interprétation de l'œuvre galiléenne. Et donc de la science en général »[44].

Koyré emploie une formule frappante.

> « Galilée a, de toute évidence raison : pour quiconque a compris le concept de mouvement de la physique moderne, cette expérience est parfaitement inutile. Mais pour les autres ? Pour ceux, justement, qui n'ont pas encore compris et qu'il faut amener à comprendre ? Pour ceux-là, l'expérience peut jouer un rôle décisif »[45].

À Galilée donc la recherche et la théorie, à Gassendi la pédagogie et la vulgarisation.

Tel est d'ailleurs le point de vue explicite de Galilée, comme on l'a vu dans la lettre à Ingoli de 1624.

En revanche, on trouve un point de vue opposé dans une des plus conséquentes et récentes études sur ce sujet (l'expérience du bateau). C'est celui de Maurice Finocchiaro qui argumente longuement sur l'importance épistémologique de l'expérience elle-même. Il s'avance jusqu'à écrire que

> « Premièrement, il est évident que Galilée jugeait important et souhaitable d'avoir une confirmation directe qu'un corps tombait au pied du mât d'un

---

43. A. Koyré, *Études d'histoire de la pensée scientifique*, p. 210-211.

44. A. Koyré, *Études galiléennes*, p. 226, l'auteur consacre les dix pages suivantes à cette discussion.

45. A. Koyré, « Gassendi, le savant », dans *Pierre Gassendi, Sa vie et son Œuvre*, Paris, Albin-Michel, 1955, p. 65.

navire en mouvement, comme s'il était immobile ; et il est évident qu'il fit divers essais pour avoir une telle confirmation »[46].

La remarque étonnante de S. Taussig, citée au début du présent texte va dans ce sens. Je ne vois pourtant rien d'évident à ce souhait attribué à Galilée.

On pouvait déjà trouver chez John Keill, en 1746, un long développement à partir du boulet qui tombe du haut du mât, avec cette conclusion :

> « Le grand nombre d'expériences qu'on a faites à ce sujet, sont rapportées par tant d'auteurs, qu'il ne doit rester aucun scrupule sur cet article »[47].

Autrement dit, sans l'expérience, des doutes pourraient subsister.

J'observe aussi que François Bernier, le héraut du gassendisme, s'il fait évidemment, grand cas de la conception inertielle du mouvement de son mentor[48], ne mentionne pas précisément l'expérience gassendienne de la galère, ce qui peut faire douter de sa nécessité, fût ce pour devenir bon gassendiste.

On notera que des débats se poursuivent, mais à un autre niveau : la trajectoire est-elle une parabole (composée d'un mouvement inertiel droit et d'une chute accélérée) ou une courbe plus complexe en raison de la nature circulaire de « l'inertie ». Plusieurs auteurs disent qu'évidemment, on a « en bonne approximation, une chute au pied du mât, mais avec une petite variation indétectable empiriquement »[49].

Au total nous ne disposons pas d'une véritable expérience. On ne peut s'en étonner vraiment. Il faut en effet abstraire bien des conditions concrètes pour avoir des résultats précis : la résistance de l'air, l'irrégularité des mouvements du navire, la précision du geste du marin en haut du mât qui doit avoir du mal à ne pas donner quelque impulsion etc.

La troisième question, relative au caractère probant de la sortie maritime de Gassendi, est sans doute la plus intéressante. À supposer que l'expérience fut menée à bien et qu'on constate qu'en effet, la balle tombe bien au pied du mât, la théorie de l'inertie est-elle bien « prouvée » comme se plaisent à le répéter les inductivistes ? Je ne crois pas. Pour qu'il en soit ainsi, il faudrait que l'expérience soit une expérience cruciale. Mais, cette fois encore, on trouvera qu'il n'y a décidément pas d'expérience qui le soit. Il faudrait que l'on ait deux possibilités et deux seules : la théorie du mouvement d'Aristote selon laquelle si le moteur s'arrête, le mouvement s'arrête, et la théorie de l'inertie selon

46. M. Finocchiaro, « Defending Copernicus ... », dans Review of metaphysics, 1, sept. 2010.

47. J. Keill, Institutions astronomiques, publiées à titre posthume par Charles Le Monnier à Paris en 1746, p. 18.

48. Il donne de façon détaillée les phénomènes relatifs aux trajectoires de la balle jetée du haut, ou le long du mât. Tome II, p. 231-234.

49. Voir le livre de Koyré, Chute des corps et mouvement de la terre, (1955), trad. et pub. Paris, Vrin, 1973. En particulier, la discussion menée par Borelli, 1668.

laquelle le mouvement rectiligne uniforme ne cesse que si une cause (une force) l'y contraint. Alors, une expérience serait cruciale si, invalidant une des deux possibilités, elle validait nécessairement l'autre.

La situation ne se présente pas ainsi pour trois raisons :

1. Même faible et pleine de difficultés, il existe une théorie aristotélicienne du mouvement des projectiles. Lorsque la main d'un athlète, devant les yeux du Stagirite, quittait son javelot, celui-ci poursuivait sa course. Il est donc possible d'interpréter le comportement de la balle conformément à cette théorie selon laquelle le milieu mû par le mouvement du bateau, demeure quelque temps moteur pour la balle qui continue d'avancer. Certes, elle avance moins et ne devrait pas pouvoir suivre vraiment le mât. Notons que cette « explication » rendrait compte d'une bonne part de la distance parcourue « vers l'avant » par la balle. On peut consulter sur ceci, une foule de commentaires traitant de la question *A quo moveantur projectilae ?* Par exemple les interprétations de Thomas d'Aquin[50]. C'est exactement ce que dit Horatio Grassi à Mario Guidicci en 1624 :

> « Il ne peut croire que la pierre chute au pied du mât, sinon que ceci est du au mouvement de l'air »[51].

2. Même forte et rationnelle, la théorie de l'inertie est abstraite et ne se comprend pleinement que dans le vide, sans résistance du milieu. Cette résistance doit rendre compte d'un retard possible de la balle. Ce que certains témoignages rapportent. C'est encore plus sensible lorsqu'on laisse tomber un objet de son carrosse lancé à bonne allure ; il ne semble pas nous accompagner.

3. Surtout, il existe une théorie intermédiaire, celle de l'*impetus*. Cette théorie, développée depuis le XIVe siècle avait un considérable impact chez les philosophes depuis, et je dirais, surtout, dans les milieux savants du XVIe siècle. Selon cette théorie, lorsqu'un projectile est lancé, le moteur-lanceur lui transmet un certain *impetus* qui est comme une capacité à se mouvoir dans la direction du jet. Cet *impetus* se consume et bientôt cesse. Il a cependant mû le projectile de manière sensible. Cette théorie pourrait rendre compte de l'avancée de la balle en direction du mât. Il ne faut pas penser que cette théorie n'est qu'un autre nom de l'inertie. Comme l'a si justement écrit Koyré, la théorie de l'inertie est caractérisée par le fait qu'elle renverse la question qui était « pourquoi un projectile continue-t-il à se mouvoir quand il est séparé de son moteur ? » ; elle devient « pourquoi un projectile en mouvement s'arrête-t-il ? ». Il est bien évident que la théorie de l'*impetus*

---

50. Thomas, *Commentaria in libros Aristoteliis de Caelo et Mundo*, III, lect VII.
51. Cité par M. Finocchiaro, *art. Cit.*

mobilise la première question et, qu'à ce titre elle n'est pas du tout une théorie de l'inertie.

On ne sera pas étonné de trouver chez Pierre Duhem les arguments en faveur d'une possible interprétation de la chute au pied du mât, conforme à la théorie de *l'impetus*[52].

La doctrine képlérienne est elle aussi une candidate, ni aristotélicienne, ni Galileo-cartésienne de l'inertie, or elle rend compte de la chute au pied du mât.

Conclusion

La galère marseillaise ne démontre donc à proprement parler, rien. Si la théorie de l'inertie emporte l'adhésion des philosophes et des physiciens au cours de la première moitié du XVIIe siècle, c'est pour des raisons théoriques générales, c'est parce que Descartes en a produit une argumentation globale, parce que Galilée, à sa manière, l'a insérée dans de grands raisonnements rationnels et puissamment géométrisés, parce que Cavalieri, Roberval et d'autres ont « compris » autrement la nature du mouvement. C'est en raison d'un vaste changement théorique sur le mouvement des corps matériels. Ces théories ne sont pas, elles non plus, des preuves au sens logique de la preuve. Elles sont des hypothèses qui peuvent être puissantes et convaincantes pour toute sorte de raisons ; elles font partie d'un vaste débat. Vient un moment où il n'est plus raisonnable de ne pas y adhérer et, au cours de ce vaste débat, des faits, des arguments, des phénomènes pèsent de ce côté-là de la balance. Indiscutablement, la galère marseillaise constitue l'un de ces faits qui apporte sa contribution, plus modeste que certains l'ont écrit, à ce renversement d'équilibre en faveur de l'inertie. Ce n'est pas une preuve, mais ce n'est pas rien.

On n'oubliera pas d'avoir une pensée reconnaissante envers les quelques dizaines de galériens enchaînés aux bancs de rames, un jour d'octobre 1640 ; ils ont du se réjouir de mener un train d'enfer pour participer, avec Gassendi, le Comte d'Alais et leurs invités, à une belle expérience de philosophie naturelle.

Je remercie…

François de Gandt, Michele Camerota, Gerard Serra, Yvon Georgelin, Sylvie Girard, Nicolas Morales, Regis Bertrand pour les informations et conseils qu'ils m'ont donnés.

---

52. P. Duhem, « La physique parisienne au XIVe siècle », dans *Le système du monde, t. 8, chap. X.*, p. 174. Les germes de cette théorie se repèrent déjà chez Hipparque, Simplicius, Chalcidius. Elle prend son essor moderne avec Jean Philopon, Buridan, Guillaume d'Ockham, Albert de Saxe. Elle est pleinement développée au XVIe par Dominique Soto, Léonard de Vinci, Tartaglia, Cardan.

Bibliographie

Thomas d'Aquin, *Commentaria in libros Aristoteliis de Caelo et Mundo*, III, lect VII.

Aristote, *Du Ciel,* Traduction Dalimier-Pellegrin, GF Flammarion, 2004.

Averroes, *Aristotelis Omnia quae extant opera [...] cum Averrois commentariis*, Venetiis, Apud Iuntas, 1562-1574.

Isaac Beeckman, *Journal (1604-1634)*, ed. par C. de Waard, La Haye, Nijhoff, 1939, I (1604-1619).

Tycho Brahé, T. Brahe, *Opera Omnia*, edidit I. L. E. Dreyer, Hauniae, In libraria Gylbendaliana, 1919, VI.

Giordano Bruno, *La cena de le cenerii, III, 5.*Opere Italiane, éd. Wagner, Lipsiae, 1830.

Joseph Clark, « Pierre Gassendi and the Physics of Galileo », ISIS, 1963, vol. 54, n° 177, p. 352-370.

Christophe Clavius, *In sphaeram Ioannis de Sacrobosco commentarius*, Roma, 1581, *Opera omnia*, t. III.

Allen G. Debus, Pierre Gassendi and his « Scientific expedition » of 1640. *Archives Internationales d'Histoire des Sciences*, n° 62, 1963, pp. 131-142.

Thomas Digges, *Prognostication everlastinge of Right Good Effecte* suivi de *Perfit Description of Celestial Orbes*, London 1576, réed. F. Johnson et S. Larkey, « Thomas Digges, the copernician System and the Idea of the Infinity of the Universe in 1576 », Huntington Library Bulletin, 1935.

Pierre Duhem, « La physique parisienne au XIVe siècle », *Le système du monde*, t. 8 et t. 9.

Maurice Finnochiaro, « Defending Copernicus and Galileo ; critical reasoning and the ship experiment argument », *The Review of Metaphysics, September 1, 2010*.

Galilée, *Dialogo, Ed. Naz. VII, traduction et édition française par Fréreux, de Gandt*, Paris, Seuil, 1992.

Galilée, « Lettre à Ingoli », *Opere*, VI. La traduction française est celle de P. Hamou et M. Spranzi, *Galilée, écrits coperniciens,* Paris, Poche, 2004.

Pierre Gassendi, *De motu impresso a motore translato epistolae duae*, Paris, Ludovico de Heuqueville, 1642.

Yvon Georgelin et Simone Arzano, *Les astronomes érudits en Provence, Peiresc et Gassendi*, http://les amisdepeiresc.fr/bibliotheque/conference_arzano.pdf

Vincent Jullien, « Relativité, *determinatio* et parallaxe dans la physique cartésienne », *Philosophiques*, vol. 38, n° 2, automne 2011, p. 493-523.

John Keill, *Institutions astronomiques*, publiées à titre posthume par Charles Le Monnier à Paris en 1746.

Johann Kepler, *Lettre à Fabricius*, 10 nov. 1608, *Opera*, vol. III.

Alexandre Koyré, (1935-1939) études réunies dans *Études galiléennes*, Paris, Hermann, 1966.

Alexandre Koyré, « Gassendi, le savant », dans *Pierre Gassendi, Sa vie et son Œuvre*, Centre international De Synthèse, Paris, Albin-Michel, 1955.

Alexandre Koyré, *Études d'histoire de la pensée scientifique*, Paris, PUF, 1966.

Alexandre Koyré, *Chute des corps et mouvement de la terre* (1955), trad. et pub. Paris, Vrin, 1973.

Marin Mersenne, *La Correspondance*, Paris Beauchesne, puis CNRS, 1933 sq., vol. IV, 1955.

Marco Messeri, *Causa e spiegazione. La fisica di Pierre Gassendi*, Franco Angeli, Milano, 1985, p. 75-93.

Jean Meyer, Préface à *Les galères au musée de la marine*, René Burlet, Presses Universitaires de Paris-Sorbonne, 2001.

Carla Rita Palmerino « Une force invisible à l'œuvre », pp. 141-176 , dans *Gassendi et la modernité,* Brepols 2008, S. Taussig (dir.).

Peter A. Pav, *« Gassendi's statement of the Principle of Inertia »*, ISIS, 57, n° 187, 1966, pp. 24-34.

Alessandro Piccolomini, *Parte prima della filosofia naturale*, Venetia, Daniel Zaneti, 1576, c. 77r. Et aussi, *De la sfera del mondo*, Venetia, Al segno del pozzo, 1552 (terza edizione).

Recueil de lettres des sieurs Morin, de La Roche, De Nevre, et Gassend et suite de l'Apologie du sieur Gassend touchant la question « de motu impreso a motore translato », Paris, Augustin Courbe, 1650.

Antonio Rocco, *Philosophical Exercices*, Padoue, 1633.

Gérard Serra, http://www.ac-aix-marseille.fr/pedagogie/jcms/c_79218/fr/chute-des-corps

Sylvie Taussig, *Pierre Gassendi, Introduction à la vie savante* Sylvie Taussig, Brepols, 2003.

Sylvie Taussig, les *Lettres latines de Gassendi*, 2. vol, Brepols, 2004.

Carlo Vinti (a cura di), « Galileo e Copernico ». *Alle origini del pensiero scientifico moderno*, Porziuncola, Assisi 1990, pp. 141-236.

NEWTON, SES *PRINCIPIA* DE 1687 ET LES ASTRONOMES FRANÇAIS

Suzanne Débarbat

Cet article d'hommage à Michel Blay, dont le thème s'imposait, est issu d'une recherche menée en 1985 pour une communication au colloque *Newton and Halley, 1686-1986* ; il se tenait à la *William Andrews Clark Memorial Library* de l'*University of Los Angeles* (États-Unis). Cette étude se fondait sur plusieurs ouvrages de la Bibliothèque de l'Observatoire de Paris, notamment – *Philosophiæ Naturalis Principia Mathematica* (Londres, 1687) et *Principes mathématiques de la Philosophie naturelle par feue Madame la Marquise du Chastelet* (Paris, 1756) – mais aussi sur *Isaac Newton's Philosophiae Naturalis Principia Mathematica* de Koyré A. et Cohen I. B.[1]

Sur l'origine de la présence des *Principia* de 1687 à l'Observatoire de Paris.

L'Observatoire Royal de Louis XIV a été créé dès mars 1667 quelques mois après la première réunion de l'Académie Royale des Sciences tenue le 22 décembre 1666. Ces deux créations s'inscrivaient dans le développement du Royaume venant à la suite des mouvements mis en œuvre en Italie comme en Angleterre au XVIIe siècle. Parmi les académiciens se trouvaient Jean Picard (1620-1682) et le savant des Pays-Bas Christiaan Huygens (1629-1695), ce dernier ayant su régulariser le mouvement des horloges quelques dix ans auparavant.

Picard allait bientôt, selon un programme élaboré par l'Académie Royale des Sciences dès 1667, créer ce qui allait devenir l'astronomie géodésique en déterminant, de part et d'autre de l'Observatoire, alors en construction (Fig. 1), le Méridien de Paris devant servir de référence pour les longitudes. En septembre 1668, un professeur d'astronomie de Bologne, Jean-Dominique Cassini (1625-1712) adresse à Adrien Auzout (1622-1691), membre de l'Académie, des éléments de la prédiction des éclipses des satellites de Jupiter. Aussitôt

---

1. Cohen, B. and Koyré, A., *Newton's Philosophiæ naturalis principia mathematica*, Cambridge University Press, Cambridge, 1972.

vérifiés par des académiciens, ces éclipses se révèlent bien adaptées à leur utilisation pour la détermination des longitudes terrestres.

Cet ensemble donne à penser au plus haut niveau qu'outre Picard et Huygens, Cassini serait le bienvenu en France en vue de sa cartographie. Louis XIV songe à ses conquêtes et Colbert aux échanges commerciaux et à la levée des impôts. Si bien qu'invité par le Roi, Cassini arrive à Paris en 1669 ; il est aussitôt intégré à l'Académie et, en 1671, il peut venir habiter l'Observatoire. En 1673, après son congé de quatre années, Cassini reçoit ses lettres de naturalité, ayant choisi de demeurer en France.

Figure 1 – Louis XIV visitant le *Jardin du Roi*.
Par la fenêtre : l'Observatoire en construction.
© Bibliothèque de l'Observatoire de Paris.

De son côté, Edmond Halley (1656-1742), déjà bien connu, à l'occasion de son *Grand Tour* en Europe, est venu à l'Observatoire au début de 1681, puis de nouveau le 5 janvier 1682, remettant alors à Cassini la latitude de villes où il a pu faire des mesures au cours de l'année précédente ; Cassini les porte à son registre le 15 janvier 1682. En 1686, Halley forme le projet de mesurer, comme Picard l'a fait et publié en 1671, un degré de latitude en Angleterre où le *Royal Observatory* a été établi, à Greenwich, en 1675.

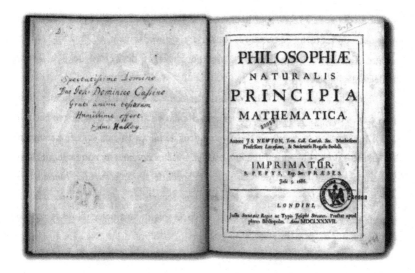

Figure 2 – L'ouvrage *Principia…* de Newton dédicacé par Halley à Cassini.
© Bibliothèque de l'Observatoire de Paris.

L'année suivant, 1687, sont publiés – grâce au soutien de Halley – les *Principia* de Newton ; il en fera parvenir un exemplaire, qu'il dédicace à Cassini (Fig. 2). Selon René Taton (1915-2004) il en existe trois, sur dix recensés dans les grandes Bibliothèques parisiennes, portant – comme celui de l'Observatoire – *Jussu* Societatis Regiæ *ac Typis* Josephi Streater. *Prostat apud plures Bibliopolas*, puis l'indication *Anno MDCLXXXVII*.

Sur les satellites galiléens de Jupiter

Le Livre III, de l'ouvrage d'Isaac Newton (1642-1727) intitulé *Mundi Systemate*, débute par les données numériques concernant les périodes et les distances des quatre satellites découverts par Galilée (1564-1642) au début du XVIIe siècle. Pour les périodes, il est possible de considérer qu'il s'agit de valeurs moyennes obtenues à partir de données de différents auteurs.

Ces périodes, exprimées en jours, heures, minutes et fractions de minutes peuvent être comparées à celles données dans *The Astronomical Almanac for the Year* 2013 (quatre décimales conservées) ; ces périodes sont, respectivement 1.7690 j, 3.5512 j, 7.1546 j et 16.7539 j. La transformation des données de Newton conduit à 1.7698 j, 3.5535 j, 7.1662 j et 16.7539 j. La qualité des observations est remarquable due, vraisemblablement, à celle des observateurs et de leurs horloges dont Huygens a fait des horloges à pendule – aussi appelées régulateurs – vers le milieu des années cinquante du XVIIe siècle.

Pour les distances de chacun des satellites, également données (Fig. 3), et que Newton exprime en fraction du demi-diamètre de Jupiter, les mêmes éphémérides fournissent, pour le maximum d'écart angulaire, respectivement 138, 220, 351 et 618 secondes de degré. Considérant la valeur moderne de 24.95" pour le diamètre angulaire de Jupiter, les plus faibles des coefficients donnés par Newton (ceux de Cassini I) conduisent, respectivement, à 125, 200, 324 et 574 secondes de degré. Ces écarts correspondent à des pourcentages de l'ordre de 7 à 9 % de la valeur actuellement admise.

John Flamsteed (1646-1719), à partir des éclipses des satellites de Jupiter, fournit la valeur la plus élevée de ces coefficients pour chacun d'entre eux. Un calcul analogue conduit à 139, 221, 353 et 621 secondes de degré ; on constate que ces dernières valeurs sont étonnamment proches de celles utilisées pour la comparaison, entre 0.5 et 1 % des données de notre époque. Mais il convient de remarquer que les rapports de Cassini proviennent de ses *Ephemerides Bononienses* publiées en 1668 ; il utilisait alors toutes les observations recueillies depuis Galilée dont beaucoup ne disposaient pas des horloges de Huygens, ni de la qualité des objectifs de la seconde moitié du XVIIe siècle.

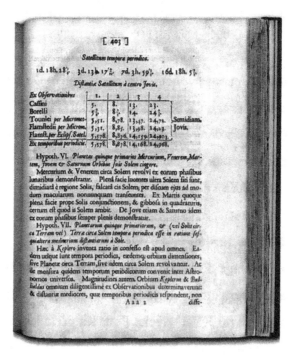

Figure 3 – Page 403 des *Principia* donnant les périodes
et les distances des satellites de Jupiter.
© Bibliothèque de l'Observatoire de Paris.

Sur les dimensions de la Terre

Parmi les astronomes nommés par Louis XIV à la création de l'Académie Royale des Sciences, se trouve Picard lequel deviendra le créateur, pour la France, de l'astrométrie et de la géodésie. Dès 1667 et en parallèle à la création de l'Observatoire Royal, le programme de travail de l'Académie conduit Picard, en 1669/1670, à la mesure d'un degré de méridien de part et d'autre de l'Observatoire dont l'axe de symétrie, Nord-Sud, fixe le méridien de référence.

La page 23 de son ouvrage *Mesure de la Terre*, paru en 1671, résume les résultats issus de la campagne que Picard mène, au cours de voyages d'une ou de plusieurs semaines entre Sourdon (près d'Amiens) et Malvoisine (près de La Ferté-Alais), mesurant une base entre Villejuif et Juvisy. Il s'y trouve notamment la longueur du degré de méridien en *Toises du Chastelet de Paris* (57 060), également exprimée dans d'autres unités. Cette quantité lui permet de déduire la circonférence terrestre (20 541 600 *Toises de Paris*) puis le diamètre correspondant (6 538 994) dans la même unité.

Dans ses *Principia* (p. 406), Newton mentionne la mesure française en *pedum Parisiensum* dont il sait qu'il y a six dans une *Toise*, obtenant 123 249 600 puis (p. 424) pour *Terræ semidiameter mediocris*, toujours en pieds de Paris 19 615 800 ; il ajoute la valeur, arrondie, en lieues de 5 000 pieds soit 3 923, considérant en outre la différence (85 200, 17 lieues) entre les deux diamètres de la Terre. Le nom de Picard n'est pas mentionné pour ces données ; il le sera beaucoup plus tard, en 1713 notamment, ainsi que celui des Cassini Père et Fils (Jacques, 1677-1756).

Sur la figure de la Terre

C'est par les variations de la longueur du pendule battant la seconde que Newton aborde le sujet (p. 425). Sans mentionner le nom de Richer (1630-1696), ni ceux de Varin et Deshayes, dont il traite en faisant figurer les lieux de leurs mesures.

Le voyage de Richer à Cayenne a eu lieu en 1672 ; il n'a pas manqué de remarquer que son pendule battant la seconde à Paris doit être « accourci » à Cayenne. Newton situe le lieu en Guyane et lui attribue une latitude de 5° ; il sait aussi qu'à l'île de Gorée au Cap Vert la latitude est de 10°15' et celle de Paris est de 48°45'. Ce dernier voyage a eu lieu en 1682, alors que Newton travaillait à son sujet pour lequel ces observations avaient une importance capitale ; il les développe d'ailleurs aux pages 472 et 473. Ainsi près de l'équateur, le pendule doit subir un « accourcissement » de plus de deux millimètres de notre époque, ce qui est loin d'être négligeable à la fin du XVIIᵉ siècle puisque Richer l'a constaté en comptant le nombre des oscillations au cours d'une durée déterminée.

La donnée la plus fondamentale de Picard est celle de la longueur d'un degré de méridien 57 060 toises, puisque les autres quantités s'en déduisent. Ce qui conduit à examiner l'influence d'une erreur d'une unité sur le dernier chiffre significatif, sur la valeur du rayon de la Terre.

Degré de méridien	Circonférence terrestre	Demi-diamètre
57 050 T	40 049 100 km	6 374 km
57 060 T	40 065 120 km	6 375 km
57 070 T	40 063 140 km	6 376 km

Un écart de 10 toises, même si considéré comme peu probable chez Picard, n'introduit qu'un changement minime sur la valeur du rayon de la Terre. D'un autre côté, Newton écrit, selon sa théorie des *Principia* que le rayon équatorial est plus long que le rayon polaire terrestre de 85 200 pieds ce qui conduit à un demi-diamètre de 6 403 kilomètres, soit à un écart de 28 kilomètres par rapport au rayon de 6 375 kilomètres, déduit des 57 060 toises de Picard obtenues par une mesure d'arc de méridien. Cet écart est un peu faible par rapport aux données modernes.

Cependant, dès le milieu du XVIIe siècle, la toise de Picard était perdue et disparue celle du Châtelet à laquelle il l'avait comparée. Il n'avait pas pris en compte la réfraction pour ses observations de la latitude et, à l'époque de ses mesures, la nutation comme l'aberration n'avaient pas encore été mises en évidence. Par ailleurs, en 1735 et 1736, l'Académie avait organisé deux expéditions, l'une au Pérou, au plus près de l'équateur terrestre, l'autre en Laponie, au voisinage du cercle polaire, en vue de la vérification de la théorie de Newton. La comparaison entre la longueur du degré de Laponie et celle de Picard favorisait Newton (Fig. 4), contre les Cassini I et II ; ces derniers, en plusieurs campagnes, le long de la Méridienne de France d'une frontière à l'autre, avaient trouvé que la longueur des arcs de méridien diminuait du Sud au Nord, donc que la Terre était allongée dans le sens de ses pôles. A l'époque, où le calcul d'erreur n'était pas considéré, comment ne pas faire confiance aux mesures ?

Nicolas-Louis Lacaille (1713-1762) et César-François Cassini (Cassini III, 1714-1784) ont donc été chargés par l'Académie d'effectuer de nouvelles mesures de la Méridienne de France en 1739/1740. L'analyse des résultats a conduit, en interpolant pour la latitude de Paris à 57 083 toises au degré, soit une valeur supérieure de 23 toises à celle de Picard 57 060. Lacaille remarque aussi, comme Pierre Le Monnier (1675-1757) l'avait déjà constaté, que les mesures de Picard, pour l'arc Paris-Sourdon, sont erronées. Cet ensemble conduit d'ailleurs Lacaille à considérer qu'une toise de Picard est égale à 0.999 de sa toise de l'opération. Le demi-diamètre terrestre, selon cette dernière, correspond à 6 377

kilomètres, valeur similaire à celle de Picard et celle moderne du rayon équatorial, alors qu'il s'agit d'une mesure, par Lacaille, d'un arc de méridien.

Figure 4 – Portrait de Newton des collections de l'Observatoire de Paris.
© Bibliothèque de l'Observatoire de Paris.

Dans les années soixante-dix du XXe siècle, l'Institut géographique national
a repris la mesure de la partie Nord de l'arc de Picard, déjà remarqué par Philippe de La Hire (1640-1718) puis par Lacaille, et aussi par Jean-Baptiste
Delambre (1749-1822) à l'occasion de la campagne de 1792/1798 de la nouvelle mesure de la Méridienne de France. L'anomalie sur la longueur de l'arc
alors constatée atteignait 35 toises soit près de soixante-dix mètres.

Une erreur de Picard sur la détermination de l'arc, mesuré à partir de
l'observation de la même étoile en ses deux extrémités, l'aberration annuelle
n'étant pas alors connue, conduisait à un écart d'une dizaine de secondes de
degré entraînant une divergence de l'ordre de 15 kilomètres et diminuant
d'autant la longueur déduite de la triangulation de Picard.

Aller plus loin

Les deux sujets examinés plus en détail que dans l'article de S. Débarbat sur
ce thème[2], sont largement inspirés d'une suggestion de I.B. Cohen faite après

2. Débarbat S., « Newton, Halley et l'Observatoire de Paris », dans *Revue d'histoire des scien-*
ces, XXXIX/2, p. 128-154, 1986.

la présentation de cette communication. Le choix s'est porté, d'une part sur un sujet plutôt astronomique, d'autre part sur un thème relevant de la géodésie. L'un et l'autre ont grandement servi la cartographie de la Terre simultanément aux travaux de Newton qui, dans ses *Principia* de 1687 cite des travaux français à de nombreuses reprises, même s'il n'indique pas leurs noms.

Que les résultats de Picard l'aient ou non inspiré – comme cela a été exposé lors du Colloque Picard[3] – il n'en demeure pas moins que les valeurs numériques sont présentes dans son œuvre. Hall remarque d'ailleurs que, dans les éditions successives des *Principia*, Newton a *utilisé en nombre croissant les informations astronomiques fournies par les savants français* ; également que, *dans les éditions postérieures des* Principia, *les emprunts à la science française deviennent de plus en plus nombreux.*

Figure 5 – Motifs de *Temporiti*, décorant depuis l'origine la façade Sud
de l'Observatoire symbolisant, à l'Ouest l'astronomie (sphère céleste et horloge du type
Huygens), à l'Est la géodésie (sphère terrestre et chaine d'arpenteur).
© Bibliothèque de l'Observatoire de Paris.

Le second sujet, relatif à la « figure de la Terre », concerne ce qui est généralement appelé tantôt astronomie géodésique, tantôt géodésie astronomique, considérant qu'astronomie et géodésie sont utilisées conjointement (Fig. 5) pour l'étude de ses dimensions comme de sa figure, c'est-à-dire sa forme. Le sujet a été traité à trois reprises, au moins, par Levallois, lors du Colloque Picard de 1982[4], dans un article du Bulletin géodésique[5], dans son ouvrage

3. Hall A.R., « Newton et Picard : Théorie et réalité », dans *Jean Picard et les débuts de l'astronomie de précision au* XVIIe *siècle*, p. 373-380, CNRS Editions, 1987.

4. Levallois J.-J., « Picard géodésien », dans *Jean Picard et les débuts de l'astronomie de précision au* XVIIe *siècle*, p. 227-246, CNRS Édition, 1987.

5. Levallois J.-J., « La détermination du rayon Terrestre par J. Picard en 1669-1671 », dans *Bulletin géodésique*, vol. 57, p. 312-331, 1983.

Mesurer la Terre – 300 ans de géodésie française[6]. Ces études sont très détaillées et le lecteur intéressé doit s'y reporter. Quelques éléments d'appréciation sont seulement donnés ici.

L'examen détaillé de Levallois le conduisait à considérer que la longueur du degré était établie à 15 toises près par les mesures géodésiques et que l'amplitude de l'arc était déterminée par les mesures astronomiques à 5 ou 6 secondes de degré. Ni Picard, ni Newton, ni leurs contemporains ne disposaient des éléments d'appréciation des erreurs dans les mesures.

Pourtant il n'est pas possible de nier que Newton comme Picard ont contribué au développement de la science vers le dernier quart du XVIIe siècle par des apports de premier plan. Picard, plus âgé d'une génération, pour sa mise au point de la méthode de triangulation et la mise en œuvre de ses applications et, simultanément, par la conception des appareils les mieux adaptés à ces tâches. Newton pour avoir triomphé de toutes les anomalies constatées par les astronomes de son temps tant en Angleterre qu'en France, sans sortir de chez lui, superbe réussite de l'esprit humain.

Sources :

Cassini J.-D., *Ephemerides Bononienses mediceorum syderum*, Bologne, 1668.

Châtelet, G.-E. (Le Tonnelier de Breteuil, marquise du), *Principes mathématiques de la philosophie naturelle...*, Paris, Desaint et Saillant-Lambert, 1756/1759.

Newton, I., *Philosophiæ naturalis principia mathematica*, Londres, 1687.

Picard, J., *Mesure de la Terre*, Imprimerie Royale, Paris, 1671.

---

6. Levallois J.-J., *Mesurer la Terre – 300 ans de géodésie française*, Presses des Ponts et Chaussées, Paris, 1988.

UNE NOTE SUR NEWTON
ET LA TRADITION NÉO-PYTHAGORICIENNE

Niccolò Guicciardini

Le lien antique entre musique et cosmologie rencontra un grand succès durant la Renaissance et au début de l'âge moderne. Un faisceau complexe de facteurs conduisit à la résurgence du mythe néo-pythagoricien de l'harmonie des sphères célestes. L'importance de la notion d'harmonie et des théories musicales sur la consonance durant la révolution scientifique a été soulignée par les historiens comme Claude Palisca, Penelope Gouk, Paolo Gozza, Floris Cohen et Benjamin Wardhaugh[1]. Cette histoire complexe, loin d'être linéaire, ne peut pas être explorée dans cette contribution. Il faut cependant mentionner le fait que le XVIIᵉ siècle fut le témoin de ce qui a été décrit comme un « désaccordement du ciel ». Cela consiste en un évanouissement progressif de la croyance quant à la possibilité d'interpréter des phénomènes non-musicaux comme la structure des cieux, celle du corps humain, les vertus médicinales des médicaments et l'architecture, en termes d'harmonies musicales. Cette croyance a été progressivement remplacée au cours du XVIIᵉ siècle par une conception de l'harmonie typique de la philosophie mécanique, qui la considère comme un phénomène à étudier en termes de vibrations des corps et de physiologie de l'audition. Pour citer Paolo Gozza, durant le XVIIᵉ siècle, une transition s'est faite de la conception pythagoricienne de la nature gouvernée par les harmonies musicales du nombre sonore à une conception mécaniste fondée sur l'idée du corps sonore.

Comme dans le cas de l'alchimie, Isaac Newton occupe une position problématique dans ce contexte. Les spécialistes de l'alchimie newtonienne dans

---

1. Claude V. Palisca, *Humanism in Italian Renaissance Musical Thought* (New Haven ; London : Yale University Press, 1985) ; Daniel P. Walker, *Music, Spirit and Language in the Renaissance* (London : Variorum, 1985) ; Penelope Gouk, *Music, Science and Natural Magic in Seventeenth-century England* (New Haven ; London : Yale University Press, 1999) ; Paolo Gozza (ed.), *Number to Sound : The Musical Way to the Scientific Revolution* (Dordrecht : Kluwer, 2000) ; Floris H. Cohen, *Quantifying Music : The Science of Music at the First Stage of the Scientific Revolution, 1580-1650* (Dordrecht : Reidel, 1984) ; Benjamin Wardhaugh, *Music, Experiment and Mathematics in England, 1653-1705* (Aldershot ; Burlington : Ashgate, 2008).

les années 1970 et 1980 ont engagé un vif débat : pour les uns, Newton parta-geait l'*ethos* mystique de la magie naturelle qui était une caractéristique de la tradition paracelsienne ; selon d'autres au contraire, l'alchimie newtonienne n'était pas autre chose que de la proto-chimie rationnelle. Ce n'est que récem-ment que l'interprétation des manuscrits alchimiques newtoniens a conduit à des interprétations plus équilibrées et mieux contextualisées[2]. Le but de cette communication est d'examiner de façon critique la position de Newton vis-à-vis de la tradition néo-pythagoricienne – une tradition dont, on peut le suppo-ser avec réserves, Kepler a fait partie[3].

Il faut dire qu'il n'est pas aisé de définir exactement ce que nous entendons par néo-pythagorisme. Non seulement cette catégorie échappe à tout classe-ment commode, mais encore les figures principales que nous pouvons inclure dans la tradition néo-pythagoricienne l'ont elles-mêmes souvent interprétée de façon très différente (il suffit de songer à l'échange polémique entre Robert Fludd et Kepler). Pour plus de commodité, nous pourrions partir de la descrip-tion de la « vision pythagoricienne » fournie par Charles H. Kahn, qui a sou-tenu que l'on peut faire remonter l'origine du pythagorisme à deux « ensembles d'idées »[4]. Le premier est présenté dans le *Phédon*, l'*Epinomis*, la *République* et le *Phèdre* de Platon ; il concerne l'immortalité de l'âme, la migration des âmes et la possibilité de se purifier et d'atteindre la libération du cycle de la renaissance en séparant complètement l'âme du corps. Le second ensemble est présenté dans un autre grand dialogue platonicien, et concerne la cosmogonie[5]. Dans le *Timée* est enseignée la conception selon laquelle l'âme du cosmos est structurée selon les harmonies musicales, alors que le corps du cosmos est fondé sur cinq solides parfaits. Des auteurs chrétiens de l'antiquité tardive jusqu'au XVIIe siècle ont médité l'idée selon laquelle l'univers et l'homme étaient l'expression extérieure de la conception du Créateur qui les a forgés selon des proportions mathématiques (arithmétiques et/ou géométri-ques) et des harmonies musicales. Les noms de Nicolas de Cuse, Fludd, et Kepler viennent immédiatement à l'esprit[6].

Dans cet article, je laisserai de côté le premier ensemble d'idées. Je souhai-terais seulement noter rapidement que le fait qu'en dépit des tentatives parfois

---

2. William R. Newman, « The Background to Newton's Chymistry », dans *The Cambridge Companion to Newton*, eds. I. B. Cohen and G. E. Smith (Cambridge : Cambridge University Press, 2002), 138-73, *ibid.* « What Have We Learned from the Recent Historiography of Alchemy ? », dans *Isis* 102 (2011) : 313-21. ; Brian Vickers, « The 'New Historiography' and the Limits of Alchemy », dans *Annals of Science* 65 (2008) : 127-56, William Newman, « Brian Vickers on Alchemy and the Occult : A Response » dans *Perspectives on Science* 17 (2009) : 482-506.

3. J'ai traité ce sujet plus en détail dans Niccolò Guicciatdini, « The Role of Musical Analogies in Newton's Optical and Cosmological Work », dans *Journal of the History of Ideas* 74(1) (2013) : 45-67.

4. Charles H. Kahn, *Pythagoras and the Pythagoreans* (Indianapolis : Hackett Publishing Com-pany, 2001), 3-4.

5. Plato, *Timaeus*, 34c-36d, 42e-44e, 47c-47e, 52e-55c ; *Epinomis*, 982e-983c ; *Republic* 617a-617b.

6. See Dominic J. O'Meara, *Pythagoras Revived : Mathematics and Philosophy in Late Anti-quity* (Oxford : Oxford University Press, 1989), 179-81 ; 166-75.

faites dans la littérature secondaire pour étiqueter Newton comme néo-platoni-
cien et insister sur son intérêt bien connu pour les travaux d'Henry More et
Ralph Cudworth – les principaux représentants de ce qu'il est convenu d'appeler le platonisme de Cambridge – Newton a en réalité des idées profondément
anti-platoniciennes concernant la doctrine de l'âme. En définitive, Newton ne
croyait pas à la survivance de l'âme après la mort du corps, et considérait le
dogme de la Trinité comme une hérésie engendrée par la corruption néo-platonicienne – et donc païenne – du corpus hébreu de la religion monothéiste véritable dont il se considérait lui-même comme le restaurateur.

Venons-en maintenant au second ensemble d'idées présenté à travers le langage mythologique du *Timée*. Cela pourrait sembler être une direction plus
prometteuse, qui nous rendra peut-être capables de considérer Newton comme
un porte-parole tardif du mythe des harmonies célestes qui avait été remis en
valeur à la Renaissance.

Comme je l'ai mentionné au début de cet article, la situation est plutôt problématique. Certains aspects de la pensée de Newton concernant le son, l'harmonie et la théorie musicale pourraient sembler parfaitement accordés avec la
vision positiviste que l'on a de lui comme un scientifique loin de ses travaux
mystiques – dans la veine de John Dee ou Fludd. Prenons, par exemple, les
études de jeunesse sur le tempérament de l'échelle musicale, ou ses recherches
théoriques et son travail expérimental concernant la vitesse de propagation du
son qu'il a publié dans la section VIII, Livre II, des *Principia*[7]. D'autres
aspects des réflexions de Newton sur la musique, cependant, pourraient nous
frapper comme des reformulations de thèmes typiques de la tradition néo-
pythagoricienne ; à un point tel que Gouk, d'une façon nuancée et pertinente,
a qualifié Newton de « magicien pythagoricien » (*a Pythagorean magus*).
L'interprétation de Gouk selon laquelle Newton appartiendrait à la tradition
néo-pythagoricienne a été récemment approuvée par Pesic et Wardhaugh[8].

L'interprétation de Gouk, acceptée par plusieurs historiens, est fondée sour-
tout sur une source[9]. Un passage tiré de « An Hypothesis explaining the Pro-

---

7. C.U.L. MS Add. 4000, f. 139. Edition par Peter Pesic dans « Isaac Newton and the Mystery of the Major Sixth : a Transcription of His Manuscript 'Of Musick' with Commentary », dans *Interdisciplinary Science Reviews* 31 (2006) : 291-306 (on pp. 299-303).

8. Penelope Gouk, « The Harmonic Roots of Newtonian Science », dans *Let Newton Be ! A New Perspective on his Life and Works* (eds.) J. Fauvel, R. Flood, M. Shortland, R. Wilson (Oxford : Oxford University Press, 1988), 101-125 ; voir aussi le chapitre 7 intitulé « Isaac Newton, Pythagorean magus » dans Gouk, *Music, Science and Natural Magic*, 224-57. Pesic, « Isaac Newton and the Mystery of the Major Sixth », dans Wardhaugh, *Music, Experiment and Mathematics in England*, 120-5. Olivier Darrigol, « The Analogy between Light and Sound in the History of Optics from the Ancient Greeks to Isaac Newton, Part 2 », dans *Centaurus* 52 (2010) : 206-56 (on pp. 230-41).

9. Une seconde source « pythagoricienne » serait un texte que l'on a coutume d'appeler les *Classical Scholia*, écrites plus probablement en 1693-1694 et qui consistent en additions que Newton avait prévu d'inclure dans sa seconde édition des *Principia*. Ici Newton fait référence à Pythagore comme à un ancien sage qui exprima sa connaissance des lois naturelles, y compris la gravitation universelle, en termes musicaux. Cependant, je crois qu'utiliser le *Classical Scholia* est injustifié pour tirer une conclusion hâtive concernant le néo-pythagorisme de Newton. Voir Niccolò Guicciardini, « The Role of Musical Analogies in Newton's Optical and Cosmological Work », *op. cit.*

perties of Light discoursed of in my several Papers » (j'y ferai référence désormais par « Hypothesis »), dans lequel Newton dessine une analogie entre l'échelle musicale et le spectre des couleurs prismatiques. Cet essai célèbre fut à l'origine écrit en 1672 en réponse à Robert Hooke, et plus tard, en décembre 1675, réélaboré et envoyé par Newton à Henry (Heinrich) Oldenburg, le secrétaire de la Royal Society. Quelques unes des idées d'« Hypothesis », y compris l'analogie échelle musicale / spectre des couleurs, se trouvent encore dans l'*Opticks*[10].

Assurément, Newton semble être plutôt fasciné par la relation possible entre les résultats appartenant au tempérament de l'échelle musicale et la subdivision du spectre prismatique. Cependant, cela ne fait pas de Newton un néo-pythagoricien, ou un porte-parole de l'union entre les harmonies musicales et la structure du cosmos selon le modèle du *Timée* de Platon, bien que certaines sections du corpus newtonien paraissent certainement suggérer qu'il embrasse le concept d'harmonie du cosmos et de la nature, en particulier lorsque Newton se réfère à l'« analogie de la nature » comme un principe directeur dans sa recherche sur la perception de la lumière et du son.

Cependant, nous devrions pour commencer noter simplement qu'au milieu des années 1680, Newton réalisa que l'univers ne peut pas strictement être décrit comme « harmonique ». Bien qu'il soit certainement gouverné par des lois mathématiques, celles-ci engendrent des phénomènes qui sont sujets à des déviations par rapport aux lois qui pourraient nous aider à les décrire en termes mathématiques simples. Plus notoirement, la troisième loi « harmonique » du mouvement des planètes de Kepler doit être modifiée pour deux corps en inter-action gravitationnelle et doit être abandonnée pour plus de deux corps. L'une des grandes réalisations des *Principia* est la preuve que les lois de Kepler ne valent qu'approximativement pour les planètes gravitant autour du soleil. De plus, le cosmos de Newton est sujet à la dissipation progressive du mouvement (ou énergie cinétique, comme nous dirions aujourd'hui). Dans l'univers tel que le décrit Newton dans ses *Principia*, ni le système planétaire, ni le système des étoiles ne possède une quelconque stabilité. Ces idées de complexité mathématique et de dissipation du mouvement des cieux soutenues par Newton après le milieu des années 1680 ne cadrent pas facilement avec le concept d'« harmonie céleste ». Cette notion d'instabilité est importante pour la théologie newtonienne et la vision de Newton de la relation entre Dieu et la Nature. Cette

---

10. « An Hypothesis Hinted at for Explicating All the Afforesaid Properties of Light » (C.U.L. MS Add. 3970, ff. 433-4, 519-28) est une reponse à une lettre de Hooke datée 15 février 1671/2 (Isaac Newton, *The Correspondence of Isaac Newton*, ed. H. W. Turnbull, J. F. Scott, A. R. Hall, and L. Tilling, Cambridge : Cambridge University Press, 1959-1977, 1 : 110-4). Plus tard, il l'a retravaillé et envoyé, avec un autre manuscrit appelé parfois « Discourse of Observations » au Secrétaire de la Royal Society, Henry (Heinrich) Oldenburg, le 7 décembre 1675 (Newton, *Correspondence*, 1 : 362-86). Voir aussi Newton to Oldenburg, 11 June 1672 (Newton, *Correspondence*, 1 : 171-88 ; *Philosophical Transactions of the Royal Society*, 7 (1672) : 5084-103), où il est fait mention de quelques idées des « Hypothesis ».

vision, loin d'être mathématiquement parfaite, comme les néo-pyhagoriciens l'auraient eue, dépend de la Providence de Dieu pour maintenir sa stabilité. S'il n'y avait pas d'intervention constante de Dieu, ou de « reformation », le destin de l'Univers serait le chaos et la détérioration progressive de l'« uniformité ». Pour un pythagoricien comme Kepler, Dieu est l'artisan qui crée le monde comme un artefact harmonieux : le monde révèle des perfections géométriques et musicales. Pour un unitarien comme Newton, le monde est instable et serait condamné à la corruption s'il n'y avait Dieu, le restaurateur tout puissant, qui révèle continuellement son Existence par son intervention providentielle.

Comme je l'ai noté plus haut, on peut difficilement nier que Newton était plutôt fasciné par l'idée que les harmonies musicales sont dissimulées au sein des phénomènes optiques. Au travers d'une énumération problématique des couleurs du spectre, il en isole sept – ce qui correspond exactement au nombre des notes dans l'échelle musicale. Dans ses leçons lucasiennes de 1670, Newton n'identifie que cinq couleurs, mais ensuite vers 1672, au travers de l'addition de l'orange et de l'indigo, il atteint le nombre sept, résultat qui semble avoir été conçu en partie pour dessiner une analogie entre la lumière et le son[11]. Dans la onzième leçon de son *Optica pars II* (fin 1672), Newton rapporte comment par observation « chaque chose apparut comme si les parties de l'image occupées par les couleurs étaient proportionnelles à une corde divisée de telle façon que les degrés individuels de l'octave seraient causés à sonner »[12]. Cette idée peut être trouvée aussi dans l'« Hypothesis », à la fois dans le brouillon de 1672 et dans la version envoyée à Oldenburg en 1675. Newton superpose un monocorde au spectre des couleurs et affirme que les sept couleurs apparaissent en correspondance avec la division du monocorde en sept notes. Dans l'*Optica*, Newton considère à la fois une échelle accordée selon le tempérament égal et une échelle accordée selon l'intonation juste, et admet que « de telles différences minimes » entre les deux échelles « peuvent produire des erreurs difficilement perceptibles au plus fin des juges »[13]. Newton conclut que l'on obtiendra le meilleur ajustement si l'on choisit le « mode Dorien ». Par commodité, remarquons que ce « mode » (ou échelle) particulier est obtenu en jouant les touches blanches d'un piano de ré (grave) à ré (aigu). Ce mode a une symétrie mathématiquement très plaisante puisque l'échelle est un palindrome procédant par un ton, un demi-ton, un ton, un ton, un ton, un demi-ton, un ton. Gouk et Pesic affirment qu'avec cette analogie entre le spectre des couleurs et l'échelle musicale, Newton réfléchissait avec intérêt et fascination au Pythagorisme. Mais si nous tenons compte du contexte dans lequel

11. Newton, *Optical Papers*, 1 : 50, 543, 547.

12. Newton, *Optical Papers*, 1 : 543.

13. Newton, *Optical Papers*, 1 : 545. David Topper, « Newton on the Number of Colours in the Spectrum », dans *Studies in History and Philosophy of Science* 21 (1990) : 269-79.

cette analogie osée fut proposée pour la première fois, nous réaliserons rapidement que Newton part d'une hypothèse « mécaniste » concernant l'analogie
entre la perception auditive et la perception visuelle, qu'il minimisera par la
suite. En effet, très tôt dans sa vie, Newton montra un intérêt fort pour la perception, en particulier la perception visuelle ; un intérêt qui se rapportait à un
éventail de vastes questions et anxiétés concernant la relation entre l'âme et le
corps[14].

Ce qui m'importe de souligner particulièrement ici est le fait que, alors qu'il
est sans aucun doute fasciné par l'analogie entre l'échelle musicale et le spectre des couleurs, Newton semble avoir une conception éloignée du néo-pythagorisme. Son étude des analogies entre l'échelle musicale et le spectre des
couleurs était motivée par son intérêt pour la physiologie de la perception en
termes de vibrations d'un fluide contenu dans les « nerfs optiques », une théorie hypothétique qui réapparaît dans quelques unes des questions qui concluent
l'*Opticks*. Plutôt que des correspondances mystiques entre lumière et harmonie
musicale, je pense que ce à quoi s'intéressait Newton était les théories méca-
nistes sur la consonance en termes de vibrations de l'air et l'idée d'un esprit
animal dans les nerfs acoustiques comme une explication du mécanisme de
l'audition. L'intention de Newton était d'étendre à la perception visuelle les
théories de la perception acoustique qui circulaient comme hypothèses viables.

Dans son « Hypothesis » (à la fois dans le brouillon de 1672 et la version
finale de 1675), Newton s'intéresse à la perception, et spécialement aux analogies entre ouïe et vision, auxquelles il avait déjà consacré du temps en 1665-
66. L'hypothèse de travail de Newton concernant la perception est que les
organes des sens sont stimulés par les corps matériels qui provoquent des
vibrations dans un milieu élastique contenu dans les nerfs : ces vibrations de
l'éther sont transmises au *sensorium*. Newton affirme que puisque et le son et
la lumière sont perçus à travers la propagation des vibrations d'un « esprit
animal » éthéré logé dans les nerfs acoustiques et optiques, il est simplement
naturel de se demander s'il n'existe pas une analogie entre les deux formes de
perception. Les origines de l'harmonie musicale ne pourraient-elles pas éclairer celles de « l'harmonie de certaines couleurs » ? Newton examine cette
hypothèse qu'il formule avec beaucoup de précaution[15]. Newton cependant
réalisa bientôt qu'il lui fallait minimiser l'analogie évoquée plus haut en
remarquant que les rapports entre ce que nous appelons aujourd'hui les
« fréquences » musicales dans les intervalles consonants ne correspondent pas
à ceux entre les fréquences des ondes se propageant au travers de « l'esprit animal logé dans les nerfs optiques ». Le rapport 2 à 1 pour les couleurs extrêmes
du spectre dut être abandonné. En effet, dans une « Observation » du brouillon

14. James E. McGuire and Martin Tamny, *Certain Philosophical Questions : Newton's Trinity
Notebook* (Cambridge : Cambridge University Press, 1983), 216-40.

15. Newton, *Correspondence*, 1 : 376.

« Hypothesis », Newton obtint une valeur supérieure à 3 à 2 (une quinte) et ensuite inférieure à 5 à 3 (une sixte majeure dans l'intonation juste) : son estimation préférée était la valeur 14 à 9^{16}.

Au cours du XVIIe siècle, les mythes néo-pythagoriciens des harmonies célestes développés durant la Renaissance furent peu à peu abandonnés, même s'ils étaient encore acceptés dans les dernières années des années 1620 par un géant comme Kepler. Newton a été associé à cette aile « renaissance tardive » par Gouk et Pesic. Selon cette interprétation, Newton soutenait l'idée de l'harmonie entre musique et phénomène lumineux dans l'« Hypothesis »[17]. De nombreux aspects de l'interprétation de Gouk et Pesic sont acceptables : comme ils le montrent, Newton était fasciné par le mythe de l'ancienne sagesse dans lequel l'« analogie de la nature » était exprimée en des termes musicaux. Cependant, interpréter Newton comme un philosophe naturel néo-pythagoricien, ou même comme un « magicien pythagoricien » (*a Pythagorean magus*) à la manière de Gouk, est problématique puisque cela revient à ne pas prendre en compte le contexte dans lequel il méditait ces métaphores musicales, un contexte qui révèle une mentalité qui, à de nombreux points de vue, est éloigné du néo-pythagorisme.

---

16. Le rapport entre les couleurs extrêmes du spectre fut trouvé être « greater than 3 to 2 & less than 5 to 3. By the most of my observations it was 9 to 14 [read 14 to 9] ». C.U.L. MS Add 3970, f. 521v. Nous avertissons le lecteur que notre usage du terme « fréquence » est un anachronisme comme il est expliqué dans Michel Blay, « Une Clarification dans le Domaine de l'Optique Physique : *Bigness* et Promptitude », dans *Revue d'Histoire des Sciences* 33 (1980) : 215-24.

17. Et entre musique et phénomène gravitationnel dans les *Classical Scholia*.

L'ALGÈBRE SONNANTE : LES RELATIONS ENTRE LA COMBINATOIRE ET LA MUSIQUE DE MERSENNE À EULER

Eberhard Knobloch

Introduction

La conception baroque de la musique était basée sur un fondement rationnel, mathématique. Les musicologues et les compositeurs de cette période citaient continuellement le vers biblique que Dieu a ordonné (*disposuisti*) tout le monde par mesure, nombre et poids (*Sagesse* 11, 20). La beauté, l'harmonie des choses consiste en leur ordre : les nombres jouent un rôle crucial à cet égard.

La variété de l'harmonie provient de la composition, de la combinaison et de l'arrangement de ses parties[1] : ces trois aspects constituent l'harmonie universelle. Cela s'applique particulièrement à la musique. « Composer » était équivalent à « combiner », « arranger ». En conséquence, le lullisme et son art combinatoire étaient très influents à plusieurs égards. Ils visaient à l'éducation musicale, à la christianisation, à la glorification de Dieu, à la créativité, à l'optimisation.

L'approche combinatoire rendait même les ignorants aptes à apprendre et à pratiquer la musique dans l'espace d'une heure. Cette approche aidait à adresser et à convertir les incroyants. On peut conclure que Dieu lui-même fut le premier qui ait pratiqué cet art en créant le monde.

L'homme doit imiter Dieu lorsqu'il veut être créatif. Cela s'applique en particulier à la musique. Au moyen de l'art combinatoire, un chant peut être optimalisé à condition que le nombre des chants ne soit pas trop grand. Leur beauté consiste en leur variété. Cette variété est démontrée par une énumération explicite. Chaque possibilité est évaluée conformément à certains princi-

---

1. Knobloch, Eberhard. « Musurgia universalis : Unknown combinatorial studies in the age of baroque absolutism ». dans *History of Science* 17, 1979, 258-275. Version italienne : « Musurgia universalis, Ignoti studi combinatori nell'epoca dell'Assolutismo barocco », dans *La musica nella Rivoluzione Scientifica del Seicento,* a cura di Paolo Gozza. Bologna, 1989, 11-25.

pes musicaux. En conséquence, je voudrais parler sur les quatre sujets suivants : 1. Mersenne (1635/36), 2. Kircher (1650), 3. Leibniz (1666), 4. Conclusion : Le développement au XVIIIe siècle (Euler, Mozart).

Mersenne (1635/36)[2]

Mersenne était un des adhérents les plus importants du lullisme du XVIIe siècle. L'art combinatoire était un art fondamental, universel, général pour lui. Les études combinatoires de ce protecteur fameux des sciences et ami de Descartes sont contenues dans six publications[3] : *Quaestiones celeberrimae in Genesim* (1623), *La vérité des sciences* (1625), *Harmonicorum libri* (1635 et 1636), *Harmonie universelle* (1636), *Cogitata physico-mathematica* (1644), *Novae observationes physico-mathematicae* (1647).

Le premier ouvrage concerne la théologie, le second la philosophie des sciences, en particulier des mathématiques. Les deux suivants s'occupent de la théorie de la musique, les deux derniers de la science naturelle et des mathématiques.

En général, les contributions combinatoires des deux premières publications répètent les résultats de Christoph Clavius[4] sans mentionner leur source. Les deux dernières publications ne contiennent que quelques remarques supplémentaires concernant les deux livres s'occupant de la théorie de la musique qui comprennent les contributions les plus importantes de Mersenne à la combinatoire. Par conséquent, je voudrais me concentrer sur ces deux monographies volumineuses. Voici le titre complet de l'œuvre latine :

> « Les livres des harmonies où il est traité de la nature, des causes et des effets des sons ; des consonances, des dissonances, des raisons, des genres, des modes, des chants, de la composition et des instruments harmoniques de tout le monde. Dédiés à Henry Montmort. Un ouvrage qui est utile pour les grammairiens, les orateurs, les philosophes, les juristes, les médecins, les mathématiciens, et les théologiens ».

Mersenne cite le psaume 150 : « Louez Dieu avec des cymbales harmonieuses, louez-le avec des cymbales exultantes, que chaque esprit loue Dieu ».

---

2. Mersenne. Marin. *Harmonicorum libri*. Paris, 1635 : Guillaume Baudry. (La même édition parut aussi en 1636) ; Mersenne, Marin. *Harmonie universelle*. Paris : Sébastien Cramoisy, 1636.

3. Knobloch, Eberhard. « Marin Mersennes Beiträge zur Kombinatorik », dans *Sudhoffs Archiv* 58, 1974, 356-379.

4. Clavius, Christoph. *In sphaeram Ioannis de Sacrobosco commentarius*. Rome, 1570. Je cite sa dernière édition dans : *Opera mathematica*, vol. II, première partie. Mayence : Anton Hierat, 1611 (Réédition avec une préface et un registre de noms par E. Knobloch. Hildesheim-Zurich-New York : Olms 1999), p. 17-19.

L'œuvre française est intitulée : « Harmonie universelle, contenant la théorie et la pratique de la musique, où il est traité de la nature des sons, et des mouvements, des consonances, des dissonances, des genres, des modes, de la composition, de la voix, des chants, et de toutes sortes d'instruments harmoniques » (Illustration : 1).

L'emblème de la page de titre consiste en quatre images illustrant le quatrième commandement : « Tu honoreras tes parents afin que tu vives longtemps ». L'image supérieure à gauche montre le fils de Tobias guérissant son père au moyen d'un poisson. L'image supérieure à droite montre Aeneas quittant Troie brûlant avec son père sur ses épaules et tenant son fils par la main. L'image inférieure à gauche illustre comment Rutte ne quitte pas sa belle-mère Naemi après la mort de son mari, c'est-à-dire son beau-père. L'image inférieure à droite concerne Pero qui nourrit son père Cimon (Mycon) dans la prison à l'aide de son lait.

Mersenne considérait des problèmes de dénombrements, c'est-à-dire d'un certain nombre d'arrangements différents ou d'ensembles d'objets d'un type particulier : permutations, combinaisons ou sélections non-ordonnées, arrangements ou sélections ordonnées.

(1) Permutations

Le nombre de permutations sans répétition $P(n,n)$ est calculé au moyen de la relation de récurrence : $P(n,n) = n.P(n,n-1)! = n!$

Mersenne a continué la table de telles permutations jusqu'à 64 ! C'est un nombre consistant en 90 chiffres[5]. Voilà un exemple d'assiduité modèle (Illustration : 2).

À ma connaissance, aucun autre auteur n'a jamais calculé une factorielle plus grande, bien entendu sans aucun ordinateur. Mersenne a énuméré les 24 chants différents de quatre notes, les 72 chants différents de six notes. En considérant les quartes comme ut, re, mi fa ou re, mi, fa sol ou mi, fa, sol, la, il énumérait les permutations possibles pour discuter la question quel chant puisse être considéré comme meilleur ou plus complaisant ou plus agréable. La décision dépend des critères justifiables qui se distinguent d'un auteur à l'autre.

Il étudiait systématiquement tous les types différents de répétitions concernant un certain nombre n. Dans son cas, n est égal à neuf. Probablement, c'est une réminiscence à Lull parce que Lull avait choisi neuf notions fondamentales pour sa théorie du langage[6] :

5. Knobloch, Eberhard. « Rapports historiques entre musique, mathématique et cosmologie », dans *Quadrivium, Musiques et Sciences*, Colloque conçu par D. Lustgarten, Cl.-H. Jaubert, S. Pahaut, M. Salazar. Paris : édition ipmc, 1992, p. 123-167.

6. Mersenne, Marin. *Harmonie universelle*. Paris : Sébastien Cramoisy, 1636, p. 116.

« Table des chants qui se peuvent faire de 9 notes

Toutes différentes	362880
2 semblables	181440
3	60480
4 & 2, 2 & 3	15120
5	3024
...	
2 & 7	36
Toutes semblables	1 »

En mots modernes, il cherche les nombres multinomiaux $\begin{pmatrix} n \\ n_1, n_2, ..., n_p \end{pmatrix}$

où $n_1 + n_2 + ... + n_p = n$, $n_i \geq 1$, i = 1, ... p. Si p = n, tous les n_i doivent être égaux à 1 :

$$\begin{pmatrix} n \\ n_1, n_2, ..., n_p \end{pmatrix} = \frac{n!}{n_1! n_2! ... n_p!}$$

Cependant, Mersenne ne mentionnait jamais l'identité de cette expression avec les coefficients des puissances d'un polynôme.

L'équation $n_1 + n_2 + ... + n_p = n$ représente une partition de n. En d'autres mots, Mersenne a énuméré toutes les trente partitions de neuf afin de considérer les trente types de répétitions dans le cas de neuf notes. Donc, nous avons une relation étroite entre la théorie additive des nombres et les permutations avec répétition. Tous deux sujets jouent un rôle important dans la combinatoire.

(2) Les arrangements comme une généralisation de permutations

Après les permutations, Mersenne s'occupe d'arrangements avec et sans répétition conformément aux manuels modernes[7]. Si nous ne prenons pas tous les éléments dans un ensemble de n éléments – ce qui donnerait les permutations ou P(n,n) – mais seulement une sélection ordonnée de p des n éléments, nous obtenons P(n,p) = n(n-1)...(n-p+1)[8] :

---

7. Berman, Gerald ; Fryer, K. D. *Introduction to Combinatorics*. New York-London : Academic Press, 1972.

8. Mersenne, Marin. *Harmonicorum libri*. Paris : Guillaume Baudry, 1635, p. 133.

« Tabula generalis Combinationum

I	22
II	462
III	9240
...	
XXI, etc.	
XXII	1124000727777607680000
Summa	3055350753492612960484 »

Comme toujours, Mersenne considère des cas spéciaux, à savoir n = 22, p = 1, ..., 22 sans démontrer sa règle. La démonstration s'appuierait sur le principe de la multiplication des choix : S'il y a à faire k sélections successives et si l'on peut faire la i-ième sélection de n_i manières, $1 \leq i \leq k$, le nombre total des sélections possibles est le produit $n_1.n_2...n_k$.

Mersenne calcule même la somme de toutes les 22 différentes valeurs P(n,1), ..., P(n,22) et a mis en évidence l'utilité d'une telle table. Seulement en 1659, Sebastian Izquierdo publia une relation de récurrence afin de calculer cette somme[9]. La même chose s'applique aux arrangements avec répétition. Chaque place peut être occupée par un des n éléments. En conséquence, Mersenne dit justement qu'il faut calculer la puissance correspondante de 22 ou plus généralement : le nombre cherché est n^p si nous choisissons p éléments pris dans un ensemble de n éléments[10] :

« Tabula generalissima Cantilenarum omnium possibilium

I	G	22
II	A	484
...		
IX	a	1207269217792
XXII	ggg	3414278773642195573966646723584
Summa		3576863477148966791774394247706 »

Mersenne calcula np-P(n,p) pour obtenir le nombre des arrangements dont au moins un élément est répété.

9. Knobloch, Eberhard. *Die mathematischen Studien von G. W. Leibniz zur Kombinatorik.* Wiesbaden : Steiner, 1973, p. 18s.

10. Mersenne, Marin. *Harmonicorum libri.* Paris : Guillaume Baudry, 1635., p. 140.

(3) Combinaisons

Afin d'obtenir le nombre C(n,p) des sous-ensembles d'un ensemble de n éléments, il utilisait correctement ses résultats, c'est-à-dire les tables pour P(n,p)

et P(n.n). Sa règle arithmétique dit que $C(n,p) = \dfrac{P(n,p)}{P(p,p)}$,

en mots modernes $\begin{pmatrix} n \\ p \end{pmatrix}$[11].

« Tabula Methodica Conternationum, Conquaternationum, etc. utilissima

I.	II.	III.	IV.	V.
I	36	1	36	35
II	630	2	1260	34
III	7140	6	42840	33 »

Exemple : 63.35 = 1260, 1260:2! = 630 ou P(36,2) = 1260, P(2,2) = 2,
C(36,2) = 630.

Il utilisait la relation $\begin{pmatrix} n \\ p \end{pmatrix} = \begin{pmatrix} n \\ n-p \end{pmatrix}$ sans en donner aucune raison,

c'est-à-dire de la symétrie des coefficients binomiaux. Il construisit le triangle

arithmétique[12] en utilisant la relation : $\begin{pmatrix} n \\ p \end{pmatrix} + \begin{pmatrix} n \\ p+1 \end{pmatrix} = \begin{pmatrix} n+1 \\ p+1 \end{pmatrix}$

« Tabula pulcherrima et utilissima combinationis duodecim cantilenarum

I.	II.	III.	IV.	V.	VI.	VII.	VIII.	IX.	X.	XI.	XII.
1	1	1	1	1	1	1	1	1	1	1	1
2	3	4	5	6	7	8	9	10	11	12	13
3	6	10	15	21	28	36	45	55	66	78	91
4	10	20	35	56	84	120	165	220	286	364	455
5	15	35	70	126	210	330	495	715	1001	1365	1820
6	21	56	126	252	462	792	1287	2002	3003	4368	6188

11. Mersenne, Marin. *Harmonicorum libri*. Paris : Guillaume Baudry, 1635, p. 137.
12. Mersenne, Marin. *Harmonicorum libri*. Paris : Guillaume Baudry, 1635, p. 136.

7	28	84	210	462	924	1716	3003	5005	8008	12376	18564
8	36	120	330	792	1716	3432	6435	11440	19448	31824	50388
9	45	165	495	1287	3003	6435	12870	24310	43758	75582	125970
10	55	220	715	2002	5005	11440	24310	48620	92378	167960	293930
11	66	286	1001	3003	8008	19448	43758	92378	184756	352716	646646
12	78	364	1365	4368	12376	31824	75528	167960	352716	432705	1352078
13	91	455	1820	6188	18564	50388	125970	293930	646646	1352078	2704156

Il renvoyait à des prédécesseurs sans mentionner leurs noms. Cardan aurait été un tel prédécesseur. Au lieu de discuter les combinaisons avec répétition en général, il considérait le problème plus difficile à trouver les combinaisons qui représentent un type spécial de répétition toujours en s'appuyant sur ses exemples musicaux.

Cas 1

D'abord Mersenne considérait le cas qu'exactement une seule note soit répété un nombre quelconque de fois. Représentons le type de répétition au moyen de nombres qui indiquent combien des fois les notes singulières soient répétées. Par exemple les types 4111, 2111 signifient qu'une note soit répétée quatre ou deux fois et que toutes les autres se trouvent exactement une fois. En conséquence, c'est seulement le nombre des notes différentes qui importe. Dans notre cas, c'est 4. Nous devons occuper quatre places au moyen des notes données. Chaque note peut remplacer la note répétée. Donc, nous avons à multiplier C(n,k) par 4 ou afin d'être plus général nous avons à calculer :

$$p.C(n,p) = p \begin{pmatrix} n \\ p \end{pmatrix} \text{ ou } \begin{pmatrix} n \\ p \end{pmatrix} . \frac{p!}{(p-1)!}$$

L'exemple de Mersenne est n = 22, $1 \leq p \leq n$ [13] :

« Tabula nova anagrammatica

II	462
III	4620
IV	29260
...	
XII	7759752 »

---

13. Mersenne, Marin. *Harmonicorum libri*. Paris : Guillaume Baudry, 1635, p. 138.

Cas 2

Le problème devient plus difficile si plusieurs notes et non pas une note sont répétées d'une certaine manière :

Type 1 :   122 ; 112   ou 1 r_1 fois, 2 r_2 fois
Type 2 :   12 ; 13 ; 34 ; 45 ou p, p+n
Type 3 :   123 ; 234   ou p, p+1, p+2

Les exemples d'une ligne appartiennent chaque fois au même type de répétition. Dans chaque ligne, on a besoin du même nombre de notes différentes : 3 ou 2 ou 3 chaque fois. Il y a des fréquences égales de différents nombres de répétitions de différentes notes : Dans le type 1, une fréquence se trouve une fois, l'autre fréquence se trouve deux fois. Dans les types 2 et 3, chaque fréquence se trouve exactement une fois.

Donc, Mersenne a déduit le résultat suivant : Ce ne sont pas les nombres des répétitions qui importent mais leurs fréquences. Type 1 rend $\binom{n}{3} \cdot \frac{3!}{2!}$ variations possibles, type 2 n(n-1). Mersenne ne mentionne pas le nombre des possibilités du type 3, à savoir n(n-1)(n-2).

Cas 3

Mersenne généralisa le problème en considérant tous les types possibles de répétition comprenant un nombre donné p de notes prises dans un ensemble de n notes. En conséquence, il énuméra de nouveau les 30 partitions de 9 comme dans le cas des permutations avec répétition[14] :

« Tabella novem notarum singularis

	absque ordine	cum ordine
Omnes differentes	497420	180503769600
Similes 2	2558160	464152550400
2,2,1,1,1,1,1	3581424	324906785280
etc. »		

La première colonne représente le type des répétitions, c'est-à-dire la partition de 9. La deuxième colonne donne le nombre des combinaisons correspondantes avec répétition de ce type. La troisième colonne donne le nombre des

14. Mersenne, Marin. *Harmonicorum libri*. Paris : Guillaume Baudry, 1635, p. 139s.

arrangements correspondants, c'est-à-dire des sélections ordonnées avec répétition de ce type.

La somme de tous les nombres de la deuxième colonne est le nombre de

toutes les combinaisons avec répétition ou $\binom{n+k+1}{k} = \binom{30}{9}$ ou 14307150.

Mersenne ne dit ni cela ni mentionne-t-il que la somme de tous les nombres de la troisième colonne est le nombre des arrangements avec répétition ou $n^k = 22^9$ ou 1207269217792. Ce résultat est confirmé par sa table dans laquelle il calcula les puissances de 22 à partir de 22^1 jusque 22^{22}.

Il n'explique pas la manière de laquelle il a calculé les nombres de la deuxième et de la troisième colonne. Il dit seulement qu'il a expliqué la méthode ailleurs, mais malheureusement de toute façon pas dans ses œuvres publiées. Par conséquent, il nous faut la reconstruire en généralisant sa méthode des cas 1 et 2 :

Soit p le nombre des notes choisies, n le nombre des notes données. La partition de p sera :

$$p = 1+1+...+1+2+2+...+2+...+m+m+...+m = 1r_1 + 2r_2 + ... + pr_p, \; 1 \leq m \leq p, \; 0 \leq r_i \leq p$$

La partition peut être interprétée de la manière suivante : r_1 notes deux à deux distinctes se trouvent exactement une fois, r_2 notes deux à deux distinctes se trouvent exactement deux fois, r_i notes deux à deux distinctes se trouvent exactement i fois. Si une note est répétée p fois, $r_p=1$, tous les autres r_i sont égaux à zéro. Si aucune note n'est répétée, $r_i=p$, tous les autres r_i sont égaux à zéro.

En conséquence, d'après cas 1 nous avons d'abord C(n,r) combinaisons. Ce nombre C(n,r) doit être multiplié par un facteur qu'on doit encore chercher. Nous obtenons une nouvelle sélection, une nouvelle combinaison du type donné de répétition aussi longtemps qu'une note d'une certaine fréquence remplace une autre note d'une certaine fréquence, par exemple si deux notes qui se trouvent une et deux fois respectivement sont échangées. Nous n'obtenons pas de nouvelle combinaison si deux notes de la même fréquence sont échangées parce qu'il s'agit de sélections non-ordonnées.

Les mêmes fréquences représentent des répétitions dans une permutation avec répétition d'un certain type que nous avons discutée ci-dessus. Donc, il

nous faut multiplier C(n.r) par $\dfrac{r!}{r_1!r_2!...r_m!}$. La partition 2,2,1,1,1,1,1 donne

$\binom{22}{7}\dfrac{7!}{5!2!} = 3581424$

C'est exactement la valeur que nous trouvons dans la table de Mersenne.

D'une manière semblable, nous pouvons calculer le nombre de sélections ordonnées, c'est-à-dire d'arrangements d'un certain type de répétitions. Maintenant, l'ordre de p notes choisies importe, mais cette fois le type de répétition de p doit être interprété comme une permutation avec répétition. Par conséquent, il nous faut encore multiplier le nombre des sélections non-ordonnées

par $\dfrac{p!}{(1!)^{r_1}(2!)^{r_2}...(m!)^{r_m}}$.

Nous verrons que trente ans plus tard Leibniz a résolu le même problème sans connaître les grands ouvrages de Mersenne sur l'harmonie en utilisant une autre méthode plus élégante. Bien entendu, Leibniz a déduit les mêmes résultats comme nous allons voir.

Kircher (1650)

Les études combinatoires de Mersenne ne manquaient pas d'une influence immédiate sur des auteurs postérieurs, pour préciser sur le lulliste fameux Athanasius Kircher et sur son *Art musical universel* (*Musurgia universalis*) publié en 1650. Le titre baroque intégral commence en promettant :

> « L'art musical universel ou le grand art de consonance et de dissonance subdivisé dans dix livres à l'aide desquels toute la doctrine et philosophie des sons et la science de la musique théorique et pratique sont traitées variément dans le plus haut degré. Les forces merveilleuses et les effets de la consonance et de la dissonance dans le monde et par conséquent dans toute la nature sont révélés et démontrés par une exposition également nouvelle et inconnue d'exemples variés. C'est fait par rapport aux applications individuelles non seulement dans presque chaque faculté mais encore en particulier dans la philologie, les mathématiques, la physique, la mécanique, la médecine, la politique, la métaphysique, la théologie ».

La gravure sur cuivre illustre Pythagore, son théorème fameux, les forgerons martelants qui à ce qu'on dit l'ont qualifié de trouver sa théorie de consonance. La musique est représentée par une figure féminine avec quelques instruments musicaux. Trois hexamètres et trois pentamètres précèdent la page de titre du huitième livre. Ils expliquent que Dieu est un *harmostes*, c'est-à-dire quelqu'un qui *met ensemble*, qui compose et que le monde est son orgue, qu'il y a autant de mètres que des êtres vivants. Kircher cite l'auteur mythique Hermès Trismégiste qui écrivit au médecin Asclepius : « La musique n'est rien d'autre que de savoir l'ordre de tout »[15].

---

15. Knobloch, Eberhard. « Harmony and cosmos : mathematics serving a teleological understanding of the world », dans *Physis* 32, Nuova Serie, 55-89, 1995, p. 77.

Le huitième livre est intitulé :

> « Le huitième livre du grand art de consonance et de dissonance sur l'art musical merveilleux qui est un nouvel art musico-arithmétique récemment inventé grâce auquel le premier venu peut acquérir en peu de temps la connaissance parfaite de composer si inexpérimenté dans la musique qu'il soit ».

Pour Kircher aussi, la composition musicale consistait en une suite et en un arrangement de consonances. Le livre est divisé en quatre parties : l'art musical combinatoire, l'art rythmique ou poétique, la pratique de nombres musicaux donnant des chants (*musarithmi melothetici*), l'art musical mécanique ou les transpositions variées de colonnes musico-arithmétiques.

La première partie explique les opérations combinatoires fondamentales pour démontrer la variété immense d'arrangement et de combinaisons possibles de notes. La seconde partie applique ces règles aux rythmes, c'est-à-dire aux notes et aux suites métriques de syllabes ou pieds. La troisième partie explique le nouvel art musical de Kircher qui consiste en une composition de colonnes *melotacticae* (*mélotactiques* pour ainsi dire) qui entraîne toujours nécessairement avec elle une nouvelle harmonie. Cette partie est de loin la plus longue de huitième livre. La quatrième partie explique l'usage d'une caisse musicale (*arca musurgica*).

Dans cette dernière partie, Kircher met en évidence que même celui qui ne connaît pas la musique soit instruit à composer des chants quelconques au moyen d'une aide nouvelle et facile, à savoir au moyen de certaines lattes musarithmétiques.

Je voudrais commencer en discutant la première partie. Quoique Kircher mentionne Mersenne plusieurs fois, il ne dit pas de mot qu'il répète les explications de son prédécesseur français. Il utilise même les exemples numériques : neuf notes sont prises dans un ensemble de n notes. Mais il a omis le problème le plus difficile de calculer le nombre des combinaisons et des arrangements de certains types de répétition. Évidemment, il n'a pas toujours compris sa source. Considérons par exemple sa table contenant les nombres de permutation avec répétition[16] :

« Tabula II. Combinatoria ostendens numerum mutationum rerum, in quibus non precisa diversitas, sed quaedam sunt similes

1 Series rerum diversarum	2 Combinatio rerum omnium diversarum	3 Combinatio rerum in qua 2 similes	4 Combinatio rerum in qua 3 similes	5 Combinatio rerum in qua 4 similes
I	0			
II	2	0		
III	6	3	0	»

---

16. Kircher, Athanasius. *Musurgia universalis*. 2 vols. Rome : Franciscus Corbellettus, 1650 (Réédition Hildesheim-New York: Olms 1970), II, p. 7.

Mersenne avait expliqué qu'il y a par exemple une seule permutation de neuf notes égales. Kircher a compris la notion de *mutatio*, permutation, au sens strict du mot et a maintenu qu'il n'y a pas de permutation de n éléments égaux. Il n'a pas remarqué que cette affirmation contredit la règle de division adoptée de Mersenne. D'autant plus grande est l'injustice historique que plus tard Kaspar Schott et Andreas Tacquet l'appelaient la règle de Kircher[17].

Nous avons mentionné ci-dessus que la troisième partie s'occupe de la pratique de nombres musicaux donnant des chants. La force merveilleuse de la combinaison des choses peut être trouvée en particulier dans la musique. Donc, les principes de la musique sont réduites aux tables méthodiques que Kircher appelait *nombres musicaux* (*musarithmi*) ou nombres harmoniques.

Il a conçu trois ensembles de lattes donnant des chants qui contiennent tout ce qui est important dans la musique donnant des chants ou dans l'art de composition. Le premier ensemble consiste en onze tables, le second et le troisième en six tables. Les onze tables du premier ensemble contiennent l'art poétique et métrique total. Les six tables du second décrivent l'art poétique ou métrique au moyen de nombres musicaux ornés. Les six tables du troisième ensemble sont accommodées à la partie poétique et rhétorique de l'art musical et aident à exprimer le charme de la musique.

Qu'est-ce qui est encore nécessaire ? Kircher a énuméré trois moyens nécessaires pour sa *Melothesia musarithmetica* :

1) un *palimpsestum phonotacticum*, un matériau sur lequel on peut écrire mais qui peut être nettoyé. Il décrit les quatre voix soprano, alto, ténor, basse ;

(2) une *mensa tonographica*, une table sur laquelle les notes sont mises en écrit au moyen de chiffres ;

(3) la connaissance des valeurs des notes et des mesures.

Ensuite, Kircher a décrit les différentes lattes (*pinaces*) des trois ensembles (*syntagmata*). Par exemple, le premier ensemble explique la contrapuntique composition simple pour quatre voix et un certain rythme poétique dénoté par les chiffres de la basse continue :

« Gaudia Mundi
Adonia

55655	66666		55545	55455
88878	88282		22322	32123
33423	44434		77867	55678
88451	44262		55125	87651 »

---

17. Knobloch, Eberhard. *Die mathematischen Studien von G. W. Leibniz zur Kombinatorik.* Wiesbaden : Steiner, 1973, p. 20.

Pour donner un exemple, Kircher a ajouté la composition par Bernardino Roccio qui avait élaboré sa musique conformément aux règles de Kircher.

La quatrième partie du huitième livre explique la construction de la *caisse musico-arithmétique* (*arca musarithmetica*), c'est-à-dire des colonnes musico-arithmétiques et la manière de laquelle il faut les combiner. Kircher utilisait l'expression *Abacus musurgicus* ou *Abacus melotheticus*. Probablement, il l'a adopté de Robert Fludd. L'exemple de texte de Kircher consiste en cinq parties :

« Cantate Domino   VI   brève pénultième

Canticum novum   V   brève pénultième

Laus eius   III   longue pénultième

In Ecclesia   V   brève pénultième

Sanctorum   III   longue pénultième »

Les chiffres romains désignent le nombre des syllabes des parties singuliè-res. Chaque partie est représentée par une table, les cinq tables sont unies par une certaine combinaison. Plusieurs combinaisons différentes donnent un chant (*melothesis*). Par suite de la similarité entre ses tables et les petits bâton-nets de John Neper, Kircher parlait de la *Rabdologia musurgica*[18].

Son élève Kaspar Schott a expliqué la théorie de la composition mécanique de Kircher dans son œuvre *Orgue mathématique* (*Organum mathematicum*) qui parut en 1668[19] (Illustration : 3).

Nous y trouvons de nouveau les tables (Illustration : 4).

et *l'Heptaedron Musurgicum* de Kircher (Illustration : 5).

Sur le frontispice, il y a l'inscription *scala musica* (*gamme musicale*), sur le revers le titre *Abacus contrapunctionis* (*abaque du contrepoint*) avec la dési-gnation des voix soprano, alto, ténor, basse (*cantus, altus, tenor, bassus*). Sur le frontispice des lattes de bois, on trouve des tables de nombres qui corres-pondent à certain modes, sur le revers des rythmes. Au moyen de tables de composition qui sont écrites sur le couvercle à charnière nous pouvons construire d'abord la basse conformément à certaines règles et ensuite les sopranos correspondants qui forment de triples accords.

---

18. Kircher, Athanasius. *Musurgia uninversalis*. 2 vols. Rome : Franciscus Corbellettus, 1650 (Réédition Hildesheim-New York : Olms 1970), II, p. 190 ; Scharlau, Ulf. *Athanasius Kircher (1601-1680) als Musikschriftsteller. Ein Beitrag zur Musikanschauung des Barocks*. Marburg : Görich und Weiershäuser, 1969, p. 204-212 ; Assayag, Gérard. A matemática, o número e o com-putador. Colóquio Ciências. *Revista de cultura científica* 14, 1999, 25-38.

19. Miniati, Mara. « Les Cistae mathematicae et l'organisation des connaissances du XVIIe siècle », dans *Studies in the History of Scientific Instruments*, Papers presented at the 7th Sympo-sium of the Scientific Instruments Commission of the Union Internationale d'Histoire et de Phi-losophie des Sciences, Paris 15-19 Septembre 1987. Paris : Rogers Turner Books, 1989, 43-51.

Leibniz / 1666

Lorsqu'en 1666 Gottfried Wilhelm Leibniz élabora sa *Thèse sur l'art combinatoire* (*Dissertatio de arte combinatoria*), il était encore un adhérent du lullisme, il voulait réorganiser la logique, en particulier la logique d'invention. Il mettait son espérance sur Kircher parce qu'il savait que Kircher était en train d'écrire son *Grand art de connaissance* (*Ars magna sciendi*). Plus tard, il avouait franchement sa déception à cet égard[20].

Le jeune Leibniz ne se rapportait qu'à Clavius. Il ne connaissait ni l'étendue littéraire des lullistes ni les résultats combinatoires de Fermat et de Pascal. Le progrès mathématique n'est pas linéaire. Différemment de ses prédécesseurs lullistes, il démontra au moins quelques de ses solutions de problèmes combinatoires quoique de loin pas toutes.

Il n'atteignit pas la difficulté ou la généralité mathématique des problèmes de Mersenne. Son sixième problème traite d'un nombre d'arrangements d'un certain type de répétition, c'est-à-dire du problème le plus compliqué de Mersenne, sans connaître les *Livres des harmonies* de Mersenne. En conséquence, il développa sa propre solution de ce problème qui se distinguait de celle de Mersenne :

(1) Il a choisi jusqu'à six notes dans un ensemble de six notes tandis que Mersenne avait choisi neuf notes dans un ensemble de 22 notes.

(2) Il a énuméré neuf au lieu de onze types possibles de répétition. Il a utilisé la dénotation italienne des notes (ut re mi fa sol la) sans introduire – comme Mersenne – la langue des partitions de la théorie des nombres. Il a omis par erreur les types de répétition 6, 51. En fait, il a y onze partitions de six tandis qu'il n'a pris en considération que neuf.

(3) Il a multiplié le nombre des combinaisons ou sélections possibles d'un certain type de répétition par le nombre des permutations avec répétition de ce type de répétition comme Mersenne l'a fait. Malheureusement, sa règle de calculer le nombre des permutations avec répétition était fausse. À cet égard, il savait moins que ses prédécesseurs Mersenne ou Kircher. Son erreur démontre qu'il ne connaissait pas leurs résultats :

Soit donné l'ensemble suivant d'éléments répétés :

$$a_1 r_1, a_2 r_2, ..., a_k r_k\,, \quad r_1 + r_2 + ... + r_k = n$$

---

20. Knobloch, Eberhard. *Die mathematischen Studien von G. W. Leibniz zur Kombinatorik.* Wiesbaden : Steiner, 1973, p. 20.

Leibniz croyait que le nombre de ces permutations soit k(n-1)! Par conséquent, son résultat numérique ne peut pas coïncider avec celui de Mersenne.

(4) Mais si nous négligeons cet aspect et si nous ne considérons que le nombre
des sélections ou combinaisons non-ordonnées nous obtenons en fait le
résultat de Mersenne d'une nouvelle manière.

Considérons son exemple ut ut re re mi fa. Si nous l'écrivons comme une
partition de six nous obtenons : 2 2 1 1. Leibniz a argumenté de la façon
suivante :

Il y a $\binom{6}{2}$ = 15 sélections possibles de deux éléments. Chacun de ces

deux se trouve deux fois.

Il y a $\binom{4}{2}$ = 6 sélections possibles de deux éléments dans l'ensemble

des quatre éléments restants. Chacun de ces deux se trouve exactement une
fois. Donc, il y a

$\binom{6}{2}\binom{4}{2}$ = 15.6 = 90 combinaisons du type de répétition 1 1 2 2 = $1r_1+2r_2$

= 1.2+2.2

L'argumentation leibnizienne peut être généralisée simplement :

Soit p = $1r_1+2r_2+...+pr_p$ la partition de p qui soit le nombre total d'éléments choisis. Le nombre de combinaisons de ce type est :

$$\binom{n}{r_1}\binom{n-r_1}{r_2}...\binom{n-r_1-r_2-...-r_{p-1}}{r_p} =$$

$$= \frac{n(n-1)...(n-r_1+1)(n-r_1)...(n-r_1-r_2+1)...(n-r_1-r_2-...-r_{p-1})...(n-r_1-...-r_p+1)}{r_1!r_2!...r_p!}$$

Ce produit est identique avec l'expression de Mersenne parce que

$r_1+r_2+...+r_p$ = r ou M = $\dfrac{n(n-1)...(n-r+1)}{r_1!...r_p!}$. L'expression peut être simpli-
fiée par r!

Conclusion : Le développement au XVIIIe siècle (Euler, Mozart)

Encore au XVIIIe siècle, les auteurs s'intéressaient à la relation entre la combinatoire et la composition musicale, entre autres Euler et Mozart. Les carnets mathématiques d'Euler écrits entre 1725 et la fin de sa vie contiennent beaucoup de considérations intéressantes traitant de problèmes musicaux. Ces problèmes sont restés inédits jusqu'aujourd'hui[21]. Ils méritent d'être discutés, au moins ceux qui concernent directement nos questions combinatoires et qui sont écrits entre 1725 et 1727.

(1) Il a y 51 suites d'accords pour des compositions de quatre voix écrites au moyen de chiffres numériques. Une suite est écrite à l'aide de chiffres de la basse continue. Apparemment, Euler a trouvé cette notation dans la *Musurgia universalis* de Kircher.

(2) Des aspects combinatoires jouaient un rôle quand il construisit un triple accord sur la voix de basse et ses renversements[22], par exemple :

1	5	3
5	3	1
3	1	5
1	1	1

(3) Euler a permuté 28 suites de notes conformément à certaines règles restreignantes, par exemple une suite consistant en une noire, une croche et deux fois deux doubles croches qui ne se trouvent que deux à deux. Par conséquent, une telle suite représente le type de répétition a b c c et admet douze permutations (Illustration : 6).

Dix ans après la mort d'Euler et deux ans après la mort de Mozart, c'est-à-dire en 1793, J. J. Hummel publia un *Jeu musical de dés* (*Musikalisches Würfelspiel*) attribué à Wolfgang Amadeus Mozart. Il semble être possible que Mozart lui-même a élaboré ce jeu.

Il y a 2.88 = 176 mesures de valse. Les joueurs de dés produisent une valse bipartite. L'ordre des huit mesures de ses parties est déterminé au moyen de deux dés jetés et de deux matrices. Les chiffres romains désignant les huit colonnes déterminent le jet. Les chiffres arabes 2, 3, ..., 12 ajoutés aux lignes horizontales représentent les résultats possibles des jets. Si le n-ième jet donne le résultat m, l'élément $a_{m,n}$ de la matrice détermine le nombre de la prochaine

21. Knobloch, Eberhard. « Musiktheorie in Eulers Notizbüchern », dans *NTM-Schriftenreihe für Geschichte der Naturwissenschaft, Technik, Medizin* 24, 1987, 63-76.

22. Euler, Leonhard. *Carnet mathématique* 129, p. 53v (Les Archives de l'Académie Russe des Sciences à Saint-Pétersbourg).

mesure de valse qui peut être trouvée parmi les 176 mesures de valse mises en écrit (Illustration : 7).

Les dés remplacent le choix subjectif d'une certaine mesure, quoique la valse puisse être composée aussi sans les dés, c'est-à-dire par des choix subjectifs.

Épilogue

Depuis le milieu du XVIIIe siècle, les compositions mécaniques de Kircher étaient dénoncées comme *algèbre sonnante*[23]. Désormais, le génie d'un artiste ne dépendait plus des mathématiques. Cependant, elles rappellent John Cage qui essayait d'éliminer toute influence subjective de ses compositions. En 1960, Hans Otte composa *tropismes*. Leurs 93 mesures singulières peuvent être combinées sans restrictions l'une avec l'autre : la composition n'est jamais achevée, il n'y a pas de résultat définitif.

Le poète français Paul Valéry le dit de la manière suivante : « Le secret du choix n'est pas moins important que le secret de l'invention »[24].

23. Kaul, Oskar. « Athanasius Kircher als Musikgelehrter », dans *Aus der Vergangenheit der Universität Würzburg. Festschrift zum 350-jährigen Bestehen der Universität Würzburg.* Berlin, 363-370, 1932, p. 368.

24. Mozart, Wolfgang Amadeus. *Musikalisches Würfelspiel. Eine Anleitung « Walzer oder Schleifer mit zwei Würfeln zu componieren ohne musikalisch zu seyn, noch von der Composition etwas zu verstehen ».* Ed. par Karl Heinz Taubert. Mayence etc. : Schott, 1956, p. 8.

HARMONIE
VNIVERSELLE,
CONTENANT LA THEORIE
ET LA PRATIQVE
DE LA MVSIQVE,

Où il eſt traité de la Nature des Sons, & des Mouuemens, des Conſonances,
des Diſſonances, des Genres, des Modes, de la Compoſition, de la
Voix, des Chants, & de toutes ſortes d'Inſtrumens
Harmoniques.

Par F. MARIN MERSENNE, de l'Ordre des Minimes.

A PARIS,
Chez SEBASTIEN CRAMOISY, Imprimeur ordinaire du Roy,
ruë S. Iacques, aux Cicognes.

M· DC· XXXVI·
Auec Priuilege du Roy, & Approbation des Docteurs.

Illustration 1 : L'*Harmonie universelle* de Mersenne.
M. Mersenne, *Harmonie universelle*. Paris 1636, page de titre.

De Cantibus. 117

```
3345252661316380710834011053440751647351000000000
14050061177518793985500289261445111569188784000000000
604312620631731356576512438185159974511771100000000
26581715174834487680566547184541618882905179313000000000 ø
107659993778931174106194516512411941500619761784000000000
49213599438108820008889547759570949401030349088064000000000
2527609173600511360417808744699834611348416407139008000000000
11117251140328146530005481974559206138487214467512671384000000000
54745576770840799701686167153401105078749830959090946316000000000
1273716838812410399851143083767005151293749454795474080000000000
133960068579586440392418497271117281579981221194569143080000000000
725912556138994900405561858150098616559013554117595478016000000000
534719490051667297214947784319512277376178483683121560314848000000000
2077591416189830340496071803802513129781903118845581280917910000000000
114467618545935181872718394910914070163807547096536507041950485600000000000
124594191470331060000124411005477290188301806190157746145519360000000000
71078301098303870412007036145141211005540731203912389915301946015100000000000
4123196797116244843640809693961079113651572913466167676770870041600000000000
243211138102986344577430777194380367560389011031517501891868133145440000000000
145918385921179110673454883466516618110416133410819509017357500879947164000000000
831590317421294128111235779644531431214415901238059990050057589156576781040000000000
543817996302117747751193796094879296141947597191810364493771796053514480000000000
347756357985387181060588209159977395656694269841211117551960824861514804114000000000000 XLIII
2212184059310647795878786453835854553112044327118855467586572791115945474703036000000000000 LXIV
```

	XLI
	XLII
	XLIII
	XLIV
	XLV
	XLVI
	XLVII
	XLVIII
	XLIX
	L
	LI
	LII
	LIII
	LIV
	LV
	LVI
	LVII
	LVIII
	LIX
	LX
	LXI
	LXII

PROPOSITIO IV.

Quatuor vocum Tetrachordi seu Diatessaron, VT, RE, MI, FA, Combinationes seu varietates notis vulgaribus exprimere.

Cùm ex dictis constet res 4, 24 vicibus variari posse, placet hanc varietatem sequentibus quatuor Tetrachordi, seu Quartæ primæ speciei notis explicare ; si nempe canantur notæ per primam clauem in infima linea positam ; si verò vtatis secunda claue in secunda linea scripta, canentur hæ quatuor notæ, RE, MI, FA, SOL, quibus secunda species Quartæ seu Diatessaron constituitur, iterumque viginti quatuor vicibus variabuntur : denique 24 aliis vicibus mutabuntur, si per tertiam clauem in secunda regula, seu linea cum b molli scriptam canantur hæ quatuor notæ, MI, FA, SOL, LA : vnde constat hoc exemplum 72 varietates complecti, hoc est ter 24, vt videre est in notis sequentibus:

Varietas, seu Combinatio quatuor notarum.

Facilis est autem illa varietas, sed difficillimum est optimum cantum inter illos 24, vel 72 cantus assignare, sunt enim præstantes Musici qui contendunt primum vel vltimum reliquis anteponendum esse, quique sequentem ordinem in 24 cantibus Quartæ primæ instituant, 1,24,18,5,8,15,19,20,22, 2,23,4,6,9,12,14,16 & 21: neque desunt qui primum & 18 cæteris præferant: sed ratione demonstrare cantum omnium optimum, & ordinem naturalem inter reliquos cantus statuere, hoc opus hic labor est, quemadmodum & vniuscuiusque temperiem, constitutionem, & animum ex cantibus prædictis qui magè placeant, explorare.

Portò si clauis F, vt, fa cum ♮ scribatur in infima linea, fiunt iterum 24 Cantilenæ à præcedentibus differentes, quarum vnaquæque Tritono FA, SOL, RE, MI constabit. Vbi notandum est eadem penitus de Tetrachordis Chromatico, & Enharmonico, & singulis illorum speciebus, ac de præcedentibus Diatonicis intelligit posse. Neverò quis laboret in illis varietatibus cantuum exhibendis, & vt promptè, & absque vlla

Illustration 2 : Des permutations dans Mersenne.
M. Mersenne, *Harmonicorum libri*. Paris 1635, 117.

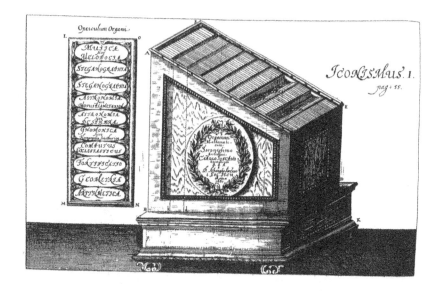

Illustration 3 : *Organum mathematicum* de Schott.
K. Schott, *Organum mathematicum*. Würzburg 1668, 55 (*Iconismus* I).

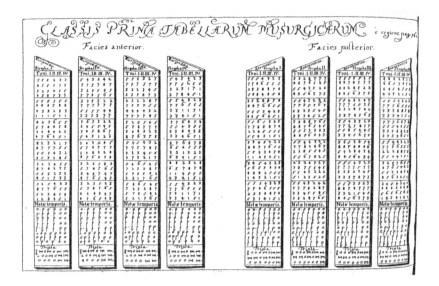

Illustration 4 : *Tabellae musurgicae* de Schott.
K. Schott, *Organum mathematicum*. Würzburg 1668, 761
(*Classis prima tabellarum musurgicarum* = sixième table).

Illustration 5 : *Columna heptaedra melothetica* de Schott.
K. Schott, *Organum mathematicum*. Würzburg 1668, 819 (Iconismus XLVIII).

Illustration 6 : Des permutations dans Euler.
L. Euler, Carnet mathématique 129, f. 49 verso.

Zahlentafel

1. Walzerteil

	I	II	III	IV	V	VI	VII	VIII
2	96	22	141	41	105	122	11	30
3	32	6	128	63	146	46	134	81
4	69	95	158	13	153	55	110	24
5	40	17	113	85	161	2	159	100
6	148	74	163	45	80·	97	36	107
7	104	157	27	167	154	68	118	91
8	152	60	171	53	99	133	21	127
9	119	84	114	50	140	86	169	94
10	98	142	42	156	75	129	62	123
11	3	87	165	61	135	47	147	33
12	54	130	10	103	28	37	106	5

2. Walzerteil

	I	II	III	IV	V	VI	VII	VIII
2	70	121	26	9	112	49	109	14
3	117	39	126	56	174	18	116	83
4	66	139	15	132	73	58	145	79
5	90	176	7	34	67	160	52	170
6	25	143	64	125	76	136	1	93
7	138	71	150	29	101	162	23	151
8	16	155	57	175	43	168	89	172
9	120	88	48	166	51	115	72	111
10	65	77	19	82	137	38	149	8
11	102	4	31	164	144	59	173	78
12	35	20	108	92	12	124	44	131

Illustration 7 : Les deux tables de nombres de Mozart.
W. A. Mozart, *Musikalisches Würfelspiel*. Mayence 1956, la table des nombres.

Euler et la mécanique newtonienne : d'une mécanique géométrique à la mécanique analytique

Marco Panza et Sébastien Maronne

Introduction

Nous nous proposons d'examiner une question qui pourrait sembler à première vue paradoxale : comment le programme de mécanique newtonienne est-il renoué par Euler ? Renouer un programme au moyen de conceptions concurrentes voire antagonistes à celles de son auteur d'origine, un demi-siècle plus tard, comme le fait Euler en incorporant des idées venant de Descartes et Leibniz, voilà qui pourrait paraître paradoxal. Euler ne se contente pas en effet d'appliquer les lois de Newton et d'en dérouler le programme. Il dissocie au contraire sa mécanique de la matrice des *Principia* ; il réorganise conceptuellement autant ses résultats que ses fondations, en les intégrant aux traditions cartésiennes et leibniziennes.

Les travaux d'Euler[1] en mécanique portent sur des nombreux domaines qui excèdent ceux traités dans les *Principia*[2]. En plus de sa *Mechanica*[3], consacrée au mouvement de corps punctiformes, et de plusieurs articles sur le même sujet, il contribua à la mécanique des corps rigides et élastiques[4], à celle des fluides, à la théorie des machines et à la science navale. En revanche, nous nous limiterons aux contributions d'Euler au premier de ces domaines, en particulier à son explication physique des forces, à sa reformulation des notions de base de la mécanique à l'aide du formalisme leibnizien, et à ses travaux sur le principe de moindre action.

---

1. Dans la suite, outre les publications originales, nous référerons à Euler, L. (1911-...) *Leonhardi Euleri Opera Omnia*. Soc. Sci. Nat. Helvetica, Leipzig, Berlin, Basel, 1911-... 76 vols. parus.

2. Newton, I. (1687) *Philosophiae naturalis Principia Mathematica* [2nd ed. : Cantabrigiae, 1713 ; 3rd ed. : apud G. & J. Innys, Londinis, 1726]. Iussu Societatis regiae ac Typis Josephi Streater, 1687.

3. Euler, L. (1736) *Mechanica, sive motus scientia analytice exposita*, ex typ. Acad. sci. imp., Petropoli, 1736. 2 vols [aussi en Euler, 1911-..., ser. II, vols. 1 and 2].

4. Cf. Truesdell, C. A. (1960) *The Rational Mechanics of Flexible or Elastic Bodies, 1638-1788*. Birkhäuser, Bâle, 1960 (volume 11, 2, ser. 11 de Euler, 1911-...).

L'explication *physique* des forces

Le troisième livre des *Principia* avance une explication du mouvement des planètes et des satellites fondée sur l'hypothèse d'une attraction à distance dont l'intensité dépend de la masse du corps attirant et de sa distance au corps attiré, et les effets ne sont pas influencés par le milieu. Il s'agit d'une force centrale caractérisée par l'égalité bien connue :

$$F_{C,c} = mG\frac{M}{r^2}$$

où $F_{C,c}$ est la force par laquelle C attire c, m et M sont les masses de c et C, r est leur distance, et G est la constante universelle de gravitation.

Du fait que les deux premiers livres présentent une théorie purement mathématique des forces centrales, cette loi est suffisante pour établir une théorie mathématique du système du monde fondée sur les observations empiriques. Aucune hypothèse supplémentaire sur la nature de la force d'attraction n'est nécessaire. Par son célèbre *Hypotheses non fingo*, Newton renonce ainsi à toute conjecture sur ce sujet, qui ne serait aucunement nécessaire pour obtenir une explication scientifique.

Euler ne semble pas partager ce point de vue. Pour lui, la notion de force ne peut pas être primitive, et une théorie mathématique des forces ne peut pas aller sans une explication de leur nature, même si celle-ci appartient davantage à la métaphysique qu'aux mathématiques, et qu'on ne saurait tenir à la même précision que celle de mise dans celles-ci[5].

L'explication qu'il avance[6] relève d'une conception cartésienne d'un monde plein de matière. Voici ce qu'il en dit :

> « Comme on ne voit rien, qui les [de petits morceaux de fer ou d'acier] pousse vers l'aimant, on dit que l'aimant les attire, & l'action même, se nomme attraction. On ne sauroit douter cependant qu'il n'y ait quelque matiere très subtile, quoiqu'invisible, qui produise cet effet, en poussant effectivement le fer vers l'aimant ; [. . .] Quoique ce phénomene soit particulier à l'aimant, & au fer, il est très propre à éclaircir le terme d'attraction, dont les Philosophes modernes se servent si frequemment. Ils disent donc, qu'une propriété semblable à celle

---

5. Cf. Euler, L. (1768-1772) *Lettres à une princesse d'Allemagne sur divers sujets de physique & de philosophie*. Imprimerie de l'Académie Impériale des Sciences, Saint-Petersburg, 1768-1772. 3 vols, [aussi dans Euler, 1911-..., ser. III, vol. 11-12], vol. I, lettre 68, p. 265.

6. Étudiée dans Gaukroger, S. (1982) « The Metaphysics of Impenetrability : Euler's Conception of Force », dans *The British Journal for the History of Science*, 15(2) : 132-154, 1982.

de l'aimant, convient à tous les corps, en general, & que tous les corps au monde s'attirent mutuellement [...].

Puisque nous savons donc que tout l'espace entre les corps célestes est rempli d'une manière subtile qu'on nomme l'éther, il semble plus raisonnable d'attribuer l'attraction mutuelle des corps, à une action que l'éther y exerce, quoique la maniere nous soit inconnue, que de recourir a une qualité inintelligible »[7].

L'inspiration cartésienne est encore plus claire dans la *Mechanica*. Encore qu'il s'agisse d'un traité purement mathématique, Euler consacre un scholie de la définition des forces à discuter les causes et les origines de celles-ci. La définition est celle-ci : « une force [*potentia*] est la puissance [*vis*] qui fait qu'un corps passe du repos au mouvement ou change de mouvement »[8]. Dans le scholie 2, Euler précise d'abord que, parmi les forces réelles agissantes dans le monde, il ne va considérer que la gravité. Puis il avance que des forces semblables agissent dans « les corps magnétiques et électriques » et ajoute :

« Certains pensent que ces [forces] proviennent du mouvement de quelque matière subtile ; d'autres [les] attribuent au pouvoir d'attraction et de répulsion des corps eux-mêmes. Mais, quoiqu'il en soit, nous voyons certainement que les forces de ce type peuvent tirer leur origine des corps élastiques et des tourbillons, et nous rechercherons en son temps si ces forces peuvent êtres expliquées par ces phénomènes »[9].

On pourrait penser que cette idée, ouvertement cartésienne, soit précisée dans un mémoire de 1750 dont le titre annonce des « recherches sur l'origine des forces »[10]. Son contenu est pourtant surprenant. Après avoir observé que l'impénétrabilité est une propriété essentielle des corps, Euler ajoute qu' « aussitôt [...] qu'on [la] reconnaît [...] on est obligé d'avoüer qu'[elle] est accompagnée d'une force suffisante, pour empêcher la pénétration »[11]. Il s'ensuit, dit-il, que lorsque deux corps se rencontrent, « il naît de l'impénétrabilité de l'un et de l'autre à la fois une force qui en agissant sur [eux][...], change leur état »[12]. Cela étant admis, Euler déduit de cette seule hypothèse les lois du choc des corps, et cela lui suffit pour conclure[13] que les changements dans l'état de mouvement dus au choc de deux corps « ne sont produits que par

---

7. (Euler, 1768-1772, vol. I, lettres 55, pp. 219-220, et 68, p. 268 ; cf. aussi vol. I, lettre 75, pp. 297-298).

8. Euler, L. (1736) *Mechanica, sive motus scientia analytique exposita*, ex typ. Acad. sci. imp., Petropoli, 1736. 2 vols [aussi dans Euler, 1911-..., ser. II, vols. 1 and 2], p. 39.

9. Notre traduction. *Ibid.*, pp. 40-41.

10. Euler, L. (1750a) « Recherche sur l'origine des forces », dans *Mémoires de l'académie des sciences de Berlin*, 6 : 419-447, [aussi dans Euler, 1911-..., ser. II, vol. 5, pp. 109-131].

11. *Ibid.*, art. XIX, p. 428.

12. *Ibid.*, art. XXV, p. 431.

13. *Ibid.*, art. XLVI, p. 441.

leurs forces d'impénétrabilité », si bien que dans ce cas, l'origine (et la cause) des forces ne réside que dans l'impénétrabilité des corps.

On s'attendrait ensuite à ce qu'Euler poursuive en décrivant un modèle mécanique plausible concernant d'autres sortes de force, en particulier les forces centrales à distance (éventuellement réduites à des forces de choc). Mais il n'en est rien. Il se limite au cas des forces centrifuges qu'il réduit, sans justification, au cas d'un corps dévié de son mouvement rectiligne du fait de la rencontre avec une surface voûtée[14]. Puis il conclut ainsi :

> « [...] s'il étoit vrai, comme Descartes et quantité d'autres Philosophes l'ont soutenu, que tous les changements, qui arrivent aux corps, proviennent ou du choc des corps, ou des forces nommées centrifuges ; nous serions à present tout à fait éclaircis sur l'origine des forces, qui opèrent tous ces changemens [...]. Je crois même que le sentiment de Descartes ne sera pas médiocrement fortifié par ces réflexions ; car ayant retranché tant de forces imaginaires, dont les Philosophes ont brouillé les premiers principes de la Physique, il est très probable que les autres forces d'attraction, d'adhésion etc. ne sont pas mieux fondées. [...] Car quoique personne n'est encore été en état de démontrer évidemment la cause de la gravité et des forces dont les corps celestes sont sollicités, par le choc ou quelque force centrifugue ; il faut pourtant avouer que personne n'en a non plus démontré l'impossibilité. [...] Or que deux corps éloignés entr'eux par un espace entièrement vuide s'attirent mutuellement par quelque force, semble aussi étrange à la raison, qu'il n'est prouvé par aucune expérience. À l'exception donc des forces, dont les esprits sont peut-être capables d'agir sur les corps, lesquelles sont sans doute d'une nature tout à fait différente, je conclus qu'il n'y a point d'autres forces au monde que celles, qui tirent leur origine de l'impénétrabilité des corps »[15].

Bien qu'il réponde à une demande d'explication qui était étrangère à Newton et partage avec Descartes à la fois l'exigence de déduire « les concepts de base de la mécanique de l'essence des corps »[16], et la conception d'un monde plein, Euler ne se départit pas, ici, d'une attitude bien newtonienne (et *de facto* assez anti-cartésienne sur le fond). En faisant abstraction de sa rhétorique, il nous semble dire, en effet, qu'une science mathématique du mouvement est parfaitement possible dans l'ignorance des causes actuelles des forces d'attraction, et que la seule façon d'assurer que de telles forces résultent de causes physiques est de montrer que la considération de ces causes conduit aux lois du mouvement. Ces lois, plutôt que quelque modèle mécanique que ce soit, sont finalement comprises comme la seule expression certaine de la réalité de l'univers.

---

14. *Ibid.*, art. LI, p. 443.

15. *Ibid.*, art. LIX, p. 446-447.

16. Cf. Gaukroger, S. (1982) « The Metaphysics of Impenetrability : Euler's Conception of Force », dans *The British Journal for the History of Science*, 15(2) : 132-154, 1982, p. 139.

La reformulation de la mécanique de Newton a l'aide du calcul differentiel et l'introduction de repères extrinsèques

La mécanique de Newton est essentiellement géométrique. Des courbes sont utilisées pour représenter les trajectoires de corps punctiformes et un théorème assure que les corps non punctiformes se comportent comme si leurs masses étaient concentrées en leur centre de gravité. Les vitesses instantanées ne sont représentées qu'indirectement, à savoir par des segments pris sur les tangentes aux trajectoires, représentant directement l'espace rectiligne qu'un point décrirait en un temps donné sous le seul effet de l'inertie si la force agissant sur lui cessait. Une forme de représentation indirecte semblable s'applique aux forces, grâce à la considération de l'accélération ponctuelle. Ceci permet de composer les forces avec l'inertie en utilisant la loi du parallélogramme, premièrement conçue pour s'appliquer aux mouvements rectilignes uniformes. Lorsque la considération du temps est nécessaire, celui-ci est typiquement représenté par des entités géométriques convenables telles que les aires décrites dans ce temps par un rayon vecteur.

À côté de ces outils géométriques, la mécanique de Newton inclut également ment deux autres ingrédients : une méthode géométrique (celle des premières et dernières raisons) qui permet de traiter les phénomènes ponctuels ou instantanés et de déterminer leurs effets macroscopiques ; des lois fondamentales exprimant les relations entre corps (ou plutôt leurs masses), leurs mouvements, et les forces agissant sur eux et dues à eux (ce sont les trois lois de la dynamique, combinées à d'autres principes qui en découlent, tels le principe de descente maximale du centre de gravité).

Bien que ces lois soient encore aujourd'hui considérées comme fournissant la base de la mécanique classique, ce que nous appelons aujourd'hui « mécanique newtonienne » est le résultat d'une transformation profonde de ce cadre. Cette transformation se réalisa principalement au XVIIIᵉ siècle, et Euler en est le principal artisan. Maltese résume la situation ainsi :

> *In fact, it was Euler who built what we now call the "Newtonian tradition" in mechanics, grounded on the laws of linear and angular momentum (which Euler was the first to consider as principles general and applicable to each part of every macroscopic system), on the concept that forces are vectors, on the idea of reference frame and of rectangular Cartesian co-ordinates, and finally, on the notion of relativity motion*[17].

L'émergence graduelle des éléments nouveaux mentionnés ici dépend d'une première transformation consistant à substituer aux modalités de représentation des mouvements, vitesses et forces employées par Newton d'autres modalités

---

17. Maltese, G. (2000) « On the Relativity of motion in Leonhard Euler's Science », dans *Archive for History of Exact Sciences*, 54 : 319-348, 2000, pp. 319-320.

de représentation employant des techniques relevant du formalisme du calcul différentiel.

Une telle transformation est souvent décrite comme le passage d'une présentation géométrique à une présentation analytique (et donc non géométrique). Ceci n'est vrai qu'en partie. Bien que l'usage du formalisme différentiel permette d'exprimer les relations entre les quantités mécaniques au moyen d'équations, ceci n'est possible qu'à condition que les symboles intervenant dans ces équations acquièrent une signification mécanique. Or, la nature de la présentation adoptée dépend davantage de la façon dont cette signification est expliquée que du simple usage du formalisme en question.

Par exemple, il ne suffit pas d'identifier la vitesse ponctuelle au rapport différentiel ds/dt pour en avoir une définition non géométrique : le fait que cette définition soit ou non géométrique dépend de la façon dont ce rapport est conçu. Si la différentielle est entendue comme la différence infinitésimale tenant à la variation d'un segment dont la direction est celle de la vitesse, la présentation reste parfaitement géométrique.

Les premières tentatives, faites par Varignon, Johann Bernoulli, et Hermann, d'appliquer le formalisme différentiel à la mécanique newtonienne procèdent ainsi[18] : le formalisme différentiel est utilisé pour traiter de configurations mécaniques représentées par des figures géométriques et ses règles sont employées pour déterminer des relations quantitatives entre des éléments des ces figures[19]. Comme dans les *Principia* de Newton, les problèmes mécaniques sont donc distingués les uns des autres au moyen de caractères spécifiques manifestés par des figures géométriques.

Ceci implique une fragmentation de la mécanique en plusieurs problèmes géométriques différents, qui est par exemple particulièrement évidente dans la *Phoronomia* d'Hermann (1716)[20], considéré par Euler comme le plus impor-

---

18. Michel Blay a consacré plusieurs études fondamentales à ces tentatives telles que : Blay, M. (1992) *La naissance de la mécanique analytique*. PUF, Paris, 1992 et Blay, M. (1993) *Les raisons de l'infini*. Gallimard, Paris, 1993, pp. 145-174. Sur le même sujet, cf. aussi Aiton, E. J. (1989) « The contributions of Isaac Newton, Johann Bernoulli and Jakob Hermann to the inverse problem of central forces », dans H.-J. Hess (éd.), *Der Ausbau des Calculus durch Leibniz und die Brüder Bernoulli*, Steiner-Verlag, Stuttgart, 1989 (volume 17 de *Studia Leibnitiana*), pp. 48-58 ; Guicciardini, N. (1995) « Johann Bernoulli, John Keill and the inverse problem of central forces », dans *Annals of science*, 52(6) : 537-575, 1995 ; Guicciardini, N. (1996) « An episode in the history of dynamics : Jakob Hermann's proof (1716-1717) of Proposition 1, Book 1, of Newton's *Principia* », dans *Historia Mathematica*, 23 : 167-181, 1996 ; Mazzone, S. et Roero, C. S. (1997) *Jacob Hermann and the Diffusion of the Leibnizian Calculus in Italy*. Biblioteca di Nuncius : Studi e testi ; 26. Olchski, Florence, 1997.

19. Cf. Panza, M. (2002) « Mathematisation of the science of motion and the birth of analytical mechanics : A historiographical note », dans P. Cerrai, P. Freguglia, C. Pellegrini (éd.), *The Application of Mathematics to the Sciences of Nature. Critical moments and Aspects*, pages 253-271. Kluwer/Plenum, New York, 2002.

20. Hermann, J. (1716) *Phoronomia, sive de viribus et mortibus corporum solidorum et uidorum libri duo*. Apud R. & G. Wetstenios H. FF., Amstelaedami, 1716.

tant traité de dynamique écrit après les *Principia*. C'est précisément ce qu'Euler veut éviter dans sa *Mechanica*. Voici ce qu'il écrit dans la préface :

« [...] Ce qui distrait le plus le lecteur [dans la *Phoronomia*] est que tout y est élaboré synthétiquement, à la manière des démonstrations géométriques des Anciens. Les *Principia Mathematica Philosophiae* de Newton ne sont pas composés de manière très différente [...]. Mais ce qui arrive de tous les écrits composés sans le secours de l'analyse a lieu surtout en ceux de mécanique. Puisque le lecteur, même s'il est persuadé de la vérité des choses exposées, n'en acquiert pas pour autant une connaissance claire et distincte, de sorte à être capable de résoudre avec ses propres forces les mêmes questions, lorsqu'elles sont un tant soit peu changées, à moins qu'il ne [les] cherche par l'analyse, et développe les mêmes propositions selon la méthode analytique. C'est bien ce qui se produisit avec moi, lorsque je commençais à examiner les *Principia* de Newton et la *Phoronomia* de Hermann, au point que s'il me semblait comprendre assez bien les solutions de plusieurs problèmes, j'étais cependant incapable de résoudre des problèmes un tant soit peu différents. Je me suis donc efforcé ces derniers temps, autant que je le pouvais, d'extraire l'analyse de cette méthode synthétique et d'approfondir analytiquement ces mêmes propositions pour mon propre usage, et grâce à ce travail, j'ai accru de façon remarquable mes connaissances »[21].

Le but d'Euler est d'utiliser le formalisme différentiel (ce qu'il appelle 'méthode analytique') pour mettre en place des procédures générales aptes à résoudre des familles de problèmes. Il recherche en outre des règles de calcul lui permettant de déduire, de façon quasi automatique, des expressions appropriées pour les quantités mécaniques. Pour ce faire, Euler identifie la vitesse et l'accélération ponctuelles avec des rapports différentiels respectivement de premier et second ordre, et introduit une mesure universelle de la vitesse ponctuelle donnée par l'altitude de laquelle un corps en chute libre doit tomber pour atteindre cette vitesse en arrivant au sol.

Les éléments de base de la mécanique de Newton apparaissent donc, dans le traité d'Euler, sous une nouvelle forme, très différente de l'originale. Cependant, les problèmes mécaniques y sont toujours abordés au moyen de systèmes de coordonnées intrinsèques, et les vitesses et les forces sont composées et décomposées selon les directions imposées par la nature même du problème, comme, par exemple, lorsqu'il s'agit de calculer les forces normales et tangentielles par rapport à une certaine trajectoire. Si cette approche est très naturelle, elle n'est pas universellement généralisable. Un nouveau changement se produit avec l'introduction de repères extrinsèques (typiquement donnés par des triplets de coordonnées cartésiennes orthogonales), et l'identification de la

---

21. Notre traduction. CF. Euler, L. (1736) *Mechanica, sive motus scientia analytice exposita*, ex typ. Acad. sci. imp., Petropoli, 1736. 2 vols [aussi en Euler, 1911-..., ser. II, vols. 1 and 2], *Præfatio*. Cf. aussi Guicciardini, N. (2004) « Dot-age : Newton's mathematical legacy in the eighteenth century », dans *Early Science and Medicine*, 9(3) : 218-256, 2004, p. 245.

relativité du mouvement à l'invariance de ses lois relativement à des repères distincts soumis à des mouvements rectilignes uniformes. Euler joua un rôle crucial dans ce changement[22]. Une de ses contributions majeures consista dans l'introduction de la forme aujourd'hui usuelle de la seconde loi du mouvement de Newton. C'est l'objet d'un mémoire intitulé « Découverte d'un nouveau principe de mécanique »[23].

L'argument donné par Euler dans ce mémoire afin de justifier l'introduction de son « nouveau principe » est si clair et apte à éclairer le changement de point de vue qui va avec, qu'il convient de le reconstruire. Euler commence par observer l'insuffisance des outils alors disponibles (venant des *Principia* et de sa *Mechanica*) pour étudier la rotation d'un corps solide autour d'un axe changeant continûment sa position par rapport aux éléments du corps. Pour ce faire, dit Euler, de nouveaux principes sont nécessaires. Mais ceux-ci ne peuvent que dériver des « premiers principes » de la mécanique, qui, quant à eux, ne concernent que le mouvement rectiligne des corps ponctuels[24]. Le problème consiste donc à formuler ces premiers principes de sorte à pouvoir en déduire aisément tous les autres principes nécessaires pour étudier les autres mouvements des différents types de corps. Ainsi formulés, ces premiers principes se réduisent, selon Euler à un principe unique qui est précisément celui qu'il se propose d'introduire. Ce principe est donné par un triplet d'équations exprimant la seconde loi de Newton par rapport aux trois directions orthogonales d'un repère indépendant des mouvements étudiés[25] :

$$2Md^2x = Pdt^2 \; ; \; 2Md^2y = Qdt^2 \; ; \; 2Md^2z = Rdt^2$$

où M est la masse du corps ponctuel et P, Q, R sont les forces agissant selon les trois directions.

Pour comprendre le rôle de ce principe, un simple exemple suffira[26] : si l'on pose dans les équations précédentes $P = Q = R = 0$, on en déduit par intégration :

$$Mdx = Adt \; ; \; Mdy = Bdt \; ; \; Mdz = Cdt$$

où A, B, C sont des constantes. On prouve ainsi que, dans ce cas, la vitesse est constante selon toutes les directions, de sorte que le mouvement d'un corps sur

---

22. Cf. Maltese, G. (2000) « On the Relativity of motion in Leonhard Euler's Science », dans *Archive for History of Exact Sciences*, 54 : 319-348, 2000, pp. 319-320.

23. Euler, L. (1750b) « Découverte d'un nouveau principe de mécanique », dans *Mémoires de l'académie des sciences de Berlin*, 6 : 185-217 [aussi dans Euler, 1911-..., ser. II, vol. 5, pp. 81-110].

24. *Ibid.*, art. XVIII, p. 194.

25. *Ibid.*, art. XXII, p. 196.

26. *Ibid*, art. XXIII, p. 196.

lequel aucune force n'agit est rectiligne et uniforme, comme l'énonce la première loi de Newton.

L'avènement des principes variationnels

Le nouveau principe proposé par Euler dans ce mémoire ne concerne que le
mouvement d'un seul corps punctiforme. Afin de trouver, par ce principe, les
conditions d'équilibre ou les équations du mouvement d'un système de plusieurs corps punctiformes s'attirant mutuellement et soumis à des contraintes
internes et à des forces externes, une analyse géométrique détaillée de toutes
les forces opérant au sein de ce système est nécessaire. Il en est de même pour
tout autre principe avancé dans les *Principia* et la *Mechanica* d'Euler. Ainsi,
l'étude de tels systèmes diffère au cas par cas, et l'on ne peut donc étudier, au
moyen de ces principes, que des systèmes relativement simples.

C'est ce qui motive la recherche de nouveaux principes pouvant directement
s'appliquer à n'importe quel système de cette sorte. Un tel principe fut suggéré
d'abord par Johann Bernoulli dans une lettre à Varignon du 26 janvier 1711[27].
On le baptisera plus tard 'principe des vitesses virtuelles'. Mais ce ne sera que
Maupertuis, en 1740, qui rendra explicite la différence entre les deux types de
principes :

> « Si les Sciences sont fondées sur certains principes simples et clairs dès le pre-
> mier aspect, d'où dépendent toutes les vérités qui en sont l'objet, elles ont
> encore d'autres principes, moins simples à la vérité, et souvent difficiles à
> découvrir, mais qui étant une fois découverts, sont d'une très grande utilité.
> Ceux-ci sont en quelque façon les Loix que la Nature suit dans certaines com-
> binaisons de circonstances, et nous apprennent ce qu'elle fera dans de sembla-
> bles occasions. Les premiers principes n'ont guère besoin de Démonstration,
> par l'évidence dont ils sont dès que l'esprit les examine ; les derniers ne sçau-
> roient avoir de Démonstration physique à la rigueur, parce qu'il est impossible
> de parcourir généralement tous les cas où ils ont lieu »[28].

Maupertuis suggère dans le même temps un principe de la seconde sorte,
énonçant qu'un système de n corps punctiformes est en équilibre quand la
somme

$$\sum_{i=1}^{n} M_i \left(\int P_i dp_i + ... + \int W_i dw_i \right)$$

27. Varignon, P. de (1725) *Nouvelle mécanique ou statique*. C. Jombert, Paris, 1725. 2 vols.,
vol. II, pp. 174-176.

28. Maupertuis, P. L. M. (1740) « Loi du repos des corps », dans *Histoire de l'Académie
Royale des Sciences [de Paris]*, *Mémoires de Mathématiques et Physique*, pp. 170-176, 1740.
[aussi dans Euler, 1911-..., ser. II, vol. 5, pp. 268-273], p. 170.

(où M_i est la masse du i-ème corps, P_i , ..., W_i les forces agissant sur lui, et p_i , ..., w_i les distances aux centres de ces forces) est un *extremum*. C'est une version statique du principe de moindre action.

Son énonciation ouvre la voie à une importante tradition en matière de fondation de la mécanique, impliquant, entre autres, d'Alembert, Euler et Lagrange, et qui culminera avec Hamilton[29]. Les contributions d'Euler tiennent aux trois volets suivants : l'élaboration d'un outil approprié pour calculer les conditions d'extrémalité d'une forme intégrale ; la généralisation du principe de Maupertuis ; la justification d'un tel principe et de sa généralisation.

Le premier pas dans cette direction est fait dans le *Methodus inveniendi*[30]. Le corps du traité fournit la première synthèse systématique de ce qui deviendra le calcul des variations[31] ; les deux appendices traitent du comportement d'une bande élastique et du mouvement d'un corps punctiforme soumis à l'action de forces, en se réclamant du principe que « rien ne se produit dans le monde, sans qu'une condition de *maximum* ou de *minimum* ne se manifeste »[32]. Euler ne vise pas à obtenir de nouveaux résultats concernant ces problèmes, mais à montrer comment les résultats connus se déduisent de la supposition qu'une forme intégrale est extrémale. Le but est d'éclairer la façon selon laquelle opère ce principe, généralisant celui de Maupertuis.

La même approche gouverne les autres travaux d'Euler sur le principe de moindre action[33]. C'est une approche bien différente de celle de Maupertuis[34].

29. Cf. Fraser, C. G. (1983) « J. L. Lagrange's early contributions to the principles and methods of mechanics », dans *Archive for History of Exact Sciences*, 28 : 197-241, 1983 et Fraser, C. G. (1985) « D'Alembert's principle : The original formulation and application in Jean d'Alembert's *Traité de Dynamique* (1743) », dans *Centaurus*, 28 : 31-61 and 145-159, 1985 ; Szabó, I. (1987) *Geschichte der mechanischen Prinzipien*. Birkhäuser, Basel, Boston, Stuttgart, 1987 ; Pulte, H. (1989) *Das Prinzip der kleinsten Wirkung und die Kraftkonzeptionen der rationalen Mechanik*, Steiner-Verlag, Stuttgart, 1989 (volume 19 de *Studia Leibnitiana*) ; Panza, M. (1995) « De la nature épargnante aux forces généreuses. Le principe de moindre action entre mathématique et métaphysique : Maupertuis et Euler (1740-1751) », dans *Revue d'histoire des sciences*, 48 : 435-520, 1995 et Panza, M (2003) « The origins of analytic mechanics in the 18th century », dans H. N. Jahnke (éd.), *A History of Analysis*, American Mathematical Society and London Mathematical Society, 2003, pp. 137-153.

30. Euler, L. (1744) *Methodus inveniendi lineas curvas maxime minimive proprietate gaudentes*. M. M. Bousquet et Soc., Lausanne et Genève, 1744 [aussi dans Euler, 1911-..., ser. I, vol. 24].

31. Cf. Fraser, C. G. (1994) « The Origins of Euler's Variational Calculus », dans *Archive for History of Exact Sciences*, 47(2) : 103-141, 1994 et Fraser, C. G. (2003) « The calculus of variations : A historical Survey », dans H. N. Jahnke (éd.), *A History of Analysis*, American Mathematical Society and London Mathematical Society, 2003, pp. 355-384.

32. Euler, L. (1744) *Methodus inveniendi lineas curvas maxime minimive proprietate gaudentes*. M. M. Bousquet et Soc., Lausanne et Genève, 1744 [aussi dans Euler, 1911-..., ser. I, vol. 24], p. 245.

33. Cf. Euler, L. (1748a) « Recherches sur les plus grands et les plus petits qui se trouvent dans les actions des forces », dans *Hist. Acad. Roy. Sci. et Bell. Lett. [de Berlin]*, 4 : 149-188 [aussi dans Euler, 1911-..., ser. I, vol. 5, pp. 1-37] ; Euler, L. (1748b) « Réflexions sur quelques loix générales de la nature qui s'observent dans les effets des forces quelconques », dans *Hist. Acad. Roy. Sci. et Bell. Lett. [de Berlin]*, 4 : 183-218 [aussi dans Euler, 1911-..., ser. I, vol. 5, pp. 38-63] ; Euler, L. (1751a) « Harmonie entre les principes generaux de repos et de mouvement de M. de Maupertuis », dans *Hist. Acad. Roy. Sci. Et Bell. Lett. [de Berlin]*, 7 : 169-198 [aussi dans Euler, 1911-..., ser. I, vol. 5, pp. 152-172] ; Euler, L. (1751b) « Essay d'une démonstration métaphysique du principe général de l'équilibre », dans *Hist. Acad. Roy. Sci. et Bell. Lett. de Berlin*, 7 : 246-254 [aussi dans Euler, 1911-..., ser. II, vol. 5, pp. 250-256] ; Euler, L. (1751c) « Sur le principe de la moindre action », dans *Hist. Acad. Roy. Sci. et Bell. Lett. [de Berlin]*, 7 :199-218 [aussi dans Euler, 1911-..., ser. I, vol. 5, pp. 179-193].

Celui-ci était surtout intéressé à montrer (grâce aussi à des arguments métaphysiques et théologiques) que la Nature opère selon une cause finale visant à épargner une certaine quantité qu'il aurait identifiée. Euler cherche par contre des formes intégrales invariantes, dont les conditions d'extrémalité fournissent la solution de tout problème mécanique, et il le fait en montrant comment les solutions connues se déduisent d'une telle condition appliquée à une forme appropriée.

Ces recherches constituent une étape majeure dans l'histoire de la mécanique car elles permettent de passer de l'étude géométrique de systèmes particuliers au traitement analytique d'un système quelconque fondé sur une équation générale unique. On y retrouve les origines de la mécanique analytique[35].

Conclusions

Truesdell écrivait déjà que c'est Euler (et non Newton) qui a donné naissance à la mécanique newtonienne car « il a mis la plus grande partie de la mécanique dans sa forme moderne qui est celle du calcul analytique leibnizien tout à fait opposée au style classique et géométrique de Newton »[36]. Ainsi la postérité de Newton n'aura été aussi fructueuse qu'elle l'a été que grâce à une imbrication avec des outils forgés au sein d'une tradition adverse. La manière dont cette imbrication a commencé à se faire au début du XVIIIe siècle a été un des sujets d'étude majeurs de Michel Blay. Nous avons cherché ici à résumer la manière dont cette histoire a continué un peu plus tard.

34. Cf. [Maupertuis (1744)] P. L. M. Maupertuis. « Accord de differentes loix de la nature qui avoient jusqu'ici paru incompatibles » [dans [Euler (1911-...)], ser. II, vol. 5, pp. 274-281]. *Hist. Acad. Roy. Sci. de Paris*, [publ. 1748 ; pres. 15/4/1744] : 417-426, 174 ; [Maupertuis (1746)] P. L. M. Maupertuis. « Les Loix du mouvement et du repos déduites d'un principe métaphysique » (dans [Euler (1911-...)], ser. II, vol. 5, pp. 282-302). *Hist. Acad. Roy. Sci. et Bell. Lett. de Berlin*, [publ. 1748](2) : 267-294, 1746 ; [Maupertuis (1750)] P. L. M. Maupertuis. *Essay de Cosmologie.* s. n., s. l., 1750 ; [Maupertuis (1756)] P. L. M. Maupertuis. « Examen philosophique de la preuve de l'existence de dieu employée dans l'essai de cosmologie », dans *Hist. Acad. Roy. Sci. et Bell. Lett. [de Berlin]*, 12 : 389-424, 1756.

35. Cf. Panza, M (2003) « The origins of analytic mechanics in the 18th century », dans H. N. Jahnke (éd.), *A History of Analysis*, American Mathematical Society and London Mathematical Society, 2003, pp. 137-153.

36. Truesdell, C. A. (1968) *Essays in the History of Mechanics.* Springer, Berlin, 1968, p. 106. Cf. aussi *ibid.*, pp. 114-136 ; Truesdell, C. A. (1970) « Reactions of Late Baroque Mechanics to Success, Conjecture, Error, and Failure in Newton's *Principia* », dans R. Palter (éd.), *The Annus Mirabilis of Sir Isaac Newton 1666-1966*, MIT Press, Cambridge, Mass., 1970, pp. 192-232. Maglo qualifie la reformulation de la théorie newtonienne au XVIIIe siècle de « révolution invisible » dans Maglo, K. (2003) « The Reception of Newton's Gravitational Theory by Huygens, Varignon, and Maupertuis : How Normal Science may be Revolutionary », dans *Perspectives on Science*, 11(2) : 135-169, 2003.

AUTOUR DU DOSSIER BOSCOVICH CONSERVÉ AUX ARCHIVES DE L'ACADÉMIE DES SCIENCES DE L'INSTITUT DE FRANCE

Danielle Fauque

Introduction

Le 4 décembre 2012, dans le cadre des Rencontres culturelles franco-croates, l'Académie des sciences et l'Académie des inscriptions et belles-lettres, conjointement avec l'Académie croate des sciences et des arts, organisaient une réunion sur « les relations académiques franco-croates au fil du temps ». Ce fut l'occasion pour madame Florence Greffe, conservateur des archives de l'Académie des sciences, d'exposer quelques pièces du dossier du savant de Raguse dans l'antichambre de la grande salle des séances. Madame Greffe que je tiens à remercier ici a attiré mon attention sur ces pièces d'un certain intérêt pour l'astronomie théorique et instrumentale de la seconde moitié du XVIIIe siècle. Ce volume de mélanges pour notre confrère et ami Michel Blay me donnait l'occasion de présenter ici ces pièces manuscrites.

Roger-Joseph Boscovich (Raguse, 18 mai 1711-Milan, 13 février 1787) est envoyé à Rome au noviciat des jésuites à l'âge de 14 ans. Au terme d'une longue formation, il devient père jésuite en 1744. C'est un homme brillant, élégant, sociable, très bien intégré dans la haute société romaine, il sait charmer et faire sa cour. C'est une forte personnalité aux connaissances appréciées, qui font de lui un expert dans plusieurs domaines (mathématiques, astronomie, géodésie, hydrographie, optique, etc.), et également habile diplomate. Il parle et écrit un latin parfait, l'italien, le croate, le français, et possède un réel talent de versificateur qui le fait apprécier des milieux aristocratiques. Adepte de Newton, qu'il introduit en Italie, c'est aussi un excellent observateur du ciel, doté d'une vive imagination créatrice, qui procède beaucoup par analogie. Ses premiers travaux sont remarqués par J.-N. Delisle, et il devient correspondant de Dortous de Mairan en 1748[1]. Il est honoré d'un accessit pour un mémoire concourant au prix de 1752, dont le lauréat est Euler.

---

1. Archives de l'Académie des sciences (AAS), dossier Boscovich, lettre de Fouchy à Boscovich, 4 mai 1748.

Dans les années 1750, plusieurs missions scientifiques ou diplomatiques l'amènent à voyager en Italie et en Europe. Dans ses études, l'optique et ses instruments demeurent une des parts les plus importantes de ses réflexions. À partir de 1782, il réunit ses travaux, en donne une version définitive dans *Opera pertinentia ad opticam et astronomiam*, publiée en Italie, en 1785.

Historiographie

Une rapide consultation des données en ligne montre que les études boscoviennes récentes sont nombreuses. Sur plus de 1600 occurrences, plus de 150 concernent des publications (ouvrages généraux ou dédiés, actes de colloques, articles) parues entre 1993 et 2013. Parmi les études sur Boscovich publiées depuis cinquante ans, nous avons retenu celles qui s'approchaient le plus de notre propos. Le *Dictionary of scientific biography* et le *Dizionario biografico degli Italiani* consacrent peu de place à la vie du savant à Paris[2]. Le *Dictionnaire de biographie française* de M. Prévost et Roman d'Amat n'a pas consacré de notice au savant jésuite. Il faut remonter à La *Biographie universelle* publiée chez Michaud, et à la *Nouvelle biographie universelle* d'Hoefer, pour prendre connaissance de Boscovich dans un dictionnaire français.

L'essai biographique d'E. Hill est probablement une des études les plus complètes de la vie personnelle du ragusain[3]. G. Vidan, et J. Pappas se sont penchés sur ses séjours parisiens[4]. R. Hahn porte un regard distancié sur le savant jésuite[5]. L'apport de Grmek à la compréhension psychologique du personnage ainsi qu'une réflexion sur son état de santé, éclaire le comportement de notre savant lors de son troisième séjour français[6]. À la lecture de tous ces travaux, il nous semble donc impossible d'apporter quelque chose de nouveau. Mais le personnage vaut la peine d'y consacrer un moment, et mériterait que

---

2. « Respectivement les articles de Z. Markovic », dans Ch.C. Gillispie, (ed.), *Dictionary of Scientific Biography*, vol. 2 (Ch. Scribner'sons, Macmillan Library, 1981), 326-332, et de P. Casini, « Boscovich, Ruggero Giuseppe », dans *Dizionario biografico degli Italiani* (Istituto della enciclopedia italiana, 1971), 221-230.

3. Elizabeth Hill, « R. J. Boscovich, Biographical essay », dans Lancelot Law Whyte (ed.), *Roger Joseph Boscovich. Studies of his life and work on the 250th anniversary of his birth*, London, George Allen & Unwin Ltd, 1961, 17-101.

4. Gabrijela Vidan, « Un abbé à partie : le révérend père Boscovich à Paris », dans G. Vidan (coord.), « Rudjer Boscovic », dans *Annales de l'Institut français de Zagreb*, 3ᵉ série, n° 3, 1977-1982 (Zagreb, 1983), 183-218 ; John Pappas, « Documents inédits sur la relation de Boscovich avec la France », dans *Physis*, 28 (1991), 163-198, et John Pappas, R. J. Boscovich et l'Académie des sciences de Paris, *Revue d'histoire des sciences (RHS)*, 49/4 (octobre-décembre 1996), 401-414.

5. Roger Hahn, « The ideological and institutional difficulties of a jesuit scientist in Paris », dans Piers Bursill-Hall (a cura di), *R. J. Boscovich. Vita e attività scientifica. His life and scientific work* (Rome, Istituto della enciclopedia italiana, 1993), 1-12. Atti del convegno, Roma, 23-27 maggio 1988.

6. Mirko D. Grmek, « Essais médicaux et psychologiques sur la personnalité de Rudjer Boskovic », dans Gabrijela Vidan (coord.), « Rudjer Boscovic », dans *Annales de l'Institut français de Zagreb*, 3ᵉ série, n° 3, 1977-1982 (Zagreb, 1983), pp. 219-237.

l'on approfondisse davantage les travaux effectués dans le cadre de ses fonctions de directeur d'optique à la marine.

Les séjours français

Boscovich a séjourné trois fois en France. La première fois en 1759-1760, la seconde en 1769 et la troisième de 1773 à 1782. Au cours du premier, il est invité chez les savants français, participe à de nombreuses réceptions, est bien accueilli à la cour, assiste aux séances de l'Académie des sciences. Il se lie d'amitié avec Lalande et Clairaut[7], il retrouve aussi La Condamine, qu'il a aidé lors de son voyage en Italie (1754-1755). Puis Boscovich quitte la France, où la situation des jésuites est extrêmement tendue, pour l'Angleterre ; il y noue facilement des contacts avec les membres de la Royal Society, qui l'admet peu après en son sein. C'est l'occasion pour Boscovich de publier un poème savant en latin, *Les Éclipses* (1762), dédié à la Royal Society. Il quitte l'Angleterre le 14 mai 1760 et traverse l'Europe par les Flandres, la Lorraine, où il est reçu par le roi Stanislas en mai 1761. Il regagne l'Italie, puis doit partir dans la suite de l'ambassadeur de Venise pour Constantinople où il arrive en novembre. Il séjourne à l'ambassade de France, où il fait connaissance du comte de Vergennes dont il devient l'ami. Le 24 mai 1762, il quitte Constantinople avec la suite de Jacques Porter, ambassadeur d'Angleterre qui regagne son pays, en passant par la Pologne. Il quitte cette compagnie dans ce pays, pour revenir en Italie par l'Autriche. Cette traversée de l'Europe est l'occasion de publier en 1772, un petit ouvrage en français, qu'il dédie à Vergennes[8].

De retour en Italie, il est appelé à la chaire de mathématiques de Pavie en 1763, et fonde l'observatoire jésuite de Brera, où Lalande le retrouve lors de son périple en Italie (1765-1766). Il demande plus tard l'autorisation de se rendre à Paris pour raison de santé (1769-1770). Mais sa situation à Milan, devenue difficile du fait d'intrigues répétées le contraint à démissionner. Dans cette période de grande difficulté pour la compagnie de Jésus, la position de Boscovich est délicate. La compagnie a été chassée de France en 1762, d'Autriche en avril 1773, et en juin, le pape la dissout. Le 21 août 1773, le fidèle père Boscovich cesse de s'habiller en jésuite, il est devenu simple abbé. La Société de Jésus avait été toute sa famille durant presque cinquante ans. Il a 62 ans, et est maintenant sans position dans le monde.

Ses amis parisiens l'appellent. Son ami, Benjamin de Laborde, premier valet de chambre de Louis XV, vient de s'arrêter à Venise, et part pour Rome, il lui offre de l'aider en lui faisant obtenir en France un appointement et un

---

7. René Taton, « Les relations entre R. J. Boscovich et Alexis-Claude Clairaut (1759-1764) », dans *RHS*, 49/4 (octobre-décembre 1996), 415-458.

8. *Journal d'un voyage de Constantinople en Pologne en 1762* (Lausanne, 1772).

appartement au Louvre. Boscovich accepte, et l'accompagne lors de son retour.
À Paris, il est reçu par son ami, le comte de Mercy, ambassadeur d'Autriche,
il retrouve Vergennes, et entretient de bonnes relations avec le duc d'Aiguillon,
ministre des affaires étrangères, et Bourgeois de Boynes, ministre de la marine.
De son premier séjour, Boscovich avait profité de son réseau jésuite, dans
l'entourage de la reine, décédée à ce jour. En 1773, la situation n'est plus la
même, il fait cependant bien sa cour. Il obtient ainsi un certificat de naturalité
et un poste spécial pour lui à la marine.

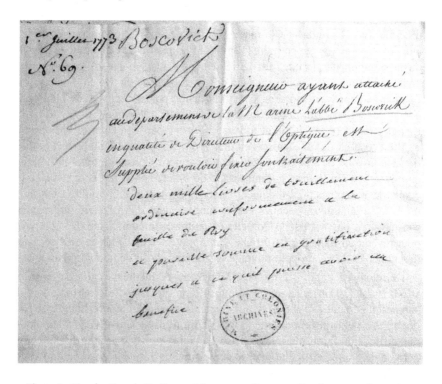

Photo 1 : Nomination de R. Boscovich comme directeur d'optique pour la marine,
en 1773. A.N. Fonds marine, dossier personnel C/7/38. Pièce 2.

La première mention de la nomination de Boscovich à la marine est datée
du 1 juillet 1773, il y est précisé que ses appointements seraient de 2000 livres,
« suivant la feuille du roy », à partir du 1er janvier 1774, et en plus il lui était
versé une gratification du même montant en attendant qu'il reçoive un bénéfice[9]. La seconde pièce du dossier personnel est la proposition de nomination
soumise au roi en date du 22 février 1774, confirmant le versement des appoin-

9. AN, Fonds marine, C/7/38, dossier personnel, pièce 2 et C/2, f° 47 et 50.

tements à partir du premier janvier[10]. Nous pourrions suggérer que la pièce précédente ne date pas du 1er juillet 1773 mais du 1er juillet 1774. Ce serait plus conforme aux faits. En effet, Boscovich ne quitte pas l'Italie avant la fin du mois d'août 1773, avec la promesse d'une place en France. Une analyse fine des documents administratifs de la marine de cette période serait à faire. Le ministère des affaires étrangères lui octroie également 4000 livres sur des fonds secrets.

Après la mort de Louis XV, le 14 mai 1774, Laborde perd son poste. Boscovich ne peut espérer obtenir un bénéfice rapidement. Aux affaires étrangères, le duc d'Aiguillon est remplacé par Vergennes. Mais à l'Académie à laquelle il espérait être admis, ce sera un blocage total. Cette compagnie élit ses membres et voit d'un très mauvais œil une ingérence royale dans ses prérogatives. Malgré toute la campagne de Lalande en faveur de Boscovich, les relations entre ce dernier et l'Académie ne cesseront de se détériorer au cours des années. En fait, Boscovich, sans s'en rendre compte, participait au conflit entre deux clans : d'un côté, les encyclopédistes autour de d'Alembert, de l'autre les amis de Clairaut (décédé en 1764), de La Condamine (décédé en février 1774), et de Lalande, tous amis de Boscovich. Tout ce petit monde se déchirait par lettres interposées. Si d'Alembert avait très respectueusement reçu Boscovich en 1760, en 1774, l'approche non réglementaire de Boscovich, homme de cour, vers l'Académie, avait eu le don de le crisper encore plus contre le savant ragusien[11]. Mais le pire était à venir avec deux querelles, la querelle de l'orbite des comètes soutenue par Laplace, très proche de d'Alembert, et celle du micromètre prismatique, avec Rochon.

L'affaire de l'orbite des comètes

Boscovich avait travaillé sur l'orbite des comètes depuis longtemps, et publié un *De Cometis*, en 1746[12]. Autour des années 1770, plusieurs comètes sont découvertes. Dionis du Séjour, Laplace et Lalande communiquent ou publient sur le sujet. En 1771, les commissaires, Lalande et Borda, approuvent un texte de Boscovich, remis le 7 décembre 1770[13], dans lequel l'auteur reprenait un procédé géométrique ancien utilisant trois observations peu éloignées pour déterminer l'orbite d'une comète. La méthode proposée, aisée et rapide, s'applique dans des cas où l'approximation à une trajectoire rectiligne est pos-

10. AN, Fonds marine, C/7/38, pièce 3.

11. Je remercie ici Marie Jacob, qui m'a signalé plusieurs lettres de ou à d'Alembert, dans lesquelles il est question de Boscovich.

12. Zarko Dadic, « Boscovic et les problèmes de l'astronomie théorique », dans Gabrijela Vidan (coord.), « Rudjer Boscovic », *Annales de l'Institut français de Zagreb*, 3e série, n° 3, 1977-1982 (Zagreb, 1983), p. 42-59.

13. AAS, dossier Boscovich. Rapport du 8 mai 1771.

sible[14]. Pour les astronomes amateurs, de plus en plus nombreux, des savants proposent des méthodes simplifiées. La méthode de Boscovich peut s'intégrer dans cette démarche.

Mais nous sommes à une époque où l'approche analytique prévaut sur l'approche géométrique, déconsidérée. L'Académie fut donc réservée sur l'applicabilité de la méthode. On aurait pu en rester là. Mais Laplace attaque ces mémoires, obligeant l'Académie à statuer. Le 5 juin 1776, d'Arcy, Bezout, Bossut, Vandermonde et Dionis du Séjour rendent compte de la discussion[15]. Si Laplace déclare « que ces méthodes étaient illusoires et erronées », il n'implique pas la personne du savant ragusain. Boscovich avait clairement indiqué que c'était une approximation, et que la méthode était rigoureuse dans trois cas, qu'il citait. Le 19 juin, Laplace répondit qu'il y en avait une infinité pour laquelle elle ne convenait pas et accusait l'auteur de paralogisme. Le 22 juin, Lalande prend le parti de son ami. Le 28 juin, Boscovich remet deux mémoires et un appendice pour sa défense, l'Académie nomme des commissaires. Le 4 juin 1777, sur rapport de ces derniers, l'Académie décidait que les positions de Boscovich et de Laplace s'étant rapprochées (!!), il convenait de clore le débat, et qu'en conséquence les pièces de la controverse devaient restées déposées au secrétariat de l'Académie[16]. Boscovich poursuivit l'amélioration de sa méthode qu'il utilisa en 1779[17], pour une nouvelle comète, et en 1781 pour l'orbite d'Uranus, et qu'il publia dans ses œuvres complètes en 1785[18].

L'affaire du micromètre prismatique

Un an à peine après cette querelle, une seconde controverse éclatait, à propos de la priorité pour l'invention d'un micromètre à prismes permettant l'observation de grands angles, par usage du principe à double image. Les faits sont en faveur de Rochon. Il avait présenté le micromètre prismatique biréfringent pour la première fois le 25 janvier 1777 (invention qui s'inscrit dans la lignée de ses inventions précédentes), en utilisant le cristal de roche rapporté de Madagascar. Puis en avait présenté une nouvelle version le 26 février 1777 (ce sera un instrument utile pour la marine, ancêtre du télémètre)[19].

14. Voir *Mémoires des sçavans étrangers*, t. VI. En fait, Boscovich avait envoyé deux mémoires.

15. RMARS, 1776, séance du 5 juin, p. 172 R°-176 V°, p. 174 R°.

16. AAS, Dossier Boscovich. Mémoires et appendice de Boscovich, 28 juin 1776. Pochette de séance du 28 juin 1776. RMARS 1776, 22 juin, p. 191 R° ; 28 juin, p. 196 V° ; RMARS, 1777, rapport lu le 4 juin, p. 363 V°-367 V°.

17. AN, Fonds marine, G/95, f° 62. Lettre à Vergennes, 31 janvier 1779.

18. Voir Zarko Dadic, « Boscovic et les problèmes de l'astronomie théorique », dans Gabrijela Vidan (coord.), « Rudjer Boscovic », dans *Annales de l'Institut français de Zagreb*, 3e série, n° 3, 1977-1982 (Zagreb, 1983), 42-59.

19. Danielle Fauque, « Alexis-Marie Rochon (1741-1817), savant astronome et opticien », dans *RHS*, 38/1 (1985), 3-36.

D'après son brevet, Boscovich devait se consacrer à l'amélioration des verres achromatiques pour la marine. Aussi, quand il présente le projet d'un micromètre prismatique au ministre de la marine Gabriel de Sartine le 7 mai 1777, puis à l'Académie quelques jours après (10 et 16 mai)[20], Rochon réagit vivement, et demande à l'Académie de statuer sur la priorité de l'invention[21]. Rochon, académicien depuis 1771, est aussi bibliothécaire de la marine aux appointements de 1200 livres et n'a pu être nommé astronome de la marine, malgré une promesse datant de 1766. Il avait obtenu après bien des tractations, la place de garde du cabinet d'optique du roi à La Muette en 1775. Pour lui, la place de Boscovich aurait dû lui être attribuée. D'entrée de jeu, les relations entre les deux hommes ne pouvaient qu'être mauvaises. Après lecture de l'ensemble des travaux de Rochon sur les prismes, que Boscovich ignorait, ce dernier reconnaît la priorité à Rochon dans une lettre à l'Académie (2 juillet 1777) :

> « Il a le mérite d'avoir imaginé la même chose dans le même tems, et peut être avant moi, et absolument sans avoir aucune connaissance de mes idées sur le même sujet, de l'avoir annoncé le premier au public, de l'avoir exécuté, et de s'en être servi le premier : ainsi je n'ai rien à prétendre de ce côté-là »[22].

S'il reconnaît la priorité à Rochon sur l'usage des prismes dans un micromètre dans cet extrait souvent cité, il estime avoir été le premier à proposer le déplacement rectiligne étalonné du système à l'intérieur de la lunette le long de l'axe, mais ne pouvant pas le prouver, il s'en tenait là. Boscovich envoie alors son mémoire à la Royal Society, qui le publie dans les *Philosophical Transactions*, le 19 juin 1777. Nevil Maskelyne présente à son tour un micromètre prismatique à verres achromatiques le 18 décembre 1777 à la Royal Society, dans une démarche très semblable à celle de Rochon, donnant une précision de même ordre[23]. Maskelyne, qui travaille depuis longtemps avec un micromètre objectif de Dollond, accordera d'ailleurs une très grande importance à son invention, puisqu'il se fait représenter avec le schéma de ce montage sur la gravure célèbre que l'on connaît. Ironie du sort, Rochon succède à Boscovich en 1787 aux appointements de 2000 livres en remplacement des 1200 livres perçues comme bibliothécaire de la marine, et aura le titre d'astronome opticien de la marine[24].

20. AAS, dossier Boscovich, mémoire du 7 mai 1777.

21. AAS, dossier Boscovich, rapport de Borda, Bézout, et Vandermonde, séance du 23 août 1777.

22. AAS, Dossier Boscovich, lettre de Boscovich du 2 juillet 1777.

23. Danielle Fauque, « Alexis-Marie Rochon (1741-1817), savant astronome et opticien », dans *RHS*, 38/1 (1985), 28-32.

24. AN, Fonds marine C/7/38, dossier personnel Boscovich, pièce 4 ; C/2, f° 51.

Optique et instruments

Outre les pièces relatives aux querelles, le dossier Boscovich de l'Académie des sciences contient également des rapports sur plusieurs instruments, par ailleurs approuvés, tous envoyés avant son installation en France. En 1770, sur l'isochronisme du pendule, les commissaires, Vaucanson et Le Roy, soulignent que le père jésuite n'est pas tout à fait au courant des derniers progrès en la matière. En 1772, sur le quadrant mural, un instrument des passages, et une machine parallactique, les textes proposent des méthodes de vérification et de corrections des instruments[25]. Boscovich avait aussi soumis un mémoire sur les réfractions astronomiques en 1770. Il s'agit en fait, d'une texte théorique, basé sur une analogie mécanique, la « force réfractive » étant considérée comme une force centrale dirigée vers le centre de la Terre. Dionis du Séjour et Bailly, rapporteurs, écrivent que « son mémoire sans avoir le mérite de la nouveauté, répond à la célébrité de ses autres ouvrages ». Le mémoire est approuvé, non sans réserves, puisque l'on demande au savant jésuite d'y notifier les auteurs qui ont étudié cette affaire sans oublier « Taylor, qui a résolu le premier cette question importante d'une manière beaucoup plus générale que le père Boscovich »[26]. Le dossier comprend aussi une autre pièce, une lettre de Boscovich à Dortous de Mairan, de 1754, rapportant des observations astronomiques effectuées en Toscane par son frère Barthelemy[27].

Les Éclipses (1779)

Nous sommes en 1777 et pour l'instant, Boscovich n'arrive pas à se faire reconnaître de la communauté scientifique française, il sait qu'il n'entrera jamais à l'Académie des sciences, et il vieillit, son état de santé se dégrade. En 1779, il demande par l'intermédiaire du ministre de la Marine, l'autorisation de faire imprimer ses œuvres par l'imprimerie royale[28]. Il joint à sa demande une épitre dédicatoire à Louis XVI sous forme de poème latin, avec une traduction en français. Ce texte serait placé en préambule au premier ouvrage, Les Éclipses, déjà publié en 1762, qu'il a remanié. Il obtient seulement l'autorisation de publier l'épitre à ses frais ; il la modifie en conséquence, finit la correction de l'ouvrage, qui paraît en 1779. L'ouvrage contient en plus un appareil de notes intéressant, dont des éléments sur sa vie et son installation à Paris, et signale ses relations avec la haute et très haute société, en véritable homme de cour :

25. AAS, dossier Boscovich, rapports de Vaucanson et Le Roy, du 3 mai 1770, et de Cassini de Thury et Lalande des 20 mai 1772 et 19 août 1772.

26. AAS, dossier Boscovich, rapport du 22 mai 1770, remis le 23, p. 4.

27. AAS, dossier Boscovich, lettre lue à la séance du 18 mai 1754.

28. AN, Fonds marine, G/95, f° 64 à 70.

« Les intentions du roi Louis XV, en me fixant dans ses États, se trouve clairement exprimées dans les deux brevets que sa Majesté me fit expédier, l'un aux
Affaires étrangères, et l'autre à la Marine. Après l'éloge la plus flatteuse de mes
ouvrages, le premier a ajouté expressément qu'ils ont engagé sa majesté à me
fixer en France par ses bienfaits, de manière que je puisse me livrer sans dis-
traction à l'attrait des méditations sublimes, et mon zèle pour l'accroissement
des sciences. Le second me donne le titre de Directeur d'optique au service de
la Marine, pour perfectionner l'optique et particulièrement la théorie des lunet-
tes achromatiques, dont la marine a besoin pour les observatoires (sic) astronomiques, et pour le service des vaisseaux »[29].

Les Éclipses constitue un intéressant traité d'astronomie et d'optique sans
formules, accessible par la version française, à un public plus large. L'ouvrage
a été approuvé par Lalande, censeur royal, le 1er octobre 1779 :

« La réputation de l'auteur comme mathématicien et comme poète, et celle du
poème, qui a déjà été réimprimé plusieurs fois faisaient désirer depuis longtemps qu'il fût traduit dans notre langue ; cette édition qui contient le texte latin
du poème, une traduction en prose poétique, faite par un ami de l'auteur, et sous
ses yeux, avec des notes très instructives, satisfera tout à la fois ceux qui aiment
les vérités sublimes de l'astronomie, et ceux qui se plaisent aux peintures char-
mantes des parties les plus curieuses de la nature »[30].

En 1782, ayant obtenu un congé, Boscovich retourne en Italie, et se fixe à
Milan, où il s'éteint en 1787, sans avoir jamais revu son pays natal. Celui-ci
avait sollicité son appui dans les difficiles négociations entre la France et le
République au sujet des droits de douane sur le commerce des blés en 1774.
Boscovich avait transmis le dossier d'abord au duc d'Aiguillon, puis à Boynes,
en précisant qu'il ne désirait pas intervenir, étant maintenant français, mais
recommandant cependant la petite République de Raguse[31]. Le 25 avril 1774,
Boynes avertit le Sénat que le consul avait toute latitude pour négocier et que
l'abbé Boscovich, étant au service du roi de France, n'avait aucun pouvoir
pour intervenir[32].

29. *Les Éclipses* (Paris, Valade et Laporte, 1779), p. 532. Trad. Abbé de Barruel. Pour les
modifications par rapport au manuscrit des Archives nationales, voir John Pappas, Documents inédits sur la relation de Boscovich avec la France, dans *Physis*, 28 (1991).

30. Id., *Les Éclipses, op. cit.*, p. 541.

31. AN, AE B/I/949, registre p. 325. M. L'abbé Boscovich, à Paris, le 8 mars 1774 à Monsei-
gneur (Boynes ministre de la marine). En note : Répondu le 25 avril 1774.

32. AN, AE B/III/32. Novembre 1775, Fontainebleau. Mémoire de M. de St Didier, lu à M. de
Sartine et à M. le Cte de Vergennes, p. 26-27.

Photo 2 : Résidence de R. Boscovich au 6 rue de Seine, Paris VIe, de 1775 à 1777.
© D. Fauque.

Archives

Archives de l'Académie des sciences (AAS)

Dossier Boscovich. Comprend la nomination de Boscovich, correspondant de
Dortous de Mairan (une pièce), des observations astronomiques (une pièce),
un dossier sur les orbites des comètes (quatre pièces), et un dossier sur le
nouveau micromètre prismatique (trois pièces), et autres rapports sur les travaux de Boscovich présentés à l'Académie entre 1770 et 1772 (quatre pièces).

Pochette de séance du 28 juin 1776 : contient le rapport sur la querelle Bosco-
vich-Laplace sur les orbites des comètes.

Procès-verbaux manuscrits des séances de l'Académie (RMARS), séances des
5 et 19 juin, 22 juin, 28 juin 1776, 4 juin 1777.

Archives nationales (AN)

Fonds marine

C/7/38. Dossier personnel, chemise 25, deux pièces sur sa nomination, une pièce sur sa succession (Rochon).

C/2/47, C/2/50, C/2/51. Appointements.

G/95, f° 62 (sur la comète découverte par Messier) ; f° 64, 69, 70 (sur l'épitre dédicatoire à Louis XVI).

Fonds des affaires étrangères (AE)

B/I/949. Affaire Raguse. Lettre de Boscovich à Boynes, ministre de la marine, 8 mars 1774, p. 325.

B/III/32, Registre, *Levant, Rapport 1775-1776*, pièce 11. Affaire Raguse, bilan, 1775. Boscovich, p. 26.

II. SCIENCE, LITTÉRATURE ET ART

POINTS DE *VUE.*

SCIENCE ET POÉSIE EN DIALOGUE (XIIIᵉ-XVᵉ SIÈCLES)

Michèle Gally

« Ha ! Très grand arbre du langage peuplé d'oracles, de maximes et murmurant
murmure d'aveugle né dans les quinconces du savoir...
Le mathématicien en quête d'une issue au bout de ses galeries de glace, et
l'Algébriste au nœud de ses chevaux de frise ; les redresseurs de torts célestes,
les opticiens en cave et philosophes polisseurs de verres (...)
Car c'est de l'homme qu'il s'agit et de son renouement. (...)
Que le Poète se fasse entendre, et qu'il dirige le jugement ! »

Saint John Perse, *Vents*

La vaste question des points de rencontre possibles entre langage poétique
et langage scientifique traversera ces quelques pages dédiées à quelqu'un que
l'un et l'autre langage n'ont cessé d'interpeller et de passionner également[1].
On considérera que la poésie et la science, que nous prendrons ici dans leur
plus grande généralité, se proposent toutes deux une saisie du monde par
l'homme, l'une en se situant au cœur des langues, l'autre, au contraire, en
dehors de toute langue.

Pour le poète et pour le scientifique se construit en effet de manière différente le rapport entretenu avec le langage commun – langage poétique et langage scientifique s'opposant à lui selon des modalités différentes de l'écart au
sein duquel ils s'édictent. Le langage scientifique possède une visée de vérité
et comme telle, quel que soit son succès, référentielle. En revanche dans la
poésie (ou plus largement la fiction littéraire), « le rapport du sens à la référence est suspendu » c'est-à-dire que « ... le discours déploie sa dénotation

---

1. Michel Blay, *Les demeures de l'humain. Preuves et traces méditerranéennes*, Paris, éditions
Jean Maisonneuve, Alain Baudry et Cⁱᵉ, 2011.

comme une dénotation de second rang, à la faveur de la suspension de la dénotation de premier rang du discours »[2]. Pour simplifier, on dira que l'enjeu concerne l'emploi métaphorique du langage – tension entre identité et différence – qui place la fonction poétique du langage en opposition avec la fonction référentielle par laquelle le langage est orienté vers un contexte non linguistique : situation globale des sciences dont la visée référentielle est le monde de la *phusis*. Aussi Gaston Bachelard refuse-t-il l'emploi de l'image pour parler de sciences : « Une science qui accepte les images est plus que tout autre victime des métaphores. Aussi l'esprit scientifique doit-il sans cesse lutter contre les images, contre les analogies, contre les métaphores »[3]. Le langage de la science se tiendrait donc aux antipodes de celui de la poésie. Les sciences ont, peu à peu, élaboré un langage universel différent de toute langue commune. Si le mathématicien veut s'expliquer en s'appuyant sur la suggestion portée par les mots d'une langue, il n'exprime pas alors proprement les mathématiques qui n'émergent pas à une langue de communication. Il lui faut en passer par des approximations, des comparaisons voire des *métaphores*, comme celles qu'un musicien utilisera pour décrire une symphonie. Il s'agit alors pour lui de faire acte de « vulgarisation ».

C'est cependant un truisme que de dire que la question se pose différemment selon les époques et selon les pratiques et les définitions, datées, de l'un et l'autre champ. Nos termes, nos classifications ne sont pas entièrement pertinents avant l'Âge classique et *a fortiori* moderne. C'est à remonter à une époque – en gros la période médiévale – que je voudrais m'attacher comme à un moment où les clivages qui nous semblent les plus essentiels et fondateurs (sinon évidents) n'existaient pas de la manière dont nous les entendons.

Dans le *corpus* que j'examinerai la priorité sera donnée à ce que nous classons comme textes poétiques et qui, en leur sein, soit se réfèrent à des théories que nous qualifions de scientifiques, soit utilisent la forme, les motifs, les scénarios poétiques pour des exposés que nous qualifions de « vulgarisation » des connaissances.

C'est cette circulation entre « poésie » et « science » et ses modalités qui importeront ici, modalités éloignées de nos clivages disciplinaires – que l'on pense à la transmission du savoir ou à la création/élaboration de théories savantes nouvelles. Si le langage scientifique n'a plus rien à voir désormais avec le langage poétique, la prégnance idéologique de la science dans notre société engendre la tentation chez des écrivains de mettre en narration des théories scientifiques, disant en mots, et, au sens propre, en images, certaines propositions de la science, et décrivant, aux limites de l'expression linguistique et sémantique, l'irreprésentable. Ainsi le défi que se lance Italo Calvino dans

2. Paul Ricoeur, *La métaphore vive*, Paris, Seuil, 1975, p. 300.
3. Gaston Bachelard, *La formation de l'esprit scientifique*, Paris, 1965, p. 38.

Cosmicomics[4]. Mais il ne s'agit pas de nourrir un récit avec des théories scientifiques mais de tenter, non sans humour, de mettre en récit (et donc en personnages, en intrigue etc.) ce qui n'a ni temps, ni visage, ni singularité, ni évidemment « humanité », d'inventer un anthropomorphisme des bactéries pour retracer la naissance du monde[5]. Un autre roman comme *La théorie des cordes* de José Carlos Samoza place ses personnages, qui sont des scientifiques, dans une aventure, d'ailleurs tragique, qui rejoue à l'extrême l'expérience des failles du temps. La science ne se dit là que sous l'ombre portée de la *science-fiction*.

Tout autre est le paysage poétique que je voudrai décrire, m'efforçant de voir comment un discours de la connaissance se greffe à l'époque médiévale sur de la poésie de façon essentielle. L'auteur le plus célèbre qui a procédé ainsi est Dante Alighieri. Dans le *Convivio*, œuvre inachevée écrite en italien au début du XIVe siècle, Dante explique comment et pourquoi il passe d'un amour pour une dame (la « Béatrice » de la *Vita Nova*) à l'amour pour Dame Philosophie. On remarque qu'« amour » subsume deux démarches qui se fondent l'une en l'autre. Ce sera un des fils rouges de ma démonstration.

Si pour Dante le philosophe est donc véritablement « l'amant de la sagesse », « science » à son tour ne renvoie pas à ce que nous appelons ainsi de façon restrictive mais à toute connaissance et elle est « la perfection dernière de notre âme »[6]. Or, la « science » et le « ciel » sont à leur tour assimilés :

> « Je dis que par ciel j'entends la science, et par cieux les sciences, pour trois ressemblances principalement que les cieux ont avec les sciences (...) ; La première ressemblance est la révolution de l'un et de l'autre autour d'une chose immobile qui est sienne. Car chaque ciel mobile tourne autour de son centre, lequel, à considérer sans plus le mouvement propre dudit ciel, ne se meut point ; et de même chaque science tourne autour de son sujet, qu'elle ne saurait mouvoir, parce que nulle science ne démontre son propre sujet mais suppose icelui. La seconde ressemblance est la lumière que répandent l'un et l'autre ; car chaque ciel illumine les choses visibles, et de même chaque science illumine les intelligibles. Et la troisième ressemblance est leur effet d'induire perfection dans les choses disposées à leur influence »[7].

---

4. Paris, Seuil, collec. Points, 1965, 2001 (éd. italienne 1963).

5. Aux confins du genre fantastique, on trouve par exemple *A la croisée des mondes* de Philip Pullman. C'est la question du temps qui retient le plus souvent les écrivains en relation avec la question de la temporalité centrale pour le discours et la construction du récit : ainsi aussi *Point Omega* de Don Delillo.

6. *Convivio*, I, 1, traduction André Pézard, *Œuvres complètes*, Paris, Gallimard, bibliothèque de La Pléiade, 1965, p. 275. Nous utiliserons cette traduction pour nos citations de Dante. Une telle assertion vient d'Aristote (référence liminaire de l'ouvrage), et rejoint les positions d'Albert le Grand et de Thomas d'Aquin.

7. *Convivio*, II, xiii, 2-5, *op. cit.*, p. 346-347.

Un peu plus loin il établit un strict parallèle entre les sept cieux des planètes et les sept arts libéraux, qui forment le cursus de l'enseignement médiéval :

> « ...les sept cieux à partir de nous sont ceux des planètes ; puis sont par-dessus ceux-ci deux cieux mobiles, et un au-dessus de tous, tranquille. Aux sept premiers répondent les sept sciences du Trivium et du Quadrivium, à savoir Grammaire, Dialectique, Rhétorique, Arithmétique, Musique, Géométrie et Astronomie »[8].

La composition de son texte s'inscrit dans ce contexte général de correspondance profonde. Choisissant la forme du prosimètre, Dante commente minutieusement en prose ses poèmes d'abord au sens littéral, ensuite au sens « allégorique ». Cette double démarche herméneutique montre que la langue poétique doit se traduire en langue commune, et aussi qu'elle porte en elle tous les possibles de sens. Entre science et poésie, une fluidité, et non une rupture, se produit. Mais c'est aussi que la langue est presque l'unique outil pour dire le monde, ce qui n'a plus lieu d'être aujourd'hui.

Outre Dante, ce parcours entre poésie et science du XIIIe au début XVe se fera principalement à travers des œuvres françaises qui ont eu un grand retentissement jusqu'au XVIIe siècle. Ces œuvres se présentent comme doubles, car à un premier texte considéré comme proprement poétique répond en complément un second qui se veut didactique et à tendance encyclopédique. La deuxième œuvre – officiellement d'un autre auteur alors que le premier reste plus ou moins anonyme – met en perspective savante, discursive, des épisodes et des éléments de la première. Le *Roman de la Rose* de Guillaume de Lorris (désigné par son continuateur) vers 1230 et de Jean de Meun vers 1270, et Le *Livre des Échecs amoureux*, anonyme vers 1370 et repris par Evrart de Conty en 1401 sous le titre *Livre des Échecs amoureux moralisés*, se répondent à la fois par leur structure et par leur filiation. Dans les deux cas, les seconds auteurs sont connus comme des « clercs » et une œuvre qui ne se limite pas à ce seul texte[9].

Enfin, seule la question de la vue et de son traitement en relation avec l'optique nous retiendra. Ce choix se justifie de deux manières : cette question occupe une place importante dans nos textes en relation avec la hiérarchie des sens – la vue entrant en concurrence avec l'ouïe en fonction précisément de l'accès à la connaissance, des choses matérielles et spirituelles – ; elle est liée étroitement au thème et à la conception de l'amour dont j'ai dit plus haut la

---

8. *Ibid.*, p. 348.

9. Jean de Meun est le traducteur de *L'art de chevalerie* (Végèce), *les merveilles d'Irlande* (Giraud de Barri), *La Consolation de la philosophie* (Boèce), *Les Epîtres d'Abélard et Héloïse*, *L'Amitié spirituelle* (Aelred de Rievault). Evrart de Conty (1330-1405), maître régent à la faculté de médecine de Paris, médecin de Charles V et de Blanche de Navarre a traduit les *Problèmes d'Aristote*.

place centrale en tant qu'expérience humaine mais aussi comme foyer de tout désir de connaissance. La naissance de l'amour s'explique pour les Médiévaux selon une compréhension du processus qui la relie aux mécanismes cognitifs de l'entendement et de la mémoire. Dans ce dispositif, le miroir, à son tour, en cristallisant le développement de l'optique au XIIIe siècle, joue un rôle clé, servant sans cesse de comparant pour exposer les théories de la vue, celles de l'entendement et celles de la physiologie amoureuse[10].

Sujet par excellence de la poésie lyrique, l'amour nous permettra ainsi de relier poésie et science, expérience humaine et système du monde en un mouvement pour le moins paradoxal selon nos conceptions modernes.

Mécanisme de la vision et Fontaine de Narcisse

Issue de la lecture du *De Anima* d'Aristote et d'une connaissance partielle des philosophes arabes, les médiévaux ont constitué ce que l'on a pu appeler une théorie du fantasme ou de l'image mentale[11]. Les objets sensibles impriment leurs formes dans les sens et cette impression sensible est reçue par l'imagination (ou « vertu imaginative ») qui la conserve en l'absence de l'objet qui l'a produite. Pour Aristote le mécanisme de la vision est une passion imprimée dans l'air par la couleur et de l'air transmise à l'œil dont l'élément aqueux la reflète comme dans un miroir. Se trouvent ainsi réunis l'œil, l'eau, le miroir, trois éléments qui ne cesseront d'être repris de différentes manières. Dante se fait l'écho direct de cette conception :

> « Ces choses visibles (…) viennent à l'intérieur de l'œil – je ne dis pas les choses mais leurs formes – à travers le milieu diaphane, non réellement mais intentionnellement, comme en verre transparent. Et dans l'eau qui remplit la prunelle de l'œil, ce décours que fait la forme visible à travers le milieu prend achèvement, parce que cette eau est bornée – à la façon d'un miroir qui est verre borné de plomb – de sorte que la forme ne peut aller plus loin, mais à la guise d'une balle contre un mur s'arrête là frappant ; si bien que cette forme, qu'on ne voit pas paraître dans le milieu diaphane, trouve terme sur la paroi luisante. Et c'est pourquoi dans le verre plombé l'image apparaît mais non en autre verre. De

---

10. La fabrication des miroirs se modifie au cours du Moyen Âge où l'on passe des miroirs de métal poli comme dans l'Antiquité aux miroirs en cristal de roche ou en verre. La nature semble aussi offrir des miroirs en particulier les surfaces aquatiques selon la lumière qui s'y porte et la position du voyeur. Ces « miroirs » ne sont donc pas toujours parfaits et, tout en alimentant les théories de l'optique, ils invitent à mettre l'accent sur les déformations des images et partant sur les erreurs de la vue. Nos auteurs, Jean de Meun et Evrart de Conty, s'étendront longuement sur ces points. L'importance, par ailleurs, de la métaphorisation de cet objet dans la théologie, la poésie ou le domaine didactique a engendré de nombreux travaux. Voir Fabienne Pomel (dir.), *Miroirs et jeux de miroirs dans la littérature médiévale*, Presses universitaires de Rennes, 2003.

11. Voir sur cette question Giorgio Agamben, *Stanze*, Paris, Christian Bourgois, 1981 (Turin, 1977), p. 109-135.

cette prunelle l'esprit visif qui la continue porte l'image à la partie de devant du cerveau – où est la vertu sensible comme en son principe jaillissant – et sans délai l'y reproduit tout soudain ; et ainsi voyons-nous »[12].

Ainsi les formes, détachées de la matière, parcourent l'air pour venir frapper la paroi de l'œil comparée au plomb qui borne les miroirs et permet précisément que les images se reflètent en eux. Cette « partie luisante » correspond par ailleurs à l'humeur cristalline de Galien. Cela étant, le processus de vision exige que « l'esprit visif », dont ne dit pas la nature, en tire une représentation. La forme qui ne se manifeste pas à proprement parler dans le diaphane de l'air est acheminée, grâce à l'eau de l'œil, jusqu'à la partie antérieure du cerveau qui est le siège de la sensation. Pour voir véritablement il faut que l'imagination intervienne, le terme d'intention restant ici ambigu[13].

Or ce processus visuel qui s'inspire d'Aristote mais aussi d'Avicenne, d'Averroès[14] et de Galien, nourrit aussi les explications du processus amoureux. Le lien se fait entre l'anatomie cérébrale (les trois cavités du cerveau distinguées par Galien), les facultés de l'âme et la psychologie amoureuse.

Les poètes se réfèrent indirectement (et il faut, dirait Dante, *déplier* leurs images allégoriques pour en saisir le sens) aux doctrines physiologiques de leur temps qu'ils mettent en œuvre et reformulent au sein du discours sur l'amour. Ainsi le motif de « l'image peinte » dans le cœur que l'on trouve chez les troubadours, les poètes siciliens et jusque chez Cavalcanti, n'est pas simple image de hasard[15], pas plus que l'importance prise par le mythe de Narcisse dans cette tradition lyrique avare de références mythologiques, ni, corrélativement, le motif du miroir et du reflet. Tous ces éléments savants – philosophiques, physiologiques, psychologiques – et poétiques sont comme en interaction, en variantes réciproques. Il n'y a pas d'un côté le cliché selon lequel la vue d'une belle femme rend amoureux et, de l'autre, les théories médicales et celles de l'optique. Si la vue éveille le désir c'est parce qu'elle transmet par l'œil et sa nature aqueuse, une *forme* belle dans l'imagination qui la garde en

12. *Convivio*, III, ix, 7-9, *op. cit.*, p. 400-401.

13. Voir Didier Ottaviani, *La philosophie de la lumière chez Dante*, Paris, Champion, 2004, p. 275-300.

14. On retrouve presque la même description du processus visuel et imaginatif chez le philosophe arabo-andalou dans son commentaire du *De sensu et sensibus* : « ...L'air reçoit le premier la forme des choses, puis la mène à la couche extérieure de l'œil ; celle-ci la transmet jusqu'à la dernière couche, au-delà de laquelle se trouve le sens commun. Au milieu la couche cristalline perçoit la forme des choses : elle est comme un miroir dont la nature est intermédiaire entre celle de l'air et de l'eau (...). Dès que le sens commun reçoit la forme, il la transmet à la vertu imaginative, qui la reçoit sur un mode plus spirituel (...). Et comme la forme est plus spirituelle que dans le sens commun, l'imagination n'a pas besoin, pour la rendre présente de l'objet extérieur ». Cité par G. Agamben, *op. cit.*, p. 134-36.

15. Voir Jean R Scheidegger, « Son image peinte sur les parois de mon cœur », dans *Le Moyen Âge dans la modernité. Mélanges en l'honneur de Roger Dragonetti*, Jean R. Scheidegger, Sabine Girardet, Eric Hicks (dir.), Paris, Champion, 1996, p. 401-404.

mémoire même en l'absence de la personne aperçue. Cela ne signifie pas que les troubadours et les trouvères furent des savants mais que la diffusion des théories de l'optique et des théories médicales, nourrit, plus ou moins sciemment selon les époques et les auteurs, leur discours amoureux à la manière d'une *épistémè*. En cela l'amour est une « maladie de pensée »[16]. Il naît d'une forme qui traverse les sens pour devenir « fantasme » dans les chambres du cerveau. Mais connaître, c'est aussi se pencher sur un miroir où le monde se reflète, guetter des images qui se réverbèrent de reflet en reflet, que l'on regarde autour de soi ou dans son esprit[17].

Le *Roman de la Rose*, qui ouvre le champ de l'écriture allégorique à l'expression profane pour parler d'amour et opérer une synthèse de la tradition lyrique, se déploie entre deux miroirs et deux regards plongés en eux : celui d'Oiseuse, la portière du jardin de Déduit où se produira la rencontre avec l'objet d'amour, et celui de Dieu[18]. L'épisode de la « fontaine de Narcisse » est central dans le processus de l'*inamoramento* du narrateur qui raconte un rêve qu'il a fait plusieurs années auparavant. Averti par une inscription du danger mortel qu'offre la fontaine, il s'en s'approche néanmoins et aperçoit non son visage mais deux cristaux où le soleil allume un kaléidoscope de couleurs, et qui agissent aussi comme un miroir qui reflète à la perfection l'environnement :

> « Voilà qu'elle était la vertu de ce cristal merveilleux : l'endroit tout entier, arbres, fleurs, et tout ce qui fait l'ornement du verger, s'y reflète bien en ordre. Et pour vous faire comprendre l'affaire, je veux vous donner un exemple : de la même façon que le miroir montre les choses qui sont devant lui et que l'on y voit sans voile aussi bien leur couleur que leur forme, tout à fait de la même manière (…) le cristal, sans tromper, révèle tout l'agencement du verger à ceux qui s'amusent à regarder dans l'eau (…). Et il n'existe pas de détail, aussi caché ou enfermé fût-il, qui ne soit manifesté comme s'il était dessiné dans le cristal »[19].

Le narrateur apercevra un bouton de rose dont il tombera amoureux sans pouvoir le cueillir et la fontaine ne sera plus qu'appelée « miroir périlleux » dans une expression qui opère un syncrétisme entre le comparant et la nature de la fontaine mythique de Narcisse. Au sein d'un texte allégorique où priment la représentation métaphorique et le langage figuré, ce miroir des eaux renvoie

---

16. Jean de Meun, *Roman de la Rose,* éd et trad. Armand Strubel, Paris, Livre de poche, collection « Lettres Gothiques », v .4374, démarcage de André le Chapelain, *De Amore libri tres,* E. Trojel, Copenhague, 1872, réimpr W.Fink, Münich, 1972, p. 3. : *immoderata cogitatione.*

17. D'obédience néo-platonicienne, de Macrobe au pseudo-Denys, s'établit une théorie des reflets formant une chaîne de miroirs qui réfléchissent la lumière de Dieu en direction des hommes. Voir Robert Javelet, *Image et ressemblance au XIIᵉ siècle. De saint Anselme à Alain de Lille,* 2 vol., Chambéry, Letouzay et Ané, 1967.

18. Voir Michèle Gally, « Miroir d'Oiseuse, miroir de Dieu », dans M. Jourde, M. Gally (dir), *L'inscription du regard, Moyen Âge-Renaissance,* ENS éditions Fontenay/Saint-Cloud, 1995.

19. *Roman de la Rose,* v. 1547-1567.

à l'imagination et à l'irréalité de l'amour selon les théories physiologiques en vigueur. Aussi bien l'amour dont nous entretient Guillaume de Lorris n'est peut-être pas seulement celui, charnel, pour une femme. Le regard indirect dans le miroir des eaux a révélé un symbole (la rose) non un visage humain.

Déplier la métaphore

Si Dante se charge d'expliciter ses propres poèmes d'amour et de faire la liaison entre amour humain et amour de la connaissance, les auteurs français se dédoublent. Au poète Guillaume de Lorris répond le continuateur exégète Jean de Meun. Ce dernier propose une lecture critique du début du roman et une expansion nouvelle (plusieurs milliers de vers). Il opère aussi un déplacement, de l'amour en tant que vision intérieure et souci de soi à un regard sur le monde. Le roman prend les dimensions et le style d'un texte encyclopédique qui enserre le discours poétique amoureux dans une vision de l'univers et de l'homme. D'art d'aimer, il devient « miroir aux amoureux » « tant ils verront de choses profitables pour eux »[20]. Le terme de « miroir » traduit ici celui de *speculum* qui désigne un ouvrage didactique.

À la faveur de ce geste de globalisation, tous les aspects de l'amour se rencontrent, de l'apologie de la sexualité et de la génération aux lieux communs misogynes, des fables mythologiques aux accents mystiques du parc de l'agneau, en lieu et place du jardin de Déduit, le tout mêlé à des considérations astrologiques ou à des exposés sur les miroirs. La dynamique générale, qui aboutira à la cueillette de la rose, se perd dans une série de discours qui ont pu sembler contradictoires : sur la scène du roman les entités allégoriques viennent prendre la parole tour à tour, en une série de prosopopées, selon la structure scolastique de la *disputatio*.

Parmi ces figures apparaît Nature sur le modèle de la poésie théologique du XIIe siècle, spécialement du *De Planctu Naturae* d'Alain de Lille, car, comme chez le philosophe chartrain, elle vient se plaindre des hommes. À l'occasion de ses lamentations et de sa confession à son prêtre Genius, elle se lance dans un long discours sur l'univers de près de trois mille vers. Cette présence fait signe vers deux choses : pour Jean de Meun comme pour Dante l'amour se comprend au sein d'une *épistémè* mais aussi, selon les mots d'Alain de Libera, on assiste à l'entrée du discours médiéval sur la sexualité dans le contexte du monde, le « monde de la nature c'est-à-dire celui de l'ordre naturel »[21]. Jean

20. *Ibid.*, v. 10655.
21. Alain de Libera, *Penser au Moyen Âge*, Paris, Seuil, 1991, p. 202. Il faut noter aussi que les condamnations de 1277 par l'évêque Tempier d'une série de propositions de la faculté des arts touchent le *De Amore* d'André le Chapelain (voir supra). Ce texte, qui pour certains critiques serait le code de l'amour dit courtois, ne s'est pas entièrement relevé de cette censure. Voir Alfred Karnein, « La réception du *De Amore* au XIIIe siècle », dans *Romania*, 102/3-4, 1981 ; Michèle Gally, « Quand l'art d'aimer était mis à l'index », dans *Romania*, 113, 1992-1995.

de Meun conjoint donc dans son ouvrage réflexions sur l'amour et sur
l'homme et exposés « scientifiques » et ce dans une sorte de souple continuité.
Il est par exemple caractéristique de remarquer que la description du mouvement des astres amène un long développement sur la liberté (libre-arbitre)
opposée au déterminisme. L'évocation de l'arc-en-ciel, après de terribles ora-
ges et inondations qui adoptent une imagerie mythologique, fait surgir la référence à Aristote et à Alhazen et son « livre des regards », c'est-à-dire son traité
d'optique, et, par elle, à un exposé sur les miroirs, les erreurs de la vue et les
visions.

> « …c'est de là que doit tirer son savoir celui qui veut connaître l'arc-en-ciel, car
> il doit être connaisseur en la matière, un clerc intéressé aux sciences de la
> nature, observateur et savant en géométrie, discipline qu'il est nécessaire de
> maîtriser pour les démonstrations d'un livre d'optique. Il pourra alors découvrir
> les causes et les propriétés du miroir qui a un pouvoir si étonnant : toutes les
> choses minuscules (…) on les voit si grosses et tellement rapprochées dans les
> miroirs, que tous peuvent voir grâce à eux »[22].

On comprend de quelle manière ce passage fait retour, sans le dire, sur
l'épisode de la fontaine de Narcisse et de ses cristaux. Mais à la fascination du
premier narrateur se substitue ici l'explication rationnelle. Car Jean de Meun
insiste en disant qu'on peut lire et compter les détails grâce à certains miroirs
au point de susciter « l'incrédulité d'un homme qui ne l'aurait pas constaté de
ses yeux ou qui n'en connaîtrait pas les causes. Il ne s'agirait portant pas là de
simple croyance, puisqu'il en aurait la connaissance certaine (l'ancien français
est plus clair : « Si ne seroit pas creance/puis qu'il en avroit la sciance ») »[23].

L'invitation à lire les traités savants se surimpose au scénario lyrique sans
que celui-ci cependant ne s'efface. Jean de Meun met en perspective l'épisode
premier proprement poétique pour détacher le lecteur (et le narrateur censé
écouter Nature) de la dangereuse attractivité de l'image des choses. Connaître
les causes et les mécanismes permet d'opérer un écart réflexif, permet de resi-
tuer l'expérience que l'on fait dans un ordre « naturel » et ses lois. En tant
qu'objets dont le fonctionnement est expliqué par les savants, les miroirs
deviennent utiles. Ils ne sont pas seulement étonnants ou mystérieux. Avec
humour, Jean de Meun choisit l'exemple de l'adultère de Vénus avec Mars sur-
pris par Vulcain pour déplorer que les amants divins n'aient pas eu de miroir
qui les aurait avertis de l'arrivée de l'époux indésirable ! Changement de registre qui raccroche aussi, fût-ce de manière comique, avec le fil principal de
l'amour. Si Jean de Meun écrit en clair ce que le poème de Guillaume de Lor-

---

22. *Roman de la Rose, op. cit.,* v. 18038-52. On peut se demander si les auteurs ne privilégient
pas les miroirs concaves (on les retrouvera chez Evrart de Conty) aptes non seulement à refléter
mais à grossir les objets.

23. *Ibid.,* v. 18052-18064.

ris donnait à imaginer, à *ressentir*, il le fait dans une constante complémentarité des deux discours, poétique et scientifique. Car à un niveau supérieur, le seul qui importe, celui de Dieu, tous les points de vue se répondent et s'éclairent réciproquement. À l'œil de l'homme, abusé et trompé, se substitue l'œil de Dieu, absolument perçant et lucide, tenant les hommes et les temps éternellement sous son regard devant lequel l'apparence rejoint l'essence résorbant tout écart. Dieu ne cesse d'engendrer le monde en le regardant dans le miroir parfait qu'il tient à la main et dans lequel l'univers se reflète[24]. Jean de Meun propose une cosmogonie quand Guillaume de Lorris écrivait un roman de l'amour lyrique, mais dans l'une et dans l'autre, le monde (intérieur du désir ou extérieur de l'univers) naît d'un regard plongé dans un miroir et c'est cette image première que le poème dans ses deux versants cherche à dire.

Par l'intervention de Nature, Jean intègre le poème de Guillaume dans le mouvement des étoiles et l'harmonie mathématique de leur évolution[25]. C'est la poésie qui rend sensible et permet de décrire – d'*évoquer* – ces réalités abstraites. Projet de clerc, certes, animé du désir d'enseigner (*speculum*), l'œuvre cherche la convergence entre la pensée, le savoir et l'imagination (au sens propre). La deuxième partie ne renie pas la première quand elle entend la *rectifier*. Les métaphores et les fables mythologiques voisinent les explications scientifiques, comme deux modes d'exposition qui s'interpellent. Au couronnement de l'ensemble se tient Dieu dont Nature est la chambrière. Le roman tout entier est un dispositif poétique qui met en relation les différents niveaux de la connaissance et dont l'enjeu est de représenter l'homme au sein de la machine du monde. La pensée analogique, qui fleurira à la fin du Moyen Âge, est bien présente mais reste sous-jacente comme le ciment secret de l'édifice.

L'analogie exhibée

Le livre des échecs amoureux moralisés d'Evrart de Conty a été écrit, on l'a dit, à partir d'une œuvre en vers anonyme de la fin du XIVe siècle. Sur le modèle du *Roman de la Rose*, ce long ouvrage inachevé (ou dont la fin a été perdue à cause de la dégradation des deux manuscrits) articule autour d'une partie d'échecs entre un homme et une femme les deux faces, amoureuse et didactique, d'un roman éducatif qui se déroule sous les auspices de Nature. La partie d'échecs, généralement entre joueurs des deux sexes, constitue un motif poétique et iconographique important au Moyen Âge. Or Evrart transforme les échecs en paradigme général à partir de leurs diverses potentialités métaphoriques. Partant donc d'un texte poétique allégorique, il accorde aux deux plans

---

24. Dans cette conception Dieu crée le monde à chaque instant en regardant dans son miroir, où se reflètent les détails de la Création, passés, présents et futurs. Voir Pierre Legendre, *Dieu au miroir. Études sur l'institution des images*, Paris, Fayard, 1994. Ainsi Jean de Meun, v. 17472-499.

25. *Roman de la Rose*, v.16739-771.

du discours, littéral et métaphorique, une place claire. La partie d'échecs est à la fois un épisode narré et une métaphore désignée comme telle à partir de laquelle il re-dispose tous les discours du savoir de son temps, dont celui sur l'amour. Le jeu devient alors un modèle cognitif et l'image matricielle de tous les champs de connaissance que le maître entend enseigner à son élève. Quatre sens allégoriques équivalents forment le point de départ. Le jeu représente l'organisation de la société, la stratégie militaire, le mouvement des planètes et les tourments amoureux. Il unifie par la procédure analogique les principaux domaines de la condition humaine : le politique, le militaire, le cosmologique, l'érotique. Jouer sera, d'une certaine manière, entrer en correspondance avec tous ces domaines, ceux-ci étant mis, à partir du jeu constitué en métaphore universelle, sur le même plan et dans une relation de similitude réciproque. Evrart parle longuement de la richesse métaphorique des échecs pour en faire le guide d'une lecture savante du monde. Il va ensuite diviser leurs différents éléments constitutifs et bâtir une nouvelle leçon à partir de chacun. Décrivant l'échiquier, il met en rapport sa forme carrée avec celle de Babylone où le jeu aurait été inventé, puis avec le champ clos où s'affrontent deux champions. Le paragraphe suivant rappelle le caractère guerrier du jeu pour le traduire en termes psychologiques de ressassement amoureux. Le retour à la forme carrée ouvre à un développement moral sur les notions d'égalité, de justice et de loyauté. La justification de la comparaison introduit à une définition mathématique du carré et de ses angles droits. Des angles on rebondit aux quatre vertus cardinales – prudence, justice, force, tempérance –, puis on en vient aux soixante-quatre cases qui donnent lieu à une leçon d'arithmétique et de géométrie euclidienne autour des nombres et des figures cubiques avant d'établir une hiérarchie entre ceux-ci, laquelle conduit à affirmer la perfection de l'échiquier en lui-même au sens le plus haut d'une métaphysique musicale des nombres. L'échiquier devient alors un objet idéal en accord avec les lois du nombre et la doctrine des relations proportionnelles reformulée par Boèce sur les pas de Pythagore. Evrart expose, à partir du carré et du cube, le rapport existant entre les proportions des figures géométriques et celles qui régissent les sons. Il évoque l'agrément que l'on ressent à la vue de la régularité, ou mesure, du carré. En somme, la valeur de l'échiquier tient à sa perfection mathématique. Dans une sorte de discursivité sans fin, on part de l'échiquier pour toujours y revenir. Evrart s'adresse à l'esprit du destinataire de l'ouvrage, à sa faculté de comprendre la cause des choses et de leurs effets, de saisir les correspondances entre le monde physique et celui des valeurs morales. Les échecs donnent à la fois une image du monde et propose une approche intellectualisée des actes humains dans ce monde. Le jeu rend compte parfaitement de ce projet : l'harmonie des proportions et des nombres qui est harmonie musicale du monde correspond à l'image idéale du fonctionnement de la pensée raisonnante qui s'efforce d'ordonner et de réguler le désordre de l'expérience humaine. Le maître médiéval déplace la métaphore poétique et la réinvestit.

Dans le premier texte, en vers, la beauté des pièces ornées d'objets symboliques fascinait le personnage. L'émotion esthétique se faisait tremplin de l'émotion amoureuse qui s'emparait de lui. Ainsi, à la fin de la partie, un des pions du joueur masculin portait comme emblème un miroir concave et il était appelé le « pion souvenir ». Rien n'était dit dans le corps du texte du fonctionnement ni de la nature de ce miroir sauf qu'il permettait au personnage d'apercevoir la totalité de l'échiquier et d'en rendre plus présentes les pièces qu'il grossissait. Subjugué par ce spectacle, le joueur suspendait son attention et se laissait « mater » aisément par la demoiselle. Le processus amoureux passait à nouveau par la vue et la fascination d'une image qui pénètre l'esprit et s'en empare.

Chez Evrart ce pion médiateur d'amour devient prétexte à un traité scientifique : après un développement sur la mémoire et l'imagination mises en relation avec la question de l'amour, vient un exposé détaillé sur tous les types de miroirs[26] qui passe par une leçon de géométrie et aborde les notions de direction, réflexion et réfraction avant de revenir sur les miroirs concaves les plus « trompeurs » et enfin, comme en une boucle, au miroir du souvenir et à la question de l'amour et de l'image fantasmée dans le cœur de l'amant. Evrart redéploie toute la tradition antérieure en un immense effort de synthèse et de corrélations. Ainsi le traité d'optique dénonce, en les expliquant, ces vecteurs d'illusions que sont les miroirs et en l'occurrence, plus particulièrement, les miroirs concaves.

Un premier exposé sur les trois modes de vision avait été fait dans le chapitre sur la géométrie et avait engagé un premier développement sur les miroirs. C'est bien en effet par la géométrie que tout s'explique[27]. Ainsi le traité scientifique fonde l'image poétique, allégorique, mais celle-ci remotive l'exposé savant. Prosaïquement on peut dire qu'une leçon greffée sur un scénario amoureux est plus plaisante à écouter. Mais qu'est-ce qui est ornement de l'autre ?

Avant de gloser le texte en vers Evrart compose une mythographie, décrivant les attributs des principaux dieux de la mythologie gréco-latine. Ce faisant il inclut une initiation à la cosmologie tandis que la figure d'Apollon et des muses ouvrent une série de traités sur les sept arts libéraux, la « philosophie naturelle » (causes et principes des choses de nature, matière et forme) renvoie à la huitième muse et la « métaphysique » à la neuvième. Il lui faut rajouter en dixième et en couronnement la théologie. L'exposé sur la musique, quatrième science du *quadrivium*, révèle un ordre profond de l'univers, du monde planétaire, à l'enfant *in utero* et au pouls…[28].

---

26. Le *Livre des Eschez amoureux moralisés*, éd. Françoise Guichard-Tesson, Bruno Roy, Montréal, CERES, 1993, p. 700-710.

27. *Ibid.*, p. 107-108.

28. *Ibid.*, p. 177-178.

Evrart exprime un idéal de proportions et de correspondances réglées, reflet d'un monde ordonné, monde de la géométrie, monde de l'astronomie. L'échiquier serait la représentation parfaite de cet idéal de pensée fait de régularité, fait de correspondances. La poésie et son thème amoureux n'y sont pas niés mais intégrés. Tout se tient dans un univers des analogies. L'analogie aristotélicienne correspond à une classification des sciences ; l'analogie de proportionnalité appartient à la rhétorique et à la poétique, celle de proportion gouverne les sciences abstraites[29]. L'analogie unifie des réalités appartenant à des plans hétérogènes, du sémantique au théologique, des proportions mathématiques à l'unification de la multiplicité des sens de l'être. La métaphore se construit sur cette possibilité de l'analogie et les échecs constituent une métaphore particulièrement pertinente dans ce contexte de pensée.

Tout se tient et rien n'est second, de l'exposition scientifique ou de l'exposition poétique. L'optique a quelque chose à dire d'essentiel sur la naissance du sentiment amoureux et celui-ci appartient, comme celle-là, à l'expérience humaine du monde. Métaphore universelle le jeu devient un guide de lecture savante du monde qui n'oublie pas les différents plans de la réalité.

Enfin, dans les *Echecs amoureux* en vers, Nature a fabriqué l'échiquier et l'a donné à Vénus. Dans sa « moralisation » (« explication ») en prose Evrart commence son traité par un développement sur la déesse Nature. C'est elle qui constitue la clé de voûte de toutes les correspondances. Il ne saurait y avoir de clivage entre tous les plans de l'existence, de l'être, et du savoir. Et l'homme est pris dans cette condition « naturelle » – là, qu'il produise des actes de vie ou de pensée.

La modernité n'a cessé de cliver nos expériences. En cela le Moyen Âge fait bien figure de continent disparu.

---

29. Voir Alain de Libera, « Analogie », dans *Encyclopaedia universalis*, I, 1, Paris, 1993.

Quelques remarques sur le Soleil chez un poète encyclopédique du XVIᵉ siècle

François Roudaut

Nous vivons encore sur les ruines du romantisme dont le surréalisme fut un des avatars. La poésie est pour nous élégiaque, voire amoureuse. Et de celle du XVIIIᵉ siècle, on ne retient plus que *La jeune Tarentine*, sans songer qu'il y eut des odes sur des vaisseaux et de longs poèmes sur le quinquina et sur ses vertus. Notre regard est le même pour le XVIᵉ siècle dont la production poétique extrêmement variée peut être définie par les trois orientations (trois rapports de l'être humain au monde) que donnent les œuvres de Virgile : la poésie de la sphère privée (*Bucoliques*) ; celle qui célèbre la dimension politique, religieuse, métaphysique de l'homme (*Énéide*) ; enfin, celle de la maîtrise technique du monde (*Géorgiques*) : poésie appelée « scientifique » (ou parfois « encyclopédique ») en France, « didascalique » en Italie, « métaphysique » en Angleterre. Ce dernier type, dont il va être question dans les quelques lignes qui suivent, se développe dans la seconde moitié du XVIᵉ siècle avec Jacques Peletier du Mans et Ronsard (1555), Du Bartas (1578), Du Monin (1583), Du Chesne (1587). Seul sera étudié ici[1] un poète qui publie en 1578, sept ans après le poème apologétique qu'est *L'Encyclie des Secrets de l'Eternité* (1571), une sorte d'épopée du savoir en Gaule : *La Galliade, ou de la Revolution des Arts et Sciences*[2]. Il s'agit de Guy Le Fèvre de La Boderie (1541-1598)[3], traducteur,

---

1. Cette réflexion est reprise dans un article plus ample s'attachant également à Du Bartas (à paraître).

2. Paris, Guillaume Chaudière, 1578 ; même éditeur en 1584.

3. Disciple de l'orientaliste et kabbaliste Guillaume Postel (1510-1581), Le Fèvre a été l'un des maîtres d'œuvre de la Bible polyglotte que Plantin fait imprimer en 1570-1571 ; il donne, cette même année 1578, entre autres travaux, la traduction d'un traité de Ficin,*De la Religion chrestienne [...] avec la Harangue de la dignité de l'homme*, par Jean Picus comte de Concorde et de La Mirandole (Paris, Gilles Beïs) et la traduction du *Discours de l'Honeste amour sur le Banquet de Platon, par Marsile Ficin, [...]*, Paris, Jean Macé.

la même année, de cette somme qu'est *L'Harmonie du monde* du franciscain
Francesco Zorzi[4].

Si le protestant Du Bartas se fonde dans sa *Sepmaine* (1578) sur une pensée
classique (où l'on trouve Pline, Plutarque, Cicéron pour les Anciens), le catholique Le Fèvre choisit d'ancrer sa réflexion dans une tradition plus théologique
et plus philosophique comprenant, entre autres, les noms de Denys l'Aréopagite, Nicolas de Cues, Ficin, Jean Pic de La Mirandole[5].

Souvenirs classiques

Le Fèvre s'éloigne de l'ordre platonicien[6] et aristotélicien[7] (le soleil situé
juste après la Lune), et choisit l'ordre de Ptolémée (la Lune, Mercure, Vénus
puis le Soleil), à l'exemple de Ficin dans le *De Sole*[8]. La dénomination de ce
dernier ordre (« chaldéen ») compte fort pour ceux qui, comme Ficin, fondent
sur Zoroastre une partie de leur conception de la *prisca theologia*. Tenir pour
un cosmos géocentré n'empêche pas Le Fèvre, d'une part, de promouvoir
l'idée d'un univers *interminatum* dont Dieu occupe tout à la fois le centre sans
cesse déplacé et la circonférence toujours relative[9] (il suit en cela Pic qui
reprend dans *L'Heptaple* (V, c. 4) cette pensée, chère à Nicolas de Cues) ;
d'autre part, de soutenir la noblesse de la terre par rapport aux autres astres,
autrement dit de rendre à l'homme sa pleine dignité en s'efforçant de corriger
(on ne peut dire en effaçant) la hiérarchie aristotélicienne. On sait en effet
combien « le monde de Copernic [...] permet d'actualiser des potentialités

---

4. Paris, Jean Macé, 1578. Le *De Harmonia Mundi* était paru en 1545. Voir Cesare Vasoli, *Pro-
fezia e ragione. Studi sulla cultura del Cinquecento e del Seicento*, Napoli, Morano, 1974, p. 131
sq. : chapitre II « Intorno a Francesco Giorgio Veneto e all'armonia del mondo ».

5. Cesare Vasoli, « Note sur les thèmes *solaires* dans le *De Sapiente* », dans *Charles de Bovelles en son cinquième centenaire. 1479-1979.* Actes du Colloque international tenu à Noyon les 14-
15-16 septembre 1979, Paris, Guy Trédaniel, 1982, p. 110.

6. *Timée*, 38 c-d.

7. *De Mundo*, 392 a.

8. *De Sole*, dans *Opera*, I, 965-975. Le Soleil, pour Ficin, est la représentation visible de Dieu
(et du souverain Bien) : idée déjà présente dans l'*Almageste* mais que Ficin reprend non pas d'un
point de vue mécanique, comme l'avait fait Ptolémée, mais psychologique : accord des planètes
avec le soleil ou désaccord, ce que reprend Peletier (voir Isabelle Pantin, *La Poésie du ciel en
France dans la seconde moitié du seizième siècle*, Genève, Droz, 1995, p. 221). Pour Pic aussi le
soleil occupe le milieu du ciel : voir R. B. Waddington, « The Sun at the Center : Structure as Mea-
ning in Pico della Mirandola's *Heptaplus* », dans *Journal for Medieval and Renaissance Studies*,
III, 1973, p. 69-86.

9. Voir Henri de Lubac, *Pic de La Mirandole*, Paris, Aubier, 1974, p. 335 ; Eusebio Colomer,
« Individuo e Cosmo in Nicolo' Cusano e Giovanni Pico », dans *L'Opera e il Pensiero di G. Pico
della Mirandola nella storia dell'Umanesimo*, Firenze, Istituto nazionale di Studi sul Rinascimento, 1965, t. 2, p. 62-63 et 82-83.

signifiantes qui, auparavant, demeuraient bloquées » ; il « est plus *propre* au symbolisme que l'autre : le soleil y *réside*, y *repose, immobile* »[10].

Oculus mundi[11], le soleil est l'œil « métaphysique » qui regarde le monde (en un surplomb qui le constitue en *oculus infinitus*[12]) et le mesure[13], en même temps qu'il est celui par lequel le monde peut, comme le dit Ficin, « apercevoir toute chose en lui-même »[14] et voir l'au-delà de lui-même qui est Dieu. C'est ce que Le Fèvre comprend du célèbre vers d'Ovide dans lequel le Soleil dit : « Je suis celui qui mesure le cours de l'année, celui qui voit tout et par qui la terre voit tout l'œil du monde »[15].

La centralité et l'unité du Soleil sont soulignées par la paronomase « Soleil » / « seul œil »[16] (fréquente à la rime) qui reprend l'étymologie cicéronienne de *Sol* par *solus*. Pour autant, il ne s'agit pas de pratiquer une poésie emplie des fleurs de la rhétorique. La poésie scientifique entend dire le vrai et refuse les figures ainsi que la nature tropologique des tropes. Refus que l'on retrouve dans l'avertissement de *La Galliade*, et qui s'effectue au profit d'un mouvement immédiat d'anagogie, vers la connaissance des principes qui construisent la réalité elle-même. Revenir vers l'Un est facile grâce au Soleil qui figure cet Un et le manifeste. L'héliolâtrie (mais plus profondément, sans doute, l'héliosophie, qui apparaît nettement dans la mystique dionysienne) de l'Antiquité se retrouve à la Renaissance, principalement dans les milieux non-aristotéliciens tournés vers la *prisca theologia*[17]. Pour que la poésie donne à la

---

10. Fernand Hallyn, *La Structure poétique du monde : Copernic, Kepler*, Paris, Le Seuil, 1987, p. 142 et 145. F. Hallyn traduit (p. 159 n. 25) ces lignes de Ficin pour lequel le soleil, toujours en mouvement, s'oppose à l'immobilité divine qu'il signifie pourtant : « Puisque le repos, en tant que principe, maître et aboutissement du mouvement, est plus parfait que tout mouvement, assurément Dieu lui-même, principe et maître de toutes choses, ne peut être mobile. Le Soleil au contraire est sans cesse en mouvement » (*De Sole*, dans : *Opera omnia*, Bâle, ex officina Henricpetrina, 1556, t. I, p. 999). Voir les p. 143 sq. et 154 de F. Hallyn pour les questions de centralité et de verticalité.

11. Voir Homère (*Odyssée*, XII, 323), Macrobe (*Saturnales*, I, 21) ou encore Ovide (*Métamorphoses*, IV, 228). Dans la *République* (VI, 508 b), Socrate déclare que l'œil est « de tous les organes des sens celui qui tient le plus du soleil ».

12. Suivant l'expression que Ficin reprend à Orphée dans sa *Théologie platonicienne*, II, 10, édition de R. Marcel, Paris, Les Belles Lettres, 1970, t. II, p. 104.

13. Pour reprendre une partie de l'éloge du soleil fait par Cicéron dans le *De natura deorum*, par exemple en I, 31 ; II, 41.

14. Dernière phrase de l'opuscule *Quid sit lumen* : *Oculus quoque quo omnes vident oculi et, ut inquit Orpheus, oculus qui cuncta in singulis inspicit, ac revera omnia conspicit in seipso, dum esse se perspicit omnia* ; traduit ainsi par André Chastel (*Marsile Ficin et l'art*, Genève, Droz, 1975, p. 83) : « Dieu est cet œil par lequel voient tous les yeux et, selon le mot d'Orphée, l'œil qui voit tout en chaque objet, et véritablement aperçoit toute chose en lui-même ».

15. Ovide, *Métamorphoses*, IV, 227-228 : *Ille ego sum, dixit, qui longum metior annum, / Omnia qui video, per quem videt omnia tellus, / Mundi oculus.*

16. Par exemple dans *La Galliade*, I, v. 622 (« Du Soleil le seul-œil qui nous fait voir les Cieux ») et v. 688 (« le Soleil et le seul-œil de France »).

17. Voir Eugenio Garin, *Rinascite e Rivoluzioni*, Bari, Laterza, 1975, p. 255-281. Voir F. Hallyn, *La Structure poétique du monde, op. cit.*, p. 141 et 157 n. 9. Cette héliolâtrie (déjà présente chez Platon) se marque dans le développement, entre 1490 et 1530, des églises à autel central : F. Hallyn, p. 147, citant Francesco di Giorgio, cité par R. Wittkower.

science son unité en transformant les *naturalia* en *meravilia*[18] et en contribuant à affirmer les fondements d'une théologie naturelle, il faut quelques
concepts ou notions permettant à la théologie chrétienne d'être plus efficace.
Ce sera le rôle de la kabbale, du moins dans sa forme christianisée.

Kabbale

Connaître l'*hebraica veritas* doit permettre au poète d'échapper à une lecture trop naïvement « classique » du monde. La pensée des Grecs et des Latins
a certes construit les fondements et les principaux développements de la
science. Mais, d'une part, celle-ci n'offre qu'une unification superficielle du
savoir puisque l'ensemble du discours biblique est laissé de côté ; et, d'autre
part, cette lecture omet le fait que l'œuvre d'Aristote n'est pas seulement exo-
térique, comme le dit Jean Pic de La Mirandole dans l'une de ses conclusions[19]. Il s'agit donc de prendre chez les Juifs la pensée ésotérique qui s'est
transmise oralement depuis Moïse avant de s'écrire enfin dans plusieurs textes[20] dont le principal est un commentaire du Pentateuque, le *Livre de la Splendeur* (*Sepher ha-Zohar*), écrit sans doute au XIIe siècle par Rabbi Simon bar
Yochai, et imprimé pour la première fois à Mantoue en 1558. La kabbale est
l'ultime corps de doctrine de cette théologie première[21] qui doit assurer au
monde chrétien un retour définitif à Dieu par la *restitutio omnium rerum in
pristinum statum*. Sa connaissance permettra le triomphe sur le judaïsme,
comme l'annonce Pic dans son *Oratio*[22]. Car l'idée est la suivante : « la religion chrétienne était connue des Anciens, et elle n'a pas quitté l'espèce
humaine depuis son commencement jusqu'au temps où le Christ est paru dans

---

18. Sur ce sujet et sur la distinction entre *mimesis* scientifique et *semiosis* poétique, voir
Michael Riffaterre, « Système du genre descriptif », dans *Poétique*, 9, 1972, p. 15-30.

19. « Conclusions kabbalistiques au nombre de 72 », conclusion 63 : *Sicut Aristoteles divinio-
rem philosophiam : quam philosophi antiqui sub fabulis & apologis velarunt : ipse sub philosophicae speculationis facie dissimulavit : & verborum brevitate obscuravit : ita Rabi Moyses
aegyptius in libro qui a latinis dicitur dux neutrorum dum per superficialem verborum corticem
videtur cum Philosophis ambulare per latentes profundi sensus intelligentias : mysteria complec-
titur Cabalae.* Voir F. Secret, « Aristote et les kabbalistes chrétiens de la Renaissance », dans *Platon et Aristote à la Renaissance*. XVIe Colloque international de Tours, Paris, Vrin, 1976, p. 277-
291.

20. Principalement le *Livre de la Création* (*Sepher Iezirah*, traduit et commenté par Postel en
1552) et le *Livre de la Clarté* (*Sepher ha-Bahir*, traduit également par Postel ; le texte en a été donné par F. Secret dans *Postelliana*, Nieuwkoop, De Graaf, 1981, p. 21-112).

21. Sur ce sujet, voir Cesare Vasoli, « La prisca theologia e il neoplatonismo religioso », dans
Il Neoplatonismo nel Rinascimento. A cura di P. Prini, Rome, 1993, p. 83-101 ; M. Muccillo, *Pla-
tonismo, Ermetismo e « prisca theologia » : ricerche di storiografia filosofica rinascimentale*, Florence, 1996.

22. « Il n'y a aucun point de controverse entre les Juifs et nous, sur lequel ils ne puissent être
confondus et convaincus par les livres des Kabbalistes, au point qu'il ne leur reste pas même un
coin pour s'y cacher ». Texte latin : *nulla est ferme de re nobis cum Hebraeis controversia, de qua
ex libris Cabalistarum ita redargui convincique non possint, ut ne angulus quidem reliquus sit in
quem se condant* (éd. de 1496, f. 138 r° ; éd. E. Garin, Florence, Vallecchi, 1942, t. I, p. 160).

sa chair : c'est à compter de ce jour que l'on se mit à dire chrétienne la vraie religion, qui était déjà connue ». Ces lignes de saint Augustin[23], qui fondent donc les conceptions les conceptions de Le Fèvre, reprennent une pensée que l'on trouve déjà chez saint Justin[24] et chez Tertullien[25].

Il faut recourir à une étymologie fondée sur la permanence de son objet et des lois de son système hypothético-déductif (pour reprendre les qualités qu'attribue Nifo à la science[26]). Seule l'étymologie hébraïque dévoilera la vérité que portent en eux les mots (et qui donne accès à leur essence même[27]). Aussi l'orientaliste Guillaume Postel (1510-1580), maître de Le Fèvre, la nommera-t-il *émithologie*, néologisme formé sur la racine hébraïque *emeth*, la vérité[28]. Parce que ce mot *emeth* comprend la première, la médiane et la dernière lettre de l'alphabet hébreu, par l'émithologie on atteint, plus que les choses, « toute la liaison des choses, à sçavoir l'issue hors du Principe en la chose mesme, et le retour d'icelle à sa fin » comme l'assure *L'Harmonie du monde* (p. 442 C). La poésie construit moins sa propre vérité qu'elle ne reflète une vérité plus vraie. Le Fèvre va donc recourir à l'étymologie hébraïque pour expliquer que le Soleil est le serviteur de Dieu[29].

Au traité de dire le concept ; à la poésie de signifier la réalité du monde qui échappe au langage, ou plutôt qui le dépasse infiniment pour parvenir à l'intuition même du divin. En faisant du nom la chose de la chose, comme le dit Johann Reuchlin (1455-1522)[30], la poésie nous restitue notre monde sensible, celui-là seul qui est proche du divin. Face à la science qui vise la seule quiddité de la chose, la poésie scientifique entend montrer également son eccéité. En s'écartant du concept, dont elle entend cependant rendre compte (et qu'elle

---

23. *Retractationes*, I, XIII ; *La Doctrine chrétienne*, II, 18, 28. La connaissance de la vérité est possible en dehors du christianisme, d'une part parce que Dieu se fait connaître à travers sa création, et d'autre part parce que les philosophes païens, postérieurs à Moïse et aux prophètes, ont pu avoir connaissance de quelques semences de la vérité qu'il serait stupide de refuser.

24. *Première Apologie*, 59-60 ; *Deuxième Apologie*, 13, 4.

25. *Apologétique*, 47, 1-8.

26. Nifo, cité par R. Klein, *La Forme et l'intelligible*, Paris, Gallimard, 1970, p. 333.

27. J. Reuchlin, *La Kabbale*, livre III, introduction et traduction par F. Secret, Paris, Aubier, 1973, p. 247 : l'En-Sof « scelle Ehieh par Emeth, c'est-à-dire l'essence par la vérité ».

28. Forgé vers 1548 par Postel, la notion apparaît dans un de ses traités manuscrits (BnF fr. 2114, f. 38 r°) : *De vocabulis seu nominis excellentissima et primaria longeque quam vel platonica sit, digniori ratione, a Galliae parente primo toti orbi servata et in summae veritatis testimonium suppetiasque asservata.* Voir F. Secret, « L'Émithologie de Guillaume Postel », dans *Archivio di filosofia*, 1960, p. 381-427 ; Jean-François Maillard, « L'autre vérité : le discours émithologique chez les kabbalistes chrétiens de la Renaissance » dans *Discours étymologiques*. Actes du Colloque international organisé à l'occasion du centenaire de la naissance de Walter von Warburg. Bâle-Freiburg-im-Br.-Mulhouse, 16-18 mars 1988, édité par Jean-Pierre Chambon et Georges Lüdi, Tübingen, Max Niemeyer, 1991.

29. *La Galliade*, f. 3 r° : « Le Soleil en Hebrieu se nomme [...] qui signifie Ministre : les Perses mesmes en l'Isle d'Ormus le nomment Samis, et les Chaldez Simsa ».

30. « La Cabale n'est rien autre qu'[...] une théologie symbolique, où non seulement les lettres et les noms sont les signes des choses, mais aussi les choses des choses », dans (*La Kabbale* (1517), livre III, éd. F. Secret, Paris, Aubier, 1973, p. 209).

n'esquive pas, comme peuvent le faire les autres genres poétiques), cette poésie encyclopédique s'efforce de penser l'unité du monde en tant qu'il doit être
vécu dans l'incarnation. Le propos est moins scientifique – cerner la chose
dans ses relations avec les autres – que poétique : mettre la chose en perspective (*perspicuitas*). Autrement dit, par le choix d'un style clair (comme le
demande Quintilien[31]), manifester l'évidence[32] d'une instance qui est une
sorte d'au-delà de l'au-delà, de « plus haut Ciel des Cieux »[33], lieu même de
la science : là se trouve le « Soleil du Soleil » (IV, 1422).

Le Soleil se tient entre les trois planètes inférieures qui « expriment » les
sens bas (odorat, goût, toucher) et les trois supérieures consacrées à l'ouïe, à
la vue et à l'imagination. Il est la *ratio* qui maintient la double triade des sens
et tempère l'ensemble, si bien qu'il se voit attribuer la vertu, qualité du juste
milieu. Car il est à la fois celui qui se tient en équilibre et celui qui assemble
la vertu « repandue çà et là es planètes et estoilles »[34]. Ainsi, image de cette
raison, il est aussi image de l'homme puisque le microcosme, dit Reuchlin
repris par Le Fèvre, doit être situé au milieu de ces émanations de Dieu que
sont les Sephiroth[35], c'est-à-dire dans Tiphereth, la Sephira qui mêle miséricorde et douceur[36] et dont la beauté est la marque. Réceptacle des Sephiroth
supérieures, elle transmet leur énergie aux inférieures. Le Soleil occupe donc
un milieu spatial ; mais aussi un milieu temporel : créé le quatrième jour, il
« annonce » le Christ venu durant le quatrième millénaire, comme le soulignera Bérulle, qui reprend, outre Ficin et Pic, le commentaire de François de
Foix-Candalle au *Pimandre*, et le symbolisme du nombre quatre présent dans
les milieux influencés par le pythagorisme.

On connaît la distinction médiévale entre *lux*, la lumière de Dieu (Dieu
considéré comme lumière) et *lumen*, la lumière en tant qu'elle est un rayonnement issu de l'intelligence angélique[37]. En l'occurrence, parce qu'il peut ne
pas suivre d'épicycle (ce qui lui donne une liberté qui n'appartient qu'aux
intelligences angéliques[38]), le Soleil remplit ce rôle de monstration du proces-

---

31. Quintilien, *Institution oratoire*, VIII, 2, 1.

32. Cicéron, *De Natura deorum*, III, 9 : *perspicuum*, qui traduit le grec ἐναργές.

33. *La Galliade*, I, 9-10.

34. J. Thenaud, *Traicté de la Cabale*, éd. Ian Christie-Miller et F. Roudaut, Paris, Champion, 2007, f. 53 v°, p. 238.

35. J. Reuchlin, *La Kabbale, op. cit.*, p. 31. Le texte latin est le suivant : « Tipheret μικρόκοσμον in medio Sephiroth ponendum censerunt » (dans J. Pistorius, *Artis Cabalisticae : hoc est reconditae theologiae et philosophiae, scriptorum tomus I [...]*, Bâle, S. Henricpetri, 1587, p. 615).

36. F. Secret (« Le Soleil chez les Kabbalistes chrétiens de la Renaissance », dans *Le Soleil à la Renaissance. Sciences et mythes*, Paris, P.U.F., 1965, p. 237) cite ces mots de Postel extraits de son *Thresor des prophéties* : « la souveraine lumière de raison et miséricorde ».

37. Parmi de multiples références, voir Edgar De Bruyne, *Études d'esthétique médiévale*, Bruges, 1946, t. III, p. 26 : *splendor* ou *fulgor* quand la lumière se réfléchit sur un corps.

38. C. Vasoli, *op. cit.* note 5, p. 126, à propos de Bovelles, *Le Sage*, L.

sus de diffusion de la lumière à l'homme qui, lui, ne saurait voir cet astre qu'à travers les nuées : il demeure dans l'ombre, reflet de la *lumen*. Du moins l'homme peut-il, par le biais du Soleil, connaître un peu le monde angélique[39] : s'élever du monde sensible au monde intelligible (« suprême et mental » comme le définit Reuchlin[40]) pour entrevoir le monde « incomparable et divin »[41]. Ce qu'expriment ces vers de Le Fèvre (*La Galliade*, III, 1075-1079) :

Car lors l'Esprit ombreux avec l'ombre s'enfuit,

Et le jour sur-mondain avecques Phebus luit,

Phebus duquel le ray dedans l'Ame insinue

Du Soleil des Esprits la clarté simple et nue.

Dire que le Soleil est « source de clarté pure » (*La Galliade*, I, 1675), c'est rappeler qu'il jette l'éclat du point fondamental[42], et participe ainsi de l'essence divine. Point originel, à la fois infini et sans étendue, il est « le lieu » absolu, comme le dit l'hébreu (*Ha-maqom*). Sans cesser d'être identique à soi, le Soleil se développe, comme le point, en une circonférence qui l'actualise et en fait la deuxième personne de la Trinité. Comme le Soleil, la divinité se diffuse tout en demeurant identique à elle-même. Ce mouvement a pour image celui de l'homme qui, en tant que *vinculum mundi*, habite tout à la fois le point et la circonférence. Lancé dans la contemplation du Soleil, il en mime la course en un élan qui l'emporte et, dans le même temps, le maintient en son propre centre.

Une telle conception d'un mouvement hors du mouvement et d'un temps hors de tout temps n'entre pas en contradiction avec la science, qui doit se plier aux désirs divins. Même au ciel, les lois de la mécanique ne s'appliquent pas totalement[43]. Dieu peut avoir dit aux astres : « Les choses qui par moy ont esté faictes sont indissolubles, parce que je le veux ainsi »[44], et, dans son traité sur

---

39. Thenaud, *Traicté de la Cabbale*, f. 55 r°, p. 242 : « le Soleil et les estoilles qui sont comme les ieulx du monde angelic ».

40. *Op. cit.*, p. 95.

41. J. Reuchlin, *ibid*.

42. *Zohar*, 71 b, à propos de la pierre de saphir.

43. Cette étoile – qu'elle soit une comète ou une étoile nouvelle (comme le soutiendra Gemma) – possède un caractère miraculeux. C'est l'avis de bien des savants, parmi lesquels Tycho Brahé à propos de la supernova de 1572 : « Qu'il ait brillé une nouvelle étoile, qui, depuis le commencement du monde, ne s'était manifestée nulle part auparavant, et qu'elle se soit maintenue plus d'une année entière au même endroit du ciel, puis qu'enfin elle ait progressivement disparu, c'est un miracle, et qui dépasse l'attente et la portée de tous les hommes » (cité par Jean Céard, « Postel et l'étoile nouvelle' de 1572 », dans *Guillaume Postel. 1581-1981*, Paris, Trédaniel, 1985, p. 351).

44. F. 2 r°.

la supernova de 1572, Muñoz reconnaît qu'il y a « au Ciel corruption et embrazemens »[45]. Ce que reprendra Le Fèvre dans ces vers :

Par le vouloir de Dieu toute chose se fait,
Mais c'est aux hommes seuls que s'adresse l'effect
Et le sage ici-bas est Greffier de nature[46].

Considérant, comme beaucoup de ses contemporains, que « l'Antiquité a connu tout ce qu'on peut savoir de l'ordre universel »[47], Le Fèvre s'efforce, à la suite de Ficin, de tout ordonner, par le biais de l'exégèse allégorique, autour d'équivalences, dans un système fortement hiérarchisé. Aux différents degrés du ciel correspondent différents degrés « d'être ». À la suite de la pensée de Denys l'Aréopagite et de sa hiérarchie céleste, chaque sphère possède une âme dont la puissance est double, « l'une qui consiste dans la connaissance, l'autre dans l'animation et la direction du corps de la sphère »[48] : « les neuf muses avec les neuf Bacchus se livrent à des transports délirants autour du seul Apollon, c'est-à-dire autour de la splendeur du Soleil invisible »[49]. La poésie scientifique s'efforce de se hausser au niveau d'une parole telle qu'elle puisse rendre compte tout à la fois (parce que c'est fondamentalement la même chose, de toute éternité) de la puissance d'Apollon, de celle de l'Empyrée et de celle de Dieu compris en lui-même et dans le mystère de la Trinité.

Il ne faudrait cependant pas penser que la contemplation du Soleil soit essentiellement intellectuelle. Elle doit être également accomplie par le corps. Le Soleil est l'élément principal de toute thérapeutique : Ficin le dit dans le *De triplici vita*, que traduit Le Fèvre. Il faut regarder la lumière du Soleil et en être empli afin de comprendre, dans cette lumière, « les couleurs et les figures des choses »[50]. L'homme a pour devoir d'accepter le monde que lui donne le Soleil et d'en admirer la forme. Si l'harmonie universelle est détruite, « L'Entendement divin s'envole et se retire » (*La Galliade*, IV, 596) comme un aigle qui abandonnerait ses aiglons parce qu'ils n'ont pas pu « long temps bien soustenir de l'œil / Les rayons eslancez du supréme Soleil » (IV, 601-602). L'âme se

45. Traduction de Guy Le Fèvre, f. 4 r°, citée par J. Céard, *op. cit.*, p. 350.

46. Vers du premier sonnet (adressé à Desprez, membre de la Famille de la Charité) en tête de la traduction du *Cantique*. Cité par R. Gorris, « 'La stella delle maraviglie' : un poète et une étoile, la supernova de 1572 », dans *Esculape et Dionysos. Mélanges en l'honneur de Jean Céard*, Genève, Droz, 2008, p. 554.

47. André Chastel, *Marsile Ficin et l'art*, Genève, Droz, 1975, p. 136.

48. *unam in cognoscendo positam, alteram in sphaerae corpore vivificando atque regendo* : Ficin, *Théologie platonicienne*, IV, 1, traduction de R. Marcel, Paris, Les Belles Lettres, 1970, t. I, p. 164.

49. Ficin, *ibid.*, p. 165 : *Ideo Musae novem cum Bacchis novem circa unum Apollinem, id est circa splendorem solis invisibilis debacchantur.*

dresse, comme « fait l'œil envers la lumière du Soleil »[51], vers la divinité dont le Soleil illustre le centre dynamique[52].

Si donc Le Fèvre fait occuper au Soleil la place centrale, ce n'est pas du point de vue de la nouvelle physique, mais en raison d'une fonction bien précise qu'il lui assigne : le soleil indique la ressemblance au divin pour en permettre la contemplation, se trouvant par là-même être une part de ce divin. La comparaison, en effet, – Le Fèvre suivant le sens que Ficin donne à ce terme –, porte sur les essences : l'analogie fonde l'ontologie.

Le Soleil joue le rôle de l'*eidos* en ce que celle-ci exprime « la contiguïté permanente du sensible et de l'intelligible »[53] : il est certes présence dans l'âme, par la vue, mais aussi et surtout « ce *en quoi, dans quoi, par quoi* et *comme quoi* »[54] l'on connaît le monde. Célébré pour sa fonction noétique, le Soleil permet de conduire l'homme de la connaissance du vrai (l'intellect) à l'application du bien (la volonté).

50. Ficin, *Commentaire sur le Banquet*, traduction de Guy Le Fèvre de La Boderie, Paris, Jean Macé, 1578, f. 73 r° : « L'ordre du monde qui se voit est compris des yeux, non pas en la sorte qu'il est en la matière des corps : mais en la sorte qu'il est en la lumière, laquelle est aux yeux infuse ». Puisque la lumière vient du ciel par cette infusion, c'est que le regard permet l'élévation vers le céleste comme le souligne Ficin dans ces lignes (f. 6 v°-7 v°) : « Non autrement se dresse la Pensée envers Dieu, que fait l'œil envers la lumière du Soleil. L'œil premièrement regarde : puis après ce n'est autre chose que la lumière du soleil que ce qu'il void. Tiercement, en la lumiere du soleil, il comprend les couleurs et les figures des choses. Ce qui se fait parce que l'œil premierement obscur et informe, à la semblance du chaos, ayme la lumiere pendant qu'il la regarde, et regardant prend les rays du Soleil : et les recevant s'informe des couleurs et des figures des choses. Et ainsi comme icelle pensee tout soudain qu'elle est sans forme nee, se torne à Dieu, et là s'informe, semblablement l'Ame du monde vers la Pensee et Dieu, d'où elle est engendree, se reploye : et bien qu'au commencement, elle soit Chaos, et nüe de formes : neantmoins s'estant dressee par amour vers l'Angelicque Pensee, prenant les formes d'icelle, elle devient Monde. Non autrement la matiere de ce monde par l'amour inné se tourne et dresse de fait envers l'Ame, et à luy traitable se dispose. Et bien qu'icelle à son commencement sans ornement de formes, fust un Chaos non formé : neantmoins par le moyen de tel amour, elle reçoit de l'Ame l'ornement de toutes les formes, qui se voyent en ce monde. Et ce faisant, de Chaos elle est devenue monde ». Il faut rapprocher ce passage de ces lignes de Plotin, *Ennéades*, III, V (« De l'amour »), 3, traduction d'Émile Bréhier, Paris, Les Belles Lettres, 1925, p. 78 : « Alors, grâce à cette sorte de plaisir, à cet effort tendu vers son objet, à l'intensité de sa contemplation naît de l'âme un être digne d'elle et de l'objet qu'elle contemple. De cette âme qui tend vers l'objet de sa vision, et de ce qui émane de cet objet sont nés cet œil plein de l'objet qu'il contemple, cette vision qui n'est jamais sans image, Eros, dont le nom vient peut-être de ce qu'il doit son existence à la vision [*orasis*] ». Chez Plutarque (*Amatorius*), Eros est le soleil ou son éclat ; et l'éclat du style (*lamprotès*). Cependant Ficin (*Les Trois Livres de la vie [...]*, traduit par Guy Le Fèvre de La Boderie, Paris, Abel l'Angelier, 1581, f. 108 r°) avait écrit : « nulle estoille n'entretient et ne renforce plus en nous les puissances naturelles, voire toutes ensemble, que fait Jupiter, et de rechef nul ne nous promet plus de choses et plus prosperes ».

51. Voir la citation de Ficin dans la note précédente.

52. Kepler plus que Copernic comme le rappelle Alexandre Koyré, cité par F. Hallyn, *op. cit.*, p. 153. *Cf.* le commentaire de Paul Oskar Kristeller, *Il Pensiero filosofico di Marsilio Ficino*, Firenze, G. C. Sansoni, 1953, p. 132 : *L'anima, il sole e il fuoco appaiono qui come cause agenti di cui partecipano tutte le altre cose in quanto si muovono, splendono o sono calde*.

53. Anca Vasiliu, *Du Diaphane*, Paris, Vrin, 1997, p. 158.

54. *Ibid.*, p. 147.

Dans les années 1570-1590, les théologies du Concile de Trente et celles qui sont issues de la Réforme ne sont pas encore pleinement appliquées ; Kepler, Galilée et Descartes n'ont pas encore écrit leurs traités. Le temps est cependant compté : il reste un peu moins de trois décennies avant que les premiers éléments de rupture n'interviennent, lorsque la science se sépare radicalement de celle de l'Antiquité. En attendant un oubli qui sera brutal et durable, la poésie scientifique offre au lecteur une profondeur de propos dont on pourrait se demander si ses successeurs ne sont pas, par bien des aspects, les mystiques du XVIIe siècle.

DE LA SCIENTIFICITÉ DES ARTS.
RÉFLEXIONS SUR LE RAPPORT ENTRE LES ARTS PLASTIQUES ET LES MATHÉMATIQUES À L'ÂGE HUMANISTE ET CLASSIQUE

Pierre Caye

La route d'Athènes à Thèbes

Un des apports majeurs de l'histoire de l'art, en particulier de l'histoire de l'art de la Renaissance, ces dernières années, a consisté à souligner l'importance des relations entre arts, sciences et techniques et à mieux les définir : des relations qui dépassent et de loin la seule question de la perspective, qui n'est que l'arbre cachant la forêt. Malheureusement, la plupart de ces études minimisent les difficultés méthodologiques que pose l'étude de ces relations, les réduisant à une région spécifique de l'histoire des sciences, destinée en particulier à illustrer les problèmes de *geometria practica*. Or, il n'y pas ici de science universelle dont les arts et les techniques ne seraient que l'application et l'illustration. Quelle que soit l'étroitesse de leurs liens, quelle que soit l'importance fédératrice des mathématiques, arts, sciences et techniques ont chacune leur finalité, leur opérativité et pour ainsi dire leur régime de scientificité propre. Il est vrai que j'aborde ces questions non pas en historien des sciences mais en historien de l'art et de ses théories à l'âge humaniste et classique. En tant que tel, j'ai nécessairement rencontré la question mathématique, et bien mesuré la place incomparable qu'occupent les mathématiques dans la constitution même des arts et de leur théorie. Mais cette rencontre pour l'historien de l'art ne se déroule pas exactement de la même manière que pour l'historien des sciences. L'historien des sciences à la Renaissance se demande comment, à travers les arts, se mettent en place certains objets ou certaines opérations mathématiques. Pour ma part, je me pose une autre question, symétrique ou plutôt anti-symétrique, à savoir comment, à travers les mathématiques, se constituent de façon disciplinaire les arts du disegno. J'aime à rappeler ici la fameuse formule d'Aristote : « Le chemin d'Athènes à Thèbes n'est pas le même que celui de Thèbes à Athènes »[1]. De fait, considérer les mathématiques du point de vue de

---

1. Aristote, *Physique*, III, 202b13-14.

la théorie des arts et de leur opérativité en art n'a pas la même signification et conduit à des conclusions d'une tout autre nature que considérer les œuvres d'art du point de vue de leurs opérations mathématiques de constitution.

Cette différence de perspective explique que cet article pourra sembler déroutant aux historiens des sciences attachés aux grandes figures « scientifiques » de l'art de la Renaissance, Piero della Francesca ou Leonard de Vinci, mais elle est aussi la condition du dialogue fécond que j'entretiens avec Michel Blay sur ces questions.

L'art est une science

L'art humaniste se sert des mathématiques mais ne fait pas pour autant partie des sciences mathématiques ou physiques. Plus paradoxalement encore, l'art humaniste est une science à la scientificité de laquelle les mathématiques contribuent au plus haut point sans pour autant faire partie des sciences mathématiques ou physiques. Nous essaierons de comprendre cette apparente contradiction. L'art humaniste est donc une science. Telle est bien l'idée centrale de la Renaissance, qui explique le renouveau et l'efflorescence exceptionnelle de l'art qu'a connus cette période de l'histoire, et qui justifie l'importance de l'art et de sa théorie dans la constitution de la rationalité occidentale moderne. Quand, par exemple, Vitruve définit, au début du *De architectura*, l'architecture par la formule : *Architecti est scientia*, « il existe un savoir de l'architecte »[2], les versions renaissantes du traité proposent une leçon plus explicite encore : *Architectura est scientia*[3]. Il ne s'agit plus ici de traduire *scientia* de façon floue, par savoir ou connaissance, mais littéralement par « science ». La traduction en devient tout autre, non plus « il existe un savoir de l'architecte », mais plus fondamentalement : « L'architecture est une science ». Mais, de façon plus générale, que faut-il entendre sous le terme de science lorsqu'il est appliqué à l'art ? Ce terme, largement employé dans la théorie de l'art de la Renaissance aux Lumières, revêt en réalité trois significations différentes. Il définit tout d'abord toute recherche qui suit une certaine raison plutôt que le hasard (*sequentes non aleam, sed aliquam rationem*, dit Varron[4]) ; de façon plus précise et rigoureuse, est aussi « scientifique » tout art qui repose sur des préceptes clairs et peu nombreux, prêts à nourrir une argumentation, et susceptibles de s'apprendre et de se transmettre de maître à élève. Enfin, sont « scientifiques » par excellence les arts qui font usage des mathématiques, et nous savons combien la question mathématique, sous la forme de la perspective ou des proportions, joue un rôle fondamental dans la

2. Vitruve, *De architectura*, I, 1, 1.
3. Vitruve, *De architectura*, I, 1, 1.
4. Varron, *De re rustica*, I, 18.

constitution de l'art et de sa théorie à l'âge humaniste et classique. Cette troisième définition, la plus précise de toutes, contient en réalité les deux autres, car il n'y pas méthode plus réglée ni moins aléatoire que celle qui fait usage des mathématiques, en se servant non seulement de la précision des nombres, mais aussi de la rigueur de la démonstration mathématique et de sa force de déduction.

Il ne s'agit pas pour autant de soumettre l'art à un scientisme vulgaire qui assimilerait le réel à la *mathesis universalis* du nombre. L'architecture, aussi régulièrement proportionnée soit-elle, la peinture, aussi savante et correcte soit la géométrie de sa perspective, ne sont pas là pour prouver la pertinence des mathématiques, mais d'abord et avant tout leur propre validité. Effectivement, si l'art peut revendiquer une certaine scientificité, c'est moins en raison de l'exactitude de ses instruments de conception mathématiques que de la rigueur et de la propriété de son propre rapport au réel. Dans ces conditions, il importe moins de signifier la co-appartenance des mathématiques à l'art que de comprendre la singularité de leur usage artistique. C'est là toute la difficulté de la question. J'aborde certainement la partie la plus déroutante de mon exposé pour des historiens des sciences, celle où l'asymétrie de l'aller-retour entre Athènes à Thèbes, entre les arts et les sciences, est la plus marquée. De fait l'emploi des mathématiques n'est pas sans receler un certain nombre de dangers et de paradoxes pour la constitution de l'art en tant que science, c'est-à-dire en tant qu'approche rigoureuse et réglée du réel.

De quelques difficultés que pose une identification trop poussée des arts aux mathématiques.

En effet, une visibilité trop manifeste des mathématiques en art menace de réduire l'art au rôle d'un simple faire-valoir des mathématiques, comme si l'art ne constituait qu'une sorte de démonstration sensible des vérités mathématiques intelligibles, une simple *geometria practica*, à la façon des fameux panneaux d'Urbino, si bien que l'art resterait soumis à la hiérarchie canonique qu'instaure entre le sensible et l'intelligible Platon, qui au demeurant n'hésitait pas à afficher son mépris pour les arts plastiques[5]. Pour traiter de la perspective en peinture, Alberti de son côté en appelle, au tout début du *De pictura*, à une « Minerve plus grasse » (*pinguior Minerva*) que celle des mathématiciens, justifiant ainsi l'existence d'une spécificité méthodologique de l'art que requiert la force même de son expression sensible[6]. De même, il apparaît clairement aux artistes de la Renaissance et de l'âge classique qu'une mathématisation

5. Pierre-Maxime Schuhl, *Platon et l'art de son temps (arts plastiques)*, Paris, F. Alcan, 1933.
6. Leon Battista Alberti, *De la Peinture/De Pictura* (1435), trad. fr. J. L. Schefer, Paris, Macula, 1992, p. 72.

excessive des arts conduit à leur mécanisation, c'est-à-dire à une approche
automatique du processus de production artistique comme le rappellent Vasari
dans sa critique d'Ucello[7], ou encore, un siècle plus tard en France, dans le
cadre l'Académie de peinture, le fameux peintre d'histoire Lebrun dans sa
polémique contre Abraham Bosse, l'adaptateur de la méthode perspective de
Désargue à la gravure et à la peinture[8]. Enfin, l'approche purement mathématique de l'art implique que l'art reste tributaire du progrès des mathématiques
de sorte que sa légitimité scientifique apparaît bien temporaire et fragile. En
effet, que deviendrait, dans ces conditions, la scientificité de l'architecture à
partir du moment où, dès la fin du XVIe siècle, l'algèbre se substitue à la théorie des proportions ? Or, il est clair que l'architecture à l'antique, autrement dit
l'architecture fondée sur les proportions, continue à régner, et avec quelle
superbe ! pendant encore deux voire trois siècles sans jamais cesser de revendiquer son statut de science, tandis qu'il faudra attendre les ingénieurs du XIXe
siècle, avec en particulier la construction des ponts à points d'appui indirects,
pour qu'on soit en droit de parler d'architecture « algébrique ».

On ne saurait cependant, au nom précisément de cette divergence d'évolution entre les arts et les sciences mathématiques, s'autoriser à procéder à une
coupure historiciste entre l'art de la Renaissance d'une part, et l'art classique
et néo-classique d'autre part, comme si la Renaissance illustrait les noces des
arts et des mathématiques tandis que la révolution galiléenne en marquerait le
divorce, jusqu'à ce que les arts de « savants » se transforment en « beaux-
arts ». Il y aurait le moment originaire de la Renaissance et le reste ne serait

7. « Paolo Ucello aurait possédé le talent le plus charmant et le plus inventif de la peinture
depuis Giotto s'il eût pris autant de peine et de temps pour les figures et les animaux qu'il en perdit
dans l'étude de la perspective. Bien que cette étude soit belle et féconde en recherches, à s'y adon-
ner sans mesure on ne fait que consumer temps après temps, forcer sa nature, et charger son esprit
de préoccupations qui détruisent la spontanéité naturelle et rendent stérile et tortueux. On en tire,
en s'y attachant plus qu'aux figures mêmes, un style sec, tout en contours ; c'est ce qui arrive pour
trop de minutie dans le travail. Tel est le cas de Paolo Ucello ; doté par la nature d'un esprit pénétrant et subtil, il n'eut plaisir qu'à l'étude des points de perspective difficiles voire insolubles,
recherches qui, malgré de belles trouvailles, devinrent si gênantes pour les figures qu'en vieillis-
sant, il les fit de plus en plus mauvaises ; de telles créations n'ont jamais cette marque de facilité
et de grâce qu'obtiennent naturellement ceux qui composent avec mesure et ont un jugement
réfléchi ; les touches sont alors à leur place et évitent les singularités qui donnent à l'œuvre on ne
sait quoi de contraint, de sec, de malvenu, propre à susciter chez le spectateur la pitié plutôt que
l'admiration » (Giorgio Vasari, « Vie de Paolo Ucello » dans *Les vies des meilleurs peintres, sculpteurs et architectes*, trad. fr. A. Chastel, III, Paris, Berger-Levrault, 1983, p. 105). Et Vasari de citer
Donatello reprochant à Ucello la surabondance dans ses peintures de *mazzocchi* (ces coiffures en
forme de turban à pointes et à facettes très prisées dans la Florence du Quattrocento) dont la représentation est propice à l'usage virtuose de la perspective : « Eh ! Paolo ! Ta perspective te fait
abandonner le certain pour l'incertain ; ce sont là exercices de marqueteurs qui remplissent leurs
frises de copeaux, coquilles rondes et carrés et d'autres motifs » (*ibid.*, p. 106). Sur les limites de
la perspective et de sa place dans l'art de la Renaissance ainsi que sur la surinterprétation de son
rôle par l'historiographie moderne, v. P. Caye, « La question de la perspective à la Renaissance »,
dans *Paysage et ornement*, éd. D. Laroque & B. Saint-Girons, Paris, Verdier, 2005, pp. 77-103.

8. Martin Kemp, « A Chaos of Intelligence » : Leonardo's Trattato and the Perspective Wars in
the Académie Royale', dans *'Il se rendit en Italie'*. Études offertes à André Chastel, Paris,1987,
pp. 389-400.

que décadence. L'examen détaillé de la constitution des arts de la Renaissance aux Lumières infirme radicalement ce genre de thèse.

En effet, dès l'origine, et j'entends par origine, les deux traités fondamentaux d'Alberti, le *De Pictura* (1435-1437) et le *De re aedificatoria* (c. 1452), la théorie de l'art, tout en justifiant la nécessité des mathématiques, en montre aussi les limites. Alberti, qui est pourtant le premier à avoir théorisé l'usage de la perspective en peinture, avec le succès que l'on sait, ne lui donne pas d'autre statut que celui d'un *rudimentum*[9], d'un simple instrument au service des *ineruditi*, des débutants qui, faute d'un « œil ailé »[10], sont incapables de construire l'espace du tableau par la seule maîtrise du *disegno* et de la couleur, mais doivent recourir aux procédés schématiques du *velum*. Davantage, si pour le peintre la perspective est un pis-aller, pour l'architecte elle apparaît, aux yeux d'Alberti du moins, comme une technique de représentation fautive qui grève toute la logique de son projet[11]. À l'autre bout de la chaîne temporelle, il est loisible de constater à l'inverse qu'au cœur même du romantisme, les mathématiques restent encore fortement présentes dans l'enseignement des arts. On assiste ainsi, dans les traités de dessin du début du XIXe siècle, à un véritable retour de la géométrie, qui à nouveau contribue au plus haut point à l'organisation des apprentissages[12]. Ce retour de la géométrisation du dessin dans les cours de peinture n'est pas dû seulement au succès des écoles d'ingénieurs au début du XIXe siècle, mais relève aussi du questionnement propre de l'art de la peinture, comme en témoignait déjà le peintre Raphaël Mengs (1728-1779) pour qui « il n'est aucun objet dans la nature dont les contours et les formes ne soient composés de figures géométriques simples ou mixtes »[13]. C'est dire que les liens entre arts et mathématiques ne se laissent pas facilement périodiser, se révélant aussi durables que complexes, durables en raison même de leur complexité.

---

9. Puisque tel est l'intitulé du livre I du *De pictura* qui traite précisément de la perspective. Comme Alberti, Léonard place la perspective au tout début du processus de formation du jeune peintre, processus qui se poursuit ensuite et dans l'ordre par l'étude des proportions, par des exercices d'imitation à la manière du maître d'atelier, par la copie d'après nature, par l'étude des grands maîtres, avant enfin « qu'il ne puisse exercer et appliquer l'art par lui-même » (Paris, Institut de France, Ms 2172 (A), 97v, cit. dans *Traité de la peinture*, éd. et trad. fr. A. Chastel, Paris, Berger-Levrault, 1987, p. 321).

10. L'œil ailé dont Alberti fait son emblème.

11. Leon Battista Alberti, *De re aedificatoria*, II, 1, a cura di P. Portoghesi & G. Orlandi, I, Milano, Il Polifilo, 1966, p. 99.

12. Renaud d'Enfert, « Les manuels d'apprentissage du dessin (1740-1820) », dans *Réduire en art. La technologie de la Renaissance aux Lumières*, sous la direction de P. Dubourg-Glatigny et H. Vérin, Paris, Editions de la Maison des sciences de l'Homme, 2008, p. 259.

13. Cit. par Pierre-Charles Lèvesque, « Dessiner » dans Claude-Henri Wathelet et Pierre-Charles Lèvesque, *Dictionnaire des arts de peinture, sculpture et gravure*, I, Paris, L. F. Prault, 1792, p. 613.

De l'approche rigoureuse et réglée du réel que propose l'art et qui justifie sa scientificité

L'art, comme la mathématique, se veut d'abord une nouvelle théorie de la connaissance, de sorte que rien en définitive ne les associe mieux l'un à l'autre que leur émulation et leur rivalité pour atteindre la primauté au niveau des principes du savoir et des lois de la connaissance. Arts et mathématiques prétendent ainsi former une science nouvelle fondée sur une objectivité rigoureuse. Et c'est précisément cette gémellité épistémologique entre l'art et les mathématiques, qui explique la facilité qu'ont les arts humanistes et classiques à employer l'instrumentation mathématique.

La noétique aristotélicienne a posé pour principe qu'il ne saurait y avoir de pensée et de connaissance sans image[14]. La tâche de l'art, et en particulier des arts du disegno, peinture, sculpture, architecture, consiste précisément à fournir des images Haute Définition du réel telles qu'aucune noétique ne pouvait auparavant en imaginer d'aussi précises. En procédant ainsi, l'art vise à faire accéder la pensée à un niveau supérieur de connaissance.

La scientificité de l'art revêt d'abord une dimension stoïcienne : elle poursuit, elle aussi, une cataleptique de la représentation, c'est-à-dire une justesse de l'image, faisant accéder les images du sens commun, ce que Cicéron appelle des simulacres ou mieux encore des « spectres » (*spectrum*)[15], images floues et évanescentes, au rang d'une *phantasia kataleptiké*, d'un régime stable des images capables d'embrasser le réel et rien que le réel dans la clôture serrée et dense de leur représentation, tel un poing fermé pour reprendre une métaphore chère à la noétique stoïcienne[16]. La densité et la richesse de la représentation artistique étant obtenues ici par la condensation d'un grand nombre d'opérations visuelles et mentales que l'artiste concentre en un projet ponctuel et précis pour un tableau, une statue, un édifice, etc. Or, ce processus de condensation, dont dépend la haute définition de l'image, requiert au préalable une objectivation radicale de la représentation à laquelle contribue au plus haut point l'instrumentation mathématique.

---

14. Aristote, *De an.*, III, 7, 431a16 ; 431b1 ; III, 8, 432a7.

15. Cicéron, *ad Att.*, XV, 16, 1.

16. « Les notions fournies à l'imagination par le moyen des sens externes, écrit François Du Jon (Franciscus Junius), le grand théoricien classique de la peinture antique, ils [les artistes] les impriment et les gravent si profondément dans leur esprit, pour autant qu'elles méritent d'être retenues, que la foule des images qui par la suite, tous les jours, viennent s'y ajouter ou en partent, ne peut les en retirer ni les effacer [...] C'est que tous ceux qui ont résolu une bonne fois pour toutes de s'appliquer avec persévérance et régularité à cet exercice mental non seulement maintiennent leur sens dans le devoir et comme enchaînés, puisqu'ils évitent tout ce qui les distrairait de l'attention qu'ils doivent avoir, mais de plus, lorsqu'ils vont paraître en public, ils ne laissent pas divaguer ni se répandre trop capricieusement les mouvements rapides de leurs esprits libres qui sont désormais attachés le plus possible à ce seul soin ; enfin ils ne tolèrent pas que leurs pensées se dispersent, s'arrêtent trop longtemps aux images errantes et bientôt évanouies d'objets inconsistants » (Franciscus Junius, *De pictura veterum*, I, 2, 4 éd. & trad.. fr. C. Nativel, Genève, Droz, 1996, p. 186).

André Chastel a noté, à juste titre, que Léonard de Vinci jugeait nécessaire que le peintre procède, avant de peindre, à une sorte, j'utilise le terme même de Chastel, de « psychanalyse » pour abolir toute tendance narcissique et se défaire de son excessif attachement à sa subjectivité qui resserre le champ de sa vision et condamne son art à la répétition et à l'inertie[17]. Il s'agit, pour Léonard, d'atteindre à l'objectivité la plus radicale, au sens « scientifique » et non pas « philosophique » du terme, c'est-à-dire une objectivité non pas construite par un sujet comme la tradition classique de la philosophie la concevra plus tard, mais au contraire une objectivité où tout sujet se nie et disparaît dans sa propre représentation. C'est dans ce cadre qu'il faut concevoir l'usage de la perspective ou des proportions en art, qui créent précisément un espace préalable libéré de tout affect, voire de toute accidentalité, une sorte de vide, d'ouverture préjudicielle, qui permet précisément, par l'attraction même de sa vacuité, la densification et la concentration des opérations visuelles et mentales de projection de l'art. Et il en va de même, dans la théorie architecturale, des proportions qui ont aussi pour vocation d'espacer du vide, non pas certes sur un plan comme la perspective, mais en volume.

La notion platonicienne d'*eidos* ou d'*idea*, si souvent mentionnée par l'historiographie de l'art humaniste, n'est en fait que l'expression philosophique de cette haute définition de l'image que poursuit la science de l'art ; à son tour la haute définition de l'image ne peut être atteinte que par la constitution mathématique des conditions de la composition picturale ou du projet architectural, constitution qui est autant une ascèse de l'esprit que sa production, ou encore qui est une production de l'esprit précisément pour être le résultat de son ascèse par la voie des mathématiques.

Imitation et morphogénèse

Mais la mise au point d'instruments de connaissance hautement formalisés et objectivés ne suffit pas à justifier totalement les liens entre les arts et les mathématiques. La connaissance du réel que propose l'art ne constitue que la première étape de son projet et de son articulation aux mathématiques. L'art ne cherche à connaître le réel que pour mieux l'imiter. L'imitation, et plus précisément l'imitation de la nature, est le maître mot de l'art humaniste et classique, celui au nom duquel l'art légitime l'ensemble de ses démarches. Toute pratique plastique qui prétendrait sortir de ce cadre ne serait plus de l'art. C'est un terme lourd de sens qui dépasse largement la signification que lui donne le

---

17. « Le plus grand défaut des peintres est de répéter dans une composition les mêmes mouvements, les mêmes visages et draperies, et de faire que la plupart des visages ressemblent à leur auteur. Cela m'a souvent étonné, car je connaissais certains, dont toutes les figures qu'ils ont faites semblent être des autoportraits [...] Et ainsi toute particularité de la peinture répond à une particularité du peintre lui-même » (Léonard de Vinci, *Traité de la peinture, op. cit.*, p. 317 (Cod. Urb. Lat. 1270, 44 r-v). V. aussi l'analyse de ce passage par A. Chastel, *ibid.*, p. 10.

sens commun. L'articulation entre les arts et les mathématiques serait oiseuse, si elle ne répondait précisément aux conditions de la bonne imitation. Dans ce cadre, on ne saurait sous-estimer l'anecdote du peintre Zeuxis et des cinq vierges de Crotone que Pline l'Ancien rapporte dans son *Histoire Naturelle* et qui ne cesse d'inspirer la théorie de l'art, de la Renaissance au néo-classicisme[18]. Pour avoir choisi de représenter la beauté non pas en se fondant sur un seul modèle, mais, au contraire, en empruntant à divers modèles ce que chacun a de plus beau, Zeuxis donne à l'imitation ses lettres de noblesse en la dissociant de la simple copie. Car, en procédant ainsi, Zeuxis ne se contente pas de passer de la singularité à la multiplicité des modèles ; de l'un au multiple, c'est le sens même de l'imitation qui se modifie radicalement, car, à partir du moment où s'il s'agit de rassembler et de composer et non seulement de copier, la question de la conception et de la construction de la forme l'emporte sur celle de sa reproduction proprement dite, au point que le faire finit par primer sur la forme. Quatremère de Quincy écrit ainsi dans l'article *Imitation* de sa monumentale *Encyclopédie méthodique d'Architecture* : « Imiter ne signifie pas nécessairement faire la ressemblance d'une chose, car on peut ne pas imiter l'ouvrage, et imiter l'ouvrier. On imite donc la nature, en faisant non pas ce qu'elle fait mais comme elle fait, c'est-à-dire qu'on peut l'imiter dans son action lorsqu'on ne l'imite pas dans son ouvrage »[19].

Autrement dit, la doctrine canonique de l'imitation artistique renvoie en définitive à une morphogénèse artificielle, c'est-à-dire à un processus complexe d'engendrement des formes par l'art. C'est dans ce cadre que la haute définition de l'image trouve sa pleine opérativité, et c'est aussi dans ce cadre qu'il importe de questionner la fonction des mathématiques en art.

Les mathématiques sont à l'art ce que la vie est à la nature : un principe non seulement de dynamisme dans la morphogénèse de l'art, mais aussi de cohérence et de stabilité. En tant que telles, elles constituent l'instrument privilégié grâce auquel l'homme est en mesure d'imiter la nature dans son faire mieux encore que dans ses formes, *quand bien même la nature ne serait pas écrite en langage mathématique*. Elles assurent aux productions mentales un mouvement de formation et de mise au jour analogue à celui que la biologie réserve aux organismes vivants. De fait, dans la conception du tableau, de la statue ou de l'édifice, les mathématiques facilitent, par leur abstraction et leur généralité, les transitions de phase qui permettent de passer d'un stade de la conception à un stade ultérieur plus élaboré, tout en garantissant d'une phase à l'autre une parfaite univocité, sans laquelle le projet de l'architecte ou la composition du peintre se perdraient en route. Prenons le cas de l'architecture vitruvienne, c'est-à-dire de l'architecture par proportions. Les mathématiques permettent de

---

18. Pline l'Ancien, *Hist. Nat.*, XXXV, 64 ; Cic., *De inv.*, II, I, 1.

19. Antoine-Chrysostome Quatremère de Quincy, *Imitation* dans *Encyclopédie méthodique d'Architecture*, II, Paris, Vve Agasse, 1801-1820, p. 544a.

calculer les dimensions des éléments, la hauteur d'une porte par exemple, de dessiner avec précision les formes dans leur plus grand détail, les cavets ou scoties de la base, l'œil de la volute ionique, etc. et, de façon plus générale, de trouver la ligne juste, comme en témoignent les nombreux dessins cotés que les architectes de la Renaissance nous ont laissés ; mais elles permettent aussi, dans un second temps, de rassembler, au moyen d'un système de mesures (*symmetria*) réglé par les proportions, l'ensemble de ces détails pour assurer la cohérence de ce tout composé d'éléments séparés, à distance, que constitue l'édifice. Et il en irait de même en peinture où la perspective ouvre la voie à une distribution réglée du tableau plus précise encore, comme en témoignent en particulier les compositions de Botticelli qui superposent à la projection perspective un système de proportions réglant le rapport des différentes parties de la composition.

Mais il est clair que, comme le dit Léonard de Vinci, « la géométrie et l'arithmétique ne s'étendent qu'à la connaissance de la quantité continue et discontinue, mais ne s'occupent pas de la qualité qui est la beauté des produits de la nature et l'ornement du monde »[20], de sorte qu'il arrive toujours un moment dans la morphogénèse où l'œuvre d'art, portée par sa propre intelligence plastique, s'affranchit du cadre mathématique pour accéder à une pure harmonie non plus numérique et quantitative, mais linéaire et qualitative. Ce que le vitruvianisme à l'âge humaniste et classique appelle l'eurythmie, terme au demeurant qu'on retrouve dans la théorie de la peinture comme en témoigne par exemple Félibien. Ce passage de la quantité à la qualité, de la *symmetria* à l'eurythmie, marque l'achèvement et la perfection de la morphogénèse, l'élévation de la nécessité à la grâce : de la nécessité du projet à la grâce de l'œuvre accomplie et parfaite.

Cette marche de la nécessité à la grâce, qui illustre bien l'ambition de l'art à l'âge humaniste et classique, rend aussi raison de la progression des traités d'Alberti. Les trois premiers livres du *De re aedificatoria* , consacrés aux éléments de conception du projet (livre I), aux matériaux (livre II) et à la construction (livre III) relèvent de la *necessitas* selon le terme d'Alberti[21], tandis que les livres VI à IX se consacrent à la beauté, à l'ornement (*ornamentum*), à l'harmonie (*concinnitas*) et à la grâce (*gratia*) de l'édifice. De même, on est en droit de lire le *De pictura* d'Alberti sur le modèle du *De re aedificatoria* : la perspective définie au livre I assumant la *necessitas* du tableau tandis que l'*istoria* du livre III en fait toute la grâce et l'accomplissement.

---

20. Léonard de Vinci, *Traité de la Peinture, op. cit.*, p. 88 (Cod. Urb. Lat. 1270, 7v).
21. *De re aedificatoria*, cit. Prologue, p. 13 ; IV, 1, p. 265 & 269 ; 3, 295.

Conclusion

Nous pouvons maintenant, à la suite de cette réflexion préalable, tenter de
définir ce qu'il en est de la scientificité de l'art qui, bien qu'elle entretienne
une étroite complicité avec les mathématiques, n'en est pas moins propre et
singulière. Il y a, dans l'épistémologie aristotélicienne, une contradiction que
la théorie de l'art à l'âge humaniste et classique a l'ambition de résoudre. Pour
Aristote, il n'y a de science que du général[22] au nom du principe de causalité
valable pour toutes les réalités ; mais, par ailleurs, il n'y a de connaissance précise en acte que des singularités ontologiques définies[23], des singularités qu'on
ne saurait réduire au simple statut d'application de la causalité générale, de
sorte que l'on risque ainsi de dissocier la science de la connaissance, les lois
de la démonstration de la précision que requiert une authentique connaissance
du réel. La tâche de l'art, ce par quoi il est science au sens le plus noble du
terme, est de réconcilier cette contradiction, de promouvoir sans rupture, sans
solution de continuité, au moyen justement de son processus de morphogénèse,
le passage des lois générales du réel à la singularité ontologique, d'assurer la
synthèse du général et du particulier. Et de fait, l'art humaniste et classique
finit par produire des œuvres dotées d'une très forte singularité en partant
d'états globaux standards : matériaux et techniques à peu près semblables en
usage chez tous les peintres, sculpteurs ou architectes, emploi de figures géométriques ou de proportions arithmétiques abstraites et relativement indifféren-
ciées, observance de nombreuses règles « académiques », ou encore palette
étroite et récurrente de la thématique picturale, des modèles de la statuaire ou
de la typomorphologie architecturale. Or, l'abstraction mathématique constitue
un instrument privilégié de passage de l'universel au particulier, autant au
demeurant par sa capacité d'effacement que par sa dynamique d'engendrement. Car si, en raison même de leur abstraction, les mathématiques ne peuvent aller jusqu'au bout de la singularité de l'œuvre et de sa grâce, elles seules
peuvent la rendre possible par leur effacement et leur retrait final, que favorise
le statut même de leur abstraction, comme si l'art se définissait *in fine* comme
dissolution, sinon même comme autodissolution, des mathématiques dans la
singularité du réel.

L'art humaniste et classique est donc le fruit d'une double ascèse, d'un double effacement des mathématiques, au sens à la fois subjectif et objectif du
génitif : au sens subjectif en tant que les mathématiques sont les actrices de
l'effacement, en procédant à l'effacement du monde sensible, sous la forme de
la perspective ou des proportions, en déblayant l'espace, en en supprimant tous
les accidents et en y ménageant un vide préjudiciel qui conditionne la fécondi-
té même de la matrice morphogénétique de l'art ; mais aussi, au sens objectif

22. Ar., *An. Post.*, I, 31, 87 b.
23. Ar., *Mph*, , M 10, 1087a1020.

du terme en tant que les mathématiques sont amenées à s'effacer, une ascèse donc par rapport aux mathématiques elles-mêmes qui conduit à l'effacement de leur structuration comme s'il s'agissait de démonter les échafaudages de la morphogénèse pour mieux effacer de l'œuvre d'art toutes les traces de sa constitution. Nous retrouvons l'un des thèmes fondamentaux de la poïétique, pour ne pas dire de l'idéologie classique, le manifeste de sa souveraineté : le travail, qu'il soit mental aussi bien qu'ouvrier, ne doit jamais se voir ; ce que j'appelle une poïétique de l'effacement qui conditionne, aux yeux des classiques, non seulement la singularité de l'œuvre d'art, mais aussi sa beauté et sa grâce.

En retraçant les difficultés et les problèmes qui se posent au sein de la relation entre les mathématiques et les arts du disegno à la Renaissance, nous avons souligné l'importance de la morphogénèse. La morphogénèse rend opératoires les mathématiques en art. L'étude des objets mathématiques en art n'a donc de sens qu'à travers l'analyse de leur place et de leur fonction dans la morphogénèse poïétique. Car ce n'est qu'en se mettant au service de la logique morphogénétique que les opérateurs mathématiques expriment en art leur intelligence propre.

L'arithmétique propose des progressions, la géométrie des constructions, mais ni l'une ni l'autre n'est à la Renaissance véritablement morphogénétique, autrement dit aucune des deux ne se conçoit comme savoir de la transformation et des transitions de phase. Ce savoir-là, nous le devons exclusivement, à la Renaissance du moins, aux arts du disegno. Et c'est pourquoi ceux-ci constituent non seulement l'événement intellectuel et symbolique majeur de la Renaissance, mais aussi la pratique et le savoir directeurs de son *épistémé*.

MOMVS SEV DE HOMINE
RUSES ET TROUBLES DE L'EXÉGÈSE,
OU DES ERRANCES DE L'HISTOIRE

Francesco Furlan

Le *Momus*, l'un des grands textes fondateurs d'Alberti et le chef-d'œuvre indiscutable de ses *lusi*, dont j'ai établi naguère, avec Paolo d'Alessandro, une édition semi-critique (parue en version espagnole en 2006 et en version italienne en 2007, chez Mondadori)[1], et dont paraît en ce moment aux Belles Lettres la première véritable édition critique[2], le *Momus*, disais-je, n'a jamais été publié du vivant de son auteur – il n'a jamais été publié par Alberti.

Sans doute cette affirmation peut-elle surprendre, surtout lorsque l'on connaît un tant soit peu la tradition exégétique récente du *Momus*, dans laquelle cette donnée à bien des égards primordiale pour l'intelligence véritable de l'ouvrage n'est jamais soupçonnée, encore moins évoquée ne serait-ce que de façon hypothétique. C'est pourtant ce qui ressort clairement de l'étude attentive de la tradition du texte de ce roman, qui non seulement conserve quelques fautes clairement dues à son auteur, et attestées par tous les témoins conservés, aussi bien manuscrits qu'imprimés, mais qui est également marquée par une absence radicale – et de prime abord étonnante ou inexplicable – de toute indication de titre susceptible de remonter à Alberti dans les manuscrits

---

1. Cf. Leon Battista Alberti, *Momo*, Texto crítico y Nota al texto de Paolo d'Alessandro y Francesco Furlan, traducidos por Alejandro Coroleu : Introducción y Nota Bibliográfica de Francesco Furlan, Notas por Mario Martelli, traducidas por María José Barranquero Cortés : Volumen al cuidado de Francesco Furlan, Milán, S.B.E., 2006 ; ID., *Momo [Momus]*, Testo critico e Nota al testo di Paolo d'Alessandro & Francesco Furlan, Introduzione e Nota bibliografica di Francesco Furlan, Traduzione del testo latino, note e Posfazione di Mario Martelli, Volume a cura di Francesco Furlan, Milano, Mondadori, 2007.

2. Cf. *Leonis Baptistæ Alberti Momus*, Ediderunt Paolo d'Alessandro & Francesco Furlan, dans Leon Battista Alberti, *Momus*, Édition critique, Notice et Commentaire philologiques par Paolo d'Alessandro & Francesco Furlan, Traduction du latin par Claude Laurens, Notes de Claude Laurens & Mario Martelli, Introduction de Francesco Furlan, Préface de Pierre Laurens, Paris, Les Belles Lettres (= ID., *Opera omnia / Œuvres complètes*, Publiées sous le patronage de la *Société Internationale Leon Battista Alberti* et de l'*Istituto Italiano per gli Studi Filosofici* par Francesco Furlan, Série Latine : IX 18), 2013.

connus, dont deux ont été longuement (bien que par intermittences et de façon partielle) revus et corrigés par Alberti lui-même : le manuscrit *Marcianus Lat. VI 107 (= 2851)*, qui porte au moins deux cent cinquante interventions autographes de l'auteur, et le manuscrit *Parisinus Lat. 6702 (*olim *6307)* qui, lui, conserve un nombre encore plus grand d'interventions d'Alberti, quelque trois cents au total. Pour ce qui est des fautes unanimement attestées par la tradition et dont je viens de dire qu'elle ne peuvent que remonter à l'auteur lui-même, précisons qu'il s'agit pour l'essentiel d'inversions de noms de personnages (*Polyfagus* pour *Peniplusius* en IV 71 ou *Œnops* pour *Gelastus* en IV 83, par exemple) ou d'erreurs par inversion du sens (telle qu'en I 50 *servituti* au lieu de *libertati*, 'à l'esclavage' pour 'à la liberté') : atteignant à peine la demi-douzaine, les cas de ce genre ne sont certes pas nombreux, mais ils prouvent clairement que l'auteur n'a jamais relu son texte de manière suivie afin, pour ainsi dire, de le porter au niveau de cohérence interne qui précède immédiatement, d'ordinaire, la publication d'un écrit quel qu'il soit.

Il convient à cet égard de rappeler, ou de préciser, qu'un nombre non négligeable d'interventions autographes (corrections, ajouts ou suppressions, transpositions, etc.) attestées par les deux manuscrits, le *Marcianus* (= *M*) et le *Parisinus* (= *P*), que je viens de citer s'avèrent être contradictoires entre elles, ou vont dans des sens différents et plus ou moins éloignés, apparaissant au demeurant parfois dictées par un souci ou une impression momentanés, par une lecture rapide d'un seul passage qui ne permet pas à l'auteur de reconstituer les raisons ou le sens de l'ensemble, qui lui fait en somme oublier le contexte, le poussant par conséquent à des corrections indues, peu appropriées, ou contredites dans un second temps par d'autres interventions ou corrections autographes qu'il introduit sur un manuscrit différent. Car ce travail de révision parfois minutieuse mais toujours partielle ou ponctuelle, et menée, on l'a dit, par intermittences, *i.e.* en des temps différents et en plusieurs étapes, Alberti l'a fait sur trois *codices* distincts, dont deux sont conservés : les manuscrits *M* et *P*, *Marcianus* et *Parisiensis*, déjà cités, et un perdu, à savoir l'archétype de toute la tradition (= *X*), et donc de tous les témoins (manuscrits et imprimés) qui nous sont parvenus : le modèle ou antigraphe, en somme, des copistes de *M* et de *P*, les *codices* vénitien et parisien eux-mêmes, qui a également été le manuscrit dont Giacomo Mazzocchi s'est servi en 1520 pour imprimer à Rome son édition du *Momus* (= *Mz*) – parue, selon toute probabilité, entre quelques jours à peine et quelques semaines seulement après l'édition, elle aussi romaine, et elle aussi datant de 1520, d'Étienne Guillery *alias* Stephanus Guileretus (= *Gl*), avec laquelle elle partage traditionnellement la qualification, voire le « titre », d'*editio princeps*[3].

---

3. Leo Baptista de Albertis Florentinvs, *De principe*, Romæ, apud Stephanum Guileretum [*i.e.* Étienne Guillery], MDXX ; et *Leonis Baptistæ Alberti florentini Momus*, Romæ, ex æd. Iacobi Mazzocchi, MDXX.

Traditionnellement, en effet, on considère qu'il y a, non pas une, mais deux *editiones principes* du *Momus*, ce qui est bien sûr quelque peu paradoxal, mais qui découle de l'impossibilité traditionnelle d'établir leur chronologie respective. Toutefois, puisque l'étude du texte de l'une et de l'autre qu'avec P. d'Alessandro j'ai pu achever ces dernières années montre que G. Mazzocchi a, selon toute probabilité, repris plusieurs leçons de l'édition Guillery dans le feuillet de *Corrigenda* qu'il place à la fin de son édition (= Mz^2), nous pouvons aujourd'hui employer des définitions à la fois plus précises et plus appropriées, et pouvons donc réserver à la seule édition Guillery la dénomination d'*editio princeps*. Elle en a pour ainsi dire d'autant plus besoin que c'est assurément son seul titre de gloire, *i.e.* le seul intérêt qu'elle est susceptible d'avoir à nos yeux, comme nous allons le voir dans un instant.

Si donc l'édition Mazzocchi n'est vraisemblablement pas la première édition imprimée du *Momus*, il n'en reste pas moins qu'elle constitue un témoin de première importance, précisément parce qu'elle reprend ou reflète le dernier état du texte de l'archétype – le dernier état donc des corrections ou ajouts et suppressions d'Alberti sur ce manuscrit perdu. À ce titre, son témoignage s'avère irremplaçable et, bien qu'il faille prendre en compte une certaine « normalisation » linguistique ou stylistique de son texte que l'on doit attribuer (plutôt qu'à Alberti) à l'éditeur Mazzocchi lui-même, il est clair que *Mz* doit être attentivement étudié et pleinement pris en compte, tout comme doivent l'être *M* et *P*, *i.e.* les manuscrits vénitien et parisien qui nous conservent de nombreuses interventions de la main de l'auteur.

Or, et c'est bien l'un des points sur lesquels je souhaite m'arrêter ici, *Momus*, et *Momus* tout court, est le titre que notre ouvrage porte sur *Mz*, et seulement sur *Mz* ; c'est donc le seul titre qui, tout en pouvant aussi bien avoir été attribué à cet extraordinaire roman d'Alberti par G. Mazzocchi, ait une chance de remonter à l'auteur – le seul titre qui jouisse pour ainsi dire d'un fondement philologique et, en même temps, d'une pertinence évidente et indiscutable, notre ouvrage étant avant tout, *i.e.* en tout état de cause et bien avant tout autre considération éventuelle, le « roman de Momus », son acteur sans conteste principal… son grand héros.

Remarquons aussi que c'est ce même titre de *Momus*, et de *Momus* tout court, qu'atteste en espagnol la plus ancienne des versions en *volgare* de notre roman, *i.e.* la traduction espagnole par Augustín de Almazán, parue à Alcalá de Henares en 1553, qui titre précisément *El Momo*[4], et dont le texte peut en certains endroits faire penser qu'elle a été établie sur la base – non pas de *Mz*, comme on a pu l'affirmer[5], mais – d'un manuscrit inconnu de nous et remontant sans doute au petit cercle de jeunes ou très jeunes amis, d'élèves en quel-

---

4. Cf. *El Momo : La moral y muy graciosa historia del Momo, compuesta en latín por el docto varon Leon Baptista Alberto Florentín*, Transladada en Castellano por Augustín de Almaçán [...], Madrid, Iuan de Medina, MDLIII *necnon* Alcalá de Henares, Joan de mey Flandro, 1553.

que sorte, d'Alberti qu'après la mort de celui-ci, à la fin du XVe siècle et au début du XVIe, à Florence ou en Toscane comme à Rome ou ailleurs, à Venise, Padoue, Ferrare, cultivaient activement son souvenir et diffusaient son œuvre[6] : c'est manifestement dans ce cadre que s'inscrit l'édition par Girolamo Massaini, en 1499 ou 1500 ou 1501, d'un volume d'*Opera* latins d'Alberti qui aurait dû être le premier d'une série comprenant notamment le *Momus* et les *Intercenales*, mais qui, frappé par les foudres de la censure florentine ou, pour mieux le dire, de la haine que l'on porte à Florence au nom même d'Alberti, resta malheureusement le seul[7].

Momus tout court est par ailleurs, et enfin, le titre aussi de la version allemande la plus ancienne, celle qu'en 1790 publia à Vienne, aujourd'hui en Autriche, Georg Meissner[8].

En revanche, le pseudo-titre ou faux sous-titre *De principe* que l'édition italienne contemporaine, depuis l'édition Martini (1942) jusqu'à l'édition Consolo (1986), a présenté comme concurrent, voire transformé, dans l'esprit du lecteur non philologue, et bien souvent dans l'esprit du lecteur tout court,

---

5. Cf. Maria José Vega, « Traducción y reescritura de L.B. Alberti : El Momo castellano de Agustín de Almazán », dans *Esperienze letterarie*, XXIII, 1998, pp. 13-41 : 15, n. 2 – qui prétend que Mario Damonte (« Testimonianze della fortuna di L.B. Alberti in Spagna : Una traduzione cinquecentesca del Momus in ambiente erasmista », dans *Atti della Accademia ligure di Scienze e Lettere*, s. V, XXXI, 1974 [*sed* 1975], pp. 257-283 – repris dans ID., *Tra Spagna e Liguria*, Genova, Accademia Ligure di Scienze e Lettere, 1996, pp. 186-208) aurait *demostrado que la traducción castellana de Almazán se basó en el texto de la edición de Mazzocchi, i.e.* de *Mz*, alors que Damonte ne s'est jamais intéressé à cette question : en effet, *La versione [d'Augustín de Almazán] fu condotta su un manoscritto oppure su una delle due edizioni del 1520*, écrit-il simplement dans sa dernière étude sur le sujet (ID., « Attualità del Momus nella Spagna del pieno Cinquecento : La traduzione di Augustín de Almazán », dans *Leon Battista Alberti : Actes du Congrès international de Paris (Sorbonne-Institut de France-Institut culturel Italien-Collège de France, 10-15 avril 1995) tenu sous la direction de F. Furlan, P. Laurens, S. Matton*, Édités par Francesco Furlan, Paris, J. Vrin & Torino, Aragno, 2000, pp. 975-992 : 976).
6. Cf. Paolo D'Alessandro & Francesco Furlan, « Commentaire philologique et linguistique », dans L.B. Alberti, *Momus*, éd. d'Alessandro & Furlan 2013 cit., IV 71, *ad voc.* « *Polyfagi* ».
7. Cf. « Hieronymus Massainus Roberto Puccio S(alutem) », dans *Leonis Baptistæ Alberti Opera*, [Hieronymo Massaino curante], *s.l.n.d.* [*sed* Florentiæ, Per Bartholomeum de Libris, MCDXCIX ?], f^{os} a1*v*-4*r* ; Francesco Furlan & Sylvain Matton, « Baptistæ Alberti Simiæ et de nonnullis eiusdem Baptistæ apologis qui nondum in vulgus prodiere : Autour des intercenales inconnues de Leon Battista Alberti », dans *Bibliothèque d'Humanisme et Renaissance*, LV, 1993, pp. 125-135 ; Francesco Furlan, *Studia albertiana : Lectures et lecteurs de L.B. Alberti*, Paris, J. Vrin & Torino, Aragno, 2003, pp. 157-172 et 195-206 en particulier ; Luca D'ascia & Stefano Simoncini, « Momo a Roma : Girolamo Massaini fra l'Alberti ed Erasmo », dans *Albertiana*, III, 2000, pp. 83-103 ; Francesco Furlan, « Io uomo ingegnosissimo trovai nuove e non prima scritte amicizie (De familia, IV 1369-1370) : Ritorno sul libro de Amicitia », dans *Leon Battista Alberti (1404-1472) fra scienze e lettere*, Atti del Convegno organizzato in collaborazione con la *Société Internationale Leon Battista Alberti* (Parigi) e l'*Istituto Italiano per gli Studi Filosofici* (Napoli) : Genova, Palazzo ducale, 19-20 novembre 2004, A cura di Alberto Beniscelli e Francesco Furlan, Genova, Accademia Ligure di Scienze e Lettere, 2005, pp. 327-340 ; Paolo D'Alessandro & David Marsh, « Girolamo Massaini trascrittore dell'Alberti », dans *Albertiana*, XI-XII, 2008-2009 [= David Marsh, *Studies on Alberti and Petrarch*, Farnham, Ashgate, 2012, n° XVII], pp. 260-266.
8. Cf. *Momus des Leo Baptista Alberti*, [Hrsg. von A. Georg Meissner,] Gedruckt bey Ignaz Alberti, Wien, Fr. Jak. Kaiserer, 1790.

en vrai titre de l'ouvrage, immédiatement imitée en cela par les auteurs des traductions allemande, française, espagnole... qui en ont été tirées récemment, ce pseudo-titre *De principe* n'est au départ qu'une création d'Étienne Guillery qui, ne trouvant dans ses sources – et pour cause ! – aucune indication de titre, se décida à en créer un de toutes pièces pour son *editio princeps* de 1520[9]. Ce faisant, il introduisait dans la tradition du *Momus* une indication manifestement erronée ou fausse, qui est aussi une interprétation déroutante et parfaitement inacceptable, mais qui a joui d'une énorme fortune jusqu'à nos jours – une indication et une interprétation fantaisistes aussi peu justes ou pertinentes aux yeux de tout bon exégète qu'est superflu ou simplement inutile aux yeux d'un philologue le texte de son édition – lequel n'est, d'un point de vue ecdotique, qu'un *descriptus* de *P*, une copie donc du *codex Parisiensis* cité, en tant que tel tout à fait inutile, à écarter ou à éliminer promptement, et résolument, en vue de l'établissement du texte critique du *Momus*.

Une quarantaine d'année plus tard, l'inventivité elle aussi « créatrice » de Cosimo Bartoli allait se joindre à l'improbable création d'Étienne Guillery, à son invention farfelue, et en compléter l'œuvre non moins trompeuse que détestable. C'est en effet à C. Bartoli et à ses *Opuscoli morali di Leon Batista Alberti*, imprimés à Venise en 1568, que l'on doit la juxtaposition des titres, fort éloignés et même divergents l'un de l'autre, sinon contradictoires entre eux, des deux éditions romaines de 1520 : *Momus* d'un côté, *De principe* de l'autre. Aussi *Momo, ouero Del principe* est-il le titre chosi par Bartoli[10] – d'où toutes les traductions suivantes : *Momus seu De principe*, en latin ; *Momus o Del principe*, en italien ; *Momus oder Vom Fürsten*, en allemand ; *Momus ou Le prince*, en français ; *Momus o Del príncipe*, en espagnol...

Relevons donc, en passant, les dégâts qu'a également provoqués à notre propos l'entreprise de vulgarisation de l'œuvre d'Alberti à laquelle Bartoli s'est livré au milieu du XVIe siècle. Du reste, quand on pense aux obstacles que sa traduction du titre *De re œdificatoria* par *Architettura*, ainsi que son *aggiunta de disegni*, *i.e.* l'adjonction de dessins et de figures de son cru[11], pour ne parler que de cela, ont dressés sur la voie de l'intelligence véritable de cet ouvrage séminal ou fondateur, on doit se dire – je crois – que Messer Cosimo Bartoli n'a pas moins contribué à populariser le nom d'Alberti qu'à fausser son œuvre ou à en distordre le sens...

---

9. Le fit-il en s'inspirant de la suggestion, au demeurant non moins rapide que générique ou floue, de *Proœmium* 7 ? On peut sans trop de difficultés le croire. Toujours est-il que dès les premiers paragraphes du livre Ier cette suggestion apparaît entièrement dépassée, voire contredite.

10. « Momo, ouero del Principe », dans *Opuscoli morali di Leon Batista Alberti gentil'huomo firentino : Ne' quali si contengono molti ammaestramenti, necessarij al viuer de l'Huomo, cosí posto in dignità, come priuato*, Tradotti, & parte corretti da M. Cosimo Bartoli, Venetia, Francesco Franceschi, 1568, pp. aiii-vi et 1-120.

11. Cf. *L'architettura di Leonbatista Alberti*, Tradotta in lingua fiorentina da Cosimo Bartoli gentil'huomo & accademico fiorentino : Con la aggiunta di disegni, Firenze, Lorenzo Torrentino, MDL.

Mais ce qu'il importe surtout de retenir, à présent, c'est le succès presque sans bornes dont la suggestion fautive et fausse de Guillery, relancée par Bartoli, a joui non seulement auprès des éditeurs du texte du *Momus* et de ses traducteurs contemporains, mais aussi auprès de ses interprètes ou critiques ou commentateurs, ou encore de ses simples lecteurs d'avant-hier et d'hier – succès dont elle risque fort, par l'inertie des choses humaines, de jouir encore aujourd'hui ou demain auprès de ceux chez qui perdurerait l'ignorance des données et des faits précis que je n'ai fait ici que rappeler très rapidement.

En même temps, il importe de souligner l'obstacle que cette fausse suggestion a dressé et dresse encore sur la voie d'une vraie et entière compréhension du *Momus*. Car il ne peut y avoir de doutes sur le fait que, si l'on souhaitait ajouter au titre de ce roman une indication quelconque en guise de sous-titre ou, mieux, de simple explication, on ne saurait avoir recours à autre chose qu'à la précision *de Homine* : *Momus seu De homine*, donc, comme je l'ai fait pour le titre de la présente contribution.

Car ce n'est que de l'homme ou du genre humain, homme et femme confondus, qu'Alberti nous parle dans cet ouvrage. Ce n'est que de ses turpitudes et de ses misères, de sa niaiserie, de son inconséquence et de sa sottise, de son absurdité, déraison, folie, de l'excès aussi de sa myopie – bref, de son incapacité foncière à s'élever et à se mouvoir au rang du *mortale iddio felice* ailleurs dans son œuvre entrevu et même célébré[12], qu'Alberti entend parler et parle effectivement. De sorte que s'il lui arrive de s'arrêter sur le prince – quoi de plus prévisible et, en définitive, de plus normal ? –, s'il lui arrive de peindre sous les traits de Jupiter un prince dont on ne voudrait pas pour ami, pour parent, pour simple connaissance, il ne le fait, de toute évidence, que parce qu'il existe et a toujours existé, parmi les hommes, des princes, *i.e.* des individus dont le masque que le sort leur attribue est bien celui du prince.

En définitive, pourrait-on dire, ce n'est qu'en tant qu'*hominis figura*, ou *persona*, que le *Momus* traite du prince : ce n'est qu'en tant que figure d'homme et, à la fois, en tant qu'un des nombreux masques qu'aiment à porter les hommes, que Jupiter, prince parmi les princes, monte sur la scène du *Momus*.

Aussi peut-il sembler incongru et curieux, et apparaître en même temps bien malheureux, que l'on ait pu songer à rechercher d'improbables contacts entre notre roman proprement inclassable, car dépourvu de vrais modèles et se refusant de toutes parts à une éventuelle inscription dans un genre littéraire ou philosophique précis, et les écrits *de Principe* que les renaissants, prolongeant à

---

12. Cf. Leon Battista Alberti, *I libri della famiglia*, A cura di Ruggiero Romano e Alberto Tenenti, Nuova edizione a cura di Francesco Furlan, Torino, Einaudi, 1994 & 2002², II 1784.

leur façon la tradition des *Specula* médiévaux, ont accumulé au *Quattrocento* comme au *Cinquecento*[13].

*

Roman pseudo-mythologique à bien des égards insaisissable, empreint d'un humour caustique, rempli d'allusions indéchiffrables au monde contemporain et, plus encore, de références aux universaux humains, le *Momus* est sans aucun doute le plus captivant *lusus* d'Alberti, l'une des trois grandes formes d'écriture et d'investigation – avec le traité et le dialogue – que l'humaniste a cultivées et dans lesquelles il a excellé[14]. C'est aussi, et sans conteste, le chef-d'œuvre de la prose humaniste du XVe siècle et l'un des sommets de la littérature humoristique de tous les temps en langue latine.

N'y voir qu'une banale allégorie politique, forcément ressassée, serait assurément l'appauvrir grandement, mais il serait peut-être encore plus simpliste, et certainement tout à fait inapproprié, de continuer à le lire sous un angle faussement documentaire et pseudo-historique, ou pseudo-autobiographique, en proposant dans le sillage de Girolamo Mancini des identifications improbables et incongrues entre tel ou tel personnage contemporain et l'une ou l'autre des figures du roman. Fallacieuses ou spécieuses pour la plupart, ces identifications apparaissent d'emblée, quand on connaît Alberti et son *lusus*, non seulement fondées inévitablement sur un « paradigme indiciaire » impressionniste et fumeux, et souvent même semées d'arguties tautologiques, mais aussi profondément empreintes d'une sorte de dilettantisme naïf et totalisant que les conclusions discordantes de ceux qui les proposent ne font que dénoncer[15]. Comment, du reste, pourrait-on voir sérieusement un roman à clefs dans le *Momus* ou dans la comédie de quiproquos dont il donne une mise en scène des plus réussies ? Quel intérêt peut-il y avoir dans l'identification *a priori* mystificatrice dans tout théâtre des masques bien conçu, dans l'identification – disais-je – de l'auteur tantôt dans Momus, son héros protéiforme, ou dans Jupiter, tantôt dans le philosophe Gélaste, dans Hercule ou dans Charon ?

---

13. C'est ce que s'efforce de faire, parmi bien d'autres, M.J. Vega, *Traducción y reescritura de L.B. Alberti...*, cit., pp. 25 ss. et 32 ss. en particulier – dont l'étude se développe toutefois à partir des besoins de l'analyse *de la actividad interpretativa* d'Augustín de Almazán (*ibid.*, p. 15) et a le mérite d'encadrer cet exercice de manière critique en précisant clairement que *Si se acepta que el Momo es un libro de principe, debe concederse también que es notablemente excéntrico : carece de destinatario conocido y no se presenta como tratado, sino como ficción gentílica ; no es ciceroniano, sino lucianesco ; no trata el retrato moral del optimus princeps, sino de dioses intrigantes, fracasados o matreros ; los exempla, o los que pudieran considerarse como tales, son notablemente subversivos ; carece de elogios e incluso de reflexiones sobre la bondad de la vida civil y activa, y el único oficio del hombre que sale bien parado es el del mendicante, pícaro y vagabundo. Tampoco acude ni se fundamenta en la tradición moralista : antes bien, contiene una sátira de la vida y costumbres de los filósofos morales* [...] (*ibid.*, p. 33 s.).

14. Voir, à ce sujet, Francesco Furlan, « Per un ritratto dell'Alberti », dans *Albertiana*, XIV, 2011, pp. 43-53 : 50-52 en particulier.

Quelle importance cela aurait-il, au fond, de prouver le bien-fondé de l'identification en Momus d'un Francesco Filelfo ou d'un Niccolò Niccoli ? ou de l'identification dans un Jupiter présenté exclusivement comme *cælorum rex* et *deorum pater*, ou comme *rerum conditor*, de tel ou tel pape, ou du cardinal Vitelleschi ou de son successeur, le cardinal Scarampi ? Bien peu, en vérité[16]. Aussi, bien qu'en rejetant fermement toute hypothèse de frustration devant l'impossibilité de découvrir l'allégorie qui, prétend-on, sous-tendrait tout l'ouvrage, pouvons-nous partager sans trop de réticence une lecture qui décèle dans le *Momus* et dans ses incessantes inventions narratives la ferme détermination qu'a été celle d'Alberti pour *impedire puntigliosamente ogni identificazione di persone e fatti*[17].

À cet égard, en effet, il convient de s'en tenir simplement à la déclaration liminaire de l'auteur à propos de son originalité, d'ailleurs évidente, et de la nouvelle forme d'écriture, véritablement philosophique, dont relève une œuvre qui divertit agréablement le lecteur en alliant avec profit la *dignitas* du sujet et la *gravitas* de l'expression au rire et aux plaisanteries (*risus* et *ioci*) :

non me [...] fugit quam difficillimum ac prope impossibile sit aliquid adducere in medium quod ipsum non a plerisque ex tam infinito scriptorum numero tractatum deprehensumque extiterit. Vetus proverbium : nihil dictum quin prius dictum.	il ne m'échappe pas combien il est difficile et presque impossible de produire quelque chose qui, dans une telle foule d'auteurs, n'ait pas déjà été traité et choisi par nombre d'entre eux. Un vieux proverbe dit : « Rien n'est dit qui n'ait déjà été dit ».

15. À titre d'exemple, on peut voir l'identification d'Alberti avec Gélaste proposée par Girolamo Mancini (*Vita di Leon Battista Alberti*, Seconda edizione completamente rinnovata con figure illustrative, Firenze, Carnesecchi, 1911 [= Roma, Bardi, 1967 & 1971[2]], p. 264) et reprise entre autres par Giovanni Ponte (*Leon Battista Alberti umanista e scrittore*, Genova, Tilgher, 1981 & 1991[2], p. 93) et par Roberto Cardini (« Alberti o della nascita dell'umorismo moderno : I », dans *Schede umanistiche*, I, 1993, pp. 31-85 : 64), alors que Rinaldo Rinaldi (*Melancholia christiana : Studi sulle fonti di Leon Battista Alberti*, Firenze, Olschki, MMII, p. 135), pour qui *le due facce dell'intellettuale Alberti* seraient au contraire Hercule et Momus, voit en Gélaste un *scalcinatissimo e ridicolo tipo di filosofo aristotelico*. Ce même auteur, dont l'interprétation du *Momus* est parfois aussi surprenante que l'est par endroits le roman d'Alberti, estime par ailleurs pouvoir étendre ce genre de lecture tant au préambule de l'ouvrage qu'à son dédicataire (cf. *ibid.*, pp. 118 ss.) – qu'il se plaît à qualifier de *segreto* mais qui, en vérité, est seulement immatériel et purement générique, ainsi que radicament impossible à identifier, du fait même de la non publication du *Momus*, dans la réalité historique du *Quattrocento*.

16. On trouve un bref résumé des identifications proposées dans l'*Introduction* à Leon Battista Alberti, *Momus*, English translation by Sarah Knight, Latin text edited by Virginia Brown and Sarah Knight, Cambridge (Mass.) & London, The Harvard University Press, 2003, pp. VII-XXV : XXII s.

17. Nanni Balestrini, « Presentazione », dans Leon Battista Alberti, *Momo o Del principe*, Edizione critica e traduzione a cura di Rino Consolo, Introduzione di Antonio Di Grado, Presentazione di Nanni Balestrini, [Note di Rino Consolo e Antonio Di Grado,] Genova, Costa & Nolan, 1986, pp. V-X : VII.

Quare sic statuo, fore ut ex raro hominum genere putandus sit, quisquis ille fuerit, qui res novas, inauditas et præter omnium opinionem et spem in medium attulerit. Proximus huic erit is qui cognitas et communes fortassis res novo quodam et insperato scribendi genere tractarit. Itaque sic deputo : nam si dabitur quispiam olim qui cum legentes ad frugem vitæ melioris instruat atque instituat dictorum gravitate rerumque dignitate varia et eleganti idemque una risu illectet, iocis delectet, voluptate detineat – quod apud Latinos qui adhuc fecerint nondum satis exstitere – hunc profecto inter plebeios minime censendum esse. // [...] fortassis essem assecutus ut apertius intelligeres versari me in quodam philosophandi genere minime aspernando. [...] elaboravimus ut qui nos legant rideant aliaque ex parte sentiant se versari in rerum pervestigatione atque explicatione utili et minime aspernanda. [...] Quod si senseris nostra hac scribendi comitate et festivitate maximarum rerum severitatem quasi condimento aliquo redditam esse lepidiorem et suaviorem, leges, ni fallor, maiore cum voluptate.

C'est pourquoi j'estime qu'il faudra ranger dans une catégorie d'exception l'auteur, quel qu'il soit, qui produira une œuvre nouvelle, sans précédent et surprenante. Viendra juste après celui qui traitera un sujet connu et peut-être banal mais le fera de façon neuve et en un style neuf. Ainsi, selon moi, s'il se trouve un écrivain qui dispose et prépare ses lecteurs à une vie plus vertueuse par le sérieux de ses propos et la dignité, la variété, l'élégance de ses arguments et qu'en même temps il les amuse, les divertit et les charme – ce qu'on n'a guère rencontré jusqu'à présent chez les auteurs en langue latine – il ne faudra pas le compter parmi le tout-venant. // [...] j'aurais peut-être réussi à faire admettre que je me livrais à une sorte de philosophie qui n'a rien de méprisable. J'ai [...] tout fait pour que mes lecteurs s'amusent et se rendent compte d'un autre côté qu'ils participent à une enquête et un examen utiles et respectables. [...] Si tu as l'impression que mon enjouement et ma verve sont comme un condiment destiné à alléger et adoucir la sévérité des plus grands sujets tu me liras, si je ne m'abuse, avec plus de plaisir[a].

---

a. Cf. L.B. Alberti, *Momus*, éd. d'Alessandro & Furlan 2013 cit., Pr. 4-5.

Il faut admettre que notre roman multiforme, s'il ne traite pas du prince, renvoie en revanche clairement *a un universo irregolare e sconvolto, ad un Olimpo travolto da frodi e discordie, ad una condizione umana di sofferenza senza speranza, a progetti tanto grandiosi quanto inconcludenti di rifare il mondo*[18], comme on a pu l'écrire avec une très grande justesse. Tout au long de ses pages, ce sont surtout l'intrication des innombrables, imprévisibles et invraisemblables aventures du héros, et sa rencontre avec la personnalité singulière, bien inconsistante en vérité, d'un Jupiter « ne répondant pas le moins du monde à l'idée que l'on se fait d'une divinité »[19], qui suscitent une *comicità critica et paradossale*[20] et parfois même en grande partie proprement surréelle.

---

18. G. Ponte, *Leon Battista Alberti umanista e scrittore*, cit., p. 90.

19. Cf. *ibid.*, p. 93 : « che non risponde certo ad un concetto di divinità minimamente attendibile ».

20. R. Cardini, *Alberti o della nascita dell'umorismo moderno...*, p. 32.

Descendu, comme on a pu le dire, de l'« Olympe déchu de Lucien »[21], et dépeint de manière incisive, en I 2, par une heureuse formule qui met d'emblée en relief son tempérament original dans l'assemblée des dieux :

omnium unus est Momus qui cum singulos odisse, tum et nullis non esse in odio mirum in modum gaudeat,	Momus est le seul qui se réjouisse extraordinairement et de détester tout le monde et d'être détesté par tous,

Momus n'est autre qu'un *alter ego* extrémiste, radical ou même fiévreux de l'auteur et, par là même, de n'importe lequel d'entre nous – ou, si l'on préfère, une projection de nous-mêmes, une projection joueuse par désespoir, folle de lucidité autant que de malice amère et douloureuse.

Dieu querelleur du reproche et de la provocation, déstabilisant et presque terroriste par ses incessantes fantaisies subversives ; dieu hargneux, odieux, dénigreur, calomniateur et démagogue, Momus est aussi celui qui dévoile très lucidement la vérité des faits et des choses, ainsi que les mobiles et les intentions des hommes et des dieux. Capable aussi bien de démasquer sans pitié que de mystifier de la manière la plus grossière et la plus inattendue, il est surtout dépeint comme un dieu de la dérision et de la désacralisation d'une part, de la métamorphose et de la duplicité ou de la dissimulation de l'autre. Ce sont toutefois l'ambiguïté insaisissable, l'inépuisable polyvalence et, en même temps, l'activité frénétique et l'imagination déréglée dont il fait preuve qui sont à la source du penchant nihiliste et de l'âme anarchisante de cette divinité caméléonesque.

Pour mettre en lumière son indubitable et troublante fonction subversive, il suffit de renvoyer, d'une part, en I 26-31, à sa tentative mémorable (de surcroît, mise en œuvre en Étrurie !) d'éteindre le culte des dieux qui l'avaient exilé en prêchant leur inexistence et en soutenant que la vie humaine n'est qu'un amusement ou un jouet de la Nature (*ludum esse Naturæ hominum vitam*) et, de l'autre, en II 47-63, à son surprenant éloge (moins paradoxal, toutefois, qu'il n'y paraît), des mendiants et des vagabonds (*eorum qui quidem vulgo mendicant, quos errones noncupant*) et donc de l'oisiveté et de l'impassibilité, ainsi que des plaisirs et des pouvoirs associés à l'absence, voire au refus catégorique de toute véritable responsabilité. Cette splendide et mémorable apologie est probablement, du point de vue littéraire, la « plus belle page »

---

21. Cf. Antonio Di Grado, « Introduzione : L'ombra del camaleonte », dans L.B. Alberti, *Momo o Del principe*, éd. Consolo 1986 cit., pp. 1-18 : 8 – repris avec modifications et ajouts, sous le titre « L'ombra del camaleonte : Il Momus di Leon Battista Alberti », dans *ID.*, *Dissimulazioni : Alberti, Bartoli, Tempio : Tre classici (e un paradigma) per il millennio a venire*, Caltanissetta-Roma, Sciascia, 1997, pp. 11-41 : 26 : « Olimpo degradato di Luciano ».

d'Alberti, comme le dit Robert Klein[22]. Peinture vraiment admirable que celle de ces *errones*, dans lesquels Mario Martelli a montré avec finesse qu'il fallait voir – entre autres, certes, mais, à certains égards, surtout – les *errabondi filosofi o itineranti frati* d'alors, le modèle en somme des membres des Ordres mendiants : avec le frère prêcheur dominicain, donc, le frère mineur ou le franciscain quêteur lui-même[23].

Parmi les fonctions de Momus, il y a assurément celle qu'exerçait déjà Ésope, l'esclave antique, et qui était destinée à s'incarner plus tard dans les inoubliables *clowns* de Shakespeare. Cette fonction consiste à démasquer les apparences, à dévoiler la vérité et à la faire accepter au moyen de ses histoires et de ses inventions ridicules, au demeurant souvent grotesques ou violentes et toujours parfaitement « inconvenantes ».

Ce n'est donc pas un hasard si Momus, que la cause à défendre rend souvent éloquent, se jette parfois dans une dispute philosophique, se faisant facilement un bouclier, comme il est dit en II 76 (*cum eloquentem ipsa causa faceret, tum se dicente veritas ipsa atque ratio facile tutaretur atque defenderet*), de la vérité et de la raison mêmes. Il est cependant capable de montrer plus d'intérêt pour la connaissance que pour ses propres malheurs. C'est ainsi qu'en IV 72, définitivement expulsé de l'Olympe des dieux et enchaîné à un rocher, il apparaît clairement comme une (simple et, à sa manière, très noble) figure d'homme – de l'Homme. Aussi peut-on sans aucun doute déceler chez lui une sensibilité ainsi que des besoins et des projets typiquement albertiens, dont les récurrences ou les épiphanies ne seraient pas difficile à mettre en évidence dans toute, ou presque toute, l'œuvre du grand humaniste.

*

22. Cf. Robert Klein, « Le thème du fou et l'ironie humaniste », dans *Archivio di Filosofia*, III : *Umanesimo e ermeneutica*, 1963, pp. 11-25 – repris dans *ID.*, *La forme et l'intelligible : Écrits sur la Renaissance et l'art moderne*, Articles et essais réunis et présentés par André Chastel, Paris, Gallimard, 1970, pp. 433-450 : 448.

23. Cf. Mario Martelli, « Minima in Momo libello adnotanda », dans *Albertiana*, I, 1998, pp. 105-119 & II, 1999, pp. 21-36 : 22-31 (*i.e.* § VIII : « Erronum laudes ») et, pour la citation, p. 24. S'il ne peut y avoir à notre sens de doute à ce sujet, du moins lorsque l'on relit attentivement en particulier les §§ 50-54 du livre II, où cette identification s'impose d'elle-même, il convient toutefois de souligner qu'elle ne saurait être regardée comme exclusive – ce qui, contredisant les remarques générales que nous avons formulées plus haut, nierait le fait qu'en cette occasion aussi Alberti a évidemment pris soin de tisser une très large série de fils, dont quelques-uns venaient à son métier depuis la tradition grecque : outre Alberto Tenenti, « Le paradoxe chez Léon-Baptiste Alberti », dans *Le paradoxe au temps de la Renaissance*, Directeur de la publication : M. T. Jones-Davies, Paris, Jean Touzot, 1982, pp. 169-180 : 176, voir à cet égard notamment Philippe Guérin, « L'éloge de l'erro », dans *le Momus de Leon Battista Alberti, ou d'un art sans art*, dans *Journée d'études* Otium : *Antisociété et anticulture* organisée [*sic !*] par Maria Teresa Ricci : C.É.S.R., Tours, 24 octobre 2008, *s.l.*, Banca Dati « Nuovo Rinascimento » : *http://www.nuovorinascimento.org*, 2009, pp. 5-21 ; Pierre Laurens, « Avez-vous lu Maxime de Tyr ? », dans *Les œuvres latines de Leon Battista Alberti*, Actes de la Journée d'études : Paris, Maison de la recherche, 4 mai 2012, en préparation ; et L. B. Alberti, *Momus*, éd. d'Alessandro & Furlan 2013 cit., II 47, n. 71.

Le *Momus* n'a jamais été publié par Alberti – on l'a dit et même souligné. Au delà des indices nombreux qui parsèment le texte et des vraies preuves philologiques que j'ai évoquées pour le soutenir, cela surprend, cela questionne aussi. Et nous pouvons ou devons nous interroger à cet égard.

Disons que cela surprend surtout ceux qui ignorent ou ne voient pas vraiment la nature de ce roman, le sens ultime de ce très grand chef-d'œuvre qui dépeint avec une véritable surabondance et presque un débordement – un excès, serait-on tenté de dire – de lucidité et de verve les misères et la petitesse de l'homme, de ces *homunculi* – on ne dénombre pas moins de dix occurrences, dans le *Momus*, de ce diminutif très rare et presque unique, qui n'a assurément rien d'affectif –, de ces 'bonshommes minuscules' qui, s'accompagnant d'ordinaire à leurs *mulierculæ*, à leurs 'petites bonnes-femmes', ne songent qu'à des *ineptiæ*, ne font ou n'accomplissent que de 'navrantes bêtises'. Comme dans la plus développée des *Intercenales*, le *Defunctus*, mais de manière autrement plus exigeante et riche, Alberti emprunte un point de vue on ne peut plus haut, qui réduit d'autant les dimensions de l'homme et le sens possible de sa présence dans le monde[24].

Nous sommes loin, très loin, ici, de toute foi en l'homme ou dans l'humain ; loin, très loin de toute perspective *stricto sensu* humaniste. Alberti donne l'impression d'être parvenu à un état d'indifférence, ou presque, vis-à-vis du monde humain (et divin), dont la raison d'être apparaît désormais inintelligible, irrémédiablement impénétrable. S'il n'a pas en tous points achevé son roman, s'il a peut-être également oublié de lui choisir un titre, c'est que peu lui importait de le publier et de le faire connaître – l'essentiel étant à ses yeux uniquement de l'écrire, de faire exister (non pour nous, mais pour lui-même) une lecture impitoyable du monde et de la vie qui sont les nôtres.

Bien entendu, Alberti n'avait rien à craindre, rien à perdre non plus, d'une publication du *Momus* : ceux qui pensent le contraire n'oublient pas seulement les possibles effets de *catharsis* que cette lecture comporte ; en réalité, par myopie ou par simplicité d'esprit, ils estiment avoir à faire à un véritable roman à clefs, ou croient pouvoir déceler dans le *Momus* une simple satire de mœurs. À la différence de tous ces interprètes, hélas ! bien peu doués, Alberti sait s'élever aux universaux et dépasser sans hésitations, pour dissoudre et faire entièrement oublier, toute contingence et toute éventuelle source matérielle d'inspiration.

---

24. Cf. Francesco Furlan, *La donna, la famiglia, l'amore : Tra Medioevo e Rinascimento*, Firenze, Olschki, 2004, p. 49 : *in larga parte sprovvista di senso, la realtà ivi [nelle* Intercenales *e nel* Momus*] dipinta è dominata dal delirio umano e divino, dall'irruzione del caso, della fortuna, dell'assurdo... In questi casi spaventosamente in alto viene a trovarsi l'autore e la sua posizione è allora quella di chi giudica una realtà il cui significato dilegua : gli uomini non sono che* homunculi *e* ineptiæ *i loro atti, in una deformazione che diminuisce e depaupera le cose tutte. L'assurdità dell'uomo, la sua insignificanza vanificano ogni contatto, ogni possibilità di dialogo. Il discorso albertiano si vena di misantropia e secondariamente – solo secondariamente – di misoginismo.*

Alberti n'avait donc rien à craindre ou à perdre en publiant le *Momus*. Mais il ne l'a pas fait. Il l'a conçu, écrit, copié ou fait copier à plusieurs reprises, corrigé aussi assez longuement – bien que toujours partiellement – sur trois manuscrits différents, et il ne l'a jamais publié. À ses yeux – c'est une évidence –, cela n'avait guère d'importance, ou guère de sens. Car, lorsqu'on arrive à avoir, de l'homme et des humains, une idée telle que celle qu'exprime le *Momus*, on ne saurait plus rien leur demander et on n'imagine pas davantage pouvoir recevoir d'eux quoi que ce soit ; quand on peut aller jusqu'à ne plus voir une raison d'être pour la religion, jusqu'à nier l'existence même de toute divinité, de tout dieu, en dehors peut-être d'une Nature faisant peu de cas des affaires humaines (*nullos inveniri deos, præsertim qui hominum res curasse velint, vel tandem unum esse omnium animantium communem deum, Naturam*, prétend en effet Momus), et de ce Jupiter « Très bon Très grand » (*Optimus Maximus*) en qui on dénonce une création de notre esprit, une création qui n'est peut-être pas des meilleures, et qui s'apparente en tout cas à une pure et simple imposture, à une superstition mystificatrice, quand on peut et veut aller jusque là, c'est qu'on renonce désormais, ou qu'on a sans doute déjà renoncé à rien espérer ou attendre d'eux.

Si, même en l'absence radicale de toute attente et de tout espoir, on peut encore concevoir, écrire, corriger ou rechercher, c'est que l'écriture, la recherche et l'étude, la connaissance ou la vertu sont des fins en elles-mêmes et permettent non seulement de vaincre les maux de la vie ou d'*espurgare la erumna*, selon le mot des *Profugia*[25], mais surtout de jouir du bonheur le plus vrai, le plus profond et le plus durable qu'il nous ait été donné d'éprouver :

> *Se tu sarai litterato, tu conoscerai quanto sieno meno felici gl'ignoranti,*

– lit-on en effet dans le *De familia*[26], puisque

> *Non si può descrivere né stimare il piacere qual seque a chi cerca presso a' dotti le ragioni e cagioni delle cose ; e vedersi per questa opera fare da ogni parte più esculto, non è dubbio, supera tutte l'altre felicità qual possa l'omo avere in vita*

nous dit, au soir de sa vie, l'auteur du *De iciarchia*[27].

---

25. Leon Battista Alberti, « Profugiorum ab ærumna libri III », dans ID., *Opere volgari*, A cura di Cecil Grayson, vol. II : *Rime e trattati morali*, Bari, Laterza, 1966, pp. 105-183 : 180, ll. 20 s.

26. ID., *I libri della famiglia*, éd. Furlan cit., II 2040-2041.

27. ID., « De iciarchia », dans ID., *Opere volgari*, A c. di C. Grayson, vol. II, cit., pp. 185-286 : 213.

LE SAVANT ET LE POÈTE : HOOKE LECTEUR D'OVIDE

Frédérique Aït-Touati

Dans son *Discourse of Earthquakes*[1], publié posthume en 1705, Robert Hooke consacre une large part de la discussion à un commentaire des *Métamorphoses* d'Ovide. Ornement d'érudit ? Aucunement. Ce commentaire joue un rôle crucial dans sa démonstration, faisant un usage surprenant pour nous – mais tout à fait classique – de la fable poétique au cœur même du discours scientifique. Les tremblements de terre sont au cœur de la théorie cosmogonique et géologique de Hooke, selon laquelle le relief actuel du globe est le résultat des profonds bouleversements ayant eu lieu pendant les premiers âges de la Terre. Qui mieux que les Anciens, dès lors, pourrait témoigner de ces antiques catastrophes ? Chez Hooke la poésie occupe, grâce à un usage évhémériste de la fable mythologique, la place vide de l'observation impossible.

Comme tout texte, le livre de la nature demande à être lu et interprété. L'analogie entre les Écritures et le livre de la nature est topique depuis Galilée. Comme l'a montré Eileen Reeves[2], Galilée, nourri des commentaires jésuites du *Livre de Daniel*, a présenté sa propre entreprise comme celle d'un commen-

---

1. Robert Hooke, *Posthumous Works, Discourses of Earthquakes, their Causes and Effects, and Histories of several ; to which are annext, Physical Explications of several of the Fables in Ovid's Metamorphoses, very different from other Mythologick Interpreters*, Londres, 1705, p. 396. La seule étude entièrement consacrée à ce passage est, à ma connaissance, celle de Kirsten Birkett et David Oldroyd « Robert Hooke, Physico-Mythology, Knowledge of the World of the Ancients and Knowledge of the Ancient World », dans *The Uses of Antiquity*, ed. Stephen Gaukroger, p. 145-70, Kluwer Academic Publishers, Dordrecht, 1991. Par ailleurs, plusieurs études sur le *Discourse of Earthquakes* évoquent utilement le passage consacré aux *Métamorphoses* d'Ovide, notamment, D. R. Oldroyd « Robert Hooke's Methodology of Science as Exemplified in His *Discourse of Earthquakes* », dans *The British Journal for the History of Science* 6, n° 2, 1972, p. 109-30 ; Rhoda Rappaport, « Hooke on Earthquakes : Lectures, Strategy and Audience », dans *The British Journal for the History of Science*, 19, n° 2, 1986, 129-46 ; et Michael Hunter, « Robert Hooke : The Natural Philosopher » dans *London's Leonardo - The Life and Work of Robert Hooke*, ed. Jim Bennett *et al.*, Oxford University Press, 2003, p. 145. Récemment, William Poole a consacré un ouvrage important à cette question : Poole, William. *The World Makers : Scientists of the Restoration and the Search for the Origins of the Earth*, Oxford, Peter Lang, 2010.

2. Eileen Reeves, « Daniel 5 and the Assayer : Galileo Reads the Handwriting on the Wall », dans *Journal of Medieval and Renaissance Studies*, 21, 1991, p. 1-27 ; « Augustine and Galileo on Reading the Heavens », dans *Journal of the History of Ideas*, 52, 1991, p. 563-79 ; voir aussi Anthony Grafton, « Kepler as a reader », dans *Journal of the History of Ideas*, 53, n° 4, 1992, 561-72, p. 562 et Serguei Zakin, *Inside Books of the Worlds : Issues of Textual Interpretation in Mid-17th-Century Discourse on Knowledge*, PhD Thesis, University of Cambridge, 1997.

tateur érudit. On connaît la fameuse phrase dans laquelle il compare la nature à un livre écrit en langue mathématique, langue, souligne-t-il, que seuls quelques experts peuvent déchiffrer. Chez Galilée, la nature n'est pas un livre ouvert et accessible à tous, mais bien plutôt un texte crypté. De même, les *Fellows* de la Royal Society mettent en place de nouvelles techniques d'exégèse du livre de la nature, son déchiffrement nécessitant une compétence et des outils particuliers. Déplacé des textes anciens à la nature, le travail herméneutique ne disparaît pas. Dans le contexte du renouveau de l'évhémérisme à la fin du XVIIe siècle[3], Hooke propose, lorsque les preuves de la nature manquent, d'aller les chercher jusque dans la fable[4] :

> « Les *Métamorphoses* d'Ovide contenaient beaucoup d'histoires des grands changements et catastrophes qui ont affecté bien avant notre temps les parties de la Terre, et qui, même si elles sont enveloppées dans la mythologie et la mascarade, une fois ces voiles enlevés, devraient laisser voir, je pense, les vraies histoires, qui sont désormais méconnaissables »[5].

C'est notamment sur les questions géologiques que les preuves font cruellement défaut. Afin de construire une théorie de la formation de la Terre, Hooke a recours à des textes classiques qu'il interprète comme récits fictionnalisés d'événements historiques. Les « true histories » ont été transformées en « romantick fables »[6], explique-t-il, et demandent à être déchiffrées. Autrement dit, les anciennes vérités ont été transformées en fables, et doivent à nouveau être transformées en vérités. C'est tout l'objet d'un passage étonnant du fameux *Discourse of Earthquakes* dans lequel Hooke propose une singulière interprétation des *Métamorphoses* d'Ovide. Ovide « nous a laissé », explique-t-il, « une très vaste Histoire des changements qui ont autrefois affecté le Monde, toutes ses *Métamorphoses* étant, selon mon interprétation, écrites dans ce but »[7]. Les Guerres des Titans deviennent ainsi, sous l'œil de Hooke, le compte rendu détaillé de cataclysmes expliquant la formation de la Terre. Ce sont les quatre premiers vers des *Métamorphoses* qui autorisent une telle lecture, affirme-t-il :

> *In noua fert animus mutatas dicere formas*
> *corpora ; di, coeptis (nam uos mutastis et illas)*

---

3. Hooke connaissait notamment l'œuvre de Kircher. C'est un évhémérisme fidéiste qui était mis en oeuvre par Kircher dans son historicisation de l'Arche de Noé et de la Tour de Babel. Mais son but était d'établir les vérités de la foi, alors que le but de Hooke est d'établir sa théorie géologique. Sur le renouveau de l'évhémérisme et les usages de la fable à la fin du XVIIe siècle, voir par exemple Peter Dronke, *Fabula : Explorations into the Uses of Myth in Medieval Platonism*, Brill, Leiden, 1974, et Julie Boch, *Les dieux désenchantés. La fable dans la pensée française de Huet à Voltaire (1680-1760)*, Champion, Paris, 2002.

4. Nous utiliserons le terme dans son sens classique renvoyant au corpus des fables mythologiques.

5. Hooke, *op. cit.*, p. 406.

6. Hooke, *op. cit.*, p. 396.

7. Hooke, *op. cit.*, p. 377.

adspirate meis primaque ab origine mundi
ad mea perpetuum deducite tempora carmen !

I sing of Beings in new shapes array'd,
Assist ye Gods (for you the Changes made,)
That from the Worlds Beginning to these Times
I may comprize their Series in my Rimes.

« J'entreprends de chanter les métamorphoses qui ont revêtu les corps de formes nouvelles.
Dieux, qui les avez transformés, favorisez mon dessein
et conduisez mes chants d'âge en âge,
depuis l'origine du monde jusqu'à nos jours »[8].

Interprétée par Hooke, la fameuse Invocation des *Métamorphoses* doit se lire ainsi : « mon dessein dans ce livre est de parler des diverses altérations et transformation que les corps ou parties superficielles de la Terre ont subies par l'intervention des puissances divines »[9]. Hooke affirme pouvoir retrouver les faits derrière les fables en s'en faisant l'interprète, ou plutôt le « désinterprète », selon son propre terme. L'expression dit bien qu'il s'agit de défaire la belle construction poétique, versifiée et fictionnelle afin de revenir à l'information géologique brute censée se trouver à l'origine du mythe[10].

Aussi, dans la logique de Hooke, le Chaos des premières strophes des *Métamorphoses*, correctement interprété, est-il assignable à un événement précis. S'ensuit une glose mot à mot des premières strophes expliquant la formation de la Terre. Cette glose vaut d'être citée dans son entier, car elle engage la définition même de ce qu'est une hypothèse, une fable, ainsi que leur rôle dans la construction d'une théorie – selon Robert Hooke :

> « L'hypothèse dans Ovide (car je la considère seulement comme une hypothèse chez lui) est que la matière pré-existante du monde était, premièrement, une quantité de matière sans aucune forme particulière, *Rudis indigestaque moles*, une masse brute désorganisée, et que pourtant elle avait en elle la propriété du poids (quand elle est ensuite dirigée vers quelque centre), qu'il appelle alors *Pondus iners* poids inactif. Deuxièmement, qu'elle avait en elle les principes séminaux qui allaient ensuite composer les productions, principes qu'il nomme *discordia semina rerum*, les graines discordantes des choses, car elles étaient

---

8. Ovide, *Métamorphoses*, Invocation (I, 1).
9. Hooke, *op. cit.*, p. 377.
10. À ce titre, il est intéressant de confronter l'usage des différentes « preuves » chez Hooke : alors que les fossiles, affirme-t-il contre nombre de ses contemporains, ne sont pas des *lusus naturae*, des « jeux » ou monstres de la nature, les fables sont en revanche des créations de la fantaisie humaine qui réclament un travail interprétatif supplémentaire. C'est là bien entendu un type d'évhémérisme particulier, héritier de Kircher plutôt que de l'évhémérisme classique.

alors *non bene junctarum*, mal jointes, pas encore capables de former le Soleil, la Lune, la Terre, les planètes primaires ou secondaires »[11].

Hooke interprète Ovide en même temps qu'il le traduit. Le début des *Métamorphoses* s'apparente ainsi non seulement à une « True History » mais à une « Natural History » de la formation de la Terre : c'est ce passage d'un évhémérisme historique à un évhémérisme naturaliste et physique qui fait la spécificité de Hooke. Non content de lire chez Ovide une cosmogonie à laquelle il souscrit, Hooke y trouve déjà la préfiguration de la théorie de la gravitation universelle, occasion d'une petite pique contre Newton (puisque Hooke affirme avoir formulé la fameuse hypothèse avant que Newton ne l'« imprime ») :

> « Ces vers semblent bien évoquer une hypothèse que j'ai autrefois présentée devant cette Société, et dont M. Newton a imprimé une partie. *Tellus, Pontus & Aer*, la Terre, l'Eau et l'Air étaient alors totalement mêlés l'un à l'autre, comme le mortier à la boue. *Instabilis Tellus innabilis unda*. La Terre instable, qu'elle allait atteindre ensuite et conserver pour quelque temps jusqu'à la perdre par degrees à nouveau quand Astrae l'a quittée, ce qui est advenu juste avant les *Gygantomachia* (…). Pendant un temps il y eu une grand confusion, *Corpore in uno, frigida pugnabant Calidis, humentia siccis, mollia cum duris*, les corps Froids et Chauds ; Humides et Secs luttèrent ; les corps Mous et Durs, se mêlaient, *Sine pondere habentia pondus*, pesants et pourtant sans poids, c'est-à-dire que ces corps avaient tous la faculté d'être pesants, mais un centre de gravitation ou d'attraction n'existant pas encore, ils n'avaient aucune réelle gravité ; mais bientôt *hanc Deus & melior litem Natura diremit*, Dieu et la meilleure Nature mettent un terme à cette guerre ; c'est-à-dire que Dieu et la Nature ont créé le centre de gravitation, et désormais les plus lourds corps tombent vers lui et les plus légers s'en éloignent »[12].

Sont ici résumés en quelques phrases le chaos originel (sous la forme du mélange des éléments), puis la séparation de l'air, de la terre et de l'eau. La séparation des éléments est un épisode topique des cosmographies mythologiques. Mais Hooke l'interprète, non sans quelque témérité, comme le moment de mise en place, par Dieu et la Nature, du « gravitating Center ». La division mythique des éléments selon leur « lieu » respectif devient ainsi l'acte de naissance, et le premier effet physique, du principe de la gravitation universelle. C'est ce même principe que Hooke désigne par l'expression : « une Hypothèse que j'ai autrefois présentée à cette Académie, et dont M. Newton a imprimé une partie »[13]. Par cette allusion cavalière à la publication des *Principia* en

---

11. Hooke, *op. cit.*, p. 377.
12. Hooke, *op. cit.*, p. 377.
13. Hooke fait ici probablement référence à son « Hypothèse sur la gravitation », présentée dans ses œuvres posthumes en deuxième partie de son *Discours des Comètes*. Son éditeur Waller date la présentation de ces textes devant la Royal Society (les « Lectures ») à la fin de l'année 1682 ou au début de l'année 1683 (« soon after Michaelmas 1682 »). Voir *Posthumous Works, op. cit.*, p. 191-202.

1687[14], cette déclaration de Hooke sur l'« hypothèse » de la gravitation a bien pu précipiter la fameuse mise au point dans le *General Scholium* de la seconde édition. La théorie de la gravitation générale n'est pas une hypothèse rappelle fermement Newton en 1713 : « Hypotheses non fingo »[15].

Hooke résume et conclut cette glose à la page suivante :

> « À cela s'accordent la théorie de Descartes et celle de l'ingénieux Dr. Burnett dans sa *Theoria Sacra*. À ce stade, je suppose qu'on accordera aisément que le poète nous donne une brève histoire de la formation de la Terre »[16].

Après la fable ovidienne, ce sont les théories géo-cosmogoniques de Descartes et de Burnett qui interviennent ici pour corroborer la théorie géologique proposée. Comme on le voit, Hooke recrute volontiers toutes les « preuves » et théories disponibles au secours de sa démonstration, en un effet de confirmation réciproque et d'accumulation des preuves qu'il nomme « Cloud of Witnesses »[17]. La fable est enrôlée dans le processus démonstratif au prix d'un déchiffrement qui la vide de toute fictionnalité. Alors que Descartes inventait une fable de toute pièce dans le *Monde*, Hooke relit le corpus des fables antiques pour y chercher des vérités enfouies. Son usage de la fiction n'a rien d'heuristique, ni de prudent, mais s'inscrit dans une logique d'interprétation. Les fables qui intéressent Hooke ne sont pas des fictions mais des histoires ayant été transformées et « romanticisées » par l'imagination des hommes. D'où la cruciale distinction suivante :

> « Je pense qu'il y a autant de sortes de Fables qu'il y a de sortes d'Histoires. Certaines sont des Fables que l'on répète et que l'on croit et qui sont des Histoires véritables, d'autres sont considérée comme vraies mais sont en réalité des Fables ; d'autres sont prises pour des Fables et sont telles, et d'autres sont considérées comme vraies et le sont vraiment »[18].

On reconnaît ici la distinction classique entre *fabula* et *historia*, entre les fables fictionnelles et les fables qui recouvrent une réalité historique[19]. En

---

14. Comme l'a montré Rhoda Rappaport, ce que l'on désigne sous le nom de *Discourse of Earthquakes* rassemble trois séries de « Lectures » données entre 1667 et 1700. Les conférences sur Ovide qui nous intéressent (p. 377-384 et 394-402) ont été prononcées devant la Royal Society fin 1687-début 1688, c'est-à-dire juste après la publication des *Principia*. Voir la chronologie de Rhoda Rappaport en appendice de son article, p. 144.

15. Cet épisode s'inscrit, bien entendu, dans la polémique qui a opposé Hooke et Newton sur la question de l'attribution de la découverte du principe de la gravitation universelle.

16. Hooke, *op. cit.*, p. 378.

17. « I shall produce a Cloud of Witnesses to this effect, which I conceive, will put it past Dispute ». Hooke, *op. cit.*, p. 374.

18. Hooke, *op. cit.*, p. 396.

19. Distinction classique que l'on trouve par exemple chez Macrobe dans son *Commentaire du Songe de Scipion*, où il distingue entre les fables conçues pour le plaisir et le divertissement (*fabula*) et les fables écrites dans un but sérieux et moral (*narratio fabulosa*).

multipliant à l'envi les subdivisions et les croisements entre fables et histoires, Hooke s'autorise finalement à interpréter à sa guise celles qui lui conviennent. Car il ne signale pas le critère qui permettrait de reconnaître les histoires, qu'elles soient prises ou non pour des fables. Requalifier les fables anciennes en récits historiques, c'est les faire passer du statut de *fabula* au statut d'*historia*. Avec Hooke, le discours scientifique annexe une partie du domaine de la fable en lui attribuant un sens non fictionnel.

Une fois le voile retiré, l'épisode ainsi restitué constitue un fait tout à fait recevable. Mythes et textes anciens ne sont donc pas ici convoqués à titre d'autorités, mais bien plutôt comme preuves additionnelles. S'il est rare à la fin du XVIIe siècle, un tel usage des fables n'est cependant aucunement hétérodoxe ni surprenant, car il s'inscrit dans une longue tradition[20]. Ce qui surprend ici c'est moins le procédé, somme toute conventionnel, de l'interprétation herméneutique, que son usage dans un discours à visée démonstrative. Chez Hooke, la fable, à condition d'être correctement interprétée, fait preuve. Elle permet de produire non seulement un discours historique, mais un discours géologique et physique. Cette naturalisation radicale de la fable n'est pas, on s'en doute, pratique courante à la Royal Society. Il s'agit d'une spécificité de Hooke plutôt qu'une caractéristique du discours scientifique anglais de la fin du siècle[21]. La fable, cette « Sagesse des Anciens » dont Bacon reconnaissait encore la valeur, se voit par exemple dénier tout poids épistémique par Thomas Sprat. L'historien de la Royal Society, loin d'y déceler des épisodes historiques, en dénonce le statut d'emblée fictif : « L'esprit des Fables et des Religions de l'Ancien Monde est bien fini (…) désormais il est temps de les écarter, d'autant plus qu'elles avaient le grand défaut d'être d'abord seulement des fictions »[22]. Sprat inaugure ici une condamnation de l'usage des fables à laquelle Fontenelle fera écho dans *De l'Origine des Fables* et qui se développe tout au long du XVIIIe siècle[23]. Hooke, sans doute, était conscient de contrevenir à cette tendance :

> « Or, bien que je confesse que mon affirmation pourrait sembler très extravagante et hétérodoxe par rapport aux conceptions générales de la plupart de ceux

---

20. Il s'agissait déjà d'une stratégie essentielle du discours démonologique au tournant du XVIe et du XVIIe siècle, dans la mesure où l'accumulation de preuves, qu'elle qu'en soit la source, et la reconstitution d'une histoire longue constituaient un enjeu essentiel pour un savoir en manque de légitimation. Voir Françoise Lavocat, Pierre Kapitaniak et Marianne Closson (eds.), *Fictions du diable. Démonologie et littérature de saint Augustin à Léo Taxil*, Droz, Genève, 2007.

21. C'est aussi la conclusion de Rhoda Rappaport, *art. cit.*, p. 143 : « Hooke's contemporaries clearly had a different notion of what constituted proof ». Voir son analyse, très éclairante, de la réception de la théorie géologique de Hooke.

22. « The Wit of the Fables and Religions of the Ancient World is well nigh consum'd : (…) and it is now high time to dismiss them ; especially seeing they have this peculiar Imperfection, that there were only Fictions at first », dans Thomas Sprat, *The History of the Royal Society of London*, London , 1667, p. 414.

23. Voir Julie Boch, *op. cit.*

qui ont eu l'occasion de mentionner cette Fable ; et que si elle avait été moins improbable, je n'aurais pas eu à craindre d'objection ; pourtant, il est possible que lorsque la question aura été examinée plus sereinement et sans préjugé, elle puisse, comme certaines de mes extravagances passées, recevoir du moins une censure plus amène, ne fût-elle pas du goût de chaque juge. Sur ces questions, la rectitude géométrique n'a pas encore été appliquée ; et là où elle fait défaut, l'opinion, toujours variable et instable, prévaut. Cependant, je pourrais une autre fois montrer qu'on peut trouver en physique, comme en géométrie, des preuves indiscutables »[24].

Dans cette transformation des anciennes vérités en fables puis des fables en vérités, on retrouve l'un des motifs caractéristiques de l'entreprise hookienne : le mouvement de régénération et de reconversion après le péché originel. Le philosophe naturel est non seulement capable de voir l'invisible et l'inaccessible, il est aussi capable de retrouver, derrière les apparentes affabulations des anciens, la vérité d'avant la Chute. Haussée au statut d'hypothèse, cette cosmogonie fabuleuse permet de retrouver la trace d'une histoire naturelle perdue après la Chute. Quelle était donc l'apparence de la Terre auparavant ? C'est encore Ovide qui permet de la concevoir comme une surface vierge, lisse et parfaite :

« Car Astraea, comme je vais amplement le montrer, est la surface et la stabilité virginale et première des parties superficielles de la Terre (...) ; car comme toute substance boueuse, une fois que le liquide et l'aérien se sont évaporés par degrés, elle s'est figée en une substance lisse, tendre et uniforme, comme un visage vierge et jeune, mais une nouvelle séparation des parties fluides a produit l'apparence sèche, Terreuse, inégale, heurtée, produisant l'apparence et la constitution de l'âge, et faisant disparaître la beauté virginale »[25].

Relief tourmenté de la Terre ayant perdu sa beauté virginale, faiblesse des sens requérant l'usage d'instruments prothétiques, voiles de la fable nécessitant une exégèse pour retrouver la vérité : la pensée de Hooke se structure nettement autour du motif binaire de la Chute et de la rédemption. Motif on le voit qui est indissociable d'une poétique de l'interprétation :

---

24. Hooke, *op. cit.*, p. 391.

25. Hooke, *op. cit.*, p. 377. Notons que pour expliquer l'irrégularité de la surface de la Terre (similaire en cela à l'irrégularité de la surface lunaire telle que révélée par Galilée), Hooke utilise exactement la même théorie que celle qu'il avait exposée à la fin de *Micrographia* pour expliquer les cratères de la Lune : des éruptions internes. En ce sens, Hooke illustre parfaitement la théologie naturelle de son temps : la Genèse et le Déluge sont expliqués en termes physiques et géologiques et marquent un seuil. Retrouver des traces de l'époque qui a précédé ces bouleversements géologiques, c'est retrouver l'état parfait de la Terre avant la Chute. Hooke transpose dans le domaine terrestre le choc esthétique et philosophique de la découverte de la surface rugueuse de la Lune par Galilée (voir Eileen Reeves, *Painting the Heavens, op. cit.*), et en donne une interprétation théologique.

« Lorsque les témoignages sont clairs, certains et évidents, ils ne doivent pas être rejetés pour leur taille, fussent-ils si petits qu'aucun œil ou sens ne peut les atteindre à moins d'être assisté par des machines, par exemple la vue pas un microscope, un téléscope, et ce genre d'instruments. L'Histoire du Monde avant le Déluge de Noé n'est-elle pas écrite en de très rares lettres, mots et caractères ? Faut-il pour autant refuser de la croire sous prétexte que nous n'avons pas autant de volumes de son Histoire que de mots désormais lisibles ? »[26]

L'analogie est ici explicite : l'interprétation des textes requiert, comme l'observation de la nature, un appareillage. La rareté et la difficulté d'accès aux « témoignages » documentant l'histoire du monde avant le Déluge ne doit pas empêcher de les chercher, affirme le *Curator*. Il répond ainsi aux objections formulées notamment par Wallis, qui soulignait l'absence de témoignage historique de ces bouleversements chez les historiens de l'Antiquité[27]. L'histoire vraie de ces événements contemporains ou antérieurs au Déluge peut être trouvée, affirme Hooke, dans le Livre :

« Nous n'avons d'autre moyen d'être informés de son Histoire véritable que d'aller chercher ce qui en a été enregistré dans les écrits sacrés de Moïse ; c'est pourquoi il faut les consulter, et tâcher d'obtenir, autant que possible, leur sens véritable »[28].

Le déchiffrement herméneutique des petites lettres de la Nature et l'interprétation évhémériste de la Fable et du Livre sont ainsi parfaitement symétriques, et relèvent d'une même logique interprétative : l'existence d'une vérité secrète, révélée aux seuls initiés dans une image chiffrée. S'il y a bien un livre de la nature à interpréter, quoi de plus efficace que les techniques philologiques pour le lire ? Au moment où il naturalise la fable, Hooke n'en réaffirme pas moins la validité du projet herméneutique dans le contexte de la théologie naturelle de la Royal Society. Il ajoute aux techniques textuelles disponibles des techniques picturales et instrumentales, mais réitère le cadre général dans lequel les premières s'inscrivent. Que Hooke ait pu enrôler Ovide[29] aux côtés des autres preuves qu'il déploie (démonstration expérimentale et *ad oculum*) dit assez que tout est bon pour l'accumulation de données d'histoire naturelle. Mais cet usage de la fable témoigne surtout de l'essentielle commensurabilité des différents domaines. C'est parce que les domaines de la religion, de la

---

26. Hooke, *op. cit.*, p. 412.

27. Rhoda Rappaport, *art. cit.*, p. 136.

28. Hooke, *op. cit.*, p. 412.

29. Hooke interprète de la même façon mais beaucoup plus brièvement le *Timée* de Platon, la « Circumnavigation of Hanno the Carthaginian », les *Météores* d'Aristote et la Bible. Mais, à n'en pas douter, Ovide remporte ses faveurs. Les *Métamorphoses* sont nommées *the Epitome of the Theories of the most antient and most approv'd Philosophers*. Hooke, *op. cit.*, p. 381.

nature et de l'invention humaine sont totalement commensurables chez Hooke qu'il peut appliquer à chacun d'eux ses outils herméneutiques, sur le modèle de l'exégèse biblique. Les petites lettres de la nature, marques du Créateur, se déchiffrent. De même, les fables des Anciens sont porteuses d'un savoir que l'on peut retrouver au prix d'un effort d'interprétation. C'est la commensurabilité entre les trois domaines qui autorise emprunts et transferts des outils herméneutiques d'un domaine à l'autre, de la théologie à la philosophie naturelle, de la philosophie naturelle au texte de fiction.

La recherche d'une information empirique dans la fable pose cependant des problèmes spécifiques. Elle suppose non seulement une conception toute traditionnelle de la fable comme voile – ou *integumentum*[30] – mais surtout un sens caché univoque, accessible par l'intermédiaire d'un travail interprétatif fiable. Hooke n'exclut certes pas la possibilité d'autres interprétations. Mais il conçoit ce qu'il nomme sa « Physical Cabala » (son interprétation physique) comme la meilleure, fort différente, il est vrai, de l'herméneutique canonique[31] :

> « Il serait trop long de poursuivre l'interprétation, ce que je pourrais faire aisément afin de montrer simplement le sens de la cabale physique. Mais j'avais l'intention présentement de mentionner seulement ceci afin de donner un exemple pertinent à notre époque, quand résonne encore le bruit du tremblement de Terre en Sicile, et ailleurs (…). Quant à la cabale morale, beaucoup s'en sont chargés ; et pour la cabale historique, j'en parlerai une autre fois afin de faire connaître mes conjectures »[32].

Aux différents niveaux d'interprétation de l'herméneutique canonique, Hooke ajoute la « Cabale Physique » dont il défend la pertinence et se trouve l'un des seuls exégètes. Le terme de cabale est ici utilisé dans un sens métaphorique. Il est important de le souligner car Hooke l'utilise ailleurs, pour le critiquer, dans le sens strict de cryptographie[33]. Au XVIe siècle, le concept est repris à la tradition ésotérique et mystique juive par certains néoplatoniciens, tels Bruno, et christianisé[34]. Dans son sens le plus général, le cabalisme implique la possibilité d'une révélation mathématique mystique et d'un accès, par l'interprétation, à un savoir caché. Chez Hooke, en revanche, la « cabale

---

30. La « couverture » d'un sens caché. Voir Dronke, *op. cit.*

31. Le protocole herméneutique de l'exégèse biblique se construit à partir de quatre sens : littéral, allégorique, tropologique (moral) et anagogique. Mais la tradition médiévale est beaucoup plus instable et variée. Voir l'étude classique de Henri de Lubac, *Exégèse médiévale. Les quatre sens de l'écriture*, Aubier-Montaigne, Paris, 1959-1964.

32. Hooke, *op. cit.*, p. 403.

33. Par exemple dans l'étonnant texte que Hooke consacre à John Dee : « Of Dr. Dee's Book of Spirits », dans *Posthumous Works, op. cit.*, p. 203-209.

34. Voir Frances Yates, *Giordano Bruno and the Hermetic Tradition*, University of Chicago Press, 1964.

physique » n'est qu'une autre façon de désigner l'interprétation de la nature.
Le glissement est encore plus clair dans *Micrographia* :

> « Pourquoi devrait-on entreprendre de découvrir des mystères là où il n'y a rien
> de tel ? Comme les Rabbins découvrent des Cabalismes et des énigmes dans la
> forme et le placement des lettres, alors qu'il n'y a là rien à chercher. En revan-
> che, dans les formes naturelles, il y a des mystères si minuscules, et si curieux,
> et dont le fonctionnement est si inaccessible à notre vue, que plus nous grossis-
> sons l'objet, plus il apparaît empli de perfections et de mystères. Et plus nous
> découvrons les imperfections de nos sens, plus nous connaissons l'omnipotence
> et les perfections infinies du grand Créateur »[35].

En déniant au cabalisme religieux toute légitimité, Hooke le détourne au
profit de la philosophie naturelle. La découverte des mystères, des énigmes et
des « petites lettres » de la nature relève désormais de l'investigation micros-
copique. La comparaison entre les deux pratiques de déchiffrement sert un éloge de l'entreprise expérimentale, opposant la recherche vaine des secrets
mystiques du Livre à la découverte des véritables « mystères » de la Nature,
fussent-ils dissimulés dans des textes.

---

35. Hooke, *Micrographia, op. cit.*, p. 8.

LA ROSE DE FONTENELLE

Véronique Le Ru

En cueillant la rose de Fontenelle, je voudrais donner à lire son œuvre comme un héritage que les Lumières se sont partagé. S'interroger sur le rôle de Fontenelle dans la conscience que les Lumières prennent d'elles-mêmes, c'est entreprendre d'évaluer le butin précieux d'un groupe de pirates qui auraient pour nom : les gens de lettres. Dès qu'on lit en effet Voltaire, Diderot et les encyclopédistes à la loupe de Fontenelle, on est étonné de constater à quel point l'auteur des *Entretiens sur la pluralité des mondes* a été littéralement pillé. Mais comme il serait présomptueux ici de prétendre analyser toutes les influences que Fontenelle a exercées sur ses contemporains et neveux, je me contenterai de raconter l'histoire de la fleur, la présente de tous les bouquets, la rose.

Dans le cinquième soir des *Entretiens sur la pluralité des mondes*, le raisonnement des roses, si délicatement développé par le physicien qui instruit la Marquise de la philosophie nouvelle de Descartes, prend place dans une argumentation de Fontenelle sur la naissance et la mort des étoiles. Il s'attaque ici à un problème qui est à l'ordre du jour depuis que Tycho-Brahé, en 1572, a vu apparaître une étoile nouvelle dans la constellation de Cassiopée. Cette observation s'est vue renforcée par celle de l'étoile changeante faite par David Fabricius en 1596, et qui disparut vingt-et-un ans plus tard en 1617 pour réapparaître en 1638 et continuer ainsi à disparaître et renaître.

À vrai dire, deux problèmes viennent ici croiser le fer : celui de la face obscure des étoiles : une étoile peut ne plus être visible sans être pour cela éteinte. Les étoiles, comme la Lune, ont pour nous une face obscure et une face lumineuse ; et celui du statut des étoiles : sont-elles fixes, comme le voulait Aristote, ou sont-elles engendrées et corruptibles ?

Se peut-il qu'il faille refondre le concept aristotélicien d'étoiles fixes, se peut-il que les étoiles, comme les espèces vivantes, aient une évolution, une histoire, une vie propre ? Le concept aristotélicien d'espèces fixes commence à être questionné au siècle de Fontenelle pour être définitivement renversé au XIXe siècle par Lamarck puis Darwin et leurs théories de l'évolution des espèces. Mais le concept arstotélicien d'étoiles fixes est mis à mal dès le XVIe siècle par les observations de Tycho-Brahé puis de Galilée qui remarque la présence de taches à la superficie du Soleil, ce qui atteste la corruptibilité de l'Astre solaire. Le monde supralunaire qu'Aristote pensait être le règne des êtres incorruptibles, inengendrés, inaltérables et qu'il opposait au monde sublunaire, règne des êtres altérables qui naissent et meurent, serait-il lui aussi soumis au devenir ? La scission cosmologique entre le monde sublunaire et le monde supralunaire ne doit-elle pas faire place à une autre représentation de l'Univers où tout est pris dans des tourbillons de matière fluide et extrêmement subtile, agitée dans tous les sens, et qui emportent les planètes comme dans un flux autour du Soleil ?

Mais peut-être avant d'entrer dans le raisonnement des roses de Fontenelle qui accompagne ce questionnement, faut-il rappeler à grands traits le changement de représentation du monde qui s'accomplit par Copernic, Galilée, Kepler et Descartes (je ne parlerai pas de Newton car la première édition des *Entretiens sur la pluralité des mondes* de 1686 précède d'un an celle des *Principia mathematica philosophiae naturalis*).

Aristote sépare le cosmos en deux mondes : le monde supralunaire des êtres incorruptibles gouverné par le mouvement circulaire uniforme, et le monde sublunaire des êtres corruptibles dotés des autres sortes de mouvement. Le mouvement circulaire uniforme est le principe de tous les autres mouvements, il est premier ontologiquement et axiologiquement parce qu'il est éternel et parfait. En cela, il s'oppose à toutes les autres sortes de mouvements qui ont un début, une durée et une fin.

Or, au XVIIe siècle, le mouvement circulaire uniforme va peu à peu changer de statut. Alors qu'il était considéré comme un principe premier inscrit dans la structure cosmologique de l'être, il devient un objet construit par la physique mathématique. Le changement de paradigme, qui opère le passage du monde clos à l'univers infini, a pour condition le changement de statut du mouvement circulaire. La primauté ontologique du mouvement circulaire est toujours soutenue par Copernic au XVIe siècle et même encore par Galilée au début du XVIIe siècle. Pourtant c'est bien Galilée qui, par ses travaux, et plus précisément par l'assimilation théorique qu'il opère entre la Terre et les planètes, sonne le glas de la cosmologie aristotélicienne.

Dans la première journée de ses *Dialogues sur le système du monde*, Galilée commence par l'étude de la Lune, c'est-à-dire par l'instance même qui sépare le monde supralunaire du monde sublunaire, prouve sa similitude en tous points avec la Terre (même forme convexe, même densité, mêmes variations de phases). Il met en évidence l'éclairement mutuel de la Terre et de la Lune, leurs mutuelles éclipses, puis étend son analyse comparative de la Terre à toutes les autres planètes. Il en conclut que la Terre n'a pas de statut à part : elle entre dans le ciel.

Et puis, deuxième point important, Galilée introduit l'idée d'un mouvement perpétuel sans cause. La mise au jour expérimentale par Galilée qu'un corps doté d'un mouvement rectiligne uniforme continue à se mouvoir indéfiniment si aucune cause extérieure ne l'affecte rompt avec la physique aristotélicienne. Le mouvement rectiligne uniforme est un état qui a le même statut que le repos : il peut être supposé durer indéfiniment.

Quant au mouvement circulaire naturel et uniforme, son statut change avec Kepler. Celui-ci, reprenant l'assimilation théorique instituée par Galilée entre la Terre et les planètes, montre que le mouvement des planètes est dû à une action mécanique du Soleil sur les planètes. Et, en outre, il montre que le mouvement des planètes n'est pas circulaire mais elliptique (le paradigme du cercle qui régissait le mouvement circulaire et que les Grecs considéraient comme la figure optimale parfaite en ce qu'elle circonscrit un maximum de surface par un minimum de longueur de ligne, s'effondre).

Enfin Descartes opère définitivement la rupture avec la conception aristotélicienne du mouvement, en montrant que le mouvement circulaire uniforme dérive du mouvement rectiligne uniforme. Dans l'article 39 de la partie II des *Principes de la philosophie* (publiés en 1644), Descartes explique que le mouvement le plus naturel est le mouvement rectiligne et non le mouvement courbe : « chaque partie de la matière, en son particulier, ne tend jamais à continuer de se mouvoir suivant des lignes courbes, mais suivant des lignes droites »[1]. Dans la suite de l'article 39, il démontre, à l'aide du modèle de la fronde, que le mouvement circulaire est composé d'une infinité de petits mouvements rectilignes. Quand la pierre tourne uniformément dans la fronde, elle est affectée d'une force centrifuge inhérente au mouvement circulaire, que vient compenser exactement la force centripète produite par l'effort de la main du frondeur. En effet, s'il n'y avait pas de force centripète qui contrebalance la force centrifuge, la pierre ne se maintiendrait pas dans la fronde mais quitterait son orbite selon la tangente. Descartes utilise ce modèle pour expliquer le mouvement des planètes. Les planètes, dit-il, sont comme des pierres mues dans des frondes. Pour expliquer comment les planètes restent dans leur orbite autour du Soleil, il faut supposer que des forces centripètes s'exercent et compensent exactement les forces centrifuges qui affectent les planètes et qui tendent à les faire quitter leur orbite selon la tangente. Pour rendre compte de la présence de ces forces centripètes, Descartes élabore la théorie des tourbillons célestes.

Selon Descartes, le Soleil et toutes les autres étoiles sont entourés d'énormes tourbillons « liquides », composés de matière lumineuse et porteuse de lumière, dans lesquels les planètes, pourvues de leurs propres tourbillons plus petits, nagent comme des fétus de paille ou comme des bouts de bois nagent

---

1. Descartes, *Œuvres philosophiques*, Paris, Garnier, t. 3, 1973, p. 187-188.

dans une rivière, et sont emportées par ces tourbillons autour du corps central du grand tourbillon, c'est-à-dire pour notre système solaire autour du Soleil. Et comme il y a une pluralité de tourbillons qui emportent les planètes autour de leur Soleil, il y a corrolairement une pluralité de mondes.

C'est ce dernier aspect de la philosophie cartésienne qui donne son titre à l'ouvrage de Fontenelle *Entretiens sur la pluralité des mondes*, et dont il est question dans le cinquième soir : « Que les Étoiles Fixes sont autant de Soleils, dont chacun éclaire un monde ». Or de même que Pascal s'écriait devant la mutation cosmologique qui fait passer d'un monde clos à l'Univers infini : « Le silence éternel de ces espaces infinis m'effraie »[2], de même la Marquise s'exclame : « voilà l'Univers si grand que je m'y perds, je ne sais plus où je suis, je ne suis plus rien. [...] Chaque étoile sera le centre d'un Tourbillon, peut-être aussi grand que celui où nous sommes ? Tout cet espace immense qui comprend notre Soleil et nos Planètes, ne sera qu'une petite parcelle de l'Univers ? Autant d'espaces pareils que d'Étoiles fixes ? Cela me confond, me trouble, m'épouvante »[3]. Cette confusion, ce trouble, cette épouvante ne peuvent relever d'un registre féminin (Pascal partage aussi ces sentiments), ils témoignent bien plutôt de la crise provoquée par la révolution cosmologique qui affecte la place de l'Homme dans l'Univers et son rapport au monde : Le Terre n'est plus au centre d'un monde clos circonscrit par la sphère des étoiles fixes, mais la Terre est une Planète parmi d'autres qui tournent autour d'un Soleil, qui n'est lui aussi qu'un Soleil parmi d'autres. L'anthropocentrisme qui régissait jusque-là le rapport de l'Homme au monde – l'Homme était l'espèce au sommet de la hiérarchie du vivant sur une Terre qui était au centre d'un Monde unique – est mis à mal, la révolution copernicienne opère un décentrement : l'Univers ouvre ses portes à l'infiniment grand et à l'infiniment petit et l'Homme se perd dans le milieu qu'il occupe entre ces deux infinis : l'Univers est « une sphère infinie dont le centre est partout et la circonférence nulle part »[4].

À la manière de Pascal, la Marquise de Fontenelle s'inquiète et s'effraie quand le physicien affirme que des Soleils s'éteignent et que les Anciens ont vu dans le Ciel des Étoiles fixes que nous n'y voyons plus et enfin que la mort d'un Soleil entraîne assurément une grande désolation dans tout le tourbillon et la mortalité générale sur toutes les Planètes. Elle demande : « Cette idée est trop funeste [...]. N'y aurait-il pas moyen de me l'épargner ? »[5]. Face à ce désarroi de la Marquise qui n'accepte pas que les mondes ne soient pas éternels, Fontenelle propose la version douce des demi-Soleils qui tournent sur eux-mêmes offrant à nos yeux tantôt une face obscure tantôt une face lumi-

---

2. Pascal, *Pensées*, fr. 201 (Lafuma, 206 Brunschvig), Paris, Seuil, 1962, p. 110.

3. Fontenelle, *Entretiens sur la pluralité des mondes*, Paris, Nizet, 1966, 1984, p. 134-135.

4. Pascal, *Pensées*, fr. 199, p. 103.

5. Fontenelle, *Entretiens sur la pluralité des mondes*, p. 149.

neuse. Mais le physicien avance aussi l'idée que certains Soleils peuvent s'obscurcir du fait qu'ils sont couverts de taches fixes et non passagères. Et que dire des Soleils qui ne réapparaissent pas ? Doit-on penser qu'ils se sont « seulement enfoncés dans la profondeur immense du Ciel »[6] ? Est-ce vraiment satisfaisant d'imaginer que ces Soleils qui s'enfonceraient dans le Ciel, ne disparaîtraient qu'une fois, pour ne reparaître de longtemps ? Assurément non, puisque le physicien enchaîne : « Prenez votre résolution, Madame, avec courage ; il faut que ces Étoiles soient des Soleils qui s'obscurcissent assez pour cesser d'être visibles à nos yeux, et ensuite se rallument, et à la fin s'éteignent tout à fait »[7].

Mais la Marquise résiste à l'idée qu'un Soleil, qui est en lui-même une source de lumière, puisse ne plus briller. Fontenelle s'appuie alors sur Descartes : les taches de notre Soleil peuvent s'épaissir jusqu'à constituer une croûte qui finisse par former une sorte de cataracte sur toute la surface du Soleil, « et adieu le Soleil »[8]. C'est effectivement l'explication que propose Descartes de l'opacification et de l'extinction d'une Étoile ou d'un Soleil dans ses *Principes de la philosophie*, partie III, article 112 intitulé « Comment une Étoile peut disparaître peu à peu ». Ces taches qui rendent le Soleil pâle est l'occasion pour Fontenelle de badiner. Ainsi il fait dire à la Marquise : « Vous me faites trembler [...]. Présentement que je sais les conséquences de la pâleur du Soleil, je crois qu'au lieu d'aller voir tous les matins à mon miroir si je ne suis point pâle, j'irai voir au Ciel si le Soleil ne l'est point lui-même »[9]. Maintenant que, par ces propos plaisants, la Marquise accepte l'idée que le Soleil n'est pas éternel, maintenant qu'elle accepte de rompre avec l'éternité des Soleils et des Mondes, le physicien introduit l'idée que l'Univers entier est pris dans un flux héraclitéen et soumis au devenir. Si les Anciens se sont trompés en pensant que les Étoiles étaient fixes et éternelles, s'ils ont cru à l'immutabilité du Monde, c'est parce qu'ils ont raisonné sur le temps en le confondant avec l'éternité : ils ont été dupes du sophisme de l'éphémère, du raisonnement qui tient pour durable voire éternel ce qui ne dure qu'un temps, parce qu'ils manquaient d'expérience : « Les Anciens étaient jeunes auprès de nous »[10]. Fontenelle reprend ici l'argumentation développée par Pascal dans sa *Préface au Traité du Vide* : « Ceux que nous appelons anciens étaient véritablement nouveaux en toutes choses, et formaient l'enfance des hommes »[11].

Si Fontenelle, dans les *Entretiens sur la pluralité des mondes*, ne fait qu'effleurer la question des Anciens et des Modernes, il reprend plus ouverte-

---

6. Fontenelle, *Entretiens sur la pluralité des mondes*, p. 151.
7. Fontenelle, *Entretiens sur la pluralité des mondes*, p. 151.
8. Fontenelle, *Entretiens sur la pluralité des mondes*, p. 152.
9. Fontenelle, *Entretiens sur la pluralité des mondes*, p. 153.
10. Fontenelle, *Entretiens sur la pluralité des mondes*, p. 153.
11. Pascal, « Préface au Traité du Vide », dans *Œuvres complètes*, Paris, Seuil, 1963, p. 232.

ment, deux ans plus tard, en 1688, dans la *Digression sur les anciens et les modernes*, la métaphore pascalienne de l'homme universel qui accumule les connaissances de tous les siècles précédents, métaphore qu'il accompagne du schème des trois âges : « Ainsi cet homme qui a vécu depuis le commencement du monde jusqu'à présent, a eu son enfance où il ne s'est occupé que des besoins les plus pressants de la vie, sa jeunesse où il a assez bien réussi aux choses d'imagination, telles que la poésie et l'éloquence, et où même il a commencé à raisonner, mais avec moins de solidité que de feu. Il est maintenant dans l'âge de virilité, où il raisonne avec plus de force et a plus de lumières que jamais »[12]. Aussi bien Pascal que Fontenelle et plus tard Comte (qui reprend le schème des trois âges) pensent, par la métaphore de l'homme universel qui s'instruit au fur et à mesure qu'il vieillit, le développement du savoir comme progressif, linéaire et historique.

Mais l'heure n'est pas encore, dans les *Entretiens sur la pluralité des mondes*, à ce schème des trois âges mais bien plutôt au raisonnement des roses. C'est en effet juste après la mention des « erreurs de jeunesse » des Anciens que le physicien enchaîne : « Si les Roses qui ne durent qu'un jour faisaient des histoires, et se laissaient des Mémoires les unes aux autres, les premiers auraient fait le portrait de leur jardinier d'une certaine façon, et de plus de quinze mille âges de Roses, les autres qui l'auraient encore laissé à celles qui les devaient suivre, n'y auraient rien changé. Sur cela, elles diraient, 'Nous avons toujours vu le même jardinier, de mémoire de Rose on n'a vu que lui, il a toujours été fait comme il est, assurément il ne meurt point comme nous, il ne change seulement pas' »[13]. Les Roses de Fontenelle, comme celles de Ronsard, ne durent qu'un jour. Le jardinier ne change pas pendant plus de quinze mille âges de Roses, c'est-à-dire quinze milles jours, soit quarante et un ans, Fontenelle s'appuie ici sur l'espérance de vie d'un homme à l'âge adulte : une soixantaine d'années[14], même si, lui, vivra jusqu'à cent ans, soit trente-six mille cinq cents âges de Roses.

Or c'est précisément le caractère éphémère des Roses qui fragilise leur jugement et surtout celui des Anciens qui raisonnent encore moins bien que les Roses : « Le Raisonnement des Roses serait-il bon ? Il aurait pourtant plus de fondement que celui que faisaient les Anciens sur les Corps célestes »[15]. Le raisonnement des Roses est en effet l'occasion pour Fontenelle de dénoncer le sophisme de l'éphémère qui n'atteint pas que le jugement des Anciens sur les Étoiles fixes mais plus radicalement tout jugement humain sur l'éternité. La

---

12. Fontenelle, *tome II des Œuvres complètes*, Paris, Fayard, 1990-2001.

13. Fontenelle, *Entretiens sur la pluralité des mondes*, p. 153-154.

14. C'est aussi l'estimation que fait Diderot (qui meurt à l'âge de 71 ans) à la fin de son dernier essai les *Eléments de physiologie*, Paris, Marcel Didier, 1964, p. 307 : « Le monde est la maison du plus fort : je ne saurai qu'à la fin ce que j'aurai perdu ou gagné dans ce vaste tripot, où j'aurai passé une soixantaine d'années le cornet à la main *tesseras agitans* ».

15. Fontenelle, *Entretiens sur la pluralité des mondes*, p. 154.

charge ici est explosive et le texte sent le soufre : « Devons-nous établir notre durée, qui n'est qu'un instant, pour la mesure de quelque autre ? Serait-ce à dire que ce qui aurait duré cent mille fois plus que nous, dût toujours durer ? On n'est pas si aisément éternel. Il faudrait qu'une chose eût passé bien des âges d'Homme mis bout à bout, pour commencer à donner quelque signe d'immortalité »[16]. Peut-on alors rationnellement juger qu'une seule chose, qu'un seul être est éternel ? La Marquise prend acte de l'aporie de tout jugement sur l'éternité quand elle renchérit en disant que les Mondes eux-mêmes sont comme des Roses qui naissent et meurent dans un jardin les unes après les autres.Tout est pris dans un devenir rythmé par la mort d'un Monde et la naissance d'un autre : les Étoiles disparaissent mais d'autres apparaissent car « il faut que l'espèce se répare »[17]. La chose est dite, les Mondes sont des Roses, qui se succèdent. Chaque rose est vectrice et support de l'espèce et l'univers est comme l'espèce *Rosa canina ou Cynorhodon* distribuée en autant de roses individuelles qui naissent, meurent et le régénèrent. Ainsi se termine le cinquième soir : la Marquise est consolée de la mort des Étoiles anciennes par la naissance de Soleils nouveaux : les Étoiles sont en devenir dans l'Univers, les mondes sont en fin de vie ou au contraire se forment comme des boutons de rose et cela n'effraie plus la Marquise qui éclate de joie d'être savante : « j'ai dans la tête tout le système de l'Univers ! Je suis savante ! »[18]. Mais Fontenelle donne le dernier mot au physicien empreint de scepticisme et peut-être aussi de mélancolie : « Oui, vous l'êtes assez raisonnablement, et vous l'êtes avec la commodité de pouvoir ne rien croire de tout ce que je vous ai dit dès que l'envie vous en prendra. Je vous demande seulement pour récompense de mes peines, de ne voir jamais le Soleil, ni le Ciel, ni les Étoiles, sans songer à moi »[19].

Il est temps, après cette longue promenade du cinquième soir, d'en venir à la postérité du raisonnement des Roses. Le premier signe que je voudrais relever est le clin d'œil que Voltaire fait à Fontenelle dans son article Âme du *Dictionnaire philosophique*, au lieu d'une Rose, il fait parler une Tulipe : « Si une tulipe pouvait parler et qu'elle te dît : 'Ma végétation et moi, nous sommes deux êtres joints évidemment ensemble', ne te moquerais-tu pas de la tulipe ? »[20].

Mais la reprise la plus fontenellienne du raisonnement des Roses est assurément celle que propose Diderot dans le *Rêve de d'Alembert* : on relève en effet deux occurrences de l'expression « sophisme de l'éphémère » regroupées

16. Fontenelle, *Entretiens sur la pluralité des mondes*, p. 154.

17. Fontenelle, *Entretiens sur la pluralité des mondes*, p. 154.

18. Fontenelle, *Entretiens sur la pluralité des mondes*, p. 156.

19. Fontenelle, *Entretiens sur la pluralité des mondes*, p. 156.

20. Voltaire, *Dictionnaire philosophique*, Paris, Imprimerie Nationale, présentation et notes par Béatrice Didier, 1994, p. 69.

dans une seule et même réplique de Mlle de Lespinasse qui rapporte les mots de d'Alembert rêvant et demande au médecin Bordeu ce que signifie le sophisme de l'éphémère. Bordeu répond :

> « C'est celui d'un être passager qui croit à l'immutabilité des choses.
>
> – Mlle de Lespinasse : La rose de Fontenelle qui disait que de mémoire de rose on n'avait jamais vu mourir un jardinier ?
>
> – Bordeu : Précisément ; cela est léger et profond »[21].

Le raisonnement des Roses est extrêmement célèbre au milieu du siècle, il est très souvent mentionné pour mettre en exergue l'impossibilité d'un jugement humain sur l'éternité dû à la nécessaire relativité de la conception de la durée. La mention du sophisme de l'éphémère par Diderot s'inscrit dans le constat qu'on ne peut pas concevoir l'immutabilité des choses, on ne peut qu'y croire. De là à n'y croire point, il n'y a qu'un pas que Diderot n'hésite pas à franchir dans sa conception matérialiste des vicissitudes de la nature.

Dans l'article ÉTERNITÉ de l'*Encyclopédie*, Jaucourt insiste également sur le caractère inconcevable de l'éternité pour l'homme qui ne peut juger de la durée que relativement à sa durée de vie : « Nous sommes persuadés qu'il doit y avoir quelque chose qui existe de toute 'éternité', et cependant il nous est impossible de concevoir, suivant l'idée que nous avons de l'existence, qu'aucune chose qui existe puisse être de toute 'éternité'. Mais puisque les lumières de la raison nous dictent et nous découvrent qu'il y a quelque chose qui existe nécessairement de toute 'éternité', cela doit nous suffire, quoique nous ne le concevions pas »[22]. Les lumières de la raison semblent ici convoquées par prudence pour sauver l'éternité, mais elles ne sont guère démonstratives : elles confrontent le lecteur au caractère inconcevable de l'éternité, à lui ensuite de faire son jugement et de réfléchir au raisonnement des roses.

---

21. Diderot, « Le Rêve de d'Alembert », dans *Œuvres philosophiques*, présentation et notes de Paul Vernière, Paris, Garnier, 1963, p. 304.

22. ETERNITE in tome VI, p. 47-48, 1756 de l'*Encyclopédie ou dictionnaire raisonné des sciences, des arts et des métiers par une société de gens de lettres*, éditée par Diderot et d'Alembert, Paris, Briasson, David, Le Breton et Durand, 35 vol., 1751-1780 ; rééd. Frommann, 1966-1967.

LE COMTE LAGRANGE ET LE BARON MAURICE

Pierre Crépel

Michel Blay nous a souvent fait visiter les trajectoires qui, d'un mouvement non uniforme, conduisent la mécanique de Galilée à Lagrange. Il attendrait que l'un des co-éditeurs des *Œuvres complètes* de D'Alembert effectue un arrêt sur image dans le *Traité de dynamique* ou dans quelque mémoire obscur des *Opuscules mathématiques*. Il n'en sera rien, le voici pris à contre-pied, je vais profiter du bicentenaire de la mort de Lagrange (10 avril 1813) pour flirter autour de la nouvelle édition de la *Mécanique analytique* (tome I, 1811 et tome II, 1815) qui entoure anthumément et posthumément la fin du savant piémontais.

Les historiens de la mécanique exposeront mieux que moi les contenus, le fond, le style de cet ouvrage, ses différences avec la *Méchanique analitique* de 1788, les leçons que les successeurs en ont tirées. Je me contenterai d'une promenade aléatoire et furtive via Guéret, Périgueux et Genève et de la consultation (gratuite) des médecins d'alors et d'aujourd'hui. Pour cela, je suivrai, non la collection des Guides Blay, mais un scientifique et administrateur moyen, voire normal, voire gaussien, un proche et un admirateur de Lagrange, Jean-Frédéric-Théodore Maurice (13 octobre 1775-17 avril 1851). Celui-ci n'a guère éveillé la curiosité des historiens, même à Genève, sa ville de naissance et de mort ; la seule véritable biographie, servant de base aux dictionnaires qui en recopient des morceaux, fut écrite par son ami l'astronome Alfred Gautier (auteur d'un *Essai historique sur le problème des trois corps*, dédié à Maurice en 1817)[1].

Lagrange : mise en situation

Tout le monde connaît Joseph-Louis Lagrange, né à Turin le 25 janvier 1736, où il est resté jusqu'à son transfert pour Berlin en 1766, puis sa venue définitive à Paris en 1787. La *Méchanique analitique*, pratiquement rédigée à

---

1. « Notice biographique sur M. le baron Maurice », dans *Bibliothèque universelle* [de Genève], Sciences Physiques, t. XVIII, octobre 1851, p. 104-118.

la fin de son séjour berlinois, éditée à Paris peu après son arrivée en 1788, n'est pas uniquement un ouvrage de contenu récent, puisqu'elle reprend aussi divers mémoires liés au calcul des variations, à la mécanique céleste ou des fluides, etc., publiés depuis plusieurs décennies. Si elle fait date, c'est non seulement par les compléments que l'auteur y introduit, mais surtout par sa cohérence d'ensemble et sa présentation systématique qui permettent de lancer toute la mécanique sur de nouvelles bases.

La période parisienne de Lagrange est habituellement considérée comme celle de *la Théorie des fonctions analytiques* (1797), des *Leçons sur le calcul des fonctions* (1801) et des travaux sur les équations numériques. Mais il convient aussi d'insister sur les mémoires présentés à l'Institut en 1808 et 1809, relatifs à la mécanique céleste et aux équations différentielles, qui vont se retrouver dans la nouvelle édition de la *Mécanique analytique*, comme nous aurons l'occasion de l'évoquer un peu plus loin.

Les débuts de Maurice

Jean-Frédéric-Théodore Maurice est le fils de l'agronome genevois Frédéric-Guillaume Maurice (1750-1826), l'un des fondateurs d'une importante revue, la *Bibliothèque britannique*, maire de Genève à partir du rattachement de cette ville à la France en 1798. Il y fait ses études, notamment de mathématiques, et procède à quelques observations astronomiques avec Marc-Auguste Pictet à l'Observatoire de Genève. Lalande le remarque lors d'un séjour dans cette ville en 1796 et l'invite à passer un an à Paris pour travailler avec lui. Le fonds Maurice, aux Archives d'État de Genève (12.12.1-55) conserve d'ailleurs la première lettre de Lalande à Maurice, datée de « Bourg[-en-Bresse], le 27 août 1796 » : « Mon voyage a fini, mon cher enfant (…) » (12.12.5). On peut suivre dans ce dossier les préparatifs de celui de Maurice. D'après A. Gautier, le jeune Genevois, une fois à Paris, « entra, dès cette époque, en relation avec le célèbre Laplace, qui lui proposa même de coopérer aux immenses calculs qu'exigeaient ses travaux de mécanique céleste. Il se lia aussi avec Lagrange et Legendre, et a, dès lors, entretenu longtemps des relations d'amitié avec ces illustres géomètres ». Nous n'avons pas trouvé de précisions sur ces liens précoces et il reste, à notre connaissance, assez peu de correspondance par rapport aux lettres qui ont certainement existé en bien plus grand nombre. Dans des témoignages ultérieurs, Maurice évoque, de façon souvent vague, sa proximité avec Lagrange. Par exemple, dans une lettre ouverte du 10 février 1814 au *Moniteur universel* (publiée le 26), il parle de « l'avantage que j'ai eu de voir de près M. Lagrange pendant plusieurs années » et donne un certain nombre de témoignages et de confidences personnels. Dans une lettre à J.B. Dumas, datée du 12 septembre 1842 et conservée dans son dossier aux Archives de l'Académie des sciences, il affirme avoir été « honoré 20 ans de l'intime amitié de La Grange ». Les trois lettres que nous reproduisons en appendice montrent bien une fréquentation entre Lagrange et Maurice, elles ne semblent pas témoigner d'une intimité extraordinaire.

Maurice revient à Genève dès l'été 1797, s'y marie et est rapidement nommé « professeur honoraire de mécanique analytique » (honoraire à 23 ans !). Nous n'avons pas exploré les archives qui pourraient nous fournir des précisions, mais, d'après Gautier, il y enseigne les mathématiques et l'astronomie, jusqu'à son départ pour Paris et Guéret en 1806-1807. En fructidor an IX (septembre 1801), Maurice est nommé « examinateur des aspirants à l'École polytechnique », il est chargé à ce titre d'examiner les candidats à partir du 1er jour complémentaire (mi-septembre) jusqu'à fin vendémiaire (mi-octobre) dans les villes suivantes : Dijon, Strasbourg, Metz, Châlons-sur-Marne et Auxerre. Il y a quelques variantes dans les villes d'interrogation selon les années ; par exemple à la fin de l'an XI, ce sont : Turin, Grenoble, Lyon, Dijon, Strasbourg, Mayence et Metz (Archives d'État de Genève, 12.12.41 et 48). En d'autres termes, il habite encore Genève et part en tournée dans l'est, tandis que Biot interroge à Paris, Lévêque dans l'ouest et le nord, et Monge junior dans le midi et le centre. Jusqu'en 1806, Maurice effectue quelques voyages à Paris, comme le montre la lettre n° 2 de Lagrange transcrite ci-dessous dans l'Appendice, mais nous ne pensons pas qu'il y réside régulièrement. C'est le 11 février de cette année-là qu'il est nommé auditeur au Conseil d'État : « d'abord professeur de législation, il entre au Conseil comme auditeur de 1re classe à la section des Finances », dit le *Dictionnaire biographique des membres du Conseil d'État*. Il est nommé le 6 mars 1807 préfet de la Creuse. Une carrière administrative va l'occuper à partir de cette date.

Guéret

Que fait donc un préfet de la Creuse ? Je vois d'ici les Parisiens regarder cette fonction comme le summum du ridicule. Un petit déplacement aux archives départementales, où l'on est fort bien reçu, les ramènerait peut-être à plus de modestie. Les séries M, concernant l'administration des départements, jouissent en général d'inventaires bien faits et assez précis, avec des index et des tables. On y suit donc d'assez près l'activité des préfets. Dans la sous-série 1 M, on trouve les registres et la correspondance active et passive des préfets et de leurs secrétaires ; dans la sous-série 2 M, leurs dossiers personnels ; les sous-séries suivantes sont déclinées par thèmes (avec quelques différences selon les départements) et évoquent les élections, la police, la santé et l'hygiène, la population, l'économie et les statistiques, l'agriculture, les eaux et forêts, le commerce, l'industrie, le travail, etc.

Dans le cas qui nous intéresse ici, nous avons la chance de disposer aussi du *Journal du département de la Creuse*, dont le premier numéro sort le 28 février 1807, soit quelques jours avant la nomination de Maurice comme préfet. Cet hebdomadaire nous renseigne, à sa façon, sur les faits et gestes (même les petits) du préfet. Frédéric Maurice prend ses fonctions en mai :

> « M. Maurice, Préfet de ce département, où sa réputation l'avait précédé, et l'avait déjà rendu cher à ses administrés, est arrivé à Guéret, samedi, 9 de ce mois, à neuf heures du soir ; il a reçu le lendemain la visite des corps constitués et de tous les fonctionnaires publics. [...] » (*Journal du département de la Creuse* n° 12, 16 mai 1807).

Le nouveau préfet ne savait pas comment devait se passer la cérémonie, le ministre lui demande s'il a bien prêté serment, etc. (2 M 1, dossier Maurice). Dans le *Journal* n° 15 du 6 juin 1807, il y a des « Vers présentés à M. Maurice, Auditeur au Conseil d'État, Préfet du département de la Creuse, par MM. les Elèves de l'École de Guéret ». Le lecteur curieux pourra venir lui-même consulter et apprendre par cœur ce poème, certes un peu flagorneur, mais pas pire que les morceaux de prose actuels à la gloire des hommes d'affaires.

Un premier aperçu rapide à partir de ces deux sources nous montre une activité assez proche de celle des intendants d'Ancien Régime, occupés un peu de toute la vie économique, sociale et politique du département. Nous noterons en particulier le rôle du préfet en matière d'hygiène publique, de lutte contre les épidémies humaines et animales, de relations avec les maires, mais aussi, en cette période d'Empire, sa gestion de la conscription et des affaires militaires. Les statistiques départementales sont lancées avec énergie sous le Consulat, mais freinées vers 1805, elles continuent cependant sous diverses formes. Maurice les suit de près, il coordonne les efforts sur les poids et mesures et sur l'enseignement technique, particulièrement les cours de dessin dont il prône la gratuité (n° 44 du 22 décembre 1808). Ainsi donc, si la fonction de préfet de la Creuse ne pousse guère à l'émulation pour les recherches sur les équations différentielles, on notera toutefois que l'esprit scientifique n'est pas absent des tâches et des façons de faire du préfet. En outre, le préfet réside sur place, même s'il se rend parfois à Paris, comme nous le montre par exemple la lettre n° 3 de Lagrange à Maurice reproduite en Appendice.

Mais comme, à l'aube de son départ en retraite, nous nous intéressons ici aussi à la santé de Michel Blay et qu'il arrive souvent à celui-ci de porter des bretelles élastiques, nous voulons attirer son attention sur le n° 10 du *Journal* du 2 mai 1807, où, sous la rubrique « Variétés. Hygiène », il est traité de façon fort sérieuse de cette mode inquiétante. Nous l'implorons de s'enquérir de cette importante question de mécanique appliquée.

Périgueux

Le 12 février 1810, Maurice est muté en Dordogne, département que les bourgeois des grandes villes méprisent moins que le précédent à cause du foie gras. Ce séjour, qui va durer jusqu'à sa révocation le 10 juin 1814, est intéressant pour nous à plusieurs titres : d'abord il inclut la date du décès de Lagrange, surtout il est l'occasion pour Maurice de faire connaissance avec un personnage important, son aîné d'une dizaine d'années, l'administrateur et philosophe Pierre Maine de Biran (1766-1824). Celui-ci, né à Bergerac, actif dans la vie sociale et intellectuelle de cette ville, est sous-préfet de cet arrondissement depuis le 31 janvier 1806 et quitte la sous-préfecture le 24 juillet 1811 pour « monter à Paris ». Il s'écoule donc environ un an et demi de collaboration entre Maine et Maurice en Dordogne ; les deux hommes s'apprécient et s'écrivent ensuite de 1811 à 1814, comme nous le verrons un peu plus loin.

Les activités d'un préfet de la Dordogne ressemblent évidemment à celle d'un préfet de la Creuse. Malheureusement, s'il a existé un *Journal de la Dordogne* en 1803-1804, celui-ci a fermé ses portes et, à notre connaissance, la presse locale ne va renaître de ses cendres qu'à la fin des années vingt. En revanche, la série M des archives départementales est bien fournie et jouit d'un remarquable *Répertoire numérique*, dressé par l'archiviste Noël Becquart et publié à Périgueux en 1971. En outre, la Société historique et archéologique du Périgord a effectué depuis plus d'un siècle des travaux très sérieux, régulièrement publiés dans son *Bulletin*, où l'on trouve, entre autres choses, des documents et études concernant Maurice, tout particulièrement celles de R. Villepelet, dont on trouvera la liste dans le Répertoire cité ci-dessus[2].

J'aurais rêvé trouver, à la mi-avril 1813, dès réception par le préfet de la mort de Lagrange, l'annonce d'un deuil national à Périgueux ; malheureusement non, j'espère que c'est parce que j'ai mal cherché. En plus des activités analogues à celles que nous avons évoquées à propos de la Creuse, les tâches du préfet Maurice sont aussi marquées par les retombées des difficultés militaires de Napoléon et par les troubles qui en résultent. Fin 1813, on sent que l'Empire est en grande faiblesse et, début 1814, c'est la Campagne de France, les alliés adverses entrent dans Paris le 31 mars 1814, la monarchie est rétablie et Napoléon abdique à Fontainebleau le 6 avril. Les augmentations des prix et des impôts, avant et après la défaite, créent des troubles un peu partout en France ; les préfets naviguent à vue, sondent « l'esprit public », tentent de calmer les habitants, de tempérer les exigences du gouvernement[3].

Maurice accepte le rétablissement de la Monarchie, il est néanmoins relevé de ses fonctions de préfet le 14 juin 1814, non par disgrâce personnelle, mais parce qu'il n'est plus vraiment français. En effet, les troupes napoléoniennes ont dû évacuer Genève le 30 décembre 1813 et la République de Genève a été

---

2. On lira aussi avec profit Georges Rocal, *De Brumaire à Waterloo en Périgord*, Paris, Floury, 1942, 2 vol.

3. Jean Lassaigne, « Trois lettres du préfet baron Maurice sur l'esprit public en Dordogne (mars 1814) », dans *Bulletin de la Société historique et archéologique du Périgord*, n° XCI, 1964, p. 157-162.

rétablie (en attendant l'intégration à la Suisse le 12 septembre 1814). Le ministre de l'Intérieur écrit à Maurice le 14 juin 1814 :

> « Monsieur le Baron, le Roi considérant que la Ville de Genêve, votre patrie, ne faisant plus partie de la France et rien n'indiquant que vous eussiez l'intention de cesser d'en être citoyen a jugé à propos de nommer à la Préfecture de la Dordogne, Mr. Rivet ancien préfet de ce même Département et aujourd'hui de celui de l'Ain. Vous trouverez ci-joint une ampliation de l'ordonnance de Sa Majesté. (...) » (2 M 3, dossier Rivet).

La suite de la lettre explique qu'on ne lui en veut pas personnellement. Et cela est d'autant plus vrai que Louis XVIII le promeut maître de requêtes au Conseil d'État dès le 5 juillet. Maurice va donc quitter Périgueux pour Paris.

Les lettres de Maine de Biran à Maurice

Il existe, à notre connaissance, deux types de correspondances entre Maine et Maurice : celle, en principe administrative, active et passive, qui s'étend de février 1810 à juillet 1811, entre le sous-préfet de Bergerac et le préfet de la Dordogne, non publiée et qu'on trouve en différents endroits de la série M des archives départementales ; celle, en principe privée, les années suivantes, entre Maine alors à Paris et Maurice alors à Périgueux. Les deux hommes étant ensuite tous deux à Paris, la correspondance connue cesse. Henri Gouhier et les éditeurs des œuvres de Maine de Biran se sont surtout intéressés à la correspondance « philosophique », mais il nous semble intéressant de ne pas séparer totalement les deux types de lettres. En tout cas, pour un historien des sciences, elles sont toutes deux instructives. De la première période, nous relèverons deux discussions, l'une relative à une épidémie en 1810, l'autre au sucre en 1811.

Le village de Bouillac, dans l'arrondissement de Bergerac est victime d'une étrange épidémie en mai 1810 : le dossier est conservé sous la cote 5 M 28 des archives, il contient une correspondance entre le sous-préfet et le préfet, le médecin des épidémies et le ministre de l'Intérieur. D'après la lettre du 24 mai envoyée au sous-préfet par le médecin des épidémies Delpit, il s'agirait d'une « peripneumonie produit de la saison actuelle », « ni épidémique ni contagieuse », ce qui n'a pas grand sens d'après les médecins que j'ai consultés ; en tout cas, rien qui ressemble aux symptômes du choléra. Un peu plus loin Delpit ajoute :

> « quelques circonstances particulières ont pu les rendre plus grâves dans la commune de bouillac. le peuple y est très pauvre, il vit de chataignes et de blé d'espagne ou maïs, cette année les chataignes ont manqué et le maïs brouillardé et gaté n'a donné que du mauvais pain. on y recolte peu de vin, le pauvre n'en a pas et ne peut en acheter, l'eau qu'il boit n'est pas bonne, la principale fon-

taine recevant les égouts d'une rue constament remplie de fumier. il paroit très facile d'éviter cet inconvénient en faisant une légère reparation a cette fontaine. mr. le maire m'a paru disposé a l'entreprendre, et je l'y ai fortement engagé.

La population de cette commune est de trois cents ames. il y a eu une quarantaine de malades, il en est mort a peu pres vingt la maladie n'a presque attaqué que des indigents. toutes ces morts ont eu lieu dans l'espace de quinze jours, mais lorsque je suis arrivé dans la commune il n'y avoit plus que des convalescens et point de nouveaux malades ».

Delpit estime qu'on s'est alarmé pour peu de chose, en rejette la responsabilité sur l'incompétence de l'officier de santé (une espèce de sous-médecin d'alors). Mais la médecine sérieuse et scientifique n'est pas encore là et il est bien difficile au vu du rapport de se faire une idée de la nature exacte de la maladie. Le sous-préfet et le préfet ont tenté d'agir au plus vite et ont bien compris que le malheureux officier de santé n'est peut-être pas beaucoup plus mauvais que les médecins d'alors et ils se sont gardés de le sanctionner.

En 1811, en raison de la guerre maritime avec l'Angleterre, le gouvernement et les savants français cherchent des solutions alternatives au sucre des colonies. Parmi celles étudiées, il y a la fabrication du sucre et sirop de raisin ; une brochure d'août 1810 (Imprimerie royale, 31 pages), où l'on voit les signatures de Chaptal, Vauquelin, Proust, Parmentier et Berthollet, est diffusée à cet effet. Les vignes de Bergerac sont bien placées en raison de leur teneur en sucre ; un pharmacien de la ville, nommé Laroche, tente d'exploiter ces idées plus à son profit que dans l'intérêt général : tout un dossier y est consacré sous la cote 9 M 2. Ce n'est pas le lieu d'étudier de près les tenants et les aboutissants de ces deux affaires, qui nous permettraient de suivre assez bien à la fois l'état de certaines sciences et techniques d'alors et aussi les conceptions de la chose publique et de la manière de la traiter au concret, chez Maine de Biran et Maurice.

Les lettres de Maine à Maurice, qui sont conservées dans les fonds de la famille Maurice aux archives d'État de Genève, ont un autre intérêt. Elles s'étendent du 16 octobre 1812 au 27 février 1814 et ont été publiées par Henri Gouhier il y a un demi-siècle[4]. Certes, il y est question de diverses affaires périgourdines, mais ce qui retiendra ici notre attention, ce sont plutôt les informations que Maine envoie de Paris sur les savants et sur l'Académie. Nous n'avons pas encore vu si les lettres de Maurice existent encore, mais on peut en reconstituer certains aspects au vu des réponses. Nous allons donner une idée de ces échanges, mais avant cela il nous faut revenir à Lagrange et le faire mourir.

---

4. « Lettres de maine de Biran au baron Maurice, préfet de la Dordogne [1812-1814] », dans *Bulletin de la Société historique et archéologique du Périgord* (n° XC, 1963, Supplément, p. 3-44).

Les derniers mois de Lagrange

Il existe de nombreux documents sur la fin de Lagrange. D'une part, on peut suivre ses dernières activités scientifiques dans les *Procès-verbaux* de l'Académie et dans leurs pièces annexes ; à cela s'ajoutent des témoignages de divers collègues qui lui ont rendu visite lors de ses derniers mois, par exemple Chaptal, dont la « Derniere conversation du Celebre Lagrange » se trouve en manuscrit dans le fonds Maurice (Archives d'État de Genève, 12.12.4). D'autre part, ses médecins ont publié peu après sa mort un *Précis historique sur la vie et la mort de Joseph-Louis Lagrange*, par J.J. Virey et Potel, à Paris par la Veuve Courcier dès 1813.

Le *Précis historique* se compose de plusieurs parties : une notice biographique (p. 3-16), signée Julien-Joseph Virey, parlant davantage de l'homme que de l'œuvre, et donnant des renseignements sur son caractère, ses habitudes, sa santé ; suivent plusieurs pages sous le titre « De la maladie et de la mort de M. le Comte Lagrange » (p. 16-20) ; enfin une page et demie, intitulée « Ouverture du corps, par MM. Potel, Docteur en Médecine, et Génouville, Chirurgien de l'Hôpital militaire de Paris » (p. 21-22). Cette brochure est en ligne et chacun pourra la consulter à loisir. Voici un petit résumé pour ceux qui n'auraient pas le temps de rendre en détail ce dernier hommage à notre grand mathématicien.

    * À 15 ans, « il était alors grêle, mince et pâle » (p. 4).

    * « M. Lagrange était devenu d'un naturel très-pensif et silencieux » (p. 5).

    * « Pendant sa jeunesse, cette extrême contention d'esprit le jetait souvent dans une sorte d'exaltation fébrile, et il avait dès-lors ce pouls irrégulier et anomal qu'il a conservé jusqu'en ses dernières années » (p. 5).

    * Il « fut atteint, vers l'âge de 25 ans, à la fin de l'hiver, d'une affection hypocondriaque : des symptômes bilieux se manifestèrent aussi » (p. 5-6).

    * « on lui tira 29 fois du sang dans sa vie : ce qui dut affaiblir sa constitution d'ailleurs assez robuste » (p. 6).

    * À Berlin, « il abandonna tout-à-fait l'usage du vin, qu'il avait toujours pris trempé et avec sobriété, pour la bierre (sic), dont il se trouva bien, il acquit même de l'embonpoint. Alors il se maria avec sa cousine » (p. 8).

    * « elle succomba sans laisser d'enfans » (p. 8).

    * « Sa vie sédentaire et studieuse l'assujétissait au flux hémorroïdal et à une sorte d'échauffement qu'il dissipait par l'usage des acides végétaux, tels que le suc de citron exprimé dans du thé » (p. 8-9).

    * « À l'âge de 42 ans environ (en 1778), il fut attaqué, au printemps, d'une péripneumonie bilieuse qui exigea l'application des vésicatoires » (p. 9).

    * « il avait eu, dans l'âge fait, des cheveux châtains, droits, qui étaient devenus blancs, presque sans tomber, dans la vieillesse » (p. 12).

    * « Comme M. Lagrange avait l'estomac faible, mal commun à tous les hommes studieux, il était porté à un régime sobre et régulier » (p. 13-14).

* « Sa vue était en très-bon état, ainsi que ses autres sens, seulement l'ouïe était devenue un peu dure. Comme Descartes, il dormait assez long-temps et se levait tard (vers 10 heures) ; il se couchait vers minuit, et ordinairement faisait la sieste, ou un léger sommeil après dîner. Le matin, il prenait du café au lait ; il dînait très-modérément, avec peu de viande, encore la plus légère, et surtout des légumes, des fruits doux » (p. 14).

* il aimait « beaucoup le grand air et se promenait à pied presque chaque jour, en marchant vite, tout en méditant sans cesse » (p. 15).

* « M. Lagrange succombait de temps en temps à des syncopes » (p. 16).

* « À chaque printemps, il éprouvait un débordement bilieux par les selles, qu'il favorisait au moyen des bouillons aux herbes » (p. 16).

Je vous laisse lire directement ses derniers moments, puis l'ouverture du corps en commençant par le haut, car je ne veux pas remuer ici le couteau dans la plaie. Suite à la publication de cette brochure qui fit moins de bruit que « Le Grand Secret » pour Mitterrand, divers lecteurs tirèrent de l'expression suivante en dernière page (« à l'extrémité du rein gauche il existait une tumeur de la grosseur d'un œuf de poule, moyen ») la conclusion erronée que Lagrange serait mort d'un cancer du rein. J'ai interrogé cinq médecins de l'Académie des sciences, belles-lettres et arts de Lyon, l'an dernier, à qui j'avais donné le texte de Virey et Potel, pour solliciter un diagnostic. Ils ne furent pas tous d'accord, mais convergèrent sur de nombreux points, dont voici une synthèse[5].

D'abord, « la description clinique est très imprécise, encombrée de termes hippocratiques qui avaient encore cours au début du XIXe siècle, tels que 'péripneumonie bilieuse', ce qui ne veut rien dire ». Nos médecins d'aujourd'hui ont noté que « le malade a résisté 77 ans à la Médecine de son époque, ce qui n'est pas si mal », après 29 saignées.

La tumeur au rein est banale, on dit qu'elle est « remplie d'un fluide aqueux et peu coloré », c'est donc un simple kyste, non un cancer. La constipation, les hémorroïdes, etc., rien de plus habituel. Les syncopes anciennes sont vraisemblablement neuro-végétatives. Le pouls intermittent peut n'être qu'une extrasystolie bénigne, mais l'un des médecins a pensé qu'il aurait eu besoin d'une pile. Il y a eu débat sur le calcul biliaire, l'un d'eux pensant qu'il pouvait y avoir une infection biliaire majeure, les autres penchant plutôt pour un teint jaunâtre non ictérique. L'un des médecins évoque la possibilité de crises de paludisme, alors courant à Turin, pays de l'enfance et de la jeunesse de Lagrange, les autres en doutant. Finalement, la mort pourrait être due à une infection virale sévère chez un homme âgé.

Dans tous les cas, ils ont insisté sur le fait que les descriptions vagues, sans mesure de quoi que ce soit (pouls, tension, etc.) ni analyse biologique, ren-

5. Merci donc à Philippe Mikaeloff, Jean-Pierre Neidhardt, Jean Normand, Jacques Chevallier et au regretté Louis-Paul Fischer.

daient le diagnostic très peu sûr. Il y eut alors une discussion sur l'expression « mourir de vieillesse ». Si l'on examine maintenant l'évolution de la signature de Lagrange sur les originaux (non reproduits ici) des lettres que nous transcrivons en Appendice, on s'apercevra, sans connaissance médicale, de la dégradation, tout particulièrement dans celle du 23 décembre 1812, trois mois et demi avant sa mort : il s'agissait bien d'un homme très fatigué que la moindre infection pouvait emporter.

La mise au point du tome II de la *Mécanique analytique*

Il existe essentiellement deux éditions de la Mécanique analytique du vivant ou du quasi-vivant de l'auteur : *Méchanique analitique*, Paris, Vve Desaint, 1788 (xij + 512 p.) et *Mécanique analytique*, Paris, Vve Courcier, 1811-1815 (t. I : xj + 422 p. ; t. II : viij + 378 p.). La seconde édition est augmentée environ dans le rapport de 3 à 2. Il existe beaucoup d'études d'ensemble, de mathématiciens, de mécaniciens et d'historiens sur la Mécanique analytique de Lagrange, mais elles portent essentiellement sur trois aspects : la genèse de l'ouvrage de 1788 (donc ses rapports avec les travaux antérieurs de l'auteur), l'examen des principes, des méthodes et du style, et enfin les perspectives et transformations par les successeurs, comme Hamilton, Jacobi, etc.[6] Il existe aussi des études sur des points particuliers importants. La comparaison minutieuse entre les deux éditions nous a semblé seulement esquissée dans les recherches historiques (mais je ne demande qu'à être contredit). Le tome I est publié du vivant de Lagrange, il n'en est pas de même du tome II (1815) : l'Avertissement, facilement accessible, d'environ une page expose les difficultés et les rôles respectifs de Prony, Garnier, Binet et Lacroix (p. v-vj). Nous voudrions juste relever ici quelques informations complémentaires glanées dans le *Précis* de Virey (p. 16-17) et dans les lettres de Maine de Biran.

Virey écrit, peut-être un peu hâtivement :

> « Il paraît qu'il acheva le manuscrit du second volume, à ce qu'on assure l'année dernière, écrit tout entier de sa main (1), et avec tant d'ardeur, qu'il se donnait à peine le temps de prendre ses repas. Ses syncopes augmentaient ... »

> « (1) On prétend que le troisième volume devait embrasser de nouvelles recherches sur le système du monde et l'Astronomie, comme parties de la Mécanique universelle » (p. 16-17).

Dans la correspondance de Maine, on note les passages suivants :

---

6. Voir par exemple Helmut Pulte, « Chapter 16. Joseph Louis Lagrange, Méchanique analitique, first edition (1788)', dans I. Grattan-Guinness (ed.), *Landmark Writings in Western Mathematics, 1640-1940*, Amsterdam, etc., Elsevier, 2005, p. 208-224.

16 octobre 1812 : « Le 2ᵉ volume de la Mécanique de Lagrange ne sera pas imprimé avant six mois ; sa nouvelle édition de la Théorie des fonctions paraîtra plus prochainement et dans six semaines au plus tard ».

12 juin 1813 : [à propos d'un volume des transactions philosophiques] « ce volume est toujours malheureusement dans les mains de M. de Prony qui promet chaque jour de le remettre, et qui toujours l'oublie. M. Charles m'a dit que si je voulais absolument avoir le volume à ma disposition sans délai, il faudrait faire actionner le *dépositaire*. Je me suis chargé moi-même des *poursuites* : j'ai promis en conséquence à M. Charles d'être lundi à la séance de la 1re classe où doit se trouver M. Prony, et de ne pas le quitter, jusqu'à ce qu'il m'ait remis le volume en question ».

(...)

« Quant au grand héritage de M. de Lagrange et à sa mécanique analytique, quoique ce que vous [Maurice] me dites du *légataire* [Prony] ne soit que trop fondé, M. Prony paraît néanmoins sentir comme il convient l'importance du travail dont il est chargé ; toute l'Europe savante l'en rend responsable, et cette idée est bien propre à exciter son zéle et à fixer sa mobilité naturelle. Il est certain que le second volume attendu avec impatience s'imprime assez vite et ne tardera pas à paraître ».

6 juillet 1813 : [Laplace est malade] « Mais c'est une nouvelle édition de la Mécanique céleste qu'il faudrait aux géomètres, et il est douteux qu'elle soit faite. M. de Lagrange a emporté dans la tombe le projet d'une autre mécanique céleste : les sciences seraient-elles condamnées à deux pertes irréparables ? »

1ᵉʳ août 1813 : « Vous apprendrez avec peine que l'impression de la mécanique de M. de Lagrange est suspendue, Mme de Lagrange est partie depuis un mois pour une campagne éloignée de Paris et s'est obstinée, on ne sait pourquoi, à refuser de remettre avant son départ le reste du manuscrit ; elle ne veut pas qu'on visite pendant son absence les papiers de son mari : c'est un travers singulier dont tout le monde s'étonne et s'afflige - je tiens encore cette nouvelle de M. Lacroix. M. de Prony est absent, je ne l'ai pas vu depuis un mois (...) ».

12 février [1814] : « J'oubliais de vous dire que M. Prony pousse ferme la Mécanique de M. de Lagrange depuis que le reste du manuscrit a été trouvé ; on l'aura bientôt ».

En d'autres termes, Lagrange travaillait à une édition vraiment nouvelle avec un volume supplémentaire sur la mécanique céleste. À sa mort, ses papiers sont à peu près en ordre jusqu'à la section VIII. Prony, chargé de terminer le travail, n'est pas très fiable ; la veuve est méfiante et met des bâtons dans les roues ; finalement, Prony s'est fait aider et le tome II sort laborieusement en 1815, dans une version affaiblie.

Qui succède à Lagrange ?

Lagrange était membre du Bureau des Longitudes et de l'Académie des sciences. C'est Legendre qui lui succède au premier et Poinsot à la seconde. Si les Procès-verbaux de l'Académie des sciences, imprimés, peuvent laisser entendre entre les lignes qu'il y a eu débat, les lettres de Maine de Biran à Maurice sont plus explicites, notamment cet extrait de la lettre du 12 juin 1813 :

> « J'avais pensé, monsieur, au plaisir que vous auriez eu en apprenant la double nomination de MM. Legendre et Poinsot aux deux places de M. de Lagrange. Je vous aurais informé sur le champ de cette bonne nouvelle, si vous n'aviez pas dû le savoir aussi vite par le Moniteur. On trouve généralement que le grand homme dont les sciences pleurent la perte trop irréparable, est dignement remplacé au Bureau des longitudes ; mais on ne juge pas de même pour l'Institut. M. Poinsot a des talents, des connaissances et surtout beaucoup d'esprit ; mais il a peu fait jusqu'à présent et ses habitudes de société, sa santé délicate laissent peu d'espérance pour l'avenir ; au surplus, ses concurrents n'avaient guère plus de droits acquis et l'on a vu avec quelque plaisir dans cette nomination une disgrâce pour M. de Laplace et un triomphe pour M. Legendre. Je fus moi-même témoin, à la séance où Poinsot fut nommé, du mécontentement et de l'humeur du premier de ces géomètres, comme de la satisfaction du second ».

Ceci nous donne un petit échantillon de ce qu'on peut apprendre sur Maurice et les mathématiciens de son temps dans le fonds de la famille Maurice aux Archives d'État de Genève ; on y trouve aussi de multiples informations sur Lalande (12.12.5), Legendre (12.12.6), Poinsot (12.12.10), Poisson (12.12.11), Dupin (12.12.15), Francœur (12.12.25), Lacroix (12.12.29), Abel (12.12.45), etc., que ce n'est pas le lieu d'étudier, et dont certaines ont un rapport notable avec la mécanique.

Les discours, éloges et notices

Au lendemain de la mort de Lagrange, presque tous les savants français en vue ont prononcé ou rédigé un discours, un éloge ou une notice sur le défunt : Lacépède et Laplace au Panthéon le 13 avril, Biot et Poisson dans le *Journal de l'Empire* le 28 avril, Delambre à l'Académie des sciences le 3 janvier 1814, puis dans le *Moniteur universel* des 17-19 janvier. Une commission de l'Académie, composée de Legendre, Prony, Poisson et Lacroix, a été chargée d'examiner ses manuscrits achetés par Carnot au profit de l'État, Maurice, devenu académicien libre, y fut coopté ultérieurement.

Il convient surtout ici d'insister sur le fait que c'est Maurice qui fut chargé par Michaud de la notice « Lagrange » dans la *Biographie universelle* (t. 23, 1819). Maurice s'était déjà exprimé par une lettre du 10 février 1814, publiée sous le nom de L.B.M.D.G. le 26 février dans le *Moniteur*, où il apportait nuances, précisions et quelques contradictions face à la notice de Delambre. Ceci ayant été fort bien exposé dans la préface de Luigi Pepe à la biographie de Lagrange par F. Burzio, nous nous contenterons d'y renvoyer[7], en signalant tout particulièrement deux aspects : la confusion entre calcul des variations et principe de moindre action dans la version écrite de l'éloge de Delambre, les confidences de Lagrange à Maurice sur sa manière de travailler. Ici encore, les lettres de Maine de Biran à Maurice des 12 et 27 février 1814 nous fournissent des précisions importantes sur le rôle d'intermédiaire joué par le premier auprès de Fauveau, rédacteur du *Moniteur* et implicitement sur les réactions de Delambre à ces critiques.

Les constantes ont-elles donc mal varié ?

Nous évoquerons pour terminer une polémique qui a éclaté dans les *Comptes rendus de l'Académie des sciences* entre Maurice et Liouville sur l'invariabilité des grands axes des planètes et la méthode de variation des constantes[8].

La défense de Maurice est assez étrange, pour ceux qui sont habitués aux critères usuels des mathématiciens : il rappelle Liouville à la politesse vis-à-vis d'un ancien et prétend connaître mieux que lui les théories de Lagrange parce qu'il a mieux connu l'homme, voici les deux passages de la lettre, déjà citée, à Jean-Baptiste Dumas, vice-président de l'Académie :

> « une lettre de Mr. Liouville, insérée par extrait, est-il dit, où mon travail est jugé rudement et sommairement, dans les termes les moins convenables entre confrères, et les plus déplacés à l'égard d'un homme deux fois plus âgé que celui qui l'attaque sur ce ton, sans aucune espèce de motifs [...] ».

> « Honoré 20 ans de l'intime amitié de La Grange, près de qui je me trouvais quand il enfanta sa belle théorie, je pense la connoître aussi bien que celui qui, 30 ans après, la façonne à son gré pour la commodité de son argumentation ».

Maurice publie un peu plus tard un gros écrit de plus de quatre-vingts pages dans le t. XIX des *Mémoires de l'Institut* (1847), p. 553-637, sous le titre très explicite : « Mémoire sur la variation des constantes arbitraires, comme l'ont établi, dans sa généralité, les mémoires de Lagrange, du 22 août 1808 et du 19 mars 1809, et celui de Poisson, du 16 octobre suivant, lu à l'Académie des sciences, le 2 juin 1844 ». Apparemment, ce texte n'a pas été critiqué, mais a-t-il été vraiment lu ? D'ailleurs, les notes de Darboux et Serret dans l'édition

---

7. Edition originale : Filippo Burzio, *Lagrange*, Torino, 1942. Édition citée ici : Filippo Burzio, *Lagrange*, Prefazione di Luigi Pepe, Torino, UTET, 1993, en particulier, p. XVIII-XXIII.

8. *Comptes rendus de l'Académie des sciences*, t. 15 (2e semestre 1842), p. 328-343, 425-426, 598-601, 732, 853-855.

des Œuvres de Lagrange nous montrent que, si Lagrange est un auteur moderne dont le style n'est pas du tout dépaysant pour un scientifique d'aujourd'hui, le suivi méticuleux de ses calculs n'est pas si facile ; donc si les mathématiciens rechignent à vérifier jusqu'au bout les calculs de Lagrange, pourquoi se donneraient-ils davantage de mal à refaire ceux d'un pâle disciple ?

Alors Mesdames et Messieurs les mathématiciens et mécaniciens d'aujourd'hui, qu'en pensez-vous ? et surtout, si vous pensez que Maurice erre, soyez au moins aussi poli avec un mort que Liouville aurait dû l'être avec un vieux.

Conclusion et perspectives

À mon âge, qui est plus canonique que celui de Michel, il n'est pas très raisonnable de se lancer dans des travaux de longue haleine, mais on a toujours le droit de suggérer, en espérant voir des débuts de réalisation avant sa mort. Voici trois petites bricoles qui pourraient occuper quelques jeunes : un inventaire précis de la correspondance et des manuscrits de Lagrange, une édition critique et commentée des œuvres complètes de Clairaut (dont c'est le tricentenaire ce 13 mai 2013), une édition critique et commentée des œuvres complètes de Legendre (qui n'est liée à aucun anniversaire, mais aurait certainement comblé d'aise notre baron Maurice).

Bien qu'il soit de bon ton, à partir d'un certain âge, de dire que le niveau baisse (remarque courante dès l'Antiquité), on peut penser que les nouvelles générations relèveront le défi, sous des formes qui nous étonneront, et nous pouvons au moins leur dédier cette modeste contribution programmatique, ainsi que les cinq petites lettres inédites suivantes de Lagrange, trouvées lors de quelques pérégrinations à Clermont-Ferrand et à Genève.

APPENDICE. CINQ (PETITES) LETTRES INÉDITES DE LAGRANGE

1. Reçu de Lagrange à l'Académie des sciences (Bibliothèque de Clermont-Ferrand, collection de Chazelles)

Je soussigné reconnois avoir reçu de M. Lavoisier de l'Academie des Sciences au nom de M. Le Monnier Astronome de cette Academie, la somme de deux cent cinquante livres pour les deux termes du 1er Juillet et du 1er Octobre du loyer de son logement dans la Cour des Capucins.

Fait à Paris le 15 Decembre 1792 l'an 1er de la republique

[signé] Lagrange

2. Billet de Lagrange à Maurice (Archives d'État de Genève, 12.12.4)

ce 11 decembre 1806

Le senateur et Madame Lagrange prient Monsieur Maurice de leur faire l'honneur de venir diner chez eux dimanche prochain du courant a 5 heures R.S.V.P.

[adresse : « À / Monsieur Maurice / Auditeur au Conseil / d'État / rue de la fontaine N°. 12 / près l'hotel de richelieu / à Paris »]

3. Lettre de Lagrange à Maurice (Archives d'État de Genève, 12.12.4)

[sans date, mais entre 1807 et 1810]

J'ai ete bien desolé de n'avoir pas pu recevoir Monsieur Maurice lorsqu'il a bien voulu prendre la peine de passer chez moi. quelque dezir que j'aie eu depuis de l'aller voir, il m'a toujours ete impossible par differens contretems. enfin je compte de passer chez lui aujourd'hui entre 2 et 3 heures [?] etant d'ailleurs obligé de sortir pour affaires. si je n'ai pas le bonheur de le rencontrer je profiterai de la permission qu'il me donne de lui indiquer les heures où il peut etre / sur de me trouver chez moi, c'est le soir depuis 7 heures, excepté samedi, où ma femme se propose d'aller chez Combourg [?]. j'ai l'honneur de le saluer de tout mon cœur

[signé] Lagrange

[adresse : « À Monsieur / Monsieur Maurice / Prefet de la Creuse / rue du mont blanc/ à Paris »]

4. Lettre de Lagrange à Maurice (Archives d'État de Genève, 12.12.4)

Paris ce 30 janvier 1812

Monsieur

J'ai reçu votre beau et bon present, et je vous prie d'en agréer mes vifs remer-
ciemens ainsi que ceux de ma femme qui a ete aussi sensible que moi a cette
marque de votre souvenir. ayant appris que j'avois un volume a vous envoyer
elle a voulu y joindre une bagatelle pour Madame Maurice a qui vous voudrez
bien l'offrir de sa part. Comme j'esperois toujours vous voir ici pendant l'hiver
je ne me suis pas empressé de vous faire parvenir la nouvelle edition de ma
mecanique dont il ne paroit encore que le tome premier. je ne sais pas si vous y
trouverez les developpemens que vous m'aviez paru desirer / j'aurois peut etre
mieux fait, ce qui m'auroit couté beaucoup moins de peine, de me borner a ajouter quelques notes a l'ancien ouvrage, que d'entreprendre de le refondre presque
en entier, mais j'ai craint de nuire à la liaison des matieres, et de lui faire perdre
le merite de l'ensemble. je desire que vos occupations vous permettent d'y jetter
les yeux, et je vous demande d'avance toute votre indulgence. je ne sais encore
quand le second tome pourra paroitre. Je vous prie de presenter mes respects a
Madame Maurice et d'agréer l'assurance de mes sentimens les plus distingués

[signé] Lagrange

P.S. La boite a votre adresse a ete remise aujourd'hui à la diligence de la rue
des victoires

[adresse : « À Monsieur / Monsieur le Baron Maurice / Prefet du departement
de / la Dordogne / à Perigueux »]

5. Lettre de Lagrange à la comtesse de Rumford (Bibliothèque de Clermont-
Ferrand, collection de Chazelles)

Madame la Comtesse

J'ai ete indisposé toute la semaine, et je suis incertain si j'irai demain à
l'Institut. Permettez-moi, Madame, de vous prier de reserver l'honneur de vos
bontés a un autre lundi quand le tems se sera adouci. Je vous offre l'hommage
de mon tendre respect.

[signé] J.L. Lagrange

Paris ce 23 Decembre 1812.

[adresse : « À Madame / Madame la Comtesse / de Rumfort. / rue d'Anjou / à
Paris »]

LA PETITE HISTOIRE DE LA LIGNE DROITE QUI SE MORD LA QUEUE

Jean Eisenstaedt

« Une ligne, c'est un point qui est parti marcher »
Paul Klee.

Une histoire de la ligne droite ? une question qui, de prime abord, peut sembler naïve. Et pourtant, la question de la naissance, de l'essence de la géométrie doit être vue, à la fois comme une question expressément mathématique, « axiomatique », mais aussi comme un problème physique, de « géométrie pratique » selon les termes d'Einstein. Il est utile d'aller voir comment la géométrie « euclidienne » a été inventée, construite, structurée, non sans liens avec les pratiques les plus « vulgaires », artisanales. Aussi étrange que cela puisse *a priori* paraître, il n'est pas sans intérêt de se demander ce que c'est qu'une ligne droite, base historique, psychologique, pratique de toute mesure astronomique ou terrestre, de toute géométrie. Mais avant de s'intéresser à son analyse, faisons un survol rapide, schématique de ce que l'on peut savoir, imaginer, penser de cette histoire de la géométrie, que je réduis ici à celle, aussi bien symbolique que première, de la ligne droite.

Deux points de vue s'affrontent au début du XXe siècle, sous la plume de Louis Liard, un philosophe, et d'Henri Poincaré, passionné par les problèmes astronomiques. Le premier affirma, non sans écho que « les notions géométriques ne sont pas d'origine expérimentale »[1], tandis que Poincaré, plus subtil, notait déjà que « ce qu'on appelle ligne droite en astronomie, c'est simplement la trajectoire du rayon lumineux »[2].

Duhem, plus précis que Poincaré, écrivait en 1906 : « fut-il, [...] pendant des millénaires, principe plus clair et plus assuré que celui-ci : Dans un milieu homogène, la lumière se propage en ligne droite ? Non seulement cette hypo-

---

1. Liard, Louis, « Les notions géométriques ne sont pas d'origine expérimentale » dans Lévy-Wogue, Fernand, *Pages scientifiques et morales*. Paris : Hachette et cie, 1913, p. 78.
2. Poincaré, Henri, *La science et l'hypothèse*. Paris : Flammarion, 1902. Rééd. et augmenté en 1907, 1968, p. 95.

thèse portait toute l'Optique ancienne, [...] mais encore elle était devenue, pour ainsi dire, la définition physique de la ligne droite ; c'est à cette hypothèse que devait faire appel tout homme désireux de réaliser une droite, le charpentier qui vérifie la rectitude d'une pièce de bois, l'arpenteur qui jalonne un alignement, le géodésien qui relève une direction au moyen des pinnules de son alidade, l'astronome qui définit l'orientation des étoiles sur lesquelles il raisonne par l'axe optique de sa lunette »[3].

« La géométrie elle-même, notait Gille, historien des techniques, fut une technique d'arpenteur avant de devenir une 'science pure' »[4]. Telle n'est pas l'analyse de Koyré qui, au début des années soixante, écrivait : « ce ne sont pas les harpédonaptes égyptiens, qui avaient à mesurer les champs de la vallée du Nil, qui ont inventé la géométrie : ce sont les Grecs, qui n'avaient à mesurer rien qui vaille ; les harpédonaptes se sont contentés de recettes »[5].

Sans doute, ce ne sont pas les arpenteurs égyptiens qui ont inventé la géométrie. Mais ce que Koyré appelle « recette », c'est l'optique plus tard « géométrique », qui loin d'être seulement un outil, est une pratique, une technique au cœur de la science de la géométrie. Car il est clair que pour ces arpenteurs, comme pour Euclide et ses élèves, pour les architectes, les astronomes et les maçons, comme pour Einstein et les relativistes, l'optique a joué un rôle majeur, plus ou moins conscient, aussi bien dans la pratique que dans la théorie.

On croira très longtemps que la géométrie euclidienne était « la géométrie » de l'univers. Mais l'histoire de la ligne droite, qui fait le lien entre géométrie et optique, ligne droite et rayon lumineux, a montré – grâce aux travaux des mathématiciens du XIXe siècle et d'après l'analyse qu'a faite Einstein dans son magnifique article « la géométrie et l'expérience »[6] – que ce n'était là qu'un moment de l'histoire.

Pour Euclide – comme symbole du monde des géomètres euclidiens – le monde est géométrie, avant d'être pour Galilée un texte « écrit en langue mathématique ». Le monde est parcouru de « lignes droites », le monde est « plat ». La messe est dite. Mais, bien longtemps après, le réel-perçu regimbe, la nature prend sa revanche ; la copie est à revoir. La ligne droite existe-t-elle autrement que dans nos livres ? La ligne droite a une histoire qui fait le lien entre la vue, l'optique, l'arpentage, la géométrie euclidienne, et, est-ce si

3. Duhem, Pierre, *La théorie physique son objet sa structure*, Paris, Vrin, 1981 p. 322 ; première édition Paris : Chevalier et Rivière, 1906.

4. Gille, Bertrand (éd.), *Histoire des techniques : technique et civilisations, technique et sciences*. Paris : Gallimard, 1978, p. 36.

5. Koyré, Alexandre, *Études d'histoire de la pensée scientifique*. Paris : Gallimard, 1973, 397-398 (1ère éd. 1966).

6. Einstein, Albert, « La géométrie et l'expérience » dans *Œuvres Choisies. Science, Éthique, Philosophie*, vol. 5. Françoise Balibar, ed. Paris : Seuil, 1991, 71-81 (traduction française de « Geometrie und Erfahrung », 1921).

curieux ?, une physique très élaborée, celle de la relativité générale. Un chemin qui marque les rapports entre mathématique et physique, entre sciences et techniques, entre pratique quotidienne et formalisation.

> « La philosophie est écrite dans ce très grand livre qui se tient constamment ouvert devant les yeux (je veux dire l'Univers), mais elle ne peut se saisir si tout d'abord on ne se saisit point de la langue et si on ignore les caractères dans lesquelles elle est écrite. Cette philosophie, elle est écrite en langue mathématique ; ses caractères sont des triangles, des cercles et autres figures géométriques, sans le moyen desquels il est impossible de saisir humainement quelque parole ; et sans lesquels on ne fait qu'errer vainement dans un labyrinthe obscur » (Galilée, Il Saggiatore, 1623, 1965, 38).

En fait, tout l'effort de la géométrie euclidienne fut de s'affranchir de la géométrie pratique ; elle y parviendra d'ailleurs quasiment parfaitement. Mais qu'est-ce que la géométrie pratique ?

Afin de nous convaincre, – mais le pouvons-nous si aisément après des siècles de cartésianisme et de lycée ? – qu'il y a deux géométries, la géométrie pratique, physique, et la géométrie mathématique, formelle, qu'Einstein nommera « axiomatique », intéressons-nous à cette simple question de la ligne droite, entre pratique quotidienne, géométrie euclidienne, relativité générale, une petite histoire qui se mord la queue...

Hérodote attribue à l'ancienne Égypte l'invention de la géométrie ; à l'art de mesurer la terre, à la nécessité de rendre à chacun son dû de terre arable, son champ dont chaque année les crues du Nil effaçaient le tracé. Une question sociale essentielle, le partage des terres entre tous les Égyptiens. Il fallait donc arpenter les « champs de Pharaon », les délimiter, les redistribuer, calculer en conséquence les redevances, ce qui exigeait une administration compétente mais aussi des « géomètres » et une géométrie pratique.

D'un point de vue pratique, technique, que pouvait être une ligne droite pour un arpenteur égyptien ? Il faut distinguer deux types d'arpentage. Celui des champs qui implique une mesure et c'est dans ce cas une corde qui le permet – dont on doit vérifier la tension. Mais les Égyptiens utilisaient aussi le *groma*, un instrument de visée qui permettait aux arpenteurs de vérifier à l'œil nu l'alignement de trois points. On sait que ce fut aussi le cas en Grèce pour la construction du tunnel d'Eupalinos à Samos qui date du VIe siècle avant notre ère. Et ce sont, ce ne peuvent être que des visées que font depuis toujours les astronomes pour construire leurs tables astronomiques, leurs catalogues.

Au XIIIe siècle, Robert Grosseteste notait : « l'étude de l'optique est la clé permettant de comprendre le monde physique et il est impossible d'étudier l'optique sans la géométrie car la lumière suit les lois de la géométrie »[7].

---

7. Grosseteste, partiellement cité par Koyré, *Études d'histoire de la pensée scientifique*. Paris : Gallimard, 1973, pp. 66-7.

Après bien d'autres, ce sont des visées que faisaient aussi nos arpenteurs au début du XVIIIe siècle qui, en Laponie, au Pérou, pratiquaient des visées ainsi que des mesures de longueur afin de déterminer « la figure de la Terre » et tenter de départager les cartésiens qui voyaient la Terre comme une datte, tandis que les newtoniens pensaient qu'elle avait plutôt la forme d'un oignon.

Car que font aujourd'hui encore le maçon, l'architecte qui veulent s'assurer que le mur est plan ? Ils font des visées... Ils font coïncider les parties de la surface du mur avec un rayon lumineux. Et le maçon, pour s'assurer que la règle – dont il se sert pour aplanir la dalle qu'il vient de couler – est droite, fait une visée, il en aligne tous les points... Une visée ! Il n'y a *pas* d'autre méthode.

Ainsi, du temps des Égyptiens à aujourd'hui en passant par celui des Lumières, tout le monde fait des visées. C'est que l'on n'a pas, toujours pas, de meilleur outil pour matérialiser une ligne droite. On ne sait pas construire autrement une règle. Il n'y a pas de meilleure technique, même si, depuis peu, l'astronome doit compter avec la courbure des rayons lumineux. On peut aussi penser à l'optique dont un chapitre, aujourd'hui suranné, se nomme « optique géométrique » tout simplement parce que des constructions géométriques permettent de comprendre, non sans raison, la trajectoire des rayons lumineux se réfléchissant sur un miroir, traversant une lentille. Il faut aussi faire référence à la perspective : par l'intermédiaire de notre regard le rayon lumineux en structure la géométrie. Bref, la géométrie pratique, physique, la plus rudimentaire comme la plus évoluée, c'est avant tout celle des rayons lumineux.

Ce fut bien sûr aussi, nécessairement, le cas d'Euclide, – des géomètres euclidiens – qui, au-delà de leurs pratiques, purent penser, formaliser le réel-perçu comme géométrie. C'est à Alexandrie que furent composés les *Éléments*[8], un traité mathématique et géométrique, constitué de treize livres, probablement écrits par Euclide vers 300 avant J.-C. Il s'agit en fait d'une compilation du savoir géométrique de l'époque. Durant près de 2000 ans, ils seront la base de l'enseignement des mathématiques.

Dans la ligne même de la pensée, de la tradition grecque, tout l'effort d'Euclide, des géomètres classiques sera de s'affranchir de la pratique, de l'oublier. Ainsi de la définition de la ligne droite, dans ses « Éléments » : « une ligne droite est celle qui est placée de manière égale par rapport aux points qui sont sur elle ». *À priori* il n'y a pas – tout au moins explicitement – de référence à une réalité optique (rayon lumineux) ou physique (fil tendu, rigidité). Le concept de ligne droite vient dans les textes avant le rayon lumineux ; la géométrie avant la pratique et le fait que le rayon lumineux soit « droit » était une évidence, un « présupposé ».

---

8. Euclide d'Alexandrie, Caveing, Maurice & Vitrac, Bernard, (éds.) *Les Éléments*. Paris : Presses Universitaires de France, 1990.

Les commentateurs se sont intéressés aux origines de la définition d'une droite avant Euclide. Platon mentionne en particulier la caractérisation suivante : « est droit, ce dont le centre fait écran aux deux extrémités ». Le terme « écran » renvoie bien à l'usage d'un instrument de visée, si rudimentaire soit-il, qui présuppose que la trajectoire du rayon visuel est rectiligne – un des postulats implicites de l'optique classique. Sir Thomas Heath, spécialiste d'Euclide, note que « la définition est ingénieuse, mais fait implicitement appel au sens de la vue et postule que la ligne de visée est droite »[9]. Il considère que la définition euclidienne est, à partir de la définition platonicienne, le produit d'un travail de reformulation pour en bannir l'appel à la vision : c'est là tout l'effort des mathématiciens de bannir la réalité physique. Mais nous verrons comment la réalité revient en force : la nature ne perd pas si aisément ses droits.

Lalande dans le *Vocabulaire technique et critique de la Philosophie* propose cette définition : « Géométrie : Du grec *geometria*, mesure de la terre ; d'où primitivement, arpentage »[10]. Et les hellénistes précisent l'étymologie : de *gê*, terre et de *metron* mesure. Ainsi la géométrie est-elle bien la mesure de la Terre tandis que la géo-graphie se propose de la dessiner. Bel et bien, la géométrie a le nez dans la glèbe, voilà qui est rassurant, amusant.

Ainsi, la ligne droite est-elle à la fois un simple rayon lumineux aux fondements de la géométrie axiomatique, théorique. Mais le lien avec le rayon lumineux s'estompe et la ligne droite ira chercher sa définition du côté des espaces vectoriels – où le réel se perd, au moins dans la conscience de la plupart des mathématiciens, des professeurs de mathématique, et donc dans les écoles. À ce propos, qu'en est-il de la définition formelle – formalisée – de la ligne droite. Voyons celle de Nicolas Bourbaki dans la première édition de ce monument de la mathématique formelle française : « On donne souvent aux sous-espaces vectoriels de dimension 1 (resp. de dimension 2) d'un espace vectoriel E sur un corps quelconque K, le nom de droites (resp. plans), par analogie avec le langage de la géométrie analytique classique »[11].

L'optique est bien loin, c'est le moins qu'on puisse dire. On aurait pourtant tort de jeter le bébé avec l'eau du bain. Car dans ce qui nous semble être un *no man's land*, les géomètres survivent fort bien et appliquent précisément leur monde au nôtre. Les physiciens théoriciens y construisent pas à pas l'objet de leurs travaux, de leurs concepts ; et les succès ne manquent pas ; Newton ne se base-t-il pas sur l'espace euclidien pour bâtir ses théories ? Mais reprenons

9. Heath, Thomas L. (ed.), *The Thirteen books of Euclid's Elements, translation with introduction and commentary by Sir Thomas L. Heath*. New-York : Dover publ., 1956, pp. 165-166.

10. Lalande, André, *Vocabulaire technique et critique de la Philosophie*. Paris : Presses Universitaires de France, 1960.

11. Bourbaki, Nicolas, *Eléments de mathématiques*. IV Première partie. Les Structures fondamentales de l'analyse. Livre III, Algèbre. Chapitre I, Structures algébriques. Paris : Hermann, 1942, Actualités scientifiques et industrielles, n° 934, p. 38.

notre balade dans l'histoire passionnante – car tordue, mais n'est-ce pas là partie de son charme ? – de la ligne droite.

Dans un ouvrage consacré aux géométries non euclidiennes Morris Kline
note que : « bien que les Grecs eussent reconnu que l'espace abstrait ou mathématique était distinct des perceptions sensorielles de l'espace et que Newton
eût insisté sur ce point, tous les mathématiciens jusqu'en 1800 environ étaient
convaincus que la géométrie euclidienne était l'idéalisation correcte des propriétés de l'espace physique et de ses figures »[12]. Il insiste sur la force de cette
opinion, notant « de nombreuses tentatives de bâtir l'arithmétique, l'algèbre et
l'analyse, dont les fondations logiques étaient obscures, sur la géométrie euclidienne, garantissant ainsi même la vérité de ces branches »[13]. C'est dire la
confiance que les mathématiciens apportaient alors aux fondations euclidiennes de la géométrie.

La certitude des résultats de la science newtonienne était inhérente à ses
fondations euclidiennes. Kline assure qu'Isaac Barrow, qui fut un des professeurs de Newton, croyait à la vérité absolue de la géométrie euclidienne, donnant une liste de huit raisons à cette certitude. À la fin du XVIIe, nous dit-il, de
très nombreux philosophes, et non des moindres, Hobbes, Locke, et Leibniz,
se sont demandé si la science newtonienne était vraie et presque tous, sinon
Hume, pensaient « que les lois mathématiques, telle la géométrie euclidienne,
étaient inscrites dans le dessein de l'univers ».

Pourtant, David Hume, dans son *Traité de la nature humaine*, livre une analyse beaucoup plus profonde, notant que les « principes originels et fondamentaux [de la géométrie] sont simplement tirés des apparences », et affirmant
« que ce défaut [...] l'empêche de jamais aspirer à une totale certitude » ; tout
en remarquant que « puisque ces principes fondamentaux dépendent des apparences les plus simples et les moins trompeuses, ils confèrent à leurs conséquences un degré d'exactitude dont elles sont à elles seules incapables »[14].

Buffon soulignera l'utilité des mathématiques pour l'optique : « parce que
la lumière étant un corps presqu'infiniment petit, dont les effets s'opèrent en
ligne droite avec une vitesse presqu'infinie, ses propriétés sont presque mathématiques, ce qui fait qu'on peut y appliquer avec quelque succès le calcul &
les mesures géométriques »[15].

Pour Buffon ce sont donc les caractères très particuliers, limites, des corpus-
cules lumineux (taille et vitesse) qui rapprochent l'optique de la géométrie, une

12. Kline, Morris, *Mathematical Thought from Ancient to Modern Times*. New York : Oxford
University Press, 1972, p. 861.

13. *Ibid.* pp. 861-862.

14. Hume, David, *Traité de la nature humaine*, 1739 ; trad. M. Philippe Folliot, Les Classiques
des sciences sociales, 2006, pp. 79-80.

15. Buffon, Georges-Louis Leclerc, comte de, *De la manière d'étudier et de traiter l'histoire
naturelle*. Paris : Société des amis de la Bibliothèque nationale, 1986, pp. 70-72 (1ère éd. 1749).

analyse très pertinente et cohérente avec celle qu'il propose de la gravitation newtonienne. Pourtant il ne semble pas voir que c'est à l'inverse qu'il faut comprendre le lien, si fort, essentiel, entre optique et géométrie : la géométrie humaine, terrestre, astronomique est celle du rayon lumineux. La géométrie s'est construite à partir de l'optique. On conviendra qu'il ne pouvait en être autrement. En quelque sorte Euclide a schématisé nos sensations...

Emmanuel Kant formalisera l'euclidéité de l'espace, son caractère *a priori*. Dogmatique, Kant s'oppose évidemment à Hume : les principes de la géométrie euclidienne quant à l'espace préexistent à l'expérience. Nos esprits seraient faits de telle manière que nous ne pouvons voir le monde que comme Euclidien. Il s'agit d'une « vérité synthétique *a priori* ».

Ainsi, jusqu'au début du XXe siècle, les champs de la géométrie pratique et axiomatique étaient-ils quasiment totalement dissociés. Il fallait bannir la réalité de la pensée mathématique. Cette exigence, cette volonté de travailler sur des concepts purs, indépendants de la réalité, cette dissociation est à la base même du champ mathématique. Les mathématiciens ont mis leur point d'honneur – et ils ont raison, leurs raisons, ce qui n'épuise pas la question – à faire disparaître toute trace de référence au réel : c'est là en quelque sorte leur fonction. Jusqu'à rendre leur sujet opaque à ses propres origines.

Entre-temps les géométries non euclidiennes posent de sérieuses questions. Avec Carl Friedrich Gauss, Nikolaï Ivanovich Lobachevsky, János Bolyai, naîtra dès le milieu du XIXe siècle la géométrie non euclidienne, en particulier à partir des doutes qui s'expriment quant à l'axiome des parallèles. Gauss prendra pleinement conscience de l'existence de la géométrie non euclidienne qu'il nomme anti-euclidienne puis astrale. Il mesura – mais non pas avec l'idée de tester la géométrie euclidienne – la somme des angles d'un triangle formé des sommets de trois montagnes (éloignées d'une centaine de km.) et trouva qu'elle était de 180° aux erreurs d'expérience près[16].

« J'en viens de plus en plus, écrit-il à Olbers, à la conviction que la nécessité de notre géométrie ne peut pas être démontrée, tout au moins, ni par la raison *humaine*, et ni pour la raison humaine. [...] la géométrie n'est pas à poser sur le même plan que l'arithmétique, qui est purement *a priori*, mais plutôt sur celui de la mécanique »[17].

C'est bien de géométrie pratique, physique qu'il s'agit, près de cent ans avant Einstein. Il faudra en effet attendre la relativité générale pour que l'on en revienne à la réalité physique. Les rayons lumineux sont sensibles à la gravitation ; l'univers n'est pas nécessairement euclidien. La ligne droite de la

---

16. Torretti, Roberto, *Philosophy of Geometry from Riemann to Poincaré*. Dordrecht : D. Reidel, 1978, note 40 p. 381.

17. Gauss à Heinrich Wilhelm Matthias Olbers 1817, cité par Boi, Luciano, *Le problème mathématique de l'espace*. Berlin : Springer, 1995, p. 75.

géométrie euclidienne est une construction intellectuelle dont la réalité physique est problématique.

Dès 1907, Einstein prédit que les rayons lumineux, sensibles à la gravitation, sont courbés. Beaucoup d'efforts seront faits pour mesurer la déviation de la lumière par un champ de gravitation. Il faudra attendre 1919 avant que des mesures, longtemps discutées, montrent qu'en passant près du Soleil, les rayons lumineux sont courbés par la gravitation, déviation dont la relativité générale fournit non seulement le cadre mais aussi l'ampleur[18].

Ainsi, dans un champ de gravitation, la lumière ne se propage-t-elle pas « en ligne droite », la trajectoire de la lumière n'est rectiligne qu'en l'absence de tout champ de gravitation, loin de toute masse. Dans la réalité physique, peu ou prou, tout rayon lumineux est courbé. Autour d'un trou noir le rayon lumineux peut même revenir à son point de départ et se mordre la queue... La géométrie de l'univers n'est donc pas euclidienne.

Einstein publie alors « la géométrie et l'expérience »[19], un texte où il précise son analyse de la géométrie dont la relativité générale est aujourd'hui la théorie physique. Il distingue la géométrie pratique de la géométrie axiomatique ; la première étant de l'ordre de la physique, en particulier de la relativité générale comme physique de l'espace, la seconde faisant partie du champ mathématique. La question des rapports entre mathématique et réalité passe donc par l'analyse des géométries non euclidiennes, par la relativité générale.

Pour Einstein la conception axiomatique, « épurée » des mathématiques les rend « impropres à énoncer quoi que ce soit, ni sur les objets de nos représentations intuitives, ni sur les objets de la réalité. » Ainsi, note-t-il, « Par 'point', 'droite', etc., il ne faut entendre en géométrie axiomatique que des schèmes conceptuels vides de tout contenu. Ce qui leur donne un contenu ne relève pas des mathématiques ». Et conclut-il, « pour que la géométrie puisse produire de tels énoncés, il faut la dépouiller de son caractère purement logico-formel en faisant correspondre aux schèmes conceptuels vides de la géométrie axiomatique des objets de la réalité sensible »[20].

« La géométrie est manifestement une science de la nature ; nous pouvons tout bonnement la considérer comme la branche la plus ancienne de la physique », martèle Einstein, « [dont] témoigne déjà le mot 'géométrie', qui signifie mesure de la terre, arpentage ». Et ajoute-t-il, quant à « la question de

18. Einstein, Albert, « Les fondements de la théorie de la relativité générale » dans *Œuvres choisies*, vol. 2. Françoise Balibar, ed. Paris : Seuil, 1993, p. 227 (traduction française de « Die Grundlage der allgemeinen Relativitätstheorie », 1916).

19. Einstein, Albert, « La géométrie et l'expérience » dans *Œuvres Choisies. Science, Éthique, Philosophie*, vol. 5. Françoise Balibar, ed. Paris : Seuil, 1991, 71-81 (trad. française de « Geometrie und Erfahrung », 1921).

20. *Ibid.* p. 72.

savoir si la géométrie du monde est une géométrie euclidienne ou non a un sens bien clair [...] la réponse ne peut être fournie que par l'expérience »[21].

L'invention de la géométrie euclidienne, c'est un « saut » formidable qui, comme toute théorie scientifique tente de passer de l'expérience humaine à la formalisation. Bien qu'elle ait nié ses racines expérimentales il s'agit bien de la plus ancienne, l'une des plus précises, des plus extraordinaires théories physiques. Mais si on la pense comme partie des mathématiques, irréfutable, elle échappe à l'expérimentation, à la science de la nature.

Ainsi voit-on clairement le chemin qui en Égypte part de la pratique, sur lequel se construit en Grèce la géométrie euclidienne qui formalise la structure de l'espace dessinée par les rayons lumineux, et sur laquelle se basera la physique classique. Au XIXe siècle ces certitudes seront questionnées par les géométries non euclidiennes ; la géométrie euclidienne en tant que structure de l'espace laisse place à celles des relativités, restreinte puis générale qui fait de la structure de l'espace et de l'univers un problème de physique théorique aussi bien qu'observationnel. Ce qui se joue donc, en deux séquences, de la géométrie pratique, l'optique géométrique, à une géométrie axiomatique, puis le retour vers une géométrie physique, celle de l'univers.

On peut se demander quelle représentation se serait imposée à nous si notre position dans l'univers avait été autre, par exemple près d'une étoile très massive. Quelle astronomie, quelle géométrie aurions-nous construites ? Il faut relire *Flatland*[22]. C'est d'ailleurs aussi une remarque d'Einstein à son fils Edward : « Voyez-vous, lui aurait-il dit, quand une punaise aveugle se traîne à la surface d'une sphère, elle ne sait plus que son chemin est courbe. J'ai eu la chance de le remarquer »[23].

Ce qui est surprenant, extraordinaire, c'est que cette pratique, à la fois logique et prosaïque de la géométrie euclidienne, rejoint les concepts les plus élaborés, les observations les plus précises de la théorie de la relativité générale. On part du réel, on formalise, on rêve de nouveaux espaces, on doute, on se pose des questions, et malgré tout on doit en revenir à la réalité observée. Étonnamment, la géométrie euclidienne c'est aussi, d'abord, une théorie physique, la plus belle, la plus simple, la plus utile... À-t-on jamais fait mieux ?

Cette petite ligne qui n'est droite que dans notre esprit pose simplement la question du rapport entre optique et géométrie, entre physique et mathématique, entre la technique et la science. Des rapports complexes...

21. *Ibid.*

22. Abbott, Edwin A., *Flatland*. trad. de l'anglais par Philippe Blanchard. Paris : Anatolia, 1884.

23. Einstein à son fils Edward, cité par Tonnelat, Marie-Antoinette, « Einstein », dans *Revue du Palais de la découverte* N° 18, 1980, p. 27.

Merci à Jean-Philippe Uzan (Institut d'Astrophysique de Paris), à Dominique Hirondel (École Centrale de Paris) ainsi qu'à Michela Malpangotto (Syrte, Observatoire de Paris) qui ont discuté, corrigé, revu ce texte.

III. SCIENCE, PHILOSOPHIE ET POLITIQUE

LES CONDAMNATIONS D'IDÉES SCIENTIFIQUES PAR L'ÉGLISE ORTHODOXE

Efthymios Nicolaïdis

La littérature abonde sur les condamnations d'idées scientifiques par l'Église catholique. Des décrets d'Etienne Tempier à l'assignation à résidence de Galilée, en passant par des actes passablement plus graves, comme la condamnation de Giordano Bruno au bûcher, une riche prose existe depuis déjà le XIXe siècle. L'historien des sciences contemporain a du mal à établir une bibliographie complète du sujet. Comparativement, du côté de l'Église d'Orient, la littérature est bien pauvre. Il est vrai que la ferveur des débats sur la compatibilité des idées de Copernic et Galilée avec la Bible a bien mérité l'attention des historiens des sciences. Néanmoins, le même genre de problématique a aussi traversé l'Église orthodoxe. Dans ce bref article nous allons essayer de donner un aperçu succinct des condamnations notables que cette Église a prononcé au sujet de diverses idées des savants, du VIIIe au XIXe siècle.

Le problème de l'astrologie

Selon Ptolémée, l'astrologie ne peut pas prédire avec certitude absolue les événements futurs. Les positions des astres ont une influence importante sur les choses terrestres, mais plusieurs autres facteurs entrent en jeu. Néanmoins, dit-il, les savants, depuis des temps très anciens ont étudié les influences des corps célestes et peuvent prédire les tendances vers lesquelles iront les événements futurs. Pour y arriver il faut posséder de bonnes tables astronomiques afin de connaitre les positions exactes des astres à un moment donné[1].

Bien qu'il ne s'agisse pas d'une détermination absolue du destin, mais plutôt d'une tendance, cette théorie suscita des vives réactions de la part des premiers Pères grecs de l'Église. Il faut noter que la prudence de Ptolémée ne fut

---

1. Claude Ptolémée, *Manuel d'astrologie : la Tetrabible*, Livre I.2 « De la légitimité de la science des prédictions astronomiques, et de ses limites », Paris : les Belles Lettres, 1993, p. 6-12.

pas partagée par tous les astrologues. Pour les Pères, prédire le destin c'est nier le principe de la libre volonté qui départagera les bons des mauvais. Saint Basile, bien que favorable à l'utilisation de l'astronomie pour la prédiction des phénomènes de la nature, s'indigne quand cette science sert à prévoir les actes humains : « ceux qui passent les bornes, tirent de l'Écriture pour défendre l'art généthliaque ; ils disent que notre vie dépend du mouvement des cieux ; et que, par suite, les Chaldéens peuvent trouver dans les astres les indications de ce qui nous arrivera. Toute simple qu'elle soit, la parole de l'écriture : *Qu'ils servent de signes*, ne s'entend d'après eux ni des changements atmosphériques ni des révolutions du temps, mais du sort qui nous échoit »[2].

L'affaire astrologique est si importante que Grégoire de Nysse écrivit le traité *Contre le destin*[3], pour réfuter cette science. Sous forme de conversation avec un philosophe qui défend l'astrologie, il réfute toutes ses thèses, et nie que les astres aient une quelconque influence sur le sort des hommes, de la société ou même sur les phénomènes naturels comme les catastrophes. Les arguments de Grégoire sont fondés sur la logique et l'observation. Comment se fait-il, par exemple que dans une catastrophe naturelle périssent des hommes qui ont des horoscopes si différents ?[4] Le contemporain de Grégoire Diodore, évêque de Tarse, écrivit aussi un traité de même titre qui condamnait fermement l'astrologie, non seulement pour la prévision du destin des hommes, mais aussi pour la prévision des phénomènes tels que l'aridité ou l'humidité : « et si tout est régi par la géniture, comment une planète, lorsque elle entre dans un signe humide du Zodiaque avec lequel elle a des affinités, ne remplit-elle pas la terre d'eau d'un seul coup, mais comment telle région en regorge-t-elle, et pourquoi telle autre, au même moment, l'est par le manque de pluie, alors qu'elles n'étaient pas bien éloignées l'une de l'autre ? »[5].

Malgré cette attitude clarissime des savants Pères, les très pieux empereurs et dignitaires byzantins n'ont pas refusé les bons services de l'astrologie. Après un certain déclin de cette science pendant la période faste de l'Empire d'Orient, l'expansion musulmane, ressentie comme la menace principale, va amener le renouveau de l'astrologie qui pourrait prédire l'avenir incertain d'un empire qui a vu sa capitale assiégée par la flotte arabe en 718. Ceci en pleine période iconoclaste, où les ennemis des icônes, proches de l'enseignement prohibitif des Pères, ont le pouvoir.

2. Basile de Césarée, *Homélies sur l'Hexaéméron*, édité par Stanislas Giet, Sources Chrétiennes 26bis, Paris 1968, p. 349.

3. Grégoire de Nysse, *Contre le destin*, traduit en français dans *Les Pères de l'église et l'astrologie*, Paris, Les pères dans la foi, 2003, p. 113-145.

4. Grégoire de Nysse, *op. cit.*, p. 133-134.

5. Diodore de Tarse, *Contre le destin*, résumé de l'ouvrage fait par Photius (Photius, *Bibliothèque*, codex 223, éd. R. Henry, v. IV, Paris, Belles Lettres, 1963). Voir *Les Pères de l'église et l'astrologie*, Paris, Les pères dans la foi, 2003, p. 163.

En même temps, du côté de l'Islam, l'astrologie est en vogue. Le fameux philosophe et mathématicien Abû Ma'shar (787-886), s'adonne avec passion à l'art généthliaque. C'est l'époque où les Arabes accueillent volontiers des astrologues byzantins car ils n'ont pas encore développé suffisamment cette science. Théophile d'Édesse (vers 695-785) entra au service des Arabes et devint, à la fin de sa longue vie, astrologue en chef du calife al-Mahdî (775-785). Il a traduit plusieurs ouvrages scientifiques grecs en syriaque. Théophile prédit entre autres que la domination islamique durerait 960 ans ; c'est la durée d'une grande conjonction.

Au VIIIe siècle nous trouvons un certain Stéphane le philosophe, ou Stéphane l'astrologue, cité aussi par les astrologues arabes, qui écrivit trois textes : 1) un traité astrologique qui contient un *thémation* (horoscope) de la naissance de l'Islam et une série de prédictions sur le développement de ce dernier ; 2) un texte *Sur l'art mathématique* [=astronomie] *et sur les peuples qui l'utilisent* ; 3) un texte astrologique sur les propriétés et les relations des corps célestes. Le mathématicien Stéphane est l'un des rares savants de cette époque qui connaît l'art astronomique. Il en peut donc en tirer le nécessaire pour établir des prévisions astrologiques, et dans notre cas, construire le *thémation* de l'Islam, c'est-à-dire la position des astres au moment de la naissance de cette religion qui déterminent son avenir.

Stéphane défend publiquement et avec passion l'astrologie. En effet, le titre complet du deuxième ouvrage ne peut être plus clair quant à ses intentions : *De Stéphane le philosophe sur l'art mathématique et sur les peuples qui l'uti-lisent. Pour ceux qui disent qu'il conduit au péché. Sur le fait que celui qui ne l'accepte pas commet une erreur. Sur son utilité. Et sur le fait que c'est la plus précieuse des techniques.* Stéphane édite donc un texte qui réfute toute l'argumentation des Pères orthodoxes, et ceci, comme nous l'avons déjà remarqué, en pleine période iconoclaste où les intégristes orthodoxes ont le pouvoir. Il déclare dans le premier chapitre : « Moi, venant de Perse et me trouvant dans cette Ville Heureuse [Constantinople] et trouvant que la partie astronomique et astrologique de la philosophie y était éteinte, j'ai pensé qu'il fallait, mon très cher et précieux enfant Théodose, exposer de manière facile cette doctrine et rallumer une telle science digne d'être aimée, afin que je ne sois pas exclu et que je ne sois pas au nombre de ceux qui cachent leur talent. Ceci a été négligé ici à cause de la difficulté de l'exposé des tables et du fait que calculer certaines choses est coupable »[6].

Que nous apprend ce texte ? Primo que Stéphane a perfectionné sans doute son astronomie mathématique en Perse, car, ou bien il n'existait plus de maître habile à Byzance à cette époque, ou bien enseigner ce savoir était mal vu.

---

6. Anne Tihon, « L'astronomie à Byzance à l'époque iconoclaste », dans *Science in Western and Eastern civilization in Carolingian times* ed. by P.L. Butzer and D. Lohrmann, Basel, Birkhäuser, 1993, p. 185.

Secundo que ceux qui pratiquaient l'astrologie à Byzance cachaient leur talent, à cause évidement de la condamnation de l'Église. Tertio que son but était de rétablir la splendeur de l'astrologie et de la rendre science valable pour la société, afin qu'il soit lui-même reconnu et qu'il puisse exercer son métier lucratif en toute tranquillité.

Les efforts des astrologues chrétiens rentrés des pays musulmans à Byzance vers la fin du VIIIe siècle portèrent leurs fruits, et l'astrologie sera rétablie dans la conscience collective orthodoxe. La cour Byzantine aura dorénavant ses astrologues agréés, peu importe leur religion, chrétienne, juive ou musulmane. Nous avons à faire à un pragmatisme de l'Église orthodoxe qui fait partie de l'appareil d'État. Bien qu'intransigeante en ce qui concerne le dogme et passionnée en ce qui concerne les débats religieux comme celui des icônes ou de l'émanation du Saint esprit, quand il s'agit d'astrologie, l'Église laisse faire l'empereur, malgré la condamnation formelle des Pères. Le très pieux Alexis Ier (1081-1118) avait à sa cour quatre astrologues, deux étaient Égyptiens, un Athénien et le quatrième, Syméon Seth, probablement Juif.

Michael Psellos et Jean l'Italien : magie et sciences hellènes

Michael Psellos (1018-1078 ou 1096) est sans aucun doute le savant byzantin le plus connu en Occident. Son prénom de naissance était Constantin. Enfant de fonctionnaire, il a fait ses études à Constantinople et suivit une carrière politique. En 1045, sous le règne de Constantin le Monomaque, tout en étant *protoasicritis*, c'est-à-dire chef du secrétariat impérial, il devint *hypatos des philosophes*, (consul des philosophes) ce qui équivaut à recteur de l'université de Constantinople. Psellos semble avoir été l'acteur principal des reformes qu'a entreprises Constantin pour l'amélioration des études à Constantinople. À la fin du règne de Constantin, en 1054, Psellos, disgracié, devint moine sous le nom de Michael. Il quitta le monastère deux ans plus tard quand l'impératrice Théodora Porphyrogénète l'appela de nouveau à la capitale. Il a prit part aux intrigues de la cour qui ont fait et défait plusieurs empereurs jusqu'à l'avènement de Michael VII Doukas (1071-1078). Il fut probablement exilé sous Nicéphore III (1078-1081).

Le philosophe et moine temporaire Psellos illustre les rapports compliqués et ambigus du monde orthodoxe avec les sciences. D'un côté, il s'affirme comme orthodoxe qui trouve dans la foi les réponses à ses questions spirituelles. De l'autre côté, sa curiosité et son érudition pour le savoir profane de la Grèce ancienne semblent inassouvies. Platonicien, il connaît bien Aristote et admire les anciens Égyptiens et les Chaldéens. La fierté avec laquelle il se vante de connaître la littérature des civilisations non chrétiennes et en même temps sa pratique des sciences condamnées par l'église, l'astrologie et la magie, ont offert à ses ennemis (et il en avait plusieurs vu son implication dans la politique) bien d'occasions pour l'attaquer. Fin politicien, il a réussi à survivre à ces attaques en faisant de temps en temps acte de loyauté envers l'orthodoxie et en rédigeant une confession de foi et une déclaration contre l'astrologie[7]. Quand il fut accusé de se trouver sous l'influence décisive de Platon, il se défendit en soutenant que bien d'éléments de la science profane sont utiles et preuve à l'appui, il donne l'exemple de leur utilisation par Saint Basile et Grégoire de Nazianze.

Si Psellos a pu échapper à toute condamnation sérieuse de l'Église parce qu'il savait manœuvrer et parce qu'il avait des appuis puissants, il n'en est pas de même pour son élève et successeur au poste de *hypatos des philosophes*, Jean l'Italien (c. 1025-1090). Jean est né en Italie du sud ; son père était un mercenaire normand. Protégé de la famille Doukas, il s'installa à Constantinople vers 1049, où il suivit les cours de Psellos, mais bientôt il entra en polémique avec lui. Ses idées les plus hérétiques portaient sur l'incorruptibilité du monde et sur la mise en question de la thèse néoplatonicienne de la création du monde. Il prônait que seule la science peut approcher la vérité, que les idées et la matière sont éternelles, que les miracles doivent avoir une explication physique et qu'il n'y a pas de création *ex nihilo*. Tout ce qu'il fallait pour faire enrager les théologiens les plus modérés.

Sous le règne de son protecteur Michael Doukas il fut accusé une première fois d'impiété, mais l'affaire n'eu pas de suite. Mais voilà que monte sur le trône Alexis 1er Comnène (1081-1118) homme de sciences mais en même temps très pieux. Alexis veut rechristianiser l'éducation supérieure, en introduisant l'étude des Écritures saintes, ce qui accorde au Patriarche un droit de contrôle sur cette éducation. Ce n'était pas le moment le plus propice pour l'épanouissement des idées de Jean l'Italien qui n'avait ni l'envergure, ni les capacités diplomatiques de Psellos. Il passa en procès en 1082 et fut condamné, comme hérétique et païen, à la réclusion à perpétuité dans un monastère, après qu'on eut prononcé contre lui onze anathèmes[8].

La condamnation de Jean l'Italien fut l'occasion pour l'Église orthodoxe de condamner d'une manière plus générale les études profanes. Le saint synode ajouta à l'office du Dimanche de l'Orthodoxie cette lecture édifiante : « À ceux qui s'adonnent aux études helléniques et qui ne les étudient pas pour la seule éducation, mais suivent leurs opinions futiles, anathème ». Cette condamnation officielle des idées de la science hellène est lue dans les églises orthodoxes jusqu'à nos jours. En fait, cette condamnation visait à interdire aux théologiens et savants byzantins une nouvelle synthèse entre sciences hellènes et christianisme, après celle faite par les saints Pères. Elle n'interdit pas l'étude

7. Mstislav Antonini Sangin, *Codices Rossicos (Catalogus Codicum Astrologorum Graecorum)*, XII, Bruxelles, 1936, p. 167.
8. L. Clucas, *The Trial of John Italos and the Crisis of Intellectual Values in Byzantium in the Eleventh Century*, Munich 1981.

des sciences hellènes, pourvu qu'elles ne soient pas considérées comme vraies, mais plutôt comme faisant partie d'une éducation générale, des exercices d'esprit, comme disait Grégoire de Nysse pour lui-même, quand il voulait contredire les « vérités » de son frère saint Basile[9].

Le païen Pléthon Gémiste

Né à Constantinople vers 1355-1360, Georges Gémiste Pléthon a reçu une excellente éducation en acquérant, comme plusieurs aristocrates byzantins, des solides connaissances en philosophie et en mathématiques. Son originalité fut qu'il se rendit à la cour ottomane à Andrinople pour étudier Aristote d'après Averroès, auprès du juif Elisha. Elisha fut probablement un médecin à la cour ottomane ; il connaissait bien Aristote, mais il était aussi partisan du courant « illuministe » du Perse Sohravardî (1155-1191) qui admirait Zoroastre et Platon et aspirait à une résurrection de la Perse ancienne. Ainsi, à part les commentaires d'Averroès sur Aristote, Elisha enseigna à Pléthon l'illuminisme, ce qui marqua profondément le jeune savant grec. Rentré à Constantinople, il enseigna les sciences et la philosophie jusqu'en 1410, quand il fut exilé (ou simplement envoyé ?) par l'empereur Manuel II à Mistra, où il va passer le reste de sa vie. À Mistra il développe des idées néoplatoniciennes et païennes, qu'il exprime politiquement dans son *Traité des lois*, dans lequel il élabore un plan pour la re-hellénisation du Péloponnèse. Après près d'un millénaire de règne du christianisme, le plus grand philosophe byzantin de son temps avance l'idée que la ruine de l'empire est due à la religion chrétienne. Un événement important de sa vie fut sa participation, aux côtés de la délégation grecque, au concile pour l'union des Églises catholique et orthodoxe de Ferrare/Florence en 1438/1439. Il a alors plus de 80 ans, mais il suscite la plus grande admiration des savants italiens à cause de ses connaissances sur Platon, ce qui eut comme conséquence la fondation de l'*Academia Platonica* par Cosimo dei Medici.

Pléthon est une exception dans le monde byzantin. Il est devenu païen et le proclame ouvertement dans son *Traité des Lois*. Il voyait en Pythagore et Platon les héritiers de Zoroastre et rêvait à la reconquête de l'Hellade à partir de Mistra qu'il identifiait avec Sparte, à cause de sa proximité géographique. Son œuvre astronomique écrite vers 1433 présente une proposition liée à son idéal de retour aux sources hellènes[10] : établir un nouveau calendrier qui diffère de celui utilisé par les pays chrétiens et qui aurait ses fêtes particulières.

---

9. E. Nicolaidis, *Science and Eastern Orthodoxy. From the Greek Fathers to the age of globalization*, Baltimore : Johns Hopkins University Press, 2011, p. 12.

10. *De Georges Gémiste le philosophe, méthode pour trouver les conjonctions du Soleil et de la Lune et les pleines Lunes et les positions des astres d'après les tables qu'il a lui-même établies*. Œuvre éditée par Anne Tihon-Raymond Mercier, *Georges Gémiste Pléthon, Manuel d'Astronomie*, Corpus des astronomes byzantins IX, Louvain-la-Neuve, 1998.

Le premier patriarche orthodoxe nommé par le sultan Mohammed après sa conquête de Constantinople, Scholarios, était un anti-unioniste fervent, de la ligne « les Turcs valent mieux que les Latins ». Ayant le contrôle du *millet* grec orthodoxe, il essaya de l'épurer des influences néfastes, qu'elles soient pro-latines, ou, pire, hellénisantes. En 1453, peu après la mort de Pléthon, il l'attaque en lui reprochant d'avoir étudié les auteurs anciens, non pas pour étudier la langue comme il sied à un bon chrétien, mais pour l'étude de leurs idées. Pourtant, Scholarios avait aussi étudié les Anciens pour leurs idées ; il admire Aristote et connaît parfaitement la littérature profane. Mais il ne peut admettre l'idée de Pléthon que le christianisme était responsable de la ruine de l'empire romain, ni évidement son zoroastrisme militant. Ainsi, il va prendre une décision peu commune pour l'église orientale : brûler publiquement le *Traité des Lois* de Pléthon car hellénisant (idolâtre) et satanique.

Méthodios Anthrakitès et la nouvelle philosophie

Méthodios Anthrakitès (vers 1660-vers 1736), étudia à l'École de Jannina, devint moine et vers 1697 il se rendit à Venise, où il fut prêtre à l'église orthodoxe de Saint Georges. Pendant son séjour en Italie, il étudia les sciences, probablement à Padoue. Rentré vers 1708 en Grèce ottomane, il enseigna à l'École de Kastoria et à la « Grande École » de Jannina. Il fut l'auteur d'un énorme manuel en trois volumes, le *Cours de mathématiques*[11], qui va marquer l'enseignement des sciences dans le monde grec orthodoxe pendant la première moitié du XVIIIᵉ siècle. Cet ouvrage constitue un cours complet, détaillé et rigoureux, des « sciences mathématiques » telles qu'elles étaient enseignées à Padoue au début du XVIIIᵉ s., plus quelques textes byzantins. Anthrakitès présente dans son *Cours* la géométrie d'Euclide, plus les livres d'Ypsiclès et d'Anthémios, les *Sphériques* de Théodosios, des constructions géométriques et des tables trigonométriques, des logarithmes, la sphère de Proclus, deux traités de l'astrolabe d'influence occidentale, des méthodes d'emploi des instruments astronomiques comme le quadrant (mais non pas la lunette), la géométrie théorique et l'optique pré-newtonienne. En astronomie, les systèmes copernicien et tychonien sont présentés pour être rejetés.

Rien de révolutionnaire donc dans l'enseignement de ce moine. Pourtant, Anthrakitès semble aussi avoir enseigné, ou du moins présenté, les idées philosophiques de Malebranche et de Descartes. Sans doute cette nouveauté, et le fait qu'il a nettement mis l'accent sur l'enseignement des sciences et non pas sur celui des matières philologiques, amenèrent des fondamentalistes orthodoxes à l'accuser au Saint-Synode comme hérétique. Il sera appelé en 1723 à Constantinople afin de répondre à ces accusations. En sa défense, Anthrakitès

---

11. *Οδός μαθηματικής*, Venise, 1749 ; deuxième édition 1775.

prétendit que l'Église l'accusait pour ses idées philosophiques et non pas pour s'être écarté du dogme orthodoxe. Cette affirmation ouvre le débat, au sein même de l'Église, sur la séparation entre philosophie et théologie. Cette position d'Anthrakitès n'a réussi qu'à attiser la colère du Saint-Synode qui néanmoins ne condamna pas l'enseignement de la philosophie, mais réaffirma sa position que seule la philosophie péripatéticienne devait être enseignée. Anthrakitès sera condamné à être excommunié et ses livres interdits de l'enseignement. Après avoir confessé sa foi orthodoxe et brûlé cérémonieusement quelque uns de ses manuscrits, son excommunication a été levée et on l'autorisa à enseigner de nouveau, à condition qu'il suive le cursus aristotélicien.

Cette controverse semble porter sur l'enseignement même de la philosophie naturelle. Les cercles conservateurs de l'Église voient en l'enseignement de la philosophie un cours secondaire, qui ne doit pas rivaliser avec le cursus principal qui reste philologique. Au fond, Anthrakitès restera toujours aristotélicien, il va perpétuer au XVIIIe siècle les idées de l'humanisme orthodoxe du siècle précédent sur la renaissance des sciences grecques anciennes.

Cubocubes et trigonocarrés : la réaction patriarcale contre les sciences au début du XIXe s.

Vers le milieu du XVIIIe siècle, nombre de savants grecs enseignèrent et propagèrent par leurs livres, imprimés ou manuscrits, la « nouvelle science » européenne, la science classique. Ces savants, en leur grande majorité cléricaux, se sont trouvés face à des réactions de certains cercles orthodoxes qui voyaient d'un très mauvais œil ces nouveautés occidentales, qui plus est semblant contredire les Écritures. Du côté des Lumières, cette nouvelle science est vue comme émancipatrice, libérant le peuple des superstitions et l'aidant à conquérir la modernité, synonyme de l'État national. En fait, l'Église est divisée. Les savants les plus renommés qui ont diffusé le nouveau savoir, Constantin Théotokis et Eugène Voulgaris devinrent archevêques en Russie, protégés de Catherine la Grande. Des personnages importants comme les princes grecs gouverneurs de la Valachie ou des richissimes marchands sont attirés par les idées des Lumières, donc aussi de la nouvelle science. Le patriarcat reste prudent, il hésite à prendre clairement parti en prononçant des condamnations explicites contre la nouvelle science. La contre attaque des cercles conservateurs qui influencent le patriarcat contre l'enseignement de ce savoir nouveau est donc modérée. Mais cette contre-attaque va s'amplifier après la Révolution française, de pair avec la réaction politico-religieuse des cercles conservateurs grecs contre cette révolution.

La réaction du patriarche de Constantinople et chef suprême du *millet* orthodoxe de l'Empire ottoman contre la diffusion de la nouvelle science va culminer juste avant le déclenchement de la révolution nationale grecque. Elle ne sera donc pas une réaction *a posteriori* à cette révolution nationale qui fut inspirée par la Révolution française, mais la conséquence du durcissement de la position de l'Église suite à la Révolution française. Ce durcissement est favorisé par le vent de révolte qui souffle fortement dans les Balkans depuis le soulèvement Serbe. Le pouvoir turc, très inquiet par ces développements, va faire pression sur le patriarcat pour qu'il freine les aspirations libérales de ses sujets. En même temps, le parti de la réaction orthodoxe est favorisé par l'ambiance contre-révolutionnaire créée par l'Alliance sacrée de puissances européennes mais aussi par l'affaiblissement, suite aux guerres napoléoniennes, de la caste des marchands, principal soutien des savants novateurs. C'est ainsi que cette fois, ce parti va pouvoir imposer sa volonté. Entre 1819 et 1821, les principales écoles grecques de l'empire ottoman dans lesquelles le nouveau savoir était enseigné, furent fermées ou changèrent d'orientation. La matière la plus touchée par ces mesures, fut l'enseignement des sciences.

D'un autre côté, plus la tête de l'Église durcit sa position, plus les partisans des Lumières se font agressifs. Nicolas Piccolo (1792-1865) était un philosophe et médecin d'origine bulgare qui étudia à Bucarest et séjourna à Odessa et Paris. Piccolo va publier, en 1820, un poème à peine allégorique, contre l'obscurantisme de l'Église, les superstitions et l'ignorance, et en faveur de l'éducation occidentale. Piccolo dénonce les « engeances dégoûtantes » qui déchirent la Grèce, et désespère qu'une « bande de monstres » se soit jetée sur Smyrne (allusion à la fermeture de l'École de Smyrne par les forces réactionnaires menées par l'Église)[12]. Cette diatribe va provoquer la réaction immédiate du patriarcat de Constantinople, représenté par l'hégoumène Ilariôn, qui était en tête des affaires de l'éducation et responsable de la toute nouvelle imprimerie grecque de Constantinople. Fait nouveau pour l'Orthodoxie, Ilariôn va imposer la censure, non seulement à ce qui est édité par l'imprimerie grecque, mais à tous les livres vendus à Constantinople : « Ilariôn, nommé examinateur de l'imprimerie, et ayant reçu promesse qu'on lui donnerait quelque évêché, il est devenu dès maintenant despote despotissime. Il a donné avis que soient condamnés à mort cinq ou six de ceux qui veulent répandre la révolution, pour que les autres soient ramenés à la raison », écrivit à cette époque à Piccolo un de ses amis constantinopolitains. « L'inquisition est maintenant parfaite », répond Piccolo, « rien à Constantinople ne peut être imprimé ou vendu sans qu'il ne soit pré-examiné par Ilariôn »[13].

Bien que la réaction extrémiste du patriarcat semble avoir de solides bases dans la société orthodoxe, elle ne fait pas l'unanimité dans la haute hiérarchie

---

12. Philippe Iliou, *Τύφλωσον κύριε τον λαόν σου...* (Dieu, aveugle ton peuple. Les crises prérévolutionnaires et Nicolas Piccolo), Athènes, éd. Poreia, 1988, p. 11-15.

13. *Ibidem*, p. 23-29. Il faut noter que les accusations d'obscurantisme envers l'Église orthodoxe par les catholiques avaient leur pendant dans les accusations de l'Église orthodoxe que l'Inquisition constituait une page obscure du « dogme latin ». Accuser donc le patriarcat d'instaurer l'Inquisition équivaut à l'accuser de s'éloigner de l'Orthodoxie.

de l'Église d'Orient. L'évêque de Sina, Constantius, auquel dépend Ilariôn, écrivait en 1820 : « Le philosophe libéral Descartes le Français, malgré toutes les absurdités de son système, il rompit le premier en Europe [les liens] et libéra les prisonniers de la tyrannie des idées préconçues platono-aristotéliciennes, devenant ainsi le guide des amateurs de la science de la théorie et la recherche des êtres, et de la critique de ceux qui ont été philosophés par d'autres (...) En accord donc avec Descartes, ses contemporains, et les glorieux qui ont prospéré avec lui en sagesse et en découvertes, notamment l'immortel Anglais Newton, pensant sagement, ils ont à nouveau introduit à l'espèce humaine le droit, aboli il y a deux mille ans, de penser et juger par soi-même les sujets et de démontrer librement les présentes choses »[14]. Constantius avait étudié à Jassy, il avait donc aussi étudié les sciences. Mais, malgré son attitude très courageuse, vu l'ambiance de réaction qui régnait quand il écrivait ces lignes, plus tard en devenant patriarche de Constantinople (1830-1834), il interdira qu'un service religieux en la mémoire de Diamant Coray, symbole des Lumières grecques, ait lieu.

Pendant l'époque mouvementée précédant la révolution nationale grecque, Il ne fut pas rare que des savants fussent dénoncés par l'Église aux autorités turques comme révolutionnaires prônant le renversement du sultan. Le patriarche Grégoire V et le métropolite de Chio Platon, usèrent de cette pratique contre le directeur du Gymnase de Chio et partisan de la nouvelle science Néophyte Vamvas, de même que le métropolite de Smyrne contre Constantin Econome, directeur du Gymnase de Smyrne. La lutte contre les sciences atteindra son paroxysme en mars 1821 quand le Saint-Synode fut convoqué à Constantinople afin de mettre un terme aux leçons « philosophiques ». Cette réaction va prendre une forme institutionnelle avec l'encyclique patriarcale rédigée en mars 1821 qui avait trait aux affaires de l'éducation :

> « Il règne partout un dédain pour les matières de la grammaire, et sont complètement ignorés les arts de la logique et de la rhétorique et l'enseignement de la hautissime théologie, [et ce dédain et cette ignorance] proviennent de l'amour exclusif des élèves et des professeurs en les mathématiques et les sciences, et d'un refroidissement envers notre foi (...). Pour la Nation, l'enseignement des leçons grammaticales est plus profitable et nécessaire que celui des leçons mathématiques ou scientifiques (...) ; car quel est l'avantage pour les élèves qui suivent ces cours d'apprendre chiffres et algèbres, et cubes et cubocubes, et triangles et trigonocarrés, et logarithmes, et calculs symboliques, et ellipses projetées, et atomes, et vides, et tourbillons, et forces et attractions et pesanteurs, et qualités de la lumière, et aurores polaires, et optiques, et acoustiques, et des milliers des choses pareilles et monstrueuses, afin de compter le sable de la mer et les gouttes de la rosée et mouvoir la terre si un appui soit offert selon Archimède, et qu'ils soient barbares en leur paroles, pauvres en leur écritures, igno-

14. *Ibidem*, p. 41.

rants en leur religion, pervers et corrompus, nuisibles à la politique et obscurs patriotes, indignes de l'appel héréditaire »[15].

Le calendrier marquait le 23 mars, déjà des chrétiens étaient arrêtés et exécutés suite à la rébellion du prince Ypsilanti en Roumanie, mais les nouvelles du soulèvement national grec au Péloponnèse n'étaient pas encore parvenues à la capitale. Peu de temps après que le soulèvement fut connu, le 10 avril, le patriarche Grégoire V qui condamnait les savants comme éléments subversifs, sera pendu sur ordre du sultan car il n'a pas pu contenir la rébellion.

Les condamnations de l'Église orthodoxe grecque contre les sciences furent en somme une exception, et dans les cas où elles ont été prononcées, elles furent plutôt clémentes. Le fait que pendant l'Empire byzantin le patriarche dépendait de l'empereur, de pair avec la sécularisation de la haute hiérarchie ecclésiastique souvent dénoncée par les moines, le bas clergé et le peuple pieux, favorisa l'enseignement de la philosophie à l'École patriarcale et l'implication du haut clergé avec les sciences. Plus tard, pendant la période ottomane, le quasi totalité des savants fut sous les ordres religieux, de simples moines à de prestigieux patriarches. Ce qui a fait que les débats sur la nature du savoir, ou même sur la nouvelle cosmologie ne furent pas des débats sciences-religion mais plutôt des débats internes à l'Église orthodoxe. Ces débats divisent les conservateurs orthodoxes, soucieux de la tradition et la soumission au sultan, des partisans des Lumières, disciples de la nouvelle science européenne qui va de pair avec la modernité et l'indépendance nationale[16].

---

15. *Ibidem*, p. 47-48.

16. Cette recherche fait partie du projet NARSES (Nature and Religion in South Eastern European Space : Mapping Science and Eastern Christianity relations in South Eastern Europe and Eastern Mediterranean), National Strategic Reference Framework 2007-2013, Aristeia.

PIERRE DES NOYERS OU LES CURIOSITÉS D'UN SAVANT DIPLOMATE

Chantal Grell

254 lettres échangées entre 1646 et 1686 font de Pierre des Noyers (1608-1693) le correspondant le plus fidèle et, sans doute, le plus important de l'astronome Jean Hevelius (1611-1687) pour des raisons qui ne sont pas seulement d'ordre quantitatif[1]. Ce personnage énigmatique et mal connu joue, en effet, un rôle clef dans le réseau de relations qu'Hevelius s'est appliqué à construire au fil des ans. Secrétaire aux commandements de la reine de Pologne, Louise-Marie de Gonzague, Pierre des Noyers avait non seulement en charge la diplomatie, avec la France notamment, de la cour de Pologne, mais aussi était au cœur d'un réseau d'informations très utile à Hevelius pour tenir son rang dans le monde européen de la science à un moment décisif de son histoire : entre Galilée, dont le jeune Hevelius, contraint de reprendre les brasseries familiales, ne put faire la connaissance lors de son grand tour (1630-1633), et Newton, ignoré d'Hevelius, qui décéda le 28 janvier 1687, six mois avant avant la publication des *Principia*. Les correspondances scientifiques publiées ont permis de mieux connaître le cheminement des idées et les voies, parfois capricieuses, de la science. On sait aujourd'hui à quel point ces échanges épistolaires ont été importants, qui valaient « publication » avant que n'apparaissent les grands périodiques scientifiques, *Philosophical Transactions* (1665), *Journal des Savants* (1665) ou *Acta Eruditorum* (1682). Frotté de science sans être un grand savant lui-même, curieux de toutes les nouveautés et de toutes les expériences, homme de confiance de la reine et homme serviable au demeurant, Pierre des Noyers exerce, entre la France et la Pologne, un

---

1. Les 16 volumes de la correspondance que possède l'Observatoire – C1-I-XVI – comprennent quelque 2500 lettres et documents (1630-1686) qui impliquent 430 correspondants. Avec 254 lettres (157 de des Noyers, 97 à des Noyers), Pierre des Noyers est le premier correspondant d'Hevelius. Cette correspondance, la dernière grande correspondance astronomique du XVIIe siècle encore inédite, fait l'objet d'un programme d'édition (Brepols International Publishers) sous l'égide de l'Union académique internationale (UAI), de l'Académie internationale d'histoire des sciences et de l'Académie des sciences de Pologne. La correspondance Des Noyers-Hevelius fera l'objet d'un volume particulier dont je m'occuperai.

magistère tout à fait original dans la République des savants que ces quelques pages se proposent de présenter.

L'homme de confiance de la reine Louise-Marie de Gonzague

Pierre des Noyers est mal connu[2]. Il n'a laissé aucun ouvrage, seulement une volumineuse correspondance inédite[3]. On ne possède aucun portrait. On ne sait rien de sa jeunesse. Né à Festigny en Champagne, il vient à Paris en 1625 où il se lie avec Michel de Marolles dont le père était au service des Gonzague-Nevers. Il y est initié aux mathématiques par Roberval (1602-1675). Les informations les plus précises (sans mention des sources) sont données par Ferdinand Denis, bibliothécaire à Sainte-Geneviève qui, dans son édition des œuvres du « poète-menuisier » Adam Billaut, célèbre à la cour de Nevers, évoque l'attachement de Pierre des Noyers pour Ferdinand de Gonzague, troisième fils du duc de Mantoue, frère de la princesse Marie, décédé très jeune à Casale en Italie en 1631[4]. Des Noyers est donc entré au service de la branche française des Gonzague, ducs de Nevers, dans la suite du prince Ferdinand, fils puîné de Charles Ier. Après la mort du prince en Italie (1632), il retourne en France, et vers 1640-1641, devient le secrétaire de l'aînée des princesses, Marie-Louise de Gonzague.

Le 12 juillet 1645, Ladislas IV (1595-1648), roi de Pologne, fait connaître sa décision d'épouser la princesse Marie-Louise de Gonzague. La nouvelle reine de Pologne quitte Paris dans les premiers jours de novembre 1645 avec un impressionnant cortège qu'accompagnent Pierre des Noyers, son secrétaire depuis 1640, Charles-François des Essarts, son trésorier, le très janséniste

---

2. Pierre des Noyers est évoqué par K. Targosz, *La cour savante de Louise-Marie de Gonzague et ses liens scientifiques avec la France (1646-1667),* Académie polonaise des sciences, Ossolineum, 1982, notamment p. 48-54 (version abrégée de l'ouvrage de 1975, n. 5). Pour le détail des archives, aujourd'hui à Chantilly, Ch. Grell et Igor Kraszewski, « Between Politics and Science : Pierre des Noyers. A Correspondent of Johannes Hevelius at the Polish Court », dans *Johannes Hevelius and his World. Astronomer, Cartographer, Philosopher and Correspondent,* R. L. Kremer et J. Wlodarczyk éd., *Studia Copernicana* XLIV, 2013, p. 213-229.

3. La correspondance de Pierre des Noyers n'a fait l'objet, en dehors des lettres des Noyers-Boulliau publiées en 1859, d'aucune publication : *Lettres pour servir à l'histoire de Pologne et de Suède de 1655 à 1659,* publiées par K. Sienkiewicz, Berlin, 1859. On trouvera des informations sur la correspondance des Noyers - Ismaël Boulliau dans Henk J. M. Nellen, *Ismaël Boulliau (1605-1694), astronome, épistolier, nouvelliste et intermédiaire scientifique,* Amsterdam, Maarsen, 1994 (notamment l'introduction). Des Noyers a légué ses papiers aux Condé et la correspondance diplomatique de la reine de Pologne se trouve ainsi à Chantilly : Henri d'Orléans, duc d'Aumale, *Histoire des princes de Condé,* t. 2, *Louis II de Bourbon,* Paris, 1889, p. 162-163. La bibliothèque nationale de Vienne possède un ensemble de lettres de Des Noyers (fonds Hohendorf, ms 7049) dont 24 lettres à Roberval (16 mars 1646-13 février 1651) qui comprennent des informations sur Pascal, publiées par Jean Mesnard dans les *Œuvres complètes* de Blaise Pascal, édition du Tricentenaire, 1970, t. II (*Œuvres diverses,* 1623-1654) avec des notices (p. 443-77, 602-11).

4. *Poésies de Maître A. Billaut,* Paris, 1842.

François de Fleury, son directeur de conscience et Augustin Courrade, son médecin.

Pierre des Noyers, son homme de confiance, est nommé Secrétaire aux commandements de la Reine et se voit confier plusieurs missions : rédiger la correspondance politique et diplomatique de la reine et maintenir solides les liens avec tous ses amis français ; assurer les contacts et les échanges avec la France, la tenir informée de toutes les nouvelles, lui faire part de toutes les découvertes et attirer, à Varsovie, des savants de l'Europe entière car Louise-Marie voulait, à Varsovie, une cour savante, à l'image des cours italiennes du XVIᵉ siècle[5]. Après la France de Mersenne et de Gassendi, où il avait fréquenté les milieux savants et notamment Pascal, des Noyers découvre une réalité tout autre. Il est venu habiter, écrit-il à son maître Roberval, un pays « stérile en toutes choses de vôtre usage ». Ce jugement est évidemment injuste car Ladislas IV avait attiré à Varsovie des savants italiens. Avant son avènement (1632), un grand tour d'Europe (1624-1625) l'avait conduit en Allemagne, dans les Pays-Bas et en Italie où il avait rencontré Galilée à qui il apporta son soutien au moment de son procès (1633). Ladislas IV avait manifesté un grand intérêt pour la science et la culture italiennes. À Varsovie, Pierre des Noyers fait ainsi notamment connaissance du père capucin Valeriano Magni[6] et de l'ingénieur Tite-Live Burattini[7].

Sur la route de Pologne[8], Pierre des Noyers a fait ses propres visites : à Dantzig, il fait la connaissance d'Hevelius qui, depuis 1643-1644 s'est lancé dans une campagne systématique d'observations, préparant la *Selenographia*

---

5. On se reportera aux ouvrages de Karolina Targosz, *Uczony dwór Ludwiki Marii Gonzagi (1646-1667). Z dziejów polsko-francuskich stosunków naukowych*, Wrocław 1975 ; *Hieronim Pinocci. Studium z dziejów kultury naukowej w Polsce w XVII wieku*, Wrocław 1967 ; *Jan Heweliusz. Uczony-artysta*, Wrocław 1986 ; *Jan III Sobieski mecenasem nauk i uczonych*, Wrocław 1991.

6. Le père Capucin Valeriano Magni (1586-1661) éminence grise et homme de sciences, fut très influent sous le règne de Ladislas IV où il représenta le parti autrichien. Né à Milan, élevé en Bohême, il connut le jeune prince Ladislas durant son voyage à l'étranger. Invité par Ladislas à son couronnement, il resta à la cour royale, négocia le mariage du roi avec Cécile-Renée de Habsbourg, travailla à l'entente des uniates et des schismatiques, discuta avec les dissidents de Dantzig. Dans années 1634-1636, Ladislas IV demanda pour lui à Rome le « chapeau ». Une nouvelle demande à la cour papale en 1647, appuyée par la reine, provoqua un refroidissement immédiat avec Mazarin.

7. Tite-Live Burattini (1617-1681), d'une famille d'Agordo (Belluno), fit probablement ses études à Padoue, puis séjourna en Egypte (1637-1641), où il collabora entre autres avec John Greaves, archéologue et astronome anglais. Il est en Pologne depuis le début des années 1640 et, en permanence, à Varsovie, après 1645. Nommé architecte royal en 1650, directeur de la monnaie de Cracovie (1658-1661), il reçoit l'indigénat en 1658 (sa famille utilisa le nom polonisé Boratyni). Auteur de plusieurs inventions et écrits en mécanique, physique, économie, égyptologie, optique et architecture, il ne publia de son vivant que la *Misura universale*, qui propose une unification générale des mesures et des poids avec un « mètre » comme unité de base (Vilnius, 1675).

8. Pierre des Noyers a laissé une relation manuscrite de ce voyage : AMAE, ms n. 1, *Mémoires et documents Pologne*, Mémoires du voyage de Madame Luise-Marie de Gonzagues de Clèves (sic) pour aller prendre possession de la couronne de Pologne (copie, 1821 bibl. Czartoryski, Cracovie, ms. 1970-4). *La Relation du voyage de la reine de Pologne et du retour de la maréchale de Guébriant, ambassadrice extraordinaire et surintendante de sa conduite... dédié à son altesse Madame la princesse douairière de Condé*, Paris, 1647, de J. Le Laboureur de Blérenval en rendit la publication inutile. Voir Francesca de Caprio Motta, *Maria Ludovica de Gonzaga-Nevers. Una principessa franco-mantovana sul trono di Polonia*, Rome, Vecchiarelli, 2002.

(1647). Mettant aussitôt à profit cette rencontre, il va initier une correspondance suivie avec l'astronome de Dantzig, bientôt doublée d'une autre correspondance avec le savant français Ismaël Boulliau (1605-1694)[9]. Mathématicien lui-même, des Noyers va s'atteler à la tâche et construire, dans les années qui suivent son installation, un réseau dont il est le centre et la plaque tournante, recueillant l'information, la diffusant, la redistribuant, jouant un rôle actif dans les échanges de nouvelles et dans la construction des savoirs. Il met ainsi en place l'un des réseaux diplomatiques et scientifiques les plus efficaces d'Europe, qui repose, en premier lieu, sur les échanges épistolaires entre trois hommes de la même génération : Pierre des Noyers à Varsovie, Johannes Hevelius à Dantzig et Ismaël Boulliau à Paris. Pierre des Noyers faisait lui-même office d'informateur : lié à Mme des Essarts qui avait accompagné la reine en Pologne avant de retourner en France, il lui transmet des informations sur la Pologne pour la *Gazette* de Renaudot. Intermédiaire infatigable, il dépêche à travers l'Europe des billets et des lettres, tout en suivant la reine et la cour dans tous leurs déplacements, comme conseiller, secrétaire particulier et agent diplomatique.

Les curiosités de Pierre des Noyers

On sait peu de chose sur la manière dont Pierre des Noyers fut appelé à devenir l'homme de confiance de la reine. Michel de Marolles écrit que son père, entré au service des Nevers en 1614, fréquenta Mademoiselle de Nevers en tant que gouverneur des deux princes aînés en 1622[10]. Marolles découvrit lui-même la cour de Nevers en 1636, où il fit connaissance d'Adam Billaut[11]. Il y travailla à mettre en ordre les archives familiales, en dressa un inventaire à la demande de la princesse (1638), et fit des séjours répétés à Nevers comme à l'hôtel de Nevers à Paris. Marolles, qui ne prisait guère l'astrologie, s'opposa en 1643 à « son secrétaire »[12], un habitué de sa société qui prisait aussi fort ce savoir[13]. Des Noyers était, en effet, féru en matière de thèmes astraux et d'horoscopes. Il avait commencé la rédaction de la « Nativité d'Amarille », nom précieux donné à la princesse, en 1643[14].

---

9. Voir Henk Nellen, 1994. cité n. 3.

10. *Mémoires* de Michel de Marolles, abbé de Villeloin, Amsterdam, 1755, I, p. 46 et 101.

11. *Ibid.*, p. 202.

12. « J'eus contre moi non seulement son secrétaire, qui était homme d'esprit et versé dans cette science, et son premier médecin Augustin Corade, qui exerce son art avec tant de bonheur, mais encore M. l'abbé de Belozane et quelques autres ». *Ibid.*, p. 278.

13. Jean-Baptiste Morin relate, dans son *Astrologia gallica* (La Haye, 1660), qu'il avait prédit à la princesse Marie un mariage très illustre, que « les astres lui marquaient une tête couronnée pour époux ». En reconnaissance, la reine de Pologne assura les frais de l'édition de l'ouvrage, qui lui est dédicacé.

14. Archives du Musée Condé, Chantilly, ms 424. Cette nativité traite des années 1626-1652.

L'astrologie au XVIIe joue son rôle dans la décision politique. Ce sujet a essentiellement été abordé sous l'angle d'une survivance : ainsi Kepler, lit-on, écrivait-il des horoscopes pour gagner sa vie, ce qui est sans doute aussi vrai ; et Mersenne envoyait-il l'horoscope du cardinal de Richelieu à Van Helmont, à toutes fins utiles.

Les lettres de des Noyers à Boulliau, en pleine crise du « Déluge suédois » (1655-1660), se font l'écho répété de prédictions et de demandes pressantes d'informations précises pour calculer les nativités et les révolutions, à côté d'informations, parfois quotidiennes, sur la situation militaire[15]. L'astrologie intervient là dans le service de renseignements et la diplomatie secrète. Boulliau[16] partage la passion de des Noyers et de la reine de Pologne pour l'astrologie[17]. Incontestablement l'astrologie fut source de la faveur dont ne cessa de bénéficier des Noyers.

La reine de Pologne est une janséniste convaincue[18]. Or l'astrologie constitue une ligne de partage entre la prédestination (fatalisme astral) et le libre arbitre, objet des bulles de 1586 et de 1631. Elle est perçue comme une science du déterminisme : les astres font peser sur les destins individuels de véritables « décrets », dont le commentaire est la spécialité de l'astrologie « judiciaire » (en opposition à l'astrologie « naturelle » qui n'envisage pas le destin des hommes). Le thème de la prédestination fut attaché à la Réforme et à la libre-pensée, puis au jansénisme, au point que les jansénistes furent comparés et assimilés à des astrologues en France. Au milieu du XVIIe siècle, la « science des influences » est au cœur des débats : Descartes, en 1649, dans *Les passions de l'âme* suppose que le corps agit sur l'âme par le biais de la glande pinéale. Claude Gadroys, en 1671, publie un *Discours physique sur les influences des astres selon les principes de M. Descartes*, et, dans son *Uranie*, en 1693, Eustache Lenoble propose une astrologie cartésienne qui vise à établir de manière méthodique les correspondances entre les astres et l'âme humaine, à travers le corps et les sensations. Tous les astrologues soutiennent que les astres « inclinent », sans forcer le destin des hommes.

---

15. Voir les *Lettres de P. des Noyers...*, Berlin, 1859.

16. Voir H. Nellen, *op. cit*, p. 459-67.

17. La reine cherche à l'attirer à sa cour à Varsovie auprès de des Noyers. Au début de 1656 (guerre polono-suédoise) lorsque la Pologne avait besoin de diplomates en Europe, on tâcha de l'engager. En octobre 1658, des Noyers invite encore Boulliau en Pologne. Boulliau arrive à Dantzig en mars 1661 et s'arrête deux mois chez Hevelius. En mai 1661, il gagne Varsovie. Mais il souhaite s'installer à Dantzig contre la volonté de la reine. Il rentre donc en France

18. Voir F. Bouletreau, *Correspondance de la mère Angélique Arnaud avec Louise-Marie de Gonzague*, Paris, 1979. Tous les auteurs ont souligné les liens forts avec Port-Royal (Secret, « Astrologie et alchimie au XVIIe siècle. Un ami oublié d'Ismaël Boulliau : Pierre des Noyers, secrétaire de Louise Marie de Gonzague, reine de Pologne », *Studi Francesi*, LX-3, sept-déc. 1976, [463-479] voir p. 467-68 ; M. Jurgens, J. Mesnard, « quelques pièces exceptionnelles découvertes au Minutier central des notaires de Paris », 1600-1650, RHLF, 79-5, sept-oct 1979, p. 739-754.

Pour des Noyers, l'astrologie enseigne l'art de composer avec les inclinations. Les « nativités » ou thèmes astraux son l'une de ses spécialités. Boulliau, de son côté, multiplie aussi les horoscopes, d'amis, de connaissances, de savants, de grands, tout en niant que les comètes ou les éclipses puissent avoir un caractère fatal. Quant à Hevelius, sa correspondance avec des Noyers révèle un important commerce d'éphémérides, dont la demande est aussi très importante avec les correspondants allemands.

L'astrologie, lecture des signes ordinaires et extraordinaires du ciel, fait bon ménage avec l'astronomie d'observation que pratique Hevelius. Elle est alors considérée comme une science. Kepler, Mersenne, Descartes, Newton croient tous à l'influence des astres. En 1651, Baudouin, dans son *Traité des fondements de l'astrologie*, affirme que la substance céleste et les astres agissent avec plus de force, de vigueur et de vertu, sur les êtres sensibles, qu'aucun autre sujet corporel. Comme toute science au XVIIe siècle, elle exige des mesures exactes. Des Noyers s'applique à réviser les tables, y compris de Kepler, pour donner à ses calculs l'exactitude souhaitée. Il considère l'astrologie comme une science, à condition qu'elle soit exacte :

> « J'ai reconnu et j'avoue que l'astrologie est couverte de tant de nuages qu'il est bien malaisé de la développer. Elle est pourtant certaine, mais presque inconnue… Son incertitude qui rend tous les jugements suspects ne vient que faute d'exacts observateurs, qui communiquent ensemble leurs observations… J'ai fait aussi une grande suite de révolutions, toutes lesquelles j'ai soigneusement calculées par les Tables Rudolphines de Kepler, qui sont celles dont je me suis servi pour la nativité, ayant éprouvé que les tables des révolutions de Tycho étaient bien fautives, et que même les subsidiaires de Kepler n'étaient pas tout à fait justes… »[19].

Ainsi, dans la *Nativité d'Amarille*, calcule-t-il les révolutions dans « les lieux où Amarille s'est trouvée lorsqu'elles sont arrivées. La différence des méridiens de Nevers à Varsovie a été calculée en 1653 à 1h 17' qu'il faut ajouter aux révolutions de la feuille ci-dessus pour avoir celles de la suivante à Varsovie »[20]. Il exerce ses talents à l'occasion des différentes indispositions de Louise-Marie, et notamment pendant ses premières couches, arrivées très tardivement, en juillet 1650. Le secrétaire assiste à l'événement et remarque sobrement que l'accouchement difficile se termina bien grâce à un chirurgien habile. Il est présent pour calculer l'heure exacte de la naissance de la princesse, utile pour dresser sa « révolution », grâce à un système compliqué de son invention :

19. AMCCh, Mss 424, fol 4v, 5.
20. Nativité d'Amarille, fol. 164 v.

« L'heure de cette naissance fut observée en cette sorte : on pendit une boule de plomb à un fil de laiton, et au sortir de l'enfant du ventre de sa mère on donna un grand branle à cette boule ainsi pendue. Les allées et venues qu'elle fit furent comptées jusques à ce que le ciel s'étant fait serein, je pris la hauteur du côté de Persée avec un quart de cercle de Cuivre qui donne les minutes, et ayant observé les réfractions, j'ai calculé l'heure au juste. Ensuite, ayant pris deux hauteurs du ♈, et nombre les allées et venues, entre ces deux hauteurs de ma boule de plomb, et en ayant fait le calcul, j'ai trouvé que si 1300 de ces vibrations de ma boule m'avaient donné entre les deux élévations du ♈ 1 heure 5 minutes 8 secondes ou 3908" que 6300 des mêmes vibrations donneraient 5 heures 15' 39". L'observation du côté de Persée s'était faite a 13 h 34' 34" desquelles, déduisant les 5 h 15' 39" ci-dessus restait pour le véritable temps de la naissance 8 h 18' 55" »[21].

Ce passage illustre le fonds mathématique de l'astrologie, qui, joint à l'exactitude des instruments aurait dû – selon des Noyers – donner la précision tant désirée à la science astrologique. Même l'opposition ferme de l'Église – le nonce à qui on fit montrer une « révolution » de Jean II Casimir ordonna de la brûler immédiatement – n'empêche pas le cercle de Louise-Marie de poursuivre les observations et les calculs de tout genre.

Des Noyers fait donc beaucoup d'efforts pour s'équiper d'instruments de qualité. À chaque phénomène remarquable – occultation, éclipse – il travaille, de concert avec Hevelius, pour prendre les mesures les plus précises, dans le but de calculer exactement les longitudes, pour atteindre la plus grande précision dans ses nativités. Il réclame aussi la dernière horloge de Huygens[22] et se plaint amèrement des pillages des Suédois à Varsovie qui l'ont privé de ses instruments et de ses papiers[23], entre lesquels des nativités dont il réclame à Boulliau les copies.

François Secret révèle une autre passion de Pierre des Noyers, partagée par Jean-Baptiste Morin[24] : l'alchimie qui fascine aussi Newton et Leibniz. Des Noyers s'y intéressait déjà à Paris, comme en témoigne sa lettre du 12 juin 1651, « à un ami » (anonyme) qui lui a demandé de mener en Pologne une enquête sur l'alchimiste Sendivogius et le « Cosmopolite » (Alexandre Sethon)[25]. D'autre part, c'est des Noyers qui fait venir, en 1651 à Varsovie,

21. *Nativité d'Amarille*, fol. 144 (français modernisé).
22. Des Noyers à Boulliau, Poznań, 17 novembre 1657, Portofolio II, p. 136-137 : « La Reine, ayant appris de votre lettre d'un horloge recemment inventé par M. Christian Hugens, désire l'importer car j'aime regarder attentivement le temps de naissance, à qui cet horloge, d'après ce qu'on dit, servirait à merveille ». Ce fut l'électeur de Brandebourg qui en facilita l'achat.
23. Des Noyers à Boulliau, Varsovie, 20 juillet 1656, Portofolio II, fol. 52.
24. Fr. Secret, « Astrologie et alchimie au XVIIe siècle », 1976 ; du même, « Notes pour une histoire de l'alchimie en France », dans *Australian Journal of French Studies*, IX-3, sept-déc. 1972, p. 217-236, v. p. 231 sv. Pour le contexte : Didier Kahn, *Alchimie et paracelsisme en France (1567-1625)*, Genève, Droz, 2007.
25. Publiée par Pierre Borel (1620-1671), *Trésor de recherches et antiquités gauloises et françoises réduites en ordre alphabétique* (1655), Article « Cosmopolite », p. 479-486 (« Vous ayant promis avant mon départ de Paris... »).

l'Ecossais William Davisson (1593-1669) initialement astrologue, ami de Jean-Baptiste Morin, converti à la médecine, puis alchimiste et titulaire de la première chaire de chimie au Jardin du Roi[26] ; Davisson occupa 17 ans en Pologne ces mêmes fonctions auprès de la reine. Dans la préface de son *Commentaire sur Petrus Severinus* (La Haye, 1660), il évoque l'ambiance tourmentée de la cour de Pologne à l'époque du « Déluge suédois ». Nous disposons aussi d'un curieux témoignage de Jean Vauquelin des Yvetaux qui montre que l'âge et l'expérience n'avaient nullement détourné des Noyers de ses curiosités alchimiques[27] :

> « J'ai connu à Paris en 1681, me des Noyers, vieux garçon, âgé pour lors de 80 ans, de naissance et riche, dont l'occupation curieuse avait toujours été de voyager à dessein de connaître des savants et de recouvrer des livres curieux. Il avait été assez heureux pour lier connaissance avec quelques uns de ces Messieurs les Rose Croix qui lui avaient procuré la familiarité de plusieurs arts. Son mérite lui avait attiré la promesse qu'ils lui avaient faite de l'admettre dans leur société, et en en attendant l'exécution, ils lui avaient confié quelques-uns de leurs manuscrits dont il me confia l'inspection seulement, sur laquelle ils me parurent d'une expression cabalistique... Il me fit aussi voir l'effet d'une poudre de projection qu'il tenait de la libéralité de ces savants, mais son effet était faible... Il voulut bien me dire que... cette poudre de projection avait été faite d'un certain sel... dont il me fit voir quelques échantillons ; il était blanc d'une figure étoilée. Il me parla d'un fourneau de verre qu'il avait en Pologne, où il faisait sa résidence la plus ordinaire, à cause de la liberté où l'on y était de travailler. Il avait, disait-il, le plaisir de voir au travers les progrès de sa matière, et il me fit présent d'un petit baromètre de verre rempli d'une liqueur rouge et marqué avec des points colorés qui indiquaient le degré de chaleur du fourneau sur lequel on le mettait »[28].

Rien ne prouve que des Noyers ait pratiqué lui-même l'art alchimique et il n'est nulle part question d'athanor dans sa correspondance. Des Noyers, à Varsovie, fréquentait toutefois Davisson, Claude Germain et Augustin Courrade, tous frottés d'alchimie. L'alchimie était, en outre, une tradition ancienne à la cour des Nevers : le père de la reine de Pologne avait lui-même séjourné auprès de Rodolphe II.

Les relations de des Noyers avec les médecins étaient très étroites, car la reine n'était pas en bonne santé. Dans la correspondance diplomatique aujourd'hui conservée à Chantilly, il est sans cesse question de problèmes de santé, de maladies, de médecine, de recettes et de remèdes. Dans les nativités,

---

26. E.T. Hamy, *William Davisson, intendant du Jardin du roi et professeur de chimie (1647-1651)*, *Nouvelles archives du Museum*, 3e série, X, 1898.

27. Cité par Fr. Secret, « Astrologie et alchimie », p. 470-71.

28. Selon sa correspondance, des Noyers était effectivement à Paris fin 1679 et repartit pour la Pologne en août 1682.

les astres sont aussi convoqués pour expliquer les maladies, leur développement, l'efficacité ou non des remèdes. Soutenant toujours l'astrologie, des Noyers – se référant à Galien – critique les médecins qui, dans leurs thérapies, négligent le calcul exact du temps, et loue Morin, dont les prescriptions médico-astrologiques servent à définir la cure de Jean II Casimir en 1664[29]. En Pologne, des Noyers s'informe de tout et fait part à ses amis de ses découvertes. C'est ainsi par son intermédiaire que les Français découvrent les vampires. Sa lettre en date du 13 décembre 1659, à Boulliau est la première description d'une « maladie ukrainienne », *Upior* ou *Friga*, attestée par de nombreuses personnes dignes de foi[30]. Des Noyers est aussi probablement la source de l'article du *Mercure Galant* de mai 1693 qui évoque non plus une maladie « naturelle », comme en 1659, mais un phénomène démoniaque :

> « Une chose fort extraordinaire qui se trouve en Pologne, & principalement en Russie. Ce sont des corps morts que l'on appelle en latin Striges, & en langue du pays Upierz, & qui ont une certaine humeur que le commun du peuple & plusieurs personnes savantes assurent être du sang. On dit que le Démon tire ce sang du corps d'une personne vivante, ou de quelques bestiaux, & qu'il le porte dans un corps mort, parce qu'on prétend que le Démon sort de ce cadavre en de certains temps, depuis midi jusques à minuit, après quoi il y retourne et y met le sang qu'il a amassé. Il s'y trouve avec le temps en telle abondance, qu'il sort par la bouche, par le nez, et surtout par les oreilles du mort, en sorte que le cadavre nage dans son cercueil. Il y a plus. Ce même cadavre ressent une faim qui lui fait manger les linges où il est enseveli, & en effet on les trouve dans sa bouche. Le Démon qui sort du cadavre va troubler la nuit ceux avec qui le mort a eu le plus de familiarité pendant sa vie, & leur fait beaucoup de peine dans le temps qu'ils dorment. Il les embrasse, les serre en leur représentant la figure de leur parent, ou de leur ami, & les affaiblit de telle sorte en suçant leur sang pour les porter au cadavre, qu'en s'éveillant sans connaître ce qu'ils sentent, ils appellent au secours. Ils deviennent maigres & atténués et le Démon ne les quitte point que tous ceux de la famille ne meurent l'un après l'autre »[31].

Bien que la correspondance de Pierre des Noyers soit encore inédite, les recherches de François Secret révèlent un homme fasciné par les arts occultes, qui entretenait une correspondance avec des Rosicruciens auxquels il rendait visite lors de ses voyages entre la Pologne et la France. Pour autant, Pierre des Noyers n'était pas un esprit tourné vers le passé. Toutes les découvertes nouvelles l'intéressaient.

---

29. Karolina Targosz, *Uczony dwór Ludwiki Marii Gonzagi*, 1975, p. 278.

30. Pierre des Noyers, *Lettres pour servir à l'histoire de Pologne*, 1859, n° 225, p. 560-564. Voir K. Veirmeir, « Vampirisme, corps mastiquants et force de l'imagination. Analyse des premiers traités sur les vampires », dans *Camenæ* VIII, décembre 2010.

31. Le *Mercure Galant*, en mai 1693, p. 62-65.

De nouveaux outils pour de vieilles sciences

L'astrologie « naturelle » se rapporte au climat : elle en analyse les signes et détermine les causes. En évaluant les effets des astres sur les humeurs terrestres, il est possible de prévoir les phénomènes climatiques et les catastrophes naturelles. Il ne s'agit plus de prédire, mais de prévoir un enchaînement de causes physiques.

En ce domaine encore, avec de vieilles hypothèses, des Noyers innove. Il se passionne dès son arrivée pour les expériences barométriques ; par Burrattini, il est informé des découvertes réalisées en Italie. Il correspond d'ailleurs, tout comme Hevelius, avec l'archiduc Léopold. Il décrit à Boulliau dans une lettre du 26 août 1657, les « gentillesses mécaniques d'Italie » que lui fait découvrir « Boratin », entre autres, des thermomètres de poche, gradués et scellés hermétiquement, dont il se procure des exemplaires auprès du grand duc :

> « Les thermomètres du Grand Duc sont justement comme la figure que je vous ai envoyée, d'un cristal fort clair et gradués par de petits points d'émail, mais sur le thermomètre lui-même, les dizaines sont des points un peu plus gros d'émail blanc. Le thermomètre se pend avec un petit ruban, non pas dans la chambre où l'air est plus tempéré, mais dehors d'une fenêtre, afin qu'il soit à l'air. Le Grand Duc en porte un dans sa poche, dans une petite boîte de bois »[32].

En date du 24 mars, il informe son ami qu'il lui a envoyé l'un de ses thermomètres et lui recommande de faire des relevés de température : « Tous ceux du Grand Duc montrent la même chose étant en même lieu, et en différents lieux, ils montrent la différence du froid et du chaud. Si vous le portez avec vous, j'en porterai un autre, et nous jugerons des divers tempéraments de l'air où nous serons »[33].

Des Noyers se livre à de nombreuses observations météorologiques et envoie des informations sur le climat de la Pologne. Le grand duc Ferdinand II, passionné de météorologie, avait fait faire des séries de relevés de température et, en 1654, il institua le premier réseau météorologique international. Des Noyers fit, durant hiver 1657-1658, les premiers relevés en Pologne, accompagnés d'observations sur le temps[34]. Dès son arrivée en Pologne, il commence à mesurer la hauteur du Soleil et celle de l'étoile polaire dans différentes villes et s'initie à la mesure de la déclinaison magnétique, suivant les conseils d'Hevelius. Le calcul précis des longitudes favorisé par ses nombreux déplacements à la suite de la cour et l'échange systématique d'observations avec

---

32. Des Noyers à Boulliau, 20 janvier 1658, *Lettres pour servir à l'histoire de Pologne*, p. 375.

33. *Ibidem*, p. 392.

34. Igor Kraszewski, *Stolica po raz ostatni, czyli jak Szwedzi uczynili z Poznania siedzibę dworu królewskiego*, dans : *Jak Czarniecki do Poznania*, Poznań 2009, p. 51-52.

Hevelius, ont ainsi permis à des Noyers de faire établir une nouvelle carte rectifiée de Pologne.

Il avait été, en France, l'élève de Roberval, professeur de mathématiques au Collège royal, qu'il avait introduit à l'hôtel de Nevers[35]. Le fonds de la Bibliothèque nationale de Vienne[36], présente un intérêt considérable pour la vie scientifique du temps. On y trouve plusieurs allusions à Pascal que des Noyers avait certainement rencontré. Les quatre grands sujets du temps, commente Jean Mesnard, sont évoqués. En premier lieu, la machine arithmétique dite « le Paschal ». Ces lettres prouvent que des exemplaires de la machine étaient arrivés en Pologne dans les bagages de la reine, l'un d'eux ayant pris place dans la chambre même du roi[37]. Des Noyers commanda deux nouvelles machines et en fit réaliser pour les monnaies polonaises. Il est ainsi question dans une lettre de Roberval à des Noyers du 28 juin 1647 d'un *paschalium*, machine arithmétique dont l'envoi est annoncé comme proche : « Je fais en sorte que vous puissiez avoir au plus vite le Paschal. Vous pourrez vous en prendre à l'artisan lent à l'ouvrage... »[38]. À peine arrivé, des Noyers fit connaître à Roberval et à Mersenne l'expérience barométrique réalisée à Varsovie par le père Valeriano Magni, qui avait été chargé par le roi d'améliorer le système des aqueducs de Varsovie, au début des années 1640 et s'intéressa donc aux machines hydrauliques. Cette expérience barométrique réalisée à Varsovie par le père Valeriano Magni, reproduisant une expérience de Torricelli, fut l'occasion d'une querelle de priorité[39]. Grâce à l'arrivée d'un verrier vénitien (Gaspard Brunorio), Magni s'était procuré des instruments satisfaisants. Juste après son expérience du 12 juillet 1647, il obtint l'*imprimatur* ecclésiastique (le 16 juillet) pour sa *Demonstratio ocularis loci sine locato, corporis successive moti in vacuo, luminis nulli corporis inhaerentis a Valeriano Magno exhibita Serenissimis Principibus Vladislao IV Regi et Ludovicae Mariae Reginae Poloniae et Sveciae*. Le 24, des Noyers expédiait la brochure en France. Face à Magni qui ne cachait guère son ambition de nier le principe de l'*horror vacui* et ainsi de réfuter la physique aristotélicienne, Des Noyers montre beaucoup de réserve, encourageant ses correspondants français à formuler leurs objec-

---

35. Fonds Hohendorf, ms 7049, lettre du 26 juin 1646.

36. Voir n. 2 : 24 lettres à Roberval, du 16 mars 1646 au 17 février 1651, deux à Saint-Martin, et 3 à Mersenne, auxquelles s'ajoutent trois lettres à Mersenne conservées à la Bnf, Naf 6204, ff. 126-130.

37. Pascal eut l'idée de cette machine en 1643 et en fit la démonstration à l'hôtel de Condé en 1644. Une cinquantaine de modèles avaient été construits en 1649 : A. Mansuy, *Le monde slave et les classiques français aux XVe-XVIIe siècles*, Paris, 1923, p. 231-44.

38. Ms Observatoire, C1-1 fol. 152. Pascal, éd. J. Mesnard, II, p. 454.

39. Lettre du 17 juillet 1647 à Roberval, du 24 juillet à Mersenne, du 31 juillet à Saint Martin. Les expériences nouvelles touchant le vide de Pascal furent publiées en octobre 1647 « De Vacuo. Narratio de Roberval ad nobilissimum virum d. Noyers », 20 septembre 1647, Pascal, éd. J. Mesnard, II, pp. 455-477 et Seconde *Narratio* de Roberval à des Noyers sur le vide, 15 mai 1648, p. 603-611.

tions en latin pour que Ladislas IV puisse les lire. Karolina Targosz voit là une manœuvre politique : le secrétaire de la reine française s'oppose ainsi au clan autrichien, auquel appartenait le capucin savant[40]. Des Noyers fait encore connaître la machine volante de Burattini, sorte d'oiseau gigantesque mû par un savant mécanisme[41], dont il parle à Roberval et à Mersenne et dont Pascal eut connaissance. Enfin, sa lettre du 4 décembre 1647 à Roberval fait état des recherches de Pascal sur l'écriture, peut-être d'un projet de machine à écrire ou à reproduire[42].

Avec Hevelius, Pierre des Noyers parle de la cour, de l'actualité scientifique et échange des observations astronomiques[43]. La périodicité de cette correspondance est irrégulière, liée aux demandes d'information d'Hevelius, aux voyages de des Noyers en France ou aux guerres ravageant la Pologne. Elle nous introduit au cœur des réseaux scientifiques. Sans parler ici des sujets évoqués, il convient d'insister sur le rôle d'intermédiaire que joue des Noyers dans l'échange de lettres, d'observations, de descriptions d'instruments, d'idées, de livres, d'éphémérides et de nouvelles, mettant en relation les communautés scientifiques française et polonaise, pour ne pas parler de l'Italie. Sa lettre, datée de Varsovie du 16 novembre 1647, en est un exemple. Je la cite exceptionnellement telle quelle, pour donner une idée du français de des Noyers :

« Monsieur,

Au retour du grand voyage que nous avons fait jay receu la petite ephemeride que vous mavez envoyez dont je vous rends grace.

Je nay point encore eu responses que vos livres soient arrive a Paris, jen ay pourtant grande impatience afin que ceux a qui vous en avez envoyez se puissent promener dans ce premier Ciel pour y considerer les merveilles que vous y avez remarquee. Le pere Mercene, religieux Minime, matematicien et curieux ma escrit. Je croy quil est connu de vous car il me prie de vous faire ses recommandation et me dit que vous luy escrivittes il y a environ un an, et luy envoyates le premier feuillet de vostre livre, en luy promettant un exemplaire, lorsqu'il seroit achevé avec une lunette de vostre façon.

---

40. Il envoie aussi en France un écrit anti-jésuite de Magni, *Commentarius de homine infami personato sub titulis Iocosi Severi Medeci*, Vienne, 1654.

41. Sa méfiance initiale tourne à l'enthousiasme quand une commission spéciale, désignée par Ladislas IV dans laquelle siégeait vraisemblablement des Noyers, observe la réussite du vol d'un modèle où Burattini avait installé un chat. Karolina Targosz, *Uczony dwór Ludwiki Marii Gonzagi*, 1975, p. 317-319. René Taton, « Le 'dragon volant' de Burattini », dans *La machine dans l'imaginaire (1650-1800), Revue des sciences humaines*, 186-187, 1982-3, p. 45-66.

42. Jean Mesnard éd., Pascal, *Œuvres complètes*, T II, *Œuvres diverses*, 1623-1654, p. 445.

43. Sur l'activité astronomique de Pierre des Noyers, voir K. Targosz, *La cour savante*, 1982, p. 149-150.

Il mescrit encore que Toricelli matematicien du grand Duc de Toscane luy a envoyee une proposition qui donne une ligne droitte eggal a une spirale geometrique, il me promet de men faire escrire par Mons.r. De Roberval sil le fait je vous l'envoyeré. Le mesme Roberval mescrit une lettre latine dont je vous envoye copie sur la proposition qua fait icy // un capucin nommé le pere Valeriani Magni de la Possibilité du vuide, Peut estre en aurez vous ouy parlé desia j'envoye a mons.r de Roberval le livres quil en a fait imprimer icy, ou il ma fait la reponse que je vous envoye. Ce mesme pere Magni a esté encore attaqué par un autre religieux auquel il a fait la reponse que je vous envoyé.

On me vien tout presentement denvoyer un livre de la part de M. Brucius de Cracovie encore contre ce pere Magni et sa proposition du vuide ensemble sur un autre livre quil a fait De Luce Mentium. Je voudrois pouvoir raconter quelque choses d'assez considerables pour vous tesmoigner combien jay destime pour vous et combien je suis, Monsieur... »[44].

Par le courrier « diplomatique », des Noyers diffuse des copies des lettres d'Hevelius et de celles qu'il reçoit de France, qu'il réexpédie à ses correspondants fidèles.

Les sujets envisagés suivent de près les recherches d'Hevelius. L'année 1647 est celle de la publication de la *Selenographia*. Pierre des Noyers annonce cet ouvrage et en fait la réclame :

« En écrivant à M. de Roberval qui certainement est un des grands mathématiciens de ce siècle, j'ai tâché en lui parlant de vous, de lui imprimer l'estime que tous ceux qui vous connaissent doivent faire de votre mérite et de votre bel ouvrage. Il l'a conçu tel que je me l'étais imaginé et par sa dernière lettre, il me prie de lui faire avoir, tout aussi tôt qu'il sera imprimé, le livre de vos belles observations sur les macules de la Lune. Je me suis tant avancé que de lui promettre et de l'assurer qu'il aurait beaucoup de satisfaction de votre bel ouvrage [...] »[45].

Hevelius fit part de son ouvrage au roi et à la reine. Des Noyers les guide dans la lecture de la *Sélénographie*. Ladislas IV ne pouvant retrouver ses instruments (le polémoscope d'Hevelius et une lunette hollandaise) il emprunte les siens à des Noyers afin que Louise Marie puisse comparer l'exactitude des dessins avec ses propres observations[46]. Et des Noyers d'ajouter : « Je vous puis assurer que le Roi fait une estime particulière de vous, l'ayant encore depuis peu entendu dire, et véritablement vous avez dit des choses si nouvelles et vous les faites voir si nettement que vous vous attirez les louanges et l'admiration de tout le monde »[47]. Des Noyers assure le lien avec les savants fran-

---

44. Observatoire de Paris C1-1, (73), 185.
45. Varsovie, 6 mars 1647, I, 137.
46. Karolina Targosz, *Jan Heweliusz. Uczony-artysta*, Wrocław 1986, p. 55.
47. Varsovie, 31 juillet 1647, I, 151.

çais, comme avec les libraires[48]. En 1650, il fait part à Hevelius de la difficulté de se procurer son livre à Paris :

> « J'ai donné votre let[tre] à M. Cramoisy qui m'a dit qu'il n'y avait pas plus de six semaines qu'il avait reçu vos livres de la Sélénographie. Un mathématicien qui a commandé le catalogue de Pologne... lui en a demandé un, mais il ne s'y est plus trouvé, ce qui est un signe qu'il les a tous vendus. Dans une librairie, me parlait pour en avoir dix, mais leur disant qu'il valait dix reals à Dantzig, l'envie d'en faire venir leur est passée, trouvant le prix trop grand pour en pouvoir retirer le prix et les frais du voyage »[49].

Il surveille la circulation des ouvrages expédiés par Hévélius[50]. À partir des lettres que lui adresse Boulliau, des Noyers informe Hevelius des querelles savantes françaises, par exemple celle qui opposa Gassendi et Morin[51]. Il transmet aussi des nouvelles peu enthousiastes de l'Académie des sciences à laquelle Boulliau (écarté) voue une haine tenace.

Il reste en Pologne quand la reine, veuve, se remarie en 1649 avec le demi-frère et successeur de son premier époux, Jean II-Casimir (1609-1672), mais sans bien s'entendre avec celui-ci. Sa plus grande activité, c'est pour la reine, à laquelle il est très attaché, qu'il la déploie. L'intérêt des cours pour les sciences était tout d'abord pratique : la diététique, la médecine, l'économie, l'ingénierie militaire et civile, la gestion des bâtiments et des domaines royaux, l'organisation des divertissements réclamaient un contact permanent avec les spécialistes. Les difficultés du siège de Toruń et la lecture d'une des lettres de Boulliau incitèrent la reine à demander à des Noyers d'acheter des livres sur la fortification[52]. Esprit, nous l'avons vu, curieux, Pierre des Noyers assura l'introduction en Pologne des différentes nouveautés – comme le thé ou le chocolat, considérés d'abord comme des médicaments. Il fit connaître ces boissons à la cour, en rapportant en 1664 dans ses bagages un pot à thé, que la reine offrit au roi ; des Noyers considérait que le thé apportait un grand soula-

---

48. A Varsovie, 16 novembre 1647, Observ., C1-I, 185 : « Je n'ai point encore eu des réponses que vos livres soient arrivés à Paris, j'en ai pourtant grande impatience afin que ceux à qui vous en avez envoyé se puissent promener dans ce premier ciel pour y considérer les merveilles que vous y avez remarquées. Le père Mersenne religieux minime, mathématicien et curieux m'a écrit... ».

49. Paris, 7 janvier 1650, II, 155.

50. Des Noyers à Boulliau, Varsovie, 20 VII 1656, Portofolio II, p. 54, 55 : « Mr Hevelius me mande, qu'il vous a envoyé [...] son oeuvre dédié au duc d'Orléans, mais il ne sait pas, s'il l'ait reçu, n'ayant aucune réponse jusqu'alors. [...P.S.] Le paquêt de M. Hévélius va par la mer en Hollande, et puis à Paris aux mains de M. l'évêque ».

51. 19 février 1654, III, 391.

52. Des Noyers à Boulliau, camp sous Toruń, 3 décembre 1658, Portofolio II, p. 205 : « La reine, étant présente quand je lisais votre lettre du 8 novembre, a demandé de vous prier d'acheter trois ou quatre des meilleurs livres sur les fortifications, avec les méthodes d'assiéger les forteresses ; vous pouvez attacher aussi quelques livres sur l'artillerie. J'écris à Mme des Essarts pour qu'elle les paye, et à vous pour que vous les choisissiez ou indiquiez ».

gement à ses propres migraines[53]. Toutes ces préoccupations se retrouvent ici et là, au fil des pages.

Pierre des Noyers est aussi au service de la reine d'une des plus grandes monarchies européennes, dans des années très turbulentes de son histoire. Pour lutter contre l'affaiblissement d'une monarchie élective, Louise Marie voulait imposer une succession *vivente rege* et mit beaucoup d'énergie, sinon d'habileté, à faire entendre son point de vue. Atout de sa politique, Pierre des Noyers fut au cœur de la grande politique européenne des années 1650 et 1660 et une très grande partie de sa correspondance, écrite au nom de la reine, est consacrée aux événements diplomatiques ou militaires. Mais ses lettres et ses papiers privés tournent également autour de ces affaires car ses correspondants scientifiques s'intéressaient aussi aux « nouvelles », ce qui pouvait servir le diplomate, une lettre « privée » étant censée être – sinon publiée – au moins lue ou communiquée. Le réseau des correspondants scientifiques fut ainsi mobilisé pour des « paquêts politiques », parfois confidentiels. De même, les correspondances diplomatiques pouvaient elles aussi intéresser les hommes de science. Au début de 1665, à l'occasion du passage de la comète, le prince de Condé ajoute à la fin d'une lettre politique chiffrée adressée à des Noyers, une remarque sans chiffre : « Je vous envoye une observation exacte de la Comete, depuis qu'elle paroit et vous envoyeray ce que j'apprendray qui se fera dessus »[54]. Des Noyers et ses correspondants ne cessèrent d'échanger des pronostics astrologiques, des « révolutions »[55]. Ses connaissances, en matière de science, ont beaucoup aidé des Noyers dans ses fonctions diplomatiques. « Homme très savant et très digne de la place qu'il tient auprès de cette grande princesse »[56] selon un propos de Pascal rapporté par Marolles, était respecté et estimé pour son savoir autant que pour ses fonctions.

Quand la reine de Pologne s'éteint en 1667, il reste encore plus de vingt années à vivre à Pierre des Noyers qui envisage à plusieurs reprises de revenir en France, mais refuse d'y accompagner Jean II Casimir lorsque, ayant renoncé au trône de Pologne, il s'y retire. Des Noyers, qui avait obtenu en 1658 l'indigénat polonais, reste au bord de la Vistule, où il s'éteint en 1693.

---

53. Karolina Targosz, *Uczony dwór Ludwiki Marii Gonzagi*, 1975, p. 261.

54. 2 janvier 1665 à des Noyers, AMCCh (Archives du Musée Condé à Chantilly), R VIII, fol. 10v.

55. AMCCh, R VII, fol. 366r-v : le 7 novembre 1664, M. Caillet à M. Maurin ; AMCCh, R VIII, fol. 14r., le 9 janvier 1665, le même au même.

56. Marolles, *Discours*, p. 427.

Sciences et politique sous l'Ancien Régime : les académiciens honoraires de l'Académie des sciences (1699-1740)

Simone Mazauric

Le statut d'académicien honoraire est créé en 1699, quand le roi donne un règlement en forme à l'Académie des sciences, un règlement qui à la fois légifère sur tous les aspects de la vie académique et qui, à plusieurs reprises, exprime très explicitement la volonté du monarque de soumettre désormais à son contrôle une institution qui, depuis sa fondation en 1666, bénéficiait d'une relative liberté de fonctionnement[1]. La création de la classe des honoraires par le même règlement qui élève officiellement l'Académie des sciences au rang d'institution monarchique n'est donc certainement pas le fait du hasard, et l'on peut difficilement douter qu'elle ait revêtu une signification politique. Reste cependant à savoir laquelle exactement. Si tout invite en effet à considérer la présence des académiciens honoraires dans l'Académie des sciences comme un mode singulier du rapport qu'ont noué la politique et les sciences sous l'Ancien Régime, il reste à tenter de déterminer plus précisément sous quelle forme ou par quels moyens ils ont pu jouer ce rôle au sein de l'Académie. Vue l'ampleur du sujet, les quelques pages qui suivent vont davantage dessiner l'esquisse d'un programme de recherche que se donner pour une recherche achevée et surtout exhaustive, d'autant que nous l'avons essentiellement cantonnée aux quarante années durant lesquelles Fontenelle a exercé les fonctions de Secrétaire perpétuel de l'Académie royale des sciences. Sans doute en partie arbitraire, cette délimitation a cependant l'avantage de permettre à l'enquête de s'appuyer sur un corpus de documents dotés d'une réelle cohérence, du fait de l'unicité de leur auteur.

Qui sont les académiciens honoraires ?

Avant de tenter de répondre à la question qui vient d'être posée, il importe

---

1. À ce sujet, voir Simone Mazauric, *Fontenelle et l'invention de l'histoire des sciences à l'aube des Lumières*, Fayard, 2007, où l'on trouvera une bibliographie plus détaillée.

de répondre d'abord à quelques questions simples, à commencer par celle de savoir qui étaient exactement les académiciens honoraires[2]. Plusieurs articles du règlement de 1699 sont à cet égard éclairants, à commencer par l'article II où ils apparaissent pour la première fois. Cet article créait en effet simultanément quatre classes d'académiciens : les honoraires (10), les pensionnaires (20), les associés (20), les élèves (20). Or les honoraires n'étaient pas, on le constate très vite, des académiciens tout à fait comme les autres. Ils ne l'étaient pas en effet d'abord parce que au sein d'une institution désormais nettement et fortement hiérarchisée, ils occupent le sommet de cette hiérarchie. Le règlement est muet en ce qui concerne l'exposé des raisons qui fondent cette dernière, mais à quelques exceptions près, qui d'ailleurs n'en sont pas réellement, ainsi que nous allons le voir, les honoraires sont tous des aristocrates, appartenant soit à la grande noblesse de robe, soit à la noblesse d'épée, plusieurs sont des courtisans, les autres remplissent le plus souvent des fonctions aussi prestigieuses que diverses, notamment au sein de l'appareil d'État : on trouve ainsi parmi eux des ministres (D'Argenson, Dubois), des maréchaux (Vauban, d'Estrées), des cardinaux (le cardinal de Polignac), des précepteurs des enfants royaux (Malézieu), etc. Le règlement pour sa part se contentait de préciser que, au nombre de dix, « les honoraires seront tous régnicoles » et « recommandables par leur intelligence dans les Mathématiques et dans la Physique ». Il faut entendre par là que les honoraires n'étaient pas, du moins en principe, des savants, de « vrais » savants, à la différence des membres des trois autres classes, tout en portant cependant un réel intérêt aux sciences : il s'agissait, en d'autres termes, d'amateurs éclairés. Mais rien ne leur interdisait pour autant d'être de « vrais » savants, et de participer activement à la vie scientifique de l'Académie, en soumettant notamment eux aussi des mémoires au jugement des autres académiciens : les exemples en ont été très rares, mais se sont rencontrés cependant. Cela s'est avéré être le cas aux origines mêmes de l'Académie, quand le marquis de l'Hôpital, qui avait été choisi pour faire partie du noyau des dix premiers honoraires[3], et dont on sait le rôle qu'il a joué en ce qui concerne l'introduction en France du calcul infinitésimal sous sa forme leibnizienne, a présenté durant les brèves années où il a siégé dans la « nouvelle » académie plusieurs mémoires de mathématiques. Cela a été également le cas, à une échelle moindre, du père Thomas Gouÿe ou, plus tardivement, de Pajot d'Ons-en-Bray[4]. Mais en ce qui les concerne, cette participation au travail de l'académie demeurait entièrement bénévole, à la différence des pensionnaires qui, comme leur nom l'indique, percevaient une pension du roi et étaient tenus de présenter régulièrement leurs travaux devant l'académie, sous peine d'exclusion.

---

2. La question doit s'entendre de façon plutôt générale, au sens où il est évidemment impossible de prétendre se livrer dans l'espace de ce court article à une enquête de type prosopographique.

3. Il était déjà membre de l'ancienne académie des sciences depuis 1693.

4. En 1731, 1732, 1734 par exemple, Pajot d'Ons-en-Bray a présenté dans plusieurs mémoires des projets de construction de différentes machines. Il a été également requis à plusieurs reprises pour procéder à des expertises.

Si les académiciens honoraires n'étaient pas censés, même s'ils y étaient autorisés, participer au travail scientifique de l'Académie, on peut donc se demander quelle était la raison de leur présence dans l'institution. Le règlement de 1699 fournit encore une partie de la réponse. Les honoraires remplissaient en effet essentiellement une fonction institutionnelle. C'est parmi eux qu'était choisi le président de l'Académie (article III), dont l'article XXXVII définissait à son tour très exactement le rôle qui lui était dévolu : « Le Président sera très-attentif à ce que le bon ordre soit fidèlement observé dans chaque Assemblée, et dans ce qui concerne l'Académie ; il en rendra un compte exact à Sa Majesté, ou au secrétaire d'État à qui le Roi aura donné le soin de ladite Académie ». L'article suivant complétait ces indications : « Dans toutes les Assemblées, le Président fera délibérer sur les différentes matières, prendra les avis de ceux qui ont voix dans la Compagnie, selon l'ordre de leur séance, et prononcera les résolutions à la pluralité des voix ». Comme l'on pouvait deviner que le président serait parfois contraint de s'absenter, l'article XXXIX prévoyait la nomination d'un vice-président, chargé de présider en l'absence du président. Il va sans dire que les Honoraires avaient « voix délibérative » lorsqu'il s'agissait « d'élection ou d'affaires concernant l'Académie » (article XXXIII) mais ils l'avaient tout autant lorsqu'il s'agissait de sciences (article XXXII). On ne peut mieux déjà laisser deviner la nature politique du rôle dévolu aux académiciens honoraires par ces différents articles du règlement de 1699, et que confirment à la fois l'article qui attribuait sa place au président dans l'Académie (« au haut bout de la table avec les Honoraires ») et celui qui précisait que le président était « nommé par Sa Majesté au premier janvier de chaque année » (article XXXIX).

Toutefois, si l'on consulte maintenant la liste des dix premiers académiciens honoraires nommés par le Roi, on constate, semble-t-il, que le groupe qu'ils formaient était beaucoup moins homogène qu'on est tenté de l'inférer à la lecture du seul règlement. Les dix premiers académiciens honoraires étaient en effet (par ordre alphabétique), l'abbé Jean-Paul Bignon, membre de l'Oratoire, Guy Crescent Fagon, premier médecin du roi, le père Thomas Gouÿe, jésuite, le marquis de l'Hôpital, l'abbé de Louvois, fils du ministre, le père Nicolas Malebranche, membre de l'Oratoire, Nicolas de Malézieu, de petite noblesse, mais précepteur du duc du Maine et du duc de Bourgogne, Bernard Renau d'Elisagaray, lui aussi de petite noblesse, officier de marine devenu membre du conseil de la marine, le père Sébastien Truchet, carme, et le maréchal de Vauban. Non seulement tous ne sont pas de grands aristocrates, mais plusieurs ne sont pas des aristocrates du tout : c'est le cas du médecin du roi, Fagon, ainsi que des trois réguliers[5] que comptait la classe des honoraires. À cette absence d'homogénéité sur le plan social, s'ajoute une absence d'homogénéité sur le

---

5. Il faut en effet en excepter l'abbé Bignon, certes lui aussi membre de l'Oratoire mais dont les hautes fonctions (il dirigeait la plupart des grands institutions savantes) et le rôle qu'il jouait dans l'Académie, dont il a été régulièrement alternativement président et vice-président, le distinguent radicalement des trois autres réguliers.

plan scientifique : à côté d'un authentique mathématicien, le marquis de l'Hôpital, on trouve par exemple l'abbé de Louvois dont les mérites scientifiques sont beaucoup plus minces, pour ne pas dire inexistants.

Ce manque d'homogénéité est cependant plus apparent que réel, surtout sur le plan social. La présence de membres honoraires issus du Tiers État n'a concerné en effet que les premières années de l'académie, et était pour l'essentiel imputable à l'article XII du règlement qui spécifiait que « nul ne pourra être proposé de même[6], s'il est Regulier, attaché à quelque Ordre de Religion, si ce n'est pour remplir quelque place d'Académicien honoraire ». La seule façon de faire entrer à l'Académie et de profiter de leur compétence scientifique Nicolas Malebranche, Sébastien Truchet ouThomas Gouÿe a donc consisté à les faire nommer membres honoraires, quand bien même leur origine sociale, ainsi que leurs fonctions les distinguaient nettement des autres honoraires. Nous proposons par conséquent de les ranger dans la catégorie des « faux » honoraires, une catégorie qui disparaîtra d'ailleurs en 1716, quand le Régent modifiera en partie le règlement de l'Académie[7]. Le nombre d'académiciens honoraires est alors porté à douze, mais les réguliers n'ont plus le droit d'être nommés honoraires. Il leur est par ailleurs toujours interdit de devenir pensionnaires, mais ils peuvent désormais être élus « associés attachés à aucune science particulière », c'est à dire « associés libres »[8]. Si, du point de vue de l'intérêt qu'ils portent aux sciences, une certaine hétérogénéité caractérisera jusqu'au bout[9] la classe des académiciens honoraires, son homogénéité sociale sera à peu près assurée et constante jusqu'en 1740[10].

Une présence symbolique

Toutefois, si les académiciens honoraires avaient bien pour fonction non seulement de faire respecter mais aussi d'incarner en quelque sorte dans les assemblées l'ordre monarchique, on doit se demander sous quelle forme ou en quelle façon, ou selon quelles modalités ils exerçaient effectivement cette

6. C'est-à-dire proposé pour remplir une place de pensionnaire, d'associé ou d'élève. Sur l'abbé Bignon, voir notamment Françoise Bléchet, « Recherches sur l'abbé Bignon (1662-1743), académicien et bibliothécaire du roi d'après sa correspondance », dans *École nationale des Chartes, Positions de thèses*, 1974, ainsi que différents articles du même auteur .

7. Le cas de Fagon est plus problématique : on peut cependant imaginer que son statut de premier médecin du Roi a pu justifier sa nomination comme honoraire.

8. Ce sera le cas par exemple du père Reynau, membre de l'Oratoire.

9. C'est-à-dire jusqu'en 1793. Voir à ce sujet, pour compléter ces rapides indications : James E. Mc Clellan III, « The Académie royale des sciences, 1699-1793 : A statistical Portrait », dans *Isis*, 72, 1981, p. 541-567. Voir également David Sturdy, *Science and Social Status. The Members of the Académie des sciences, 1666-1750*, Woodbridge, The Boydell Press, 1995 et Daniel Roche, *Le siècle des Lumières en province. Académies et académiciens provonciaux, 1680-1790*, Paris, Ed. EHESS, 2 vol., 1978, t. 1.

10. Et au-delà, jusqu'à la suppression de l'Académie en 1793, mais nous avons choisi de nous cantonner à la première partie de son existence.

fonction, qui supposait apparemment qu'ils fussent présents lors de ces assemblées, ce qui est loin d'être le cas. L'absentéisme des académiciens honoraires est bien connu, et la consultation des procès verbaux où sont consignés les noms des académiciens présents lors de chaque assemblée le confirme.

Très rapidement en effet, dès l'année 1699, cet absentéisme est patent quand bien même il se dissimule derrière l'assiduité des « faux » honoraires. Non seulement jamais les dix honoraires n'ont été présents ensemble à l'une ou l'autre des séances de l'Académie, mais hormis l'abbé Bignon, qui exerce cette année là la fonction de président, ne sont le plus souvent présents que Malebranche, Sébastien Truchet et le père Goüÿe, en compagnie il est vrai d'un « vrai » honoraire, le marquis de l'Hôpital, lui aussi très assidu, mais dont on sait qu'il est lui aussi à sa façon un « faux » honoraire et qu'il ne doit pas être considéré exactement de la même façon que ses collègues. Or, parmi les « vrais » honoraires, seul Renau assiste à douze séances, puis on tombe à trois séances (Malézieu) et deux séances (Vauban). Le médecin Fagon, pourtant lui aussi un « faux » honoraire n'est présent à aucune séance et il ne le sera pas davantage les années suivantes[11]. Enfin, on constate que lors de sept séances, ni le président (Bignon) ni le vice président (le marquis de l'Hôpital) ne sont présents.

Le relevé des présences de l'année 1700 confirme la tendance précédente. Jamais plus de cinq honoraires ne sont présents aux assemblées et il s'agit le plus souvent des mêmes quatre « faux » honoraires : Malebranche, Goüÿe, Truchet, le marquis de l'Hôpital et de l'abbé Bignon, le président. Plus encore que l'année précédente, sont souvent absents autant le président que le vice président (dix-neuf séances). Ce constat a d'ailleurs entraîné immédiatement une modification du règlement, proposée par l'abbé Bignon. Parce qu'un académicien doit obligatoirement présider chaque séance, et que les pensionnaires sont tenus d'être présents à toutes les séances, sont créées les fonctions de directeur et de sous directeur, chacun élu pour six mois et choisi parmi les pensionnaires. L'année suivante, il est décidé que ces fonctions ne sont plus électives et elles sont prolongées de six mois.

Tout au long des années suivantes, la tendance ne se corrige pas, elle s'accentue même certaines années, comme par exemple l'année 1740, où l'on relève durant le premier semestre un taux record d'absentéisme : du mois de janvier jusqu'au mois d'avril où apparaît le vice président d'Argenson, se succèdent vingt-deux assemblées auxquelles aucun honoraire n'a assisté.

Certes, une étude plus systématique et plus fine des présences et des absences ainsi que leur mise en corrélation avec des circonstances particulières permettraient de corriger ou pondérer sans doute en partie ces constats. Ainsi,

---

11. On relève un seul cas de participation de Fagon à la vie de l'Académie, quand il envoie en 1710 une lettre au sujet de l'ergot de seigle (*Histoire et Mémoires de l'Académie royale des sciences pour l'année 1710*, p. 61).

certaines années, quelques honoraires sont particulièrement assidus : c'est le cas en particulier en 1716 où Pajot d'Ons-en-Bray assiste à seize séances, tout comme Renau, qui exerce il est vrai les fonctions de vice président. Le record d'assiduité est cependant battu par le cardinal de Polignac, présent à vingt-six séances. On relève toujours au long de cette année 1716 la présence de Malézieu, de d'Argenson, de l'abbé de Louvois. Peut-être, et même sans doute, le nouveau règlement donné à l'Académie par le roi sous l'impulsion du Régent, dont au sait l'intérêt et l'importance qu'il attachait aux sciences et à leur progrès[12] peut-il expliquer ce pic d'assiduité. L'année 1717 confirme cette nouvelle tendance : Renau (vice-président) est présent à trente-cinq séances, Pajot d'Ons-en-Bray à trente-six, Malézieu à seize. Mais assez rapidement, on revient à des chiffres de présence habituels.

On constaterait également, ce qui est très prévisible, que l'absentéisme systématique ne se vérifie pas pour les honoraires qui portent un réel intérêt aux sciences : c'est le cas de Renau, dont il a déjà été question, de Pajot d'Ons-en-Bray, du président de Maisons. Mais il est vrai aussi qu'il ne se vérifie pas pour d'autres honoraires dont le rapport aux sciences est plus lointain, comme le cardinal de Polignac ou l'abbé de Louvois : il faut alors trouver une raison de leur assiduité. Il faut également tenir compte des obligations, parfois très lourdes, des uns et des autres qui les éloignaient de Paris ou qui ne leur laissaient sans doute pas à tous, aux ministres en exercice notamment, le loisir d'être présents à l'Académie. Autant dire que seule une enquête prosopographique systématique pourrait permettre d'interpréter correctement ces données brutes.

Quelles que soient cependant les pondérations à l'aide desquelles il est possible de corriger l'impression que les académiciens honoraires ne se sont guère souciés, pour la plupart d'entre eux, de remplir les fonctions que le règlement leur assignait, ces corrections ne sauraient être autre chose que des corrections partielles et l'absentéisme des honoraires demeure une indéniable réalité.

On ne peut cependant pour autant en conclure que le rôle joué par les académiciens honoraires ait été finalement extrêmement réduit, dans la mesure où l'on peut déduire des constats précédents qu'ils formaient un groupe dont la principale fonction était moins une fonction institutionnelle qu'une fonction symbolique. Sans aucun doute, leur véritable rôle consistait moins en effet à présider effectivement les séances qu'à rappeler symboliquement que l'Académie des sciences était bien, en dépit de son autonomie relative[13], une institution expressément créée pour contribuer à la gloire du roi, et qui demeurait,

---

12. À ce sujet, voir notamment Ch. Demeulenaere-Douyère, D. J. Sturdy, *L'enquête du Régent 1716-1718. Sciences, techniques et politique dans la France pré-industrielle*, Turnhout, Brépols, 2008.

13. J'entends par là qu'en domiciliant l'Académie des sciences au Louvre, c'est-à-dire à la ville, et non à Versailles, à la cour, la monarchie reconnaissait bien à l'institution une certaine autonomie.

pour ceux qui auraient pu être tentés de l'oublier, « sous la protection du Roi »,
ce qui était évidemment une façon euphémisée de spécifier qu'elle était et
devait rester sous son contrôle ! Et pour remplir ce rôle symbolique, la présence continue de tous les honoraires n'était nullement nécessaire. L'existence
même d'une classe d'académiciens honoraires et la présence effective, fût-elle
rare ou épisodique pour certains d'entre eux, suffisaient en effet pour que la
dépendance de l'institution à l'égard du pouvoir monarchique ne courre guère
le risque d'être oubliée.

Un rôle possible

Toutefois, il n'est pas certain que les académiciens honoraires aient été destinés à exercer exclusivement un rôle de contrôle au sein de l'institution. Ou,
plus exactement, certains documents et notamment les éloges de quelques-uns
de ces honoraires, tels qu'ils ont été rédigés par Fontenelle, laisse ouverte la
possibilité, au moins entrevue et espérée, que leur rôle politique puisse être différent de celui que plusieurs d'entre eux se sont contentés de jouer. Fontenelle
a rédigé l'éloge de quatorze académiciens honoraires, de dix si l'on ne prend
en compte que les « vrais » honoraires : le marquis de l'Hôpital, Vauban, le
maréchal de Tallard, l'abbé de Louvois, le marquis de Dangeau, Renau d'Elis-
sagaray, Malézieu, de Valincour, d'Argenson, le président de Maisons[14]. Ainsi
que l'on peut s'y attendre, Fontenelle met l'accent, autant que faire se peut, sur
les compétences scientifiques, lorsqu'ils en avaient, de chacun d'entre eux et,
à défaut, sur l'intérêt qu'ils portaient aux sciences ou à tout le moins à l'institution qu'ils honoraient de leur présence. Ce qui était facile pour le marquis de
l'Hôpital, qui réunissait toutes ces qualités[15], mais aussi en grande partie pour
Renau, ou pour le président de Maisons. À l'opposé, plusieurs éloges laissent
clairement entendre que la nomination au rang d'honoraire ne se justifiait
guère : c'est le cas pour le maréchal de Tallard, ou pour Valincour, ou pour
l'abbé de Louvois, certes remarquablement assidu, mais dont les mérites scientifiques se réduisaient peu ou prou au fait d'avoir reçu dans son enfance les
leçons de deux académiciens[16]. L'éloge du marquis de Dangeau revêt plus
explicitement une tonalité politique : Fontenelle y dresse le portrait d'un courtisan certes plein d'esprit et même de talent naturel pour les mathématiques, un
talent qu'il se contente cependant d'employer de façon parfaitement vaine pour

14. Il a négligé de prononcer l'éloge de quatre d'entre eux : le Cardinal Dubois, le maréchal
d'Estrées, John Law et le duc de la Force. Les raisons directement politiques de ces omissions sont
tout à fait incontestables mais impossibles à détailler ici.

15. Fontenelle profite d'ailleurs de cet éloge pour dénoncer les préjugés d'une caste aux yeux
de laquelle la pratique des sciences déroge.

16. Philippe de la Hire et du Verney.

calculer les meilleures combinaisons au « jeu des reines »[17]. Cette critique des
courtisans est réitérative dans les éloges et revêt souvent la forme d'un parallèle entre le savant, entendons le « vrai » savant, incarnation des valeurs bour-
geoises[18] et le courtisan qui en est l'exact opposé. Cette critique réitérative ne
doit pas évidemment pas s'interpréter comme une critique de la société
d'Ancien Régime, que Fontenelle ne remet nullement en cause dans sa globalité. Toutefois, en mettant en même temps l'accent sur les qualités qui font les
« bons » honoraires, se lit la conviction que les aristocrates les mieux formés,
et capables d'aller à l'encontre des préjugés de leur caste, comme le marquis
de l'Hôpital, qu'un absurde préjugé empêchait encore au tout début du XVIIIᵉ
siècle de se consacrer ouvertement aux sciences[19], sont désormais à même, à
la différence d'une partie de l'aristocratie qui persiste à demeurer inculte,
superficielle et frivole, en coopérant avec les « vrais » savants à un même projet, de mettre les sciences et les arts au service du bien public. On reconnaît
ici bien sûr la politique du Régent que Fontenelle a toujours soutenue et que,
dans un monde bien fait, les académiciens honoraires de l'Académie des sciences auraient dû avoir pour fonction politique essentielle d'aider à concrétiser.

C'est sans doute à tenter de mesurer la part que chacun des honoraires a
réellement prise à cette politique sur la longue durée du siècle d'existence de
l'Académie royale des sciences que ces quelques considérations invitent. En
tout état de cause, et telle qu'elle vient d'être analysée, la présence des académiciens honoraires au sein de l'Académie des sciences a incarné clairement
l'union idéale des ordres (noblesse/bourgeoisie) autour du principe monarchique caractéristique de la politique de la monarchie dans la première moitié du
XVIIIᵉ siècle.

---

17. Tout discrètement critique qu'il est, cet éloge demeure très flatté si on le compare au portait
du marquis de Dangeau dressé par Saint Simon dans ses *Mémoires*.

18. La plupart des pensionnaires sont d'origine bourgeoise. Beaucoup sont issus de la bour-
geoisie de robe (avocats, notaires), beaucoup également ont un père médecin. Très peu d'académiciens sont d'origine très modeste. Voir à ce sujet tout particulièrement James Mc Clellan, art. cit.
ainsi que Simone Mazauric, *op. cit.*

19. Voir ce que Fontenelle écrit à ce sujet dans son éloge. Parmi les « bons » honoraires, outre
les noms déjà cités, on peut intégrer le Maréchal de Vauban, éminemment soucieux du bien public
et qui ne s'est jamais comporté en courtisan.

LA RAISON DE SANG-FROID.
UNE PAGE DE LESSING

Philippe Büttgen

L'*Adam Neuser* de Lessing (1774) paraît discuter un cas de conversion du christianisme à l'islam à la fin du XVIe siècle : premier leurre. Lessing tient pour vraisemblable que le pasteur réformé Adam Neuser (v. 1530-1576) s'est prêté à cette « comédie » au terme de ses errances de Heidelberg à Constantinople[1]. « Comédie » concède le fait de la conversion mais en écarte le problème. Le problème de Lessing est autre : lequel ? Il n'est pas facile de le dire.

Autre leurre : le texte s'ouvre sur la publication d'une lettre inédite de Neuser dont Lessing a découvert une copie dans les fonds de sa bibliothèque, à Wolfenbüttel. Le commentaire qui suit milite pour la « révision du procès » fait au « malheureux unitarien »[2], à ceci près que le procès en question n'a jamais eu lieu : la fuite de Neuser à Constantinople le lui a évité. Faut-il alors parler d'une reconstitution de procès pour cette recherche de bibliothécaire qui se voudrait plaidoirie d'avocat ? Lessing s'attarde toutefois sur le plus obscur des chefs d'accusation : non pas l'apostasie, mais l'affaire d'une lettre – encore une – dans laquelle Neuser aurait offert au sultan Selim II le soutien des antitrinitaires allemands dans une nouvelle marche des Turcs sur l'Empire. La discussion porte, jusqu'à l'épuisement, sur la question de savoir si Neuser a envoyé cette lettre au sultan ou si elle est restée à l'état de projet.

Il y a bien d'autres leurres dans l'*Adam Neuser*. L'art d'écrire lessingien mérite les dizaines d'ouvrages qu'on lui a consacrés.

*

1. « Von Adam Neusern, einige authentische Nachrichten », *dans Zur Geschichte und Litteratur. Aus den Schätzen der Herzoglichen Bibliothek zu Wolfenbüttel*, Dritter Beytrag, Braunschweig 1774, p. 119-194 [abr. AN], t. XII, p. 199-290 de l'édition Lachmann-Muncker (1897). Je cite d'après l'édition d'A. Schilson : G. E. Lessing, *Werke und Briefe* [abr. WB], éd. W. Barner *et al.*, Frankfurt a. M., Deutscher Klassiker Verlag, t. 8, 1989, p. 55-114, ici p. 88. Les sources sur Adam Neuser sont dans André Séguenny, Irena Backus, Jean Rott (dir.), *Bibliotheca dissidentium. Répertoire des non-conformistes religieux des XVIe et XVIIe siècle*, t. XI, *The Heidelberg Antitrinitarians. Johann Sylvan, Adam Neuser, Matthias Vehe, Jacob Suter, Johann Hassler*, éd. Ch. J. Burchill, Baden-Baden/Bouxwiller, Valentin Koerner, 1989, p. 106-157.

2. AN, p. 96, 57.

Nous lirons la dernière page du texte. La discussion est sortie des problèmes d'attribution et d'envoi de lettre où elle avait mis en scène son propre enlisement. Circulation du sang, lois du mouvement, inventions et transports publics s'allient maintenant pour décrire la singularité d'un esprit religieux.

> « 17. À qui trouverait que j'ai passé bien trop de temps dans une vieille histoire confuse, je demanderai de réfléchir à tout ce qui a été écrit sur Servet, et ce par des Allemands ! Ou bien faut-il être étranger pour mériter notre attention ? Leibniz a écrit quelque part : 'J'ai d'autant plus de compassion du malheur de Seruet, que son merite devoit être extraordinaire puisqu'on a trouvé de nos jours, qu'il avoit une connoissance de la circulation du sang'. Certes Leibniz se trompait, ainsi qu'il l'a relevé plus tard. Mais on m'autorisera à conclure en imitant ses paroles : j'ai d'autant plus de compassion pour Neuser, qu'il me semble avoir été encore quelque chose de plus qu'un antitrinitaire : une bonne tête mécanique, qui a travaillé à une découverte assez similaire à celle qui cent ans plus tard traversa l'esprit de Leibniz. 'Neuser', écrit Gerlach [note de Lessing : Chez Heineccius, appendice, p. 27], 'avait entrepris de fabriquer une voiture qui devait se déplacer toute seule ; il se promettait de grandes choses de sa vitesse, une fois mise en route'. Ce que Leibniz voulait obtenir, on le sait par Becher [note de Lessing : Närrische Weisheit p. 149] ; ou plutôt c'est par lui qu'on ne le sait pas, puisqu'il a jugé meilleur de s'en moquer que de dire de quoi il s'agissait »[3].

À un premier regard ces lignes offrent, pêle-mêle, l'orgueil national, la découverte médicale et l'invention technique. Les leurres du début, « vieille histoire confuse », semblent se chercher une justification dans le patriotisme : l'Allemagne revendique l'hérésie au nom de la science. Assez loué Michel Servet, antitrinitaire, médecin d'Aragon, mort brûlé à Genève ; les Allemands ont leur dissident : Adam Neuser, antitrinitaire, pasteur souabe, mort exilé à Constantinople. C'est ici le Lessing patriote qui parle ou plutôt se contrefait, passant de l'art et du théâtre allemands (*Dramaturgie de Hambourg*, 1767-1768) à une réfutation qu'il voudrait authentiquement germanique de la Trinité

---

3. AN, p. 114 : *17. Wem es scheinen möchte, daß ich mich bei einer alten verlegnen Geschichte viel zu viel aufgehalten habe : den bitte ich zu bedenken, wie vieles über den* Servetus *geschrieben worden ; und von Deutschen geschrieben worden ! Oder muß man schlechterdings ein Ausländer sein, um unsere Aufmerksamkeit zu verdienen ? Leibnitz schrieb irgendwo :* 'J'ai d'autant plus de compassion du malheur de Seruet, que son merite devoit être extraordinaire puisqu'on a trouvé de nos jours, qu'il avoit une connoissance de la circulation du sang'. *Nun irrte sich zwar Leibnitz hierin, wie er nachher selbst bemerkte. Aber doch sei es mir erlaubt, in Nachahmung dieser seiner Worte, zu schließen : Ich habe um so vielmehr Mitleiden mit Neusern, da ich finde, daß er doch etwas mehr als ein Antitrinitarier gewesen ; daß er auch ein guter mechanischer Kopf gewesen zu sein scheint, indem er an einer Erfindung gearbeitet, die mit der etwas ähnliches haben mußte, die hundert Jahre hernach selbst* Leibnitzen *einmal durch den Kopf ging. 'Neuser', schreibt* Gerlach *[Note : Beim* Heineccius, *Anhang S. 27], 'hatte sich vorgenommen, einen Wagen zu verfertigen, der sich von selbst bewegen sollte, und durch dessen schnellen Lauf, wenn es angegangen wäre, er große Dinge auszurichten vermeinte'. Und was* Leibniz *leisten wollte, weiß man aus* Bechern *[Närrische Weisheit S. 49] ; oder weiß es vielmehr nicht aus ihm, weil er es mehr zu verspotten, als anzuzeigen für gut fand.*

divine. Défense et illustration d'une hérésie nationale : « faut-il être étranger pour mériter notre attention ? »

La question n'est pas faite pour qu'on s'y attarde : la fierté allemande n'est qu'une entrée dans un problème que Lessing, bien entendu, ne formulera jamais[4]. Aussi bien est-ce d'un Allemand qu'il s'agit dans la suite : Leibniz savant universel, Leibniz « qui lisait tout », Leibniz qui pensait « de façon très *concise* sinon tout à fait *exacte* »[5]. En ces termes, l'*Adam Neuser* compile et juge les hypothèses de Leibniz sur l'apostat de Constantinople : pour Lessing, Leibniz a trop accordé à Neuser en lui attribuant « la pensée de cabaler dans la Chrétienté en faveur des Turcs ». La réalité est plus triviale : Neuser a simplement voulu « s'en sortir »[6]. Est-ce un avertissement contre l'esprit de système ? On pressent que c'est tout le contraire.

Car le Leibniz dont il s'agit ici n'est plus celui qui prêtait à Neuser de trop grands desseins ; c'est celui qui, par son éloge détourné d'un Servet savant, déplore le temps des bûchers d'hérétiques. Lessing semble vouloir avancer d'un pas en suggérant des voies de rapprochement entre science et dissidence. Sur ce chemin, comme il se doit, les leurres sont encore nombreux.

L'antitrinitaire Servet, prétend Leibniz, aurait eu « une connaissance de la circulation du sang » ; un tel « mérite » inspire la « compassion ». Lessing va « imiter » Leibniz mais devra auparavant le corriger. Plus exactement, il prend acte d'une rétractation : Leibniz aurait reconnu « plus tard » qu'en matière de circulation sanguine il se « trompait » et que la « connaissance » de Servet ne peut être assimilée à une découverte[7].

À vrai dire, c'est Lessing qui se trompe. La lettre qu'il cite de Leibniz à l'orientaliste berlinois Mathurin Veyssière de La Croze est tardive (décembre 1706) ; elle affirme sans réserve la part prise par Servet dans la découverte de la circulation du sang[8]. C'est *auparavant*, et à plusieurs reprises, que Leibniz

---

4. Le même procédé se retrouve au début de la première « apologie » d'hérétique *(Rettung)* rédigée par Lessing à Wolfenbüttel, celle du théologien médiéval Béranger de Tours, adversaire de la doctrine de la transsubstantiation. Lessing regrette qu'on ne puisse pas « faire de Béranger un allemand » : voir *Berengarius Turonensis* (1770), WB 7, p. 14-15.

5. AN, p. 103-104.

6. AN, p. 104. Le texte cité se trouve dans la lettre de Leibniz à Schmid du 2 août 1716, reprise dans l'édition Dutens avec laquelle travaillait Lessing (cf. *Leibnitz von den ewigen Strafen* [*Zur Geschichte und Literatur*, I, 1773], WB 7, p. 475), *Opera omnia*, Genève 1768 [réimpr. Hildesheim-New York, Olms, 1990, abr. Dutens], t. V, p. 534.

7. Sur ce point, voir Ralph BRÖER, « Blutkreislauf und Dreieinigkeit. Medizinischer Antitrinitarismus von Michel Servet (1511-1553) bis Giorgio Biandrata (1515-1588) », dans *Berichte zur Wissenschaftsgeschichte* 29 (2006), p. 21-36 ; cf. aussi ID., « Antiparacelsismus und Dreieinigkeit. Medizinischer Antitrinitarismus von Thomas Erastus (1524-1583) bis Ernst Soner (1572-1605) », *ibid.*, p. 137-153.

8. Le texte de la lettre dit : « J'ai d'autant plus de compassion du malheur de *Servet*, que son mérite devoit être extraordinaire, puisqu'on a trouvé de nos jours, qu'il avoit une connoissance de la circulation du sang, *qui passe tout ce qu'on en trouve avant lui* » (lettre à Maturin Veyssière (de) La Croze, 2 déc. 1706, Dutens V, p. 483). L'élision des derniers mots (soulignés par moi) dans la citation est étrange : Lessing connaît bien cette lettre de Leibniz, qu'il a précédemment citée (AN, p. 103). – Sur la correspondance de Leibniz avec La Croze et les polémiques qu'elle a provoquées, cf. Mariarosa Antognazza, *Leibniz on the Trinity and the Incarnation. Reason and Revelation in the Seventeenth Century*, New Haven-London, Yale UP, 2007 (1ère éd. italienne, 1999), p. 137-149.

avait émis des doutes sur cette attribution. La lettre à Burnett du 22 novembre 1695, tout en insistant sur la percée réalisée par Harvey, oppose au nom de Servet celui d'une autre grande figure de la dissidence religieuse, le servite Paolo Sarpi, historien excommunié du Concile de Trente, patriote vénitien, source de l'érudition protestante[9]. Les choses sont peu claires : les doutes de Leibniz pourraient provenir d'un malentendu de la correspondance, un « sbaglio », comme il dit[10]. Le fait néanmoins est que l'attribution à Servet de la découverte de la circulation sanguine semble toujours *plus* décidée chez Leibniz. Parmi les textes ultérieurs à la correspondance de 1706 que Lessing avait le plus de chances de connaître, la mention de Servet dans le Discours préliminaire de la *Théodicée* (1710) reste tout à fait affirmative[11].

*

Pourquoi fallait-il alors que Leibniz se rétracte, fût-ce imaginairement ? L'ostentation de probité philologique chez l'historien-bibliothécaire est au cœur de l'*Adam Neuser*[12]. En Leibniz, Lessing cherche un miroir : dans leurs hésitations, *errata*, aveux d'ignorance, les deux directeurs de Wolfenbüttel sont supposés se retrouver. Chez Lessing lisant Leibniz, la pratique philologique partagée passe avant l'adhésion philosophique et la fonde ; Lessing n'est jamais aussi leibnizien que quand il corrige Leibniz[13], Leibniz jamais aussi lessingien que lorsqu'il se corrige lui-même ou qu'il est censé le faire, comme ici.

Telles sont les conditions initiales et assurément complexes de l'« imitation » de Leibniz revendiquée dans le texte. N'étant pas servile, elle peut être littérale. « J'ai d'autant plus de compassion » : l'allemand de Lessing répète le français de Leibniz, pour Neuser après Servet. La répétition signale une même rencontre, celle de la science et de l'hérésie, l'une semblant compenser l'autre, si l'on en croit du moins la formule de Lessing sur Neuser, « quelque chose de plus qu'un antitrinitaire », à la bénignité calculée. Le rapprochement entre la

9. « Leibniz à Th. Burnett, 22 novembre 1695 », dans *Die philosophischen Schriften von Gott-fried Wilhelm Leibniz*, éd. C. J. Gerhardt [abr. GP], t. III, Berlin 1887 (réimpr. Hildesheim-New York, Olms, 1978), p. 169 et dans *Le courant de l'échange*, p. 177, 255, 267 ; voir aussi à Nicaise, 16 juin 1699, GP II, p. 589. Sur Sarpi et la circulation du sang avant Harvey, cf. Libero Sosio, « Paolo Sarpi, un frate nella rivoluzione scientifica », dans C. Pin (dir.), *Ripensando Paolo Sarpi. Atti del Convegno Internazionale di Studi nel 450° anniversario della nascita di Paolo Sarpi*, Venezia, Ateneo Veneto (Ricerche Storiche, 6), 2006, p. 183-236, sp. 199-205. – Toutes les références à la correspondance de Leibniz sont dues à la générosité de Frédéric de Buzon.

10. Voir plus particulièrement GP III, p. 267.

11. *Essais de Théodicée*, Discours préliminaire, §11, GP VI, p. 57, à propos d'« André Cesalpin, Medecin (auteur de merite, et qui a le plus approché de la Circulation du sang après Michel Servet) ». Pour une mention de la *Théodicée* dans un contexte proche de celui de l'*Adam Neuser*, cf. *Leibnitz von den ewigen Strafen*, WB 7, p. 484-486.

12. Voir par ex. AN, p. 100-101.

13. Un autre exemple se trouve dans *Leibnitz von den ewigen Strafen*, WB 7, p. 479-480.

circulation du sang et la « bonne tête mécanique » de Neuser n'étonnera pas : c'est l'application stricte d'une leçon leibnizienne, celle des vivants comme « machines de la nature » dans le *Système nouveau*, le « purement naturel, et tout à fait mechanique » des lettres à Clarke, qui font de l'organisme un emboîtement infini de machines, du corps qui vit à la goutte d'eau[14]. La « découverte » mécanique de Neuser, dont il va être question, peut venir après la circulation du sang chez Servet : c'est la philosophie de Leibniz qui rend le rapprochement plausible.

À ce stade, l'« imitation » des « paroles » de Leibniz semble donc avoir dépassé la confraternité bibliothécaire pour inclure un élément doctrinal. La comparaison entre Servet et Neuser, faite sous l'égide de Leibniz et validée par une démonstration de scrupule philologique, est leibnizienne aussi par le mouvement qu'elle imprime au texte : la « bonne tête mécanique » de Neuser condense les progrès de la nouvelle dynamique et les mène dans une direction inattendue, des « machines de la nature » à la caractérisation de l'hérésie. En quoi l'hérésie antitrinitaire, et la position de Lessing à son sujet, s'en trouvent-elle éclairées ? Les difficultés, si jamais elles avaient pris fin, recommencent ici.

*

La « bonne tête mécanique » de Neuser est attestée par une invention dont nous ne savons presque rien. La source de Lessing est à double fond : c'est Gerlach cité par Heineccius. Nous lisons dans notre texte :

> « 'Neuser', écrit Gerlach, 'avait entrepris de fabriquer une voiture qui devait se déplacer toute seule ; il se promettait de grandes choses de sa vitesse, une fois mise en route' ».

Le luthérien Stephan Gerlach (1546-1612) avait été le prédicateur attaché à l'ambassadeur de l'empereur Maximilien II, David von Ungnad, à Constantinople. De son séjour dans la ville ottomane (1573-1578), il avait tiré un journal, édité bien après sa mort par son petit-fils Samuel Gerlach[15]. Lessing cite

---

14. *Système nouveau de la nature et de la communication des substances*, GP IV, p. 482 ; *5ᵉ écrit à Clarke*, GP VII, p. 417-418. Cf. François Duchesneau, *Leibniz, le vivant et l'organisme*, Paris, Vrin (Mathesis), 2010, ch. III, p. 85-119, et Justin E. H. Smith, *Divine Machines. Leibniz and the Sciences of Life*, Princeton, Princeton UP, 2011.

15. *Stephan Gerlachs des Aelterns Tage-Buch/ Der (...) Mit wuercklicher Erhalt und Verlaengerung deß Friedens/ zwischen dem Ottomannischen und Roemichen Kayeserthum (...) Gluecklichst vollbrachter Gesandschaft (...)*, Frankfurt a. M. 1674. Sur l'auteur, cf. Michael Klein, « Zwei Lutheraner an der Hohen Pforte. Leben, Reisen und religionspolitisches Wirken der Tübinger Theologen Stephan Gerlach und Salomon Schweigger », dans F. Schweitzer (dir.), *Kommunikation über Grenzen. Kongressband des XIII. Europäischen Kongresses für Theologie, 21.-25. September 2008 in Wien*, Gütersloh, Gütersloher Verlags-Haus (Veröffentlichungen der Wissenschaftlichen Gesellschaft für Theologie, 33), 2009, p. 533-552.

et discute ce texte à plusieurs reprises dans l'*Adam Neuser* : il constitue le témoignage principal – Lessing dit : « le plus pur de reproches » – sur l'exil de Neuser au service du sultan[16]. Notre texte cite ici un *autre* témoignage du même Gerlach, que Lessing prélève au bas d'une longue note trouvée dans les annexes d'un *Tableau de l'Église d'Orient, ancienne et moderne* dû à l'érudit hallois Johann Michael Heineccius (1674-1722)[17]. Nouveau raffinement, nouvelle démonstration appuyée de scrupule philologique : l'anecdote se trouve aussi dans le Journal de Gerlach, avec même un peu plus de détail[18], mais Lessing s'est explicitement défié de cette traduction tardive[19]. Cette fois le jeu savamment subverti de la sur-correction vise à polir et à parfaire l'unité de l'ensemble : la citation d'Heineccius clôt l'*Adam Neuser* comme elle l'avait ouvert[20], et son retour donne à l'anecdote « mécanique », finalement détachée d'un portrait très à charge, la saveur obligée d'une allégorie.

*

Allégorie de quoi ? Les pistes se brouillent une dernière fois ici, avec une nouvelle mention de Leibniz. L'« invention » de Neuser, que nous ne connaissons que par Gerlach, est rapprochée d'une invention de Leibniz, abordée tout aussi indirectement. La source de Lessing est la *Närrische Weisheit und weise Narrheit* (*Folle sagesse et sage folie*) de Johann Joachim Becher (1682), recueil d'inventions curieuses en physique, économie et – encore – « mécanique ». Le texte, qui n'est pas reproduit par Lessing, dit :

> « 28. *La voiture de poste de Leibniz, pour aller de Hanovre à Amsterdam en six heures.*
>
> Ce Leibniz est bien connu par ses écrits : un homme très savant, qui a voulu réformer le *Corpus Iuris*, qui a écrit sa propre philosophie et d'autres choses encore ; mais je ne sais pas qui l'a fait monter sur cette voiture de poste dont il

---

16. AN, p. 89.

17. *D. Jo. Mich. Heinecii (...) Eigentliche und wahrhafftige Abbildung der alten und neuen griechischen Kirche : nach ihrer Historie, Glaubens-Lehren und Kirchen-Gebräuchen (...)*, Leipzig 1711, p. 27-28, note (a). Sur l'auteur, voir la notice de l'*Allgemeine Deutsche Biographie*, t. 11 (1880), p. 363.

18. *Stephan Gerlachs (...) Tage-Buch, op. cit.*, p. 285, col. A. Je traduis l'extrait de récit rapporté par Gerlach : « Il a aussi pratiqué des techniques curieuses, commencé à fabriquer une voiture qui devait rouler vite et par elle-même, en a même fait l'essai en miniature *(hat auch die Probe in kleinen Sachen gemacht)*, mais cela n'a jamais fonctionné en grand ».

19. AN, p. 89, n. 16 : Lessing mentionne déjà Heineccius, dont le *Tableau* contient des extraits de l'original latin de Gerlach... traduits en allemand. Le scrupule du philologue est ici mis à nu : l'autre texte de Gerlach utilisé ici (extrait d'une lettre au théologien de Tübingen Jakob Heerbrand) est une traduction, tout comme le passage correspondant du Journal que Lessing avait précédemment critiqué pour cette raison même.

20. AN, p. 59-60 : la citation s'interrompt ici quasiment à l'endroit où Lessing la reprend dans le paragraphe final.

ne veut pas descendre, alors même qu'il est depuis plusieurs années dessus et qu'il voit que cette voiture ne veut pas avancer (…) »[21].

Nous connaissons un peu mieux l'invention dont il est question ici, par quelques études récentes sur l'institution de la poste dans le Saint-Empire moderne et sur les réflexions de Leibniz à ce sujet[22]. Dans une lettre au landgrave de Hesse-Rheinfels de 1683, Leibniz proteste longuement contre la « malice tres noire » de Becher et parle d'un « chariot imaginaire », évoque sa conviction « qu'on pouuoit corriger quelque chose aux voitures » mais affirme que le trajet de poste de Hanovre à Amsterdam en six heures est une pure « invention » de son adversaire : d'un tel projet, Leibniz assure qu'il n'a « presque jamais parlé à d'autres », et qu'il a « encore moins taché de l'exe-cuter »[23].

*

On aura bien sûr reconnu Neuser : son projet d'alliance des antitrinitaires avec le sultan a bien été forgé, ourdi, *machiné*, il n'a pas été mis à exécution. Sa lettre à Selim II n'est pas partie, et Leibniz n'a jamais publié ses méditations postales. Que Lessing ait eu ou non connaissance de ses justifications – il insiste sur « ce qu'on ne sait pas » du projet leibnizien –, le fait est que le dernier paragraphe de l'*Adam Neuser* place sous un seul regard les esquisses

21. *Doct. Joh. Joachim Bechers (…) Naerrische Weisheit und Weise Narrheit : Oder Ein Hundert/ so Politische alß Physicalische/ Mechanische und Mercantilische Concepten und Propositionen/ Deren etliche gut gethan/ etliche zunichts worden(…)*, Frankfurt a. M. 1682, p. 148 : « 28. *Leibnizens Postwagen von Hannover nach Amsterdam in sechs Stunden zu fahren. Dieser Leibniz ist durch seine Litteratur bekandt/ ein sehr gelehrter Mann/ hat das* Corpus Iuris *wollen reformiren/ hat eine eigene* Philosophi *und andere Dinge mehr geschrieben/ aber ich weiß nicht/ wer ihn auff diesen Postwagen gesetzt/ darvon er nicht absteigen will/ ohneracht er schon etlich Jahr darauff ist/ ohneracht er siehet/ daß der Wagen nicht fortfahren will/ man mueste dann des* Weigeli Professoris *zu* Jena *hoelzerne Pferd davor spannen/ oder meine Invention gebrauchen eines Wagens/ sonder Langwied/ da der Kobel/* sursum, deorsum, retrorsum, antrorsum, dextrorsum, sinistrorsum *gehet* ». – Sur cet aspect de l'œuvre encyclopédique de Becher, médecin, chimiste, économiste au service des électeurs de Mayence et de Bavière puis de l'empereur Leopold Ier, cf. Ulrich TROITZSCH, « Becher als Techniker und Erfinder » [in] G. FRÜHSORGE, G. F. STRASSER (dir.), *Johann Joachim Becher (1635-1682)*, Wiesbaden, Harrassowitz (Wolfenbütteler Arbeiten zur Barockforschung, 22), 1993, p. 85-101.

22. L'information la plus complète se trouve dans la brochure de Gerd VAN DEN HEUVEL, *Leibniz im Netz. Die frühneuzeitliche Post als Kommunikationsmedium der Gelehrtenrepublik um 1700*, Hameln, C. W. Niemeyer (Lesesaal. Kleine Spezialitäten aus der Gottfried Wilhelm Leibniz Bibliothek – Niedersächsische Landesbibliothek), 2009, sp. p. 22-25, avec plusieurs reproductions de croquis leibniziens (amélioration de roues de chariot, modèles de châssis). – Sur la Poste et l'histoire politique du Saint-Empire, voir la somme novatrice de Wolfgang BEHRINGER, *Im Zeichen des Merkur. Reichspost und Kommunikationsrevolution in der Frühen Neuzeit*, Göttingen, Vandenhoeck & Ruprecht (Veröffentlichungen des Max-Planck-Instituts für Geschichte, 189), 2003.

23. Au landgrave Ernst de Hesse-Rheinfels, 14/24 mars 1683 [in] G. W. LEIBNIZ, *Sämtliche Schriften und Briefe*, éd. Akademie der Wissenschaften der DDR, série I, t. 3, Berlin, Akademie-Verlag, 1990, p. 278-279.

« mécaniques » d'un philosophe et les songeries politiques d'un antitrinitaire, les rendant d'un seul coup comparables. Mais à quoi ?

Il faut, une dernière fois, revenir en arrière. Sur Servet et Harvey, Leibniz s'est « trompé », dit Lessing. C'est pourtant bien de la circulation du sang que semble le plus s'approcher le mouvement de cette voiture qui, dans l'idée de Neuser, devait « aller toute seule » : sur cette formulation étrange, les témoignages concordent, au point de donner à cette invention l'allure d'un défi au principe d'inertie. Mais c'est aussi bien de sang qu'il s'agit lorsque Lessing, avec insistance, salue le « sang-froid » de Neuser, tout au long de son apologie[24]. De ce point de vue, le rapprochement avec Leibniz était préparé dès avant l'*Adam Neuser*, dans un essai de la même série *Zur Geschiche und Literatur*. Lessing y faisait l'éloge de Leibniz, le « philosophe froid », à propos, déjà, de la Trinité et de ses mises en doute[25]. C'était alors pour appuyer une défense de la Trinité contre les sociniens, mais le texte du *Neuser* confirme que nous étions déjà passés très au-delà des obédiences.

Ajoutons : au-delà des obédiences, mais au cœur des systèmes. Une même radicalité s'observe chez « l'audacieux unitarien, fidèle à ses principes », qui va au bout de son idée, et chez le philosophe à qui la cohérence du dogme conseille d'« en faire un peu trop avec les orthodoxes » plutôt que trop peu avec leurs adversaires[26]. Froideur du philosophe, sang-froid de l'hérétique : deux expressions d'un même rationalisme qui, parce qu'il admet aussi bien l'orthodoxie trinitaire que son hérésie, rebat le jeu entier des cartes de la raison et de la foi.

Cela ne dispensera pas de faire des choix. Au contraire : la construction finale de l'*Adam Neuser* reloge le dilemme au cœur de ce rationalisme supérieur. Le goût de la doctrine, de sa froide et « mécanique » nécessité, trouve son expression dans le secret ou la velléité, l'inachevé et l'impubliable, à l'image des papiers privés de Leibniz et Neuser. Que ce secret comme ces faiblesses aient pu s'entrevoir dans les lois du mouvement, au cœur de cette science qu'on dit classique, ne frappera que les petits esprits.

---

24. AN, p. 76, 79, 92.

25. *Des Andreas Wissowatius Einwürfe wider die Dreieinigkeit* (*Zur Geschichte und Litteratur*, II, 1773), WB 7, 585. Lessing publie dans ce texte une *Defensio Trinitatis* de Leibniz, qui répond aux arguments de Wissowatius (Andrzej Wiszowaty, 1608-1678), petit-fils de Faust Socin. Le texte déjà cité du recueil précédent, *Leibnitz von den ewigen Strafen*, prend la défense de Leibniz contre Ernst Soner (1572-1612), autre théologien antitrinitaire. Sur la fortune ultérieure de ce motif de la froideur philosophique chez Lessing, voir *Philosophische Aufsätze von Karl Wilhelm Jerusalem* (1776), WB 8, p. 137 et le fragment *Über eine zeitige Aufgabe* (vers 1776), WB 8, p. 665-675.

26. AN, p. 92 et *Leibnitz von den ewigen Strafen*, WB 7, p. 487.

LA PHILOSOPHIE DES SCIENCES À LA BELLE ÉPOQUE

Anastasios Brenner

Introduction

Au tournant des XIXe et XXe siècles s'est déroulée une controverse qui a joué un rôle indéniable dans le développement de la philosophie des sciences. Des scientifiques et des philosophes ont débattu de la valeur de la science, du rôle des hypothèses, de la fonction des théories, etc. Les multiples découvertes, des géométries non euclidiennes à la thermodynamique, qui ont bouleversé les idées reçues, ont conduit à réexaminer les fondements des sciences. On a reformulé les positions anciennes, et l'on a énoncé de nouvelles doctrines : rationalisme dynamique, idéalisme évolutionniste, réalisme scientifique, positivisme absolu, conventionnalisme et logicisme.

Pourquoi revenir aujourd'hui à cette controverse ? C'est qu'elle reste méconnue. Certes, les écrits philosophiques d'Henri Poincaré ont donné lieu à un nombre croissant de commentaires ; ceux de Pierre Duhem, après une longue période d'oubli, ont connu un regain d'intérêt. Plus récemment, les travaux d'Émile Meyerson ont fait l'objet de plusieurs études. Mais leurs interlocuteurs ont été négligés. Or notre compréhension de la philosophie des sciences passe par la prise en compte de l'ensemble des acteurs impliqués dans la discussion. Gaston Milhaud est le premier titulaire d'une chaire dévolue à la philosophie des sciences en France. Abel Rey, qui prend sa succession, propose une synthèse qui marquera les membres du Cercle de Vienne. Évoquons encore Léon Brunschvicg, qui élabore une histoire de la philosophie ouverte aux questions scientifiques ; la plupart des grands penseurs de l'après-guerre ont suivi son séminaire, Bachelard, Aron, Sartre et Levinas.

La place de ces penseurs dans l'avènement de ce que nous entendons maintenant par philosophie des sciences n'a pas été clairement définie. Selon une conception répandue, cette discipline au sens moderne s'établit après la Seconde Guerre mondiale. Elle dériverait soit de l'œuvre de Bachelard, soit des travaux du Cercle de Vienne, suivant qu'on se rallie à l'épistémologie historique ou à la philosophie analytique des sciences. Il en résulte un clivage entre deux traditions philosophiques. Ce partage, qui véhicule nombre de malentendus, nous empêche d'atteindre une vision d'ensemble.

Analyse logique et étude historique

L'opposition entre analyse logique et étude historique est peutêtre moins profonde qu'il ne paraît. Dans le contexte de l'épistémologie française, Louis Couturat défend le point de vue du logicien. Il entend réduire les mathématiques à la logique en fidèle propagateur des idées de Russell. Sur cette base, il bâtit sa conception philosophique[1]. Si l'on ne s'en tient pas à la seule logique, mais qu'on élargit aux méthodes mathématiques, alors il faut reconnaître que Poincaré et Duhem livrent des éléments pour une analyse formelle des sciences. Toutefois, ces constatations n'excluent pas les sujets de désaccord. En ce qui concerne le rapport entre connaissance commune et connaissance scientifique, si la plupart des penseurs soutiennent une rupture entre ces deux types de connaissance, certains y voient une continuité. On décèle ici une tension entre rationalisme et empirisme. Mais les frontières ne se dessinent pas où l'on s'attendrait : Meyerson, plus proche en cela des philosophes analytiques, prétend que la connaissance scientifique prolonge la connaissance commune[2]. D'autres questions se posent, susceptibles de faire débat : quel est le domaine propre de la philosophie des sciences ? doit-elle se cantonner à la science constituée ou au contraire prendre en charge la formation des concepts et la genèse des théories ? ou encore, doit-elle se limiter à une description formelle des systèmes théoriques ou s'ouvrir aux interrogations politiques et éthiques ?

Deux programmes de recherche apparus il y a une vingtaine d'années sont de nature à changer notre perception de la philosophie des sciences : d'une part, l'émergence d'une histoire de la philosophie des sciences ; d'autre part, un renouvellement de l'épistémologie historique. Le premier programme met en œuvre un examen rigoureux et critique de l'évolution de la discipline[3]. On y décèle la volonté de dépasser l'attitude polémique de Thomas Kuhn et des post-positivistes. L'attention s'est portée en priorité sur les origines du positivisme logique et les sources de la philosophie analytique, du fait de l'influence de ces courants. Mais d'autres traditions ont fini par être également étudiées : le néokantisme, le positivisme de Mach, mais aussi à un moindre degré l'épistémologie française[4].

---

1. Voir Louis Couturat, « La logique et la philosophie contemporaine », dans *Revue de métaphysique et de morale*, t. 14, 1906, pp. 318-341.

2. Émile Meyerson, *Identité et réalité* (1908), Paris, Vrin, 1951, p. 435.

3. Ce programme est porté notamment par la société History of Philosophy of Science (HOPOS) et par l'Institut du Cercle de Vienne.

4. Voir Michel Bitbol et Jean Gayon (dir.), *L'épistémologie française 1830-1870*, Paris, PUF, 2006.

Le second programme se caractérise par la reprise du concept d'épistémologie historique, renvoyant à Bachelard, Canguilhem et Foucault. Il est poursuivi aujourd'hui par des chercheurs généralement formés dans la tradition analytique, qui éprouvent le besoin d'ajouter une dimension historique à leur démarche. Il ne s'agit pas de s'inscrire dans l'École bachelardienne, mais de s'en inspirer pour mieux définir une méthode. L'étude porte sur les divers aspects de l'activité scientifique, ses objets, ses concepts et ses pratiques, pour tracer avec précision leurs trajectoires au cours du temps. On peut parler d'une épistémologie historicisée. Cette épistémologie historique nouvelle manière s'est développée principalement hors de France, elle n'est pas liée à une tradition nationale et dépasse les clivages culturels et linguistiques[5]. Elle traduit une crise de la philosophie analytique des sciences et les difficultés rencontrées par une approche exclusivement formelle.

Les moments d'une controverse

Poincaré donne, pourrait-on dire, le signal de départ d'une discussion qui va prendre de l'ampleur. En effet, dès 1891, dans « Les géométries non euclidiennes », il introduit de manière audacieuse le terme de convention pour caractériser les axiomes de la géométrie : ce ne sont ni des jugements synthétiques *a priori* ni des faits expérimentaux[6]. Par là, il s'efforce d'échapper à l'alternative traditionnelle de l'*a priori* et de l'empirique. Il rejette explicitement à la fois la conception de Kant et celle de Mill. Cette prise de position s'appuie sur la révolution qui s'est opérée en mathématiques avec la découverte des géométries non euclidiennes. Nous pouvons très bien concevoir de multiples géométries. Celle qui a été initialement adoptée s'explique en partie par les propriétés prédominantes du monde qui nous environne. La géométrie n'est pas révisable, comme l'est une théorie physique. Les corps qui nous entourent ne sont pas absolument indéformables. Nous maintenons les figures géométriques invariables et introduisons des corrections pour rendre compte des corps réels. Le concept de convention désigne ainsi la nécessité de choisir entre différents systèmes d'hypothèses possibles[7].

Cette thèse est ensuite étendue par Poincaré à la physique. Mais c'est Duhem qui donne, dans ce domaine, la formulation le plus marquante. Sa

---

5. On peut citer entre autres les travaux de Ian Hacking, Lorraine Daston et Hans-Jörg Rheinberger. L'Institut Max Planck de Berlin pour l'Histoire des Sciences constitue un haut lieu de ce mouvement.

6. Henri Poincaré, « Les géométries non euclidiennes », dans *Revue générale des sciences pures et appliquées*, t. 2, 1891, pp. 769-774, p. 773. Cf. *La science et l'hypothèse* (1902), Paris, Flammarion, 1968.

7. Pour plus de détail sur la philosophie scientifique de Poincaré et le mouvement conventionaliste, voir Anastasios Brenner, *Les origines françaises de la philosophie des sciences*, Paris, PUF, 2003.

conception est suscitée par la crise qui secoue la physique : la constitution d'une thermodynamique indépendante de la mécanique. Duhem commence à exposer ses idées au même moment que Poincaré ; il emploie lui aussi le concept de convention : les hypothèses de la physique n'émanent pas directement de l'expérience ; elles représentent le libre choix du théoricien[8]. Mais c'est principalement dans un article de 1894, « Quelques réflexions au sujet de la physique expérimentale », que Duhem donne toute son ampleur à sa conception. Une expérience de physique n'est pas la simple observation d'un phénomène, mais sa transcription au moyen d'un langage spécial[9]. Cette transcription recouvre une opération complexe, impliquant une part d'interprétation.

Ce double résultat est aussitôt saisi par des penseurs qui vont l'insérer dans un cadre philosophique. Milhaud est l'un des premiers à percevoir la portée générale des analyses de Poincaré et de Duhem. Conjuguant les éléments fournis par les deux savants, il écrit, dans un article de 1896, « La science rationnelle » : « Ce ne sont pas seulement les théories avouées [...], les hypothèses nettement énoncées, les constructions savantes qui séparent l'observateur de la chose observée, ce sont encore parfois des conventions ou définitions presque inconscientes »[10]. On reconnaît ici la thèse poincaréenne des axiomes implicites ou des définitions déguisées. La conclusion de Poincaré concerne tout système déductif et donc s'applique aussi bien à la géométrie qu'à la physique. Milhaud évoque encore le fait qu'une observation implique des corrections qui sont accomplies à la lumière des théories admises. Nous rejoignons l'une des opérations caractéristiques de la méthode expérimentale selon Duhem.

Le vocabulaire exprimant le caractère conventionnel de la connaissance scientifique permet à Milhaud de caractériser ce qui dépasse les données empiriques, révélant l'activité propre de l'esprit. Il s'agit de dénoncer un empirisme étroit. Milhaud est amené à introduire des expressions qui sont absentes chez Poincaré et chez Duhem : la contingence, la création et l'activité de l'esprit[11]. Cette problématique renvoie à Émile Boutroux et à son ouvrage *De la contingence des lois de la nature*[12].

Milhaud est rejoint par Édouard Le Roy. Celui-ci souligne, à son tour, la nouveauté des analyses de Poincaré et de Duhem dans une série d'articles,

---

8. Pierre Duhem, « Quelques réflexions au sujet des théories physiques », dans *Revue des questions scientifiques*, t. 31, 1892, pp. 139-177.

9. Duhem, « Quelques réflexions au sujet de la physique expérimentale », dans *Revue des questions scientifiques*, t. 36, 1894, pp. 179-229.

10. Gaston Milhaud, « La science rationnelle », repris dans *Le rationnel* (1898), Paris, Alcan, 1939, p. 53.

11. Pour plus de détails, voir Anastasios Brenner et Annie Petit (dir.), *Science, histoire et philosophie selon Gaston Milhaud*, Paris, Vuibert, 2009.

12. Émile Boutroux, *De la contingence des lois de la nature* (1874), Paris, PUF, 1991.

dont « La science positive et les philosophies de la liberté » de 1900. En corroborant le jugement de Milhaud, et grâce à ce brillant exposé, il porte ces discussions à l'attention du public[13]. Le Roy perçoit également un lien profond entre la thèse poincaréenne au sujet de la nature conventionnelle des principes scientifiques et la thèse duhémienne du contrôle global des hypothèses. En effet, Poincaré a montré que les hypothèses fondamentales de la physique n'entretiennent pas un rapport simple et direct avec l'expérience ; ces hypothèses recèlent une part de définition. Quant à Duhem, il a mis l'accent sur la complexité du contrôle expérimental : en vertu de la liaison des différentes parties de la physique, c'est tout un ensemble d'hypothèses qui confrontent le tribunal de l'expérience. Si l'argumentation n'est pas exactement la même, Le Roy relève la proximité des deux scientifiques. Lorsque Poincaré fait remarquer que les principes de la mécanique présupposent une définition de la mesure du temps, il touche à une question de méthode expérimentale. Inversement, Duhem conclut de la complexité du contrôle expérimental au libre choix des principes. Le Roy perçoit ici une convergence : non seulement la géométrie et la mécanique manifestent un caractère conventionnel, mais également la physique et les sciences voisines telles que la chimie. Il n'hésite pas mettre ces résultats en rapport avec la philosophie bergsonienne. Dès lors les discussions épistémologiques entretiennent des relations avec certaines doctrines philosophiques générales de l'époque[14].

La constitution d'une discipline

Les scientifiques et les philosophes que nous avons évoqués partagent plusieurs thèses ; on a forgé à leur époque le terme conventionnalisme pour qualifier leurs conceptions[15]. Cependant l'interrogation sur la science déborde le cadre d'une option philosophique particulière. Ainsi, par exemple, Meyerson s'invite dans ce débat, tout en défendant une position réaliste[16]. Il ne se contente pas de l'approche mathématique de Poincaré ; sa philosophie de l'intellect se veut plus large et plus attentive aux démarches du raisonnement ordinaire. De même, le traitement de l'évolution scientifique que propose Duhem ne lui semble pas assez sensible aux détails psychologiques. Meyerson

---

13. Édouard Le Roy, « La science positive et les philosophies de la liberté », dans *Bibliothèque du Congrès international de philosophie*, Paris, Colin, 1900, pp. 313-341. Cf. Anastasios Brenner, « Le vitalisme d'Édouard Le Roy entre mathématiques et religion », dans Pascal Nouvel (dir.), *Repenser le vitalisme*, Paris, PUF, 2011, pp. 179-188.

14. Sur ce contexte, voir Frédéric Worms (dir.), *Le moment 1900 en philosophie*, Lille, Presses universitaires du Septentrion, 2004.

15. Voir notamment Léon Brunschvicg, *Les étapes de la philosophie mathématique* (1912), Paris, PUF, 1947, p. 366.

16. Voir notamment Bernadette Bensaude Vincent (dir.), *Émile Meyerson, Corpus, Revue de philosophie*, 58, 2010.

est conduit à poser une continuité entre connaissance scientifique et connaissance commune. Les grands principes de la science qui stipulent l'identité dans le temps se voient attribuer un statut spécial, ni *a priori* ni *a posteriori* ; ils sont plausibles. Ce qualificatif de plausible renvoie tout à la fois à nos tendances intellectuelles et aux données empiriques dont nous disposons. Meyerson s'attache particulièrement à l'exposé donné par Milhaud pour en dénoncer l'idéalisme subreptice qu'il perçoit dans l'insistance sur les pouvoirs de l'esprit, la créativité et la spontanéité inhérentes à l'activité scientifique. Ainsi écrit-il : « L'activité de l'esprit ne nous apparaît pas comme entièrement arbitraire, mais comme guidée, d'une part, par l'identification du divers et, d'autre part, par l'observation du comportement du réel concret »[17].

Outre Meyerson, on pourrait évoquer bien d'autres penseurs, tels Rey et Brunschvicg, qui vont exploiter les analyses initiées par Poincaré et par Duhem[18]. Les diverses prises de position donnent lieu à un effort redoublé d'analyser la science. Mais on ne trouve pas la cohésion dont fera preuve le Cercle de Vienne. Il n'y a ni échanges dans le cadre d'un séminaire commun ni formulation d'un programme défini. Cependant il ne faut pas sous estimer les facteurs qui viennent structurer la philosophie des sciences, aboutissant à son premier établissement institutionnel. La *Revue de métaphysique et de morale* et la *Revue philosophique* encouragent des exposés sur la science contemporaine et ses implications ; elles sollicitent des commentaires critiques. Le premier Congrès international de philosophie se tient à Paris en 1900 à l'instigation de Boutroux ; il comporte une section de philosophie des sciences. Une collaboration internationale se met en place. Dans le cadre de ce qu'on a appelé le premier Cercle de Vienne, Hans Hahn, Otto Neurath et Philip Frank s'informent des discussions qui ont lieu en France. Ils appellent de leurs vœux l'instauration de la république en Autriche, la diffusion des valeurs des Lumières et le développement d'un nouveau discours sur les sciences. Cette source d'inspiration est plus profonde qu'on ne l'a cru. C'est ce que commencent à montrer aujourd'hui des recherches plus approfondies sur le contexte. On se demande alors comment s'est développée l'image d'une pensée française marginalisée.

Mais on ne saurait réduire les débats du tournant des XIXe et XXe siècles à une anticipation du positivisme logique. Il est clair que se mettent aussi en place les éléments d'une épistémologie historique, qui sera développée de façon originale par Bachelard. Duhem, Milhaud et Rey ont constitué un ample corpus d'histoire philosophique des sciences sur lequel bâtir. Ce mouvement précède le clivage entre méthode logique et méthode historique. Il montre qu'il n'y a pas d'antinomie réelle entre ces méthodes et qu'il est possible de frayer

---

17. Émile Meyerson, *Du cheminement de la pensée*, Paris, Alcan, 1931, p. 613.

18. Voir Abel Rey, *La théorie de la physique chez les physiciens contemporains*, Paris, Alcan, 1907 ; Brunschvicg, *L'expérience humaine et la causalité physique* (1922), Paris, PUF, 1949.

une autre voie. Selon Rey, « le philosophe est l'historien de la pensée scientifique contemporaine »[19]. La tâche lui incombe de développer une nouvelle forme d'humanisme en accord avec le progrès scientifique.

Conclusion

Revenons pour terminer sur la nature de cette réflexion philosophique sur les sciences qui s'est illustrée aux alentours de 1900. Elle associe une analyse formelle à une étude des sciences dans leur développement concret et réel. Ainsi que l'exprime Duhem, les limites de l'analyse logique requièrent un recours à l'histoire des sciences, seule capable d'éclairer les raisons qui conduisent à retoucher continuellement nos constructions théoriques[20]. Plus fondamentalement, la philosophie des sciences de son époque couvre un champ large. On ne s'en tient pas seulement au contexte de justification ; on s'intéresse également au contexte de découverte. Le Roy s'aventure même sur le terrain de l'invention. Ce sont des problèmes qui resurgiront après le reflux du positivisme logique. Les questions politiques sont abordées : on débat du projet mis en avant par Renan « d'organiser scientifiquement l'humanité »[21]. On n'élude pas non plus les problèmes éthiques : croyants et incroyants s'entretiennent des rapports entre la science et les diverses formes de croyances.

Relisant l'œuvre de Milhaud, Michel Blay nous livre cette réflexion :

> « La science, en tant que science, est et reste poursuite incessante de la vérité, apaisement de la raison dans la compréhension, c'est-à-dire *Theoria* ; elle est itinéraire intellectuel parcourue par des savants au cours des siècles ; reprise incessante de problèmes toujours repensés et renouvelés »[22].

On peut trouver ici un argument face à une tendance à remettre en cause la liberté de la recherche et à rabaisser la spéculation théorique[23].

Un siècle s'est écoulé depuis les débats que nous avons examinés. Il est naturel de procéder à une évaluation critique des travaux accomplis. Il ne s'agit pas seulement de rappeler les résultats accumulés, mais aussi de reconnaître les problèmes et les difficultés qui persistent. L'analyse formelle effectuée dans le cadre de la philosophie analytique laisse de côté certains aspects essentiels de la démarche scientifique. Une approche historique permet d'entrevoir de nouveaux champs à explorer. Je ne peux que défendre une conception de la philo-

---

19. Abel Rey, « Vers le positivisme absolu », dans *Revue philosophique*, t. 67, 1909, pp. 461-479.
20. Duhem, *La théorie physique, son objet et sa structure* (1906), Paris, Vrin, 1981, p. XV.
21. Ernest Renan, *La valeur de la science* (1890), Paris, Garnier-Flammarion, 1995, p. 106.
22. Michel Blay, « L'idée de science selon Gaston Milhaud », pp. 918, p. 16.
23. Voir Blay, *La science trahie*, Paris, Armand-Colin, 2003.

sophie des sciences qui, tout en faisant sa place aux méthodes formelles, ne néglige pas toute l'expérience passée de la science, source inépuisable pour la réflexion philosophique.

JEAN PERRIN, JEAN ZAY : LE SAVANT ET LE POLITIQUE

Denis Guthleben

Cela pourrait débuter comme le refrain d'une chanson de l'entre-deux-guerres, ou comme l'une de ces recettes au style fleuri que l'on découvre parfois dans les livres de cuisine de grand-mère...

> « Pour faire une bonne politique scientifique,
> Il faut se lever de bon matin,
> Et préparer cette pâte unique,
> Qui lie le savant au politicien... ».

Mais la formule, déjà, s'embrouille. Le mélange du savant et du politicien réclame des trésors d'ingéniosité, de dosage, d'adresse et de diplomatie, ainsi qu'un soupçon de chance, en somme une profusion d'ingrédients qui ne sont que très rarement réunis. Les exemples multiples de rendez-vous manqués, de promesses sans lendemain et d'espoirs déçus de part et d'autre, en témoignent abondamment. La ritournelle s'achève alors sur un mauvais tralala. Et la pâte ne lève pas.

Parfois, la grande alchimie se produit néanmoins. Certes, les exemples ne se bousculent cette fois-ci plus au portillon, mais leurs suites n'en demeurent pas moins capitales. On pourrait songer, pour en évoquer brièvement les plus notoires, à Pierre Mendès France et à son appel lancé à la tribune de l'Assemblée nationale : « La République a besoin de savants ! ». Ou à Charles de Gaulle, dont on cite plus souvent une réplique qu'aucune source ne permet de lui attribuer – « des chercheurs qui cherchent, on en trouve, des chercheurs qui trouvent, on en cherche » –, plutôt que son action résolue, dix années durant, en faveur de la recherche scientifique. Ou encore, deux décennies plus tard, à François Mitterrand : « Chercheurs français, retrouvez confiance : au temps du mépris, je substituerai le temps du respect et du dialogue »...

Une autre rencontre réussie entre une grande ambition scientifique d'un côté et une réelle volonté politique de l'autre mérite sans conteste de figurer au même registre : celle qui advient, à partir de 1936, entre Jean Perrin et Jean Zay, et qui aboutit, entre autres réalisations, à la naissance du CNRS trois ans plus tard.

Le savant et le politique

On pourrait cesser de filer les métaphores musicale et gastronomique pour dérouler celle des contes et des légendes. Le choix du titre ne poserait guère de problème – pourquoi pas « la fable des deux Jean » ? –, et la présentation des héros pas davantage. Difficile en effet d'imaginer deux personnages plus tranchés que ne le sont alors Jean Perrin et Jean Zay : la réalité a présidé à un rapprochement qui aurait sans doute semblé outrancier dans n'importe quelle fiction. Jean Perrin porte fièrement ses 65 ans sous des cheveux en bataille et une belle barbe blanche ; il est parvenu au faîte d'une carrière scientifique dont la description remplirait à elle seule plusieurs volumes, et pour laquelle on se contentera de mentionner un prix Nobel de physique en 1926 et la fondation d'un laboratoire de pointe, véritable Rolls-Royce du paysage scientifique français de l'époque, l'Institut de biologie physico-chimique ; et il n'a touché à la politique qu'à regret, lorsqu'il s'est agi de plaider la cause de la recherche française auprès d'autorités publiques parfois peu convaincues de la nécessité de la soutenir. Même le 28 septembre 1936, lorsqu'il est appelé au sous-secrétariat d'État à la Recherche scientifique du gouvernement de Léon Blum, Jean Perrin n'accepte la fonction que pour remplacer au pied levé Irène Joliot-Curie, son éphémère prédécesseur qui s'est vite aperçu que la paillasse lui convenait mieux qu'un maroquin ministériel.

Jean Zay, à l'inverse, semble être né pour la politique : brillant étudiant en droit, avocat, journaliste, il a été élu député de la première circonscription du Loiret à 26 ans ; en 1936, Léon Blum le nomme à la tête du ministère de l'Éducation nationale à 31 ans – moins de la moitié de l'âge du sous-secrétaire d'État à la Recherche placé sous sa responsabilité ! –, faisant un pari audacieux sur la fraîcheur et, déjà, la compétence extraordinaire de celui qui demeure le plus jeune ministre de toute la Troisième république ; enfin, autant Jean Perrin ne s'est guère enflammé pour la politique, autant Jean Zay ne s'est encore jamais préoccupé de la recherche scientifique lorsqu'il prend ses fonctions à l'hôtel de Rochechouart. Sa jeunesse, son début de carrière fulgurant ne lui en ont pas laissé le loisir. Et, pour tout dire, le monde scientifique lui semble parfaitement étranger, presque exotique, en tout cas à mille lieues des âpretés de la vie politique : lorsqu'il l'évoque dans ses mémoires, quelques années plus tard du fond de sa cellule de la maison d'arrêt de Riom, il ne peut s'empêcher de porter sur lui un regard candide, où se glissent des clichés récurrents, notamment l'insouciance des scientifiques, leur naïveté, leur étourderie, bref cette « touchante candeur, fréquente chez les savants »[1].

---

1. Jean Zay, *Souvenirs et solitudes*, Paris, Belin, 2010, p. 380.

Une mystérieuse alchimie

Il faut rendre à César ce qui lui appartient : la désignation d'Irène Joliot-Curie puis celle de Jean Perrin au sous-secrétariat à la Recherche scientifique ne relèvent en aucune manière de Jean Zay. Pascal Ory a bien montré que ces choix appartiennent à Léon Blum[2], qui a imposé à son ministre de l'Éducation nationale ses deux collaborateurs successifs, Irène Joliot-Curie lors de la formation du gouvernement en juin 1936, puis Jean Perrin pour la remplacer en septembre. De son propre aveu, Jean Zay ne connaissait alors ni l'une, ni l'autre, sauf à travers la notoriété que leur avait conférée leurs prix Nobel de chimie et de physique. D'Irène Joliot-Curie, il ne se souvient *a posteriori* que de l'avoir vue « dépaysée dans les bureaux ministériels. Elle y languissait littéralement. Son laboratoire seul l'attirait et elle avait hâte de le regagner. Dans les conciliabules officiels, devant un dossier administratif, on la sentait absente, sans goût »[3].

La personnalité de Jean Perrin, à l'inverse, a profondément marqué Jean Zay. Dans le portrait qu'il dresse du vénérable savant – plus âgé que son propre père –, l'humour et le cliché ne s'immiscent que pour renforcer une admiration évidente : « Ce sous-secrétaire d'État septuagénaire et glorieux déploya aussitôt la fougue d'un jeune homme, l'enthousiasme d'un débutant, non pour les honneurs, mais pour les moyens d'action qu'ils fournissaient. Sous des dehors paisibles, Jean Perrin brûlait de passion. Il paraissait naïf et distrait, presque nuageux ; il était en réalité toujours attentif, précis, concentré, roublard s'il le fallait. Dans les commissions ministérielles, on voyait sa tête s'incliner, ses yeux se fermer et ses lèvres laisser échapper un souffle régulier, mais il dormait si peu qu'on l'entendait soudain intervenir au moment décisif, avec la parfaite perception de tout ce qui avait été dit. Il n'avait pas de moyens oratoires et bredouillait à l'occasion. C'est ainsi que, chargé de prendre la parole au nom du gouvernement aux obsèques nationales de Charcot, et des héros du *Pourquoi-Pas ?*, bien qu'il eût pendant toute la messe à Notre-Dame relu incessamment son discours à mi-voix mais si nettement que je dus lui pousser le coude, il eut un lapsus inattendu quand il se trouva devant le micro, sur le parvis, en présence du chef de l'État, des corps constitués et d'une foule innombrable qui entourait les cercueils drapés de tricolore : 'Adieu, illustre Charlot !...' s'écria-t-il inopinément. L'émotion générale escamota l'incident »[4].

Savant Cosinus ou professeur Tournesol, l'image du scientifique distrait n'est jamais loin sous la plume de Jean Zay. Mais la description est amusée,

---

2. Voir Pascal Ory, *La belle illusion. Culture et politique sous le signe du Front populaire, 1935-1938*, Paris, Plon, 1994.

3. Jean Zay, *op. cit.*, p. 312.

4. *Ibid.*, p. 312-313.

tout au plus moqueuse, jamais acerbe. C'est que Jean Perrin a également su montrer à son ministre de tutelle la redoutable efficacité dont il était capable. L'évocation par Jean Zay d'une visite chez le ministre des Finances Vincent Auriol en apporte la preuve : « Je me souviens d'un budget où nous désirions porter à vingt millions les crédits de la Recherche scientifique. Malgré tous mes efforts, le ministre des Finances ne m'en accordait que quatorze. Je l'avouai à Jean Perrin : '– Il en faut vingt, me dit-il. – Rien à faire. Les compressions sont, cette fois-ci, impitoyables. L'intervention même du président du Conseil ne m'a pas permis de fléchir notre collègue de la rue de Rivoli. – Je vais aller le voir. – Si vous voulez, mais à quoi bon ?' Nous nous rendîmes chez le ministre des Finances. Jean Perrin prit la parole en entrant ; il la garda une demi-heure ; notre hôte ne put placer une parole. Il fut noyé dans un flot de démonstrations pathétiques, de raisonnements implacables, saisi par le bras, bousculé, emporté. À sa sortie, Jean Perrin avait obtenu vingt-deux millions »[5].

Les réalisations

Maintenant que les hommes sont bien posés, voyons leurs actes. Des erreurs se sont glissées dans la chronique qu'en fait Jean Zay depuis le cachot où l'État français de Vichy le maintient en captivité : comment aurait-il pu en être autrement ? Toujours est-il que, dans le domaine de la recherche scientifique, le gouvernement de Léon Blum ne s'est pas aventuré sur une terre en friche en 1936 : les initiatives s'étaient multipliées depuis le début du siècle. Ce n'est pas le lieu de toutes les évoquer[6]. Il faut toutefois mentionner, dans les quelques années qui précèdent la victoire du Front populaire, la création, voulue par Jean Perrin, du Conseil supérieur de la recherche scientifique en 1933, et celle de la Caisse nationale de la recherche scientifique (*la* CNRS) en 1935. Mais l'année 1936, à défaut de rupture, marque clairement une accélération : la création du sous-secrétariat, qui voit pour la première fois dans l'histoire nationale l'entrée de la recherche scientifique au niveau gouvernemental, est en soi déjà un signal fort ; celle d'un service central permanent au ministère de l'Éducation nationale, qui « dirige, provoque et coordonne toutes les activités qui sont consacrées à la recherche scientifique dans tous les domaines »[7], en est un autre.

---

5. *Ibid.*, p. 313-314.

6. On les trouvera détaillées dans plusieurs ouvrages, tels que Harry W. Paul, *From Knowledge to Power. The Rise of the Science Empire in France (1860-1939)*, Cambridge University Press, 1985 ; Michel Pinault, *La science au Parlement. Les débuts d'une politique des recherches scientifiques en France*, Paris, CNRS Editions, 2006 et Denis Guthleben, *Histoire du CNRS de 1939 à nos jours. Une ambition nationale pour la science*, Paris, Armand Colin, 2009.

7. « Décret créant le Service central de la recherche scientifique », 28 avril 1937, dans *Journal officiel de la République française*, 2 mai 1937.

À la demande de Jean Perrin, Jean Zay offre la direction de ce service à l'un de ses proches, le physiologiste Henri Laugier, un savant très introduit dans le milieu politique, plusieurs fois directeur de cabinet ministériel. De larges missions lui sont confiées. Jean Perrin les résume dans un ouvrage publié en 1938 : il donne à des chercheurs les titres de boursiers, chargés, maîtres et directeurs de recherche, attribue le matériel et les aides techniques, assure des crédits réguliers aux laboratoires de l'enseignement supérieur mais aussi, une nouveauté, aux laboratoires spécialisés qui sont directement rattachés au Service[8]. Il ne s'agit donc plus seulement d'encourager la recherche, mais de l'inspirer pour permettre l'essor de disciplines nouvelles. Dans cette optique, le chef du service prend également en charge la gestion de la CNRS. Et ce n'est pas rien : son budget, de 8 millions de francs en 1936, enregistre un bond faramineux, au gré de l'intervention décisive de Jean Perrin auprès de Vincent Auriol, qui le porte à 22 millions en 1937 ! Une organisation complète est ainsi mise en place. Essentiellement dédiée à la recherche pure, elle doit en outre entretenir des liens avec la recherche coloniale et la recherche appliquée : le Conseil supérieur délibère et propose, le Service central décide et exécute, la Caisse finance.

Mais ce n'est pas tout : pour permettre à la science de conserver la place qui est en train de lui être aménagée, il ne faut pas qu'elle reste l'affaire de quelques savants retranchés dans leur tour d'ivoire – un autre cliché qui a la vie dure. Il est nécessaire de la dévoiler au plus grand nombre, d'en expliquer les besoins, les rouages et les avancées à une opinion qui contribue à son financement et donc à son essor. L'enjeu est aussi cher à Jean Perrin qu'à Jean Zay. L'une des solutions réside dans la création d'un lieu ouvert à tous qui lui soit dédié, un « Palais de la Découverte ». Le projet a beaucoup préoccupé le ministre de l'Éducation nationale et son sous-secrétaire d'État : « Organisateur du Palais de la Découverte, sous l'égide du ministère de l'Éducation nationale, Jean Perrin en fit l'une des deux merveilles de l'Exposition de 1937 (l'autre étant la rétrospective des chefs-d'œuvre de l'Art français). Mais quand l'Exposition ferma ses portes, une bataille s'engagea entre savants et artistes. Ces derniers entendaient recouvrer l'usage du Grand Palais, habituellement réservé aux Salons annuels de peinture et de sculpture. L'opinion publique réclamait cependant qu'on ne dispersât pas le Palais de la Découverte et qu'il se transformât en musée permanent. Aucun local n'étant assez vaste dans Paris pour le recevoir, il fallut bien le maintenir sur place. La 'Nationale' et les 'Artistes français' s'indignèrent. 'Le Grand Palais appartient par destination aux artistes', proclamèrent-ils. Leur protestation se fit véhémente. Le ministre de l'Éducation nationale étant en même temps celui des Beaux-Arts, je fus écartelé. Je dirigeai les peintres et les sculpteurs vers Jean Perrin, qui les accueillait avec

---

8. Jean Perrin, *L'organisation de la recherche scientifique en France*, Paris, Hermann, 1938, p. 50.

une bonne grâce inflexible. Entre deux délégations, il fallait encore assiéger le ministre des Finances pour obtenir les crédits nécessaires à l'entretien des appareils scientifiques : pendant l'hiver, le chauffage était nécessaire »[9].

Vers le CNRS...

Le débat n'est pas encore tranché lorsque, à la fin du mois de juin 1937, Léon Blum remet la démission de son gouvernement. Dans le nouveau cabinet qui se forme alors, sous la présidence de Camille Chautemps, Jean Zay conserve le portefeuille de l'Éducation nationale, mais le sous-secrétariat d'État à la Recherche scientifique disparaît. Afin de poursuivre l'œuvre entreprise dans ce domaine, Jean Zay nomme Jean Perrin à la présidence du Conseil supérieur de la recherche scientifique. L'une des principales missions qu'il confie au savant est d'organiser, pour la première fois depuis sa création en 1933, une grande réunion plénière de la haute assemblée. Elle débute le 2 mars 1938 à la Maison de la Chimie. Jean Zay entend bien lui donner un caractère solennel – l'allure d'assises de la recherche, dirions-nous aujourd'hui, même si le terme paraît désormais bien galvaudé après un long défilé d'utilisations abusives. « Je souhaite que cette réunion fournisse l'occasion d'une consultation très complète du Conseil sur toutes les questions importantes pour l'avenir de la recherche scientifique », explique-t-il en conviant les participants[10]. Le ministre a des attentes précises : « Les efforts depuis longtemps prodigués pour intéresser l'opinion et les pouvoirs publics à la recherche ont très largement abouti, note-t-il en introduisant les débats. Des crédits ont été attribués, des laboratoires construits, des encouragements matériels et moraux donnés aux chercheurs. Il s'agit maintenant d'obtenir le meilleur rendement des moyens mis en œuvre »[11]. Il insiste ensuite sur l'importance de ces moyens en rendant un hommage appuyé au prix Nobel de physique : « Pendant les longs mois d'un travail commun qui m'a honoré, Jean Perrin m'est apparu bien souvent comme l'apôtre inlassable de la recherche. Je sais qu'il ne connaît pas de plus douce récompense que de contempler le premier aboutissement de ses efforts. Ceux qui le soupçonnaient naguère d'un optimisme voisin de l'illusion lorsqu'il réclamait dix millions pour la Caisse des sciences, qu'on venait de créer, peuvent méditer sur les chiffres actuels et se féliciter avec nous des vastes possibilités que ses initiatives ouvriront demain aux chercheurs ».

Jean Perrin invite ensuite ses collègues à réfléchir aux thèmes retenus par le ministre de l'Éducation nationale : programme d'extension et de développement de la recherche scientifique, conditions d'utilisation des fonds mis à dis-

---

9. Jean Zay, *op. cit.*, p. 314.

10. Lettre de Jean Zay aux membres du CSRS, 4 février 1938, archives de l'Académie des Sciences, fonds Charles Jacob, CNRS 1-dossier 24.

11. Discours de Jean Zay devant le CSRS, 2 mars 1938, *ibid.*

position par le Parlement, liaisons entre la recherche pure et la recherche appliquée, enfin statut des chercheurs[12]. Plusieurs rapports viennent délimiter des débats qui, sous certains aspects, semblent aujourd'hui encore d'une actualité brûlante. Le physiologiste André Mayer introduit la discussion sur l'extension de la recherche. Son rapport s'apparente à un inventaire à la Prévert, dans lequel il aborde tant la question des publications scientifiques, « un des aboutissements naturels de la recherche », que celles des animaux de laboratoire et de la fourniture de courant continu aux chercheurs[13]. Avec l'accord de Jean Zay et de Jean Perrin, il propose de compléter le dispositif national de la recherche scientifique, notamment en comblant les manques de l'Université, en lui apportant les crédits et le personnel là où ils sont jugés insuffisants, mais aussi en développant la recherche en dehors des établissements traditionnels si le besoin s'en fait sentir : « La Nature, s'interroge André Mayer, n'a-t-elle d'intérêt que quand elle est devenue un sujet de cours ? ».

« Nous voulons que notre idéal vive ! »

Le projet d'un organisme nouveau, national, ambitieux, commence à être évoqué. Certaines oppositions au sein de la communauté savante et, bien plus, les urgences imposées par le contexte international – la semaine suivant la réunion du Conseil supérieur voit la Wehrmacht envahir l'Autriche, préalable à son annexion au Reich –, ne lui permettent pas de voir le jour immédiatement : la création du CNRS ne survient que l'année suivante, au mois d'octobre 1939. L'honneur d'annoncer sa naissance n'incombe pas à Jean Zay, et pour cause : le ministre de l'Éducation nationale a démissionné de ses fonctions le mois précédent, dès le lendemain de l'invasion de la Pologne, pour rejoindre toutes affaires cessantes l'armée française. C'est Jean Perrin qui, quelques jours plus tard, résumera la philosophie de l'établissement en gestation, autant que les grands principes qui ont présidé à son action et à celle de son ministre de tutelle depuis 1936, lors d'un discours radiodiffusé : « Il n'est pas de science possible où la pensée n'est pas libre, et la pensée ne peut pas être libre sans que la conscience soit également libre. On ne peut pas imposer à la chimie d'être marxiste, et en même temps favoriser le développement des grands chimistes ; on ne peut pas imposer à la physique d'être cent pour cent aryenne et garder sur son territoire le plus grand des physiciens... Chacun de nous peut bien mourir, mais nous voulons que notre idéal vive ! ».

Assurément, ce pourrait être un excellent mot de la fin : passionné, éloquent et dramatique, comme Jean Perrin savait l'être, mais aussi riche de promesses

---

12. Discours de Jean Perrin devant le CSRS, 2 mars 1938, *ibid.*

13. Programmes d'extension des services de la recherche scientifique. Rapport préliminaire d'André Mayer au CSRS, 2 mars 1938, *ibid.*

pour l'avenir du nouvel établissement. Mais la conclusion appartient davantage au ministre de l'Éducation nationale. Apprenant la mort de Jean Perrin dans son exil américain en 1942, du fond de cette geôle de Riom dont il ne sera tiré que pour être assassiné, Jean Zay revient en quelques mots sur la grandeur du projet qui les a unis, autant que sur les difficultés qu'ils ont rencontrées : « Quand les hommes sont habitués à travailler à l'écart les uns des autres, il est malaisé de les rapprocher ; leur collaboration loyale suppose de petits sacri-fices d'amour-propre, des concessions mutuelles, une confiance réciproque, qui ne naissent point naturellement. Mais la tâche est désormais en cours ; elle est acquise ; elle suivra son impulsion, qui la grandira d'année en année. L'ins-titution est fondée ; on s'étonnera plus tard qu'il ait fallu l'attendre si long-temps. Avant de mourir, tragiquement isolé, éloigné de ses amis, privé de la ferveur nationale qui se fût penchée à son chevet, Jean Perrin aura eu du moins cette certitude [...] Dans les laboratoires de France, c'est vers une chambre d'hôpital de New York que toutes les pensées ont dû se tourner le 18 avril, une chambre anonyme où venait de s'éteindre une grande pensée, de cesser de bat-tre un grand cœur »[14].

---

14. Jean Zay, *op. cit.*, p. 318.

La « Commission nationale des sciences » et l'émergence d'un concept de politique scientifique en Belgique

Pascal Pirot

« Une politique scientifique pour la nation »[1]. Cet ouvrage, publié à Bruxelles en 1959 et largement diffusé, contient le rapport préliminaire de la « Commission nationale pour l'étude des problèmes que posent à la Belgique et aux territoires d'outre-mer les progrès des sciences et leurs répercussions économiques et sociales », en abrégé « Commission nationale des sciences », qui avait commencé ses travaux en 1957. Il fait appel à un concept – la « politique scientifique » – qui, si il fait aujourd'hui partie du vocabulaire usuel des pouvoirs publics – la France et l'Allemagne ont leur ministre de la Recherche, la Belgique son secrétaire d'État à la Politique scientifique – n'en demeure pas moins flou car parfois mal compris ou mal délimité.

L'objet de notre contribution est d'en retracer l'émergence dans le cas particulier de la Belgique. On abordera la genèse du projet de commission, le contexte dans lequel il a vu le jour ainsi que les influences étrangères sur ses orientations. Dans un second temps, il s'agira d'évoquer ses travaux et leurs suites.

De la notion de « politique scientifique »

On le sait, la notion fait débat. On a coutume de dater l'émergence de la politique scientifique de l'immédiat après-guerre 1940-1945. En URSS et aux États-Unis, dans le contexte de l'affrontement croissant des blocs, des moyens financiers, techniques et humains gigantesques sont mobilisés et leur mise en œuvre est coordonnée par l'État. C'est ce que l'on appellera la *Big Science*.

---

1. *Rapports de la Commission Nationale pour l'étude des problèmes que posent à la Belgique et aux Territoires d'Outre-mer les progrès des Sciences et leurs répercussions économiques et sociales*, Bruxelles, Goemaere, 1959.

Vannevar Bush, conseiller du président américain, jette dans son fameux mémoire intitulé *Science. The Endless Frontier*[2], les bases de ce que sera la politique scientifique américaine de la seconde moitié du XXe siècle. Il inspire la création d'« agences » fédérales, par exemple la NASA, au sein de la *National Science Foundation*. Les États-Unis présentent donc à ce moment l'un des exemples les plus aboutis d'une politique scientifique où des organismes regroupent les chercheurs et unissent les efforts autour de projets prioritaires définis par l'État[3].

L'Europe sort certes exsangue de la guerre, mais tente d'imiter les deux superpuissances, bien consciente du fait qu'en matière militaire notamment, la supériorité technologique est un facteur clé. La France esquisse comme on le sait sa propre politique scientifique, notamment sous Pierre Mendès France[4] puis le général De Gaulle[5].

C'est donc de cette époque que date, au sens strict, la notion de « politique scientifique » se définissant *pour la science* et *par la science*, selon la formule de Jacques Spaey, qui fut secrétaire du Conseil national belge de la politique scientifique. *Pour la science* suppose l'organisation et le développement de la recherche. *Par la science* implique de mettre la science au service du pays[6].

Est-ce à dire qu'il n'y a pas, avant la seconde moitié du XXe siècle, de politique scientifique ? Il convient de nuancer le propos.

Il est possible de trouver, bien avant la Seconde Guerre mondiale, des exemples de participation financière du pouvoir à certains projets d'organisation de la recherche. En Angleterre, le DSIR (*Department of Scientific and Industrial Research*) est mis en place dès 1915 et bénéficie partiellement des subventions de l'État[7]. De même, la fameuse Kaiser-Wilhelm-Gesellschaft, ancêtre de la Max-Planck-Gesellschaft, bénéfice à sa création des deniers impériaux[8].

Les travaux du colloque de Versailles de 2011, au titre évocateur *La cour & les sciences : naissance des politiques scientifiques dans les cours européennes*

2. Bush V., *Science, the Endless Frontier. A Report to the President on a Program for Postwar Scientific Research* [July 1945], Washington, National Science Foundation, 1960.

3. Voir notamment à ce propos Kleinman D. L., *Politics on the Endless Frontier : Postwar Research Policy in the United States*, Durham, Duke University Press, 1995 ; Kleinman D. L., Solovey M.. « Hot Science/Cold War : The National Science Foundation after World War II », dans *Radical History Review*, n° 63, 1995, pp. 110-139.

4. Rizzo J.-L., « Pierre Mendès France et la recherche scientifique et technique », dans *La revue pour l'histoire du CNRS*, n° 6, 2002, pp. 60-67.

5. Lelong P., « Le général de Gaulle et la recherche en France », dans *La revue pour l'histoire du CNRS*, n° 1, 1999, pp. 24-33.

6. Halleux R., Xhayet G., Demoitié P., *Pour la science et pour le pays. Cinquante ans de politique scientifique belge*, Liège, Éditions de l'Université, 2009, p. 7.

7. Macleod R., Andrews E. K., « The Origins of the D.S.I.R. : Reflections on Ideas and Men, 1915-1916 », dans *Public Administration*, vol. 48, n° 1, 1970, pp. 23-48.

8. Vom Brocke B., Laitko H., *Die Kaiser-Wilhelm-/Max-Planck-Gesellschaft und ihre Institute. Studien zu ihre Geschichte. Das Harnack-Prinzip*, Berlin, De Gruyter, 1996.

aux XVIIe et XVIIIe siècles, ont permis de mettre en lumière et de décortiquer l'interaction entre science et pouvoir, entre la cour et l'université, voire l'académie, au cours du Grand Siècle et du siècle des Lumières. Robert Halleux[9] a montré en quoi l'exemple de la cour de Louis XIV était de ce point de vue caractéristique. Dépassant la « curiosité princière » ou le traditionnel patronage, Versailles engage des moyens considérables et mobilise les savants autour de projets qui font d'ailleurs bien souvent intervenir la « nouvelle science » issue de la « révolution scientifique »[10].

Pierre Aigrin disait, avec un certain sens de la formule : « Des politiques de la science, il y en a et il y en a toujours eu depuis que Aristote obtenait des contrats de recherche pour faire un herbier »[11]. Il convient d'être plus mesuré et de savoir ce que recoupent exactement les notions de « science », de « politique » ainsi que l'interaction entre science et pouvoir. Ce fut la gageure accomplie lors du colloque tenu à Florence du 8 au 10 décembre 1994 sur le thème *Science and Power : the historical foundations of research policies in Europe*[12]. Parmi les intervenants, Rudolf Stichweh avait livré une judicieuse analyse comparative des « politiques scientifiques » des XIXe et XXe siècles[13]. Celles-ci sont différentes, tant dans leurs structures (le XXe siècle voit l'éclosion de nouvelles institutions et de nouveaux organismes de recherche, la Kaiser-Wilhelm-Gesellschaft supplante l'université) que dans leurs objectifs : *new organisational types for new scientific goal orientations.*

Le progrès de l'humanité par la science

En Belgique, c'est à la libération du territoire belge, en septembre 1944, que le gouvernement, de retour de son exil londonien, commence à se préoccuper réellement de recherche scientifique en décidant de subventionner des recherches technico-scientifiques à travers l'IRSIA (Institut pour la recherche scientifique dans l'industrie et l'agriculture), organisme public dirigé par un conseil d'administration constitué de représentants des mondes universitaire, économique et industriel, ainsi que des ministères concernés (créé par l'arrêté-loi du Régent du 27 décembre 1944). Certes, on ne part pas de zéro et l'IRSIA est

9. Halleux R., « Aux origines des politiques scientifiques », dans *Archives internationales d'histoire des sciences,* n° 169, 2012, pp. 439-450.

10. Blamont J., *Le chiffre et le songe. Histoire politique de la découverte,* Paris, Odile Jacob, 2005.

11. *Cahiers pour l'histoire du CNRS,* Paris, CNRS éditions, 1989-6, p. 31, cité par JACQ F., « Aux sources de la politique de la science : mythe ou réalités ? (1945-1970) », dans *La revue pour l'histoire du CNRS,* n° 6, 2002, pp. 48-59.

12. Guzetti L. (ed.), *Science and Power : the Historical Foundations of Research Policies in Europe,* Euroscientia Forum, Firenze, 8-10 décembre 1994, 2000.

13. Stichweh R., « Differentiation of Science and Politics : Science Policy in the 19th and 20th Century », dans Guzetti L., *op. cit.,* pp. 139-147.

l'émanation directe du « bureau spécial des relations science-industrie », mis sur pied dans les années trente par le patronat belge, via le Comité central industriel, et le FNRS, en vue de financer des projets industriels à coûts partagés. Le FNRS, pour Fonds national de la recherche scientifique, doit lui-même sa naissance, en 1928, à l'initiative et aux fonds privés, sur le modèle des grandes fondations américaines. Quelques années plus tard, en 1937, une convention est passée entre le FNRS et le ministère des Affaires économiques, à travers l'OREC (Office de redressement économique). Elle prévoit de laisser à l'État le soin de prendre en charge le financement de recherches dites « plus techniques que scientifiques » sur base de demandes instruites par le bureau des relations science-industrie.

D'ailleurs, après la guerre, le FNRS doit accepter, bon gré mal gré, une intervention accrue de l'État dans ses affaires en échange, en quelque sorte, de moyens financiers[14]. On assiste dès lors, à la fin des années quarante et au début des années cinquante, à la mise en place d'instituts cogérés et cofinancés par l'État : outre l'IRSIA, l'IIPhN (Institut interuniversitaire de physique nucléaire) futur IISN (Institut interuniversitaire des sciences nucléaires) et le FRSM (Fonds de la recherche scientifique médicale)[15]. Le Gouvernement, qui subventionne des « domaines porteurs » tout en s'assurant de garder un certain contrôle sur des matières sensibles telles que le nucléaire, semble y trouver son compte. Cependant, certains manifestent bientôt l'ambition de faire un pas plus loin et de donner à l'État une plus grande mainmise sur l'appareil scientifique du pays.

L'atmosphère générale est à la science salvatrice et génératrice de progrès, tant dans les milieux scientifiques qu'auprès du grand public. À la *Big Science* américaine, l'Union soviétique répond par le retentissant lancement, le 4 octobre 1957, du satellite Spoutnik 1. À l'Exposition universelle de 1958, organisée à Bruxelles sur le thème du progrès de l'humanité par la science, il est visible à l'entrée du pavillon de l'URSS, face à une statue de Lénine. Les appels en faveur d'une augmentation des moyens accordés à la recherche se multiplient, notamment du côté des recteurs des universités[16]. Si l'on ajoute à cela le fait que la Belgique prend une part considérable à l'organisation, en 1957-1958, de l'Année géophysique internationale[17], on comprend aisément que le contexte est idéal pour la réunion d'une commission chargée de se pencher sur la question de la science en Belgique et ses enjeux.

---

14. Une subvention extraordinaire (1947), puis une loi de financement (23 avril 1949) sont successivement votées.

15. Halleux R., Xhayet G., *La liberté de chercher. Histoire du Fonds national de la recherche scientifique*, Liège, Éditions de l'Université, 2007, p. 114.

16. Meynaud J., Ladrière J., Perin F. (dir.), *La décision politique en Belgique : le pouvoir et les groupes*, Paris, A. Colin, 1965 (Cahiers de la Fondation nationale des sciences politiques, n° 138), p. 192.

17. L'Année géophysique internationale est organisée du 1er juillet 1957 au 31 décembre 1958. Elle associe douze nations qui mènent dans ce domaine une série de recherches. La Belgique organise dans ce cadre une expédition en Antarctique, commandée par Gaston de Gerlache, qui aboutit à la construction de la base Roi Baudouin.

La mise en place de la Commission nationale des sciences

L'initiative de la Commission nationale des sciences n'est pas le fait d'un seul homme. Il semble qu'il faille y voir avant tout un consensus, tant dans le monde politique que scientifique, à propos de l'idée de réunir une commission à ce sujet. Tout le monde s'accorde également, du reste, sur la nécessité de marquer les esprits, de ne pas se limiter à des déclarations de principe. Il faut que l'événement soit « spectaculaire »[18].

Du côté scientifique, on retrouve comme figures de proue de la commission Marcel Dubuisson[19], recteur de l'Université de Liège, et Jean Willems[20], vice-président et directeur du FNRS. L'ensemble des institutions scientifiques et de haut enseignement semblent être représentées[21], mis à part, assez étonnamment, l'Académie royale des sciences, des lettres et des beaux-arts de Belgique[22] (en abrégé « Académie royale ») : outre les recteurs des quatre universités, sont membres les chefs des grands établissements scientifiques

18. Postface de Jean Delchevalerie, dans Dubuisson M., *Mémoires*, Liège, Vaillant-Carmanne, 1977, p. 484.

19. Marcel Dubuisson (1903-1974) est avant tout un savant, connu pour ses travaux sur le monde sous-marin, ainsi qu'en zoologie, physiologie, biophysique et biochimie notamment. Docteur en sciences zoologiques de l'Université de Gand où il débute sa carrière académique, c'est au sein de la Faculté des sciences de l'Université de Liège qu'il est nommé chargé de cours (1931) puis professeur ordinaire (1936). A la fin de la guerre, il enseigne deux ans à la Faculté de médecine de l'Université d'Alger. De retour à Liège, il est nommé à la chaire de zoologie. Recteur de l'Université de 1953 à 1971, Marcel Dubuisson mène notamment durant cette période une politique d'extension des bâtiments universitaires, dans le contexte de la forte augmentation du nombre d'étudiants. Personnalité très influente, il est entre autres membre du conseil d'administration du FNRS et de l'IISN, ainsi que membre puis président de l'Académie royale des sciences (BACQ Z., « Notice sur Marcel Dubuisson », dans *Annuaire de l'Académie royale de Belgique*, 1980, pp. 21-60).

20. Jean Willems (1895-1970) vit ses études universitaires, entamées à la Faculté de philosophie et lettres de l'Université de Gand, définitivement interrompues par la Première Guerre mondiale. Après avoir été, de 1919 à 1928, secrétaire de l'Université libre de Bruxelles, il devient pourtant progressivement un personnage incontournable dans le domaine de l'administration de la science : il exerce bientôt des fonctions de premier plan au sein d'organismes tels que la Fondation universitaire, la Fondation Francqui, la *Belgian American Educational Foundation* (BAEF), l'IISN, mais aussi et surtout au sein du FNRS où il joue, dès la mise en place du projet, un rôle moteur. Il en est ainsi le directeur de 1928 à 1970 (Masure J., « Willems (Jean) », dans *Biographie nationale*, t. 41, 1979, col. 797-808).

21. Mgr H. Van Waeyenbergh (Université catholique de Louvain), J. Gillis, remplacé par P. Lambrechts (Université de Gand), M. Dubuisson (Université de Liège), H. Janne (Université libre de Bruxelles), général H. Vanvreken (École royale militaire), P. Houzeau de Lehaie (École polytechnique de Mons), J. Willems (FNRS), L. Henry (IRSIA), L. van den Berghe (IRSAC, Institut pour la recherche scientifique en Afrique centrale), P. Bourgeois (Observatoire royal de Belgique), F. Jurion (INÉAC, Institut national pour l'étude agronomique du Congo belge).

22. En effet, le secrétaire perpétuel de l'Académie royale n'est pas inclus parmi les membres de la Commission nationale des sciences tels que désignés par l'arrêté royal du 19 janvier 1957. Certes, le poste de secrétaire perpétuel était officiellement vacant (H. Lavachery sera élu quelques semaines plus tard) mais quand bien même : c'était aussi le cas à l'enseignement supérieur et on s'était contenté de mettre l'intitulé de la fonction, sans le nom du titulaire, sur l'arrêté royal constitutif de la commission. Il semble que le chef de cabinet du roi Baudouin soit intervenu pour que le secrétaire perpétuel de l'Académie royale en soit membre (« Note de M. le Président de l'Académie », dans *Archives de l'Académie royale des sciences, des lettres et des beaux-arts de Belgique*, Bruxelles [en abrégé ARB], dossier « Commission nationale des sciences » [en abrégé CNS], n° 3583) avec ensuite l'appui du cabinet du Premier ministre (H. Lavachery à A. Van Acker, 4 février 1957, ARB, CNS, n° 3583). En effet, la commission comporte finalement deux membres supplémentaires : le secrétaire perpétuel de l'Académie royale ainsi que F. Jurion, vice-président et directeur général de l'INÉAC.

(l'Observatoire, l'École royale militaire). De même, les institutions scientifiques en rapport avec l'Afrique en général et le Congo, à l'époque colonie belge, en particulier, sont représentées, de l'IRSAC à l'Académie royale des sciences coloniales. L'administration ainsi que les différents ministères concernés sont présents également[23]. Les vingt membres de la Commission ont le pouvoir de coopter les membres des groupes de travail. La composition de la Commission sera jugée par trop « académique » et cette absence de représentants des milieux économiques et sociaux critiquée, y compris par certains membres cooptés de la Commission, dont Pierre Harmel[24], ministre belge des Affaires culturelles de 1958 à 1960.

La présidence de la Commission est confiée à Léopold III (1901-1983) qui a abdiqué en 1951 en faveur de son fils Baudouin (1930-1993). On peut voir dans ce choix une certaine influence d'Achille Van Acker[25], à ce moment chef du Gouvernement (majorité socialiste-libérale), qui aurait voulu du même coup faire œuvre d'apaisement sinon de réconciliation nationale. Il ne faut pas oublier que les plaies de la « question royale »[26] sont encore pour beaucoup béantes. Van Acker était lui-même à la tête du Gouvernement durant l'été 1945, lorsque la crispation vis-à-vis du Roi se fit de plus en plus manifeste. D'autre part, on se souvient que quelques années plus tard, les tensions étaient encore bien vives ; en 1952, la célébration du 25e anniversaire du discours de Seraing, prononcé par le roi Albert Ier à l'occasion du 110e anniversaire des établissements John Cockerill, celui-là même qui contribua à la création du FNRS, avait failli être purement et simplement boycottée par le Palais. Bau-

---

23. M. Van den Abeele (Colonies), baron J. Snoy et d'Oppuers (Affaires économiques), E. P. Seeldrayers (Instruction publique), F. Darimont (Enseignement et Recherche), P. Ryckmans (Commissaire à l'Énergie atomique) et J. Errera (Affaires nucléaires).

24. Pierre Harmel (1911-2009), membre du Parti social-chrétien, a été ministre de l'Instruction publique de 1950 à 1954. Cette période est marquée par l'adoption d'une série de mesures vues comme étant favorables à l'enseignement libre confessionnel, d'où l'émergence d'une nouvelle « guerre scolaire » entre partisans de l'enseignement libre et partisans de l'enseignement officiel. La question ne sera résolue qu'avec le Pacte scolaire conclu en 1958, sorte de compromis accordant à chaque réseau une série de garanties, financières notamment. Après ses passages à la Justice (juin à novembre 1958) et aux Affaires culturelles, Pierre Harmel occupe notamment les fonctions de ministre de la Fonction publique (1960-61), de Premier ministre (1965-66) et de ministre des Affaires étrangères (1966-72), exerçant à cette occasion un rôle crucial dans l'élaboration de la doctrine de l'OTAN. Il est également président du Sénat de 1973 à 1977. Docteur en droit, il a enseigné à l'Université de Liège (Dujardin V., *Pierre Harmel*, Bruxelles, Le Cri, 2004).

25. Pierre Harmel lui attribue en tout cas la paternité de l'idée (Dujardin V., p. 372).

26. A la suite de l'invasion allemande et de la capitulation belge du 28 mai 1940, le roi Léopold III décide, en tant que chef des armées, de rester au pays, alors que le Gouvernement choisit la route de l'exil. C'est le point de départ d'un antagonisme entre le Roi et le « Gouvernement de Londres » qui ne fera que croître avec le temps. Peu avant la Libération, Léopold III est emmené en Allemagne puis en Autriche. Lorsqu'il est libéré par les Alliés en mai 1945, les tensions entre pro et anti-léopoldistes, qui critiquent son attitude sous l'occupation, sont à ce point exacerbées qu'elles rendent son retour impossible. Le Roi est donc maintenu dans l'« impossibilité de régner » et son frère Charles exerce la régence. En 1950, une consultation populaire donne la majorité au retour de Léopold III, mais le pays reste profondément divisé. Le climat quasi insurrectionnel l'amène à abdiquer au profit de son fils Baudouin, officiellement le 16 juillet 1951.

douin, tout jeune Roi des Belges, ne pardonnait en effet pas à certains, parmi lesquels le baron Holvoet, ex-chef de cabinet du prince Charles et président du FNRS, une attitude qu'il jugeait hostile à son père[27].

En acceptant de présider la Commission nationale des sciences, Léopold III fait ainsi, en quelque sorte, officiellement son retour dans la vie publique belge. Les préoccupations du monde politique et du monde scientifique semblent sur ce point rencontrées, dans la mesure où le prestige de son président ne peut qu'assurer une plus grande visibilité aux travaux de la Commission. On constate d'ailleurs que les critiques à l'égard de ce choix seront limitées à une partie de la presse de gauche.

Alors que dans un premier temps, le secrétariat de la Commission est *ipso facto* assuré par Henri Janne, le recteur de l'Université libre de Bruxelles, Pierre Seeldrayers, secrétaire général du ministère de l'Instruction publique, Marcel Dubuisson et Jean Willems, on finit par désigner un secrétaire attitré en la personne d'Yvan de Hemptinne (1924-2002). Ce dernier, licencié en sciences chimiques, ingénieur technicien biochimiste, présente, sur le plan scientifique, le profil adéquat, d'autant plus qu'il a été à l'œuvre à l'UNESCO (responsable du programme de biologie cellulaire à partir de 1954). En commission, Léopold III lui-même, qui l'a rencontré, s'y déclare favorable[28]. On avait pensé dans un premier temps à confier le poste à André Molitor, qui sera ultérieurement chef de cabinet de Pierre Harmel puis du roi Baudouin, mais l'idée fut abandonnée[29].

La Commission est donc inaugurée en grande pompe au Palais des Académies le 5 février 1957, en présence notamment de Léopold III et du Premier ministre Achille Van Acker. Les premiers rapporteurs désignés sont MM. Dubuisson, Janne, Seeldrayers et Willems, qui décident de consacrer temporairement les travaux de la Commission à la Belgique en excluant le Congo, où Léopold III effectue une visite à ce moment[30]. Les questions abordées concernent l'université (du budget aux examens, en passant par la révision éventuelle de la législation existante), les académies et établissements d'enseignement supérieur, les « travailleurs intellectuels » (préparation aux études supérieures et étude du « marché de l'emploi intellectuel »), la « recherche scientifique pure et appliquée » et l'inventaire du potentiel scientifique de la Belgique[31].

27. Balace F., « Échec au Roi. Remous à l'occasion du 25e anniversaire du 'discours de Seraing' », dans Bertrams K., Biemont E., Van Tiggelen B., Vanpaemel G. (dir.), *Pour une histoire de la politique scientifique en Europe (XIXe-XXe siècles)*, Actes du colloque des 22 et 23 avril 2005 au Palais des Académies, Bruxelles, Académie royale de Belgique – Classe des sciences, 2007, pp. 127-150.

28. Archives du Palais royal, Bruxelles [en agrégé APR], fonds « Secrétariat du Service du Roi Léopold » [en abrégé SL], n° 6585.

29. Molitor A., *Servir l'État. Trois expériences*, Louvain-la-Neuve, Association universitaire de recherche en administration ; Bruxelles, CRISP, 1982, p. 123.

30. ARB, CNS, n° 3683.

31. Projet de programme de travail de la Commission nationale des sciences, 15 février 1957, ARB, CNS, n° 3683.

En mars 1957, il est proposé que le secrétaire perpétuel de l'Académie royale de Belgique, à l'époque Henri Lavachery[32], se charge de réaliser, pour le 15 mai, une étude présentant la « situation actuelle du Haut Enseignement et de la Recherche Scientifique en Belgique » en faisant l'état de ses moyens financiers, humains et matériels. Il devrait aussi répertorier les différents organismes travaillant ou ayant travaillé à ce type d'inventaire. Enfin, on recommande, c'est assez significatif, une étude comparative avec ce qui se fait aux Pays-Bas, en Suisse et dans les pays scandinaves[33]. Dès le retour de Léopold III du Congo, en avril 1957, on aborde la question de la science dans la colonie. Louis van den Berghe, le directeur de l'IRSAC, remet en effet un volumineux rapport sur l'état du paysage scientifique au Congo[34]. Il faut signaler que Léopold III, qui préside d'ailleurs à ce moment l'IRSAC, a lors de son voyage visité avec van den Berghe les laboratoires mis en place[35].

L'une des premières tâches assignées à la Commission est de préparer un rapport préliminaire, remis officiellement au Premier ministre au mois de décembre. Il contient la définition de la politique scientifique telle qu'imaginée par les membres de la Commission : « la ' politique scientifique ' d'une nation peut être définie comme un ensemble de directives générales tendant à développer les activités scientifiques et à les mettre au service non seulement du développement intellectuel et moral de la population, mais aussi de la protection de sa santé et de sa prospérité économique » à travers un double objectif : « maintenir l'acquis » et « progresser »[36]. Le rapport isole quatre grands chantiers, la formation des travailleurs scientifiques, l'emploi des travailleurs scientifiques et techniques, la recherche scientifique et l'éducation scientifique du public. La deuxième partie est consacrée aux « territoires d'outre-mer ».

En fait, Léopold III reçoit déjà le Premier ministre durant l'été 1957 (entre le mois de juin et le tout début du mois d'août) pour lui remettre une version de ce rapport, attirer son attention sur la première recommandation de la Commission concernant l'octroi d'une subvention extraordinaire pour l'enseignement supérieur et les institutions de recherche, et recevoir une délégation de celle-ci (Marcel Dubuisson, Honoré Van Waeyenbergh, le *recteur magnifique* de l'Université catholique de Louvain et Paul Bourgeois, directeur de l'Observatoire royal de Belgique), parler des émoluments du secrétaire de Hemptinne ainsi que d'une « note rédigée par le Colonel Herbays »[37].

---

32. Henri Lavachery est à ce moment Secrétaire perpétuel *ad interim*. Il est officiellement élu le 10 mai 1957.

33. ARB, CNS, n° 3683.

34. ARB, CNS, n° 3589.

35. Léopold III, *Carnets de voyages, 1919-1983*, Bruxelles, Racine, 2004, pp. 292-297.

36. *Une politique scientifique pour la nation. Rapport introductif de la Commission Nationale*, [1957], s.l., p. 10.

S'il est décidé que les comptes rendus des séances ne seraient pas publiés, le rapport introductif, par contre, est semble-t-il assez largement distribué, y compris à l'étranger. Ainsi, Léopold III demande formellement au Premier ministre Van Acker, en octobre 1957, de fournir 500 exemplaires du rapport destinés aux parlementaires français, à la demande de Henri Longchambon, le président du Conseil supérieur de la recherche scientifique et des progrès techniques[38].

Le groupe de travail « académies »

Des « groupes de travail » sont formés pour aborder spécifiquement certains sujets[39]. Il s'agit par exemple des « universités », de l'« enseignement supérieur » ou de l'« outre-mer ». Un exemple de groupe de travail mis en place au sein de la Commission nationale des sciences (décidé en commission le 2 avril 1957) est donné par le groupe « académies », institué pour étudier le rôle des académies dans la vie scientifiques du pays. Il comprend les secrétaires perpétuels des sept académies royales que compte la Belgique[40] ainsi que le secrétaire général du ministère de l'Instruction publique. Il est présidé par Corneel Heymans (qui semble proche du Palais[41]), membre de l'Académie royale de médecine et Prix Nobel de physiologie et de médecine 1938. Au printemps 1957 se tiennent les premières réunions du groupe de travail. On y entre directement dans le vif du sujet en abordant les « grandes questions », dixit Luc

---

37. APR, SL, n° 6585. Le colonel E. Herbays a pris une part considérable dans les travaux préparatoires à l'Année géophysique internationale entamés dès le début des années cinquante. De plus, en février 1958, il représente l'ICSU (*International Council of Scientific Unions* – actuel *International Council for Science*) à la première réunion du *Special Committee on Antarctic Research* (SCAR), chargé d'aborder spécifiquement les aspects de l'Année géophysique concernant l'Antarctique (GREENAWAY F., *Science International : A history of the International Council of Scientific Unions*, Cambridge, Cambridge University Press, 1996, p. 132).

38. Léopold III à A. Van Acker, 29 octobre 1957, APR, SL, n° 6585.

39. Un groupe de travail est obligatoirement présidé par un membre de la Commission nationale et comprend au minimum deux de ses membres. Les membres du groupe de travail sont désignés par la Commission nationale et son secrétaire assiste en théorie à toutes les séances (Règlement relatif aux groupes de travail, ARB, CNS, n° 3683).

40. Par ordre chronologique de fondation : Académie royale des Sciences, des Lettres et des Beaux-Arts de Belgique [1772] ; Académie royale de Médecine [1841] ; *Koninklijke Vlaamse Academie voor Taal- en Letterkunde* (actuelle *Koninklijke Academie voor Nederlandse Taal- en Letterkunde*) [1886] ; Académie royale de Langue et de Littérature françaises [1920] ; *Koninklijke Vlaamse Academie voor Wetenschappen, Letteren en Schone Kunsten van België* (actuelle *Koninklijke Vlaamse Academie van België voor Wetenschappen en Kunsten*) [1938] ; *Koninklijke Vlaamse Academie voor Geneeskunde van België* [1938] ; Académie royale des sciences coloniales, fondée à partir de l'Institut royal colonial belge existant depuis 1928 (actuelle Académie royale des Sciences d'Outre-mer – *Koninklijke Academie voor Overzeese Wetenschappen*) [1954].

41. Corneel Heymans a exercé d'importantes fonctions au sein de la Croix-Rouge de Belgique, qu'il quitte d'ailleurs en avril 1958 (APR, SL, n° 6585). En mai 1959, il envoie à Léopold III des « renseignements au sujet de l'organisation de la recherche scientifique, en URSS, Chine et Tchécoslovaquie », glanés lors d'un voyage qu'il vient d'y effectuer (C. Heymans à Léopold III, 19 mai 1959, APR, SL, n° 6585).

Hommel (membre de l'Académie de langue et de littérature françaises), c'est-
à-dire le rôle des académies. Heymans salue le fait que les académies russes
sont « au sommet de la recherche scientifique » comparativement à la France
où ce serait, selon lui, moins le cas. Jean Haesaert, le secrétaire perpétuel de la
*Koninklijke Vlaamse Academie voor Wetenschappen, Letteren en Schone
Kunsten van België* (en abrégé « Académie flamande »), est chargé d'étudier
le fonctionnement des académies « derrière le rideau de fer ». Aussi présente-
t-il l'Académie des sciences d'URSS, directement subordonnée au conseil des
ministres. Si la suite des débats de cette séance porte sur des questions plus
concrètes et terre à terre, Pierre Seeldrayers, le représentant du département de
l'Instruction publique, déclare : « Les Académies ne sont plus guère que des
groupements honorifiques. Il faudrait pour pouvoir défendre les demandes de
crédits introduites par les Académies, démontrer l'intérêt des activités académiques. Il n'y a pas d'autre problème »[42]. La réunion suivante porte encore sur
le statut des académiciens, qu'on dit mieux considérés en France et en Italie,
et sur le fait que le FNRS devrait être subordonné à l'Académie royale de Belgique (« Il est inadmissible que ce soit un organisme privé qui dirige la Science
dans le Pays » déclare en effet Haesaert[43]).

Jean Haesaert est chargé, en mai 1957, de rédiger un rapport général au nom
de l'ensemble des académies (des rapports spéciaux plus courts doivent paraître pour reprendre les questions spécifiques). Il en ressort que les académies
des sciences, des lettres et des beaux-arts (francophone et flamande) se voient
comme un « Conseil Supérieur des Sciences, des Arts et des Lettres : les problèmes fondamentaux qui s'y rapportent relèvent, par définition, de leur
compétence »[44]. Dans le même ordre d'idée, l'Académie de médecine doit être

---

42. Groupe de travail « académies », procès verbal de la séance du 11 avril 1957, ARB, CNS,
n° 3583.

43. Groupe de travail « académies », procès verbal de la séance du 7 mai 1957, ARB, CNS,
n° 3583.

44. *Rapport général du groupe de travail institué pour étudier le rôle des académies dans le
cadre des institutions scientifiques du pays*, ARB, CNS, n° 3583. Il serait faux, cependant, de dire
qu'il y a, au sein du groupe de travail « académies », unanimité. Face aux secrétaires perpétuels
des sept académies, Pierre Seeldrayers refuse en effet de signer le rapport du groupe de travail. Il
sollicite une réunion du groupe le 12 juillet 1957, au cours de laquelle il exprime clairement son
désaccord. Selon lui, les académies doivent remplir une « mission élevée » mais il ne peut s'agir
d'en faire d'éventuels « conseils supérieurs » : « [...] il ne s'agit plus de rôle consultatif, là où il
est indiqué que les Académies sont désignées pour 'coordonner à l'échelon le plus élevé l'activité
scientifique' », ce qui revient pour lui à leur attribuer un rôle « décisoire ». Il poursuit : si l'Académie royale coordonne à l'échelon le plus élevé l'activité scientifique du pays, « cela signifie-t-
il qu'il faille demander l'avis de l'Académie pour constituer, par exemple, un centre de
recherche ? » De plus, si les académies reçoivent un rôle de coordination dans certains domaines
d'activité scientifique, seront-elles responsables en cas d'interpellation du ministre devant le
Parlement ? D'ailleurs, pense Seeldrayers, des matières sensibles, comme le nucléaire, ne seront
jamais abandonnées par le Gouvernement. Il estime enfin que si le FNRS est mêlé à la recherche
nucléaire via l'Institut interuniversitaire des sciences nucléaires, c'est précisément uniquement
dans un cadre universitaire limité à l'octroi et la répartition des crédits (Groupe de travail « académies », procès verbal de la séance du 12 juillet 1957, ARB, CNS, n° 3583).

un « conseil supérieur des sciences médicales »[45]. Une telle conception heurte de front certaines recommandations de la Commission nationale. Aussi, à la fin de 1959, lorsque celle-ci préconise la création d'un Conseil national de la recherche et de l'enseignement supérieur (CNRES), l'Académie royale oppose une certaine réticence. D'une part, elle demande, pour elle et son pendant flamand, de pouvoir y bénéficier d'un représentant permanent alors que la Commission nationale avait proposé un roulement. Elle s'oppose d'autre part à ce que ce CNRES soit, comme le prévoit la Commission, habilité à étudier le rôle et les moyens des académies. Car, disent Alexis Dumont et Henri Lavachery, respectivement président et secrétaire perpétuel de l'Académie royale, les académies constituent « la plus haute autorité scientifique du Pays » et « ont seule qualité pour établir leur statut et en délibérer »[46]. Les différentes classes n'avaient pas dit autre chose[47]. Les critiques fusent et s'étendent à l'ensemble des travaux de la Commission. La Classe des lettres de l'Académie flamande critique jusqu'à l'existence du CNRES en chantier ainsi que sa composition, craignant « le monopole de la direction de la politique scientifique et la routine »[48]. Victor Van Straelen, de son côté, membre de la Classe des sciences de l'Académie royale, ancien directeur du Musée royal d'histoire naturelle et ex-proche de Léopold III dont il s'est séparé avec fracas au moment de la question royale[49], est plus virulent. Premièrement, selon lui, le niveau du rapport de la Commission nationale est globalement faible et trahit par moment une méconnaissance des sujets traités par les membres qui seraient « en majorité [...] étrangers à la recherche scientifique soit par leurs fonctions, soit par la manière dont ils s'en sont acquittés jusqu'à présent ». Deuxièmement, il critique le « mystère » entourant les travaux de la Commission, dont les débats ne sont pas publiés, et la compare à la publicité qui est faite, à la même époque, à propos de l'enseignement supérieur et des institutions scientifiques en

45. ARB, CNS, n° 3583.

46. A. Dumont et H. Lavachery à P. Harmel, 8 juin 1959, dans ARB, CNS, n° 3583.

47. Après la publication du rapport, le secrétaire perpétuel de l'Académie royale Henri Lavachery avait envoyé aux membres une invitation à faire connaître leurs critiques éventuelles du document.

48. ARB, CNS, n° 3583.

49. Victor Van Straelen a en effet notamment accompagné Léopold III lors de ses voyages aux Indes néerlandaises (1929) et au Congo belge (1932). Il a également pris une part considérable dans la mise en place, dans la colonie, des réserves naturelles, à travers l'Institut des parcs nationaux du Congo belge, et a été, durant les premières années du règne de Léopold III, en contact permanent avec le Palais. Mais en juillet 1945, lorsque la question de l'attitude de Léopold III pendant l'occupation est ouvertement abordée à la Chambre des Représentants, le Premier ministre Achille Van Acker affirme que le Roi a « accepté volontairement, sinon provoqué » sa déportation par les Allemands en juin 1944 (*Chambre des Représentants de Belgique. Compte rendu analytique. Séance du mardi 17 juillet 1945*, p. 204). Il se base, pour étayer ses propos, sur un document que l'on attribue à Victor Van Straelen et qui constitue la relation de l'entretien qu'aurait eu ce dernier avec Léopold III en avril de la même année. Le contenu de la « note Van Straelen » sera vivement contesté par les léopoldistes (voir notamment le *Rapport de la Commission d'information instituée par S.M. le Roi Léopold III le 14 juillet 1946*, Luxembourg, 1947, pp. 142-151).

France. Est-ce, interroge Van Straelen, par « pudeur » ou par « crainte » ? Il estime surtout qu'au-delà d'un manque généralisé de moyens et de personnel, c'est davantage l'utilisation qui en est faite, autrement dit le « rendement », qui doit être amélioré. Ce point est pourtant, juge-t-il, passé sous silence par la Commission ; le personnel scientifique belge serait globalement surpayé ; on créerait, comparativement par exemple au voisin néerlandais, trop d'instituts scientifiques, trop de facultés, pour satisfaire des revendications linguistiques notamment. Il en vient au personnel universitaire, en particulier les « maîtres » comme il les appelle, et critique la relative complaisance de la Commission à leur égard : point de critique ou d'évaluation de la manière dont ils s'acquittent de leurs tâches scientifiques et pédagogiques. Point de critique non plus, selon lui, de « la grande tradition du pays de soupeser l'appartenance philosophique, religieuse, linguistique, avant toute autre considération [...] ». Il termine en évoquant la question de la prise en charge et de la formation des étudiants, selon lui délaissés par le rapport[50].

Quoi qu'il en soit, le ministre des Affaires culturelles Pierre Harmel répond à la lettre Dumont-Lavachery qu'à titre personnel, il partage leur opposition à ce qu'un éventuel conseil puisse intervenir dans les statuts de l'Académie royale. En ce qui concerne les membres de ce conseil, par contre, il estime la question comme étant sans objet, dans la mesure où ses membres doivent siéger à titre personnel et non en tant que représentant de telle ou telle institution[51]. Mais l'Académie royale maintient ses prétentions et souligne que le rapport de la Commission nationale, en sa 14e recommandation, parle de « personnalités représentatives » d'institutions telles que le FNRS, d'où le regret, pour l'Académie royale, de ne pas être nommément citée. Elle se verrait bien, d'ailleurs, attribuer la tâche de nommer l'ensemble des membres du CNRES en gestation[52].

Autres exemples de groupes de travail

Un groupe de travail « universités » se réunit également dans le cadre de la Commission nationale. Edward-John Bigwood, pro-recteur de l'Université libre de Bruxelles, dépose une série de notes où le fil conducteur est que com-

50. ARB, CNS, n° 3583.

51. P. Harmel à A. Dumont et H. Lavachery à P. Harmel, 4 juillet 1959, ARB, CNS, n° 3588.

52. H. Lavachery à P. Harmel, 8 juillet 1959, ARB, CNS, n° 3588. L'Académie royale reste opposée au projet de conseil tel que prévu par la Commission nationale en critiquant sa composition (« 25 personnalités, dont la plupart ne sont habilitées, ni par leurs fonctions, ni par leur standing intellectuel présumé, pour juger de questions concernant les académies »). Si celui-ci est tout de même créé, elle verrait d'un bon œil, pour régler la question du choix du président et du « dosage politique », la désignation du ministre des Affaires culturelles en tant que président car « les prérogatives du CNRES sont précisément celles qui définissent le programme optimum du Ministère des Affaires culturelles [...] » (ARB, CNS, n° 3589).

parativement aux Pays-Bas, l'enseignement en Belgique en général, du secondaire au supérieur, est sous-financé. Dans ce groupe d'ailleurs, les mêmes réticences se manifestent quand aux compétences d'une éventuel « Conseil Supérieur de la Recherche Scientifique », variante lexicale du CNRES cité plus haut, auquel Marcel Dubuisson n'exclut pas de confier les questions universitaires épineuses comme celle de l'accroissement nécessaire des bâtiments universitaires dans le contexte de la démocratisation des études supérieures et de l'afflux massif d'étudiants. Edward-John Bigwood et Pieter Lambrechts, le recteur de l'Université de Gand, s'y opposent dans la mesure où ce conseil « n'aura pas dans ses attributions les problèmes d'organisation des universités mais la recherche scientifique dans l'enseignement universitaire »[53].

Dans le groupe de travail « enseignement supérieur », les débats portent également sur les « bâtiments », bien que l'on s'étonne d'avoir séparé « enseignement supérieur » et « universités » en deux groupes distincts. Dès lors, ce groupe travaillera surtout sur les établissements d'enseignement supérieur assimilés aux universités et leurs carences en installations et crédits[54].

Enfin, on sait que l'important groupe de travail « territoires d'outre-mer » a vraisemblablement bénéficié en ordre principal de documents de travail rédigés par Pierre Ryckmans[55], ancien gouverneur général du Congo belge et commissaire à l'énergie atomique, décédé le 18 février 1959, ainsi que par Louis van den Berghe et Corneel Heymans, deux proches de Léopold III. Le « rapport préliminaire sur les territoires d'outre-mer » affirme pour l'État belge un « devoir d'assistance technique » au Congo, étendu aux aspects financiers. On affirme en effet que le Congo manque de tout au niveau scientifique. Jean Willems, par une formule tranchée, déclare qu' « il appartient à la Commission Nationale d'affirmer des principes, notamment en ce qui concerne l'aide financière due par la Métropole pour l'exécution des programmes scientifiques en Afrique belge, sans se préoccuper de savoir si le Gouvernement est disposé ou non de se conformer aux suggestions de la Commission »[56]. Lors de la réunion

---

53. Groupe de travail « universités », procès verbal de la séance du 18 novembre 1958, ARB, CNS, n° 3585.

54. ARB, CNS, n° 3586.

55. Pierre Ryckmans (1891-1959) a été le gouverneur général du Congo belge et de Ruanda-Urundi (où il avait déjà exercé d'importantes fonctions administratives dans les années vingt) de 1934 à 1946. Ayant étudié le droit à l'Université de Louvain, il est, avant son accession au poste de gouverneur général, avocat et professeur. À partir de 1934, il devient également le président de l'INÉAC. De retour, en 1946, du Congo où il dut pendant le second conflit mondial orchestrer l'effort de guerre en faveur des Alliés, il devient l'année suivante représentant de la Belgique au Conseil de tutelle des Nations unies. Il occupe cette fonction dix années durant. Entretemps, en 1951, il est désigné en tant que commissaire à l'énergie atomique. Il est d'ailleurs, dans ce domaine, à l'origine de la création du *Centre d'Étude pour les Applications de l'Énergie Nucléaire* (CEAEN), actuel SCK-CEN, *Studiecentrum voor Kernenergie* ou Centre d'étude de l'énergie nucléaire, situé à Mol (Gille A., Van den Abeele M., « Ryckmans (Comte *Pierre-Maria-Joseph*) », dans *Biographie Belge d'Outre-Mer*, Académie royale des sciences d'Outre-Mer, t. VII-A, 1973, col. 415-426).

56. ARB, CNS, n° 3587.

du 25 septembre 1957, Marcel Van den Abeele, administrateur général du ministère des Colonies, approuve, sur proposition de Heymans, l'idée de la prise en charge par la métropole de certaines institutions scientifiques au Congo, par exemple la création d'un « conseil scientifique » congolais[57].

L'opposition de deux tendances

Dire qu'il y eut à cette époque, autour et au sein de la Commission des « moments de tension »[58] semble donc être un euphémisme. À l'époque s'affrontent en effet deux conceptions opposées des rapports entre science et politique.

La première tendance tire son origine de l'entre-deux-guerres et est incarnée notamment par Jean Willems. L'influent directeur du FNRS a contribué à pérenniser les « instituts de la rue d'Egmont »[59] en mettant un point d'honneur à éviter autant que possible l'intervention du monde politique dans ses affaires. Il s'inscrit dans la droite ligne – filiation semble-t-il tout à fait revendiquée par ce dernier[60] – de l'industriel, homme d'État et homme d'affaires Émile Francqui (1863-1935). Il est vrai que ce dernier avait montré la voie à suivre sur ce point en créant après la Première Guerre mondiale, à partir des reliquats du Comité national de secours et d'alimentation mis en place en Belgique occupée pour venir en aide à la population, une Fondation universitaire, à la fois espace de réunion et instance de financement pour les étudiants et les chercheurs. Il contribua à créer un système de promotion de la recherche largement basé sur l'initiative privée via la *CRB-Educational Foundation* (rebaptisée par la suite BAEF, pour *Belgian-American Educational Foundation*), la Fondation universitaire, le FNRS, l'Institut de médecine tropicale prince Léopold, la Fondation Francqui et la Fondation nationale du cancer[61]. Il trouva auprès de la monarchie un relai attentif qui fit effet de catalyseur, comme en témoigne le discours d'Albert Ier à Seraing et la souscription publique qui s'ensuivit et permit de récolter les fonds préalables à la naissance du FNRS. Claude Truffin a ainsi pu parler d'une « architecture francquiste de la science » basée sur la relation entre le Roi et le secteur privé[62].

---

57. Groupe de travail « territoires d'Outre-mer », procès verbal de la séance du 25 septembre 1957, ARB, CNS, n° 3587.

58. Postface de Jean Delchevalerie, dans Dubuisson M., p. 486.

59. Dans cette rue de Bruxelles se trouvent plusieurs institutions scientifiques, dont le FNRS et la Fondation universitaire.

60. Fox R., *Le château des Belges. Un peuple se retrouve*, Bruxelles, Duculot, 1997, p. 57.

61. Voir à ce propos Ranieri L., *Émile Francqui ou l'intelligence créatrice, 1863-1935*, Paris-Gembloux, Duculot, 1985, pp. 292-326.

62. Truffin C., « L'université et la recherche vues par le monde politique », dans Allard J., Haarscher G., Puig de la Bellacasa M. (dir.), *L'université en questions. Marché des savoirs, nouvelle agora, tour d'ivoire ?*, Bruxelles, Labor, 2001, p. 80.

Face à eux, la tendance « interventionniste » est incarnée par Pierre Harmel, qui devient ministre des Affaires culturelles à la fin de l'année 1958. Harmel, homme d'État catholique originaire de la région liégeoise, a été ministre de l'Instruction publique au début des années cinquante et ministre de la Justice de juin à novembre 1958. Il fait partie de ceux qui tirent fréquemment la sonnette d'alarme en insistant sur le manque de main-d'œuvre qualifiée et la nécessité de la former dans le contexte de haute compétition technologique[63]. En 1956, il effectue d'ailleurs un long voyage aux États-Unis destiné notamment à étudier ces questions. Il enseigne de plus à l'Université de Liège et est donc au fait des enjeux concernant le monde de la recherche[64].

En novembre 1958, le gouvernement catholique minoritaire de Gaston Eyskens est élargi aux libéraux et Pierre Harmel est donc en quelque sorte « transféré » de la Justice aux Affaires culturelles. Il ne dispose, fait assez rare, d'aucune administration correspondante et le vocable d'« affaires culturelles » est d'ailleurs inédit. Deux des missions assignées au ministre des Affaires culturelles, qui sortent cependant du cadre de notre étude, concernent respectivement l'autonomie culturelle et l'audiovisuel. La première consiste à étudier la demande, provenant en particulier de la partie flamande du pays, de pouvoir bénéficier d'une certaine autonomie en matière culturelle[65]. Cela se traduira, mais en 1970 seulement, par la reconnaissance de trois « communautés culturelles », allemande, néerlandaise et française, bénéficiant chacune d'un Conseil culturel. La seconde est la scission, effective en 1960, de l'Institut national belge de radiodiffusion en entités néerlandophone et francophone, tout en maintenant parallèlement une branche commune.

Pierre Harmel s'occupe également de recherche scientifique et est chargé de préparer le terrain aux éventuelles institutions qui seraient créées sur base des recommandations de la Commission nationale des sciences[66]. L'une de ses premières démarches est de se rendre, en décembre 1958, à Paris pour y rencontrer Louis Jacquinot, ministre d'État chargé de la coordination de la politique scientifique en France, ainsi que les fonctionnaires supérieurs chargés de ces questions à l'OECE et à l'OTAN[67]. La presse généraliste francophone belge de l'époque se fait d'ailleurs régulièrement écho de la situation de la

---

63. Harmel P., « Les États-Unis et l'Europe devant le progrès scientifique », dans *Revue générale belge*, avril 1957.

64. Dujardin V., p. 370 et suivantes.

65. Pierre Harmel a d'ailleurs donné son nom au Centre de recherche pour la solution nationale des problèmes sociaux, politiques et juridiques en régions wallonne et flamande, dit « Centre Harmel », créé en 1948 et qui a consacré, comme son nom l'indique, ses travaux aux différentes « communautés » du pays.

66. Il avait d'ailleurs, lors de son passage de la Justice aux Affaires culturelles, particulièrement insisté auprès du Premier ministre pour pouvoir être chargé de cette matière (Dujardin V., p. 373).

67. P. Harmel à G. Eyskens, 1er décembre 1958, Archives générales du Royaume, Bruxelles [en abrégé AGR], Fonds Pierre Harmel [en abrégé PH], n° 374.

recherche en France et des comparaisons entre les deux pays sont tentées. Ainsi, lorsqu'en novembre 1958, Pierre Piganiol est nommé délégué général du Gouvernement à la recherche scientifique et technique, le journal *Le Soir* parle d'une « réorganisation révolutionnaire de la recherche en France »[68]. En mai 1959, ce dernier est d'ailleurs présent à la Société belge des ingénieurs et des industriels où il donne une conférence sur « les problèmes scientifiques des gouvernements »[69].

Dès le 1er décembre 1958, Pierre Harmel propose une note au Premier ministre et au Gouvernement, où il plaide pour un « grand programme de prospérité » et de « rajeunissement de notre économie » sur une échelle de quatre à cinq ans. En ferait partie une « politique de la science » où importe d'une part le personnel hautement qualifié, d'autre part la relation entre croissance de la prospérité et effort scientifique[70]. Il pense en effet qu'il faut orienter les activités belges « dans la direction des productions et activités non traditionnelles ». Il égratigne d'ailleurs au passage, tant sur le fond[71] que sur la forme, le « Livre blanc », c'est-à-dire le rapport réalisé quelques mois auparavant en vue de faire l'inventaire du personnel scientifique et technique qualifié en Belgique[72]. Le Livre blanc repose sur les travaux du Centre d'étude des problèmes sociaux et professionnels de la technique qui relève de l'Institut Solvay et donc de l'Université libre de Bruxelles. Il fut commandé par le gouvernement Van Acker IV, composé de socialistes et de libéraux. Or, l'Université catholique de Louvain avait, comme elle le déclara à Harmel, refusé de répondre à certaines questions jugées « confidentielles ». Le climat est donc lourd et les mésententes entre universités réelles. Aussi, Harmel s'oppose à ce qu'une seconde étude, consistant cette fois à faire l'inventaire de l'ensemble des ressources consacrées à la recherche scientifique et technique, soit confiée au même institut, en raison du refus de coopération qu'il pourrait essuyer de la part de Louvain mais aussi des universités d'État. Il estime donc qu'il faut confier cette tâche, déjà effleurée par la Commission nationale des sciences, à un conglomérat des instituts de sociologie des quatre universités belges. Aussi, il demande à ce que son collègue de l'Instruction publique Charles Moureaux[73] s'en charge[74].

68. *Le Soir*, 12 décembre 1958.

69. *Le Soir*, 1er mai 1959.

70. « Note pour Monsieur le Premier ministre », 1er décembre 1958, AGR, PH, n° 374.

71. « Mais nous n'aurions pas besoin de préparer, pour la Belgique par exemple, plus d'ingénieurs, si comme semble l'affirmer le Livre Blanc commandé par le précédent gouvernement, notre équipement actuel en ingénieurs suffit au genre d'activité économique de la Belgique » (« Note pour Monsieur le Premier ministre », AGR, PH, n° 374).

72. MINISTÈRE DE L'INSTRUCTION PUBLIQUE, *Premier livre blanc sur les besoins de l'Économie belge en personnel scientifique et technique qualifié*, Bruxelles, A. Puvrez, 1958.

73. Charles Moureaux (1902-1976), docteur en droit et membre du Parti libéral, est ministre de l'Instruction publique de 1958 à 1960.

74. P. Harmel à G. Eyskens, 17 janvier 1959, AGR, PH, n° 374.

Quel est, dans ce contexte, le rôle dévolu à Léopold III ? Sa présence à la tête de la Commission nationale des sciences est-elle destinée à accroître la visibilité de l'événement[75], où à lui donner une fonction « publique », où à tendre vers la réconciliation nationale ? Sans doute un peu des trois. Léopold III témoigne de plus d'un réel intérêt pour les questions scientifiques. On sait qu'avant d'accéder au trône en 1934, le prince Léopold, alors duc de Brabant, manifeste une véritable attention pour les sciences, bien au-delà du traditionnel patronage ou soutien symbolique accordé par les membres de la famille royale belge aux grands événements qui scandent la vie artistique et intellectuelle du pays. Cet intérêt est surtout marqué dans le domaine de l'histoire naturelle – d'où la contribution du prince Léopold à l'enrichissement des collections de l'actuel Institut royal des sciences naturelles – et des « sciences coloniales »[76], comme en témoignent notamment sa participation à l'administration du Parc national Albert, vaste réserve naturelle créée au nord Kivu, ainsi que la création de l'Institut de médecine tropicale prince Léopold. Si le « règne effectif », de 1934 à l'invasion allemande, est davantage accaparé par les problèmes politiques du temps et la « montée des périls », Léopold III a l'occasion, après l'abdication, de se consacrer à ses premières amours ; on le voit ainsi notamment à la tête d'organismes tels que la Fondation internationale scientifique (FIS) et l'IRSAC. Pierre Harmel, du reste, est bien connu de Léopold III et il est intéressant de constater qu'en juillet 1957 – c'est-à-dire avant son retour au Gouvernement – il est reçu par ce dernier au palais de Laeken pour y parler, entre autres, de recherche scientifique. Suite à cette rencontre, Harmel transmet au Roi, à sa demande, un document rédigé par le Conseil supérieur français de la recherche scientifique, consacré à la formation et l'orientation des chercheurs et ingénieurs de recherche. Léopold III et Pierre Harmel s'accordent à citer ce document en exemple car il « montre la méthode suivie pour forcer l'opinion [...] à l'attention »[77]. Harmel y ajoute sa vision des choses : « notre pays a besoin qu'on l'éveille à ces nouveaux problèmes en raison même de la structure actuelle de notre économie : nos produits lourds et nos fabrications traditionnelles semblent exiger actuellement un moindre accroissement de personnel hautement qualifié, tandis que d'autres États, engagés plus avant dans les industries nouvelles, sont plus sensibles aux besoins de la recherche scientifique et de la formation supérieure généralisée. C'est pourquoi nous aurons un peu plus de peine qu'ailleurs à provoquer une salutaire inquiétude ; l'exemple d'autres pays sera peut-être utilement cité si nous voulons stimuler les énergies ».

75. Par exemple, lorsque le journal *L'Écho de la Bourse* consacre un numéro spécial à la recherche, son directeur reçoit une lettre de remerciement signée de Léopold III en sa qualité de président de la Commission nationale des sciences (APR, SL, n° 6583).

76. Poncelet M., *L'invention des sciences coloniales belges*, Paris, Karthala, 2008.

77. P. Harmel à Léopold III, 10 juillet 1957, APR, SL, n° 655.

Léopold III semble de plus vouloir approfondir les sujets abordés en commission. Il reçoit par exemple Pierre Houzeau de Lehaie, recteur de la Faculté
polytechnique de Mons, qui lui expose la situation de l'enseignement technique[78].

Il faut également évoquer les deux voyages effectués par Léopold III en
1957 au Congo et aux États-Unis. Certes, il ne s'agit pas en priorité de missions d'information effectuées dans le cadre des travaux de la Commission (le
séjour à Boston avait pour objectif de permettre l'opération du prince Alexandre, troisième fils de Léopold III souffrant d'une pathologie cardiaque). Ce fut
néanmoins l'occasion, comme on l'a vu, de visiter différentes institutions de
recherche et de bénéficier d'un aperçu de la situation, successivement dans la
colonie belge puis au pays de la *Big Science*.

Enfin, il semble que l'on ait en quelque sorte tenté de reproduire le schéma
du discours de Seraing de 1927, en tirant profit d'un événement marquant pour
lever des fonds dans le secteur privé. En effet, la Commission nationale des
sciences remet ses conclusions en janvier 1959 et on imagine aussitôt une
deuxième séance à laquelle prendrait part le roi Baudouin, au cours de laquelle
seraient rendues publiques les « réponses » du Gouvernement et du secteur privé, financièrement sollicité, en particulier en vue de soutenir la recherche dite
« fondamentale ».

Les suites

Il semble en effet que Pierre Harmel tente d'intéresser le secteur privé à la
question de la recherche scientifique. Il pense plus particulièrement à la Banque nationale. Une rencontre est organisée à ce propos le 16 décembre 1958,
entre Pierre Harmel, son chef de cabinet André Molitor, Hubert Ansiaux, le
gouverneur de la Banque nationale ainsi que le vice-gouverneur Franz De
Voghel[79]. On évoque des mécanismes d'aide, parmi lesquels un « emprunt à
très long terme consolidé », voire une « dote perpétuelle »[80]. Par ailleurs, on
sent poindre au cours de cette réunion une critique vis-à-vis de la Commission
nationale des sciences : le monde académique y serait surreprésenté et ses travaux refléteraient surtout le point de vue des universités. Le secteur privé se
sent exclu. La rencontre doit donc permettre de faire coopérer sur ces questions
public et privé : « cette coopération ne doit pas être uniquement établie sur le
plan du financement. Elle doit être assurée également dans l'élaboration des
programmes. Les buts économiques ne doivent pas être perdus de vue »[81]. Le

---

78. P. Houzeau de Lehaie au secrétaire de Léopold III, APR, SL, n° 6583.
79. « Compte rendu de la réunion du mardi 16 décembre 1958 », AGR, PH, n° 374.
80. « Entrevue avec le Premier ministre. Points à discuter », AGR, PH, n° 374.
81. « Compte rendu de la réunion du mardi 16 décembre 1958 », AGR, PH, n° 374.

ministre des Affaires culturelles et son chef de cabinet multiplient par la suite les contacts avec les milieux des finances et de l'économie, parvenant, au printemps 1959, à faire avaliser le principe d'un « emprunt de la recherche ». André Molitor en a décrit le mécanisme : « Une fondation [...] lancerait chaque année pendant dix ans un emprunt de la recherche au profit de l'État. Celui-ci s'engagerait d'abord à utiliser le produit de cet emprunt à financer des projets de recherche en sus des budgets normaux, et ensuite à rembourser les sommes ainsi reçues. Les souscripteurs recevraient de l'État un intérêt réduit. Leur contribution à la science serait donc d'une part le prêt qu'ils consentiraient, d'autre part la différence entre l'intérêt reçu et le loyer global de l'argent »[82].

Parallèlement à cela, l'idée de Pierre Harmel, en tant que ministre des Affaires culturelles, est d'assurer une meilleure coordination des politiques de recherche, dans la mesure où il estime que les différents ministères financent des recherches en fonction de leurs compétences sans véritable cohésion. Mais les réticences, au sein même du Gouvernement, sont fortes et sont d'ailleurs partiellement dues au caractère flou de la notion d'« affaires culturelles ». Dès novembre 1958, Harmel a soumis à son homologue de l'Instruction publique Charles Moureaux, une note reprenant ce qu'il estime être les compétences du ministre des Affaires culturelles en matière de politique scientifique[83]. Il les énumère de la façon suivante : mission de coordination entre les ministères concernés, via notamment le comité ministériel *ad hoc* ; collaboration des différentes institutions qui se préoccupent de politique scientifique à l'OECE et à l'OTAN ; les territoires africains. Dès lors, une *politique scientifique* digne de ce nom comprendra (entre autres) comme priorités : 1. la création d'une structure nationale de la politique scientifique et de l'aide à la recherche. 2. le développement d'un lien étroit entre mondes universitaire et économique et social. 3. la sensibilisation de l'opinion à l'importance de ces questions[84].

Mais Charles Moureaux ne l'entend pas de cette oreille. Outre le fait qu'il estime préférable d'attendre les conclusions de la Commission nationale, qui ne les a pas encore présentées publiquement à ce moment, il écrit que « pareille initiative suscitera dans les milieux de nos Universités, de nos établissements scientifiques et de nos centres de recherche une émotion et des remous dont les échos me parviennent déjà fréquemment ». Enfin et surtout, ceci empiète sur ses prérogatives, à plus forte raison lorsque l'on sait la place dévolue à la formation en matière de recherche scientifique. Charles Moureaux souhaite également garder la recherche universitaire. Il est donc opposé à toute communication dans le sens de Pierre Harmel, mais demande un communiqué

82. Molitor A., pp. 141-141. André Molitor note qu'à la fin de l'année 1959, « le mécanisme était en marche » (*Ibid.*, p. 141).

83. P. Harmel à Ch. Moureaux, 19 novembre 1958, AGR, PH, n° 374.

84. P. Harmel à Ch. Moureaux, 19 novembre 1958, AGR, PH, n° 374.

commun évitant des engagements formels[85]. Harmel parvient finalement à faire accepter par son collègue un texte certifiant que le ministre des Affaires culturelles est en fait un délégué du Premier ministre, qui dispose d'autant plus de temps pour l'assister et assurer la coordination qu'il n'a pas de département à gérer[86].

Quelques mois après la remise officielle au Gouvernement, en présence de Léopold III, du rapport de la Commission nationale des sciences (12 janvier 1959) a donc lieu, en avril, une seconde cérémonie au Palais des Académies en présence du roi Baudouin, de Pierre Harmel et de Charles Moureaux notamment.

En mars 1959, Pierre Harmel a pu annoncer au Premier ministre que son projet de Conseil national de la politique scientifique (CNPS) est prêt et « sa caractéristique principale est de serrer d'aussi près que possible la recommandation de la commission du Roi Léopold »[87]. Le CNPS est l'organe consultatif du Gouvernement pour les questions de politique scientifique. Il émet à ce titre notamment des analyses sur les budgets et la coordination des programmes de recherches. Pour le présider, on choisit Lucien Massart, professeur de biochimie à l'Université de Gand. André Molitor devient quant à lui secrétaire général. Un certain équilibre est ainsi respecté entre francophones et néerlandophones. Marcel Dubuisson et Jean Willems, qui briguaient tous deux la présidence du CNPS, sont finalement désignés vice-présidents[88].

En 1959 sont donc créées les structures de coordination de la politique scientifique à savoir, outre le CNPS, la Commission interministérielle de la politique scientifique (CIPS) ainsi que le Comité ministériel de la politique scientifique (CMPS) qui existait *de facto* auparavant[89]. La CIPS réunit les fonctionnaires délégués des différents départements concernés. Elle intervient lorsque plus d'un ministère est impliqué. Le CMPS comprend les ministres

85. Ch. Moureaux à P. Harmel, 24 novembre 1958, AGR, PH, n° 374.

86. AGR, PH, n° 374.

87. Minute d'une lettre de P. Harmel à G. Eyskens, 21 mars 1959, AGR, PH, n° 374. L'affirmation de Pierre Harmel ne correspond qu'en partie à la réalité ; on constate en effet certaines différences entre les recommandations de la Commission nationale et les organismes mis en place, en particulier au niveau du CNPS. D'une part apparaît dans son appellation officielle le terme « politique scientifique » (le CNRES est donc abandonné), souhait manifesté par le ministre. D'autre part, les milieux industriels y sont représentés dans une plus large proportion que ce qui était préconisé par la Commission. Enfin, Pierre Harmel a semble-t-il veillé à subordonner le Conseil au Gouvernement en tentant d'éviter au sein de celui-ci une trop grande prépondérance du « *lobby* de la science » (Molitor A., p. 133). Ainsi par exemple, il refuse que le CNPS soit un établissement public doté de la personnalité juridique. De même, le fait de le faire dépendre directement du Premier ministre résulte vraisemblablement de la volonté de Pierre Harmel d'éviter une trop grande influence du ministère de l'Instruction publique qui a été souvent, dans l'histoire récente du pays, occupé par des socialistes ou des libéraux (Dujardin V., p. 374).

88. Dujardin V., p. 374.

89. Une réunion du « Comité ministériel restreint de la recherche scientifique » s'est en tout cas tenue en janvier 1959 (Note intitulée : « Entrevue avec le Premier ministre. Points à discuter », AGR, PH, n° 374).

ayant la recherche parmi leurs compétences[90]. À partir du gouvernement Lefèvre (25 avril 1961-24 mai 1965), la « coordination de la politique scientifique » est officiellement rattachée aux services du Premier ministre. En 1968, le même Théo Lefèvre est le premier à se voir spécifiquement « chargé de la politique et de la programmation scientifiques ». Une administration correspondante, les Services de programmation de la politique scientifique (SPPS), voit le jour la même année. La politique scientifique belge vivra ensuite au gré des vicissitudes des multiples réformes de l'État qui aboutiront à répartir les compétences en matière de recherche entre pouvoir fédéral et entités fédérées[91]. Le Service public de programmation Politique scientifique (Belspo), l'administration fédérale de la recherche en Belgique, garde un certain nombre de compétences propres dans des domaines stratégiques tels que le spatial, et est en quelque sorte l'héritier des tractations de la fin des années cinquante et du début des années soixante.

Conclusions

La création des outils de gestion et de coordination de la politique scientifique en Belgique fut donc loin d'être un long fleuve tranquille.

Il n'y a pas, comme le notait François Jacq[92], de marche inéluctable et automatique, presque héroïque, vers une politique scientifique source de progrès, quoique les discours officiels de l'époque l'aient parfois sous-entendu. Le cas des débats autour d'une politique de la recherche en Belgique l'illustre. Certes, l'idée de permettre le redéploiement de l'économie belge et de l'industrie en particulier, par la science, avait fait son chemin et rencontré un certain consensus. Elle était d'ailleurs relativement ancienne ; le roi Albert, à Seraing, ne disait pas autre chose.

Mais face à ce point de convergence, deux sources de tension subsistent : d'une part, le clivage ministériel entre Instruction publique et Affaires culturelles qui cache en fait un clivage philosophique ; il s'agit en effet d'une opposition entre le ministère de l'Instruction publique, dévolu aux milieux laïques, et celui des Affaires culturelles, en l'occurrence investi par le Parti social-chrétien. Ainsi, la répartition des portefeuilles ministériels est telle que le ministre qui gère la coordination de la politique scientifique n'a pas d'autorité directe

---

90. Les dénominations officielles du CMPS et de la CIPS diffèrent des recommandations de la Commission nationale, qui avait proposé respectivement un « Comité ministériel de coordination de la recherche scientifique » et une « Commission scientifique interministérielle ». Cela étant, leur fonctionnement et leur composition correspondent assez largement au projet initial. Signalons d'ailleurs que conformément au souhait de la Commission, le CMPS est présidé par le Premier ministre, la CIPS par le secrétaire général du département de l'Instruction publique (ce poste sera par la suite confié au secrétaire général du CNPS).

91. Le CNPS est ainsi devenu le Conseil fédéral de la politique scientifique (CFPS).

92. Jacq F., p. 49.

sur les services de l'enseignement supérieur et de la recherche qui dépendent du ministre de l'Instruction publique.

D'autre part, le second clivage se marque entre la génération de Jean Willems et Marcel Dubuisson, laïques et indépendants, farouches opposants à une intervention trop marquée de l'État dans le monde scientifique, et la nouvelle garde emmenée par Pierre Harmel. L'attitude de Jean Willems, très sourcilleux quant à l'indépendance du savant, s'inscrit dans la continuité de celle adoptée par Émile Francqui, qu'il a côtoyé et auquel il a d'ailleurs succédé à la tête de plusieurs institutions. C'est l'idée de « la liberté de chercher », titre du livre de Robert Halleux devenu l'actuel slogan du FNRS, où il importe avant tout de laisser au savant une grande liberté dans la conduite de ses recherches sans interférer. Ainsi, les hommes qui incarnent l'architecture de la science selon Francqui en viennent à s'opposer à une nouvelle génération soucieuse d'une plus grande mainmise de l'État, représentée majoritairement par des catholiques et soutenue, pense-t-on, par Léopold III. On peut imaginer que pour certains, comme Jean Willems, cette opposition de principe se double d'une inimitié vis-à-vis de la personne même de Léopold III née de la question royale. D'autre part, on voit qu'avec la génération Harmel, les sociaux-chrétiens se font « interventionnistes » là où le Parti socialiste belge, par exemple, se montrera moins entreprenant[93].

Il ne faut pas négliger l'importance du contexte international. Les États-Unis « donnent le la » et imposent le mode opératoire de la *Big Science*, sorte d'idéal vers lequel une partie du monde politique croit devoir tendre, en fonction des moyens humains et financiers disponibles. Le voisin français est quant à lui une référence constante au niveau organisationnel. On est frappé de la concomitance, qui n'est à notre avis pas fortuite, entre les événements en Belgique et en France. Cette dernière, dont on a dit qu'elle connaissait à ce moment un « âge d'or de la recherche »[94] se dote en effet, à l'arrivée du général de Gaulle à la tête du Conseil des ministres, via le décret du 26 novembre 1958, d'un Comité interministériel de la recherche scientifique et technique (CIRST). Il réunit, sous la présidence du Premier ministre, les membres du gouvernement concernés par les questions de politique scientifique, ainsi que douze « Sages », soit autant de scientifiques qui constituent un comité consultatif (le CCRST). Ils y siègent en leur nom propre et pas, comme cela s'est vu au sein de la Commission nationale des sciences, au nom d'une institution. Le fait que les membres de la commission belge représentent leur institution de rattachement a-t-il pu influer sur la qualité de ses travaux ? En tout cas, la plupart des membres eurent une certaine tendance naturelle à défendre leur « camp »...

93. Voir à ce propos Truffin C., pp. 86-89.
94. Lelong P., p. 24.

Malgré tout, la Commission nationale des sciences a eu le mérite, par son envergure et sa médiatisation, d'introduire dans le grand public la question du redéploiement par la science et ses modalités. Elle a également permis d'aborder, en mettant autour de la table une grande partie des personnes concernées par ces questions, non seulement les grandes orientations d'une politique de la science, mais aussi un certain nombre de questions spécifiques.

Caractéristique est à cet égard le groupe de travail « académies », où c'est en fait la question de l'essence même des académies et de l'Académie royale en particulier, qui est posée. Se font face en effet deux modèles d'académies. Dans le modèle allemand, repris par les pays socialistes, c'est un organisme de recherche, comme l'étaient à l'origine les académies[95]. En France, puis en Belgique, par contre, les académies semblent perdre de leur influence et tendent à devenir des assemblées honorifiques. Aussi, leurs membres s'interrogent sur l'avenir et le rôle des académies, ainsi que le moyen de les renouveler[96].

Mentionnons, pour conclure, ce passage issu du document transmis par Pierre Harmel à Charles Moureaux en novembre 1958 : « Nous parlons de politique scientifique plutôt que de recherche scientifique, et c'est à dessein. La politique scientifique d'une nation est l'œuvre du Gouvernement tout entier, mieux l'œuvre d'une nation entière dans ses secteurs publics et privés. Elle s'appuie sur la recherche scientifique, et elle la déborde sous divers aspects. La recherche pure et appliquée est le moteur de la découverte et par conséquent du progrès scientifique. Elle est donc le moyen essentiel d'une politique scientifique. Mais le but de la politique scientifique, telle que nous l'avons définie plus haut, se relie étroitement à une vue globale du progrès d'un pays. Et la politique scientifique doit, de ce fait, se préoccuper d'autres objets encore que de la recherche. Par exemple : le développement scientifique de la productivité industrielle et administrative, la qualification croissante des forces de travail »[97].

---

95. Demeulenaere-Douyère Christiane, « Académies », dans Blay M., Halleux R. (dir.), *La science classique (XVIe-XVIIIe siècles) : Dictionnaire critique*, Paris, Flammarion, 1998, pp. 7-15.

96. La question est restée d'actualité. Voir par exemple le dossier qu'y consacre le quatorzième numéro de *La Lettre des Académies* et notamment la contribution de Hervé Hasquin, actuel secrétaire perpétuel de l'Académie royale (Hasquin H., « L'académie royale de Belgique : le pari de la modernisation et de la citoyenneté », dans *La Lettre des Académies*, n° 14, 2009, pp. 4-6).

97. P. Harmel à Ch. Moureaux, 19 novembre 1958, AGR, PH, n° 374.

QUELQUES CONSIDÉRATIONS SUR L'HISTOIRE
ET LA PHILOSOPHIE DES SCIENCES

Claude Debru

Élève de René Taton et de Pierre Costabel, Michel Blay a fréquenté également les séminaires de l'Institut d'histoire des sciences de la rue du Four. Il ne craignait pas de franchir les frontières sévèrement contrôlées entre laboratoires concurrents. C'est en hommage à cette témérité que je voudrais présenter quelques réflexions également téméraires sur l'état scientifique, psychologique et moral du vaste domaine conventionnellement désigné comme l'histoire et la philosophie des sciences, et cela en France.

Quels que soient les jugements divers que l'on peut porter aujourd'hui sur cette vieille nation située à une extrémité du continent européen, il faut reconnaître que l'histoire et la philosophie des sciences y ont trouvé, dans les dernières décennies, un terrain particulièrement favorable. Sans aucun doute, cela est dû aux personnalités remarquables et à l'action profonde des maîtres de la génération qui nous a formés. Leurs noms sont présents et connus de tous. Qu'ils soient philosophes de première formation ou scientifiques, ils ont su attirer, former et promouvoir des jeunes chercheurs qui, dans l'ensemble, ont cherché à remplir leur contrat et à honorer les attentes dont ils étaient l'objet, même si les membres de cette nouvelle génération, jeunes gens ou jeunes filles, dans des conditions institutionnelles nettement plus favorables que celles de la génération précédente, l'ont fait parfois d'une manière originale et inattendue. En outre, autre facteur positif, les décennies récentes ont vu un développement scientifique, universitaire, économique et social sans précédent qui a permis à des disciplines minoritaires voire confidentielles d'accroître leur audience d'une manière importante et de conforter leur légitimité interne en contribuant à leur manière à l'esprit de progrès et d'innovation qui a animé et dynamisé la société française dans son ensemble.

En effet, une caractéristique propre et notable de l'histoire des sciences est de ne pas avoir été pratiquée comme une discipline purement passéiste, cela pour une raison à la fois scientifique et philosophique. Dieu sait pourtant que l'enseignement en France reste trop fréquemment marqué dans le fonctionnement de nos institutions par un certain passéisme. Cependant, aucun historien ne peut oublier que la science est une activité prospective, d'invention et de découverte. Encore plus que bien des activités humaines, la science est exploration et en tant que telle orientée vers et par l'inconnu qui reste à découvrir et à montrer. Cette orientation ne peut pas ne pas être prise en compte par l'historien qui par nature s'intéresse à des durées. Cette mise en perspective temporelle peut être étendue jusqu'à montrer le lien (continuité ou rupture, notre génération a été suffisamment imprégnée de cela) entre le passé et le présent des sciences. L'histoire de sciences est donc très essentiellement une démonstration de la capacité d'innovation. Vue sous cet angle, elle ne peut pas ne pas être considérée avec faveur dans une société qui fait de l'innovation, de la recherche et de la découverte, son principal moteur de progrès économique, social, intellectuel. Soutenue par nombre de scientifiques, parmi lesquels certains des plus grands, en raison des compétences et du sérieux nécessaires à son exercice, considérée avec un mélange de considération et parfois d'envie par les philosophes, qui ne peuvent guère s'en passer dans leurs commentaires, l'histoire des sciences a connu dans notre pays de très beaux jours et a largement justifié son utilité dans l'enseignement supérieur en association avec la recherche. Cette situation est reconnue sur le plan international, comme en témoigne la présence et l'action des chercheurs français dans les instances et congrès internationaux.

L'apport du domaine de l'histoire et de la philosophie des sciences au progrès intellectuel et humain général n'est pas négligeable et a été souvent relevé. Les débuts de la pratique de l'histoire des sciences à l'époque classique sont liés comme cela est bien connu à la conscience nouvelle de l'historicité du savoir et bientôt à l'idée de progrès portée par les Lumières. Plus tard le positivisme s'en nourrit, et l'éducateur positiviste de l'humanité s'y réfère. L'histoire des sciences apparait de plus en plus fréquemment comme possédant une valeur éducative et non seulement un intérêt scientifique réservé à des lecteurs érudits de savants également érudits. L'histoire des sciences est une illustration de la puissance de la raison humaine en général à travers le rationalisme scientifique. Bien des auteurs et des écoles de pensée au vingtième siècle en Europe en témoignent, à quelques variations philosophiques locales près.

Dans notre pays, le lien entre histoire des sciences et philosophie est souvent considéré comme vital. Georges Canguilhem a très vigoureusement ressenti et exprimé ce lien réciproque. Que serait une histoire des sciences sans dimension philosophique ? Et que serait une philosophie sans aucun rapport avec les sciences ? Il est assez clair que le travail philosophique et le travail scientifique ne peuvent être confondus. Il est tout aussi clair qu'ils ne peuvent rester entièrement étrangers l'un à l'autre, sauf à devenir des spécialités appauvries et rétrécies, qui n'intéressent qu'un certain type d'esprits. Il est vrai que l'aspiration de l'homme à la connaissance est à la fois unique et peut prendre des formes variées. Science et philosophie trouvent une racine commune dans la fameuse normativité humaine. À partir de cela, elles se diversifient dans des pratiques différentes qui pourtant concourent au même but.

Il convient à ce point de rappeler certains moments de l'itinéraire philosophique de Georges Canguilhem, le philosophe de la normativité humaine, au moment où, pendant la guerre, il pose des questions philosophiques qui lui paraissent s'imposer à côté de celles nécessitées par les programmes d'enseignement, tout en traitant des sciences et tout particulièrement des sciences de la vie. Tracer à grands traits l'évolution philosophique de Canguilhem dans ce moment crucial, c'est montrer comment un philosophe occupé par les nécessités de son enseignement à des questions assez traditionnelles comme la finalité (cours d'avril 1941), la théorie de la connaissance (dont l'expérience) (1941), le temps et la causalité (1941), la méthode (1941-42) ou d'autres moins classiques, est amené à confronter les résultats des analyses conceptuelles des philosophes aux données récentes de la biologie, à critiquer certaines propositions philosophiques et à exposer des formulations propres.

Le contenu des notes de cours de Canguilhem, encore mal connu, mérite qu'on s'y attarde, car c'est une véritable révélation pour les lecteurs. Le ton du cours sur la finalité est toujours critique : ni Kant, ni Claude Bernard, ni Bergson ne sont épargnés. Il est vraiment remarquable que cet enseignement soit un exercice original de révision conceptuelle nourri de données scientifiques tirées de nombreux auteurs et de domaines de la biologie contemporaine aussi divers que les cultures de tissus ou l'étude des réflexes. Le cours aboutit à une analyse des difficultés comparées du mécanisme et du vitalisme, problème auquel Canguilhem, comme cela est bien connu, consacrera bientôt des publications majeures. La conclusion de ce cours s'exprime dans des formules bien frappées : « La finalité biologique est constatable expérimentalement. Cette finalité ne peut pas être analytiquement interprétée. Caractère original de la vie. Caractère 'crucial' de la recherche biologique en philosophie »[1].

Le cours sur la finalité est suivi d'un cours sur la valeur donné en juin 1941. Ce cours est lui aussi crucial et cet enchaînement de la finalité à la valeur est hautement significatif. La pertinence de la biologie pour la philosophie réside-rait-elle dans la question de l'origine de la valeur ? Nietzsche est particulièrement évoqué, ainsi que Marx, avant des philosophes allemands dont les formulations seront bientôt reprises dans *Le normal et le pathologique*, comme Reininger et Rickert. Notons à cet égard que Goldstein n'apparaît dans les manuscrits de Canguilhem qu'à cette époque, et cela dans le carnet des notes que celui-ci a prises lorsqu'il a assisté au cours de psychologie pathologique donné par Daniel Lagache en 1941-42. Goldstein apparaît parmi bien d'autres auteurs. Pour revenir au cours sur la valeur, nourri derechef de nombreux auteurs allemands (notablement Max Weber et Georg Simmel), et dans lequel

---

1. Fonds Canguilhem, CAPHES, cote GC 11. 1. 2. feuillet 32.

Bachelard finit par s'introduire, Canguilhem opère un renversement notable en traitant du jugement de réalité comme jugement de valeur. Ceci l'amène à examiner le pragmatisme de William James, finalement taxé d'incohérence (jugement très sévère). Pour Canguilhem, le pragmatisme confond valeur et utilité et affirme les droits égaux de toute forme d'expérience. Quoi qu'il en soit, Canguilhem se trouve confronté à une véritable difficulté philosophique qui concerne la distinction entre jugements de réalité et jugements de valeur. « Les expressions consacrées 'jugement d'existence', 'jugement de valeur' soutenues par la distinction kantienne entre Sein et Sollen ont conduit trop des philosophes à séparer radicalement les deux règnes de l'existence et de la valeur : indicatif et normatif »[2]. « Les lois et les concepts ne sont pas des 'êtres', l'idée n'a pas de réalité, 'elle vaut pour une réalité'. *Das Logische existiert nicht, sondern es gilt*. La norme logique est transcendante. Nous ne nous occupons du réel que s'il est pour nous 'précieux', 'important', si nous lui attribuons quelque valeur. Ce qui est essentiel dans la connaissance du réel est donc irréel ? 'La réalité n'est possible qu'à travers l'irréalité'. Conclusion : distinction des valeurs théorique non théoriques caractère empirique de la reconnaissance des valeurs non théoriques. Contradiction avec leur caractère a priori »[3]. L' « esquisse d'une solution » à cette contradiction consiste à approfondir la considération du jugement de réalité comme jugement de valeur. « Juger 'c'est toujours' (même dans le cas du jugement de réalité) 'évaluer' »[4].

La philosophie, remarque Canguilhem, est différente des sciences en ce qu'elle a pour objet les valeurs. Traduisons : les sciences ne sont qu'une expression parmi d'autres de la fameuse normativité humaine. « Concevoir le jugement de réalité comme jugement de valeur, c'est concevoir la réalité comme une 'norme' pour le jugement et comme une norme dont le rapport aux autres normes doit être recherché. L'affirmation de réalité n'est pas immédiate. Pas d'antériorité logique du concept sur le jugement »[5]. « La réalité c'est le produit logique d'un système de valeurs, celle de tous les jugements sur lesquels l'accord est le plus complet... »[6].

Le cours qui suit en 1941 porte le titre : Théorie de la connaissance. Avec une audace difficilement imaginable étant donné les circonstances, Canguilhem ouvre ce cours par la question : « En quel sens peut-on parler d'une Expérience de la Liberté ? »[7] L'extension d'une réflexion philosophique qui, à cette époque, passe de l'analyse de concepts généraux (finalité, expérience etc.) ou d'œuvres particulières (*L'évolution créatrice* d'Henri Bergson), à des thèmes

---

2. GC 11.1.3. feuillet 9. Souligné dans le texte.
3. GC 11.1.3. feuillet 10 verso.
4. GC 11.1.3. feuillet 11.
5. GC 11.1.3. feuillet 11.
6. GC 11.1.3. feuillet 12.
7. GC 11.1.4. feuillet 18.

plus spécifiques comme l'idée de norme (qui prend de plus en plus de place dans la réflexion de Canguilhem), ou celle de valeur, et à des réflexions sur la liberté dont l'authenticité philosophiquement vécue est particulièrement manifeste, constitue un enchaînement frappant entre des concepts (norme, valeur, liberté) dont quelque part la communauté est recherchée, laquelle traduit non seulement une recherche philosophique mais aussi un engagement. On ne peut pas ne pas être frappé par le caractère prophétique de quelques lignes de ce cours – qui il est vrai peuvent s'appliquer à des situations très diverses : « L'expérience de la liberté doit comporter essentiellement l'expérience des obstacles à la liberté et c'est pourquoi elle ne peut être qu'une 'expérience de la libération' »[8]. « Faire l'expérience de la liberté c'est contribuer à faire l'expérience universelle »[9]. La théorie de la connaissance ouvre à une théorie de l'expérience qui ouvre à l'expérience fondamentale de la liberté, expérience d'obstacle qui traduit une pensée mise à l'épreuve des risques de la libération. Nous ne sommes pas très éloignés non plus de ce sommet de la littérature philosophique que constitue *Le normal et le pathologique*.

Prenons garde que ces années de la guerre et de l'immédiat après-guerre (Strasbourg à Clermont-Ferrand et Strasbourg à Strasbourg) sont absolument cruciales pour l'expression de la personnalité philosophique de Canguilhem dans toute son originalité. Derrière le travail de plus en plus marqué sur les sciences de la vie munies leur commentaire philosophique, le lecteur saisit une intention qui dépasse largement le domaine conventionnel de ce qui sera appelé « philosophie des sciences » (une expression que je n'ai jamais bien comprise), à savoir une intention philosophique, qui cherche à élucider les relations entre la normativité vitale saisie par la biologie et la médecine et la normativité humaine traduite, entre autres, par la connaissance et particulièrement par la connaissance de la vie. Il y a quelque chose de commun entre la vie et la connaissance, tout particulièrement la connaissance de la vie. Et ce quelque chose de commun nous aide à mieux comprendre la vie elle-même à la fois de l'extérieur (le point de vue objectif) et de l'intérieur (le point de vue subjectif), jouant des deux points de vue, les potentialisant l'un l'autre. Il s'agit au bout du compte de mieux comprendre la vie, notre vie, individuelle et collective, et peut-être par la grâce de la philosophie de mieux la vivre (un effet dont il m'est arrivé de recueillir des témoignages chez certains lecteurs de Canguilhem). Il ne s'agit donc pas ici (ou pas seulement) de « philosophie de la biologie » au sens ultérieur de l'expression. Le cours de 1946-47 à Strasbourg porte d'ailleurs le titre Philosophie et Biologie. Il comprend des développements qui ont servi de base à des articles classiques, sur les thèmes machine et organisme, le vivant et le milieu, la notion de milieu, l'individualité. Ce cours débute par un refus de l'expression « philosophie biologique », qui serait un

8. GC 11.1.4. feuillet 21.
9. GC 11.1.4. feuillet 22.

décalque du titre de l'ouvrage de Léon Brunschvicg *Les étapes de la philosophie mathématique*. Pourtant l'expression de « philosophie biologique » n'est
pas si éloignée de l'intention philosophique de Canguilhem. En effet, c'est
bien de philosophie qu'il s'agit *in fine*. La philosophie portant sur les sciences
est philosophie d'abord. Ce qui signifie qu'elle traite de questions particulières
comme des concrétisations de questions générales ou comme ouvrant à des
questions générales. Il sera de plus en plus clair que les matériaux initiaux de
la réflexion ne peuvent être formés que de questions particulières qui ne peuvent être traitées que d'une manière historique et non d'abord systématique ou
dogmatique (le concept de réflexe en sera une illustration particulièrement
vigoureuse). Mais leur traitement doit fournir des réponses à des questions plus
générales et fondamentalement philosophiques. Il sera de plus en plus clair au
cours de la progression de l'œuvre canguilhemienne que l'intérêt de l'histoire
des sciences pour le philosophe est un intérêt où l'histoire est comprise dans
une perspective philosophique qui, *in fine*, a trait à la vie humaine et à ses
diverses formes de progrès. Dans une réflexion sur l'enseignement de la philosophie menée à Strasbourg en 1947, Canguilhem écrit, s'agissant des élèves
de la classe de philosophie : « Il faut montrer aux élèves que la philosophie ne
se superpose pas comme un bavardage aux diverses activités qu'ils ont déjà
pratiquées. Il faut montrer que la philosophie est dans la littérature, la science,
la morale, la religion qu'on leur a enseignées »[10]. « Il faut leur montrer que la
philosophie c'est la vie se réfléchissant à la fois pour se comprendre et pour se
transformer »[11].

Il n'est pas facile de se tenir longtemps sur de tels sommets. Que des individus fortement normatifs comme Canguilhem réussissent à la fois à faire passer leur message intellectuel et à exercer une influence institutionnelle reste un
phénomène exceptionnel. Les magnifiques disciplines qu'il a illustrées et pro-
mues ne sont pas à l'abri des divisions chroniques résultant de la structuration
institutionnelle, ainsi que des maux constitutifs du mode fortement autorepro-
ducteur de l'enseignement et de la recherche en France (et ailleurs), au détriment des jeunes chercheurs les plus audacieux et créatifs. En outre, le
phénomène par lequel les institutions prennent les décisions qui conviennent à
la majorité de leurs membres, phénomène anthropologique de base et propriété
de groupe difficilement compatible avec l'innovation intellectuelle (on connaît
les obstacles qu'ont généralement rencontrés les grands découvreurs), pose un
problème insoluble d'organisation dans des domaines où les critères et règles
restent flous. Il faut ressusciter l'audace qui animait les maîtres qui nous ont
formés. Il faut comprendre que le travail véritablement créatif ne peut s'effectuer que dans les marges, dans les périphéries, au contact des autres, des différents de soi, qu'il s'agisse de personnalités ou de recherches et de disciplines

10. GC 12.1.7. feuillet 3.
11. GC 12.1.7. feuillet 3.

– leçon canguilhemienne s'il en est. En tant que philosophe longtemps resté au contact direct des sciences de la vie et de la médecine, je dois avouer que la diversité, l'altérité, me parlent beaucoup plus que la simple, défensive et finalement stérile identité.

Ce genre de procès fait à l'institution universitaire a souvent été intenté, suscitant la création d'institutions parallèles nécessairement victimes des mêmes travers. Il est bien vrai qu'une institution dont la finalité première est la transmission a du mal à intégrer l'innovation. Et pourtant elle y arrive. À cet égard, il est important de faire un constat plutôt encourageant. La relève actuelle, les « jeunes pousses » comme on dit, n'ont jamais été aussi bien formées qu'actuellement. Et cela pour quelques raisons bien simples : en premier lieu une constitution physique et mentale bien meilleure que celle de la génération (la mienne) née pendant la guerre ou l'immédiat après-guerre ; l'accroissement du matériau intellectuel à disposition et des moyens de diffusion ; la pratique croissante (malgré des obstacles endémiques) de l'interdisciplinarité au meilleur sens du terme (qui n'est pas seulement une invocation rhétorique pour masquer des réalités contraires, mais bel et bien une poussée vigoureuse autant qu'une nécessité pour le progrès) ; les perfectionnements récents du système éducatif universitaire, avec l'augmentation des horaires d'enseignement (bien plus importants que ceux connus par ma génération) et la structuration des masters et des écoles doctorales ; enfin la mobilité internationale remarquable des jeunes, qui est un acquis très récent. Je tiens à le souligner : les jeunes chercheurs, quelles que soient leurs origines (fréquemment étrangère, d'ailleurs), sont en général remarquables. Ils sont beaucoup mieux formés que nous ne l'étions, quels qu'aient été l'investissement personnel et le prestige souvent très grand de nos propres maîtres. Ils apporteront à n'en pas douter à la marche en avant de nos sociétés une contribution très réelle et qui sera sans nul doute remarquée. Il convient donc que leurs aînés les encouragent, les soutiennent et les promeuvent autant que possible, comme nous-mêmes avons été, les uns et les autres, encouragés, soutenus et promus. Il convient que les jeunes actuellement formés manifestent leurs potentialités, s'épanouissent dans leurs personnalités et expriment pleinement leur utilité sociale. Certes, cette utilité peut s'exercer de manières variées, et il est assez clair à cet égard que l'enseignement et la recherche ne sont pas la seule façon de s'accomplir personnellement au bénéfice de la société tout entière. Une formation interdisciplinaire telle que celle donnée par l'histoire et la philosophie des sciences ou plus largement par des travaux aux interfaces entre sciences exactes et sciences humaines et sociales peut être (et doit pouvoir être) valorisée dans différents types de carrières.

Pour conclure, jetons un rapide regard rétrospectif sur un demi-siècle de développement de l'histoire et de la philosophie des sciences en France. Ce développement, qui s'est déroulé dans un esprit de plus en plus européen et même aujourd'hui mondial, révèle quelques évolutions notables. La fréquence des doubles formations s'est accrue, contribuant à diminuer le fossé entre disciplines littéraires et scientifiques. En tant que champ interdisciplinaire au croisement des trois grands domaines que sont les sciences, l'histoire et la philosophie, le champ HPS s'est développé en entretenant des relations fécondes tant avec les sciences qu'avec l'histoire ou la philosophie. La « science en train de se faire » a été un objet de prédilection pour philosophes, historiens, sociologues. La sociologie a fait une entrée remarquée, ravivant des discussions épistémologiques avec des positions parfois tranchées. Des disciplines d'interface ont prospéré, des domaines nouveaux ont émergé. Parmi les hybridations possibles, celle de l'histoire des sciences et de l'épistémologie avec le domaine nouveau des sciences cognitives paraît très prometteuse. Soulignons que ce programme n'a rien de nouveau. Il a été enfanté par le dix-neuvième siècle à la suite du développement de la psychologie comme science naturelle reliée à la physiologie. Des auteurs comme Helmholtz, Mach ou Poincaré y ont contribué, avant que ne s'installe la querelle des dogmatismes, celle du « naturalisme » et du « psychologisme » confrontés au « logicisme ». Qu'est-ce que l'épistémologie comme description des procédures de la connaissance scientifique peut attendre de la description des procédures de connaissance en général ? L'une des pistes peut être l'analyse des processus inconscients à l'œuvre dans l'imagination scientifique. Une autre réside dans l'investigation des relations entre raisonnements « naturels » et raisonnements formalisés, la comparaison entre le processus de découverte tel qu'il peut être reconstitué d'une manière aussi précise que possible par l'historien et la simulation logique (informatique) du processus de formation des hypothèses et de raisonnement (le fameux « raisonnement expérimental » de Claude Bernard), en vue de préciser la part non mécanisable et les aspects contingents de la démarche scientifique. Bien d'autres pistes sont ouvertes. Les sciences cognitives sont des sciences qui ont une histoire plus longue qu'il n'y paraît et qui en tant que sciences, et du fait de la nature particulière de leur domaine d'investigation, entretiennent avec la philosophie une relation très intime. En un demi-siècle, le champ des investigations possibles s'est considérablement accru. La seule politique qui vaille sur le plan intellectuel est de faire confiance à ceux qui souhaitent entrer dans l'inconnu.

Une histoire des sciences au XXIe siècle

Jean-Marc Lévy-Leblond

Extrait de l'ouvrage collectif *Introduction à l'histoire des sciences*, sous la direction de Chely M'Bali, Presses universitaires de Tombouctou, 2213.

Chapitre 9. Le XXIe siècle : déchéance et renaissance

Résumé du chapitre précédent

Nous avons vu que le XXe siècle connut un remarquable développement des sciences de la nature. Tant les sciences physiques du microcosme (des atomes aux noyaux et aux quarks) que celles du macrocosme (des systèmes stellaires aux galaxies et aux quasars et à l'Univers lui-même), sans oublier celle du mésocosme (états nouveaux de la matière, dynamique des fluides) firent d'immenses progrès. Il en alla de même des sciences de la vie, en ce qui concerne aussi bien la génétique, à l'échelle moléculaire entre autres, que l'évolution des êtres vivants. Nous avons noté cependant que la plupart des avancées fondamentales, traduisant de véritables ruptures épistémologiques, furent essentiellement l'œuvre de la première moitié du XXe siècle : théorie de la relativité, théorie quantique, découverte du code génétique, théorie de l'information.

La seconde moitié du XXe siècle, quant à elle, vit une extension sans précédent des technologies fondées sur ces nouvelles connaissances scientifiques. En témoignent l'utilisation de l'énergie nucléaire, à des fins d'abord militaires puis civiles, la micro- puis nanoélectronique, la photonique (lasers), les synthèses chimiques contrôlées, l'informatique et les télécommunications, les traitements médicaux antibiotiques puis antiviraux, le clonage des mammifères supérieurs, etc. Cependant, prenant place dans une société régie par une économie de marché[1] de moins en moins régulée, ces techniques se virent de plus

---

1. Nous signalons par un astérisque des termes aujourd'hui peu compréhensibles, pour l'explication desquels il est recommandé de se reporter aux ouvrages d'histoire générale de l'économie.

en plus assujetties à la loi du profit*. Du coup, les institutions scientifiques furent progressivement orientées vers des objectifs économiques privés, visant la rentabilité* à court terme, au détriment des démarches de recherche d'intérêt général, ouvertes et non finalisées.

Les sciences sociales et humaines, parallèlement, se virent progressivement orientées vers la réponse à des demandes pratiques, en matière de « communication » (comme on appelait à l'époque la publicité* et la propagande*), de gestion commerciale, d'organisation sociale, de contrôle politique. Les ambitions intellectuelles des sociologues et anthropologues des années 1950-1980 furent tournées en dérision, et leurs travaux progressivement relégués au rang d'antiquités culturelles.

Le début du XXIe siècle

La marchandisation* du savoir s'intensifia. Les grandes multinationales* industrielles (électronique, informatique, pharmacie, pétrochimie, agrochimie, armement) et les institutions militaires prirent une importance majeure dans le financement de la recherche scientifique, que ce soit au sein de leurs propres laboratoires ou en finançant sur contrats les laboratoires publics. Amplifiant un mouvement qui trouvait son origine dans le Projet Manhattan de fabrication de l'arme nucléaire pendant la Seconde guerre mondiale, l'organisation même de la recherche scientifique se vit de plus en plus calquée sur le modèle de la production industrielle, avec les contraintes de compétitivité et de productivité y afférant. Une part majoritaire et toujours croissante de l'activité scientifique fut consacrée à des applications techniques capables d'alimenter l'économie de marché* et la politique de puissance.

Les recherches portant sur les questions fondamentales ouvertes furent progressivement réduites à la portion congrue. Ainsi, la physique de la constitution de la matière au niveau subnucléaire connut-elle son chant du cygne en 2012 avec la découverte du boson de Higgs. Le coût des appareillages, la lourdeur de leur organisation collective et l'absence de perspectives utilitaires menèrent vers 2020 à la fermeture des grands accélérateurs de particules (comme le LHC du CERN), et à une quasi mise en jachère de ce domaine. Les questions cosmologiques, comme la nature de la « matière sombre », furent abandonnées et restèrent sans solution en raison de leur manque de perspectives technologiques et du prix des télescopes géants, jugé prohibitif dans l'atmosphère de crise économique* chronique qui caractérisa les années 2010 à 2030.

À la contrainte économique s'ajoutait d'ailleurs une butée épistémique. Les sophistications formelles des hypothèses proposées pour résoudre ces problèmes et l'impossibilité de les mettre à l'épreuve expérimentalement permettent avec le recul de les comparer aux théories astronomiques de l'Antiquité et du Moyen Âge, qui, à l'aide de leurs épicycles, déférents et autres équants, étaient capables de rendre compte des observations (*sozein ta phainomena*, « sauver les apparences », dixit P. Duhem) sans pour autant les expliquer. Dans les sciences de la vie, l'épigénétique qui soulevait un immense intérêt dans les premières années du XXIᵉ siècle en promettant de dépasser les visions trop simplistes de la biologie moléculaire, se heurta très vite à des difficultés insurmontables en raison de la complexité des réseaux d'interactions chimiques mis en jeu. Il en alla de même pour les problèmes théoriques posés par le vieillissement, le cancer, le clonage, la morphogenèse, sans parler du fonctionnement cérébral, etc., où les recherches piétinèrent.

La simulation informatique s'était constituée à la fin du XXᵉ siècle en pratique scientifique de plein exercice, élargissant la traditionnelle dualité théorie-expérience en une véritable trialité épistémologique. Cependant, malgré le développement des ordinateurs quantiques, qui restèrent par ailleurs fort coûteux et fragiles, cette voie méthodologique ne répondit que très partiellement aux espoirs qu'elle avait suscités. Force fut de réaliser qu'une simulation numérique, même réussie, n'apportait par elle-même guère de compréhension conceptuelle. C'est d'ailleurs ce qu'avait anticipé un grand théoricien du milieu du XXᵉ siècle, Eugen Wigner ; l'un de ses étudiants lui montrant avec fierté les résultats d'un calcul informatique en physique moléculaire qui reproduisait correctement les valeurs expérimentales, il commenta :

> « Je suis content de savoir que l'ordinateur a compris le problème. Mais j'aimerais le comprendre aussi… ».

Ainsi donc, cessant petit à petit de produire des connaissances fondamentales nouvelles, les scientifiques furent amenés à se concentrer sur la seule mise en œuvre des savoirs acquis, dans la perspective d'applications techniques à court terme, améliorant leur efficacité, leur fiabilité et leur rentabilité* de façon à renouveler en permanence l'offre marchande* de biens de consommation* (téléphones, ordinateurs, voitures, télévisions, alicaments, textiles, etc.).

Si certains secteurs, au premier chef les mathématiques pures, échappèrent à cet assujettissement, ce fut au prix d'un isolement croissant, qui les enferma dans de véritables ghettos intellectuels.

Les sciences sociales et humaines connurent une décadence parallèle. Le mouvement esquissé dans la section précédente s'intensifia, au point que la plupart des institutions de recherche fondamentale dans ces domaines furent tout simplement supprimées. L'enseignement de ces disciplines se vit essentiellement cantonné aux formations pratiques en matière de commerce et de gestion, dans une perspective purement utilitaire.

Parallèlement à l'étiolement des activités de production des connaissances, la science fit l'objet d'une sérieuse perte de confiance au sein de la société. L'efficacité pratique de la technoscience du XXᵉ siècle s'étant manifestée aussi bien par de réelles avancées dans le bien-être de l'humanité que par de graves menaces sur son avenir, l'idéologie scientiste, avec sa foi dans un progrès de la société mû par celui des sciences, perdit toute force de conviction. Les scientifiques avaient trop promis et pas assez ou trop mal tenu leurs promesses pour que leur crédibilité demeure intacte. Amplifièrent le désaveu d'insidieuses campagnes de dénigrement menées par les puissances économiques et industrielles dont la profonde dangerosité était révélée par les études scientifiques, concernant par exemple le réchauffement climatique ou les méfaits de l'alimentation industrielle.

Avec le recul dont nous disposons, cette période peut s'analyser comme la fin d'une phase historique de quatre siècles, débutant avec la Révolution Scientifique du XVIIe siècle, phase très particulière dans l'histoire des sciences et, plus généralement, des cultures, qui fut caractérisée par l'efficiente conjugaison de la volonté de comprendre le monde et du désir de le transformer. Le programme cartésien, « devenir comme maîtres et possesseurs de la nature », au demeurant, n'avait connu un début de réalisation qu'à partir de la fin du XVIIIe siècle pour se concrétiser enfin aux XIXe et XXe siècles. Mais cette exceptionnelle confluence de la *theoria* et de la *praxis* se révéla instable, la seconde s'imposant à la première. La science, désormais source des nouvelles techniques, se trouva prisonnière de ses promesses et sommée de les tenir sans délais. Devenue technoscience, elle fut ainsi progressivement privée de son ambition proprement intellectuelle au profit de son efficacité matérielle, et, d'une certaine façon, disparut en tant que telle, ou tout au moins entra dans une période de latence.

Bien que cela apparut à l'époque comme une surprise incompréhensible aux thuriféraires d'une science qu'ils en étaient venus à considérer comme universelle et éternelle, ce n'était là qu'un nouvel épisode d'une longue histoire faite de telles éclipses et réapparitions : pour ne prendre que deux exemples majeurs, la science grecque s'était éteinte après Alexandrie, et la science arabo-islamique avait périclité au XIIIe siècle, avant que l'Europe ne reprenne le flambeau au XVIIe.

Le milieu du XXIe siècle

Cette section ne peut être que très brève : l'Effondrement (voir rappel en encadré) mit simplement fin à toute activité scientifique collective sur la surface du globe – comme à tant d'autres pratiques sociales. L'extermination d'une grande partie de la population n'épargna pas les scientifiques, les institutions s'écroulèrent, les installations furent ravagées, et une bonne partie des connaissances accumulées dans les bibliothèques, physiques ou numériques, disparut à tout jamais.

Rappel. L'Effondrement (2040-2060)

Bien que, en ce début de XXIIIe siècle, l'Effondrement constitue la pierre angulaire de notre mémoire historique présente, rappelons l'essentiel des événements.

À partir de 2020, le réchauffement climatique amorcé à la fin du XXe siècle connut une accélération dramatique. La production agricole des zones tempérées chuta, menaçant les nations les plus développées d'une disette générale. Les États-Unis, alors dirigés par des néo-conservateurs garants des intérêts du complexe militaro-industriel, se lancèrent unilatéralement dans de vastes opérations de géo-ingéniérie, créant un écran d'aérosols soufrés dans la haute atmosphère aux fins d'atténuer le rayonnement solaire. Après quelques succès initiaux, les effets de cette manipulation d'échelle planétaire se révélèrent catastrophiques, supprimant la mousson asiatique et aggravant la catastrophe agricole et la crise économique générale. Les tensions sociales s'exacerbèrent et des gouvernements autoritaires et populistes prirent le pouvoir dans la plupart des grandes nations, dérivant la colère des populations vers un nationalisme militariste agressif.

C'est sur ce fond d'instabilité qu'en 2040, l'essai par l'Iran d'une fusée à tête thermonucléaire connut un échec dramatique : le missile, au lieu de s'abîmer en pleine mer, acheva sa course non loin de Karachi qui fut immédiatement anéantie par l'explosion. Croyant à une attaque indienne, le Pakistan répondit immédiatement en envoyant une dizaine de ses propres fusées qui détruisirent les plus grandes villes du pays, Mombaï, New-Delhi, Calcutta, Madras, etc. En représailles, l'Inde arrosa le Pakistan. En l'espace de quelques heures, les alliances militaires avérées ou secrètes généralisèrent le conflit qui opposa les États islamiques soutenus par la Chine d'un côté, et l'Inde associée à la Russie de l'autre. L'informatisation des dispositifs militaires de détection et de riposte ne laissa place à nulle intervention humaine. Les échanges thermonucléaires croisés, qui prirent fin lorsque les stocks de quelques centaines de bombes disponibles de part et d'autre furent épuisés, se virent relayer, toujours automatiquement, par les armes biologiques. Anthrax, peste et autres maladies infectieuses foudroyantes s'abattirent sur ce qui restait des populations.

La guerre s'acheva au bout de quelques jours à peine, faute de combattants. Mais les retombées radioactives dispersées par les vents firent rapidement le tour de la Terre, atteignant successivement d'abord l'Europe et le Japon, puis les États-Unis et le Mexique. Au bout de quelques semaines, les survivants, environ la moitié de la population de l'Eurasie et de l'Amérique du Nord, furent en proie aux épidémies déclenchées par les armes bactériologiques. Après à peine une année, tout l'hémisphère Nord était ravagé. Les énormes quantités de poussières envoyées dans la haute atmosphère par les explosions entraînèrent de plus un dramatique changement climatique inversé (« hiver nucléaire »). De larges portions du territoire étaient devenues inhabitables et les rescapés survivaient dans des conditions misérables au sein d'îlots éparpillés.

L'hémisphère Sud crut pouvoir échapper au désastre, et pendant une brève période Afrique et Amérique du Sud pensèrent leur heure de puissance venue. Mais au bout de quelques années, des mouvements migratoires intenses, malgré la précarité des moyens de transport disponibles, entraînèrent vers les terres d'un Sud plus prometteur, de grandes masses des misérables populations restantes du Nord, chinoises en particulier, bouleversant les équilibres démographiques et culturels. La réaction des populations locales déstabilisa les institutions étatiques et entraîna, via des conflits localisés mais innombrables, un chaos généralisé. Après deux décennies, le Sud, quoique moins dépeuplé, se trouvait aussi dévasté que le Nord.

L'humanité, ou ce qui en restait, se réorganisa petit à petit sur la base de communautés régionales autonomes, comprenant entre quelques milliers et quelques centaines de milliers de membres, relativement isolées les unes des autres en raison des zones inhabitables qui les séparaient. Elles parvinrent progressivement à renouer des liens, sans que jamais se recomposent des entités de la taille des anciennes nations. Ainsi se constitua ce qui, aujourd'hui encore, plus d'un siècle et demi après l'Effondrement, est la forme qu'a prise la communauté humaine : le Réseau, constitué d'entités en général sans frontières communes, et sans aucune institution centralisée. L'autonomie de ces multiples communautés garantit la stabilité du Réseau grâce à une tolérance mutuelle fondée sur l'absence de conflits d'intérêts et les bienfaits d'échanges entre des collectivités aux ressources limitées mais diverses et complémentaires.

La fin du XXIe siècle

Dans un certain nombre des communautés émergentes, parmi les moins précaires et qui comptaient en leur sein des rescapés des anciennes professions intellectuelles, se manifesta un retour d'intérêt pour la connaissance théorique, la spéculation intellectuelle et en particulier les questions scientifiques. Des collectes de livres et revues épargnés permirent de reconstituer une partie des bibliothèques d'avant l'Effondrement. Notons que la documentation électronique, pour sa part, bien qu'elle ait été au début du XXIe siècle surabondante et hégémonique, se trouva complètement perdue : la plupart des ordinateurs n'avaient pas résisté aux rayonnements, et les banques de données et leurs réseaux de communication encore moins. De petits groupes diversifiés d'étude et de formation se constituèrent, regroupant autour des vétérans des jeunes gens avides de connaissances, sur des modes assez semblables aux écoles de l'Antiquité (l'Académie de Platon, le Lycée d'Aristote) ou aux cénacles de la Renaissance.

Mais leurs activités, pourtant modestes, soulevèrent d'emblée une grande suspicion et rencontrèrent une vive hostilité. La plupart des citoyens tenaient pour une aberration morale la perspective d'une reprise des recherches qui, en permettant la mise au point des armes de destruction massives, avaient apporté une contribution essentielle à l'Effondrement. Prenant acte de cette méfiance, les académies nouvelles se firent un devoir d'accompagner leurs travaux d'une profonde réflexion éthique et politique. Se penchant sur l'histoire des sciences au XXe siècle, les protagonistes du renouveau comprirent l'enchaînement fatal qui avait, comme nous l'avons vu, transformé la science en technoscience et assujetti le désir de savoir à la volonté de pouvoir, soumettant la *theoria* à la *praxis*. Certes, les nouvelles conditions d'organisation décentralisée d'une humanité désormais désarmée et les modalités d'échanges non-marchands ne permettaient plus la mainmise de puissances militaires et économiques sur la connaissance. Le risque existait pourtant qu'un redéploiement des sciences naturelles ne ravive le projet prométhéen et les formes d'organisation sociale qui l'avaient concrétisé, reproduisant *in fine* ses catastrophiques effets pervers.

Aussi, les *quêteurs*, ainsi que l'on désigna ces nouveaux chercheurs, se convainquirent-ils rapidement qu'avant de relancer les sciences de la nature, il leur fallait remettre en chantier les sciences de l'homme et de la (nouvelle) société. On assista ainsi à un renversement de l'ancienne hiérarchie des disciplines, les sciences anthropiques (rassemblant sociologie, ethnologie, anthropologie, psychologie, etc.) prenant l'ascendant sur les sciences physiques (de la matière et de la vie), et s'appuyant sur un solide soubassement philosophique et culturel. Cette démarche avait été annoncée par l'un des grands créateurs du siècle précédent, Bertolt Brecht, qui dès 1939, avait prophétiquement écrit :

> « Plus nous arrachons de choses à la nature grâce à l'organisation du travail, aux grandes découvertes et inventions, plus nous tombons, semble-t-il, dans l'insé-

curité de l'existence. Ce n'est pas nous qui dominons les choses, dirait-on, mais les choses qui nous dominent. Or cette apparence tient à ce que certains hommes, par l'intermédiaire des choses, dominent d'autres hommes. Nous ne serons libérés des puissances naturelles que lorsque nous serons libérés de la violence des hommes. Si nous voulons profiter en tant qu'hommes de notre connaissance de la nature, il nous faut ajouter à notre connaissance de la nature, la connaissance de la société humaine ».

Le développement d'une auto-réflexivité permanente permit aux quêteurs de prendre conscience des limites épistémologiques des anciennes disciplines de pointe, en cosmologie, en physique subnucléaire, en biologie subcellulaire, restées myopes sur leurs carences conceptuelles. Emportées par une technicité de plus en plus sophistiquée, en ce qui concerne tant leurs formalismes mathématiques que leurs procédures expérimentales, ces sciences en étaient arrivées à négliger toute réflexion critique sur leurs notions et leur formulations. En témoignait assez le vocabulaire inadapté qu'elles avaient adopté pour leurs dernières avancées : des termes comme « relativité », « principe d'incertitude », « chaos déterministe », « big bang », « inflation », « matière noire », « supercordes », « code génétique », « adaptation » et bien d'autres se révélèrent à l'examen porteurs de telles ambiguïtés que s'imposa une refonte linguistique, analogue à celles qu'en leurs temps avaient menée à bien pour les sciences classiques les Linné, Lavoisier, etc., mais à beaucoup plus grande échelle.

Ce projet se déroula collectivement, fédérant les groupes de quêteurs, jusque-là épars, en une communauté souple et ouverte. Les discussions furent longues et ardues. On finit par se mettre d'accord sur une solution radicale. Afin de ne privilégier aucune des langues autrefois dominantes dans le champ scientifique, il fut décidé d'adopter pour les nouvelles terminologies une écriture universelle utilisant les idéogrammes chinois, permettant leur verbalisation dans n'importe quelle langue commune (la forte proportion des quêteurs d'origine asiatique ne fut évidemment pas étrangère à ce choix). Cette grande réforme linguistique eut des effets rapides sur la diffusion et l'avancement des sciences de la nature. On s'aperçut alors que parmi les résultats des recherches du XXe siècle et même antérieures, nombre d'indices étaient restés inexploités. Ainsi l'histoire des sciences, loin de constituer un simple enregistrement mémoriel du passé, fut-elle à même de jouer un rôle actif dans la production des savoirs nouveaux.

Parallèlement, les quêteurs se rendirent compte que le développement au cours du XXe siècle d'un corps social de chercheurs scientifiques, chargés uniquement de produire du savoir nouveau, sans avoir nécessairement à le réfléchir et à le partager, avait joué un rôle certain dans la décadence du début du XXIe siècle. Aussi, partant du principe que l'on ne peut bien comprendre que ce que l'on peut transmettre (et réciproquement), les quêteurs se firent-ils une obligation de mener de pair activités de production et de partage des connaissances. Dans cette même perspective, ils comprirent que le renouveau de la science exigeait sa remise en culture et son ressourcement au fonds des arts et des lettres, en tenant compte au surplus de la diversité des traditions civilisationnelles qui avaient survécu à l'Effondrement.

Nous verrons dans le prochain chapitre comment put se développer cette nouvelle science au XXIIe siècle.

Histoire et Vérité

Charles Larmore

Nous avons l'habitude de croire que l'homme a fait au cours des cinq derniers siècles de grands pas en avant dans ses efforts pour comprendre la nature. En nous appuyant sur nos conceptions actuelles de la nature et de la méthode scientifique, nous voyons partout des preuves de progrès. La mécanique classique, par exemple, nous paraît avoir renversé à juste titre l'empire de la physique aristotélicienne puisqu'elle s'est approchée de plus près de la vérité en ce qui concerne la matière, la force, et le mouvement, et qu'elle a reconnu plus clairement combien il est important de rechercher des résultats se laissant exprimer par des lois mathématiques.

Néanmoins, à force de recourir à nos propres idées de ce qui est vrai, les jugements par lesquels nous constatons des progrès dans l'histoire des sciences peuvent aisément paraître relever d'une optique bornée. Comment ne pas nous demander si nous faisons alors autre chose qu'applaudir nos prédécesseurs selon qu'ils se trouvent avoir pensé plus ou moins comme nous ? La notion de progrès ne se réduit-elle pas en fin de compte à un outil destiné à afficher notre autosatisfaction ? Que pouvons-nous dire à celui qui objecte que notre point de vue actuel est tout simplement le nôtre, n'ayant pas de droit plus grand que n'importe quel autre de rendre des verdicts sur le passé ?

Il y a un moyen de dissiper ce souci qui s'est toujours montré extrêmement attirant. Il s'agit d'une réponse qui puise dans un courant central de la philosophie occidentale. Depuis Platon, les philosophes ont eu tendance à présumer qu'il existe un ensemble de principes universels servant à régler comment il nous faut penser et agir – universels en plus dans deux sens du terme que l'on ne distingue que rarement et dont l'assimilation est plutôt le trait distinctif de ce courant de pensée : à savoir, des principes non seulement *universellement valables*, quels que soient nos autres croyances ou intérêts, mais aussi *universellement accessibles*, la reconnaissance de leur validité étant censée se trouver à la portée de chaque homme raisonnable, pourvu qu'il se hisse au-dessus des particularités de sa situation. On suppose qu'en prenant du recul à l'égard de tout ce que les contingences de l'histoire ont fait de nous et en regardant le monde *sub specie aeternitatis*, nous sommes en mesure de trouver nos repères dans ce qui est appelé la raison elle-même.

Des théories du progrès scientifique sont en grande partie, cela est vrai, un phénomène plus particulièrement moderne. Mais l'époque des Lumières, qui en a lancé la mode, suivait toujours les consignes de cet idéal séculaire de la raison entendue comme transcendance lorsqu'il s'agissait de formuler sa vision de la dynamique progressive de la science moderne. Un bon exemple est l'essai célèbre de Condorcet – son *Esquisse d'un tableau historique des progrès de l'esprit humain* (1793). Dès lors que l'homme, déclare-t-il, a secoué le joug de la tradition et a finalement reconnu que la connaissance ne s'acquiert que par des généralisations opérées sur la base des données de l'expérience sensible, la croissance des sciences était destinée à s'accélérer comme on l'a bien vu depuis le XVIIe siècle.

Dans un pareil esprit, nous pourrions estimer que notre point de vue actuel représente davantage qu'un simple abrégé de l'opinion courante si nous avons réexaminé nos croyances existantes à la lumière de ce qui nous paraissent être des principes universels de la raison. Nous croirons alors avoir atteint une certaine distance à l'égard de notre propre époque, et les signes de progrès scientifique que nous constatons de ce point de vue ne seraient donc pas le pur reflet de nos propres habitudes d'esprit.

Le hic, c'est que notre conception des exigences de la raison porte toujours l'empreinte de notre temps. Sans doute y a-t-il certaines règles de raisonnement, comme celles nous ordonnant d'éviter des contradictions ou de préférer le bien au mal, qui s'imposent toujours à l'esprit, indépendamment de notre contexte historique. Mais elles sont trop abstraites pour pouvoir orienter d'elles-mêmes notre pensée et notre conduite : elles doivent s'accompagner d'autres règles plus substantielles pour que nous sachions comment procéder. La raison à laquelle nous faisons appel en examinant d'un oeil critique nos opinions existantes doit donc combiner ces deux genres de principes. Or, les aspects plus concrets de ce que nous entendons par la raison renferment des principes auxquels nous nous fions à cause des succès qu'ils ont rendus possibles dans le passé, ou bien en vertu de notre vue globale de la place qu'occupe l'esprit dans la nature. Suivant l'évolution de nos croyances de ce genre, notre conception de la raison se modifie aussi, et par conséquent des conceptions de la raison qui règnent à un certain moment peuvent parfois se révéler par la suite bien erronées.

Une fois de plus, l'essai de Condorcet en fournit une illustration parfaite. Sa confiance dans l'existence de sensations élémentaires, non imprégnées de présupposés et de schèmes conceptuels, appartient à une forme d'empirisme, triomphante à son époque, que nous ne saurions plus accepter[1]. Nos propres

---

1. Voir le début de l'*Esquisse* : « L'homme naît avec la faculté de recevoir des sensations ; d'apercevoir et de distinguer dans celles qu'il reçoit les sensations simples dont elles sont composées, de les retenir, de les reconnaître, de les combiner ; de comparer entre elles ces combinaisons ; de saisir ce qu'elles ont de commun et ce qui les distingue ; d'attacher enfin des signes à tous les objets, pour les reconnaître mieux, et en faciliter des combinaisons nouvelles ».

idées substantielles de ce qui constitue la raison, aussi évidentes qu'elles puissent nous paraître, pourront bien subir le même sort. Et même si elles ne finissent pas par être rejetées, elles restent marquées par le cours particulier qu'ont pris notre expérience et notre réflexion et vont certainement montrer avec du recul bien des lacunes ou des emphases désuètes.

Des doutes de ce genre à propos du concept de progrès se sont intensifiés depuis deux siècles au fur et à mesure que la raison s'est révélée moins un tribunal situé en dehors de l'histoire qu'un code exprimant nos convictions changeantes concernant la façon dont il faut penser et agir. Afin de saisir la portée exacte de ce scepticisme, nous devons tenir compte de la distinction capitale entre *croissance* et *progrès*. Nul ne peut raisonnablement considérer l'histoire des sciences modernes de la nature comme une pure succession de théories différentes, chacune une spéculation inédite. Dans l'antiquité et au moyen âge, l'étude de la nature avait bien ce caractère – il y avait presque autant de théories que de théoriciens – et la plupart des sciences sociales se trouvent toujours dans une pareille situation où règne une prolifération indéfinie. Mais à partir du XVIIe siècle, la physique d'abord, et ensuite la chimie et la biologie se sont transformées en des disciplines cumulatives. Elles ont pris le parti de viser des conclusions suffisamment solides pour devenir des prémisses directrices pour des investigations ultérieures. En grande partie, c'était la combinaison des mathématiques et de l'expérimentation qui a rendu possible ce démarrage : des lois expérimentales, en forme mathématique, se prêtent à des tests précis et, une fois confirmées, ne risquent guère d'être discréditées par la suite, même si elles ont besoin de temps à autre d'être rajustées en réponse à des données nouvelles. En même temps, leur précision permet d'orienter la recherche, mettant des limites aux hypothèses qu'on aurait désormais à prendre au sérieux. Non par hasard, l'histoire de la science moderne présente une ligne claire de développement menant jusqu'à notre conception actuelle de la nature. Chaque étape sur le chemin a poussé plus loin, en parfois les corrigeant, les résultats de ses prédécesseurs. La croissance, dans ce sens, est incontestable.

Bien sûr, la croissance ne se fait pas toujours par simple adjonction. Tantôt de nouvelles théories se sont approprié des résultats antérieurs en les remaniant dans un vocabulaire conceptuel assez différent. Tantôt des théories bien confirmées ont dû être rejetées parce qu'elles ne s'accordaient plus avec des preuves nouvelles. Et tantôt ces deux formes de changement théorique se sont produites en même temps – comme dans les « révolutions scientifiques » chères à Thomas Kuhn, où un paradigme en remplace un autre au moyen d'une « transformation de gestalt ». Il n'en reste pas moins que les révolutions ayant eu lieu dans les sciences modernes de la nature, à l'opposé de celles qui les ont précédées ou bien les ont instaurées, ont en règle générale conservé un ensemble de lois expérimentales déjà accumulées. Les équations de Maxwell du champ électromagnétique, par exemple, ont survécu à l'avènement de la théorie relativiste, même si l'on a dû les reconcevoir de façon à ne plus supposer l'existence d'un éther luminifère.

Kuhn s'est plaint de ce que des manuels scolaires écrivent l'histoire de leur discipline scientifique à rebours, à partir du présent, déguisant ses tournants dramatiques comme autant de contributions graduelles à l'édifice contemporain du savoir[2]. Sans doute ont-ils en fait l'habitude de déformer le passé de cette manière. Ce n'est pourtant qu'à l'époque moderne que des manuels scolaires en sont arrivés à jouer un rôle considérable, et c'est là un fait significatif. Car alors seulement il est devenu possible, voire essentiel à la formation scientifique, de présenter des résultats antérieurs dans la forme d'une doctrine systématique, complétée à la fin des chapitres par des exercices et des solutions. L'importance même de ces manuels témoigne du caractère cumulatif de la science moderne.

La croissance n'est toutefois pas la même chose que le progrès. Nous parlons de progrès lorsque nous regardons en avant, désignant par ce mot le mouvement vers un but, alors que la croissance est un concept essentiellement rétrospectif, marquant un processus où des formations nouvelles se font jour en s'ajoutant aux précédentes. L'idée de progrès implique en général celle de croissance, mais elle y ajoute la notion qu'il y a un terme vers lequel cette croissance est censée avancer.

Or, selon l'opinion commune, la science vise la vérité, de sorte que sa croissance spectaculaire à l'époque moderne représente des progrès dans la direction de cet objectif. Sans doute une notion aussi simpliste doit-elle tout de suite être nuancée. Les sciences modernes de la nature ne cherchent pas la vérité en général, comme si la connaissance scientifique était le seul genre de connaissance valable (c'est là un préjugé scientiste). Leur objet est le monde naturel, et elles s'appliquent, non pas à simplement amasser des vérités (plus il y en a, mieux ça vaut), mais à réunir des vérités permettant d'expliquer les phénomènes de la nature. En plus, la « recherche de la vérité » comprend en réalité deux buts bien distincts, acquérir des vérités et éviter des erreurs (pour saisir leur différence, il suffit de songer à ce qu'on ferait, si l'on voulait seulement acquérir des vérités – à savoir, tout croire, ou seulement éviter l'erreur – à savoir, ne rien croire), et les scientifiques doivent poursuivre ces deux fins en même temps selon qu'ils sont prêts à encourir le risque d'erreur afin d'obtenir de nouvelles informations sur le monde. Et finalement, la vérité que cherche la science n'est pas forcément un ordre des choses unique et ultime, défini par exemple par la microphysique, auquel tous les phénomènes naturels se laisseraient ramener. Il se peut (comme je le crois) que la nature contienne une pluralité irréductible de niveaux de réalité.

Mais toutes ces mises au point ne font rien pour désamorcer l'objection fondamentale que l'idée commune de la science ne peut manquer de provoquer. Le progrès scientifique ne doit-il pas paraître une notion suspecte, une fois

2. Thomas S. Kuhn, *The Structure of Scientific Revolutions*, 2e éd. (Chicago : University of Chicago Press, 1970), 136sq.

admise la contingence historique des critères dont nous faisons usage pour juger le présent et le passé ? Si nos théories actuelles ne se laissent classer comme des connaissances qu'en étant validées à la lumière d'une conception de la raison qui dépend, elle aussi, des vicissitudes de l'expérience, comment pouvons-nous dire que leur supériorité aux théories précédentes représente un progrès vers la vérité ? La question ne conteste pas l'existence de la croissance scientifique ; en effet, rien de plus évident que depuis les XVIᵉ et XVIIᵉ siècles il y a eu une accumulation constante de lois expérimentales, et dans les cas où des théories ont rencontré des difficultés, les modifications qu'elles ont subies ont conduit à l'ensemble des connaissances qui se trouvent maintenant exposées dans les manuels des disciplines respectives. Mais de quel droit pouvons-nous croire que ce processus a mené à quelque chose de plus que des opinions dominantes du jour ? Pourquoi supposer qu'il nous a fait approcher de plus près de l'objectif qui serait la découverte de la vérité de la nature ?

Kuhn lui-même, on le sait, a exposé avec éloquence ce genre de scepticisme. Bien qu'il ait continué à parler de « progrès », le terme ne signifiait chez lui qu'une capacité croissante à résoudre des problèmes. Le progrès vers la vérité lui semblait une notion oiseuse, inutile pour l'analyse de la science moderne. « Sert-il vraiment à quelque chose », s'est-il demandé, « d'imaginer qu'il existe une seule description de la nature qui soit complète, objective, et exacte et que la façon appropriée de prendre la mesure d'une réussite scientifique soit de déterminer dans quelle mesure elle nous fait avancer vers ce but ultime ? » Sa réponse était négative : « il ne se trouve d'autre base archimédéenne pour faire de la science que celle qui est déjà en place, située dans l'histoire »[3]. Aucun scientifique, disait-il, ne décide entre des théories concurrentes en invoquant la vérité comme critère. Ou bien s'il le fait, il ne s'agit que d'une sorte d'abréviation pour désigner les principes sur lesquels il s'appuie en réalité, à savoir, des méthodes et des valeurs scientifiques consacrées par l'état actuel de sa discipline. La vérité, c'est-à-dire la nature telle qu'elle est en elle-même, ne saurait constituer un but cohérent qu'à condition d'être un objectif dont la raison fournirait les moyens pour s'en approcher de plus en plus. Or, une fois que la prétendue transcendance de la raison a perdu sa plausibilité, faisant place à la reconnaissance du fait que la science prend toujours ses points de repère dans un stock de croyances historiquement déterminé, notre compréhension des fins de la science doit se montrer également plus modeste. Aux yeux de Kuhn, l'activité scientifique n'a pour but que la solution des problèmes qui se trouvent posés par l'état actuel des connaissances.

Ce genre d'argument est devenu un refrain familier dans beaucoup de secteurs de la pensée contemporaine. Il alimente, par exemple, la vaste compagnie de théoriciens post-modernes qui voient dans l'idée de la science progressant

---

3. Kuhn, *The Structure of Scientific Revolutions*, 171 ; Kuhn, *The Road Since Structure* (Chicago : University of Chicago Press, 2000), 95.

vers la vérité l'archétype des histoires illusoires, des « méta-récits », par lesquels la modernité a tenté de s'octroyer une légitimité universelle[4]. Ces attaques historicistes contre le réalisme scientifique – pour leur donner un nom –
reposent sur une intuition capitale. Contrairement à l'une des aspirations les
plus profondes des Lumières, sinon de la philosophie en général, la raison ne
nous arrache pas aux contingences du temps et du lieu. Des principes substantiels de la rationalité portent toujours la marque d'un ensemble de croyances et
pratiques léguées par un passé qui aurait pu prendre un cours différent. Toutefois, le scepticisme contemporain à l'égard du progrès se nourrit aussi d'un
présupposé erronné, présupposé qu'il partage d'ailleurs avec l'idéal de la raison transcendante qu'il veut rejeter. En réalité, les données de l'histoire ne sont
pas des obstacles, mais plutôt des moyens. C'est précisément en raisonnant à
partir de nos croyances déjà en place que nous adaptons notre pensée au
monde. Êtres du hasard que nous sommes, le monde lui-même reste néanmoins
l'objet de nos efforts, et les raisons que nous avons de préférer une proposition
à une autre doivent être comprises comme des raisons de croire que nous nous
rapprochons par là de la vérité.

Je m'explique. La raison, nous dit au fond le sceptique historiciste, ne peut
pas montrer que le monde lui-même rend vrais ou faux nos énoncés ; elle nous
apprend simplement si le monde tel qu'il est conçu à présent est cohérent ou
non avec nos énoncés. Car se demander s'il faut accepter comme vraie une
proposition quelconque consiste à déterminer dans quelle mesure elle
s'accorde avec nos croyances existantes, les exigences de la raison par lesquelles nous nous guidons alors relevant, elles aussi, des présupposés changeants
de la communauté de pensée à laquelle nous appartenons. Or, ces dernières
remarques ne sont pas fausses. Mais elles ne nous obligent nullement à nier
que la vérité que nous recherchons et trouvons des raisons de croire que nous
avons atteinte est bien la vérité entendue comme conformité au monde tel qu'il
est, comme correspondance avec la réalité dans le sens ordinaire et non-tech-
nique du terme exprimé dans la définition célèbre d'Aristote : « la vérité
consiste à dire de ce qui est qu'il est et de ce qui n'est pas qu'il n'est pas »[5].
Les réserves qu'on émet d'habitude à l'égard de l'idée classique de correspondance viennent de ce qu'on a trop attendu de cette notion : on suppose à tort
que le rapport de correspondance n'aurait de sens que s'il se laissait à son tour
analyser en des termes plus primitifs, alors que la vérité est un concept trop
fondamental pour admettre une telle analyse, ou on suppose – encore à tort –
que la correspondance est destinée à servir de critère pour distinguer le vrai du
faux, alors que la notion de correspondance indique ce que la vérité *est*, et non
comment elle est *déterminée*. La correspondance ne nous fournit pas une
« théorie » de la vérité, si l'on entend par « théorie » l'explication systématique

---

4. Voir J.-F. Lyotard, *La condition post-moderne* (Paris : Editions de Minuit, 1979).
5. Aristote, *Métaphysique* 1011b27.

d'un phénomène. Elle constitue le sens du terme, et si l'on veut à tout prix avoir quelque chose comme « une théorie de la vérité », celle-ci doit consister à tracer les rapports systématiques et essentiels entre la vérité comme correspondance et d'autres concepts fondamentaux de notre expérience.

Et en effet, nos pratiques de justification n'ont pas de sens, si elles sont détachées de cette notion de vérité-correspondance. Car ce qui sert à justifier ou à condamner une proposition qui se trouve en question n'est pas le fait psychologique (ou historique) qui est notre adhésion aux croyances auxquelles nous faisons appel. Notre propre état d'esprit, en tant que tel, n'a rien à voir avec l'affaire. Ce qui compte est le fait que, comme nous le présumons, ces croyances sont vraies – c'est-à-dire, que le monde est bien tel qu'elles le décrivent. Réussir à justifier une hypothèse signifie donc, à son tour, montrer que celle-ci est digne de prendre place à côté de nos autres connaissances, d'assumer comme elles le statut de vérités acquises pour servir de prémisses pour la résolution de nos doutes futurs. Il s'ensuit qu'en examinant les mérites d'une proposition problématique, nous avons l'intention de voir si celle-ci correspond bien au monde tel qu'il est en réalité. La cohérence comme critère de la vérité n'a de sens que si la vérité est elle-même comprise comme correspondance aux choses telles qu'elles sont en réalité. S'il y a des raisons de douter de la vérité d'un résultat, de sa correspondance à la nature des choses, elles doivent provenir de la recherche scientifique elle-même.

Le scepticisme historiciste dont nous parlons s'appuie en fait sur un composant essentiel de la notion traditionnelle du progrès qu'il entend rejeter. Il suppose que nous ne serions en droit de nous considérer plus proche de la vérité que nos prédécesseurs qu'à condition de prendre du recul par rapport à notre situation historique et de pouvoir justifier nos convictions actuelles à partir d'un point de vue situé à l'extérieur des leçons variables de l'expérience. Voilà pourquoi, soulignant en particulier combien notre idée de la raison fait partie du tissu changeant de nos croyances et combien un tel recul serait donc futile, il écarte l'idée que la science moderne nous dévoile de plus en plus la réalité elle-même.

C'est précisément ce dogme, comme je l'ai déjà indiqué, dont nous devons nous débarrasser. Il faut voir dans les contingences de l'histoire les moyens mêmes par lesquels nous atteignons la réalité. Certes, il n'est pas possible de discerner rétrospectivement, à l'instar de Hegel, dans les développements conduisant à notre ensemble actuel de croyances le chemin que l'humanité était destinée à prendre. Nous sommes pourtant en mesure de déterminer si nos croyances sont supérieures à celles de nos précédesseurs en s'avérant mieux adaptées à résoudre des problèmes donnés, et dans la mesure où nous y réussissons, il nous faut conclure que les raisons de préférer le nouveau à l'ancien sont des raisons de croire que nous disposons à présent d'une meilleure compréhension du monde tel qu'il est.

Les principes selon lesquels nous faisons ces jugements peuvent bien se modifier conjointement avec notre conception de la nature. Mais la raison, tout en étant comprise de manière historicisée, ne perd pas pour autant sa capacité de nous indiquer comment nous approcher de la vérité. En général, les raisons que nous avons de modifier nos croyances sont des raisons de croire que nous avons mieux saisi la nature de la réalité elle-même, et c'est justement de cette façon qu'il faut comprendre aussi les changements que nos idées de la raison ont subis. Comme le démontre l'histoire de la science, nous avons appris comment il faut apprendre en même temps que nous avons appris des choses au sujet de la nature[6]. En d'autres termes, les principes de rationalité scientifique que nous en sommes venus à accepter sont eux-mêmes des vérités, des découvertes dont l'objet est la façon dont les sciences de la nature doivent procéder pour atteindre leur objet. À titre de vérités, ils possèdent une validité qui est intemporelle, comme n'importe quelle croyance qui est vraie ne peut jamais changer sa valeur de vérité. Mais dans la mesure où notre compréhension de ces principes est le produit d'un processus historique, ils peuvent ne pas être intemporellement accessibles, tout comme le fait que nous sommes parvenus à d'autres genres de croyances peut dépendre du cours que notre expérience a pris.

Aussi faut-il rejeter l'assimilation traditionnelle, évoquée au début, des deux sens du terme « universel ». Des principes de rationalité peuvent être universellement valables sans pour autant être universellement accessibles. Les contingences historiques qui nous ont amenés à faire nôtres les plus substantiels entre eux ne les empêchent pas d'être des principes valables, nous permettant de juger des progrès de la connaissance. La vérité, elle, est intemporelle. Si la mécanique newtonienne paraît maintenant erronée à certains égards importants, elle a toujours été fausse, même dans son âge d'or. Notre pensée, par contraste, se déroule nécessairement dans le temps, et elle n'a d'autres ressources que celles que notre héritage et notre propre imagination peuvent nous fournir. Et pourtant, la finitude qui marque chacun de nos pas nous ouvre au monde qui se trouve au-delà. En raisonnant à partir des données de notre situation, nous raisonnons sur les choses elles-mêmes.

6. Voir Dudley Shapere, *Reason and the Search for Knowledge* (Dordrecht, Pays-Bas : Reidel, 1984), 233.

LES PARALLÈLES SONT DES DROITES QUI NE SE RENCONTRENT PAS

Claire Salomon-Bayet

Les parallèles sont des droites qui ne se rencontrent pas I

Ce texte n'est pas une note de lecture, même s'il a été provoqué par la parution en 2005 aux Éditions de la rue d'Ulm d'un volume de Stéphane Israël, *Les études et la guerre, les normaliens dans la tourmente (1939-1945)*, préfacé par Jean-François Sirinelli. J'en avais parlé non sans véhémence à mon ami de toujours, le politologue Pierre Hassner (promotion 1952) dont l'itinéraire n'a pas toujours été celui d'un long fleuve tranquille. Je pouvais lui en parler en toute liberté. Il m'a dit d'en écrire librement, ce que j'ai fait. Je confie aux *Mélanges* offerts à Michel Blay ce texte écrit il y a un peu plus de deux ans, juste avant que ne paraisse, chez Armand Colin, le livre qu'il a consacré au CNRS sous Vichy, livre qui m'autorise à sortir des règles de la contribution de spécialiste, à m'aventurer sur un terrain insolite[1]. L'historienne des sciences de la vie que je suis peut s'adresser à un physicien historien des sciences, découvert avec enchantement par la lecture des *Figures de l'Arc en Ciel*[2], rencontré au fil des années dans des lieux et des fonctions diverses, dans un travail commun et des convictions partagées : la *Revue d'histoire des sciences*, la *Revue de synthèse*, l'Académie internationale d'histoire des sciences, le Comité pour l'histoire du CNRS, et j'en passe ; au CNRS même, nous fûmes directeurs-adjoints du Département des sciences de l'homme et de la société, lui de 1997 à 1998, moi de 1986 à 1990, dans l'équipe de Jacques Lautman... Il faut bien constater que les parallèles parfois se rencontrent. Nos itinéraires, à quelques quinze années de distance, se sont croisés et recroisés, dans un espace bien défini, sur fond de 5e arrondissement parisien, entre le jansénisme de Saint-Jacques du Haut-Pas et les grilles de la rue d'Ulm, entre le 45, présent depuis 1830 et le 29, plus

---

1. Michel Blay, *Les ordres du Chef, Culte de l'autorité et ambitions technocratiques : le CNRS sous Vichy*, Armand Colin 2012.

2. *Idem, Les figures de l'arc-en-ciel*. ed. Carré 1998.

récent, qui abrite le CAPHES[3]. Mais aussi dans le cœur d'une institution, le CNRS, entre les rives de la Seine du quai Anatole France et la rive droite de Michel-Ange Molitor.

Physicien ou philosophe, historiens des sciences, nous savons l'importance de l'écrit, nous aimons les pages et les typographies, les numéros spéciaux comme les Varia, les discussions qui les préparent, les rencontres nationales ou internationales dont elles sont la raison et l'expression. Là encore, ce sont des lieux qui sont les références, évocateurs, des lieux qui font partie de notre histoire : la rue Colbert et la rue du Four, les berceaux parisiens d'une histoire des sciences qui se constitue sur un long temps, des années fondatrices de Henri Berr à l'après-guerre de Georges Canguilhem – la rue du Four et la Sorbonne, la rive gauche – à René Taton – la rue Colbert et la rive droite, l'École pratique des Hautes Etudes –[4].

Je sacrifie ici à la « vogue des travaux sur les lieux » comme il est dit dans un récent compte rendu[5], mais des lieux datés. La rue d'Ulm dont il va être question est celle de la période 1939-1945, celle où l'École normale supérieure organisait son espace à partir du 45, en débordant sur la rue Lhomond. L'analyse qui suit du temps de l'Occupation et de la Résistance est fondée sur des souvenirs d'enfance, au risque de l'indiscrétion. Mais elle est structurée par des convictions qu'il me semble partager avec Michel Blay, la conviction républicaine de ce que l'on doit au service public, en l'occurrence à l'enseignement et à la recherche. Ce ne sont pas termes abstraits ou neutres, même s'ils se sont banalisés à force d'être galvaudés. Ils constituent pour le savoir, pour la science les lieux où peuvent se développer, sur un long temps, la quête de la vérité et les révolutions qu'elle entraîne. Seule une « institution » peut définir un lieu, proposer des lieux et assurer un temps nécessaire à la transmission et à la découverte, outre les crédits.

L'histoire du CNRS à laquelle Michel Blay contribue, mais aussi la vie de l'institution (dont nous avons, l'un comme l'autre, bénéficié) à laquelle nous avons l'un comme l'autre participé avec conviction et enthousiasme croisent d'autres histoires, d'autres institutions, d'autres lieux.

Les variations sur trois rues – la rue d'Ulm, la rue Saint-Jacques, le boulevard Saint-Michel – ne sont pas un hommage parmi d'autres à l'institution qu'est l'École normale supérieure, mais la tentative de capter un espace dans

3. Centre d'archives de philosophie, d'histoire et d'édition des sciences (2003), une des composantes du CIRPHLES, unité de services.

4. C. Salomon-Bayet, « L'histoire des sciences et des techniques », pp.379-392, dans *L'histoire et le métier d'historien en France, 1945-1995.* sous la direction de François Bédarida, Éditions de la Maison des sciences de l'homme, Paris, 1995.

5. Bruno Belhoste, *Paris savant. Parcours et rencontres au temps des Lumières*, Armand Colin 2011, compte rendu de Annie Bruter, dans *Revue de synthèse.* n° I, 2013, pp. 156-158.

un temps court, le temps de l'Occupation, sous le signe de la quête du savoir. « La vérité seule libère » disait Spinoza.

Les parallèles sont des droites qui ne se rencontrent pas II

Ce texte est provoqué, je l'ai dit, par la parution en 2005 aux Éditions de la rue d'Ulm d'un volume de Stéphane Israël, *Les études et la guerre, les normaliens dans la tourmente (1939-1945)*, livre documenté, précis, suivant mois après mois ces cinq années, dans ce lieu, l'École normale supérieure, sous une direction intermittente liée au parcours personnel d'un homme de Vichy, admirateur depuis toujours du maréchal Pétain, Jérôme Carcopino, directeur de l'École, recteur, ministre, et d'un trio dévoué à l'École entre républicanisme et résistance, Georges Bruhat, Jean Baillou, Jean Bayet. J'ai le désir d'un commentaire tout à fait libre, qui propose une autre forme d'analyse. Ce n'est qu'une réaction qui mêle des souvenirs entre enfance et adolescence, mémoire précise et imprécise, habitée par l'évidence d'un espace que l'historien ne perçoit pas toujours, obsédé qu'il est par la chronologie, par le savoir du temps que les textes datés, administratifs ou autres donnent comme passage obligé de toute interprétation. L'espace est là, la topographie de la ville est là, même si elle a changé en plus d'un demi-siècle et cet espace donne un sens à l'histoire. Cet espace est parcouru par les piétons de Paris, les inconditionnels de la marche qui n'écrivent pas toujours. Mais ils ont la mémoire accrochée à leurs souliers, habités par des images captées au ras du bitume ou à hauteur de façades : je suis un de ceux-là et c'est pourquoi j'écris aujourd'hui.

La rue d'Ulm

L'École, c'est la rue d'Ulm depuis toujours. De l'École polytechnique, on ne disait pas la rue de la Montagne Sainte-Geneviève, ni l'École, mais l'X. Pour moi qui avais trois oncles polytechniciens, tous prénommés Pierre, l'École, c'était celle de mon père, Jean Bayet, la rue d'Ulm, et non celle de son frère et de ses deux beaux-frères, même si l'une et l'autre se situaient sur la Montagne Sainte-Geneviève, dans la proximité du Panthéon et du manège du même nom depuis disparu dans la restructuration des laboratoires de la rue Lhomond. Ce manège du Panthéon est celui où Delacroix venait dessiner les chevaux et où – privilège inouï – je suis allée, à pied, en plein Paris, le Paris de l'après-guerre, prendre des leçons d'équitation pendant quelques années.

Une rue, trois rues parallèles, la rue d'Ulm, la rue Saint-Jacques, le boulevard Saint-Michel. La cartographie, année après année, siècle après siècle, illustre l'histoire de deux de ces voies d'accès dans la cité suivant l'axe nord-sud, mais ce n'est pas le propos. J'essaie de retrouver ce qu'éprouvait, supposait, comprenait une fille de dix ans (une petite fille de dix ans) qui marchait tous les jours sous l'occupation, de la rue d'Ulm à l'Hôtel des Grands hommes, de la rue Saint-Jacques au boulevard Saint-Michel, du Luxembourg au Lycée Fénelon, rue de l'Éperon. Elle marchait. Il n'était pas question, pour des raisons économiques, de prendre l'autobus, lorsqu'il existait (le 38 en l'occurrence) et la marche était l'exercice quotidien, obligé, quel que soit l'état des chaussures.

Trois rues parallèles que tout séparait. La rue d'Ulm, comme aujourd'hui, était barrée par la masse du Panthéon. Elle s'arrêtait avec une forme de brutalité. La masse édifiée par Soufflot et consacrée aux grands hommes par la patrie reconnaissante donnait à penser qu'il n'y avait rien au-delà : un barrage, une admiration, un vide. Pourquoi la rue d'Ulm ne va-t-elle pas jusqu'à la Seine, vers cet espace de liberté et de passage symbolisé par un pont ? Je peux déchiffrer aujourd'hui une impression d'hier, renforcée par le livre de Stéphane Israël. Il présente la rue d'Ulm dans la tourmente comme un espace préservé par la volonté de Carcopino, une enclave sans présence allemande, entre préparation des concours et vocation de recherche, enclave que n'atteignent pas les bruits de la ville, les bottes de l'occupant. Seul le bruit du bassin aux Ernests aurait rythmé le quotidien. J'ai joué avec François Bruhat au bord du bassin, mais nous étions conscients, tout jeunes que nous étions, qu'une fois sortis de l'aquarium, franchi les grilles de l'École, laissé le Panthéon à droite et la rue Gay-Lussac à gauche, les autres rues nous confronteraient à des réalités dont le livre de Stéphane Israël ne parle pas et qui pourtant, me semble-t-il, étaient sourdement présentes à l'intérieur de l'École.

La rue Saint-Jacques

Il suffisait d'emprunter la rue Pierre Curie, qui n'était pas alors la rue Pierre et Marie Curie, de longer les bâtiments de l'École supérieure de chimie jusqu'à l'immeuble de l'Institut de géographie et à celui de l'Institut océanographique, pour percevoir la présence de l'occupant. C'est dans les laboratoires de l'École nationale supérieure de chimie de Paris qu'ont été laissées après 44 les lentilles allemandes utilisées alors dans la lutte contre la D.C.A., ces lentilles récupérées après guerre par Félix Trombe pour lancer ses travaux pionniers sur l'énergie solaire.

Cette rue Pierre Curie, on l'empruntait dans un certain silence pour retrouver la rue Saint-Jacques, côté nord. Un îlot néanmoins, côté sud : Saint-Jacques du Haut-Pas, paroisse où la fille de Georges Bruhat se maria en 1942. Carcopino n'était pas présent, que je sache. Jeanne, ma sœur aînée, était demoiselle d'honneur avec François Bruhat. Je ne sais s'il y eut un buffet qui aurait été assuré, tradition normalienne oblige, par Guillemard. Mais je garde un étrange sentiment – est-ce une reconstruction ? – d'un moment de résistance, d'une entente tacite entre familles qui n'était pas de simple convenance mais qui était aussi politique. Et l'amitié a continué, après 1944, entre ma mère et Madame Bruhat, dans l'attente puis le deuil des non-retours.

Une autre traverse, celle de l'Hôtel des Grands hommes, rue de l'Abbé-de-l'Épée. Un ancien normalien de la promotion d'Henri Le Bonniec (1935), Robert Schilling, y passa toute la guerre. Alsacien, sa famille restée en Alsace, son frère, un « malgré nous », n'est jamais revenu du front de l'est, je n'en sais pas plus... Mes parents étaient proches de lui. Il m'a donné des leçons d'allemand dans sa chambre d'hôtel, je percevais la nécessité du silence et de la prudence...

Dévalée la rue Saint-Jacques, passé le tronçon des commerces de fruits et légumes, de charcuterie, de livres, en totale pénurie, passée la rue Soufflot et le Panthéon toujours là, c'était un autre monde : la Sorbonne, le lycée Louis-le-Grand, le Collège de France, le tissu serré de Saint-Séverin et du quartier de la Huchette, la bibliothèque de l'Heure Joyeuse, pour aboutir à la Seine. La vie était là, dans les épreuves, la réflexion, les enthousiasmes et les indignations. Façades austères et continues, derrière lesquelles quelque chose se passait qui n'était pas seulement le culte du savoir. Je reconstruis sans doute. Mais derrière la façade du lycée Louis-le-Grand, au moment même de mes dix ans, je savais la mobilisation d'enseignants, les sous-sols de la Sorbonne et du Collège de France où s'imprimaient des tracts, les réseaux constitués, les engagements de garçons de 16-18 ans, des élèves de terminales ou de classes préparatoires qui ne supportaient pas la rafle du Vel' d'Hiv, la présence de l'occupant, la complaisance de la police française, l'idéologie nazie, le pétainisme. Futurs normaliens, peut-être, futurs élèves des grandes écoles, s'ils n'étaient pas arrêtés ou exécutés avant. De Louis-le-Grand à Saint-Louis, de Condorcet à Stanislas comme à Henri IV entre autres les plaques à leur mémoire attestent leur engagement... On est loin du pré carré de la rue d'Ulm pour une part démenti par la plaque à la mémoire des normaliens disparus entre 39 et 45, le rappel de leur promotion affinant l'analyse.

J'avais entendu parler des destitutions d'enseignants juifs, francs-maçons, j'avais vu ma mère pleurer d'indignation et de peine en évoquant les adieux de ses collègues juives du Lycée Fénelon. Entre la rue Saint-Jacques et le boulevard Saint-Michel, à la hauteur du square du Sommerard, il me semble bien avoir vu des autobus où s'entassaient, sous garde policière, des familles entières...

Le boulevard Saint-Michel

Parallèle à la rue d'Ulm, parallèle à la rue Saint-Jacques, un boulevard aux larges trottoirs dont le tracé mène de l'Observatoire à la Seine, longe les jardins du Luxembourg, petits et grand, se partage entre le 5ᵉ et le 6ᵉ arrondissements. Ses croisements sont ceux du quartier latin : rue du Val-de-Grâce, rue de l'Abbé-de-l'Épée, rue Soufflot, rue des Écoles, boulevard Saint-Germain. Ce boulevard Saint-Michel, nous le descendions, nous le remontions quatre fois par jour, pour aller au lycée et ce que nous percevions, c'était la présence allemande, l'occupation, la violence et le mépris.

Devant l'École des Mines, si mes souvenirs sont exacts, des barbelés. Le souvenir d'une de nos petites amies avec laquelle nous faisions quotidiennement le trajet refusant d'entrer au Luxembourg pour raccourcir le chemin : elle avait sur son loden l'étoile jaune ; nous avons échangé nos manteaux et traversé le Luxembourg ; elle s'appelait Steinmetz, elle a disparu du lycée vers 1942, j'espère pour gagner la zone dite libre, mais je n'en sais pas davantage. Il y avait des soldats, des officiers en uniforme sur les trottoirs, nous les évitions, il était hors de question de leur céder la place. Sur les murs des affiches sur fond jaune ; il était question d'otages, d'exécutions, de menaces, de délais. Il m'est arrivé, un matin, de voir sur le trottoir un corps sans vie, exécuté. Sur ce boulevard, il n'y avait pas de lieux officiels d'occupation.

Les quartiers généraux, les hôtels, les sièges de la Gestapo et autres étaient plutôt rive droite, mais l'occupation était présente et circulait. Il était impossible de l'ignorer. Et je n'ai pas vu ce qui, rétrospectivement, m'apparaît comme une purification du boulevard Saint-Michel, de mon boulevard, la descente des chars de l'armée Leclerc tout au long, de la Porte d'Orléans à la place Denfert-Rochereau, de l'Observatoire à l'Hôtel de Ville. Ce 25 août, je n'ai pas vu la libération de Paris. Le bruit des chars, les cris d'enthousiasme et de reconnaissance des Parisiens descendus dans les rues ont bien dû atteindre et la rue Saint-Jacques et la rue d'Ulm. Et je n'étais pas là.

Dès mars 1944, la maison n'étant pas « sûre », nos parents nous avaient envoyées, ma sœur et moi, dans le Bourbonnais, chez notre grand-mère, avec une de mes petites amies du lycée Fénelon, dont la mère, avocate, madame Perrin, était née Taimann. Notre frère aîné, jeune lycéen résistant de Louis-le-Grand, avait procuré les faux papiers pour passer la ligne et les avait remis à ma mère en disant que cela valait bien une « compo de maths ». Madame Perrin, très jolie femme, eût le geste, daté aujourd'hui, de se poudrer pendant que l'officier allemand, dans le train, examinait des papiers dont, toutes les trois, dans le couloir, savions qu'ils étaient faux...

En septembre, nous avons retrouvé Paris libéré, blessées en quelque sorte de n'avoir pas été là pour aller de Notre-Dame à l' Hôtel de Ville, pour remonter le boulevard Saint-Michel en criant notre joie. Et l'attente des retours d'Allemagne a commencé.

Est-il vrai que les rues parallèles ne se rencontrent pas ?

LISTE DES CONTRIBUTEURS

Frédérique Aït-Touati, St John's College, Université d'Oxford, St Giles, OX1 3JP, Oxford, Royaume-Uni.

Anastasios Brenner, Professeur à l'Université Paul Valéry – Montpellier III, Centre de Recherches Interdisciplinaires en Sciences Humaines et Sociales (CRISES), 34199 Montpellier cedex, France.

Philippe Büttgen, Professeur de philosophie à l'Université Paris I – Panthéon-Sorbonne, 17, rue de la Sorbonne, 75005 Paris, France.

Pierre Caye, Directeur de recherche au CNRS, Centre Jean-Pépin – UPR 76, 7, rue Guy-Môquet, 94801 Villejuif, France.

Maurice Clavelin, Professeur émérite à l'Université Paris-Sorbonne, 1, rue Victor-Cousin, 75005 Paris, France.

Pierre Crépel, Bibliothécaire de l'Académie des sciences, belles-lettres et arts de Lyon, 4, avenue Adolphe Max, 69005 Lyon, France.

Suzanne Débarbat, Astronome au SYRTE-UMR 8630 du CNRS, de l'Observatoire de Paris, de l'Université Pierre-et-Marie-Curie, 61, avenue de l'Observatoire, 75014 Paris, France.

Claude Debru, Professeur émérite de philosophie des sciences à l'École normale supérieure, CAPHES, 29, rue d'Ulm, 75005 Paris, France.

Jean Eisenstaedt, Directeur de recherche émérite, SYRTE-UMR 8630 du CNRS, de l'Observatoire de Paris, de l'Université Pierre-et-Marie-Curie, 61, avenue de l'Observatoire, 75014 Paris, France.

Danielle Fauque, Chercheur au Groupe d'histoire et de diffusion des sciences d'Orsay (GHDSO), équipe EST-EA 1610, Faculté des sciences, Université Paris Sud, 91405 Orsay cedex, France.

Robert Fox, Professeur émérite d'histoire des sciences, Université d'Oxford – Museum of the History of Science, Broad Street, Oxford, OX1 3AZ, Royaume-Uni.

Francesco Furlan, Directeur de recherche au CNRS, Centre Jean-Pépin – UPR 76, 7, rue Guy-Môquet, 94801 Villejuif et SYRTE-UMR 8630, 61, avenue de l'Observatoire, 75014 Paris, France.

Michèle Gally, Professeur de littérature médiévale à l'Université d'Aix-Marseille, 29, avenue Schuman, 13100 Aix-en-Provence, France.

Chantal Grell, Professeur à l'Université de Versailles-Saint-Quentin, 47, boulevard Vauban, 78047 Guyancourt cedex, France.

Niccolò Guicciardini, Professeur au Département des lettres et philosophie de l'Université de Bergame, via Pignolo 123, 24121 Bergame, Italie.

Denis Guthleben, Historien, attaché scientifique, Comité pour l'histoire du CNRS, 1 place Aristide-Briand, 92195 Meudon cedex, France.

Robert Halleux, Membre de l'Institut, Centre d'Histoire des Sciences et des Techniques, Université de Liège, 17, place Delcour, bât. L1, 4020 Liège, Belgique.

Giorgio Israel, Professeur au Département de mathématiques de l'Université de Rome – La Sapienza, piazzale Aldo Moro 2, 00185 Roma, Italie.

Bernard Joly, Professeur émérite à l'Université de Lille 3, UMR 8163 « Savoirs, textes, langage », 59653 Villeneuve-d'Ascq cedex, France.

Vincent Jullien, Professeur à l'Université de Nantes, Centre atlantique de philosophie, et SYRTE-UMR 8630, 61, avenue de l'Observatoire, 75014 Paris, France.

Eberhard Knobloch, Professeur à l'Académie des Sciences de Berlin-Brandebourg, Jägerstrasse 22/23, 10117 Berlin, Allemagne.

Charles Larmore, Professeur de philosophie & W. Duncan MacMillan Professor in the Humanities, Brown University, Box 1918, 45 Prospect Street, Providence, Rhode Island 02912, États-Unis.

Véronique Le Ru, Maître de conférences HDR en philosophie à l'Université de Reims, membre du CIRLEP (EA 4299), UFR Lettres et Sciences Humaines, 57, rue Pierre-Taittinger, 51096 Reims cedex, France.

Jean-Marc Lévy-Leblond, Professeur émérite à l'Université de Nice-Sophia Antipolis, 28, avenue Valombrose, 06100 Nice, France.

Michela Malpangotto, Chercheur au CNRS, SYRTE-UMR 8630 du CNRS, de l'Observatoire de Paris, de l'Université Pierre-et-Marie-Curie, 61, avenue de l'Observatoire, 75014 Paris, France.

Sébastien Maronne, Maître de conférences, Équipe Émile-Picard, Institut de Mathématiques de Toulouse, UMR 5219 – Université Paul-Sabatier, 118, route de Narbonne, 31062 Toulouse cedex 9, France.

Simone Mazauric, Professeur émérite à l'Université de Nancy 2, Laboratoire d'histoire et de philosophie des sciences – Archives Henri-Poincaré UMR 7117, 91, avenue de la Libération, 54000 Nancy, France.

Efthymios Nicolaïdis, Directeur de recherche, Programme d'histoire, philosophie et didactique des sciences et des techniques, Institut de recherches historiques/ Fondation nationale de la recherche scientifique, Vassileos Constantinou 48, 11635, Athènes, Grèce.

Marco Panza, Directeur de recherche au CNRS, IHPST, 13, rue du Four, 75006 Paris, France.

Pascal Pirot, Aspirant au Fonds Belge de la Recherche Scientifique (FNRS/ FRS), Centre d'Histoire des Sciences et des Techniques, Université de Liège, 17, place Delcour, bât. L1, 4020 Liège, Belgique.

Sabine Rommevaux, Directrice de recherche au CNRS, SPHERE, Université Paris-Diderot, bâtiment Condorcet, case 7093, 5, rue Thomas-Mann, 75205 Paris cedex 13, France.

François Roudaut, Professeur à l'Université Paul-Valéry – Montpellier III, Institut de recherche sur l'âge classique et les Lumières, UMR 5186, route de Mende, 34199 Montpellier cedex 5, France.

Claire Salomon-Bayet, Professeur émérite à l'Université Paris I – Panthéon-Sorbonne, 17, rue de la Sorbonne, 75005 Paris, France.

Jean Seidengart, Professeur de philosophie à l'Université Paris Ouest-Nanterre-La Défense et directeur de l'Institut de recherches philosophiques (EA 373), UFR PHILLIA, bâtiment L, bureau L 427, 200, avenue de la République, 92001 Nanterre cedex, France.

TABLE DES MATIÈRES

II. SCIENCE, LITTÉRATURE ET ART

III. SCIENCE, PHILOSOPHIE ET POLITIQUE

Lightning Source UK Ltd.
Milton Keynes UK
UKOW05n1900150517

301234UK00005B/26/P